TECHNIQUE MICROSCOPIQUE

TECHNIQUE

MICROSCOPIQUE

d'après BÖHM et OPPEL

PAR

ÉTIENNE DE ROUVILLE

DOCTEUR ÈS SCIENCES
CHARGÉ D'UN COURS COMPLÉMENTAIRE
À L'UNIVERSITÉ DE MONTPELLIER

CINQUIÈME ÉDITION

REVUE ET CONSIDÉRABLEMENT AUGMENTÉE
AVEC 17 FIGURES DANS LE TEXTE

PARIS

VIGOT FRÈRES, ÉDITEURS

23, PLACE DE L'ÉCOLE-DE-MÉDECINE

1913

PARTIE GÉNÉRALE

TECHNIQUE MICROSCOPIQUE

*... Plus l'homme observe, plus précieuses deviennent
ses connaissances. — Dans les livres, il n'apprend
jamais que la moitié.*   J. STINDE.

CHAPITRE PREMIER

DESCRIPTION DU MICROSCOPE

1. L'emploi du microscope comme instrument de recherches demande que l'on connaisse sa construction, la destination de chacune de ses parties, le mode et les conditions de leur action commune; ces notions une fois acquises, le maniement en est plus facile; toutefois ce ne sera qu'après un long exercice qu'on arrivera à voir avec netteté une image en peu de temps.

Le microscope est un instrument composé, formé de parties susceptibles d'une grande simplicité ou d'une très grande complication; les instruments de cette dernière sorte ne sont nécessaires que pour les recherches très délicates; nous n'avons en vue, dans la description suivante, que les microscopes d'usage quotidien.

2. Il existe aussi ce qu'on appelle des *microscopes simples* : on désigne sous ce nom les loupes ou lentilles convexes; elles sont d'ordinaire portées sur un statif. Comme elles laissent les mains de l'observateur libres, et qu'elles ne renversent pas l'image, elles peuvent être employées comme *microscopes de préparation*. Les microscopes simples ne donnent jamais que de faibles grossissements.

3. Chacune des parties du microscope est fixée à un statif ; c'est un **pied** lourd et solide, généralement en forme de fer à cheval ; perpendiculairement au pied s'élève la **colonne** qui supporte les autres parties du microscope ; ces dernières sont au nombre de trois, étagées l'une au-dessus de l'autre et fixées à la colonne ; ce sont, de bas en haut : le miroir, la platine et le tube.

4. Le **miroir** a généralement deux faces réfléchissantes différemment conformées : l'une plane, l'autre concave ; le miroir doit être mobile dans tous les sens.

5. La **platine** présente en son milieu une ouverture qui donne passage aux rayons lumineux venant du miroir, et qui doivent éclairer l'objet placé au-dessus d'elle ; cette ouverture peut être agrandie ou diminuée au moyen d'un appareil adapté à la platine, appelé **diaphragme**. Les diaphragmes les plus en usage sont en forme de disque et de cylindre. Les premiers sont d'un maniement plus facile.

6. Le *diaphragme-disque* est un disque fixé à la face inférieure de la platine, susceptible de tourner autour de son axe médian. Il est disposé de telle sorte que son bord, s'il n'était pas troué, couvrirait l'ouverture de la platine et empêcherait tout rayon lumineux de la traverser ; mais le bord est percé d'un certain nombre de trous de différents diamètres qu'un mouvement de rotation du disque peut amener en coïncidence avec l'ouverture de la platine de manière à l'agrandir ou à la rétrécir à la façon d'un *diaphragme*. Le disque est fixé dans une position déterminée au moyen d'un ressort muni, à sa pointe, d'une goupille, qui, au moment précis où l'un des trous du disque arrive à coïncider avec le centre de l'ouverture de la platine, s'engage dans une légère excavation ; une faible pression suffit pour mettre de nouveau le disque en mouvement.

7. Le *diaphragme-cylindre* consiste en une douille placée sur la platine au-dessous de l'ouverture ; un cylindre peut s'y introduire, et, dans ce cylindre, on peut disposer une série de diaphragmes de différents diamètres, qui sont adjoints au microscope.

8. Sur la platine se trouve le **tube** ; celui-ci, vrai tuyau, s'enfonce dans une douille fixée par un bras à la colonne ;

la main peut l'y mouvoir et le faire monter et descendre à volonté.

Dans la plupart des instruments récents, le tube se compose non plus d'un tuyau *unique*, mais de deux tuyaux qui, poussés en dedans ou tirés en dehors l'un de l'autre, le raccourcissent ou l'allongent ; grâce à une certaine longueur du tube donnée par le fabricant, on obtient une excellente image ; toutefois, le tube mobile a l'avantage de permettre de changer les dimensions de celle-ci, qui s'agrandit quand le tube s'allonge ; on peut choisir ainsi le grossissement, ce qui importe surtout quand on doit dessiner.

Les deux extrémités du tube portent les lentilles : la supérieure, près de l'œil, l'**oculaire** ; l'inférieure, la plus rapprochée de l'objet, l'**objectif**.

9. L'oculaire consiste en un tuyau de facile introduction dans le tube, portant à ses deux bouts des lentilles et dans son intérieur un diaphragme ; les lentilles de l'extrémité supérieure, les plus près de l'œil, se nomment les *lentilles oculaires ;* les lentilles opposées ont reçu, pour des raisons que nous verrons plus tard, l'appellation de *lentilles collectives.*

10. M. *Bourguet*, de Montpellier, a imaginé et construit un *oculaire indicateur* qui rend les plus grands services. Il consiste en une aiguille mobile dans l'intérieur de l'oculaire, et dont les mouvements sont produits par l'intermédiaire d'un petit bouton placé sur le côté de l'oculaire à la portée de la main de l'observateur. Grâce à la disposition très ingénieuse de l'aiguille, on peut faire parcourir à cette dernière toute l'étendue de la préparation, et par conséquent l'amener sur tel point que l'on voudra plus spé-

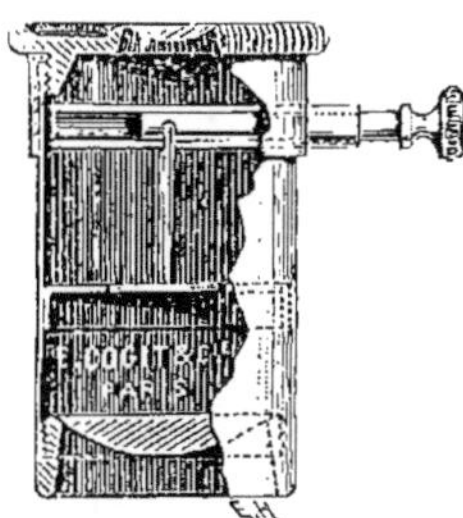

Fig. 1.
Oculaire indicateur.

cialement indiquer. On peut aussi faire disparaître l'aiguille du champ, lorsqu'on ne veut pas s'en servir. Cet instrument est parfait et indispensable pour la démonstration; il évite des pertes de temps considérables, et permet de montrer d'une manière précise le point d'une préparation qui doit attirer l'attention. Tout histologiste qui voudra montrer à quelqu'un un détail intéressant devra l'avoir; il évitera ainsi de longues explications et quelquefois l'obligation de faire un dessin pour bien faire comprendre sa pensée. Comme moyen de démonstration pour les élèves, cet instrument a une valeur inappréciable.

11. L'**objectif** est formé de plusieurs lentilles qui ne doivent pas être séparées les unes des autres; cet ensemble est aussi appelé système de l'objectif ou simplement système. La lentille placée le plus près de l'objet se nomme *lentille de front*. Toute observation exige absolument l'emploi d'au moins deux objectifs, un plus faible, un autre plus fort.

12. Pour observer au microscope, il est nécessaire de pouvoir rapprocher ou éloigner le tube et ses lentilles de l'objet placé sur la platine.

Il suffit, en gros, pour cela, que le tube puisse se mouvoir dans la douille.

13. On obtient un mouvement du tube graduel et régulier au moyen d'une **vis micrométrique** placée dans la colonne. Le **tube** n'est pas seul à entrer en mouvement : le bras qui le supporte se meut aussi dans quelques statifs avec une partie de la colonne. La colonne renferme un fort ressort qui soulève le support du tube en agissant en sens inverse de la vis micrométrique. Serre-t-on la vis dans le sens de l'aiguille d'une montre, le ressort se trouve comprimé et, par suite, le tube descend ; la fait-on tourner en sens inverse, le ressort soulève le tube. Telle est, par exemple, dans les statifs fabriqués par Leitz, la disposition de la vis micrométrique à l'extrémité supérieure de la colonne.

D'autres constructeurs placent la vis micrométrique au bas de la colonne.

14. Les parties constituantes du microscope que nous venons de passer en revue sont les parties absolument indispensables.

On les trouve, entre autres, chez :

E. Leitz, de Wetzlar. — Statif III ou IV, avec les objectifs 3 et 7 et les oculaires I et III (Catalogue 1891, n° 34);

C. Zeiss, d'Iéna. — Statifs VI et VII, avec les objectifs C. et E. Oculaires 2 et 4 (Catalogue n° 29, 1891).

W. et H. Seibert, de Wetzlar. — Statifs 5, 6 et 8, avec les objectifs III et V et les oculaires I et III (Catalogue n° 22, 1891);

Ch. Reichert, de Vienne. — Statifs IV, V, VII et VIII, avec les objectifs 3, 7 *a* et les oculaires 2 et 4 (Catalogue n° 27, 1908-1909).

Nos constructeurs français : *Dumaige, Nachet, Stiassnie,* etc., construisent des microscopes d'une précision parfaite; la maison Nachet, en particulier, met en vente un modèle de microscope pour les étudiants qui a le double mérite d'être un excellent instrument et d'un prix très abordable.

15. Une série d'appareils se trouvent dans les microscopes plus chers. Beaucoup d'entre eux sont précieux ou même indispensables pour les recherches délicates; ils sont commodes et facilitent le travail.

16. Le statif peut se mouvoir suivant plusieurs axes; il peut en bloc changer de place.

17. D'ordinaire, à ce mouvement de rotation autour de l'axe horizontal s'en associe un de rotation autour de l'axe *optique*, très utile, par exemple, dans les recherches à la lumière polarisée ; ces sortes de statifs sont généralement plus grands et plus forts.

18. Ils possèdent pour une première mise au point des *dents* et une *manivelle*. Ces appareils qui facilitent le déplacement du tube consistent en un système de dents fixées au tube dans lesquelles s'engrène une roue dentée adaptée au bras qui porte le tube ; ce dernier s'élève ou s'abaisse par le mouvement de la roue.

19. Comme revolver, pour obtenir le changement rapide des objectifs, on se sert le plus souvent d'un disque percé de trous creusés de pas de vis pour visser l'objectif. Ce disque est vissé à la partie inférieure du tube et a assez de mobilité pour amener sous le tube par son déplacement tantôt un objectif, tantôt un autre. Un revolver pour trois objectifs répond à toutes les exigences.

20. On se sert aujourd'hui, en guise de revolver, du *changeur d'objectifs à coulisse*. La figure 2 ci-contre représente cet appareil : il possède un mécanisme au moyen duquel chaque objectif peut être facilement centré par l'observateur lui-même ; il permet l'emploi d'un nombre indéterminé d'objectifs. Ces parties constituantes sont :

a) Pièce se vissant au tube. — Cette partie se fixe au tube de la même manière que le revolver ordinaire ; elle est vissée solidement au tube, la conduite de la coulisse dirigée en avant. La direction de la coulisse n'est pas perpendiculaire à l'axe, mais un peu inclinée sur celui-ci.

b) Pièce portant l'objectif. — La coulisse a ici la même inclinai-

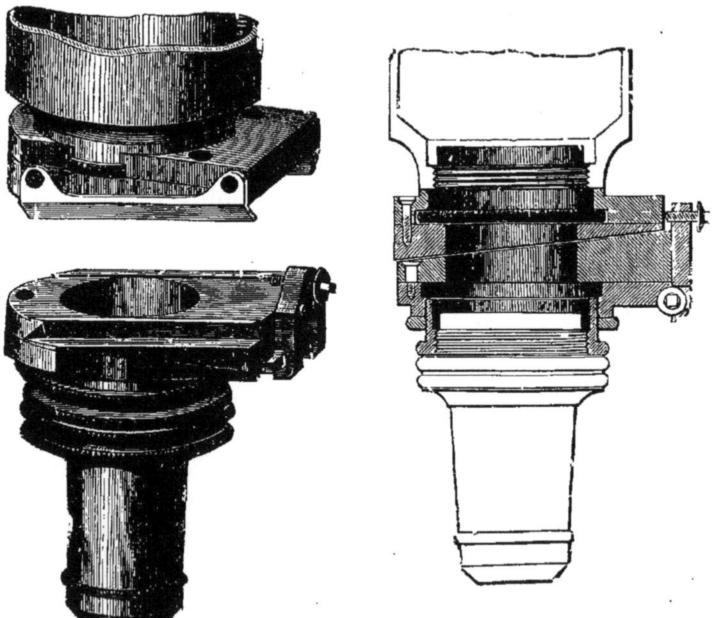

Fig. 2. — Changeur d'objectifs à coulisse.

son par rapport à l'axe optique que celle de la pièce précédente. Il en résulte que lorsqu'on enlève l'objectif, il s'élève un peu et n'endommage pas l'anneau de vernis closant la préparation. Une vis butoir qu'on tourne avec une clef de montre est adaptée au patin, et l'arrête dans une position déterminée, qu'il reprendra toujours après chaque enlèvement. Cette vis constitue le mécanisme de centrage dans le sens de la direction de la coulisse. Une vis sans fin, se tournant à l'aide de la même clef, produit le centrage perpendiculairement à la coulisse. Les objectifs dont l'entonnoir n'est établi qu'à peu près pour la distance focale, peuvent être mis au point exactement, à l'aide d'un mécanisme que possède la pièce destinée à les recevoir, et fixés à demeure dans la position voulue par une vis de pression.

Les patins destinés à porter des objectifs glissent très exactement dans la coulisse de l'autre pièce, et peuvent être achetés au fur et à mesure qu'on en a besoin.

Après un bon centrage, le même point de la préparation revient toujours exactement au milieu du champ, après chaque changement d'objectif; il reste en outre à peu près également bien au foyer, de sorte qu'il suffit ordinairement de toucher très légèrement à la vis micrométrique.

Ce changeur d'objectifs à coulisse se trouve chez Carl Zeiss d'Iéna.

21. La platine porte des *valets* qui se retrouvent, d'ordinaire, même dans les petits statifs, permettant de fixer le porte-objet dans une position déterminée. Ils consistent en une goupille à laquelle est fixée une lame d'acier; la platine est percée de trous où peuvent s'introduire les goupilles. Ce valet est appliqué sur le porte-objet, et est fixé sur lui par suite d'une pression exercée sur la goupille.

Ces valets présentent le grand avantage d'empêcher le déplacement de l'objet que l'on veut dessiner.

22. Un diaphragme d'un maniement à la fois facile et très heureusement indépendant du nombre des disques est le *diaphragme iris*. Son ouverture est susceptible de varier de diamètre d'une manière tout à fait graduelle, grâce à la présence de plaques de métal courbes imbriquées les unes sur les autres, que l'on meut avec une poignée.

23. *Platine chauffante*; voir §553.

24. On peut faire mouvoir simultanément la platine et l'objet tout en laissant le tube en repos, en tournant la plaque de la platine sans déranger le centrage de l'objet.

25. Dans beaucoup de statifs, deux vis latérales permettent de déplacer très graduellement la platine et l'objet; on obtient ainsi, dans le cas de forts grossissements, pour centrer un point, par exemple, un déplacement que la main serait impuissante à produire.

26. La platine mobile permet, au moyen de vis, d'imprimer un mouvement régulier à l'objet suivant deux directions perpendiculaires entre elles. Cette disposition est particulièrement avantageuse pour passer en revue d'une manière systématique les préparations; elle permet d'y noter des points spéciaux et de les retrouver plus tard rapidement.

27. La netteté de l'image dépend essentiellement de **l'objectif**; aussi établit-on des séries d'objectifs allant des plus faibles aux plus forts; ils sont désignés de façons diverses par les différents fabricants : Leitz 1-9, Zeiss (A—F.) 1 et A sont les plus faibles; à partir de là, leur force augmente jusqu'à 9 et F.

Une base rationnelle d'appellation est la distance focale ; elle n'a, jusqu'ici, été employée que pour les objectifs à immersion à huile (voir § 31).

28. Les objectifs forts portent parfois une *correction* permettant de compenser les erreurs dues aux différences d'épaisseur du couvre-objet. On suppose que l'observateur connaît l'épaisseur de son couvre-objet ; un observateur moins exercé devra se procurer un système fixe sur lequel le fabricant aura porté une correction moyenne.

29. L'épaisseur du couvre-objet se mesure au moyen d'un instrument spécial; c'est une pince qui saisit le couvre-objet; l'aiguille d'un cadran en désigne l'épaisseur. L'emploi de cet appareil ne saurait évidemment qu'être antérieur à la confection de la préparation microscopique.

30. Les **systèmes à immersion** sont les objectifs les plus puissants. Le propre du système gît dans la circonstance que les rayons lumineux n'y ont pas, comme dans les systèmes secs, à traverser la couche d'air intermédiaire ; condition qui, amenant la déviation des rayons, entraîne nécessairement des erreurs. On pourrait d'ailleurs facilement compenser ces dernières, en ayant soin de tailler dans un même morceau de verre couvre-objet et lentille; on y remédie en interposant entre la lentille et le couvre-objet une goutte d'un liquide, dont l'indice de réfraction n'est pas éloigné de celui du verre. Si on choisit l'eau, ces objectifs s'appellent objectifs à immersion à eau.

31. On a réussi à préparer des sortes d'huile dont l'indice de réfraction est presque le même que celui du verre. Les systèmes qu'on obtient ainsi s'appellent *systèmes à immersion homogène*.

32. Des systèmes particulièrement soignés, pour lesquels on s'est servi de nouvelles sortes de verres, mais aussi beaucoup plus chers, sont sortis des ateliers de Zeiss ; ils se construisent actuellement, aussi, chez d'autres fabricants. Ce sont les « objectifs apochromatiques » ou, plus brièvement, les apochromatiques avec leurs oculaires compensateurs propres. Les apochromatiques donnent une correction bien plus complète des déviations chromatiques et sphériques, et, par suite, une concentration de la lumière sur l'image, bien plus entière.

33. Les différents pouvoirs de grossissement des *oculaires* sont désignés par Zeiss, Leitz et Seibert au moyen de chiffres s'élevant des plus faibles aux plus forts. Les mêmes numéros ne correspondent pourtant pas chez les divers fabricants aux oculaires d'égale force.

34. Les apochromatiques ont, eux aussi, leur série d'excellents oculaires de force différente.

35. Le **grossissement** ne dépend pas seulement des objectifs, mais bien plus et surtout de la puissance des oculaires employés. Il faut aussi tenir un grand compte de la longueur du tube ; il importe donc, dans le cas où le fabricant n'aurait pas fourni une table de grossissement des systèmes pour un oculaire et une longueur de tube donnés, d'établir cette table au moyen d'un micromètre-oculaire et d'un micromètre-objet, ou d'un dessin du micromètre-objet, suivant les instructions des paragraphes 59 et 60.

36. L'emploi de systèmes puissants rend insuffisante la source de lumière que donne le miroir. Il existe des appareils destinés à renforcer l'intensité lumineuse, appelés *Condensateurs*.

37. Le seul encore aujourd'hui qui soit à recommander

est l'**appareil d'éclairage Abbe,** indispensable pour les observations délicates.

Il se place sous la platine ; il se compose d'un certain nombre de lentilles surperposées, qui font converger sur l'objet des rayons lumineux envoyés par le miroir. — Il reste encore à signaler une série d'appareils auxiliaires, indispensables pour certaines fins particulières.

38. La pensée directrice dans la construction des différents appareils à dessiner, c'est d'obtenir la coïncidence dans l'œil des rayons lumineux émanés de l'image microscopique et du plan de la feuille du dessin sur le crayon. Cette coïncidence se réalise en raison de ce que l'image et la feuille envoient toutes deux les rayons lumineux à l'œil, la première directement, la seconde par réflexion. Il est indifférent d'employer comme source de lumière la face d'un miroir ou des faces de prismes à réflexion totale. Ces conditions optiques peuvent se ramener à deux appareils principaux : dans l'un, l'image microscopique est vue directement et la feuille de dessin rendue visible par le miroir ; c'est le système *Abbe*. Dans le second, c'est la feuille qui est vue directement et l'image microscopique rendue visible par les faces réfléchissantes: c'est l'appareil à dessin d'*Oberhœuser*. Dans les deux appareils, la déviation s'opère par un miroir placé au-dessus du plan de la platine avec lequel il fait un angle de 45° (nous supposons, pour plus de simplicité, avoir toujours affaire à un miroir et jamais à des faces de prismes). Vis-à-vis, et tournant vers lui sa face réfléchissante, se trouve placé parallèlement un second miroir vers lequel on dirige l'œil ; de cette manière, les rayons partis d'un objet arrivent sur le premier miroir, de ce miroir sur le second, et enfin de ce dernier à l'œil. Ce second miroir est percé d'un trou qui laisse arriver directement à l'œil les rayons lumineux partis du deuxième objet placé au-dessous.

39. Pour dessiner avec un faible grossissement, on se sert d'appareils spéciaux construits d'une manière analogue aux précédents. Nous mentionnerons l'*appareil à dessin de Thoma*, qui permet d'obtenir un dessin grossi jusqu'à dix fois ou, au contraire, réduit ; avec un faible grossissement il possède un grand champ optique.

40. La description des appareils en usage pour la photographie des images microscopiques, ne doivent pas prendre place ici. Si l'on veut se mettre au courant de cette branche de la technique microscopique, on consultera avec fruit le travail de *Neuhauss*, cité dans notre note bibliographique.

41. Pour compléter l'outillage microscopique, il faut ajouter l'*appareil de polarisation*, consistant en un polarisateur fixé sur la platine, et un analyseur placé sur l'oculaire ou à l'extrémité supérieure du tube. Cet appareil, quoique plus rarement employé pour les recherches histologiques, peut néanmoins trouver aussi très bien sa place même dans les petits statifs. Quiconque voudra s'en servir devra en connaître à fond la construction.

42. Un microscope ne satisfera à tous les besoins qu'autant qu'il sera possible d'y adapter l'appareil d'éclairage Abbe. On pourra se nantir d'abord d'un statif avec toutes ses pièces indispensables et plus tard y ajouter l'appareil Abbe et un système à immersion.

Les statifs signalés dans le paragraphe 14 ne répondent pas à ces besoins ; il faut s'adresser aux suivants :

E. Leitz. — Stat. III, 14. Stat. II. Stat. I *a* ou II. Stat. 1.

C. Zeiss. — Stat. IV et V. Stat. IV *b* ou V*b*. Stat. I et II *a*.

W et *H. Seibert*. — Stat. N. 3. Stat. N. I et N. II.

Ch. Reichert. — Stat. C ; H. II ; H. IV ; VI. Stat, A I ; A II ; B (Catalogue n° 27, 1908-1909).

Tous les statifs de *Reichert* sont protégés contre la vapeur d'eau de la respiration de l'observateur par un petit appareil très ingénieux et de prix modique (2 fr. 50), appelé *Parabuée*.

CHAPITRE II

EXAMEN MICROSCOPIQUE

43. Ce ne sont pas les lois de la dioptrique que nous allons étudier dans ce chapitre; l'exposition de ces lois est du domaine des traités de physique, nous voulons seulement donner quelques notions qui sont indispensables pour se servir avec intelligence du microscope.

Considérons, tout d'abord, le chemin que parcourt un rayon lumineux qui traverse une plaque de verre à faces parallèles ; un rayon de lumière passant de l'air dans le verre subit, au point de passage, une modification dans sa direction, s'il tombe obliquement sur le verre. La droite élevée à ce point de passage perpendiculairement à la face de verre s'appelle la normale. Le rayon de lumière se brise de façon à faire avec la normale un angle plus petit ; il se rapproche d'elle ; à sa sortie dans l'air, il se brise de nouveau, mais, cette fois, s'écarte de la normale d'une distance égale, quand il s'agit du verre comme milieu, à sa distance d'elle à son entrée ; il s'ensuit que pour une plaque de verre à bords parallèles, le rayon incident et le rayon émergent sont parallèles ; la déviation d'un faisceau lumineux est la même toujours dans un même milieu, différente dans des milieux différents, comme, par exemple, dans des sortes différentes de verre. Le degré de déviation se désigne par l'appellation d'indice de réfraction. (L'indice de réfraction est égal au rapport du sinus de l'angle d'incidence au sinus de l'angle de réfraction.)

S'il s'agit, non plus d'une plaque de verre, mais d'un prisme ou d'une lentille, le rayon incident et le rayon émergent ne sont plus parallèles, sauf dans des cas tout particuliers. Une lentille convexe, par exemple, fait converger tous les rayons lumineux vers un même point appelé foyer.

Cette propriété des lentilles de modifier la direction des faisceaux lumineux et de les faire converger vers un point déterminé produit dans certaines circonstances ce résultat, que les

rayons de lumière émanés des objets se réunissent à nouveau et
forment une image de l'objet. L'image formée dans ces conditions s'appelle image réelle.

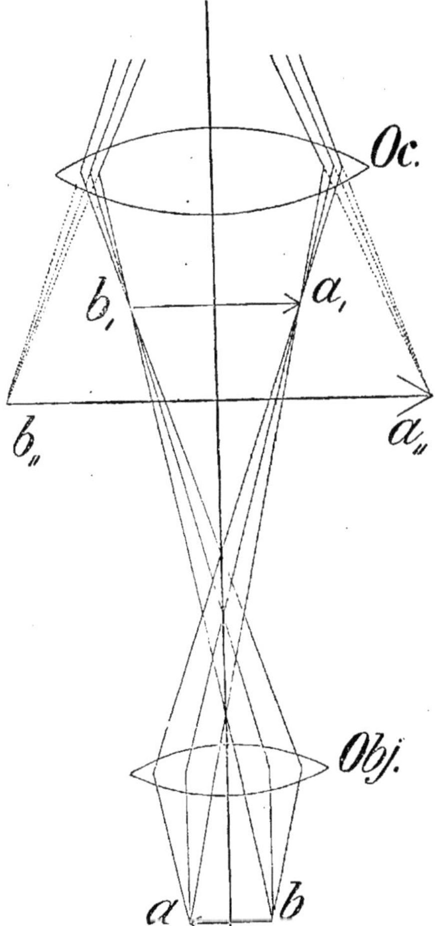

FIG. 3. — Marche des rayons lumineux à travers le microscope composé.

L'objet se trouve alors en dehors de la distance focale d'une
lentille convexe; l'image est renversée ; si l'objet, source de
lumière, est placé entre la ligne convexe et son foyer, les rayons

ne se réunissent plus, et semblent provenir d'un point situé dans leur prolongement ; l'œil éprouve la sensation que produirait leur rencontre en ce point de leur prolongement, et voit, en conséquence, une image agrandie de l'objet ; on nomme cette image, image virtuelle ; elle est droite.

Le microscope utilise ces deux dernières lois de la dioptrique pour fournir à l'œil une image agrandie de l'objet.

L'objectif donne une image réelle renversée de l'objet dans le tube ; l'œil perçoit cette image à travers l'oculaire ; la lentille de l'oculaire produit cet effet, que l'œil ne voit plus directement l'image donnée par l'objectif, mais une image virtuelle, agrandie, qui reste naturellement renversée.

44. L'observation serait déjà possible dans ces conditions ; mais, pour les rendre meilleures, on intercale un système de lentilles collectives. Il est destiné à transformer l'image donnée par l'objectif en une autre plus petite, meilleure et plus vivement éclairée, que l'on regarde alors, à la manière indiquée plus haut, au travers de la lentille de l'oculaire ; l'action des lentilles collectives agrandit en même temps le champ optique.

45. Le dessin schématique (*fig.* 3) donne une idée claire de la marche des rayons lumineux à travers le microscope composé, réduit ici, pour plus de simplicité, à un couple de lentilles. Considérons deux points a et b d'une image ab. Les rayons lumineux qui partent de a se réuniront par l'action de la lentille de l'objectif en a' ; ceux partant de b, en b'. Il en résulte une image réelle renversée.

De l'autre côté de l'image, les rayons divergent de nouveau ; mais, brisés par la lentille de l'oculaire Oc, ils arrivent à l'œil sous une faible divergence. Les points de rencontre a'', b'' des prolongements de ces rayons ponctués dans le schéma, donnent la grandeur apparente avec laquelle l'image ab est actuellement perçue par l'œil.

46. Pour obtenir une vision encore plus satisfaisante, il faudra surtout s'appliquer à rendre l'image réelle aussi grande et aussi nette que possible, et pour cela recourir à des objectifs plus puissants. On ne gagnerait rien, ainsi que le donne à penser ce qui précède, à demander à l'emploi de forts oculaires une image agrandie ; la netteté étant en raison inverse du grossissement, l'image perdrait en clarté ce qu'elle acquerrait en dimensions.

La simple condition de percevoir à travers une lentille convexe une image réelle formée par une première lentille convexe, implique une très grande précision dans la construction de l'instrument, pour une foule de motifs qui doivent être pris en considération, et dont nous citerons quelques-uns en peu de mots.

La formation d'images nettes rencontre des obstacles dans l'aberration sphérique et chromatique.

47. L'*aberration de sphéricité* consiste en ce que la courbure des surfaces de réfraction ne permet pas aux rayons émanés d'un objet de se réunir exactement en un point unique ; elle est en raison directe du degré de courbure et, partant, du grossissement. On la corrige en combinant plusieurs lentilles de courbure convenable avec un système d'objectifs, aux lieu et place d'une seule lentille très puissante.

48. L'*aberration chromatique* provient de ce que la lumière blanche est composée de rayons de couleurs différentes et d'inégale réfrangibilité. On la corrige en combinant des lentilles de verres différents. Le flint réfracte et, par suite, disperse plus que le Crownglas ; quand les rayons traversent tout d'abord un Crownglas taillé en forme de lentille convexe, ils sont fortement brisés : il y a alors dispersion. On peut, dans ce cas, fabriquer une lentille concave de flint qui, en raison de sa concavité, supprime presque totalement la dispersion ; elle supprime aussi la déviation, mais très partiellement. On a, par là, le moyen d'écarter les rayons lumineux et d'éliminer la dispersion.

CHAPITRE III

MISE AU POINT

49. Pour disposer l'objet que l'on veut examiner de la manière la plus commode, on fait usage de plaques d'épaisseurs différentes ; les plus épaisses sont destinées à supporter l'objet ; les plus minces, à les couvrir. Les premières ont reçu le nom de **porte-objet**; les secondes, celui de **couvre-objet**.

50. Le **porte-objet** est une plaque de verre rectangulaire; les dimensions les plus maniables sont celles du format anglais : 76 : 26^{mm} ; ce format donne place à un grand couvre-objet et à deux étiquettes; ces dernières s'appliquent sur les deux côtés du couvre-objet quand la préparation doit être conservée, et portent les inscriptions : animal, organe, fixateur, colorant, date, et un numérotage arbitraire.

Un format plus petit est bien suffisant pour les préparations qu'on ne veut pas conserver, mais l'usage habituel d'un format unique est meilleur.

Ce porte-objet doit être de verre pur, mais ne doit pas présenter d'arêtes tranchantes.

Certaines recherches spéciales se trouvent bien de porte-objet perforé ; on peut s'accommoder éventuellement de porte-objet en bois.

51. Les **couvre-objet** sont de petites plaquettes minces en verre. Leur épaisseur atteint généralement de 0^{mm},1 à 0^{mm},2. Les dimensions à leur donner se règlent suivant l'objet que l'on examine ; il est bon d'en avoir de deux grandeurs différentes, au moins en provision ; les couvre-objet à forme arrondie ne servent que dans certains cas tout à fait spéciaux ; c'est aussi, exceptionnellement, que l'on aura recours à des porte-objet en cristal de roche, en verre de Moscovie ou autres substances.

52. Porte-objet et couvre-objet constituent ce qu'on appelle une préparation microscopique.

Ce n'est pas à dire qu'un porte-objet et un couvre-objet soient toujours indispensables ; il peut arriver, en effet, dans certains cas, que la préparation n'exige pas de couvre-objet, et, dans d'autres, qu'on place l'objet entre deux couvre-objet.

53. La condition pour pouvoir observer par réfraction est que l'objet placé entre le porte-objet et le couvre-objet soit totalement ou partiellement transparent, ou tout au moins translucide.

Pour percevoir l'objet, on doit placer la préparation sur la platine du microscope, l'éclairer et disposer le tube de façon que la lentille frontale de l'objectif se trouve à la distance voulue de l'objet. Cela s'appelle : mettre au point.

54. La mise au point se fait de la manière suivante :

On commence par établir le microscope sur une table bien fixe près d'une fenêtre qui fait face à la plus grande portion possible de ciel. Ce microscope demeure, pendant toute la durée de l'observation, à la même place et ne subit aucun déplacement.

On visse alors l'objectif faible à l'extrémité inférieure du tube (nous avons en vue ici le n° 3 de Leitz ; pour d'autres systèmes, les distances sont différentes). On a garde d'endommager la vis en tournant à faux et surtout trop fort. On introduit ainsi dans l'extrémité supérieure du tube un oculaire faible, par exemple le n° 1 de Leitz, et on regarde à l'intérieur ; dans certaines circonstances on ne voit encore rien.

On déplace alors le miroir et on l'oriente de telle sorte

que la lumière qu'il reçoit de la fenêtre, celle d'un nuage blanc ou, à son défaut, et faute de mieux, celle du ciel bleu, soit par lui réfléchie de manière à amener les rayons dans le tube et de là à l'œil de l'observateur; un cercle clair apparaît alors, qu'on appelle **champ optique** ; c'est dans ce champ que se montrera plus tard l'image microscopique.

On place la préparation sur le plateau du microscope, de façon à faire coïncider la partie de l'objet que l'on veut examiner avec le centre de l'ouverture de la platine.

On descend lentement le tube dans la douille par un mouvement continu de rotation jusqu'à ce que la lentille frontale arrive à une distance de 1 centimètre et demi de l'objet ; on regarde alors à nouveau dans l'intérieur du tube et on recommence à le faire descendre toujours par un mouvement lent de rotation, jusqu'à ce que sur le champ optique apparaisse quelque chose, fût-ce une image absolument indistincte ; dès qu'une ombre d'image se montre, la main s'arrête. On est alors arrivé au moment le plus délicat de la mise au point : l'entrée en service de la vis micrométrique.

55. Il suffit alors d'une faible rotation, d'un demi-tour tout au plus ou d'un tour tout entier, pour que l'image auparavant confuse se montre avec toute sa netteté ; à partir de ce moment, on tient, pendant que l'on regarde, la main constamment sur la vis micrométrique ; voici pourquoi : comme on ne voit jamais nettement que suivant un seul plan, et comme, d'autre part, la coupe a une certaine épaisseur, la mise au point s'établira en élevant un peu ou, au contraire, en abaissant le tube ; on l'obtient en imprimant de temps en temps, pendant que l'on regarde, un léger mouvement de rotation à la vis micrométrique, tantôt dans un sens, tantôt dans le sens contraire.

La vis micrométrique, à la suite d'un maniement qui a longtemps duré, et d'un mouvement prolongé dans le même sens, arrive à la fin de sa course ; il convient alors de lui faire faire quelques tours en sens inverse.

Le débutant fera bien de fermer un œil quand il regarde au microscope ; plus tard, on apprend à voir en laissant les deux yeux ouverts.

56. Avec un objectif **plus puissant,** on n'agira pas différemment ; seulement, dans ce cas, la distance de la lentille frontale au couvre-objet se trouvant très réduite, on devra tout d'abord abaisser le tube jusqu'à ce que cette distance atteigne environ 1 millimètre, puis, regarder dans le microscope, et on abaisse avec une extrême précaution et une très grande lenteur le tube avec la main en lui imprimant toujours un mouvement de rotation. Dès que l'on perçoit quelque chose, on procède à la mise au point délicate, au moyen de la vis micrométrique. La mise au point avec un objectif puissant exige la plus grande précaution, car il y va ici de fractions de millimètre. Si l'on a trop descendu le tube, il arrive aisément que la pression brise le couvre-objet et l'objet lui-même ; la lentille aussi pourra être endommagée.

57. Dans toutes les recherches où l'on se sert de systèmes puissants, il est de règle qu'on doit commencer par l'emploi d'objectif faible. Les oculaires forts sont d'un usage exceptionnel et sont généralement inutiles. On commence donc à examiner avec l'oculaire et l'objectif 3 de Leitz, par exemple ; puis, avec l'oculaire et l'objectif 7.

58. L'emploi des **diaphragmes** demande toute une éducation ; on n'apprendra guère à en apprécier tous les avantages que dans les recherches délicates. Le commençant devra se poser pour règle de n'employer jamais de diaphragmes étroits avec un faible grossissement.

Le diaphragme joue un rôle important quand on use de l'appareil d'éclairage Abbe. Il convient toujours, si l'on veut examiner des tissus, d'arrêter au moyen du diaphragme les rayons latéraux ; mais si l'on veut seulement observer des couleurs (par exemple des bactéries ou des figures karyokinétiques colorées), on laisse la lumière agir tout entière.

59. La **mensuration** d'objets au moyen du micromètre-oculaire, plaque en verre portant des divisions gravées, enchâssée dans l'oculaire, exige que l'on connaisse la valeur de l'une de ces divisions.

Cette valeur variant dans chaque système de l'instrument pour une longueur déterminée du tube, est donnée d'ordinaire par le fabricant.

On peut soi-même déterminer la valeur de la division à l'aide d'un micromètre-objet; c'est un porte-objet sur lequel l'intervalle d'un millimètre a été divisé au moyen de traits gravés en un certain nombre de parties : 50 à 100 par exemple. On dispose ce micromètre-objet et on regarde combien de ces divisions sont recouvertes par le micromètre-oculaire.

Si le micromètre-oculaire divisé en 100 parties recouvre par exemple 80 divisions du micromètre-objet partagé lui aussi en 100 parties, un intervalle du micromètre-oculaire aura la valeur de $\frac{0,80}{100} = 0^{mm},008$; pour la mensuration ultérieure, on devra conserver les mêmes longueurs de tube.

La valeur d'une division est exprimée en millièmes de millimètre; $\frac{1}{1000}$ de millimètre est l'unité de mesure pour le microscope ; elle peut se nommer : mu, et s'écrit : 1 μ). Soit, par exemple, la valeur d'une division pour un système et une longueur de tubes données $= 8\,μ$; si un objet mesure 7 divisions, la vraie dimension de l'objet sera $7 \cdot 8\,μ = 56\,μ$ (56 mu ou $0^{mm},056$).

Pour se servir du micromètre-oculaire, on le pose sur le diaphragme oculaire en ôtant temporairement la lentille de l'oculaire et l'on met au point.

60. Les évaluations approximatives peuvent très bien se faire uniquement à l'aide du micromètre-objet ; pour cela, avec un appareil à dessin, on marque les divisions de ce micromètre, et on met la préparation à sa place. L'image microscopique et les divisions sur le papier se recouvrent dans l'œil : la valeur d'une division du micromètre-objet connue, on peut mesurer directement.

SOINS A DONNER AU MICROSCOPE

61. Il est indispensable de tenir le microscope dans un état de propreté extrême. Si on le laisse hors de sa boîte, on le recouvrira d'une cloche de verre : en outre, on lui donnera pour base un support pourvu d'un certain degré de souplesse. La platine sera souvent nettoyée et soigneusement préservée du contact d'un porte-objet dont la face inférieure serait humide.

62. Il en sera de même pour les **lentilles** de l'oculaire dont on devra avant tout frotter avec un linge sec la face supérieure, toutes les fois qu'on voudra s'en servir.

Le nettoyage de l'objectif exige certaines précautions particulières. On doit avant tout se préoccuper de la lentille frontale que peuvent souiller la préparation et ses ingrédients, ce qu'il faut toujours éviter.

Si les lentilles à immersion sont souillées d'huile, on commence par faire boire cette huile le plus complètement possible par un papier buvard suédois très propre, puis on frotte rapidement les lentilles avec des pièces de linge fin qu'on a soin de tremper dans le xylol.

Les taches de glycérine et d'eau sont essuyées fortement avec un linge sec. Le baume de Canada est enlevé au moyen d'un linge imprégné d'un liquide qui le dissout (voir § 180 et § 421), par exemple de xylol ou de benzine. Il faut essuyer avec précaution afin de ne pas dissoudre la substance qui fixe les lentilles, c'est-à-dire le ciment qui les maintient dans leur monture, ce qui pourrait arriver si le xylol venait à s'absorber par capillarité.

63. On devra se garder d'examiner, surtout avec un fort grossissement, une préparation fortement chauffée, la chaleur pouvant endommager le ciment qui unit les lentilles.

64. Le tube doit toujours pouvoir facilement jouer dans la douille ; s'il y a frottement, on le sortira, on le nettoiera et on l'enduira d'huile sans toutefois l'imbiber au point que son propre poids suffise à le faire descendre. Une goutte d'huile suffit ; elle s'étendra uniformément d'elle-même par la simple rotation du tube dans la douille.

65. Avant de faire une préparation microscopique, on aura soin de nettoyer les porte-objet et les couvre-objet, en les imprégnant d'humidité et en les frottant fortement avec un mouchoir propre.

Pour débarrasser de la poussière les porte-objet ou les couvre-objet, on les fait séjourner un temps assez long dans un bain d'acide nitrique concentré, et on les laisse ensuite dans l'eau pure, dans l'alcool absolu et quelquefois dans l'éther.

Si, après qu'on s'en est servi, ils sont souillés par le baume de Canada, etc., on se trouvera bien de les plonger pendant un temps assez long dans la solution suivante, au sortir de laquelle on lavera avec l'alcool ou l'eau : eau, 2.000 ; bichromate de potassium, 200 ; acide sulfurique fort, 200.

CHAPITRE IV

L'ULTRAMICROSCOPE

66. L'éclairage *par transparence*, auquel on a recours avec le microscope, peut, dans certains cas, devenir insuffisant.

On a, pour remédier à cet inconvénient, eu recours à des dispositifs spéciaux ayant pour but d'éclairer à l'aide d'un faisceau de lumière intense ces objets, dits *ultramicroscopiques*, qui ne sont pas lumineux par eux-mêmes; on leur fait ainsi jouer le rôle d'objets lumineux; on utilise pour cela le phénomène de la diffraction.

67. L'appareil de Siedentopf et de Zsigmondy (1903) nécessitait un mode d'éclairage très compliqué et une technique très différente de celle qu'emploient, d'ordinaire, les micrographes. Celui de Cotton et Mouton (1903) réalisait, d'ailleurs, un grand progrès sur le précédent; il n'exigeait aucune modification du microscope et pouvait être installé avec les ressources ordinaires d'un laboratoire de physique, mais il convenait surtout pour les liquides, et ne permettait pas l'emploi des objectifs à immersion. Un second appareil de Siedentopf (1904) avait l'avantage de rendre plus uniforme, par l'éclairage coaxial, la répartition de la lumière diffractée.

68. Aujourd'hui on a considérablement simplifié cet outillage; on se trouve fort bien de l'emploi du **condenseur parabolique** inventé et réalisé d'une façon imparfaite par Wenham en 1856, et construit, suivant Siedentopf, par la maison Zeiss, d'Iéna; la forme des paraboloïdes a été sensiblement perfectionnée, ce qui a augmenté leur efficacité.

(Nous empruntons la description de cet appareil et les instructions concernant son mode d'emploi au prospectus *Mikro*, 230, de Zeiss, publié en 1910, troisième édition.)

Les rayons éclairants ont des ouvertures numériques comprises entre 1.1 et 1.4. L'éclairage à fond noir est produit par la réflexion totale de ces rayons sur l'air, à la surface supérieure du couvre-objet.

Le condenseur est *exempt d'aberrations chromatiques*, les rayons étant concentrés, non par réfraction, mais par réflexion ; c'est là un grand avantage qu'il présente sur le condenseur à immersion.

La marche des rayons dans le paraboloïde est indiquée par la figure 4, les rayons éclairants sont figurés en traits pleins, les rayons diffractés sur l'objet en pointillé.

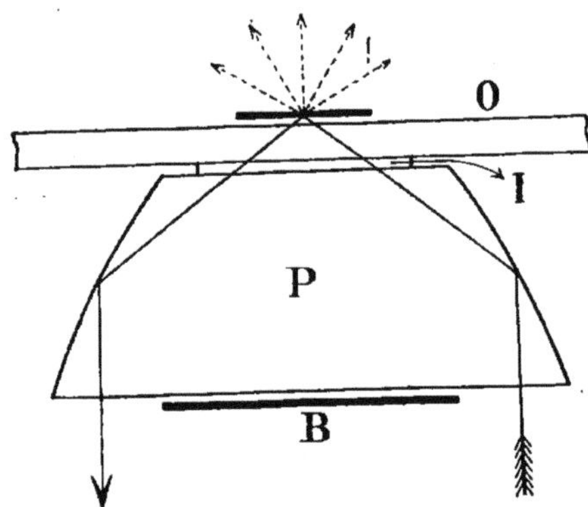

Fig. 4. — Marche des rayons dans le paraboloïde.

P est une pièce plan-convexe en verre dont la surface convexe forme un paraboloïde de révolution. B est un diaphragme central qui intercepte les rayons dont l'ouverture numérique est inférieure à 1.1. Le foyer du paraboloïde tombe sur la face supérieure du porte-objet O. I est un liquide d'immersion placé entre le condenseur parabolique et la lame.

Par suite de l'éclairage latéral annulaire, la méthode utilisant le diaphragme placé dans le condenseur à immersion et la méthode du condenseur parabolique ne donnent guère de franges de diffraction colorées dans l'image. Mais ces franges apparaissent lorsque l'éclairage devient excentrique par la suppression de certaines parties de l'anneau éclairant.

La monture du condenseur parabolique est vissée sur un tube à frottement (muni d'un diaphragme-iris) et s'adapte immédiatement à tous les microscopes portant un manchon à condenseur du diamètre normal ($36^{mm},8$). L'appareil d'éclairage d'Abbe complet n'est pas nécessaire. Lorsqu'on réduit légèrement l'ouverture du diaphragme-iris, on intercepte les rayons peu inclinés sur l'axe, ce qui donne un éclairage plus favorable pour les préparations très claires et les sources lumineuses puissantes.

69. Mode d'emploi. — Le condenseur parabolique s'introduit, à la place du condenseur ordinaire, dans le manchon de l'appareil d'éclairage, son rebord venant s'appliquer contre la butée du manchon. Il est immobilisé au moyen d'une vis. La hauteur du condenseur étant bien réglée, sa surface supérieure doit se trouver immédiatement au-dessous (à $0^{mm},1$ environ) de la surface de la platine. *Pendant les opérations suivantes, le bouton commandant le pignon de la crémaillère n'est, en général, plus actionné pour le réglage de l'éclairage.*

La face inférieure du porte-objet est reliée au condenseur parabolique *par de l'eau* I ou par de l'huile de cèdre *en évitant*, autant que possible, *la formation de bulles d'air.*

Si l'on oublie d'introduire le liquide entre le porte-objet et le condenseur, l'éclairage ne se produit pas.

Toute bulle d'air renfermée dans le liquide d'immersion, quelque petite qu'elle soit, peut donner lieu à un voile notable.

Pour obtenir le maximum de clarté, il faut employer des *porte-objet* ayant l'épaisseur indiquée sur le condenseur parabolique. *L'épaisseur inscrite* se rapporte à des sources lumineuses très éloignées et de dimensions apparentes réduites (comme par exemple le soleil). Pour la lampe Nernst et l'arc électrique employés avec interposition d'une lentille, l'épaisseur à donner au porte-objet *peut être supérieure de trois dixièmes de millimètre à l'épaisseur prescrite*, tandis que, lorsqu'on se sert du bec renversé et de la boule de verre, on peut tolérer d'assez grands écarts positifs ou négatifs.

Les préparations doivent être montées dans l'eau ou dans l'huile, non dans l'air ou dans un milieu trouble au point de vue optique. La *distance* entre la lame et la lamelle doit être *aussi petite que possible.*

Les moindres traces de souillure sur les lames et lamelles ressortant beaucoup plus dans ce genre d'observation que lorsqu'on emploie l'éclairage ordinaire, il faut soigneusement nettoyer et épousseter ces verres avant de faire la préparation. *La poussière légère qui se dépose peu à peu sur la lamelle pendant les observations nuit à l'éclairage à fond noir.* Si les observations se prolongent, il faut, de temps en temps, débarrasser la lamelle de cette poussière, en l'époussetant à l'aide d'un blaireau, ou en la lavant avec précaution.

Pour l'*observation*, on emploie les *systèmes à sec moyens et forts.* Plus l'ouverture de l'objectif est petite, plus le fond est noir. Dans bien des cas, l'objectif achromatique D ($f = 4^{mm},2$) suffira, par conséquent, pour *mettre rapidement* les microbes *en évidence ou pour les montrer aux élèves.*

Mais lorsqu'il s'agit d'*études morphologiques*, on se sert d'objectifs *plus puissants*, de préférence *apochromatiques.* Pour réaliser, dans ces cas, un fond bien noir, on *dispose des diaphragmes* bien centrés dans la monture des objectifs. Ces diaphragmes interceptent les rayons marginaux et les objectifs ne fonctionnent plus avec toute leur ouverture. En revanche, ils donnent — les apochromatiques surtout — des images d'une netteté remarquable sur fond absolument noir. Si la source lumineuse est très intense, il faut légèrement diminuer l'ouverture du diaphragme-iris.

Les *objectifs à immersion* exigent l'emploi d'un *diaphragme* qui est placé dans leur monture et ne permet pas d'utiliser leur grande ouverture; malgré ce diaphragme, le *champ noir des objectifs à immersion ne sera jamais aussi parfait et riche en contrastes que celui des objectifs à sec puissants (surtout des objectifs apochromatiques)*, les rayons obliques qui pénètrent par le liquide d'immersion dans l'objectif étant, avant d'être interceptés par le diaphragme parabolique, réfléchis à plusieurs reprises sur les nombreuses surfaces de l'objectif et occasionnant un voile notable.

Pour obtenir de bonnes images, il est indispensable de choisir l'*épaisseur des couvre-objet* suivant l'objectif utilisé. L'épaisseur qui donne les meilleures images est inscrite latéralement en petits chiffres sur la monture de tous les objectifs de Zeiss qui exigent une épaisseur de lamelle déterminée.

Si l'on désire, toutefois, employer des lamelles qui n'ont pas l'épaisseur prescrite, on se servira d'objectifs munis d'une monture à correction permettant d'adapter l'objectif aux diverses épaisseurs des lamelles (On recommande, dans ce cas, les objectifs apochromatiques : $f = 4$ millimètres, ouv. num. 0,95, et $f = 3$ millimètres, ouv. num. 0,95).

Cette correction relative à l'épaisseur des couvre-objet est nécessaire ; si l'on néglige de la faire, la qualité des images en souffre sensiblement (l'épaisseur de la lamelle se détermine avant de faire la préparation, au moyen d'un calibre ; puis, on fait marquer à la bague de correction le chiffre trouvé).

Lorsqu'il s'agit d'examiner des préparations très délicates, il peut être avantageux d'adapter les objectifs sur le tube au moyen d'un *dispositif de centrage* permettant de faire coïncider le foyer de l'objectif et celui du condenseur parabolique.

70. *Nachet*, de Paris (1912), recommande un nouvel **appareil d'éclairage** pour l'observation sur fond noir des microbes vivants.

Cet appareil, permettant d'obtenir les résultats les plus satisfaisants, *Nachet* a donné à sa monture une forme telle que son usage est possible sur tous les microscopes, *même s'ils ne sont pas de sa fabrication.*

Cette monture, représentée par la figure 5, rappelle celle des hématimètres du même constructeur, et se place directement sur la platine du microscope dont il faut, dit Nachet, supprimer le condenseur inutile.

Afin que l'on puisse déplacer la préparation sans y tou-

Fig. 5. — Appareil d'éclairage ultramicroscopique de Nachet.

cher, et choisir le point le plus favorable à l'examen, la monture est pourvue d'un mécanisme pour ce déplacement au moyen de deux vis.

Une instruction est jointe à chaque appareil.

Cet appareil d'éclairage ultramicroscopique constitue un condenseur spécial ne laissant passer que les rayons lumineux très inclinés sur l'axe optique.

Le faisceau de lumière convergente émis par la source lumineuse est réfléchi par le miroir et subit dans l'appareil ultramicroscopique une double réflexion sur miroir concave et sur miroir convexe; après quoi, il vient converger en un point qui se trouve fortement éclairé où est placé le liquide à examiner.

Les courbures des deux miroirs sont calculées de façon

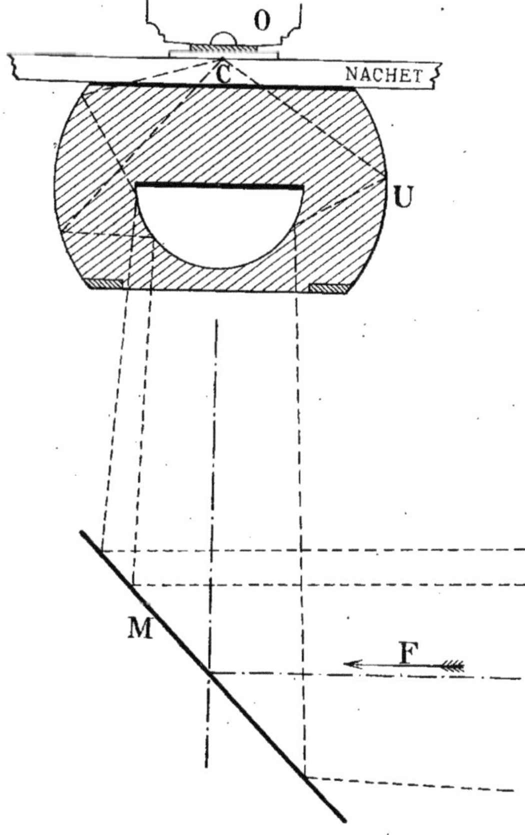

Fig. 6. — Marche des rayons lumineux à travers l'appareil d'éclairage
ultramicroscopique de Nachet.

U, Appareil d'éclairage ultramicroscopique; F, Faisceau de lumière convergente; M, Miroir, C, Point de concentration des rayons lumineux;
O, Objectif.

que la concentration des rayons se fasse sur une surface de
très faible étendue.

71. Comme **sources lumineuses**, on préconise la lampe à incandescence au gaz ou à l'alcool, la lampe Nernst, l'arc électrique et la lumière solaire.

La *lampe Nernst*, en particulier (*fig.* 7), constitue une

FIG. 7. — Lampe Nernst.

excellente source lumineuse, intense et facile à manier.

La lampe est réglée de façon telle que sa lentille projette l'image du filament incandescent à une grande distance. Elle consomme un ampère et ne possède pas d'allumage automatique. Il faut chaüffer le filament avec une flamme après avoir fermé le courant. On se sert du *miroir plan* du microscope. Cet éclairage permet d'employer l'oculaire compensateur 12.

Pour la *microphotographie instantanée* et la *cinématographie* des microbes vivants, l'emploi de *l'arc électrique* ou de la *lumière du soleil* est indispensable et le centrage doit être réalisé avec une grande précision.

Avec l'*arc électrique* et une lentille d'éclairage, on peut aller jusqu'au grossissement oculaire le plus puissant donné par l'oculaire compensateur 18. Les *lampes réglées à la main à faible ampérage* sont très avantageuses.

[Il est bon d'indiquer au fournisseur, pour la lampe Nernst et l'arc électrique, le courant (continu ou alternatif) et le voltage dont on dispose.]

71 *bis. Quand on ne se sert plus du condenseur parabolique, il faut le débarrasser de l'huile à immersion au moyen d'un linge de toile bien doux imbibé de benzine.*

72. « L'*étude ultramicroscopique* de la cellule végétale, du sang et d'un certain nombre d'éléments anatomiques, ainsi que de quelques Protozoaires, peut fournir de très intéressants résultats, étant données l'orientation des idées sur la nature du protoplasma et les recherches actuellement poursuivies sur les propriétés des colloïdes... L'examen ultramicroscopique d'un Protozoaire montre les mêmes éléments que l'examen par transparence, mais il les montre sous un aspect différent, qui, dépendant de la constitution particulière de l'élément considéré, peut nous renseigner avec une précision souvent remarquable sur la structure *réelle* du protoplasma et de ses différenciations. » (E. FAURÉ-FRÉMIET.)

CHAPITRE V

MANIÈRE DE FAIRE UNE PRÉPARATION

73. Il existe une série d'organes et de tissus qui, empruntés à un animal vivant ou venant d'être tué, peuvent être examinés directement *à l'état frais*, entre un porte-objet et un couvre-objet. Ce sont, par exemple, les globules du sang ; les membranes minces, telles que le mésentère, l'épiploon, ou bien les nerfs minces et transparents, les vaisseaux, des morceaux de cartilage, les cheveux, etc., les cellules isolées ou dissociées (épithélium de la cavité buccale); les spermatozoïdes, les œufs et leurs analogues.

« On examine ainsi des animaux assez petits pour être soumis à l'examen microscopique et assez transparents pour laisser voir leur structure intime... On prend des animaux aquatiques transparents et de petite taille et on les met sur une lame de verre dans une goutte d'eau, que l'on recouvre d'une lamelle. On peut, du reste, avec des animaux d'un certain volume, examiner de cette manière une partie seulement de leur corps, non détachée de l'organisme, comme on le fait pour la queue des têtards de Batraciens.

« Que l'observation soit totale ou partielle, l'être vivant est toujours examiné dans des conditions peu différentes de celles de sa vie habituelle; on peut sans inconvénient prolonger l'étude dont il est l'objet, et on recueille ainsi des données précieuses.

« Un grand nombre d'animaux aquatiques, tant marins

que d'eau douce, peuvent faire l'objet de fructueuses observations microscopiques immédiates.

« Les animaux d'eau douce que l'on peut examiner le plus couramment sont des *infusoires* ou des *amibes*. On se les procure de la façon suivante : dans un cristallisoir ou dans un flacon à large ouverture remplis d'eau, on dépose une pincée de foin sec. Au bout de deux ou trois jours, des infusoires apparaissent en grand nombre ; on s'en rend compte en puisant de l'eau avec une pipette et en l'examinant au microscope sur une lame de verre. On trouve aussi des amibes très reconnaissables à leurs formes, à l'absence de cils et par suite à leur immobilité relative vis-à-vis des infusoires qui parcourent en tous sens le champ de la préparation.

« Au lieu de recourir à l'infusion de foin, on peut se procurer d'une manière assurée des infusoires ou des amibes en recueillant des algues et d'autres plantes dans les mares. On retire de l'eau soit ces algues filamenteuses, qui forment un feutrage plus ou moins dense dans les eaux dormantes, soit d'autres plantes submergées, soit même quelques feuilles de végétaux non aquatiques tombées au fond de la mare et en décomposition.

« On met quelques brins d'algues sur une lame de verre avec une goutte d'eau, ou bien on racle les feuilles dans ce liquide avec un scalpel. On recouvre d'une lamelle et on observe.

« La mise au point est facilitée par la présence des fragments d'algues ou de feuilles et on ne tarde pas à voir circuler dans le champ du microscope une série d'êtres divers, Infusoires ciliés, Rotifères et Amibes.

« Dans les mêmes mares on recueille de petits Crustacés (Daphnies, Cyclopes), des Vers (Chœtogaster, Naïs), des larves d'Insectes (Éphémères, etc.), qui sont assez petits et assez transparents pour fournir de bons sujets d'observation. Nous recommandons d'étudier le frai des Mollusques (Lymnées) ou les petites Lymnées à peine écloses.

« Mais ce qu'il faut rechercher surtout, ce sont les larves de Batraciens (têtards de Batraciens anoures, larves branchifères du Triton). Ces larves sont le plus souvent trop grosses pour pouvoir être recouvertes d'une lamelle.

« On les couche dans une goutte d'eau sur une lame de verre où on les maintient en place par deux ou trois bandelettes de papier buvard imbibé d'eau posées en travers de leur corps, et on laisse libre la lame caudale, qui est la plus favorable à l'observation. On peut l'examiner, sans la recouvrir d'une lamelle, en se servant d'un objectif faible à long foyer ; mais, pour l'étudier avec un objectif plus fort, il faut absolument la recouvrir d'une lamelle pour éviter que la lentille frontale de l'objectif ne vienne en contact direct avec la préparation.

« On étudiera de cette manière la queue des têtards de Grenouille, les branchies des larves de Triton, etc. Pour la facilité de l'étude, on peut immobiliser ces êtres en faisant dissoudre, dans l'eau où ils vivent, un peu de curare, dans la proportion de 1 pour 1.000. Au bout de quelque temps, les têtards sont curarisés; s'ils ne l'étaient pas, on les amènerait à cet état en les piquant très légèrement avec une aiguille, ce qui favoriserait la pénétration du poison.

« Ce genre d'examen permet de faire une foule d'observations importantes. » (In *Vialleton*.)

« Les Infusoires vivants se colorent et peuvent continuer à vivre un certain temps dans une solution faible de certaines couleurs d'aniline, cyanine, brun de Bismarck, violet dahlia, bleu de méthylène, vert d'iode, etc., et dans l'hématoxyline. Les solutions doivent être faites avec le liquide dans lequel vivent les Infusoires : ces solutions ont un titre très faible variant de 1/10.000 à 1/100.000. » (In *Lee* et *Henneguy*.)

74. La mise à mort des animaux s'opère par asphyxie sous le chloroforme, en les maintenant sous une cloche au contact d'une éponge imbibée par ce liquide, ou dans une caisse hermétiquement fermée, ou bien encore par décapitation, mais, dans ce cas, l'on s'expose à endommager l'encéphale et la moelle.

Les animaux aquatiques sont placés dans de l'eau que l'on agite en y mélangeant du chloroforme.

H. Ranke a remarqué que des grenouilles tuées sous le chloroforme se raidissent si on les expose à l'air; ce n'est pas le cas si on les a soumises à l'action de l'éther, ou, du moins, la raideur ne se produit que tard; on évite, d'ailleurs, cet inconvénient en les asphyxiant avec du nitrate d'amyle.

Paul Mayer (1901) recommande de verser prudemment les *narcotiques* dans l'eau, c'est-à-dire peu à peu, et en commençant par des doses très faibles; on attendra *avec patience* qu'ils agissent sur les animaux.

Pour tuer rapidement les animaux marins contractiles, *Lo Bianco* (1890) préconise le mélange suivant :

Solution saturée de sublimé .... 2 parties
Acide acétique à 49 0/0 1   —

75. Chez quelques animaux, par exemple chez la Grenouille (voir § 597 et suiv.), on peut observer à l'état vivant de nombreux organes et tissus (poumons, mésentère, langue, peau, cellules pigmentaires, nerfs, vaisseaux, sang, etc.); chez le même animal, on peut aussi très commodément examiner, sur une vessie déployée, des muscles lisses, des épithéliums, etc.

D'autres organes se prêtent à une dissociation relativement facile à l'état frais et peuvent s'observer directement. C'est ainsi, par exemple, que les tendons et les muscles se laissent aisément résoudre en fibres et fibrilles par dissociation.

76. On **dissocie** à l'aide de deux aiguilles montées. S'il s'agit de fibres à isoler dans leur longueur, on place l'une des aiguilles à l'une des extrémités de l'objet et on opère avec l'autre en ayant soin de la diriger constamment dans le sens parallèle à l'axe longitudinal de l'objet. Les aiguilles doivent être toujours très propres et très effilées; on les aiguise sur une pierre.

77. Certains tissus offrent assez de résistance pour pouvoir se couper avec un rasoir ordinaire et fournir ainsi des lamelles minces et transparentes.

Les **coupes au rasoir** exigent un certain degré d'habitude pour donner de bons résultats; on l'acquiert bientôt en se soumettant, dès le début, à certaines règles.

On coupe vers soi (et non dans le sens opposé) en mouvant le bras continûment, c'est-à-dire que le point du rasoir qui fait la première entaille n'est pas le même que celui qui opère la division finale. La lame, durant l'opération, défile suivant sa longueur dans le fragment, à la manière d'une scie.

On ne coupe jamais à sec; l'objet à couper doit être humide, et la lame du rasoir doit être humectée avant chaque coupe. La main doit être libre et dégagée. On saisit par en haut le manche du rasoir ouvert, le pouce du côté du tranchant, l'index et le médium au dos de l'instrument.

Des trois premiers doigts de l'autre main, on tient fortement le morceau à couper, l'index recourbé parallèlement au plan de la table; on peut encore appuyer pendant l'opération le dos du rasoir sur l'index.

Pour tenir la préparation, on peut, quand il s'agit de petits objets, avoir recours à la moelle de sureau ou à de petits morceaux de foie durcis dans l'alcool.

Tout d'abord, on apprend à faire des coupes d'objets menus, aussi minces que possible; plus tard, on coupera des objets de plus grandes dimensions.

78. Des rasoirs bien repassés et bien aiguisés sont la première condition d'une bonne coupe. On apprend plus vite et mieux à couper et à aiguiser en le voyant faire par d'autres.

Avant de se servir du rasoir, on doit toujours le passer sur le cuir. Pour cela, on applique la lame en entier à plat sur le cuir, et on la tire à soi, le dos en avant de façon à amener peu à peu toute sa longueur en contact avec le cuir, d'abord la partie rapprochée du manche, puis l'extrémité supérieure. Après cela, on tourne le rasoir *sur le dos*, et, sans l'éloigner du cuir, on agit sur l'autre face comme sur la première, et ainsi de suite.

79. Des organes frais, parenchymateux, de compacité moyenne, tels que les reins, le foie, etc., se laissent, avec une longue habitude, couper d'une façon assez satisfaisante au rasoir ordinaire; mais ces coupes sont généralement épaisses. Des lamelles minces et transparentes d'organes de cette sorte réclament plutôt l'emploi du rasoir appelé *double couteau*.

80. Le **double couteau** se compose de deux lames sur un manche, parallèles, en contact vers l'extrémité supérieure, distantes l'une de l'autre près du manche; un jeu de vis permet de les rapprocher à volonté ; si l'on desserre cette vis, l'un des rasoirs pourra s'ouvrir suivant une charnière. Les coupes minces veulent les deux lames aussi rapprochées que possible l'une de l'autre, sans se toucher. La section s'opère en passant rapidement le double rasoir, préalablement humecté, au travers d'un organe, un foie frais par exemple. L'organe se trouve alors divisé en deux lambeaux, dont il ne reste qu'une tranche très mince entre les deux lames. On la retire en écartant les deux rasoirs l'un de l'autre au moyen de la vis que l'on relâche, et en relevant l'un des deux rasoirs.

81. Veut-on conserver le plus longtemps possible, sans altération, des organes frais pour les soumettre à l'observation, on devra faire emploi, à titre de *liquides fixateurs*, des solutions dites *indifférentes*, c'est-à-dire dans lesquelles les tissus ne se modifient que très peu. Il est certain que, même dans ces liquides *indifférents*, il ne peut pas être question de conserver les éléments tels qu'ils sont pendant la vie.

Ces solutions indifférentes sont :

82. L'humeur aqueuse, la lymphe, le plasma du même animal.

83. La solution physiologique de sel (solution aqueuse à 0,75 $^0/_0$), dont la formule est :

Eau distillée	1000 gr.
Sel marin	7 gr. 5

La solution à 0,9 $^0/_0$ est isotonique avec le sérum humain ; celle de 0,64 $^0/_0$ est isotonique avec le sérum de grenouille (Engelmann E., Hamburger H.).

A la place du sel marin, on peut aussi employer, pour préparer des solutions isotoniques, d'autres sels, par exemple une solution à 0,03 $^0/_0$ de chlorure de calcium (Dectjen).

84. Le sérum iodé de *M. Schultze* (1864) (liquide amniotique saturé d'iode) (1 gramme d'iode se dissout dans 7 litres d'eau).

85. L'iodure de potassium ioduré de *Ranvier* :

Eau	100 gr.
Iodure de potassium	2 —
Iode	Jusqu'à saturation

Cette liqueur donne des réactions caractéristiques avec le glycogène, les substances amyloïdes, la graisse, et est aussi utilisée dans l'étude du tissu conjonctif.

Le mélange est tout d'abord trouble ; au bout de deux heures, il devient limpide et est alors filtré.

86. Le liquide de Kronecker :

Eau distillée	1000 gr.
Chlorure de sodium	6 —
Carbonate de sodium	0 gr. 06

87. Le **Liquide de Ripart et Petit** :

Chlorure de cuivre	0 gr. 3
Acétate de cuivre	0 gr. 3
Eau cainphrée	75 cc.
Eau distillée	75 —
Acide acétique	1 —

La solution prend, immédiatement après ce mélange, une couleur jaune ; elle s'éclaircit au bout de deux heures et demande alors à être filtrée.

88. La plupart des organes ne se laissent couper, à l'état frais, en lamelles minces, ni avec le rasoir, ni avec le rasoir double. Ou bien, ils sont trop durs par suite du carbonate de chaux qu'ils contiennent, comme par exemple les os, les dents, et dans ce cas on les décalcifie pour pouvoir les couper (voir Chap. : *Os et Dents*) ; ou encore on les réduit par le polissoir en minces lamelles. Ou bien encore ils peuvent ne pas être assez durs, et alors, si on veut les réduire en lames, il faut, au préalable, leur donner assez de consistance pour rendre possible l'action du rasoir.

Le mieux est de faire **congeler** ces organes, ou de les faire *dessécher* s'il s'agit de petits morceaux ; après quoi, on les coupe.

Le premier procédé est le plus recommandable ; le second est, il est vrai, très simple, mais, en revanche, il est par trop grossier ; si on a recours à lui, on observe les coupes une fois revenues à leur volume primitif, grâce à l'eau qu'on leur aura ajoutée en quantité convenable.

89. Il existe une autre méthode pour durcir les objets ; on les dessèche en coagulant leur albumine au moyen d'alcool. Ce procédé de **durcissement par l'alcool** consiste à traiter les organes de moyenne dimension d'abord par une solution faible, ensuite par des solutions plus fortes d'alcool (un morceau de 1 centimètre cube sera plongé dans l'alcool à 50°, 70° et 90°, et séjournera vingt-quatre heures dans chacune de ces solutions). On peut encore, quand les fragments sont très petits, ne dépassant pas 2 millimètres suivant leur plus petit diamètre, les durcir directement avec de l'alcool absolu.

90. Nous donnons ici un tableau dû à *Gay-Lussac*, et qui montre combien de centimètres cubes d'eau distillée on doit ajouter à 100 centimètres cubes d'un alcool donné pour obtenir un alcool plus faible.

91. Les objets frais dérobent à l'œil nu une quantité extraordinaire de détails, parce qu'à l'état frais les divers éléments du protoplasma réfractent assez uniformément la lumière.

La congélation et la dessiccation présentent de graves inconvénients. La congélation, ainsi que l'ont fait remarquer Key et Retzius (1882), produit, par suite de la formation de cristaux de glace, des déchirures qui restent béantes quand on fait dégeler la coupe.

La dessiccation produit un ratatinement extraordinaire des fragments, surtout dans les organes contenant beaucoup d'eau ; il en résulte des désordres auxquels ne remédie qu'incomplètement l'addition de l'eau.

Pleuge (1896) recommande, s'il s'agit de diagnoses rapides, de fixer les morceaux avec le formol (voir § 166) avant de leur faire subir la congélation ; au bout d'une demi-heure ou d'une heure à peine, on peut déjà opérer les coupes.

Le durcissement par l'alcool n'est également pas toujours indiqué lorsqu'il s'agit de la conservation de tissus délicats ; il y a plus : dans beaucoup de cas, par exemple pour les noyaux, les nerfs, le tissu adipeux, il est tout à fait inapplicable.

Nous allons maintenant passer en revue les méthodes qui permettent d'examiner la structure de tissus et d'organes épais dans les conditions les plus favorables de relations naturelles sauvegardées, et le plus conforme à l'état vivant.

Il ne faut, toutefois, jamais perdre de vue ce fait, hors de doute, que de fines structures ainsi obtenues répondent toujours, plus ou moins, à des artefacts qui montrent avec

Tableau des quantités d'eau en cc. à ajouter à 100 cc. d'un alcool donné pour obtenir un alcool plus faible

	ALCOOLS FORTS A DILUER												EXEMPLE
Alcools faibles demandés	95°	90°	85°	80°	75°	70°	65°	60°	55°	50°	45°	40°	35°
90°	6.50												
85°	13.36	6.56											
80°	20.16	13.79	6.83										
75°	29.66	21.89	14.48	7.20									
70°	39.16	31.05	23.14	15.35	7.64								
65°	50.66	41.53	33.03	24.66	16.37	8 15							
60°	63.16	53.65	44.48	35.44	26.47	17.58	8.76						
55°	78.36	67.87	57.90	48.07	38.32	28.63	19.02	9.47					
50°	96.36	84.74	73.90	63.04	52.43	41.73	31.25	20.4	10.35				
45°	117.86	105.34	93.30	81.38	69.54	57.78	46.09	34.46	22.90	11.41			
40°	144.86	130.80	117.34	104.01	90.76	77.58	64.48	51.43	38.46	25.55	12.8		
35°	178.86	163.28	148.01	132.88	117.82	102.84	87.93	73.08	58.31	43.59	27.6	14.3	
30°	224.4	206.22	188.6	171.1	154.3	136.04	118.9	101.7	84.5	67.5	50.6	33.4	16.8

EXEMPLE : On a un alcool à 90°, on veut en faire un alcool à 70° :

On cherche la colonne verticale de l'alcool à 90°; on la suit en descendant et on s'arrête à la rencontre de la colonne horizontale de l'alcool à 70°; le chiffre trouvé à ce point de rencontre est 31.05 : donc il faut ajouter 31 cc. 05 d'eau à 100 cc. d'alcool à 90° pour obtenir de l'alcool à 70°. Naturellement si on ne veut faire que 20 cc. d'alcool à 70° il faudra mélanger seulement des parties proportionnelles d'alcool et d'eau, calcul qui se fait avec une extrême rapidité. Dans ce cas, on a 15 cc d'alcool et 4 cc. 8 d'eau.

La table s'arrête à l'alcool à 30° parce qu'on n'utilise guère d'alcool plus faible en histologie.

l'état normal des tissus pendant leur vie des rapports précis variant avec le traitement auquel ceux-ci ont été préalablement soumis. L'étude de ces artefacts deviendra certainement l'objectif capital de la technique.

CHAPITRE VI

LA FIXATION ET LES FIXATEURS

A. — LA FIXATION

92. Le premier traitement à faire subir à un organisme ou à un tissu dont on désire faire l'étude microscopique est la **fixation**: les liquides à l'action desquels on soumet ces derniers sont appelés **fixateurs**.

Il faut, avant tout, que les éléments anatomiques soient *tués instantanément* afin qu'ils n'aient pas le temps de changer de forme et puissent conserver l'attitude qu'ils présentent pendant la vie; il faut qu'ils se maintiennent dans un parfait état de *conservation;* que, grâce à un *changement de réfrangibilité*, ils acquièrent un plus grand degré de visibilité; il faut enfin qu'ils subissent un *durcissement* suffisant pour se prêter, sans inconvénients, aux manipulations qu'exigent les préparations histologiques. Toutefois, cette propriété durcissante des fixateurs a, de nos jours, perdu beaucoup de son importance, depuis que les inclusions au collodion ou à la paraffine ont permis de donner aux tissus les plus délicats la dureté voulue pour y faire des coupes très minces.

93. La **fixation** consiste d'ordinaire à placer dans ces liquides fixateurs des fragments pris sur un animal fraîchement tué. La grosseur des morceaux en question varie avec le tissu et le pouvoir diffusif du fixateur. Si l'épaisseur des fragments est faible, on n'a pas à s'occuper de sa longueur ou de sa largeur, comme dans le cas de minces membranes, vu que la pénétration par les liquides fixateurs en est rapide. La grosseur du morceau pourra donc être quelconque, à condition que son plus petit diamètre ne dépasse pas la dimension toujours indiquée ultérieurement : une règle dont on se trouvera bien consiste à n'employer jamais le liquide fixateur que sous un volume au moins 50 fois supérieur à celui de la pièce traitée.

Pour permettre au liquide fixateur d'agir sur tous les côtés de la préparation, il est nécessaire de recouvrir de papier-filtre ou de ouate le fond des récipients, et de n'y déposer le fragment qu'après cette précaution prise.

La pénétration des morceaux à fixer s'opère *très lentement;* aussi la durée de leur séjour dans les réactifs dépend-elle de leurs dimensions; c'est le minimum de cette durée que nous avons toujours eu en vue dans nos instructions.

On fixe, nous le répétons, autant que possible immédiatement après la mort. La plupart des organes s'altèrent rapidement : l'estomac et le pancréas sont deux exemples classiques de ce phénomène d'altération. *Policard* et *Garnier* (1905) ont même observé, quinze minutes *après la mort*, des *modifications* relativement considérables dans le tissu du rein.

D'autre part, toutefois, *Bizzozero* a décrit dans le cadavre des mitoses survenant soixante-dix à quatre-vingts heures après la mort et *Burchardt* a constaté que de petits morceaux d'épiderme *privés*, il est vrai, *de vaisseaux*, et maintenus isolés à l'abri de toute évaporation et putréfaction, pouvaient être transplantés au bout de douze jours et témoigner encore d'une grande vitalité.

De son côté, *Launoy* (1909), examinant un fragment de foie de souris mis à autolyser dans la solution physiologique de NaCl 9,2 $^0/_{00}$, a constaté, dans un foie en autolyse de six heures, à 38°, la présence de figures cinétiques très nombreuses; il a noté le même phénomène sur le foie d'un animal tué par choc sur la tête et se cadavérisant à la température du laboratoire (cadavérisation de trente heures, ainsi que sur un foie de souris mâle tué par saignée et placé sans autre précaution à l'étuve à 38° pendant cinq heures.

Or on sait que dans le *foie* des animaux adultes (chien, cobaye, lapin, chat et rat), *les mitoses sont extraordinairement rares.*

Dans ces expériences, ce sont les figures des plaques équatoriales et d'anaphase au début qui sont les plus nombreuses, mais la division peut aller jusqu'à la cytodiérèse totale. D'ailleurs, d'une façon générale, les figures de caryokinèses revêtent une allure anormale.

Il va sans dire que les faits étudiés par l'auteur concernent des animaux sans tare pathologique.

94. Voici, emprunté à *Vialleton*, un excellent exposé des différentes propriétés sur lesquelles repose l'action des fixateurs : « Les uns fixent les cellules en **coagulant** les matières albuminoïdes qui forment la masse principale du protoplasma : tels sont l'alcool, l'alcool iodé, l'acide picrique, la liqueur de Kleinenberg, l'acide azotique, la chaleur, etc. Le protoplasma, ainsi coagulé, forme un bloc qui résiste bien à la décomposition et aux actions mécaniques. Il est *fixé*.

« Parmi les réactifs que nous venons do citer, l'acide picrique et l'iode donnent aux tissus une couleur jaune d'or (acide picrique) ou brune (iode), qui s'en va par le lavage à l'alcool, preuve que ces corps ne sont pas combinés avec les éléments qu'ils ont servi à fixer.

« Il est, au contraire, une série de corps, acide chromique et ses sels (bichromate de potasse, d'ammoniaque) qui forment avec la substance des tissus une vraie **combinaison chimique,** grâce à laquelle les cellules acquièrent une imputrescibilité absolue et une grande résistance aux actions mécaniques telles que le gonflement qui accompagne une hydratation succédant à une déshydratation préalable, comme cela se rencontre souvent dans le cours des manipulations histologiques. La couleur communiquée aux pièces par ces réactifs est permanente et ne disparaît pas même après des lavages prolongés, ce qui s'explique aisément, du reste, par la combinaison chimique dont il a été parlé plus haut.

« D'autres fixateurs enfin, l'acide osmique, le bichlorure de mercure, le chlorure d'or, etc., **se réduisent** au contact des substances organiques et forment un précipité très fin, tellement délié même, que, pour l'acide osmique et d'autres, il n'est pas résolu en grains ou en cristaux avec les plus forts grossissements employés et paraît continu.

« Ainsi, **coagulation des albumines, combinaison** avec le tissu ou **réduction** en son sein, telles sont les principales manières d'agir des fixateurs en face des tissus (*Garbini*). Mais il ne faut pas accorder une importance excessive à tel ou tel mode d'action d'un réactif donné, car *la tendance actuelle est de rejeter dans la fixation l'emploi d'un seul réactif et de se servir de solutions complexes renfermant plusieurs agents de pouvoir différent*. Ainsi, le *liquide de Flemming* comprend, nous le verrons, de l'acide chromique qui se combine et de l'acide osmique qui se réduit ; certains mélanges picro-chromiques renferment un agent coagulant (acide picrique) et un agent se combinant (acide chromique), etc., etc.

« Bien que le nombre des composés chimiques employés pour la fixation soit considérable, **il n'y a pas de fixateur parfait et universel**, pouvant s'appliquer avec le même succès à tous les cas, et cela se conçoit aisément si l'on réfléchit à la différence de composition chimique, de texture, de pénétrabilité des différentes pièces que l'on peut avoir à étudier. Aussi faut-il toujours employer successivement plusieurs fixateurs pour faire des préparations d'un même organe, et, lorsque le volume de ce dernier le permet, le diviser en plusieurs fragments que l'on traite chacun par l'un des principaux réactifs. De cette façon, en comparant les résultats obtenus avec les différents agents, on arrive à voir ce qui est le fait de chacun d'eux, à l'éliminer et à déterminer ce qui appartient en propre à la pièce.

nulation, n'y existaient pas primitivement. Il ne faut pas entendre par là que toutes les structures dans les objets fixés ne sont que des produits artificiels ou dus à des phénomènes de coagulation ; nous pouvons bien plutôt penser qu'un grand nombre de différenciations du protoplasme et du noyau que nous sommes en état d'observer directement pendant la vie (Flemming, 1882), sont conservées par certains fixateurs.

A. Fischer nous a montré la méthode expérimentale qui permet de rapporter les images qui apparaissent après l'action des réactifs à celles qui existent dans la cellule vivante.

96. *Bolles Lee* (1902) adresse les critiques suivantes à cette *Théorie de la fixation de Fischer :* D'après cette théorie de la fixation, il s'ensuivrait que les fixateurs les plus énergiques se trouveraient toujours parmi les précipitants les plus énergiques des substances organiques des tissus. Cette déduction ne se vérifie cependant pas d'une façon absolue. Ainsi chacun reconnaît que l'acide osmique est un fixateur des plus puissants. Mais *Fischer* (*op. cit.*, p. 12, 14, 27) trouve qu'il n'est qu'un précipitant incomplet et faible. D'un autre côté, il trouve que l'acide picrique est un précipitant énergique de la majorité des substances cellulaires ; et cependant presque tous les histologistes sont d'accord pour admettre qu'il n'est qu'un fixateur faible et incomplet.

Ces exemples, et d'autres analogues, nous paraissent indiquer que les tables de pouvoirs de précipitation que donne Fischer ne doivent pas être considérées comme donnant exactement la mesure du pouvoir de fixation des réactifs. De plus, l'étude des figures de fixation de l'acide osmique, du formol, et, à un moindre degré, de certains autres réactifs, paraît indiquer que la coagulation des tissus qu'ils produisent est bien accompagnée en partie par la formation de précipités, mais qu'en partie elle ne l'est pas, de sorte qu'une partie notable de la fixation qu'ils fournissent se fait sous forme d'une *coagulation homogène.* Mais, à ces exceptions près, il semble nécessaire d'admettre que la formation de précipités visibles est un accompagnement très répandu, sinon universel, de la fixation, et que, plus est étendu le pouvoir précipitant d'un fixateur (c'est-à-dire plus est grand le nombre des liquides organiques qu'il peut précipiter), et plus seront nombreux les *artefacts* (productions artificielles), ou apparences illusoires dues à la préparation, qu'il peut produire.

97. Il ne faut, en effet, jamais perdre de vue, dans la pratique de la fixation, que *les liquides ne sauraient conserver les objets dans l'état où ils se trouvent pendant la vie ;* loin de là, ils y introduisent bien des changements au milieu desquels nous cherchons à retrouver les conditions de l'état vivant.

Bien que les rapports relativement grossiers soient seuls conservés par les fixateurs, on parle tout de même de la *conservation* d'un objet. — Il faut aussi se rappeler que ces rapports diffèrent profondément suivant les réactifs employés.

98. Les modifications les plus grossières qu'éprouvent les objets dans les fixateurs, ou à la suite des différentes manipulations auxquelles on les soumet, se laissent souvent déjà reconnaître à des indices extérieurs, tels que des changements dans leur forme, leur taille et leur coloration.

Ainsi, par exemple, le *ratatinement :* un objet volumineux, une fois qu'il a été successivement fixé, durci, coloré, inclus, coupé et monté, peut ne plus présenter que 20 $^0/_0$ de ses dimensions primitives, et cela, malgré une conservation relativement bonne des tissus ; cette réduction du volume peut même atteindre 40 $^0/_0$ dans les cas de petits embryons (voir *Tellyesniczky*, 1898, 1902).

Kaiserling et *Germer*, à la suite de leurs expériences sur les globules du sang, estiment que tous les réactifs, à l'exception de la solution physiologique de sel (isotonique), agissent sur les tissus en les ratatinant.

99. *A. Policard* (1910), dans son Mémoire sur le *Fonctionnement du rein de la grenouille*, s'est posé la question pleine d'intérêt : Dans quelles limites doit-on considérer comme exactes et conformes à la réalité les figures offertes par les préparations? — Voici comment il y répond au sujet de la *fixation :* La fixation type consiste dans une coagulation, c'est-à-dire dans une transformation colloïdale, sans modification de la structure apparente. En fait, il y a toujours modification de structure proprement dite, mais celle-ci ne doit pas dépasser l'ordre des particules colloïdales et ne jamais affecter la disposition des groupements plus élevés qui constituent la structure apparente pour nous. Si le groupement de ces particules est affecté, la structure cytologique est modifiée.

En pratique, dans l'acte de la fixation, deux causes perturbatrices importantes peuvent prendre place.

La première cause d'erreur réside dans l'intervention de phénomènes d'ordre osmotique. Quand on emploie un fixateur liquide, qui n'est jamais rigoureusement isotonique avec le contenu cellulaire, des courants se produisent entre ce liquide et le contenu cellulaire, et ces courants amènent des ruptures des mailles du protoplasma et un bouleversement de la morphologie. Il est bien évident que cette cause d'erreur n'a pas lieu lorsqu'on utilise un fixateur en vapeurs.

La deuxième cause d'erreur à éviter consiste dans le changement morphologique résultant des modifications autolytiques très précoces qui surviennent dans la cellule immédiatement après la mort. Ces modifications, inappréciables par les procédés chimiques actuels, amènent des changements morphologiques sur lesquels il importe d'être fixé.

Ces changements consistent essentiellement au début en fragmentations de certains éléments protoplasmiques, les chondriosomes.

Quand on utilise un fixateur composé liquide, il se passe un autre phénomène sur lequel on n'est malheureusement pas fixé. Ce liquide fixateur pénètre toujours moins que la vapeur fixatrice; cette pénétration pour un même organe est plus ou moins rapide suivant la nature chimique du corps considéré. Dans les liquides fixateurs composés, elle est très inégale pour les différents composants. Telle substance pénètre dans le fragment beaucoup plus vite que telle autre. Ce qui fait qu'à une certaine distance de la surface, ce n'est plus du tout le même liquide qui agit; les proportions sont complètement changées; les corps qui diffusent facilement sont proportionnellement plus abondants que ceux qui diffusent difficilement. Ceci est particulièrement important pour les fixateurs liquides à base d'acide osmique, comme le liquide de Flemming ; tout l'acide osmique se dépose sur les premières couches de cellules ; à $0^{mm},5$ de la surface, ce n'est plus qu'un mélange chromo-acétique qui agit. A 1 millimètre, l'acide chromique s'est aussi tout entier fixé. Au centre de la pièce, ce n'est plus que de l'eau chargée d'acide acétique ; on devine dans quelles conditions s'opère la fixation à ce niveau.

C'est là l'inconvénient des fixateurs composés. D'après Policard, cette cause d'erreur est si considérable qu'il faut faire son possible pour éviter de tels mélanges.

Il est bon de n'employer, autant que possible, que des fixateurs simples et très diffusibles.

L'un des meilleurs est l'aldéhyde formique. C'est peut-être le meilleur fixateur que nous possédions à l'heure actuelle. Employé liquide, en solution dans du sérum salé physiologique, à froid ou à chaud (40° C.) ou *en vapeurs*, en chambre humide à l'étuve, il a toujours donné d'excellents résultats.

100. *G. Rubenthaler* (1907) s'est demandé comment on pourrait combattre efficacement les *artefacts de fixation* « dont l'élimination la plus complète possible reste la condition essentielle et la base technique de la cytologie normale et pathologique ». Après avoir constaté que la pratique générale des laboratoires consiste aujourd'hui dans l'immersion pure et simple de l'objet à fixer dans le fixateur de choix, que ce dernier soit employé ou non sous certaines conditions d'isotonie et de température, il déclare, avec raison, établi que, dans la majorité des cas, la fixation ne peut pas être instantanée. « Entre l'instant du contact et celui de la fixation, il s'écoule un temps variable durant lequel se produit un choc brutal et s'engage une lutte entre les éléments des tissus et le fixateur. Ce temps est le fauteur de la totalité des artefacts de fixation. » Pour atténuer la réaction cellulaire au moment du contact, Rubenthaler a pensé à *diminuer les forces en présence, du côté de la cellule par l'anesthésie, du côté du fixateur par une gradation convenable de son emploi sous forme de dilutions successives de densité croissante.*

Quant à l'obstacle beaucoup plus sérieux opposé par la lenteur de la fixation, Rubenthaler est arrivé à le vaincre par les deux moyens suivants : *1° accélérer la fixation, non pas en augmentant la concentration des dilutions, mais en restreignant les pièces à un volume très faible, de quelques millimètres cubes au plus, ce volume réduit permettant aux dilutions de se succéder plus rapidement; 2° employer simultanément des moyens déjà connus : l'isotonie et l'isothermie, mais dans le but spécial de prolonger la vie des éléments jusqu'à une phase aussi rapprochée que possible de l'action efficace du fixateur.*

Voici, d'ailleurs, la *technique* détaillée de Rubenthaler :

Commencer par réunir le matériel et les produits nécessaires, savoir :

1° *Milieu isotonique ou conservateur approprié à l'objet d'étude.* — On en recueillera cent fois le volume de l'objet. Comme ce volume ne doit pas dépasser quelques millimètres cubes, la quantité de liquide isotonique ne sera jamais au-dessus de nos ressources. Sur ces cent volumes, 50 seront mis de côté pour faire la solution anesthésique.

2° *Solution anesthésique.* — Elle sera préparée en dissolvant dans le liquide isotonique un centième de son poids de chlorhydrate de cocaïne. L'hydrate de chloral est inférieur à la cocaïne.

3° *Dilutions fixatrices.* — Il suffit d'en adopter quatre, la dernière étant représentée par le fixateur normal. Leur mode de préparation est le même, quel que soit le fixateur employé :

La dilution n° 1 se compose de 1/4 fixateur normal, 3/4 eau
— n° II — 1/2 — 1/2 —
— n° III — 3/4 — 1/4 —

4° *Un petit vase à précipité*, pourvu d'un bec, d'une capacité de 125 centimètres cubes environ, pour y mettre le liquide isotonique et y faire la substitution des liquides.

5° *Une éprouvette graduée* de 50 centimètres cubes pour y placer le liquide anesthésique.

6° *Quatre tubes de Borrel* étiquetés de 1 à 4, renfermant les dilutions correspondantes et remplis aux trois quarts. Ces tubes étant de forme cylindrique, il sera aisé, sans graduation, d'utiliser leur contenu par tiers successifs.

7° *Étuve*. — Elle pourra être d'un modèle quelconque pourvu qu'elle permette un réglage satisfaisant et dispose d'une capacité intérieure suffisante.

Détail des manipulations. — Préparation de l'étuve : Mettre dans l'étuve au fond et à gauche le vase à précipité renfermant le milieu isotonique, à gauche et en avant l'éprouvette contenant le liquide anesthésique.

A droite, on mettra les tubes de Borrel, le numéro 4 étant placé le premier au fond, puis successivement, les numéros 3, 2 et 1 de manière que ce dernier soit sous la main. L'étuve est alors allumée et portée à la température requise. (Il reste bien compris que l'emploi de l'étuve est commandé par la température normale des tissus. Pour les végétaux et les animaux à sang froid, les opérations seront exécutées à l'air libre. Si nous supposons ici l'emploi de l'étuve, c'est dans le but de donner à la technique son développement le plus complet.)

Anesthésie. — L'objet n'est prélevé que lorsque l'étuve fonctionne régulièrement. Porté dans le milieu isotonique et isothermique, il va être soumis aussitôt à l'anesthésie. Celle-ci débute par addition au milieu isotonique d'un tiers de la solution de la cocaïne. Au bout de dix minutes, un tiers du mélange est rejeté, puis un nouveau tiers de la solution anesthésique est ajouté, et ainsi de suite jusqu'à épuisement de cette dernière. L'anesthésie est achevée en une demi-heure. L'éprouvette devenue inutile est retirée de l'étuve.

Fixation progressive. — La dilution n° I est substituée *par tiers* de dix minutes en dix minutes au milieu anesthésique. Les dilutions elles-mêmes se succèdent l'une à l'autre dans l'ordre de leur numéro, de la même façon, un tiers ajouté pour un tiers rejeté. Les tubes de Borrel sont retirés de l'étuve au fur et à mesure qu'ils deviennent inutiles, et l'on a soin de fermer, chaque fois qu'il le faut, la porte de l'étuve. On arrive ainsi en deux heures à l'emploi du fixateur normal. A l'étuve, aux environs de 37°, la durée normale de l'emploi de ce dernier est réduite de moitié. A froid, il faut le laisser agir pendant la durée normale de la fixation.

Confirmation de la fixation. — Lorsque la pièce doit subir l'inclusion à la paraffine, il est bon d'accentuer la fixation.

Si cette dernière a eu lieu à froid, on la prolongera une fois terminée, dans l'étuve, en élevant graduellement la température d'environ 5° d'heure en heure jusqu'à ce qu'elle atteigne 40°.

Si la fixation a déjà eu lieu à chaud, la stabilité voulue est acquise d'emblée.

Cependant, pour les inclusions au delà de 55°, il est bon, dans les deux cas, d'élever la température du milieu fixateur jusqu'à 45°.

101. Au sujet de l'état actuel de la technique histologique, *A. Policard* (1912) s'exprime ainsi :

« Les procédés généralement employés sont évidemment encore empiriques pour la plupart; mais, appliqués conformément aux données fondamentales de la méthode expérimentale, ils ont permis et permettront encore l'établissement de faits exacts. Il y a, certes, grand intérêt à chercher, comme le font *Mayer* et ses collaborateurs, à déterminer le choix des méthodes de fixation (et de coloration) par la composition chimique des éléments à étudier. Il n'est pas douteux que c'est là l'avenir, mais un avenir encore lointain... »

B. LES FIXATEURS

102. Avant de donner la liste des *fixateurs* les plus employés de nos jours, nous croyons essentiel d'insister, avec *Vialleton*, sur le fait suivant : *On ne doit laver à l'eau après la fixation que les pièces immergées dans des liquides faisant un précipité avec l'alcool*, tels que l'acide osmique, l'acide chromique et ses sels (chromates). *Dans tous les autres cas, il vaut mieux laver dans l'alcool à 70°.*

103. L'alcool employé comme nous l'avons indiqué dans le paragraphe 89, notamment en forte concentration (90°, absolu), peut servir encore de liquide fixateur, s'il n'est pas question de détails de structure délicate, car il a une action déshydratante et contractante un peu brutale.

Additionné d'*acide acétique* jusqu'à 35 %, il constitue un fixateur pénétrant et rapide ; on ne doit pas le laisser agir pendant plus de deux heures. Après la fixation, on porte les pièces dans l'alcool pur.

104. D'après *Fischer* (1899), l'alcool, par suite de sa puissante et universelle « force de précipitation », et de la coagulation de la plupart des corps albuminoïdes, sera tout indiqué pour obtenir des précipités durables tandis que. d'autre part, il sera tout à fait inutilisable, si l'on veut conserver dans les préparations des parties constituantes de la cellule, éléments composés d'albumoses et d'acide nucléique, et qui, dans le tissu vivant, sont encore complètement ou à moitié dissous.

105. Il est bon de citer un phénomène bizarre qui apparaît après le traitement par l'alcool : le protoplasme et la substance nucléaire s'éloignent à l'intérieur de la cellule *le plus loin possible de la surface* du morceau fixé dans l'alcool, et s'appliquent contre les parois de la cellule qui pourrait ainsi paraître presque vide (« la fuite du contenu de la cellule vers le centre du morceau », *Tellyesniczky*, 1898). Ces changements sont surtout frappants à la périphérie de l'objet.

106. **L'acide chromique** s'emploie en solution aqueuse de 1/3 à 1/2 °/₀.

Les morceaux à fixer, d'autant meilleurs qu'ils sont plus petits, ne doivent pas dépasser 1 centimètre suivant leur plus grand diamètre ; on les place pendant vingt-quatre heures dans une très grande quantité, 50 fois au moins leur volume, d'acide chromique. Pour de gros morceaux, on peut changer le liquide au bout de vingt-quatre heures et les replacer pendant le même temps dans une solution fraîche, de force égale à la précédente ou un peu supérieure, environ 1/2 °/₀. On lave ensuite les objets dans une grande quantité d'eau qu'on renouvelle souvent ou, ce qui vaut mieux encore, dans de l'eau courante. Le **lavage** dure au moins vingt-quatre heures ; après cette opération, les morceaux doivent présenter le moins possible de trace de la couleur jaune de l'acide chromique. Le traitement se fait à l'obscurité.

Pour le lavage des préparations, on se trouve très bien d'un injecteur dont le verre serait un peu plus épais que d'ordinaire ; on y introduit les objets à laver et on met, au moyen d'un tube en caoutchouc, sa petite embouchure en communication avec le robinet à eau (*Muthmann*).

A leur sortie de l'eau ces fragments incolores et fixés sont placés pendant vingt-quatre heures dans l'alcool à 70° ; puis, au bout du même temps, dans l'alcool à 90°. La quantité de l'alcool à employer doit être au moins 30 fois supérieure au volume de l'objet. Les dernières opérations doivent se faire dans l'obscurité.

L'acide chromique a été pour la première fois recommandé par *Jacobson* et *Hannover* (1840) comme liquide fixateur et était autrefois d'un usage très général ; il fixe assez bien les substances chromatiques du noyau, mais non le protoplasma. Employé en solutions très fortes et très faibles, il détruit le contenu du noyau. C'est *Max Schultze* qui a introduit dans la technique l'emploi des solutions faibles.

L'acide chromique fournit avec l'albumine et la gélatine des combinaisons qui ne sont que très peu solubles ; on l'emploie, pour cette raison, comme fixateur. *Tappeiner* (1890).

107. Acide chromo-acétique. — Une solution à 0,5 °/₀ d'acide chromique, additionnée de 5 °/₀ d'acide acétique, fixe mieux que l'acide chromique seul.

Ehlers recommande pour la conservation de beaucoup d'*Annélides* la formule suivante : A 100 centimètres cubes d'acide chromique d'une concentration de 0,5 à 1 °/₀, on ajoute de 1 à 5 gouttes d'acide acétique cristallisable. La proportion indiquée d'acide acétique est suffisante pour neutraliser l'action ratatinante de l'acide chromique.

Lo Bianco prend pour des animaux marins un mélange de 1 partie d'acide acétique à 50 °/₀ et 20 parties d'acide chromique à 1 °/₀ (c'est son « acide chromo-acétique n° I »).

108. L'**acide acétique** seul n'est que très rarement employé comme fixateur. Il joue, en revanche, un rôle important dans presque tous les mélanges fixateurs. Si l'on ajoute à des préparations fraîches de l'acide acétique étendu, les noyaux apparaissent avec netteté ; cet acide dissout en partie le protoplasma de la cellule, et y provoque la formation de précipités qui rendent le noyau plus sombre.

109. Le **bichromate de potassium**, en solution aqueuse, que l'on élève successivement à 5 °/₀ et cela d'une manière très graduée, d'abord à 2 °/₀, puis à 3 °/₀, 4 °/₀, etc., le liquide de *Müller* et celui d'*Erlicki* s'emploient pour l'étude de tous les organes. Le bichromate de potassium et le liquide de Müller rendent à peu près les mêmes services ; mais, comme nous l'avons dit, le premier s'emploie en concentration croissante.

Encore ici on doit opérer dans l'obscurité.

110. Les noyaux se conservent particulièrement mal dans le **bichromate de potassium**, où ils prennent souvent une teinte homogène (*Tellyesniczky*, *Held*). *Burchardt*, dans son Mémoire de 1897, déclare que, parmi les sels de chrome, ceux de potassium, de sodium, de lithium, etc., détruisent les noyaux ; au contraire, les bichromates de calcium, de baryum et de cuivre permettent d'obtenir en bon état de conservation la chromatine nucléaire.

Il existe un certain nombre de bonnes liqueurs fixatrices qui se recommandent aussi pour la structure des corps cellulaires ; citons les trois suivantes :

1. Bichromate de calcium 4 0/0 .... 60 vol.
   Bichromate de potassium 5 0/0 .... 30 —
   Acide acétique .... 5 —

2. Bichromate de baryum 4 0/0 .... 80 vol.
   Bichromate de potassium 5 0/0 .... 30 —
   Acide acétique .... 5 —

3. Bichromate de cuivre 6 0/0 .... 60 vol.
   Bichromate de potassium 5 0/0 .... 30 —
   Acide acétique .... 5 —

111. Le liquide de **Müller** (1859) se compose de :

Bichromate de potassium .... 2 à 2 gr. 1/2
Sulfate de sodium .... 1 gr.
Eau .... 100 cm^3

Les fragments qui ne sont pas trop gros se fixent dans l'obscurité avec une extrême lenteur dans ce liquide ; durant la première semaine, on renouvelle le liquide tous les deux jours ; *plus tard, deux fois par semaine ; les objets de* moyenne grosseur, comme par exemple la moelle épinière de l'homme, exigent une durée d'environ six à huit semaines.

Voici les instructions que donne *H. Müller* (1859) : « J'emploie un liquide qui contient du bichromate de potassium et du sulfate de sodium : soit environ 1 1/2 °/₀ de chacun de ces deux sels, soit un peu plus de l'un et un peu moins de l'autre. On ajoute encore un peu d'acide chromique, suivant que l'on veut plus ou moins durcir.

112. Lorsqu'il s'agit de petites pièces, *Vialleton* (1899) emploie avec succès la liqueur de Müller additionnée d'un peu d'acide osmique dans les proportions suivantes :

Liqueur de Müller	100 cm³
Acide osmique à 1 0/0.......................	2 à 5 —

On plonge la pièce suspendue par un fil au milieu de ce liquide. On le renouvelle deux ou trois fois en vingt-quatre heures; puis, on le remplace par de la liqueur de Müller pure.

113. Le liquide d'Erlicki, au bout d'un temps notablement plus court, donne à peu près les mêmes résultats, et s'emploie de la même façon. Il se compose de :

Bichromate de potassium.....................	2 gr. 1/2
Sulfate de cuivre	1/2 gr.
Eau...	100 cm³

114. Le mélange d'Orth contient 1 partie de formol et 9 de liquide de *Müller*. Il doit être fraîchement préparé. On fixe pendant trois heures à l'étuve, ou douze à la température normale; on lave à l'eau courante jusqu'à ce que l'eau ne se colore plus. Les résultats de ce Formol-Müller sont incomparablement meilleurs que ceux obtenus avec le liquide de Müller seul.

On renouvelle le liquide tous les deux jours. *La fixation* exige 3 à 4 fois moins de temps qu'avec le liquide de Müller.

115. Tellyesniczky (1898) recommande l'addition de 5 volumes d'acide acétique pour 100 volumes d'une solution aqueuse à 3 % de bichromate de potassium; on fixe seulement pendant un à deux jours; puis, on lave à grande eau, et on commence le traitement ultérieur avec l'alcool à 15° (dans l'obscurité).

Cette *liqueur fixatrice* fixe les noyaux et le protoplasma également bien; elle pénètre rapidement et se prépare avec une très grande facilité. On ajoute l'acide acétique immédiatement avant de se servir du réactif.

116. L'addition de l'acide acétique au bichromate de potassium tire sa raison d'être des recherches de *A. Fischer* (1899); ce savant a, en effet, constaté que, par le bichromate de potassium, de nombreux corps albuminoïdes, notamment en solution alcaline, ne sont pas précipités, tandis qu'ils se précipitent tous aussitôt que l'on ajoute un acide. En outre, l'acide acétique diffuse avec une grande rapidité; c'est à cette propriété qu'il doit d'entrer dans la composition d'autres fixateurs.

117. Ces liquides fixateurs à action si lente sont bien faits pour faire ressortir combien grande est l'**influence de la température**. Une température élevée hâte singulièrement cette action; ainsi, avec le liquide d'Erlicki, un séjour de 4 à 5 jours dans une chambre à 40° suffira pour fixer la moelle épinière de l'homme.

Avec le liquide de Müller, un séjour de huit à dix jours dans une étuve chauffée à 30, à 40° (§ 195), par exemple, suffira pour fixer un tissu.

Le liquide s'additionne d'un peu de camphre pour tuer les micro-organismes. Conformément à la règle générale, on aura soin de ne placer les fragments dans le récipient qu'après en avoir revêtu le fond de papier-filtre ou de ouate; de cette façon ces fragments se trouvent totalement enveloppés par le liquide fixateur.

Dans la généralité des cas, on lave les pièces à fixer dans de l'eau que l'on renouvelle ou à l'eau courante jusqu'à ce que *toute chaleur ait disparu : ce qui exige un à deux jours;* puis, on les porte dans l'alcool à 70°, où elles restent vingt-quatre heures, et enfin dans l'alcool à 80°.

118. Pour se débarrasser des précipités gênants qui se produisent après la fixation avec le liquide d'Erlicki, il suffit, d'après *Löwenthal*, de faire agir sur eux, avant l'emploi de l'alcool, une solution à 1/2 % d'acide chromique ou bien de l'eau chaude, ou enfin de l'eau faiblement acidulée avec de l'acide chlorhydrique (*Edinger*).

119. Les substances ci-dessus signalées ne conviennent pas pour l'étude des noyaux qu'elles attaquent fortement et dissolvent en partie ; elles sont, même de nos jours, généralement bien moins employées qu'autrefois ; elles jouent toutefois, encore aujourd'hui, un rôle important, notamment dans les recherches sur le système nerveux et sur l'œil.

120. On doit prendre l'habitude, avec les liquides contenant du chrome, de fixer dans l'obscurité ; cette précaution est, notamment, absolument nécessaire lorsque les pièces sont destinées à l'alcool. Sinon, il se forme des pigments artificiels très préjudiciables, qui, dans certains cas, pourraient être interprétés, à tort, comme étant naturels (*H. Virchow*).

121. Le **tétroxyde d'osmium** (OsO^4) ou **acide osmique** a été introduit dans la technique par *F.-E. Schultze, Max Schultze* et *Rudneff* (1865). L'acide osmique est très cher ; 1 gramme coûte environ 8 fr. 75 ; c'est un poison très violent, dont les vapeurs attaquent les muqueuses.

Dans la solution aqueuse d'acide osmique, les agents réducteurs non moins que la lumière du soleil produisent le départ de l'osmium d'un noir métallique : aussi conserve-t-on cette solution dans des bouteilles noires, grâce à l'addition dans 100 centimètres cubes d'une solution d'acide osmique à 1 °/₀ de 10 gouttes d'une solution de sublimé à 5 °/₀. On peut conserver intacte et en pleine lumière cette solution d'acide osmique (*Paul Mayer*, 1901). L'acide osmique se vend dans des verres hermétiquement fermés, qui en contiennent généralement 1 gramme.

122. L'acide s'emploie en solution aqueuse variant de 1/2 à 1 ou 2 °/₀. Habituellement, on fait usage d'une solution à 1 °/₀. L'acide osmique fixe momentanément, mais ne pénètre pas suffisamment dans les fragments à fixer ; aussi choisit-on les morceaux de la plus petite dimension possible, car, sur un morceau plus gros, les zones superficielles de l'organe, ne dépassant pas 1/2 millimètre d'épaisseur, sont seules fixées par la solution. Cet acide est un excellent agent différenciant, vu que, en s'oxydant, il modifie diversement à la fois les couleurs naturelles des divers tissus. C'est ainsi que, sous son action, les noyaux deviennent d'un jaune sale, les fibres élastiques d'un brun grisâtre ; le tissu adipeux et la myéline des nerfs prennent une couleur noire.

On laisse pendant vingt-quatre heures agir le liquide dans un verre très bien fermé ; on lave les morceaux environ deux heures ou plus longtemps avec de l'eau distillée, et on les transporte directement dans l'alcool à 90°, où ils séjournent en attendant une manipulation ultérieure ; on peut, aussi, après le lavage à l'eau distillée, passer par la série graduellement ascendante des alcools. L'acide osmique conserve très bien la forme de la cellule, mais il en fixe mal les structures.

123. La moelle nerveuse se colore aussi en noir dans les pièces fixées par l'acide chromique et les sels chromiques. Sur des préparations préalablement colorées, qui ont subi une fixation convenable, on peut également faire agir l'acide osmique.

La substance médullaire des capsules surrénales y noircit ; les segments externes des bâtonnets de la rétine de la grenouille (mais non des Mammifères) subissent le même sort. Le protoplasma des cellules embryonnaires s'y colore beaucoup plus vivement que celui des cellules bien développées (Voir le système nerveux).

124. L'acide osmique s'emploie aussi en vapeurs (*Hensen*), notamment lorsque de petites portions de tissus ou de petits organismes demandent à être très rapidement privés de vie.

La **vaporisation de l'acide osmique** s'obtient en plaçant quelques gouttes d'acide osmique au fond d'un verre plat. On y dépose l'objet, ou bien on l'y suspend avec un fil dans le verre, de façon à ce qu'il ne soit pas en contact avec l'acide, et on couvre le verre d'un couvercle en verre.

125. Les objets fixés avec l'acide osmique peuvent, d'après

Flemming, être colorés à nouveau avec l'hématoxyline ou avec le carmin aluné; les préparations de la rétine sont tout particulièrement belles.

126. *O. Schultze* colore avec succès dans la cochenille à l'alun (§ 323) les pièces traitées par l'acide osmique à 0.5 % et ensuite, plusieurs jours, par une solution à 1 % de bichromate de potassium; à leur sortie du bichromate, celles-ci sont portées directement dans la cochenille, et les noyaux se colorent tout spécialement bien.

127. D'après *A. Fischer* (1899), l'acide osmique employé *seul* ne précipite que très incomplètement les corps albuminoïdes. Il ne produit de précipités dans les cellules (coagulations) que lorsqu'elles ont une réaction acide; s'il s'agit d'une réaction alcaline, au contraire, il n'agira jamais. Si on acidule légèrement, avec l'acide acétique, les substances albuminoïdes se précipitent aussitôt en donnant des produits insolubles dans l'eau. Dans le liquide mentionné au paragraphe 128, par exemple, les éléments à fixer sont acidulés par l'acide acétique, qui diffuse très rapidement, avant que se fasse sentir l'action de l'acide osmique.

128. Une liqueur fixatrice **parfaite** pour les noyaux et les détails de structure du protoplasma est le mélange **chromo-acéto-osmique Flemming** (*mélange fort*) (1882, 84 et 95 *a*). En voici la formule :

Acide chromique à 1 0/0................................	15 parties
Acide osmique à 2 0/0.	4 —
Acide acétique cristallisable...................	1 —

Si l'on n'a pas sous la main de la solution d'acide osmique à 2 0/0, on prendra :

Acide chromique (sol. aqueuse à 10 0/0).......	15 parties
Acide osmique (sol. à 1 0/0)	80 —
Acide acétique cristallisable	10 —
Eau distillée...................................	95 —

129. L'emploi de cette liqueur présente de grands avantages, en particulier pour des tissus appartenant à des animaux adultes et en développement. Il n'est pas besoin d'employer une grande quantité de ce liquide pour fixer des fragments toujours petits, ne dépassant pas 1/3 de centimètre de côté. On le laisse agir vingt-quatre heures, et de préférence un temps plus long, pendant des semaines même. Les objets une fois fixés, on les lave pendant vingt-quatre heures dans l'eau courante, et on les place, pendant le même temps, successivement dans l'alcool à 70, 80 et enfin 90°.

Le liquide de *Flemming* fixe le noyau et le protoplasma également bien ; les structures les plus fines sont impressionnées par lui.

130. La meilleure coloration des coupes après ce mode de fixation s'obtient avec la safranine. On l'emploie étendue au maximum. Tout ce qui reste ensuite coloré d'un rouge vif est appelé chromatine.

131. Voici une solution plus faible proposée par **Flemming** :

Acide chromique..................	0,25 0/0	
Acide osmique....................	0,1 —	dans l'eau.
Acide acétique...................	0,1 —	

Pour fabriquer ce mélange avec les solutions normales, on prend :

Acide chromique à 1 0/0......................	25 vol.
Acide osmique à 1 0/0........................	10 —
Acide acétique à 1 0/0........................	10 —
Eau...	55 —

132. Liqueur de Fol (1884) :

Acide osmique à 1 0/0........................	2 vol.
Acide chromique à 1 0/0......................	25 —
Acide acétique à 2 0/0........................	5 —
Eau...	68 —
	100 vol.

Cette liqueur s'emploie comme la liqueur de Flemming.

133. Liqueur de Hermann. — On obtient de même d'excellents résultats avec un mélange de :

Acide acétique.................................... 1 cc.
Acide osmique à 2 0/0 .... 4 —
Solution aqueuse de chlorure de platine à 1 0/0 ... 15 —

S'emploie comme la liqueur de *Flemming* (*Hermann*, 1893).

134. *Flemming* (1891) a attiré l'attention sur le fait que les substances chromatiques se gonflent un peu dans la liqueur de Hermann ; aussi n'est-il pas possible d'observer sur les objets fixés par elle les premiers stades du dédoublement des chromosomes.

Après ce liquide, comme après la liqueur de Flemming et tous les mélanges où entre l'acide osmique, on peut faire usage de l'acide pyroligneux ordinaire dans lequel les objets séjournent de douze à vingt-quatre heures, après qu'ils sont soumis à l'action de l'alcool. Il se produit ainsi une coloration particulière de l'objet qui rend inutile l'usage de tout autre colorant (*Hermann*, 1893).

Voici trois fixateurs dus à *Vom Rath* (1895) :

135. L'acide picro-acéto-osmique. A 1.000 centimètres cubes d'une solution aqueuse saturée à froid d'acide picrique, on ajoute 1 gramme d'acide osmique, et, quelques heures après, 4 centimètres cubes d'acide acétique. Suivant les dimensions de l'objet, on fixera pendant un quart d'heure, une heure, vingt-quatre heures ou quarante-huit heures. Puis, on porte celui-ci directement dans l'alcool à 75°. On colore longuement. Les noyaux et le protoplasma sont également bien fixés.

136. Mélange d'acides : picrique, osmique, acétique, et de chlorure de platine. Dans 200 centimètres cubes d'une solution aqueuse concentrée d'acide picrique, on verse 25 centimètres cubes d'une solution aqueuse d'acide osmique à 2 °/₀ ; puis, on fait dissoudre 1 gramme de chlorure de platine dans 10 centimètres cubes d'eau, et, finalement, on ajoute 2 centimètres cubes d'acide acétique (solution concentrée).

Si l'on veut obtenir une solution faible, on ne prend alors que 12 centimètres cubes d'une solution à 2 °/₀ d'acide osmique, à la place des 25 centimètres cubes.

On fait agir ce liquide, suivant la grosseur de l'objet, un quart d'heure, ou pendant tout un jour ; dans ce dernier cas, il est bon de renouveler la liqueur.

On porte successivement l'organe dans les alcools à 75° — 95° et dans l'alcool absolu, après un traitement éventuel de douze à vingt-quatre heures par l'acide pyroligneux ordinaire. On colore longuement dans la safranine et puis dans l'hématoxyline ; ou bien encore, on peut observer sans coloration préalable.

137. Mélange de *sublimé* et d'*acides : picrique* et *osmique.* A 100 centimètres cubes d'une solution aqueuse d'acide picrique on ajoute 100 centimètres cubes d'une solution de sublimé, et puis 20 centimètres cubes d'acide osmique à 2 %. (On peut encore y verser 2 centimètres cubes d'acide acétique.) Traitement ultérieur : acide pyroligneux ordinaire, ou bien tanin. On se débarrasse des précipités de sublimé par l'alcool additionné de quelques gouttes d'iode. Colorer pendant longtemps.

138. Le **fixateur de Mann** se compose de :

Acide picrique	1 gramme
Tanin	2 grammes
Solution aqueuse, saturée, de sublimé	100 cm³
(In solution physiologique de sel).	

139. *Pacaut* (1905) recommande le liquide fixateur suivant :

Solution aqueuse saturée d'acide picrique et de sublimé	100 cm²		
Solution aqueuse d'acide chromique à 16,5 0/0	2	—	5
Solution aqueuse de chlorure de platine à 3 0/0	3-4	—	

Les objets, de préférence petits, sont fixés pendant un temps variable suivant leur volume et leur pénétrabilité (deux à vingt-quatre heures). Lavage à l'eau. Passage des pièces dans l'alcool iodé, pour enlever le sublimé.

Les avantages de ce liquide sont les suivants : il se conserve très longtemps sans s'altérer ; il pénètre rapidement, et conserve parfaitement la structure du cytoplasme et du noyau ; il permet toutes les colorations ultérieures ; il ne durcit pas les tissus d'une façon exagérée, et permet ainsi la confection des coupes très minces ; enfin, si le lavage à l'eau, après son action, a été sommaire, cela ne présente aucun inconvénient, le passage dans l'alcool n'entraînant pas la formation de précipités.

Il a été employé avec succès pour les organes des Vertébrés (notamment pour l'étude des épithéliums de revêtement et des épithéliums glandulaires). Chez les Invertébrés il a donné d'excellents résultats chez les Mollusques, les Arthropodes, les Nématodes...

140. Le **sublimé** (bichlorure de mercure) (*A. Lang*, 1878) est une poudre blanche dont 1 partie se dissout dans : *16 parties d'eau, ou 4 parties d'alcool absolu, ou 4 parties d'éther.* Il est généralement employé en solution saturée (*Il est bon, pour obtenir une solution plus stable, d'y ajouter du sel marin*).

Le meilleur mode de préparation en est le suivant : On prend environ 75 grammes de sublimé pour 1.000 d'eau, et on les dissout en chauffant; on filtre la solution chaude et on la laisse refroidir. Quand le fond du vase refroidi se tapisse d'aiguilles cristallines blanches, le liquide qui reste doit être considéré comme saturé. Des fragments dont le diamètre ne dépasse pas 1/3 de centimètre, sont fixés dans ce liquide au bout de trois ou de vingt-quatre heures, suivant leur grosseur; on les traite ensuite dans l'alcool à 70° pendant vingt-quatre heures; puis, pendant le même temps, dans l'alcool à 80° et enfin dans l'alcol à 90°, où ils séjournent jusqu'au moment où on les examinera. Avant le traitement par l'alcool, on peut aussi laver les pièces rapidement dans l'eau, ou mieux dans la solution physiologique de sel.

141. Cette solution étant concentrée, il se produit, surtout par les variations de température dans l'appartement, des **cristaux** dans les objets en fixation ; on ne constate que rarement des déchirures ou du désordre dans les tissus. Ces cristaux paraissent noirs par transparence, et masquent ce qui se trouve au-dessous ; il convient donc de s'en débarrasser sans altérer les tissus fixés. On y réussit au mieux en ajoutant à l'alcool déshydratant de petites quantités (quelques gouttes pour 100 centimètres cubes) d'une teinture d'iode (*P. Mayer*) (1887) (une solution alcoolique saturée d'iode), ou d'une solution aqueuse d'iodure de potassium ioduré (voir § 85) (la teinture d'iode est préférable).

On ajoute de l'iode jusqu'à ce que la teinte d'un jaune pâle de la liqueur ne disparaisse plus ; cette addition peut se faire aussi bien à l'alcool à 70° qu'aux alcools employés après celui-ci. Le précipité rouge qui apparaît assez fréquemment après l'emploi des solutions iodées se dissout dans l'iodure de potassium. On a ainsi raison des cristaux que le sublimé forme dans les coupes.

142. On recommande souvent de ne se débarrasser des cristaux de sublimé que sur les coupes ; *Spuler* (1903), au contraire, préconise dans tous les cas cette opération dans les morceeux mêmes,

143. Il ne faut pas employer d'instruments métalliques, dans les manipulations d'objets traités par le sublimé ; on se sert, dans ce cas, de cuillères en corne, d'aiguilles de verre ou de baguettes de bois.

Après le sublimé, on peut avoir recours à la plupart des colorants, y compris les couleurs d'aniline ; à côté des colorations des coupes, on peut recommander spécialement, avant l'emploi du microtome, les colorations en masse avec le carmin boraté et le paracarmin. Le sublimé employé seul provoque des ratatinements du protoplasma ; toutefois il conserve mieux les noyaux que si on le mélange à d'autres réactifs.

144. On arrive à fixer encore plus rapidement en employant une solution de sublimé portée dans l'étuve à une température d'environ 40° C. On ne doit pas y laisser les objets au delà d'une demi-minute. Les tout petits, dépourvus de tissu conjonctif, n'auront besoin que d'être plongés une seule fois dans une solution bouillante de sublimé ; ce qui importe ici, c'est seulement la température et non le sublimé, qui, dans ce court espace de temps, peut à peine pénétrer, même dans les objets de petite dimension.

145. Solution de sublimé au sel marin. — On remplace l'eau par une solution de sel marin à 0,75 0/0. On l'emploie comme le sublimé à l'eau.

146. « Dans la **solution de sucre de canne** à 4,5 °/₀, saturée de **sublimé**, nous avons trouvé une liqueur fixatrice isotonique pour les animaux à sang chaud ; le volume des organes s'y maintient sans subir de modification. » [*Stoelzner* (1906).]

147. Alcool et **sublimé** : 3 à 4 grammes de sublimé, $0^{gr},5$ de sel marin, 100 centimètres cubes d'alcool à 50°. On fixe pendant douze à vingt-quatre heures ; puis : alcool avec addition d'iode... etc., comme plus haut.

148. Sublimé. — **Acide acétique** (*Lang*). — C'est un mélange très employé de nos jours, qui convient au tissu embryonnaire et aux organes pauvres en tissu conjonctif. A une solution aqueuse, saturée, de sublimé, on ajoute, suivant les cas. de 5 à 10 °/₀ d'acide acétique. Les objets y séjournent de deux à trois heures, ou plus longtemps. Ils passent ensuite dans l'alcool à 35°, puis, insensiblement, dans les alcools plus forts.

La fixation des gros objets doit être prolongée conformément aux instructions des paragraphes 140 et 145. Ce réactif est d'un usage courant dans les études du noyau et du protoplasma.

149. Solution de sublimé à l'acide chromique (*Lo Bianco*). — C'est le produit du mélange d'une solution de sublimé et d'acide chromique à 1 0/0 dans le rapport de 2 volumes à 1 volume.

Suivant la grosseur de l'objet, la durée de la fixation est de deux à quatre heures ; puis, on lave à l'eau et on transporte dans l'alcool à 70° avec addition d'iode, comme dans le paragraphe 140. Il n'est ici question que de petits objets ne dépassant pas un diamètre de 1/3 centimètre. Cette méthode est réservée pour des cas spéciaux.

150. Le liquide de Zenker (*excellent fixateur*). A 100 centimètres cubes de liquide de *Müller*, *Zenker* (1894) ajoute 5 grammes de sublimé et 5 centimètres cubes d'acide acétique. Les morceaux séjournent au moins vingt-quatre heures dans ce mélange ; puis sont lavés à l'eau courante et transportés graduellement dans l'alcool fort.

Le liquide de *Zenker* pénètre très facilement dans les tissus ; il fixe également bien les structures nucléaires et protoplasmiques sans porter aucunement atteinte à la coloration des éléments (voir aussi *Mercier*, 1894).

151. Helly remplace l'acide acétique par le formol à la même dose (5 centimètres cubes). Son liquide pénètre plus vite, mais on ne doit pas le laisser agir plus de six heures (autant que possible dans l'étuve).

La fixation des gros objets doit être poursuivie dans le liquide de Müller. On lave avec soin d'abord dans de l'eau ordinaire, puis dans l'eau distillée.

152. Toutes les liqueurs fixatrices contenant du sublimé peuvent donner des précipités qui ont provoqué, dans beaucoup de travaux. de nombreuses erreurs. Aussi l'étude de ces précipités est-elle indispensable,

153. Une solution de 2-3 °/₀ d'**acide nitrique** (*acidum nitricum purissimum* avec 70 °/₀ d'acide et d'un poids spécifique de 1,40) donne de bons résultats pour les petits objets. On ne doit pas fixer au delà de six heures, et on transporte successivement ces derniers dans les alcools à 70°, 80° et 90°, dans chacun desquels ils séjournent pendant vingt-quatre heures.

Les solutions à 5 0/0 ou plus fortes, notamment si on les fait agir plus longtemps sur les tissus, provoquent des ratatinements, surtout à la surface des pièces ; la chromatine apparaît vacuolisée (*Tellyesniczky*).

154. La solution aqueuse concentrée à froid d'acide **picrique** (3/4 de gramme d'acide picrique environ se dissolvent dans 100 centimètres cubes d'eau froide) peut, seule, être employée

avec succès comme liquide fixateur dans le cas d'objets petits ou moyens.

D'après la taille de l'objet, on peut laisser cette solution agir pendant quelques jours, ou même quelques semaines. On lave à l'alcool à 70°. Ce dernier procédé est dispendieux, si on veut le prolonger jusqu'à la complète décoloration des objets. Coloration à l'hématoxyline, au carmin, etc.

L'acide picrique employé seul ou mélangé à l'acide osmique, fut tout d'abord recommandé par *Gasser* (1878).

Dans la fixation par l'acide picrique, les germes au repos apparaissent souvent homogènes ; les mitoses, par contre, se conservent mieux. L'acide picrique donne des précipités avec les couleurs d'aniline basiques ; il n'en donne pas avec les couleurs d'aniline acides.

155. Pour les organes qui ne contiennent pas beaucoup de tissu conjonctif, notamment chez les embryons, on recommande l'emploi de **l'acide picro-sulfurique** de *Kleinenberg* (Voir dans Foster et Balfour, 1876) ou de **l'acide picro-nitrique** de *Paul Mayer* (1881). Pour obtenir le premier, on fait une solution saturée d'acide picrique dans l'eau ordinaire ; à 100 centimètres cubes de cette solution, on ajoute 2 centimètres cubes *d'acide sulfurique concentré*. Il se fait un précipité blanchâtre ; on filtre et l'on dilue le produit de la filtration dans trois fois son volume d'eau. Voici la formule :

Solution aqueuse, saturée. d'acide picrique...... 100 cm³
Acide sulfurique concentré..................... 2 —

Filtrez et ajoutez trois fois le volume d'eau. On obtient ainsi un liquide jaune clair, parfaitement limpide.

156. L'acide picro-nitrique s'obtient en ajoutant 2 centimètres cubes d'acide nitrique officinal à 100 centimètres cubes d'une solution aqueuse saturée d'acide picrique.

Il se forme peu à peu un précipité dont on se débarrasse en filtrant. Le liquide obtenu est prêt à être employé.

Des fragments aussi petits que possible, ne dépassant en aucun cas 1/2 centimètre de côté, séjourneront trois heures au maximum dans l'une de ces deux dernières liqueurs. Ils y deviennent d'un jaune très vif. On les place alors dans l'alcool à 70° pendant vingt-quatre heures ; puis, on les lave dans l'alcool à 90°, que l'on a soin de renouveler souvent, jusqu'au moment où la couleur jaune a complètement disparu. Les coupes de préparations ainsi fixées se colorent merveilleusement à l'hématoxyline.

157. **Sublimé, acide picrique.** — *Rabl* (1894) recommande le mélange suivant :

Solution aqueuse concentrée de sublimé..........	1 vol.
— — — d'acide picrique......	1 —
Eau distillée....................................	2 —

La fixation dure douze heures; puis, deux heures dans l'eau; ensuite dans l'alcool, d'abord faible; après quoi, dans les alcools à concentration rapidement croissante, de façon à ce que l'objet se trouve dans l'alcool à 80° ou 90° au bout de vingt-quatre heures. — Addition de teinture d'iode à l'alcool absolu (spécialement pour embryons âgés et aussi pour disques germinatifs).

Schaffer (1896) emploie ce mélange sans le diluer (solution de sublimé : 1 volume; solution d'acide picrique : 1 volume) pour les tissus et les organes. On fixe pendant douze à quarante-huit heures; il est bon de ne pas laver : les morceaux sont portés directement dans l'alcool, additionné de teinture d'iode et de carbonate de lithine, afin de se débarrasser du sublimé et de l'acide picrique.

158. **Le liquide de Pérenyi** se compose de :

Acide nitrique à 10 0/0......................	40 cm³
Alcool absolu...............................	30 —
Solution aqueuse d'acide chromique à 1/2 0/0....	30 —

Il fixe en quelques minutes, en un quart d'heure au plus. On lave à l'alcool à 70°.

Pour la fixation des figures chromatiques aussi bien que pour celle des achromatiques, Rabl (1885) recommande les deux liqueurs suivantes :

159. **L'acide chromo-formique** se prépare avec : 100 centimètres cubes d'une solution d'acide chromique à 1/3 %; 2 à 3 gouttes d'acide formique.

Des morceaux réduits aux plus petites dimensions possibles restent soumis à l'action de ce liquide de douze à vingt-quatre heures; puis, on les lave à l'eau le même temps. Ils séjournent ensuite de vingt-quatre à trente-six heures dans l'alcool à 60-70°, et sont portés de là dans l'alcool absolu. (Les figures chromatiques subissent un léger gonflement dans cette solution.)

160. De la même façon et pour le même usage, on emploiera une solution à 1/3 °/₀ de chlorure de platine. Elle ne se réduit ni à la lumière, ni sous l'action de la chaleur. (Cet agent de fixation provoque un faible ratatinement dans les filaments chromatiques.)

161. **Chlorure de platine et sublimé.** *Rabl* (1894) :

Solution à 1 0/0 de chlorure de platine	1 vol.
Solution aqueuse concentrée de sublimé	1 —
Eau distillée	2 —

Même traitement qu'avec le mélange de sublimé et d'acide picrique (Voir § 157).

Il faut employer le liquide fixateur en grande quantité ; spécialement recommandé pour les embryons.

162. Deux réactifs très précieux, fixateurs très pénétrants, sont les suivants : l'**Alcool acétique de Carnoy** : 1re formule : ac. acétique, 1 vol. ; alc. abs. 3 ; — 2e formule : ac. acétique, 10 centimètres cubes ; alc. abs., 60 centimètres cubes ; chloroforme, 30 centimètres cubes) et l'**alcool acétique au sublimé de Gilson** (alcool absolu, 1 volume ; acide acétique, 1 volume ; chloroforme, 1 volume ; sublimé, à saturation).

Les objets sont ensuite directement portés dans l'alcool fort.

163. *O. Duboscq* a ainsi modifié la première formule de *Carnoy* dans ses études sur les *Chilopodes* : alcool absolu, 10 ; acide acétique, 1.

164. L'acide trichloracétique CCl_3-$CO.OH$ (*Holmgren, Heidenhain* 1905), employé en concentration de 5-10 °/₀, fixe bien et en peu de temps, parce qu'il pénètre rapidement. Après la fixation, on traite directement les pièces par l'alcool absolu, que l'on renouvelle souvent ; il faut éviter l'eau, car le tissu conjonctif y subit un gonflement considérable.

165. *Friedenthal* et *Poll* emploient, avec succès, une solution concentrée d'acétate d'uranyle + de l'acide trichloracétique à 50 °/₀ et de l'eau distillée en parties égales, « un mélange fixateur qui, théoriquement, doit dépasser en puissance tous les moyens de fixation actuels ».

Après la fixation, on lave à l'eau (ce que l'on ne fait pas dans le cas de l'acide trichloracétique pur), et l'on poursuit le traitement par la série graduellement ascendante des alcools. Le mélange de Friedenthal est un décalcifiant.

166. Formol. — Introduit dans la technique, comme conservateur, par *F. Blum*, son père, et *Hermann*. Le formol qui se trouve dans le commerce contient 40 °/₀ d'aldéhyde formique; comme fixateur, on l'emploie le plus souvent additionné de 10 fois son volume d'eau.

Les objets séjournent dans le formol douze heures ou plus longtemps; puis ils passent dans l'alcool à 96°.

Ce liquide est surtout désigné pour conserver les pièces entières qu'il ne déforme ni ne décolore.

Fischer (1899) pense qu'une solution plus forte, par exemple à 25 °/₀, est la plus rationnelle pour les observations histologiques.

Vialleton (1899) déclare que, pour les objets très délicats comme les embryons, une solution de formol à 3 °/₀ donne de bons résultats. Quant aux viscères : rein, poumon, foie, ovaires, etc., ils doivent être fixés dans une solution de 4 à 6 °/₀; le système nerveux central étant très bien fixé par une solution à 10 °/₀.

De son côté, *Paul Mayer* (1901) emploie avec succès pour les animaux marins, un mélange de 1 partie de formol et de 9 parties d'eau de mer (Voir aussi la fin du paragraphe 99).

Le formol est encore précieux en ce que des préparations qui doivent être obtenues par les procédés de *Golgi* ou de *Weigert* peuvent, au préalable, être conservées pendant longtemps dans ce liquide.

Les objets fixés dans le formol se trouvent bien d'être coupés avec le microtome muni d'un appareil de congélation. On obtient ainsi des coupes beaucoup plus minces que si l'on opérait sur des morceaux frais.

Les corps albuminoïdes ne sont pas précipités, mais durcis par le formol.

L'hémoglobine peut se transformer en méthémoglobine ou, éventuellement, en hématéine; elle peut diffuser dans le noyau; l'examen du pigment est, par suite, rendu difficile (*Weigert*, 1893 ; Browicz, 1900).

L'action du formol sur les tissus repose sur une méthylénisation affectant spécialement les corps albuminoïdes.

Le formol doit diffuser très rapidement. On l'emploie souvent, combiné avec d'autres réactifs.

(Voir l'article *Formaldehyd* de *F. Blum* dans l'*Enzykl. d. mikrosk. Technik*, 2ᵉ édition, 1910.)

167. *Bouin* (1897) emploie comme *fixateur* un liquide ainsi composé :

Acide picrique, solution aqueuse saturée	75
Formol	20
Acide acétique glacial	5

Dans certains cas, l'addition à ce liquide, au moment de l'emploi, d'une faible quantité d'une solution de chlorure de platine à 1 % donne plus d'homogénéité aux éléments ainsi traités. (**C'est un fixateur de tout premier ordre.**)

Lavage à l'eau distillée (d'autres histologistes ont de préférence recours au lavage dans la série ascendante des *alcools*, sans dépasser, toutefois, l'alcool à 80°) : deux à dix heures selon la grosseur (les pièces seront peu volumineuses, autant que possible, malgré que ce liquide soit très pénétrant et puisse servir pour de gros morceaux).

Déshydratation (soignée !) par les alcools, en commençant par l'alcool à 40° environ (opération qui devient, naturellement inutile, si l'on a lavé dans l'alcool).

(La fixation par le formol picro-acétique est peu solide et demande beaucoup de soin dans la déshydratation et l'enrobage.)

Ne pas passer par l'alcool absolu, si possible, ce que permet la pénétration par le chloroforme ou l'acétone, le sulfure de carbone.

Enrober dans la paraffine en laissant les pièces d'une demi-heure à une heure dans le mélange de la paraffine et du chloroforme (par exemple) à 35° environ, et laisser les pièces dans la paraffine pure (48° ou 52°) pendant cinq minutes ou plus, si leur taille est très faible.

Comme procédé de coloration après cette méthode de fixation, Bouin a employé de préférence la méthode de Heidenhain à l'hématoxyline ferrique. Cette coloration réussirait mieux après l'action du formol picro-acétique qu'après celle du sublimé. Les couleurs d'aniline ne donnent guère de bons résultats. Quant aux différentes hématoxylines (Bœhmer, Delafield, Hémalun), elles prennent très bien après l'action mordançante de ce réactif. D'une manière générale, cette méthode fixe bien les éléments épithéliaux, surtout les œufs, les cellules testiculaires volumineuses de beaucoup d'Arthropodes ; mais elle conserve mal les parties conjonctives et musculaires des organes.

168. *R. Maire* emploie *le liquide de Bouin* sous la forme suivante :

```
Formol commercial.........................  30 cm³
Eau.......................................  20  —
Acide acétique............................  10  —
         Acide picrique à saturation.
```

C'est, au total, la formule de *Bouin* modifiée par la saturation d'acide picrique.

169. *O. Duboscq* a ainsi modifié le liquide de Bouin :

```
Acide picrique...........................        1 gramme
Acide acétique cristallisable............ 10 à  15 cm³
Formol (solution aqueuse du commerce) 50 à  60  —
Alcool à 75° ou 80°......................        150  —
```

Les pièces demeurent vingt-quatre heures dans le fixateur ; puis, court lavage à l'alcool, déshydratation, inclusion à la paraffine suivant les méthodes ordinaires. Les coupes sont colorées à l'hématoxyline à l'alun de fer : l'immersion dans le bain d'alun de fer à 5 °/₀ dure vingt-quatre heures ; elle est prolongée pendant trente-six à quarante-huit dans la solution aqueuse d'hématoxyline à 0,5 °/₀.

Après décoloration, les coupes sont traitées au cours de leur déshydratation par une solution alcoolique soit d'éosine et d'orange G, soit de lichtgrün et d'acide picrique.

(*L. Brasil* (1905) s'est bien trouvé de cette méthode dans son étude sur les *Kystes des grégarines monocystidées*).

170. Nous renvoyons à *Reinke* (1893) et à *A. Fischer* (1899, p. 29) pour l'emploi du **Lysol** en solution à 10 °/₀, en vue de l'obtention de détails histologiques minutieux (Lysol, 10 ; eau 60 ; alcool, 30 : ou bien : Lysol, 10 ; eau, 50 ; alcool, 30 ; glycérine, 10). On le fait agir sur les tissus vivants (spermatozoïdes, poils, œil, reins, cellules épithéliales, fibres musculaires lisses et striées, nerfs, tissu conjonctif, cartilage hyalin, os, épithéliums cornés).

171. *Deetjen* (1904) recommande une **solution** à 0,03-0,05 °/₀ de **chlorure de calcium** ($CaCl_2$) comme véhicule pour substances fixatrices.

172. On a aussi préconisé comme fixateur l'acétone que l'on fait agir, au maximum, pendant une heure. Les pièces sont ensuite portées dans le xylol pour l'inclusion.

(*Brunk, Sitten*).

173. Rudnew (1907) place les organes frais dans une solution faible de celloïdine (solution 3, § 204), et les y laisse séjourner pendant des semaines ; puis, il les fixe dans un mélange de celloïdine — alcool — éther ; celui-ci devient de plus en plus dense, et, finalement les organes sont prêts à être coupés.

La fixation, notamment celle du système nerveux, est bonne ; après l'action de ce réactif, la coloration des coupes est remarquable.

174. Après avoir ainsi fixé des objets suivant une des méthodes susdites, nous allons voir comment on peut inclure et couper les préparations qui se trouvent dans l'alcool. Mais, si ces dernières restent trop longtemps dans ce liquide, elles s'y durcissent quelquefois à ce point qu'on éprouve alors une grande difficulté à les couper. Aussi est-il souvent très avantageux d'inclure immédiatement dans la paraffine, ou de transporter dans le *Paraffinum liquidum* (*Samassa*), pour l'y conserver, le matériel que l'on ne veut pas soumettre immédiatement à l'action du microtome, et pour lequel on redouterait un séjour trop prolongé dans l'alcool.

On observera alors les règles qui sont décrites dans le chapitre suivant.

CHAPITRE VII

INCLUSION

175. Les objets fixés ne possèdent pas toujours une consistance qui permette de les couper; quelques-uns en sont
si dénués qu'on ne saurait les prendre avec la main. On y
supplée en incluant l'objet dans une substance susceptible
de durcir. On coupe alors le tout comme si on avait affaire
à la substance seule, étant supposé naturellement que
l'objet n'est pas plus dur que ne l'est la masse à inclusion.

Les substances à inclusion les plus communément employées sont la paraffine, la celloïdine et le collodion.

176. *A. Nicolas* (1895) recommande la *gélatine* comme masse
d'inclusion : Un bloc de gélatine aqueuse plongé dans du *formol*
acquiert au bout d'un certain temps, si du moins la proportion
de gélatine est suffisante, une consistance ferme et élastique
comparable à celle du collodion épais durci par l'alcool, et sans
subir le moindre retrait. De plus, il devient extrêmement transparent, si bien que tous les détails d'une pièce occupant son
centre demeurent parfaitement visibles, même au travers d'une
épaisseur de plusieurs centimètres de gélatine. Ce bloc est complètement insoluble dans l'eau. Il peut y séjourner un temps
très long (plusieurs mois) sans se modifier, en quoi que ce soit,
notamment sans se gonfler. On peut donc, pour le conserver, le
déposer dans un vase plein d'eau, d'eau alcoolisée ou d'eau glycérinée. Il est en outre complètement imputrescible. Enfin, il
peut demeurer à l'air plusieurs heures, et même plusieurs jours
sans changement appréciable de volume. Le seul défaut du bloc
ainsi durci est d'être parfois cassant et de s'effriter, si toutefois
on le comprime très fortement, ce que l'on peut toujours éviter.
En tout cas, l'addition d'une certaine quantité de glycérine à
la masse de gélatine (8 à 10 % environ) la rend plus élastique,

plus résistante à la pression, sans diminuer sa consistance. L'auteur n'a d'ailleurs pas encore déterminé d'une manière précise la proportion de glycérine la plus favorable.

Pour réaliser l'inclusion de pièces, on procède comme on le fait avec le collodion, c'est-à-dire qu'on les laisse baigner pendant un temps plus ou moins long, selon leur volume, successivement dans les masses de gélatine de plus en plus concentrées, maintenues en fusion sur une étuve. C'est ainsi qu'ont été traités des fragments de moelle épinière et des cerveaux entiers de chats et de chiens de petites tailles, des yeux de chien et de porc, des embryons de brebis de 3 à 4 centimètres. Ces pièces, durcies dans le liquide de Müller et lavées longtemps à l'eau courante, furent portées d'abord dans une solution aqueuse de gélatine très fluide (3 à 5 %), chauffée a peu près à 25° C. ; puis, après un jour ou deux, dans une solution à 10 % ; enfin, après le même laps de temps, dans une gelée épaisse renfermant de 20 à 25 % de gélatine (en poids), additionnée de 8 à 10 % de glycérine, et maintenue fluide à une température de 35° C. environ. S'il s'agit de pièces conservées dans un autre liquide (l'alcool ou le formol, par exemple), il faudra toujours, on le conçoit, l'éliminer soigneusement par un lavage prolongé avant de procéder au bain de gélatine. — La gélatine dont s'est servi Nicolas est la gélatine fine en lamelles (dite colle de Paris); il vaut mieux la filtrer pour obtenir le maximum de transparence de la masse d'inclusion. On les y laisse deux ou trois jours ou plus longtemps, s'il s'agit de plus grosses pièces, de cerveaux humains par exemple. Il faut avoir soin de fermer, avec une plaque de verre ou autrement, les récipients qui renferment la gélatine épaisse chaude, parce que, après un certain temps de séjour à l'étuve, ses couches superficielles s'épaississent et forment une sorte de croûte dense. La masse cesse d'être homogène, les pièces qui surnagent au début sont englobées par cette croûte et s'imbibent mal.

La durée totale du bain a été, pour les plus grosses pièces, de cinq à six jours, dont trois dans la solution épaisse.

Finalement, les organes sont déposés dans une petite boîte en papier remplie de la gélatine épaisse dont ils sont imprégnés, et, dès que celle-ci a cessé, par suite du refroidissement, d'être coulante, le tout est porté dans du formol. Une solution à 5 % et même plus étendue de formaldéhyde réussit bien. Après quelques jours, les blocs de gélatine sont durs. On les conserve dans une solution faible de formaldéhyde (1 %), dans de l'eau glycérinée e ou alcoolisée, plus simplement dans de l'eau ordinaire.

L'inclusion de pièces déjà *passablement volumineuses* se trouve ainsi réalisée par un moyen très simple, rapide, et aussi, peu dispendieux.

Les organes inclus dans la gélatine peuvent être utilisés pour l'étude microscopique, la consistance de la masse, qui est celle d'un bon collodion, permettant la confection de coupes minces au microtome. Il faut alors fixer le bloc à couper sur un liège. Dans ce but, Nicolas s'est servi d'une colle composée de gélatine et d'acide acétique (parties égales), mélangés et fondus au bain-marie avec un quart d'alcool fort et un peu d'alun.

Il faut reconnaître que la gélatine, sous l'action des teintures, se colore intensément et d'une façon tenace, ce qui est un inconvénient pour l'observation microscopique.

Peut-être pourrait-on inclure des pièces colorées en masse, naturellement dans une solution aqueuse, et soigneusement débarrassées par lavage de l'excès de couleur.

Le montage des coupes se fait soit dans un milieu aqueux, soit dans un milieu résineux, après déshydratation et éclaircissement.

Pour étaler complètement les coupes et les éclaircir, on a recours au crésylol ; aucun des liquides habituels, tels que le xylol, la térébenthine, le toluène, l'essence de cèdre, etc , ne parvient à les déplisser, tandis que, dès qu'elles sont transportées, au sortir de l'alcool absolu, dans le crésylol, elles se déroulent et s'étalent entièrement.

Il n'y a plus enfin qu'à ajouter le baume et à couvrir avec la lamelle.

177. Pour la plupart des recherches histologiques et embryologiques, la *paraffine* est la meilleure substance à inclusion ; c'est à elle qu'on doit avoir recours s'il s'agit d'obtenir des coupes minces sériées de petits objets, par exemple d'embryons et d'œufs.

On pourra alors coller ces coupes sur le porte-objet (voir chap. X) et les soumettre à l'action des différents colorants. C'est encore la paraffine qu'on emploiera quand on voudra appliquer les méthodes de reconstruction (voir chap. XIV).

178. L'inclusion dans la *celloïdine* se recommande pour les gros objets (2 centimètres de côté ou au-dessus), et aussi pour ceux de plus petite dimension, provenant de tissus de consistance variable, ou trop durs pour être coupés dans la paraffine, tels que : épiderme, os décalcifiés, coupes épaisses de muscles lisses. Dans les recherches sur les organes nerveux centraux d'après la méthode de Weigert, la celloïdine ou le collodion doivent être toujours préférés à la paraffine ; des fragments inclus dans la celloïdine ou le collodion ne se laissent couper qu'à l'état humide et ne donnent pas de sections aussi minces que ceux qui ont été imprégnés à la paraffine.

179. L'**inclusion à la paraffine** a pour résultat la pénétration de cette substance entre toutes les parties les plus petites de l'objet, cellules et noyaux; cette opération s'effectue, comme nous l'avons déjà vu, dans le cas de l'alcool.

Si l'on se bornait à porter l'objet de l'alcool dans la paraffine fondue, et à laisser le tout durcir, la paraffine ne pénétrerait pas, car elle ne se mêle pas avec l'alcool; le fragment serait simplement inclus dans la paraffine, il n'en serait ni pénétré ni imprégné. Il faudra donc, avant de placer l'objet dans la paraffine, le porter dans un liquide susceptible de se mélanger tout ensemble avec l'alcool et la paraffine.

180. Il existe toute une série de ces liquides, par exemple le **toluène**, le **xylol**, le **chloroforme**, le **sulfure de carbone** (à manipuler loin de toute flamme!) (*M. Heidenhain*), l'**acétone**, ainsi que différentes huiles, l'huile de térébenthine, l'*essence de Bergamote* (qui est chère) et l'**essence de cèdre**. C'est *Giesbrecht* qui, le premier, a recommandé le chloroforme comme excellent *liquide intermédiaire*. *Henneguy* préconise l'emploi de l'*huile de cèdre* : « Cette essence est très pénétrante, et, comme elle se mêle suffisamment bien à la paraffine, elle constitue l'un des meilleurs liquides, sinon *le meilleur*, *pour préparer les objets pour l'inclusion à la paraffine*. Elle est de tous les éclaircissants le *moins nuisible aux tissus*, en général le meilleur de tous les éclaircissants. »

Morel emploie comme tel l'acétone; les pièces sont ensuite portées directement dans la paraffine où un séjour de trois à quatre heures est suffisant pour assurer la pénétration.

Ces liquides, et surtout le toluène, le xylol et le chloroforme peuvent, dans ce cas comme dans beaucoup d'autres, s'employer indifféremment l'un pour l'autre. Pour plus de simplicité, nous ne parlerons le plus souvent que du **xylol**. Pour les objets délicats, le chloroforme est préférable ; pour les objets très délicats, c'est l'acétone auquel on doit donner la préférence.

181. Il est à remarquer que le xylol et l'eau ne se mélangeant pas, on ne devra pas transporter l'objet de l'alcool à 90 %, dans le xylol, sans lui avoir auparavant enlevé toute son eau au moyen de **l'alcool absolu**.

L'alcool absolu du commerce n'est ordinairement que de l'alcool à 98 ou 99°. On peut en enlever l'eau en plaçant dans le flacon qui le renferme quelques cristaux de sulfate de cuivre calciné.

On se procure ce dernier dans le commerce ; on le lie, et on le coud, au moyen de fil, dans de petits sacs en linge qu'on dépose dans des flacons où l'on conserve l'alcool absolu. Ces flacons doivent toujours être bien fermés, munis de bouchons de liège, vu que l'alcool absolu est un liquide très hygrométrique.

182. Dans le transport de l'objet d'un liquide dans un autre, il se produit des courants de diffusion.

Si cet objet est délicat, s'il contient de grandes lacunes, on observera, par suite, en lui, des déchirements et des ratatinements qui le rendront méconnaissable. Aussi faut-il s'entourer, pendant cette opération, de toutes les précautions possibles. On fait descendre *lentement* l'objet qui sort de l'alcool dans le liquide intermédiaire. Pour cela, on introduit tout d'abord dans un tube à essai ce dernier liquide, d'un plus grand poids spécifique, par exemple le chloroforme, et l'on y verse alors lentement l'alcool absolu. Puis on transporte prudemment les morceaux dans le tube maintenu bien droit, de façon à ce qu'ils séjournent dans la zone limite entre les deux liquides. Ils ne tomberont au fond que lorsqu'ils auront été pénétrés par le liquide intermédiaire.

A ce moment, on pourra, ou bien décanter avec soin l'alcool qui se trouve en haut, ou bien l'aspirer avec une pipette de verre.

Il va sans dire que la chute de l'objet dans le liquide intermédiaire se produira d'autant plus lentement que celui-ci sera d'un poids spécifique plus grand par rapport à celui de l'alcool ; si l'on désire obtenir une chute lente, on emploiera le chloroforme.

S'agit-il de transporter avec ménagement des objets délicats de l'alcool absolu dans le xylol, il faudra, dans ce cas, ne verser que peu à peu le xylol dans l'alcool, après quoi seulement s'effectuera le passage dans le xylol pur.

183. *Pour obtenir une pénétration graduelle des différentes substances et rendre l'imprégnation moins brusque*, on porte les objets, du xylol, non directement dans la paraffine pure, mais, tout d'abord, dans un **mélange** où le xylol entre pour une plus grande part que la paraffine. On place le mélange dans une **étuve** (voir § 195) de 37° C. ; le xylol s'évapore peu à peu au bout de quelques heures, et il ne reste que la paraffine presque pure. Comme elle ne se purifie pas entièrement, il restera à reporter l'objet dans la **paraffine pure** pendant quelques heures.

184. Pour éviter chez les Hydraires le passage par l'alcool absolu qui est brutal chez ces animaux dont les cellules contiennent beaucoup d'eau, *Benoit* fait passer les tissus de l'alcool à 95° dans l'alcool à 97° ; puis, il les soumet au chloroforme ou à l'acétone.

185. L'acétone se recommande beaucoup si l'on désire éviter l'alcool absolu ; mais il dissout très peu de paraffine. Il permet de faire passer après lui les pièces dans une essence (xylol, toluène, essence de bois de cèdre, etc.) qui, elle, pourra dissoudre une quantité notable de paraffine.

186. Pour réduire au minimum le ratatinement, *Benda* (1900) recommande que l'on incorpore aux blocs le plus de paraffine possible à froid, avant de les porter dans l'étuve à paraffine où, d'ailleurs, ils séjournent moins de temps (§ 194).

187. *O. Schultze* (1907) déclare que sa **solution d'acide osmique** et de **bichromate de potassium** provoque moins de ratatinement que les autres fixateurs, et il ajoute : « Mais ces préparations elles-mêmes subissent des ratatinements si on les soumet, comme on le fait d'habitude, à des températures de 50 à 60°, et souvent pendant un temps assez long. Aussi ai-je imaginé le procédé suivant : Dans la coupe où se trouvent l'alcool absolu et les pièces destinées à l'inclusion, je verse lentement le long du bord, une certaine quantité d'**huile de cèdre** qui, habituellement, se dépose au fond ; les morceaux flottant tout d'abord dans l'alcool au-dessus de l'huile et qui sont, peu à peu, tombés eux-mêmes, se trouvent ainsi plongeant dans cette dernière. Au bout de quelques heures, d'après la grosseur des objets, le liquide est versé et remplacé par de l'huile de cèdre pure. De là, les morceaux passent dans la paraffine fondant à 36° (de chez Grübler) et enfin, aussi rapidement que possible (pour la rétine, par exemple, une minute seulement) dans la paraffine fondant à 45-48°).

Pour faire des coupes minces avec cette paraffine, la température ambiante doit être basse (10-12°) ; en été, on se contente de refroidir les blocs dans le mélange de glace et de sel, si l'on ne dispose pas d'installations spéciales.

188. Malgré ces précautions, la paraffine ne pénètre pas toujours bien. Certains tissus, en effet, présentent une grande résistance à l'inclusion à la paraffine. *Rawitz* cite parmi eux le cartilage, l'os décalcifié, les faisceaux musculaires, les revêtements épidermiques ; *Vialleton* ajoute à cette liste le tissu fibreux et, en particulier, le derme cutané, et il ajoute : Il importe donc, toutes les fois que l'on a affaire à une pièce contenant une certaine quantité des tissus susnommés, de faire grande attention à sa bonne pénétration par la paraffine. Pour cela, on veillera à la déshydrater complètement par l'alcool absolu, à la pénétrer convenablement par le xylol et par la paraffine, ce qui est enfin de compte une question de temps ; il ne faut pas oublier toutefois qu'un séjour trop prolongé dans le bain de paraffine dure est nuisible aux bonnes conservations... La pénétration dépend du reste étroitement de la déshydratation parfaite de l'objet et de son imbibition complète par un bon dissolvant de la paraffine.

189. *Espèces de paraffine.* — Suivant la saison à laquelle on fera les coupes, on emploiera des paraffines de points de fusion différents ; celle qui fond à 50° par des températures faibles, celle qui fond à 60° par des températures plus élevées.

On fera bien d'opérer avec diverses sortes de paraffine et d'en faire un mélange. On tient comme la plus molle celle qui fond entre 45 et 50°, et comme la plus dure, celle qui fond entre 55 et 60°. Suivant que l'on prend plus ou moins de l'une ou de l'autre, on obtient, par tâtonnements, une paraffine qui fond à la température désirée.

190. *Graf Spee* (1885), recommande la paraffine surchauffée, notamment pour les coupes en tænia. Voici son procédé :

On fond la paraffine de 50° dans une coupe en porcelaine ouverte, exposée à la flamme d'une lampe à alcool ; d'épaisses vapeurs blanches d'une odeur désagréable se produisent au bout de une à six heures, suivant la quantité de paraffine employée ; bientôt elle se réduit un peu de volume, et son point de fusion s'élève de quelques degrés ; l'opération est terminée quand la masse se colore en jaune brun rappelant la cire jaune ou le miel. (On trouvera cette paraffine chez Grübler, à Leipsick.)

191. La *durée* pendant laquelle le morceau à inclure doit rester dans chacun des différents milieux se règle d'après sa grosseur ; la plus longue sera celle de son séjour dans l'alcool absolu, dans le but de lui enlever entièrement son eau (Voir § 192), et dans le mélange de xylol-paraffine pour amener l'évaporation la plus complète du xylol.

Voici un tableau indiquant en heures la durée la plus convenable pour des morceaux de grosseur différente :

ORDRE DE SUCCESSION DES RÉACTIFS	PETITES PIÈCES AU-DESSOUS DE 1 mm. de côté	PIÈCES AYANT AU MAXIMUM 5 mm. de côté	PIÈCES ENTRE 5 mm. et 1 cm. de côté	PIÈCES PLUS VOLUMINEUSES ou DIFFICILEMENT PÉNÉTRABLES
	Heures	Heures	Heures	Heures
1° Alcool absolu....................	2	6	24	24 Renouveler l'alcool absolu 3 fois
2° Mélange alcool absolu — Xylol...	1	3	3	12
3° Xylol pur (à partir de ce moment, dans l'étuve)....................	1/2	1	3	12
4° Xylol. — Paraffine molle (42°) (1° Etuve à 44°)....................	1/2	1	3	6
5° Paraffine molle (42°) (1er Bain) (Même étuve)....................	1/4	1/2	2	6
6° Paraffine molle (42°) (2e Bain) (Même étuve)....................	1/4	1/2	2	6
7° Paraffine dure (52°) (2e Etuve à 54°)....................	2'	3'	1/4	3

La conservation laisse généralement à désirer.

192. S'il s'agit de tissus particulièrement délicats, ou bien si l'on poursuit des études cytologiques, il est bon de faire passer *très rapidement* les pièces dans *l'alcool absolu*. Par exemple, de petits objets, fixés dans le Flemming pendant vingt-quatre à quarante-huit heures, sont lavés à l'eau courante quarante-huit heures et plus; puis ils sont placés dans l'alcool à 30°, deux heures et plus; dans l'alcool à 70°, vingt-quatre heures et plus; dans l'alcool à 95°, une demi-heure, et dans l'alcool absolu, deux minutes seulement.

Viennent ensuite : l'alcool absolu — xylol, une demi-heure; le xylol pur, deux heures; le xylol-paraffine (dans l'étuve à 42°), une heure; la paraffine à 42° dans l'étuve à 42°, une heure (on renouvelle une fois cette paraffine), et enfin la paraffine à 55° dans l'étuve à 55°, dix minutes.

Après quoi, on fait les blocs.

193. Il n'est pas nécessaire que l'opération de l'imprégnation soit continue; on peut très bien sortir le soir de l'étuve le morceau qui se trouve dans la paraffine pure ou dans le mélange paraffine-xylol, et l'y remettre le matin. Il vaut mieux, dans tous les cas, agir ainsi que de laisser toute la nuit les morceaux dans l'étuve et risquer qu'ils s'y détériorent.

194. Si l'on veut rendre l'action graduelle et uniforme, on peut, au lieu de porter l'objet du xylol dans le mélange, ajouter au xylol des morceaux de paraffine fondue. Celle ci, en fondant, se mélangera graduellement au xylol, pendant que ce dernier s'évaporera.

195. Une **étuve** consiste en une armoire à double paroi présentant sur le devant une porte en verre; l'espace compris entre la paroi intérieure et la paroi extérieure est rempli d'eau ou de glycérine.

Le meilleur mode de chauffage est fourni par une flamme de gaz.

L'étuve devant être maintenue à une température fixe donnée, un mécanisme empêchera que la température s'élève, une fois que le degré de chaleur désiré aura été obtenu.

Ce mécanisme consiste en un régulateur qui diminuera l'afflux du gaz et par suite la flamme.

Un très élégant appareil de ce genre, connu sous le nom d'*étuve de Naples*, est exclu de certains usages, car il est trop petit.

196. Le *thermo-régulateur* consiste, dans sa forme la plus simple, en deux tubes de verre qui entrent l'un dans l'autre sans se toucher. Le tube interne, plus étroit, donne passage au gaz qui vient dans le tube extérieur plus large. Ce dernier est fermé à ses deux extrémités, mais il porte une ouverture latérale par laquelle le gaz sort et se rend au bec.

Le tube plus étroit n'atteint pas tout à fait le fond de l'autre ; celui-ci est rempli en partie d'un liquide, de mercure par exemple, dans lequel, la température voulue de l'étuve une fois obtenue, on plonge la pointe du tube étroit taillée en biseau.

Si la température s'élève, la colonne de mercure s'élèvera aussi et rétrécira peu à peu l'ouverture, de manière à donner passage à une moindre quantité de gaz.

Pour éviter qu'une élévation de température trop rapide, ou que la fermeture complète du gaz n'amène l'extinction de la flamme, on a ménagé, vers le haut, dans le tube étroit, une petite ouverture qui donne constamment passage à un faible écoulement de gaz.

197. *Regaud* (1901) a imaginé un bain de paraffine chauffé par l'électricité (voir l'*Index bibliographique*). Voici, d'après l'auteur, les avantages de ce bain de paraffine.

1° La suppression de gaz d'éclairage et du pétrole (dans les laboratoires où l'on dispose d'une distribution d'électricité). Chacun connaît les inconvénients de ce procédé de chauffage ;

2° La suppression même des étuves à paraffine, lourde, encombrante, à mise en marche lente, à régulation précise presque impossible ; un remplacement par un appareil peu volumineux, léger, transportable aisément, propre, à mise en marche rapide ;

3° La régulation extrêmement précise, sans tâtonnements, absolument automatique et indéfinie, modifiable à volonté ;

4° L'économie, soit dans le prix de revient de l'appareil, soit dans son fonctionnement, ce fonctionnement pouvant être intermittent à cause de la mise en marche rapide et du caractère automatique de la régulation, enfin la chaleur produite étant directement utilisée.

198. **L'objet** ainsi inclus dans la paraffine pure est alors **jeté dans un moule.**

On enduit celui-ci d'une mince couche de glycérine qui permet d'en retirer facilement la paraffine une fois durcie.

Comme moule, on emploie, pour les objets de moyenne

grosseur, une double encoignure établie sur une plaque de verre, consistant en deux plaques métalliques de cuivre ou de laiton à angle droit, qu'on peut disposer de façon à obtenir un moule de dimension variable.

On use souvent, en guise de moule, de petites boîtes de papier, de carton ou de papier de plomb, dont la confection est à la portée de chacun.

Pour de très petits objets, un verre de montre servira très bien de moule ; rien de plus simple que de le laisser flotter sur l'eau froide. Pour découper ensuite le bloc voulu, il est bon d'employer un scalpel *légèrement chauffé*.

199. Voici comment on procède à l'inclusion : On commence par bien enduire de glycérine le moule et la plaque de verre qui forme le plancher ; puis, on chauffe légèrement une spatule et une aiguille à la flamme de la lampe à alcool (la spatule est une plaque généralement en fer-blanc, mais de préférence en platine, et munie d'un manche) ; on verse la paraffine dans le moule, et on y transporte l'objet avec la spatule chauffée.

On l'*oriente* alors, ce qui revient à le placer avec l'aiguille chaude dans la position où il doit plus tard être coupé. L'orientation s'impose pour bien des objets, car elle devient très difficile et même impossible, une fois la paraffine refroidie et devenue opaque.

L'orientation opérée, on attend la formation, à la surface de la paraffine, d'une pellicule que l'on peut hâter en soufflant dessus ; à ce moment, on plonge le moule dans l'eau froide pour provoquer un refroidissement aussi prompt que possible, condition indispensable, car la paraffine, refroidie lentement, n'est pas aussi homogène et ne se coupe pas aussi bien qu'après avoir subi un refroidissement brusque.

Après un séjour de trente minutes environ dans l'eau froide, les objets de moyenne taille sont suffisamment durcis et peuvent être retirés du moule.

Pour marquer sur le bloc de paraffine durci et opaque les objets orientés dans la paraffine liquide et transparente, on leur donne dans cette dernière une certaine position vis-à-vis de rainures droites, pratiquées avec un diamant soit sur la plaque de verre, soit sur le côté interne du cadre dans lequel aura été coulée la paraffine. Ces rainures laissent des traces nettes sur le bloc durci.

200. *Caullery* et *Chappelier* (1905), préconisent un procédé technique très commode pour inclure dans la paraffine et couper ensuite en série des objets de très petite taille tels que Protozoaires, œufs d'Oursin, etc...

Ces auteurs prennent un tube de verre de 12 centimètres de longueur environ et 5 millimètres de diamètre intérieur et ferment l'une des extrémités par un morceau de toile fine (vieux linge) ou de soie à bluter fixé par une ligature solide sur le tube (*fig.* 8). Ils introduisent dans le récipient ainsi constitué les objets à couper, à l'aide d'une pipette. Il n'y a plus alors qu'à transporter le tube et son contenu de réactif en réactif, par exemple dans les alcools de diverses concentrations, le xylol, la paraffine fondue, etc. A chaque changement, le liquide se vide par filtration à travers la toile et est remplacé sans difficulté par le suivant ; la série de ces changements est effectuée dans des tubes Borrel ;

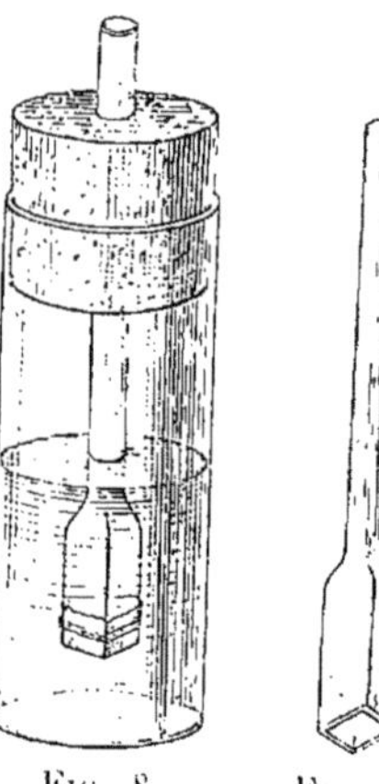

Fig. 8   Fig. 9.

le petit tube est fixé à frottement dans un bouchon de liège à la mesure des tubes Borrel) ; on n'a, d'ailleurs, d'un bout à l'autre des opérations, jamais à manier les objets. On peut même, dans un liquide donné, en faisant varier le niveau intérieur une série de fois, effectuer des lavages aussi répétés et aussi soignés que l'on veut, de ces petits objets, sans risquer la moindre perte de matériel.

Finalement, le tube et son contenu sont plongés, à l'étuve,

dans un récipient contenant la paraffine fondue. Il suffit, au moment où l'on veut inclure, de boucher avec le doigt l'extrémité supérieure du tube pour l'empêcher de se vider, et de le plonger rapidement dans l'eau froide. La paraffine se solidifie et les objets sont accumulés à sa surface inférieure. Par suite du petit diamètre du tube, la paraffine, en se solidifiant, laisse suivant l'axe une sorte de puits, mais dont le fond est à une distance moyenne de 3 millimètres de la surface inférieure. On a donc, dans la portion qui renferme les matériaux à couper, une masse de paraffine continue et homogène.

Une fois la paraffine bien refroidie, on coupe avec un scalpel la toile et sa ligature sur les côtés du tube et on l'enlève par traction sans aucune difficulté (elle n'adhère pas à la paraffine). Il ne reste plus qu'à démonter le bloc. Pour cela, on introduit dans le tube, par l'extrémité supérieure, une tige métallique, et l'on passe rapidement l'extrémité inférieure dans la flamme d'un bec Bunsen ; on pousse avec la tige, et le bloc sort sans difficulté ; on le reçoit dans l'eau froide pour éviter toute fusion de la paraffine.

Afin d'avoir un bloc prismatique rectangulaire, qu'on puisse immédiatement porter sur le microtome et couper en série, sans avoir à abattre des portions du pourtour (ce qui pourrait entraîner une perte de matériel), les auteurs se servent de tubes (*fig.* 9) fabriqués par la maison Leune et dont l'extrémité inférieure a été ramenée à la forme de prisme à section intérieure carrée de 6 millimètres de côté, sur une hauteur de 2 centimètres environ. La fixation du fond de toile n'en est que plus aisée et le bloc obtenu est prêt à être coupé en série.

Ce procédé est donc des plus faciles à employer; il évite toute perte de matériel, permet le passage par des liquides aussi variés et aussi nombreux qu'on le veut, les colorations et les lavages les plus soignés (y compris l'eau courante) et fournit finalement les objets rassemblés à la face inférieure d'un bloc de paraffine prêt à être coupé. Une fois les objets introduits dans le tube à l'aide d'une pipette (on peut les introduire vivants, le tube baignant dans le liquide fixateur), il n'y a plus à les manier. Toutes les manipulations se font automatiquement et sans perte.

Ce procédé serait certainement employé avec succès pour les expériences de parthénogénèse expérimentale : on emploierait dans ce cas des récipients plus grands et de formes convenables, à fond de toile fine ou de soie à bluter.

201. L'*inclusion* dans le **collodion** a été introduite dans la technique microscopique par **Duval**. **Schiefferdecker** (1882) a, sur la recommandation de **Merkel**, introduit dans la technique la **celloïdine** comme son succédané.

202. *Duval* recommande plutôt l'emploi du *collodion* qui est une substance beaucoup moins chère, et qui, au total, donne d'aussi bons résultats.

Voici comment on fait l'**inclusion du collodion** : les pièces, au sortir de l'alcool absolu, sont placées dans un mélange d'éther sulfurique et d'alcool absolu pendant quelques heures, vingt-quatre heures au maximum; puis on les porte dans des solutions de plus en plus concentrées de collodion et d'éther et alcool.

Le tableau suivant emprunté à *Launoy* fixe le titre de ces solutions, et aussi, approximativement, la durée du séjour que doivent faire les pièces dans chacune d'elles :

I   Alcool absolu...................... 4   } pendant 12 heures
    Ether à 65°........................ 1

II Alcool absolu...................... 1   } pendant 12 heures
    Ether à 65°........................ 4

III Alcool absolu...................... 1
    Ether à 65° 4   } pendant 6 à 8 jours
    Collodion offic................... 2

IV Alcool absolu...................... 1
    Ether à 65°....................... 4   } pendant 6 à 8 jours
    Collodion offic................... 4

V   Alcool absolu.................... 1 ⎱
    Éther à 65°...................... 4 ⎰ pendant 4 jours
    Collodion offic.................. 5 ⎱

VI Collodion offic. pur.............   temps variable

C'est avec ce dernier liquide que se fait l'inclusion. Pour cela on le verse avec la pièce dans une boîte en papier de dimensions appropriées, on laisse le collodion se concentrer encore un peu par évaporation, et on porte le tout avec précaution dans du chloroforme. Le collodion s'y durcit tout en devenant tout à fait transparent.

Au bout de vingt-quatre à quarante-huit heures, le bloc est suffisamment consistant pour être coupé.

Si l'on ne veut pas le mettre en coupe de suite, on peut le conserver dans le chloroforme ou bien dans de l'alcool à 80°.

Duval a imaginé, pour maintenir les éléments en place, un procédé très ingénieux, connu sous le nom de *collodionnage des surfaces de section* (voir § 676).

203. Les inclusions au collodion ne permettent pas de faire des coupes aussi minces que celles à la paraffine. En revanche elles permettent d'employer des pièces de plus grandes dimensions que l'on ne pourrait pas inclure sans dommages dans la paraffine, parce qu'il faudrait les laisser trop longtemps dans le bain à 55—60°; de plus, elles disloquent moins les tissus que ne le fait cette dernière. Elles sont très employées pour l'étude du système nerveux. Elles ne se prêtent pas facilement, comme les inclusions à la paraffine, à la confection de séries ininterrompues; cependant, avec des précautions, on peut faire des coupes sériées. Elles sont très bonnes pour couper certains objets qui deviendraient trop durs dans la paraffine, tels que l'œil tout entier dont le cristallin prend dans cette substance une dureté très gênante pour les coupes. Enfin le collodion maintient en place les parties qui tendent à se séparer et, à ce titre, il sera employé avec succès dans les coupes de petits animaux, dont les organes ne restent pas toujours en place sur les coupes, et peuvent tomber hors des préparations lors des diverses manipulations que subissent ces dernières avant leur montage définitif.

Cette propriété est fort importante pour l'étude des animaux de petite taille ou des embryons, et dans certains cas où les organes, mal reliés entre eux, ont des tendances à ne pas rester en place dans la coupe à laquelle ils appartiennent, on emploie avec succès la **double inclusion au collodion et à la paraffine.**

Pour opérer cette *double inclusion au collodion et à la paraffine*, on commence par faire l'inclusion de l'objet dans le collodion. On porte ensuite la pièce du chloroforme où elle se trouve dans le bain de paraffine molle ; le chloroforme étant un dissolvant de la paraffine, cette dernière pénètre parfaitement le collodion, et l'on fait l'inclusion comme s'il s'agissait d'une inclusion ordinaire dans la paraffine. On obtient un bloc de paraffine que l'on peut couper immédiatement. (In *Vialleton*.)

204. L'inclusion à la celloïdine s'opère de la façon suivante : La *celloïdine* que l'on achète en tablettes contient une certaine quantité d'eau et, par suite, fournit des blocs qui se coupent mal ; aussi faut-il réduire cette celloïdine en petits morceaux que l'on fait sécher à l'air et qui. alors, deviennent durs, jaunâtres et transparents.

On fait, avec ces fragments ainsi desséchés, trois solutions : 1° une solution concentrée de celloïdine dans parties égales d'alcool absolu et d'éther sulfurique. avec la consistance d'un sirop épais (solution mère); 2° une solution formée d'une partie de cette solution allongée d'un volume double d'éther; 3° une solution formée d'une partie de la solution 2 diluée dans deux parties d'éther alcoolique.

Les objets que l'on veut inclure dans la celloïdine sont transportés de l'alcool absolu dans l'éther sulfurique, où leur séjour ne doit pas être de trop longue durée, atteignant au plus vingt-quatre heures ; au sortir de l'éther, on les plonge dans la troisième solution où ils séjournent vingt-quatre heures ; de là, dans la seconde où ils restent le même temps, et enfin dans la première où ils séjournent quarante-huit heures. C'est dans cette dernière solution qu'on les inclut ; la celloïdine et le morceau sont versés ensemble dans un récipient en verre convenable, *sec* et à fond plat, que l'on a soin de fermer *hermétiquement* au moyen d'une plaque de verre enduite de vaseline, afin de faire échapper les bulles d'air. Quelques heures après, on enlève le couvercle, et on porte récipient et préparation sous une petite cloche de verre.

Il se forme alors une croûte sur la celloïdine ; au bout de six à douze heures, le tout peut être prudemment porté dans l'alcool à 70°, et vingt-quatre heures plus tard, la celloïdine étant détachée du verre sera immédiatement soumise à l'action du microtome, ou bien pourra séjourner aussi longtemps qu'on le voudra. soit dans l'alcool à 70° ou à 80°, soit, ce qui vaut encore mieux, dans la glycérine, où les morceaux de celloïdine destinés à être coupés deviennent tout à fait transparents. [Nous venons de résumer ici le procédé d'*Apathy* (1889).]

205. Si l'on veut soumettre au microtome les morceaux ainsi inclus, il faut d'abord couper la celloïdine contenant les objets de telle façon que la surface qui sera intéressée par le rasoir représente à peu près un carré ; on fixe alors le bloc de celloïdine sur un morceau de liège ou de bois ; ces derniers sont placés dans l'alcool absolu ; ou mieux dans l'éther alcoolique. La face du globe de celloïdine destinée à être fixée, est plongée pendant deux minutes dans l'alcool absolu ; on amollit ainsi la couche superficielle de cette substance.

Le bloc est alors fixé sur le porte-objet avec de la celloïdine appartenant à la solution n° 2 (voir § 204), et on exerce sur lui, avec prudence, une certaine pression ; la couche de celloïdine s'amincit alors, et la partie fondue en est enlevée ; au bout de quelques minutes, le tout est plongé dans l'alcool à 70° ; deux heures après, on peut opérer les coupes.

206. Il existe un second mode, plus grossier, d'inclusion à la celloïdine auquel ou ne devra avoir recours que s'il s'agit de jeter un coup d'œil superficiel sur une préparation ou d'établir une rapide diagnose. Voici en quoi il consiste : le morceau, à sa sortie de la celloïdine, est fixé directement sur un morceau de liège ou de bois. Lorsque la celloïdine, au bout d'une heure d'exposition à l'air, est devenue un peu plus dure, on transporte dans l'alcool à 80° le bloc et la préparation qui, quelques heures après, ne font qu'un.

Les préparations incluses dans la celloïdine seront coupées, étant maintenues humides au moyen de l'alcool.

207. Procédé des coupes à sec. — *B. Lee* s'exprime ainsi au sujet de son procédé qu'il recommande personellement : « L'inclusion se fait de la manière usuelle, et la masse est durcie pendant une heure ou plusieurs dans la *vapeur de chloroforme* (il n'y a qu'à poser le récipient contenant la masse dans un dessiccateur ou dans une *Siebdose* (boîte à tamis) de Suchannek sur le fond de laquelle on a versé un peu de chlorofome). Une heure suffira pour de petits objets, mais on peut laisser le tout indéfiniment dans la vapeur de chloroforme. Il est bon de sortir la masse de son récipient aussitôt qu'elle est devenue suffisamment résistante pour permettre cette opération, afin qu'elle soit exposée à l'action des vapeurs sur toute sa surface. (En tout cas, il me semble que le durcissement préliminaire à la vapeur garantit une consistance meilleure que celle qu'on obtient en passant directement au mélange durcissant et éclaircissant.)

« Après durcissement, j'éclaircis dans le mélange de *Gilson*, soit en général 1 partie de chloroforme pour 2 parties d'essence de cèdre. De temps à autre, j'ajoute un peu d'essence de cèdre, et je continue ainsi jusqu'à ce que le mélange ne contienne que très peu de chloroforme ; ou bien, aussitôt l'objet pénétré, on laisse le flacon débouché et le chloroforme se volatilise. Il n'est pas bon de prendre d'emblée de l'essence de cèdre pure, parce que, dans ce cas, l'éclaircissement est très lent, tandis que dans le mélange il est rapide. Après éclaircissement, on peut couper tout de suite, ou l'on peut conserver les blocs indéfiniment à sec dans un récipient clos. Il est souvent bon de les laisser évaporer pendant quelques heures avant de faire les coupes. *Je fais les coupes à sec.* La masse n'évaporant qu'excessivement lentement, il n'y a aucune nécessité à la couvrir d'essence pendant l'opération des coupes. J'ai eu des blocs qui sont restés pendant des semaines sur le microtome sans inconvénient.

« Cette pratique d'*éclaircissement avant coupes* constitue une méthode qui me paraît certainement destinée, du moins pour bien des objets, à remplacer l'ancienne. Elle donne des masses aussi transparentes que le verre, ce qui facilite plus qu'aucune autre méthode d'inclusion l'orientation de l'objet dans le microtome. Elle donne une meilleure consistance à la masse et permet ainsi de réaliser des coupes beaucoup plus fines. Elle abolit l'obligation de tenir l'objet mouillé d'alcool pendant les coupes. Elle permet de conduire beaucoup plus rapidement toutes les opérations à partir de l'inclusion définitive. »

La transparence parfaite des blocs rend possibles, dans l'huile de cèdre, les observations macroscopiques et les démonstrations à la loupe.

208. Au lieu et place de la celloïdine, on peut employer la *Photoxyline de Krysinsky* (1887); cette substance se laisse peut-être couper un peu moins bien, mais elle a l'avantage de rester plus transparente, rendant ainsi pendant qu'on la coupe, l'orientation de l'objet plus facile.

209. Pour les manipulations ultérieures (voir § 259), on devra ne pas perdre de vue la solubilité facile de la celloïdine dans l'alcool fort, et, tout particulièrement, dans l'alcool absolu. Elle est encore soluble dans de nombreuses huiles essentielles, et, en première ligne, dans l'essence de girofle, d'usage si fréquent;

elle est, par contre, insoluble dans les essences de bergamote, d'origan et de cèdre. *Neelsen* et *Shiefferdecker* (1882).

210. On a cherché à réunir les avantages que présentent les inclusions dans la celloïdine et dans la paraffine, et, autant que possible, à en éviter les inconvénients. Pour cela, on imprègne l'objet, tout d'abord avec la celloïdine, puis, avec la paraffine. C'est *l'inclusion dans la celloïdine et dans la paraffine*.

Cette méthode est bonne à employer pour des objets très délicats dont le séjour dans le xylol et l'étuve pourrait provoquer le ratatinement.

211. La méthode la plus simple et la meilleure d'*inclusion* dans la *celloïdine* et la *paraffine* est celle *d'Apathy* (1896) : au lieu de faire durcir dans l'alcool à 70° les morceaux inclus dans la celloïdine (Voir § 204), on les durcit dans le chloroforme et on inclut dans le mélange de chloroforme-paraffine, paraffine, etc.

212. Dans le cas d'**objets cassants**, on se trouve bien d'humecter la surface du bloc d'une solution faible de celloïdine (1 $^0/_0$) ou de paraffine chaude; on laisse ces substances se prendre, et alors on effectue une coupe. Ce procédé peut être utilisé aussi bien avec la méthode de la celloïdine et de la paraffine combinées qu'avec celle de la paraffine seule. Il est utile d'ajouter à la solution de celloïdine de l'huile de ricin ou de cèdre dans la proportion de 5 gouttes pour dix centimètres cubes (*Jordan*). *Heider* emploie du mastic dissous dans l'éther. Ce procédé est utilisable aussi bien avec la méthode de la celloïdine-paraffine qu'avec celle de la paraffine seule.

213. Schéma pour l'inclusion.

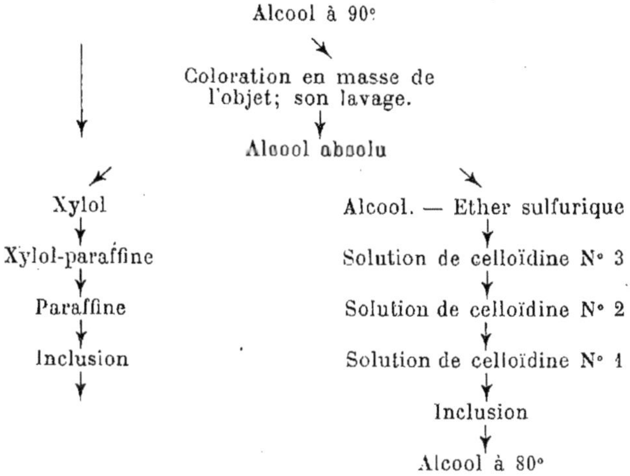

<pre>
                    Alcool à 90°
                         ↘
               Coloration en masse de
                 l'objet; son lavage.
   │   ↓
   │   Alcool absolu
   ↙   ↘
 Xylol   Alcool. — Ether sulfurique
   ↓   ↓
Xylol-paraffine   Solution de celloïdine N° 3
   ↓   ↓
Paraffine   Solution de celloïdine N° 2
   ↓   ↓
Inclusion   Solution de celloïdine N° 1
   ↓   ↓
                      Inclusion
                         ↓
                   Alcool à 80°
</pre>

Au sujet de l'*Inclusion*, consulter aussi *Blochmann* (1884)*,* *Neumayer* (1903) et *Helbing* (1903) dans *Encyklopœdie der mikrosk. Technik.*

CHAPITRE VIII

MICROTOME

214. Pour soustraire l'opération qui consiste à faire une coupe, à l'éventualité du plus ou moins d'adresse de l'opérateur, on a imaginé une série d'appareils qui portent le nom de **microtomes**. Ces appareils, très variés dans leur construction, présentent tous une disposition qui permet, après chaque coupe, de surélever la préparation, juste à la hauteur correspondant à l'épaisseur que l'on veut obtenir pour la coupe suivante.

Cette disposition est réalisée, par exemple, dans le microtome de Jung, par un plan oblique sur lequel se meut la préparation, tandis que le rasoir reste dans un même plan ; dans d'autres appareils, par un mouvement élévatoire de la préparation au moyen d'une vis micrométrique à laquelle elle est fixée. La condition essentielle pour la réussite de la coupe, est que le rasoir n'enlève exactement que la portion surélevée de l'objet. Beaucoup de microtomes y satisfont, en fournissant à la main qui porte le rasoir un appui solide qui empêche d'enlever au delà de ce qui saille au-dessus de ce point d'appui.

Dans d'autres appareils, le rasoir est fixé à un bloc qui se meut sur des rails : il parcourt ainsi chaque fois le même chemin et, chaque fois, n'enlève de l'objet que la portion surélevée. Ces derniers sont connus sous le nom de **microtomes à traîneaux.**

Dans d'autres microtomes, le rasoir est fixé, et c'est l'objet qui, à l'aide d'un levier, se meut devant lui.

Description de quelques microtomes.

215. Le microtome de *Ranvier* consiste en une plaque sur laquelle un rasoir est mis en mouvement avec la main ; à sa partie médiane percée, s'ouvre un cylindre creux destiné à contenir l'objet. Ce qui dépasse la plaque est coupé. Le mouvement en avant de l'objet est obtenu au moyen d'une vis micrométrique, laquelle, munie d'une plaque, s'enfonce dans le cylindre et pousse l'objet. Ce microtome ne répond pas à tous les besoins : il manque, en particulier, de précision.

Un excellent microtome à traîneaux est celui qui sort des ateliers de Jung, de Heidelberg. Voici quel en est le principe :

216. Parties constituantes du microtome de Jung (Microtome de *Thoma* amélioré par *Rivet-Brandt* (*fig.* 10). — Le statif OMS est composé de quatre plaques métalliques. La première fait fonction de pied et repose sur la table ; une seconde y est fixée perpendiculairement. Les côtés de celle-ci portent chacun une plaque formant un angle aigu ouvert par en haut. Deux coins métalliques très pesants s'enchâssent exactement dans ces deux angles et peuvent se mouvoir sur les rails que portent les plaques ; pour éviter le frottement, ils courent sur des boutons. Ils portent le nom de traîneaux. A droite se trouve le traîneau qui porte le rasoir, c'est le **traîneau du rasoir** MS ; à gauche, celui qui porte l'objet, c'est le **traîneau de l'objet** NL.

217. Le rasoir E est fixé horizontalement au moyen d'une vis au **traîneau du rasoir.**

218. Les traîneaux du rasoir, de fabrication plus récente, sont percés, la plupart, de plusieurs trous qui permettent de placer le rasoir à volonté.

219. Les rasoirs, dont le manche peut être adapté à la vis, sont d'un usage très commode : une vis à étau permet de donner différentes positions au manche du rasoir et d'utiliser ainsi la longueur entière de la lame. Il est alors possible, quand un point du rasoir ne coupe pas bien, de le déplacer.

220. Les rasoirs, qui doivent être fixés sans manche, possèdent

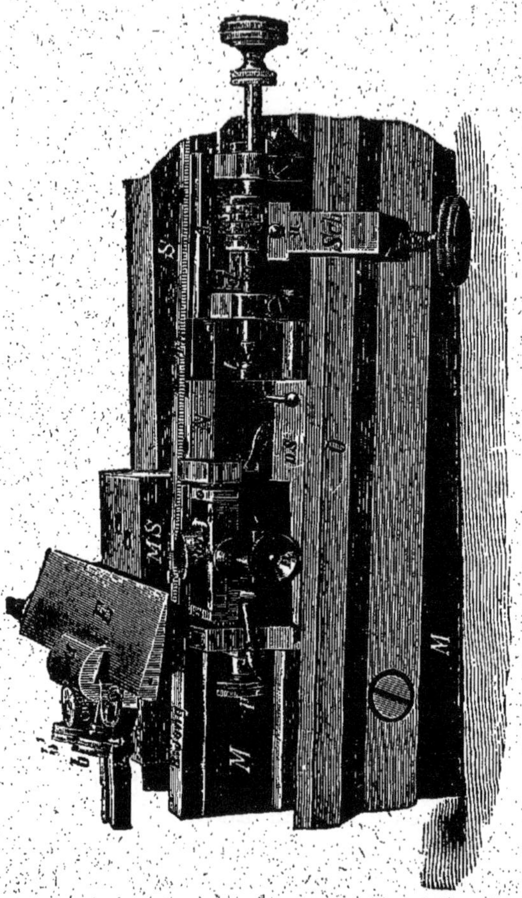

Fig. 10. — Microtome de Jung.

à leur extrémité une poignée dans laquelle s'engage la vis d'arrêt.

221. Le **traîneau de l'objet** porte *le porte-objet by*; celui-ci consiste en un système susceptible d'être élevé ou abaissé à volonté sur une tige, grâce à une vis d'arrêt; il est

destiné à supporter l'objet, ou le liège, ou le bloc de bois
sur lequel l'objet est collé : un fort ressort le tient fermé ;
mais une vis à effet contraire permet de l'ouvrir.

222. Ces sortes de traîneaux de l'objet ont été remplacés par
d'autres chez lesquels l'objet peut tourner dans toutes les directions, et prendre la situation que l'on veut. Ce sont les *appareils
à orientation by, oo;* ces derniers sont indispensables pour les
recherches délicates, et tout particulièrement en embryologie;
celui du microtome de Jung est formé de deux cadres placés
l'un dans l'autre, rendus mobiles par une vis (d'après *L. Koch*)
autour de deux axes rectangulaires et susceptibles de prendre
toutes les positions.

Dans le cadre intérieur, peut être placé un cylindre sur lequel
on fixe l'objet par voie de fusion; le cylindre, et avec lui l'objet,
peut s'élever ou s'abaisser; il peut aussi tourner autour de son
axe longitudinal.

223. Si le traîneau de l'objet restant en repos, on fait
mouvoir sur les rails le traîneau du rasoir, il coupera la
portion de l'objet qui dépasse le niveau de la base; on le
ramène alors en arrière. La voie du traîneau du rasoir est
parallèle au plan de la table; celle du traîneau de l'objet,
au contraire, va s'élevant insensiblement. Il en résulte que
le traîneau de l'objet s'élève un peu lui-même d'arrière en
avant; par suite, s'élève aussi l'objet; par suite encore,
ramené en avant, le traîneau du rasoir le coupera ; l'opération se répétera de la même manière indéfiniment.

Un seul moment de réflexion suffit pour repousser l'idée
qui pourrait venir, qu'on aura ainsi des coupes en biseau et
non des coupes horizontales.

Une échelle portant un vernier Tn mesure l'espace dont
a avancé le traîneau de l'objet. On n'aura donc qu'à regarder de combien se sont élevés les rails pour estimer l'épaisseur de la coupe. Le quantum de cette élévation étant
connu pour chaque microtome, une lecture directe donnera l'épaisseur de la coupe.

224. Cependant, cette estimation n'est pas à l'abri
d'inexactitude, par suite de ce qu'a nécessairement d'irré-

gulier un mouvement communiqué par la main au traîneau de l'objet. Il est donc essentiel de recourir, pour mouvoir ce traîneau, à l'emploi d'une vis micrométrique que l'on adaptera à un troisième traîneau A placé dans la voie qui suit le premier. On rapprochera ce traîneau de celui qui porte l'objet, jusqu'à ce que la pointe de la vis micrométrique arrive à son contact ; elle donne alors contre une plaque spéciale *t* du traîneau de l'objet ; à ce moment, on immobilise le traîneau qui porte la vis micrométrique, au moyen d'une vis d'arrêt Sch.

225. Quand on fait tourner la vis micrométrique d'une quantité déterminée, qui se lit sur un tambour que porte cette vis, le traîneau de l'objet, et avec lui l'objet, subit par cela même une certaine élévation ; le nombre de tours effectué donnera la mesure précise de l'épaisseur de la coupe, la valeur d'un tour de vis étant connue pour chaque microtome. Dans le microtome de Jung, cette valeur est de 15 μ.

226. Cette vis micrométrique joue donc un rôle bien autre que la vis micrométrique des autres microtomes (voir, par exemple, § 232) ; elle élève directement l'objet.

227. On construit pour les microtomes des **rasoirs** spéciaux en forme de coin ; la face inférieure de la lame qui glisse sur l'objet est plane et polie ; l'autre, au contraire, est évidée.

228. Pour repasser le rasoir (on vend à cet effet des cuirs faits tout exprès), on le pose à plat sur le cuir par sa face évidée, de façon à mettre en contact avec le cuir son tranchant et son dos. On ne doit pas pour les rasoirs, comme on le fait pour les microtomes, se servir d'huile pour les préserver de la rouille ; il convient beaucoup mieux d'user pour cela de paraffine. Avec un morceau de cette substance bien pure, on frotte la surface du rasoir.

Pour empêcher la rouille, on tiendra les rasoirs dans des étuis, et on les garantira, comme on le fait pour les microtomes, du contact des acides et de l'humidité.

APPAREILS ACCESSOIRES DU MICROTOME DE JUNG

229. Appareil de congélation. — Cet appareil est adapté dans le microtome de Jung au traîneau de l'objet, comme le porte-objet et à sa place. Il consiste en une plaque de métal sur laquelle est placé l'objet : à la face inférieure, on vaporise de l'éther à l'aide d'un soufflet. On peut encore, dans quelques cas particuliers, par exemple pour durcir rapidement certains organes ou tissus dans lesquels on a intérêt à opérer *immédiatement* des coupes, avoir recours au chlorure de méthyle, qui, d'après *Malassez*, serait préférable à l'éther. La plaque subit un refroidissement considérable et l'objet se congèle. Une fois bien congelé, on le coupe à la manière ordinaire, mais à sec, sans humecter le rasoir.

Quand on s'est servi de l'appareil de congélation, il est nécessaire de le nettoyer avec un soin tout particulier pour éviter la rouille.

On trouvera de nombreux détails sur les appareils de congélation et sur les microtomes dans les articles « Méthodes de congélation » de *Solger* et « Microtomes » de *Thome*; in *Encyklopædie der mikroskopischen Technick* (2ᵉ édition, 1910).

230. Renommés sont les microtomes à congélation de *F. Sartorius* de Göttingen, adaptés à l'acide carbonique liquide. Il ne faut, toutefois, jamais s'en servir sans avoir présentes à la mémoire les instructions qui accompagnent l'instrument.

231. La pression que pourrait excercer la main sur le traîneau du rasoir en le mouvant peut très bien s'éviter en adaptant au microtome de Jung une cheville dans la direction de la table.

232. Le microtome de **Schanze** (*Rivet-Weigert*) se compose d'un traîneau portant le rasoir, semblable à celui que nous avons décrit dans le microtome de Jung. L'élévation de l'objet s'opère, comme dans le microtome de Ranvier, au moyen d'une vis micrométrique avec limbe gradué pour la lecture. Ce microtome est aujourd'hui pourvu d'une série de pièces d'invention récente comme : appareil à orientation, cuve à immersion pour les coupes humides.

En outre, dans ces mêmes instruments, les rails sont en verre : on peut, en cas de dégradation, les enlever et les remplacer par d'autres (Ces excellents instruments se vendent chez *Becker* de Göttingen).

233. On construit aussi des microtomes particuliers en vue de cas spéciaux : s'il s'agit, par exemple, d'opérer des coupes totales à travers le cerveau (voir § 234).

EMPLOI DU MICROTOME DE JUNG

234. Huiles. — Les rails où glissent les traîneaux du microtome seront nettoyés et enduits d'une épaisse couche d'huile. On recommande pour cet usage :

Huile d'os...................................... 4 parties
Pétrole 1   —

Le mode d'emploi de l'huile exige un soin tout particulier, car de lui dépend la régularité de la marche du traîneau. Si cette marche est difficile, ce qui se produit au bout de vingt-quatre heures environ, surtout quand on n'abrite pas le microtome contre la poussière en le recouvrant, par exemple, d'une cage de verre, il convient de surseoir à l'emploi d'huile nouvelle; on doit, tout d'abord, nettoyer soigneusement avec un linge les voies des traîneaux, et, seulement alors, faire usage d'huile fraîche.

La couche d'huile doit avoir une certaine épaisseur, de façon que le traîneau du rasoir, dont les rails réclament plus particulièrement cet enduit, poussé légèrement avec le doigt, glisse de lui-même.

On n'emploie pas d'huile dans les traîneaux dont les rails
sont en verre (voir § 232).

235. Mise en coupes. — On coupe d'abord en forme
de dé, avec un rasoir, l'objet inclus dans la paraffine (voir
§ 198 et suiv.) ; ensuite, on enlève le mieux possible la paraffine en excès sur cinq de ses faces. La sixième est fixée par
fusion sur un morceau de paraffine dure, sur du liège ou
sur du bois ajusté aux crampons du traîneau de l'objet.
Pour cela on fond la paraffine avec un fil de platine chauffé
à la flamme, et on met immédiatement le morceau en
place ; on égalise au moyen du fil chaud les quelques irré-
gularités qui peuvent se produire, et on plonge le morceau
pendant dix minutes dans l'eau froide.

236. Des morceaux fixés, même non inclus, à la condition de
conserver un peu d'humidité, se laissent couper, pourvu, naturellement, qu'ils soient d'une consistance suffisante. On les
monte avec de la gomme sur un bloc de liège ou de bois (*Weigert*).
On tient, quelque temps, morceau et bloc dans la main, et on
les plonge dans l'alcool pour faire refroidir la gomme.

On visse solidement le tout sur le porte-objet. L'objet
est alors monté.

237. Le **réglage du rasoir** est une condition *sine quâ
non* du succès de la coupe. Ce réglage concerne l'*obliquité*
et l'*élévation* du rasoir.

On entend par obliquité du rasoir l'angle que fait son
tranchant avec la ligne de coupe. On dit qu'il est dans la
position *perpendiculaire* lorsque son tranchant fait avec la
ligne de coupe un angle de 90° ; tandis qu'il est *oblique*
lorsqu'il fait avec cette ligne un angle plus petit.

On a recours à la position oblique avec les objets difficiles à couper, et à la position perpendiculaire pour la production de rubans de coupes à la paraffine.

On entend par élévation du rasoir l'angle qu'un plan
passant par le dos et le tranchant fait avec le plan des
coupes. *Apathy* conclut de ses recherches : 1° que le rasoir

doit avoir au moins un peu plus d'élévation que celle qui suffirait tout juste à maintenir la facette inférieure du biseau au-dessus de la surface affranchie de l'objet (en d'autres termes, seul le tranchant extrême du biseau doit toucher l'objet en-dessous) ; 2° en général il doit avoir moins d'élévation pour les objets durs et cassants que pour les objets mous ; donc, *ceteris paribus*, moins pour la paraffine que pour la celloïdine ; 3° le degré d'élévation utile peut varier entre 0 et 16° (ou rarement jusqu'à 20) ; 4° une élévation excessive tend à provoquer des éraillements longitudinaux dans la paraffine et des failles longitudinales qui dans des cas extrêmes peuvent déchirer la masse en des rubans étroits. Elle a une tendance à provoquer l'enroulement des coupes. Elle peut être cause que le couteau ne morde pas et manque une coupe. Elle peut faire que le couteau agisse comme racloir et emporte intégralement des portions de tissu de leurs places.

Ajoutons que pour le rasoir oblique, il vaut mieux en général donner au bloc de paraffine la forme d'un prisme trièdre et l'orienter de sorte que le couteau l'attaque par un angle.

Pour le couteau perpendiculaire, si l'on désire faire des coupes *isolées*, il vaut mieux tailler la masse en un prisme à quatre pans, et l'orienter comme dans le premier cas. Mais si l'on désire faire des *coupes en rubans*, il faut l'orienter de manière à avoir un de ses côtés parallèle au tranchant du couteau, et son côté opposé exactement parallèle à celui-là. (In *Lee et Henneguy*.)

238. Toutes les vis doivent être fortement serrées de façon à souder absolument l'objet et le rasoir à leurs traîneaux.

239. On élève alors l'objet de manière à ce que sa face supérieure atteigne aussi exactement que possible le niveau du rasoir ; puis, par tâtonnements, un léger déplacement du traîneau ayant pu accidentellement se produire, on amène le rasoir sur l'objet de façon à faire rencontrer ce dernier par la lame.

240. Une règle absolue de microtomie, c'est que le rasoir du microtome ne doit jamais servir à couper des tranches épaisses. Veut-on, par exemple, se défaire d'une partie du morceau inclus pour obtenir des coupes de sa région moyenne, on y procédera soit avec un couteau ordinaire bien aiguisé, soit en faisant avec le rasoir du microtome, l'une après l'autre, des coupes d'épaisseur moyenne ; pour cela, on déplacera chaque fois le traîneau de l'objet tout au plus d'une division de l'échelle, et on coupera ; on opérera ainsi jusqu'à ce qu'on se soit débarrassé de la portion en question.

La hauteur convenable de la coupe une fois obtenue, on coupera avec un couteau la paraffine sur les bords du bloc, afin de rendre la surface de la coupe de l'objet aussi petite que possible. Il convient pour cela, si on opère avec un rasoir orienté obliquement, de disposer le bloc pour la coupe, de façon à ce que le rasoir l'aborde par un angle ; l'attaque sera ainsi plus aisée, mais cela importe peu ; on rapproche alors le traîneau porteur de la vis micrométrique du traîneau qui porte l'objet, de manière à mettre en contact la pointe de la vis avec la plaque d'agate, et on fixe le traîneau avec la vis d'arrêt. On peut alors commencer à couper.

241. Pour **couper**, on pousse de la main *droite* le traîneau du rasoir ; on le saisit avec deux doigts : l'un posé sur le côté qui regarde l'opérateur, l'autre sur le côté qui lui est opposé. On ne doit jamais exercer de pression par en haut : elle aurait pour effet de chasser la couche d'huile intercalée entre le traîneau et sa voie, et de compromettre la régularité de l'opération et son résultat. La main gauche tient un pinceau destiné à empêcher que la coupe ne s'enroule pendant l'opération.

242. On construit pour cet objet des sortes de lamineurs (*Born*, 1893) dont l'emploi est d'ailleurs superflu.

243. On commence par tourner la vis micrométrique

et, tout d'abord, on cherche à obtenir une épaisseur de coupe de 15 μ (correspondant à un tour complet de la vis dans le microtome de Jung); plus tard, une épaisseur de 10 μ et au-dessous, ce qui revient à faire subir à la vis une rotation égale aux 2/3 d'un tour ou à moins; on lit ces mesures sur le tambour.

On pousse alors lentement le traîneau du rasoir le long de sa voie, et, du moment que le rasoir se met à couper, on maintient avec le pinceau la coupe, avant qu'elle ne commence à s'enrouler.

L'emploi du pinceau présente au début de grandes difficultés. Il faut éviter de couper les poils du pinceau avec la préparation ; à cet effet, on aura soin de tenir, pendant l'opération, la coupe libre dans l'air, sans appuyer le pinceau sur le rasoir ; c'est d'ailleurs une habitude facile à prendre.

244. La coupe est-elle venue à bien, on l'enlève avec un ou deux pinceaux, ou bien avec une aiguille, ou bien encore avec une petite baguette de verre effilée, pour la soumettre aux traitements ultérieurs. On ramène le traîneau du rasoir en arrière en lui faisant parcourir toute la voie. L'obligation de ramener constamment le traîneau à l'extrémité de la voie garantit à cette dernière une usure uniforme.

245. Si l'opération a duré longtemps, la vis micrométrique aura atteint la fin de sa course ; il faut, à ce moment, la tourner en sens inverse ; mais alors il n'y aura naturellement plus contact entre la vis ramenée à son point de départ et le traîneau du rasoir ; pour le rétablir, on dévissera la vis d'arrêt du traîneau de la vis micrométrique, et on poussera avec précaution, comme précédemment, ce traîneau contre celui de l'objet ; après quoi, on fixera à nouveau fortement la vis d'arrêt.

Le traîneau de l'objet devra rester à la même place durant toute la durée de l'opération ; si on l'a remué par mégarde, on élèvera avec précaution l'objet à la hauteur voulue de la coupe, en procédant comme il a été dit au paragraphe 239.

246. Il convient aussi quelquefois de disposer le rasoir transversalement à l'axe longitudinal des voies; cette disposition rend possible ce qu'on appelle les *coupes en tænia*. Dans les sections de cette sorte, la coupe n'est pas enlevée du rasoir; elle adhère au tranchant, et chaque coupe se soude intimement, bord à bord, à celle qui suit; on obtient de cette manière toute une série de coupes adhérentes entre elles. La méthode du tænia, impraticable pour les coupes épaisses, ne peut être employée que pour de petits objets avec une paraffine spéciale et à une température convenable; ce procédé accélère l'opération.

Le bloc de paraffine incluant l'objet aura de préférence la forme carrée; la surface en sera taillée de façon que son bord tourné vers le tranchant du rasoir et celui qui regarde l'opérateur soient tous deux parallèles au tranchant.

247. La haute température du laboratoire empêche souvent de couper la paraffine, même quand son point de fusion est relativement bas; pour y obvier, on a recours aux **rasoirs réfrigérants** (*Stoss*, 1891). Ces sortes de rasoirs (que Lang fabrique à Heidelberg) sont percés sur toute leur longueur, près du dos, d'une gouttière qui donne passage à un courant d'eau froide. Si, par suite de la température élevée de la chambre, la paraffine s'amollit par trop, on peut encore recourir à l'emploi d'un petit morceau d'ouate imbibée d'éther dont on enveloppe le fragment de paraffine.

248. Les objets inclus dans la celloïdine ou le collodion se coupent à **l'état humide**, c'est-à-dire qu'ils demandent à être, ainsi que le rasoir, préalablement humectés chaque fois avec un pinceau trempé dans l'alcool à 70 ou 80°. Le rasoir est disposé obliquement, et les coupes doivent être effectuées rapidement.

Cette méthode des coupes humides réclame un degré tout particulier de propreté pour le microtome, afin de pouvoir éviter la rouille.

249. Avec l'appareil de congélation, les coupes s'opèrent à **sec**; on les saisit sur le rasoir au moyen d'un pinceau et on les porte dans la solution physiologique de sel, le formol ou l'alcool faible.

250. Nous empruntons à *Vialleton* la description du microtome de Dumaige, très en faveur dans nos laboratoires français.

Microtome à bascule. — C'est un microtome automatique, c'est-à-dire dans lequel le mouvement de la pièce est produit par l'instrument lui-même.

Le microtome à bascule, construit en France par Dumaige, consiste essentiellement en un bâti de fonte sup-

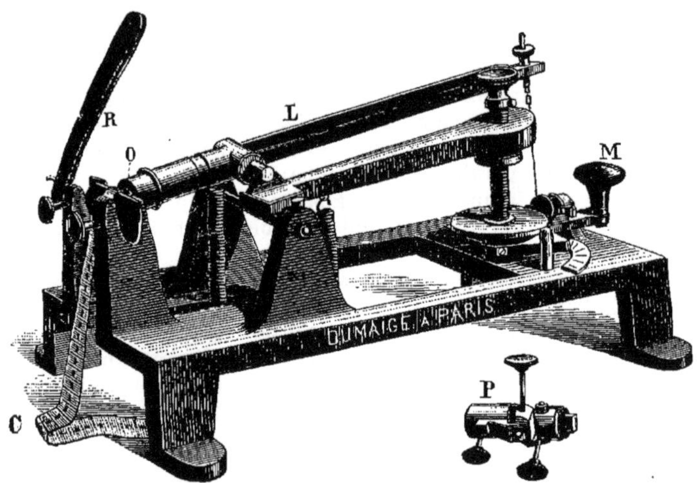

Fig. 11. — Microtome à bascule de Dumaige.

portant une sorte de levier oscillant autour d'un axe horizontal, et portant à l'une de ses extrémités la pièce à couper, tandis que l'autre extrémité est reliée par une cordelette à une manette qui met en mouvement l'appareil. L'axe autour duquel oscille ce levier est supporté par une pièce mobile en relation par une vis verticale avec une roue dentée placée sur la base du bâti. A chaque oscillation du levier, cette roue est mue, d'une longueur variable, suivant le nombre de dents passées par un petit déclic disposé à cet effet, et que l'on peut régler de façon à ce qu'il fasse avancer la roue d'une ou de plusieurs dents à la fois, suivant que l'on veut faire des coupes très fines ou plus épaisses.

La vis fixée à la roue dentée transmet son mouvement au support qui est construit de telle manière qu'à chaque impulsion reçue de la vis, il fait avancer la pièce d'une quantité déterminée au-devant du rasoir. Ce dernier est placé perpendiculairement au levier sur deux pièces de fonte dans lesquelles il est fixé par deux vis de pression. On peut employer ici les rasoirs ordinaires : il n'est pas besoin d'un modèle spécial.

Le bloc de paraffine est fixé sur un support placé à l'extrémité antérieure du levier et capable d'effectuer des mouvements dans les trois directions de l'espace, afin de permettre une orientation parfaite de la pièce.

Pour se servir de ce microtome, les choses étant en place, on tire à soi de la main droite la manette-moteur. Dans ce mouvement, l'extrémité antérieure du levier s'élève, en même temps que la pièce est poussée en avant d'une quantité déterminée. On lâche le bouton, et le levier sollicité par un ressort s'abaisse brusquement, tandis qu'une coupe se fait. On recommence et une nouvelle coupe s'ajoute à la précédente. Lorsque le support de l'axe est arrivé au sommet de la vis, on le ramène à sa partie inférieure, et on avance le support de la pièce, ramené en arrière par ce mouvement, d'une quantité suffisante pour que la surface de section affleure de nouveau le rasoir.

Si, pour tailler les faces du bloc de paraffine, par exemple, ou pour tout autre motif, on a besoin de maintenir en l'air l'extrémité antérieure du levier, on fixe la manette à un petit crochet placé près du point où elle arrive à l'extrémité de sa course, et qui maintient le levier élevé.

Ce microtome très pratique ne permet guère de faire que des coupes assez petites ne dépassant pas 1 centimètre carré de surface et qui ont l'inconvénient d'être un peu courbe.

251. Nouveau microtome universel de Nageotte. — Appareil à congélation pour les grandes coupes. — Ce microtome (*fig.* 12) est combiné en vue de donner au rasoir une stabilité aussi grande que possible ; ses organes ont été disposés de façon à rendre la manœuvre facile et rapide ; ses dimensions ont été choisies telles qu'elles permettent de couper en série une pièce cylindrique de 7 centimètres et demi de diamètre sur 8 centimètres de hauteur ; lorsqu'on se sert du rasoir transversal pour les pièces congelées, les di-

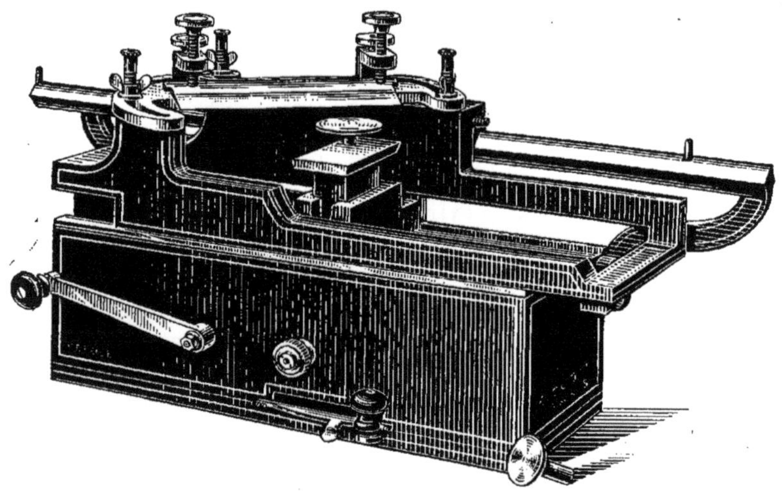

Fig. 12. — Microtome de Nageotte pour coupe au collodion.

mensions des coupes obtenues peuvent atteindre 12 centimètres sur 18 ; la graduation est établie par millièmes de millimètre de telle sorte que l'on peut débiter les pièces en coupe aussi minces que la consistance du tissu le permet ; grâce à la précision obtenue dans la course du rasoir, les coupes sont d'une régularité parfaite sans qu'il soit besoin de prendre la moindre précaution dans le maniement du chariot.

Cet instrument peut donc servir à tous les usages, avec cette seule restriction qu'il ne fait pas les coupes en ruban ;

on peut l'employer aussi bien aux travaux les plus délicats qu'à la confection de coupes en séries d'organes entiers, tels que les cerveaux des mammifères de taille moyenne, inclus au collodion. Enfin, il permet de couper, par congélation, les pièces les plus petites aussi bien que des blocs de dimensions considérables, tels qu'un cerveau humain débité préalablement en tranches de 1 centimètre d'épaisseur.

Cet appareil trouvera donc son application en anatomie descriptive et topographique, en histologie, en anatomie comparée et en anatomie pathologique : en un mot, c'est un *microtome universel*.

Le principe du **microtome universel de Nageotte** est le suivant : fixer le rasoir par deux extrémités sur un pont

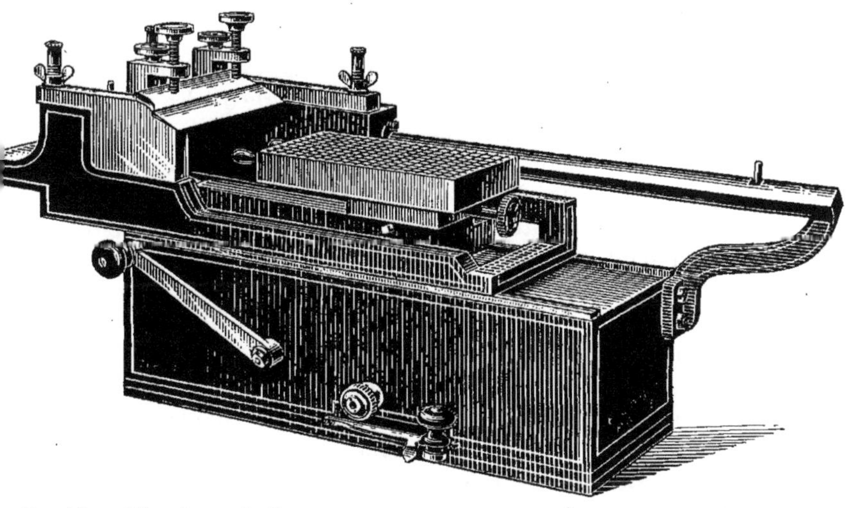

Fig. 13. — Microtome de Nageotte pour coupe à la Paraffine ou à congélation.

mobile passant au-dessus de la pièce à couper, en prenant ses points d'appui de part et d'autre de celle-ci.

Le nouveau modèle (construit par Cogit) se compose d'un bâti en fonte avec deux glissières en acier : l'une en arête, plus longue, située en arrière, l'autre plane, plus courte, située en avant et en contrebas. Tous les organes micrométriques sont cachés et mis à l'abri des souillures.

Le bloc porte-rasoir a la forme d'un cadre dont le bord antérieur est situé beaucoup plus bas que le bord postérieur; le rasoir peut être orienté à volonté. Pour la paraffine et la congélation, une pièce spéciale permet de placer le rasoir transversalement (*fig.* 13). Le bloc s'appuie par les deux extrémités de son bord postérieur sur la glissière en arête et par le milieu de son bord antérieur sur la glissière plane. Cette dernière étant complètement recouverte par le bord antérieur du cadre est à 'abri de l'alcool. Le bloc porte-pièce possède un mouvement rapide par levier, après débrayage, et un mouvement micrométrique semblable à celui du rocking. *Son mode de suspension est nouveau* et présente dés avantages sur les systèmes anciens.

Le bloc porte trois glissières verticales, l'une à la face gauche sur la ligne médiane, taillée en angle dièdre ; deux à la face droite sur les parties latérales, l'une de ces deux glissières étant plane, et l'autre semblable à celle de la face gauche. Les glissières entrent en contact avec trois pointes fixées au bâti ; les deux contacts de droite sont situés en haut, sur la même ligne horizontale ; celui de gauche est placé plus bas. Un étrier tiré vers la gauche par un ressort, appuie sur la partie inférieure du bloc et le maintient en situation.

Lorsque le rasoir entre en action, il ne peut que tendre à faire basculer le bloc dans un sens où tout déplacement est impossible; la rigidité est donc absolue. Les mouvements de latéralité sont arrêtés par les deux glissières en angle dièdre.

252. *L'appareil à congélation* pour grandes coupes est très simple : une étuve à glace, une pompe et une platine creuse. Dans l'étuve à glace on met le mélange réfrigérant: glace pilée et sel, avec du chlorure de calcium si l'on veut avoir un grand froid. Un serpentin placé dans l'étuve et relié à l'aide de tubes en caoutchouc à la platine permet, grâce à la pompe (mue par un moteur), une circulation de liquide incongelable (solution de chlorure de calcium) qui amène le platine à — 12°.

La tranche de cerveau (pas plus de 1 centimètre d'épaisseur), imbibée de sirop de dextrine, est congelée le plus rapidement possible à l'aide du chlorure de méthyle (ou de la neige carbonique), puis collée avec de l'eau sur la platine, qui maintient le froid pendant tout le temps nécessaire. Il est utile de faire un enrobage dans la glace, pour éviter le réchauffement trop rapide des arêtes de la pièce. Pour cela, la pièce une fois collée, on fait tout autour un petit rebord en papier et on verse de l'eau qui gèle. La pièce est ainsi entourée de glace qui ne gêne en rien les coupes, mais qui empêche absolument ses bords de se ramollir.

CHAPITRE IX

TRAITEMENT ULTÉRIEUR DE LA COUPE

253. Le traitement ultérieur de la coupe varie avec la nature de la substance dont elle a été pénétrée. Les coupes à la paraffine doivent tout d'abord être **débarrassées de cette paraffine** logée dans leur intérieur. Les coupes d'objet non colorés en masse, même les plus minces, sont très peu distinctes ; il faut donc les colorer. Il y aura ainsi une opération consistant dans la coloration des coupes, qui pourront alors être **montées** définitivement.

254. On a reconnu de bonne pratique de fixer sur le porte-objet, avant tout traitement, les coupes de grande dimension faciles à détériorer, telles que celles de glandes, comme aussi les coupes d'objets délicats, ou celles en série qu'on doit garder disposées suivant un ordre déterminé.

C'est l'opération du *collage ;* elle présente, entre autres avantages, celui de permettre de traiter en même temps, et par suite avec plus de rapidité et de régularité, un grand nombre de coupes. Elle est indispensable quand on veut obtenir ce qu'on appelle des *séries* de coupes, comme dans les recherches embryologiques ou dans les « méthodes de reconstruction » (voir celles-ci). Quand on fait ainsi **des coupes sériées**, il faut se méfier d'en perdre une seule ; si cela arrive, on devra le noter immédiatement (par exemple en inscrivant dans le catalogue des séries : Série 1, Porte-objet 2. Coupe 3 manque). Pour les indications à placer sur le porte-objet, voir au paragraphe 262. Le collage et le traitement ultérieur des coupes faites dans la paraffine comportent la succession suivante d'opérations : *collage, soustraction de la paraffine, coloration de la coupe, conservation.*

255. Il ne sera question actuellement que du traitement à la paraffine et à la celloïdine des coupes non collées.

Ce traitement des coupes non collées est bon à connaître, parce qu'il joue un rôle dans la technique anatomopathologique.

256. Les **coupes à la paraffine** sont directement portées avec un pinceau ou une aiguille dans un verre de montre, contenant un des liquides cités plus haut (voir § 180), dissolvant la paraffine, par exemple du xylol ; la coupe y séjournera pour le moins jusqu'au moment où la paraffine sera dissoute, moment que l'on peut saisir à l'œil nu. Quand toutes les coupes sont faites, on peut les traiter toutes simultanément ; on les retire du xylol et on procède directement à leur conservation, étant donné que la masse employée dans ce but s'y prête ; qu'elle soit privée d'eau, par exemple. Ce sera, si l'on veut, du baume de Canada dissous dans le xylol.

On procède ensuite comme il est indiqué au paragraphe 422. Le transport de la coupe se fait au moyen d'une capsule et d'une aiguille, et on a soin qu'elle repose à plat sur la spatule aussi bien que sur le porte-objet. Si l'on doit colorer les coupes avant de les coller, on les sortira du xylol et on les placera avec une spatule et une aiguille dans un verre de montre contenant de l'alcool absolu ; on procédera alors tout d'abord à la coloration, par exemple avec l'hémalun. Quand cette opération a réussi, on n'a plus qu'à choisir entre les différents colorants, en se conformant aux indications contenues dans le chapitre XII. Enfin, on effectuera le montage des coupes colorées, en suivant les instructions du chapitre XII.

257. Il est bon de savoir que l'on peut colorer les « coupes à la paraffine » avant de faire dissoudre cette paraffine. Celle-ci rend plus résistantes les coupes qui, toutefois, se colorent beaucoup plus lentement que par le procédé ordinaire.

258. Toutefois, on peut aussi ne pas attendre d'avoir monté les coupes pour les examiner directement; il est même avantageux, dans certaines conditions, en particulier quand on les transporte du xylol dans les liquides possédant des indices de réfraction différents, de les placer et de les examiner dans ce milieu sur le porte-objet. On fait alors, souvent, usage de **l'essence de girofle** dont l'indice de réfraction est élevé ; les coupes peuvent y être directement portées en sortant du xylol.

Si l'on veut **observer dans la glycérine** (voir aussi § 425), les coupes devront passer du xylol dans l'alcool absolu, de là dans l'alcool à 90°, puis, dans l'alcool à 70° et ensuite dans l'eau distillée ; après quoi, elles séjourneront environ une minute successivement dans deux solutions de glycérine contenant l'une ses deux tiers d'eau, l'autre sa moitié, et la série se clora par la glycérine pure.

259. Les **coupes à la celloïdine** ne doivent pas être mises en contact avec l'alcool *absolu*, dans le cas où l'on veut conserver cette substance. On les portera donc, dès qu'elles seront faites, dans un verre de montre contenant de l'alcool de 70 à 80°. On peut les colorer, en ayant soin d'en exclure quelques colorants solubles dans l'alcool absolu, puis les laver..., etc. ; on les place ensuite dans l'alcool à 95°, où elles séjournent de 1 à 3 minutes suivant leur épaisseur ; on les éclaircit dans l'huile d'origan ou de cèdre par exemple, mais jamais dans l'essence de girofle qui **dissoudrait la celloïdine.**

Après s'être débarrassé de l'huile avec du xylol par exemple, on monte la coupe dans le baume de Canada (voir § 422).

260. Comme milieu éclaircissant pour la celloïdine, l'acide phénique concentré fut, à notre connaissance, proposé pour la première fois par *Urban. Weigert* lui a fait subir une heureuse modification en ajoutant, suivant les besoins, 1, 2 ou 3 volumes de xylol à 1 volume d'acide phénique anhydre; ce mélange ne doit pas être employé après des colorations aux anilines basiques, car elle les décolore. Pour obtenir le tout bien déshydraté, il opère comme nous l'avons vu indiqué au paragraphe 181, avec de l'alcool absolu.

Dans quelques cas particuliers, on peut vouloir faire rapidement disparaître les liquides avec lesquels la coupe se trouve en contact. On touche légèrement les coupes qui se trouvent sur le porte-objet avec un petit morceau de papier-filtre (*Welch*, 1876) que l'on presse du doigt délicatement. Ce procédé, grossier en apparence, laisse les coupes intactes sans les déplacer.

CHAPITRE X

COLLAGE

261. Il convient, pour économiser la place et le temps, mais aussi et surtout pour garantir le plus possible les coupes de tout accident pendant l'opération, de les coller sur le porte-objet.

On peut aussi effectuer le collage *sur le couvre-objet*, si, par exemple, il s'agit de coupes traitées avec des réactifs coûteux ou de préparations en coupes isolées et nombreuses pour les besoins du cours. Les couvre-objet peuvent même être, dans ce cas, remplacés par des plaquettes de mica. La préparation terminée, le mica est renversé sur le porte-objet et recouvert d'une lamelle ordinaire.

262. On doit, dès le début, s'habituer à disposer les coupes en *rangées* et en *files*, à la manière des caractères et des lignes d'un livre. — On marque d'ordinaire les **séries des porte-objet** et l'ordre respectif des coupes qui y sont collées, à l'aide de signes, de numéros ou de lettres qui se suivent (ce qui est indispensable pour les coupes en séries). Un instrument très propre à cet usage est la pointe de diamant. Il convient de placer toujours l'indication sur le même point du porte-objet, par exemple dans le coin inférieur de droite. On se servira avec grand avantage à cet effet de l'encre de vitrier du commerce, et on fera très bien de numéroter d'avance un grand nombre de porte-objet.

Tous les autres modes de désignation sont à rejeter, tels que l'encre, le crayon à l'huile, etc., parce qu'ils ne laissent pas de trace durable, surtout après un maniement répété de la préparation, qu'ils finissent par salir.

263. Suivant la substance employée pour le collage, le traitement ultérieur des préparations variera. Si celle-ci est insoluble dans l'eau, l'alcool, les huiles essentielles, etc., il est bien entendu qu'il sera alors possible de colorer les coupes déjà collées.

Les *coupes à la paraffine* et celles à la paraffine-celloïdine peuvent être collées avec de l'eau, de l'alcool faible ou de l'albumine ; la gomme laque et le collodion sont moins employés. Au sujet des *coupes à la celloïdine*, nous indiquons plus loin les procédés de *Weigert*, *Obregia*, *Apáthy* et *Argutinsky*.

264. Collage à l'eau. -- La méthode la plus simple, mais qui, nécessitant certaines précautions, ne donnerait pas entre des mains inexpérimentées les heureux résultats qu'elle est capable de fournir, est le *collage à l'eau ;* si le porte-objet se refuse à se laisser convenablement mouiller par l'eau, ce qui arrive quelquefois, on peut, dans ce cas seulement, employer **l'alcool** faible. Elle a été recommandée par *Gaule* (1881), *Altmann* (alcool) et *Gulland* 1891 Eau).

La fixation des coupes repose ici, selon toute apparence, sur un fait d'attraction capillaire.

Le collage à l'eau ne donne que des résultats incertains ou même nuls, lorsqu'il s'agit d'objets fixés par l'acide osmique et les mélanges où entre cet acide.

265. On nettoie soigneusement le porte-objet et on arrose uniformément les coupes avec de l'*eau distillée* ou de *l'alcool très dilué*. On étend sur la couche d'eau ou sur celle d'alcool les coupes incluses dans la paraffine. Si les coupes ne sont pas encore étalées. on **chauffe** légèrement le porte-objet. sans toutefois faire fondre la paraffine : **celles-ci se déplissent alors ;** on enlève avec du papier buvard le liquide excédant, et avec un pinceau, si l'on veut. on donne aux coupes leur situation définitive : on a soin de les mettre à l'abri de la poussière, et on les laisse sécher durant vingt-quatre heures dans une étuve à 35° (si l'atmosphère est sèche, l'étuve n'est pas nécessaire). Ces coupes bien séchées sont alors susceptibles de subir, moyennant certaines précautions, toutes les manipulations possibles.

D'après *Altmann*, on peut faire artificiellement digérer des coupes ainsi fixées, sans que les parties non modifiées de la coupe éprouvent le moindre déplacement sur le porte-objet.

266. Une méthode très simple et extraordinairement pratique pour débarrasser radicalement, dans le collage à

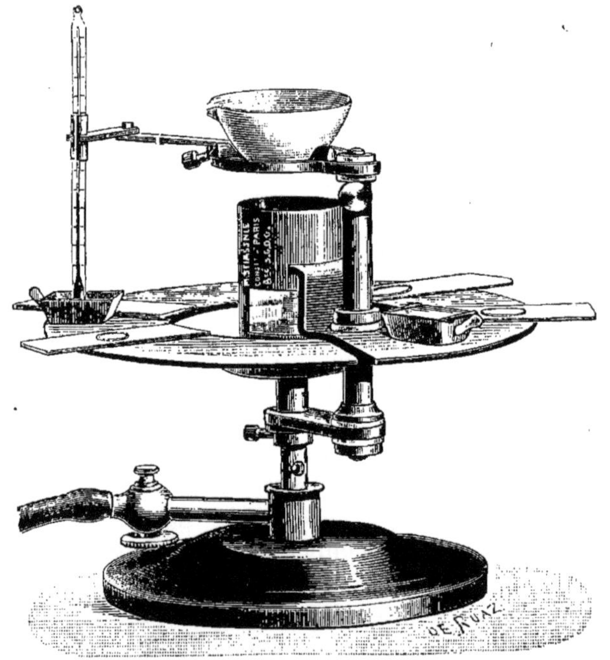

Fig. 14. — Plaque chauffante annulaire de Radais.

'eau, le porte-objet de toute graisse gênante, a été préconisée par *Helly*; on fait passer les porte-objet à travers une flamme, en évitant tout dépôt de noir de fumée, et l'on brûle ainsi graisse et poussières organiques.

267. On se trouve bien de la *plaque chauffante annulaire* de Radais pour porter à une température déterminée et constante des objets de faible masse (lames, lamelles, bains colorants, etc.).

La chaleur empruntée à la flamme d'un bec Bunsen est répartie, par conductibilité, dans une longue lame métallique dont la disposition spéciale assure à l'opérateur, sous un volume peu encombrant, une échelle *ininterrompue* de températures différentes. A cet effet, la surface chauffante a reçu la forme d'un anneau qu'interrompt une coupure radiale (voir *fig.* 14).

L'une des extrémités de cette lame circulaire se prolonge, jusqu'au centre de figure de l'anneau, par un appendice coudé qui reçoit, en ce point, l'action calorique de la flamme. Ce mode de chauffage central a l'avantage d'égaliser, pour toutes les parties de la plaque annulaire, le rayonnement faible, mais inévitable, de la chaleur.

Quant à la répartition du calorique dans l'anneau lui-même, elle obéit aux lois de la conductibilité des métaux : on a utilisé le cuivre rouge laminé dont le pouvoir conducteur élevé permet d'obtenir rapidement un équilibre de température stable, pour une source calorifique constante.

Les dimensions de la plaque ont été réglées pour donner, avec une dépense minimum de gaz, une échelle thermométrique complète comprise entre 30° et 120° environ. Ces limites extrêmes n'ont d'ailleurs rien d'absolu et sont fonction de la température initiale, variable au gré de l'opérateur.

Les objets à chauffer (lames, lamelles, godets à paraffine, capsules à bains colorants) sont déposés sur le secteur d'anneau qui correspond à la température voulue. Comme on le verra plus loin, cette température peut être connue facilement.

Diverses dispositions mécaniques assurent une facile mise en œuvre de l'appareil :

1° La plaque chauffante annulaire est mobile autour d'un axe vertical qui n'est autre que le tube du bec Bunsen servant de pied à l'instrument. Cette disposition permet d'amener à chaque instant devant l'opérateur le secteur calorifique utile.

2° Un réchaud, formé par un support mobile, permet d'utiliser la chaleur perdue de la flamme pour le chauffage de capsules, cristallisoirs, etc. (Disposition utile pour étaler sur l'eau tiède les rubans de coupes à la paraffine ; pour amener rapidement les bains colorants à la température voulue, etc.)

3° Un thermomètre à petit réservoir sphérique peut être amené, au moyen d'un support articulé, au-dessus de toute partie utilisable de l'anneau. On peut ainsi apprécier exactement la température d'un bain colorant, d'une masse à inclusion, etc.

4° Une lanterne métallique à fenêtres de mica protège la flamme sans cesser de la rendre visible.

5° Le réglage de l'arrivée du gaz s'effectue au moyen d'un robinet qu'une vis de pression permet d'immobiliser pour un débit déterminé. L'appareil étant ainsi réglé pour une température initiale donnée, l'extinction et le rallumage sont dès lors exclusivement commandés par le robinet de la prise de gaz du laboratoire.

6° On a tracé, sur la périphérie de l'anneau, des divisions égales, numérotées arbitrairement. Ces divisions ne correspondent pas à des températures égales (loi de Desprez) ; elles ont seulement pour objet de servir de points de repère, lorsqu'on a, par une expérience préalable, déterminé la répartition de la température dans chacun des secteurs ainsi limités.

En pratique, il est avantageux de régler, une fois pour toutes, la flamme du bec Bunsen au moyen du robinet spécial. On détermine ensuite la température de chaque secteur avec un thermomètre plongeant dans un bain de glycérine ou de vaseline.

Le réglage terminé, l'appareil fonctionne désormais avec le même équilibre de température qui s'obtient stable en 15 à 20 minutes après l'allumage. La constance d'équilibre dépendant de la pression, il y a avantage à faire la prise de gaz sur une conduite munie d'un régulateur de pression. La seule inspection de la figure 14 montre d'ailleurs que les variations de la température initiale ont, sur celle des différents secteurs, un retentissement d'autant moindre que le secteur considéré est plus éloigné de la source de chaleur. Or on sait que les basses températures (30°-55°) sont le plus fréquemment utilisées.

268. S'il n'est pas question de séries, on peut transporter directement **les coupes à la paraffine**, du microtome dans un verre de montre contenant de l'eau tiède ; elles s'y étendent très bien. On les recueille au moyen du porte-objet, et on les sort de l'eau pour les laisser sécher.

269. P. Mayer (1896) recommande de **coller** les coupes non plus avec l'eau ou l'alcool faible, mais avec le **liquide colorant** même. Si, pour permettre aux coupes de bien se disposer à plat, on les expose à la chaleur, la matière colorante agit la plupart du temps d'une manière aussi rapide qu'énergique; aussi est-il alors possible d'obtenir des colorations qui ne se produiraient pas dans les circonstances ordinaires. Il faut éviter que les coupes nagent sur le liquide colorant, avoir bien soin de les laver ensuite convenablement à l'eau, et ne les transporter dans le xylol (pour se débarrasser de la paraffine) et le baume de Canada qu'après qu'elles seront absolument sèches.

270. Cette importante observation, à savoir que les coupes, même si l'on conserve la paraffine, sont perméables aux solutions aqueuses, peut, avec de petites modifications, être utilisée dans différents cas : dans la coloration des coupes détachées, dans le traitement des coupes à la paraffine par les liquides digestifs artificiels, etc.

270 *bis*. La méthode de collage rapide et pratique généralement employée de nos jours est celle du **collage par l'albumine** introduite par P. Mayer (1883). On casse des œufs de
poule aussi frais que possible, au nombre de trois environ ; on
recueille l'albumine dans un plat, en évitant très soigneusement de léser la membrane du vitellus jaune. On bat
l'albumine pendant quelque temps avec une baguette de
bois et l'on filtre.

Comme l'albumine se décompose assez rapidement, il
est bon d'introduire un petit morceau de camphre dans
le liquide que l'on filtre aussi bien que dans le filtre lui-
même.

L'albumine filtre très lentement ; cependant, au bout de
douze heures, on en obtient 2 centimètres cubes. On verse
un égal volume de glycérine pure, on y met également
un petit morceau de camphre ou de salicylate de soude,
et on conserve le tout dans un flacon, bien à l'abri de la
poussière.

Une fois qu'on a opéré le mélange de la glycérine et de
l'albumine, que l'on peut hâter en imprimant quelques
secousses, on a une liqueur prête à être employée. On peut
aussi hâter le filtrage en mêlant au préalable l'albumine et
la glycérine, et en agitant quelque temps le mélange avec
une baguette.

271. On place avec un pinceau fin, sur le porte-objet
soigneusement nettoyé, une couche *aussi mince que possible*
d'albumine, que l'on étend au moyen d'une baguette de
verre épais et bien propre.

Sur cette surface ainsi préparée, on pose les coupes
incluses dans la paraffine ; on rabat avec un large pinceau
les quelques rides peu nombreuses qui peuvent éventuellement se produire ; on **presse** par-dessus assez fortement
pour empêcher la moindre bulle d'air de se glisser entre la
coupe et l'albumine ; après quoi, on place le porte-objet
sur la table.

Si l'on veut complètement utiliser une surface d'une étendue donnée, celle d'un couvre-objet environ, on peut la tracer sur un morceau de papier avec un crayon ou tout autre instrument, et y adapter le porte-objet en l'y superposant.

Un nombre voulu de coupes obtenu, posées sur la couche d'albumine et bien pressées, on chauffe le tout jusqu'à la température de coagulation de l'albumine, environ 70° C. Pour cela, on chauffe le porte-objet pendant un temps très court au-dessus d'une petite flamme de gaz ou d'alcool, jusqu'à ce que sa température se soit élevée. Cette méthode est rapide, mais son emploi exige beaucoup de précautions, parce que la préparation peut être détériorée par un excès de chaleur.

Le collage des coupes est ainsi obtenu dans des conditions de solidité suffisante pour résister, par exemple, à un courant d'eau ; on pourra alors leur faire subir les traitements ultérieurs qui seront, plus loin, décrits en détails.

272. Le collage à l'albumine exclut l'usage de certains réactifs, de ceux par exemple qui **dissolvent** cette substance, et qui, par suite, entraîneraient le décollement tels que les acides forts et les alcalis.

On pourrait ainsi successivement colorer une coupe pendant douze à vingt-quatre heures dans le carmin boraté, enlever son excès de carmin en l'exposant pendant le même temps à l'action de l'alcool aiguisé par $1/2\ ^0/_0$ d'acide chlorhydrique, la laver dans l'alcool, puis lui enlever son eau avec l'alcool absolu, et enfin la monter. Mais, par exemple, le **carmin de Schneider** (§ 314), qui n'est d'ailleurs utilisable que dans des cas tout spéciaux, ne saurait, cela va de soi, être employé pour les raisons susdites, à cause des effets de l'acide acétique.

En outre, il est certains colorants qui dissolvent l'albumine, comme le picrocarmin ; d'autres qui ne la dissolvent qu'en solutions fortes comme la benzo-azurine.

273. Comme solution d'albumine, *M. Heidenhain* (1905) préconise une solution alcoolique faible de **Sérumalbumine** (albumine du sang, *puriss.* chez *Merk*, à Darmstadt). L'albumine est broyée dans un mortier et réduite en une poudre très fine ; on en verse alors 4 grammes dans 100 d'eau et on agite vivement.

Après avoir laissé reposer vingt-quatre heures, on décante et on filtre la solution pour la mélanger enfin avec un égal volume d'alcool à 50.

On colle avec cette solution très fluide comme avec l'eau (voir § 264) ; on porte les coupes sur une plaque chauffante où elles se déplissent, et on enlève avec du papier buvard le liquide excédant pour le faire ensuite sécher dans une étuve à 35°.

274. *Henneguy* et *Reinke* (1895) enduisent des porte-objet et des lames de mica d'une très minime quantité de glycérine albuminée ; ils frottent ensuite avec l'extrémité du doigt jusqu'à ce qu'il n'existe presque plus de trace d'albumine. Les plaques sont alors chauffées dans une étuve à 70° (plutôt que sur la flamme), pour obtenir la coagulation de l'albumine. Ces plaques sont lavées dans une grande quantité d'eau, puis chauffées avec précaution, jusqu'à ce que les coupes s'étendent, sans faire aucun pli (la paraffine ne doit pas fondre). On les fait ensuite sécher à l'étuve à 30-35° C. ; quelques heures suffisent, d'ailleurs, généralement.

275. *Henneguy* dispose ses coupes sur un porte-objet, après y avoir placé une petite quantité d'une solution très diluée de *gélatine* au 1/5.000 environ, additionnée, au moment de s'en servir, d'une trace de bichromate de potasse ; il porte la lame de verre à une température suffisante pour que les coupes s'étalent ; puis il fait écouler le liquide et laisse sécher le porte-objet à la lumière ; au bout de quelques heures, la couche imperceptible de gélatine est devenue insoluble, et les coupes peuvent subir tous les traitements ultérieurs sans se détacher.

Le collage à la gélatine est certainement le meilleur procédé qui existe : c'est l'opinion de *Tourneux* qui emploie habituellement une solution de gélatine à 1/1.000 ou 1/500 à laquelle on ajoute quelques gouttes d'une solution de bichromate de potasse au 1/100, jusqu'à ce que le liquide présente une teinte jaune pâle. Les coupes collées par ce procédé résistent parfaitement au courant d'eau d'un robinet, et même à une ébullition prolongée pendant plusieurs minutes. On peut, d'ailleurs, remplacer le bichromate par le formol.

276. *Pacaut* préconise la méthode suivante, qui permet de colorer et d'examiner très rapidement les coupes après leur confection.

Les coupes à la paraffine sont collées à l'eau albumineuse faible (quelques gouttes d'albumine non glycérinée dans 100 centimètres cubes), et on les laisse égoutter pendant quelques minutes, jusqu'à ce que tout le pourtour du ruban soit sec. On les porte alors sur une platine chauffante pendant trois à cinq minutes, au-dessous du point de fusion de la paraffine, puis, élevant progressivement la température, on l'amène doucement au point de fusion de la paraffine en ayant soin de refroidir la lame rapidement dès qu'on y est arrivé, de façon à ce que la paraffine ne fonde jamais complètement. On recommence cette opération à deux ou trois reprises, et l'on porte les coupes dans le xylol, pour les débarrasser de la paraffine, puis dans l'alcool absolu, puis dans l'alcool à 90°, comme d'habitude, et enfin dans du formol étendu d'un volume d'eau. On les y laisse deux à trois minutes et on lave abondamment à l'eau. Toutes ces opérations demandent en tout environ vingt minutes, et l'on peut alors colorer et manipuler les coupes sans crainte de les voir se décoller.

L'avantage de ce procédé est sa rapidité telle, qu'il permet, dans les cas urgents, de pouvoir examiner une préparation colorée moins d'une demi-heure après le débit de la pièce en coupes.

277. Si les coupes contiennent beaucoup de tissu conjonctif ou sont trop grandes, *Michaelis* recommande le procédé suivant : les coupes sont **bien étendues** sur de l'eau chauffée à 45° C. ; on les saisit avec le porte-objet et on les applique solidement sur celui-ci au moyen d'un morceau de papier à écrire bien lisse. On ôte, en tirant, le papier avec la coupe, on enlève avec des ciseaux le papier qui déborde celle-ci, et on colle, coupe et papier ne faisant qu'un, sur un autre porte-objet avec de l'albumine (§ 270). Puis, l'on provoque la coagulation de l'abumine, etc. Dans le cours du traitement ultérieur, le papier finit par tomber.

278. Si les coupes (collées à l'eau ou à l'albumine) présentent, pour une raison quelconque, une tendance à se détacher, voici ce qu'il faut faire : On enduit avec le doigt les espaces qui séparent les coupes d'une mince couche du mélange suivant : collodion, 2 ; éther, 2 ; huile de ricin, 4. Puis on fait agir longtemps le xylol et l'on passe rapidement à l'alcool avant de poursuivre (*Filatoff*).

279. Les coupes incluses dans la celloïdine-paraffine peuvent, comme celles faites dans la paraffine, être collées avec l'eau. Il est bon toutefois (Apathy), de soumettre porte-objet et coupes à l'action d'une solution à $1/2$ $^0/_0$ de celloïdine dans un mélange éthéro-alcoolique (3 : 1). Une fois secs, on les soumettra aux traitements ultérieurs ordinaires.

280. Les coupes d'objets inclus dans la *celloïdine* qui, comme nous l'avons vu dans le paragraphe 248, sont des coupes à l'état humide, ne peuvent pas être collées par les procédés donnés jusqu'ici.

Une méthode établie par Weigert (1885), en vue spécialement de l'étude de la moelle épinière, permet aussi le **traitement simultané de nombreuses coupes.**

Les coupes sont recueillies dans un ordre déterminé sur du papier fluant (Weigert recommande le papier de closet); à cet effet, on place le papier sur les coupes qui se trouvent sur le rasoir ; les coupes y adhèrent, et le papier peut, si l'on agit avec précaution, être enlevé avec la coupe. Pour éviter que la bande de papier ne se dessèche avec les coupes, on la dispose, pendant que l'on fait la coupe suivante, sur un paquet de feuilles de papier buvard humectées avec de l'alcool à 70°; on procède de même pour les coupes suivantes, et ainsi on obtient un certain nombre de coupes rangées dans un ordre voulu sur le papier.

On étend alors, à la manière des photographes, sur une plaque de verre de dimension convenable, du collodion bien fluide, que l'on peut, si l'on veut, diluer dans l'éther sulfurique.

Quand le collodion a séché, ce qui ne demande pas plus de deux minutes, il forme une couche mince sur laquelle on applique les coupes en frottant légèrement de la main la surface du papier. On enlève alors ce dernier avec précaution, et les coupes restent d'ordinaire adhérentes à la surface du collodion; pour éviter qu'elles se dessèchent, on les conserve plongées dans l'alcool à 70°. On étend une deuxième couche de collodion, comme on a fait pour la première, sur la plaque de verre avec les coupes qu'on aura eu préalablement le soin de bien sécher en les recouvrant de papier buvard. Quand cette seconde couche a séché à son tour, on transporte immédiatement la plaque et les coupes dans le colorant; les coupes avec la couche de collodion se détachent de la plaque et sont ensemble soumises aux traitements ultérieurs. Avant de monter la préparation, on pourra, si l'on veut, couper la plaque de collodion avec les ciseaux, et, si cela est nécessaire, isoler les unes des autres les coupes.

281. Un procédé dû à **Obrégia** (1890) et souvent employé dans ces derniers temps consiste en ceci : les *coupes à la celloïdine* sont transportées sur des bandes de papier de closet reposant dans une assiette sur du papier-filtre humecté d'alcool à 70°; puis, elles sont placées sur des plaques spéciales préparées de la manière suivante. Des plaques de verre bien propres sont arrosées avec une solution de sucre ordinaire de consistance sirupeuse (cette solution est à base d'alcool à 30° ou bien d'eau); il vaut mieux se servir d'un pinceau pour étendre ce liquide sur les plaques. Ces dernières sont alors mises à sécher dans une étuve à 30°. Si le sucre a été dissous dans de l'alcool, on peut se contenter d'enflammer celui-ci. La surface de la solution sucrée doit être rigoureusement plane, et la couche de sucre ne doit contenir aucune bulle.

Les coupes sont, avec le papier, disposées sur ces « **plaques de sucre** », auxquelles on les fait adhérer par une légère pression ; le papier est alors enlevé avec précaution, de telle façon que les coupes restent collées au sucre.

Quand l'alcool fixé aux coupes est en grande partie évaporé, on recouvre celles-ci d'une couche mince d'une solution de celloïdine de concentration moyenne. Une fois cette couche bien sèche, les plaques sont placées dans l'eau ; le sucre se dissout et les coupes disposées en série et maintenues dans leur situation respective par la couche de celloïdine qui a été coulée sur elles, se séparant de la plaque, peuvent alors être colorées suivant les méthodes ordinaires et subir les traitements ultérieurs.

Par cette méthode, on peut aussi transformer, lorsque cela est nécessaire (par exemple pour la coloration d'après le procédé Weigert), les coupes à la paraffine en coupes à la celloïdine.

282. A la place de la solution sucrée d'Obrégia, **Petersen** recommande la solution suivante de *Bauer* :

Solution sucrée (1 p. de sucre et 1 p. d'eau)......	300 cm³
Alcool à 80°....................................	200 —
Solution de Dextrine (1 p. de dextrine et 1 p. d'eau)	100 —

On mélange les substances en suivant l'ordre précédent.

283. *Apathy* (1887-1888) porte les coupes à la celloïdine sur l'huile de bergamote qui doit être verte, ne pas avoir l'odeur d'huile de térébenthine, et se mélanger intimement à l'alcool à 90°. Avant que les coupes bien étendues tombent,

on les dispose, au moyen d'une aiguille, et à leur place
respective, sur un morceau de papier calque plongé lui-
même dans l'huile : ce dernier doit être aussi large que le
porte-objet et trois fois aussi long que le couvre-objet. On
retire alors ce papier hors de l'huile, on le laisse s'égoutter,
on le fait sécher sur du papier buvard et, enfin, on le place
avec les coupes, sur un porte-objet tout à fait sec contre
lequel on le presse fortement avec du papier-filtre. On
l'enroule alors de telle façon que les coupes restent sur le
verre, où on les débarrasse avec du papier buvard de l'excès
d'huile de bermagote.

Les coupes colorées sont directement incluses dans le
baume de Canada ; celles qui ne le sont pas encore sont
exposées quelques minutes aux vapeurs d'alcool et d'éther
et portées ensuite pendant quinze minutes dans l'alcool à
90°; elles peuvent alors subir l'action de colorants
contenant de l'alcool à 70° ou de l'alcool plus fort.

On peut transporter les coupes dans des solutions
aqueuses; on les dispose de telle façon qu'elles se touchent
par leurs bords; elles se colleront alors entre elles
sous l'action de la vapeur d'éther, et pourront, telle une
membrane, être, dans l'eau, isolées toutes ensemble du
verre. Sous cette forme, elles seront ensuite soumises aux
traitements ultérieurs.

Apathy (1889) dispose, avec une aiguille, les coupes sur le
rasoir graissé avec de la vaseline jaune, et humecté par de
l'alcool à 70°-90"; celles-ci y occupent une surface correspondant à celle du couvre-objet. Elles doivent s'imbriquer
légèrement entre elles, par les bords de celloïdine, ou
tout au moins, se toucher.

On dessèche les coupes avec du papier-filtre ; on les
enduit avec le pinceau d'une solution concentrée de
celloïdine, et on laisse évaporer pendant cinq minutes. On
les arrose avec de l'alcool à 70°, et on continue à couper ; si
on ne désire plus couper, ou si le rasoir est complètement
recouvert, on place celui-ci, avec les coupes, dans l'alcool à

70°. La celloïdine s'y durcira, et sera, avec un scapel, séparée, comme une membrane, du rasoir ; on la traitera ensuite suivant les règles ordinaires.

On peut placer de semblables membranes directement sur le porte-objet, en coller les bords avec l'éther et l'alcool, et colorer alors.

284. Pour fixer directement les coupes à la celloïdine sur le porte-objet, *Apathy* recommande la méthode suivante : on passe avec un pinceau, sur un porte-objet très propre, une couche d'une solution de celloïdine à 2 °/₀ ; puis on laisse sécher. Pour empêcher la couche de celloïdine de se séparer du porte-objet pendant les manipulations ultérieures, on trace auparavant sur ce dernier, avec une solution faible d'albumine, un petit quadrilatère, en guise de cadre, dont les dimensions correspondent à peu près au couvre-objet ; on fait ensuite coaguler l'albumine par la chaleur. Grâce au relief légèrement rugueux de l'albumine, la celloïdine adhérera solidement.

Sur la couche de celloïdine ainsi préparée et fixée, on dispose à son gré les coupes, après les avoir rendues lisses, sur l'eau par exemple. Puis, on les sèche à l'aide de papier buvard très fin, et on les soumet sous une cloche fermant *hermétiquement*, pendant un court espace de temps, aux vapeurs d'alcool et d'éther : ainsi s'obtient la soudure des coupes avec la couche de celloïdine.

Le traitement ultérieur se fait à l'ordinaire, mais on a garde d'employer tout liquide dissolvant la celloïdine, tel que l'alcool à 90°, l'alcool absolu, l'éther, etc.

285. *Argutinsky* (1900) préconise le procédé suivant pour le collage des « coupes à la celloïdine ». Un certain nombre de porte-objet scrupuleusement nettoyés sont [comme dans le collage des « coupes à la paraffine » (voir § 270 *bis*)] recouverts d'une mince couche bien égale d'albumine dont on obtient la coagulation en l'exposant à une température d'environ 100° C. Les coupes à la celloïdine sont, avec soin, déplissées dans une petite coupe contenant de l'alcool à 70°, puis, placées sur le porte-objet préparé comme on l'a déjà indiqué, et disposées suivant l'ordre voulu. L'alcool qui recouvre complètement porte-objet et coupes est absorbé par de petites feuilles de papier-filtre placées sur le bord du verre.

Pour opérer alors le collage des coupes, on place sur le verre garni de coupes une bande de papier-filtre lisse, pliée de 8 à 12 fois sur elle-même. Avec le doigt, on presse fortement ce papier-filtre contre la surface encore mouillée du verre ; l'alcool est ainsi aspiré, et les coupes sont, de cette manière, fermement appliquées contre la couche d'albumine. Après quoi, la bande de papier-filtre est enlevée, et le porte-objet, avec ses coupes bien collées, est *immédiatement* plongé, avant qu'il ait eu le temps de se dessécher, dans de l'eau distillée ; on le soumettra tout de suite ou plus tard aux traitements ultérieurs.

En dehors des acides forts et de l'alcool absolu qui dissoudraient l'albumine ou la celloïdine, on pourra employer n'importe quel liquide.

Si on ne désire colorer qu'au bout de quelques jours, on conservera les porte-objet dans l'alcool à 70°, ou même dans un alcool plus faible.

Tellyesniczky (1904) remplace le mélange albumine-glycérine par l'albumine seule, employée en solution fortement diluée dans l'eau distillée (1 : 5).

286. *Rubaschkin* colle les coupes avec un mélange d'albumine et de glycérine (2 : 1). Il enduit légèrement les couvre-objet, y étale les coupes et verse dessus un mélange à parties égales d'essence de girofle et d'aniline jusqu'à ce qu'elles deviennent claires et translucides. On se débarrasse de l'essence en inclinant la lame qui est alors, avec les coupes définitivement collées, placée dans l'alcool à 90°, puis dans l'alcool à 70° et peut enfin subir, sans inconvénient, tous les traitements ultérieurs nécessaires.

287. *Oll* préconise une **méthode de collage** pouvant s'appliquer à *tous* les objets ; elle est basée sur le fait que la **gélatine** forme avec le formol une combinaison insoluble. 10 grammes de gélatine sont dissous dans 100 centimètres cubes d'eau, en chauffant au bain-marie ; on ajoute un blanc d'œuf et on continue à chauffer en agitant fréquemment ; toutes les impuretés sont alors absorbées par l'albumine qui se coagule.

On filtre le mélange et on y verse 10 centimètres cubes d'une solution à 5 $^0/_0$ de phénol. Cette solution devenue ainsi claire doit être conservée dans un flacon à large goulot. On répartit avec le doigt un petit morceau de gélatine sur la lame et les coupes sont alors placées dessus et déplissées. Si l'on a affaire à des coupes qui ne sont pas sèches, comme par exemple des coupes à la celloïdine, ou des coupes d'organes congelés, etc., il faut se débarrasser avec précaution du liquide en le faisant absorber par du papier buvard ; dès que les coupes le permettent, on les presse avec le buvard, on les rend ainsi bien lisses ; on soumet alors quelque temps le tout à l'action des vapeurs de formol, puis à celle d'une solution de formol à 10 $^0/_0$.

Les coupes, bien adhérentes à la lame, sont prêtes à être soumises à toutes les manipulations possibles.

On n'a plus qu'à faire dissoudre la paraffine et la celloïdine (voir *Kraus. Arch. f. Dermatol. u. Syph.*, 1906).

288. *Regaud* (1901) recommande le procédé suivant de **surcollage** qui garantit *infailliblement* l'opérateur contre un décollement possible des coupes pendant des manipulations compliquées.

Ce procédé consiste essentiellement à déposer à la surface des coupes préalablement collées par un moyen quelconque, puis débarrassées de paraffine, une pellicule excessivement mince de collodion précipité qu'on ne laisse pas sécher.

1° Le collage des coupes peut se faire par un procédé quelconque permettant le déplissement des coupes sur l'eau tiède.

2° Les coupes, séchées à l'air libre ou dans l'étuve à 35°,

mais non chauffées, sont débarrassées de la paraffine par le xylol.

3° La lame portant les coupes est placée dans un flacon contenant de l'alcool absolu ou de l'alcool à 95°.

4° Au sortir de l'alcool à 95° (ou absolu), les préparations sont portées dans un flacon qui contient du collodion dilué.

    Collodion officinal (non riciné)................. 20 vol.
    Éther anhydre.................................... 40 —
    Alcool absolu.................................... 40 —

Aussitôt après l'usage, la dilution de collodion est transvasée dans un flacon bien bouché. Elle peut servir pendant longtemps.

Les préparations doivent rester de une demi-minute à deux minutes dans le collodion. Ensuite on les dégoutte avec soin, sans les laisser sécher, et on les porte dans un nouveau flacon qui contient de l'alcool à 70° ou à 80°. La couche de collodion dilué qui enduit la lame est précipitée instantanément sous forme d'une pellicule continue, très mince, parfaitement transparente, adhérente, qui constitue pour les coupes un vernis protecteur.

5° De là les préparations sont portées dans l'eau, soit directement, soit après avoir passé par l'alcool à 60°. On peut dès lors leur faire subir impunément toutes les manipulations nécessitées par la coloration et le montage, sans qu'elles risquent de se décoller. Un fort jet d'eau tombant sur les coupes les laisse intactes. Ce n'est que tout à fait à la fin des opérations que l'alcool absolu et certaines essences peuvent dissoudre la pellicule de collodion, ce qui, à ce moment, est sans danger.

Il peut arriver parfois que cette mince pellicule de collodion se colore légèrement en même temps que les coupes elles-mêmes, par les couleurs d'aniline ou l'hématoxyline ferrique. Mais lors de la différenciation (alcool, alcool acidulé, alun ferrique, etc., suivant les cas), sa coloration disparaît complètement avant que la coupe soit elle-même différenciée.

CHAPITRE XI

ENLÈVEMENT DE LA PARAFFINE

289. On débarrasse la coupe de la paraffine en dissolvant celle-ci dans un des liquides cités plus haut (§ 180) ; à cet effet, on emploiera le **xylol** avec avantage et économie.

On plonge durant trois à cinq minutes dans un verre (voir § 308) rempli de xylol le porte-objet avec les coupes collées suivant les instructions du chapitre X. Le traitement ultérieur simultané de plusieurs porte-objet est possible dans des cuvettes de porcelaine à rainure (voir § 308).

Les coupes collées à la glycérine albuminée doivent toujours, en sortant du xylol, passer dans l'alcool absolu avant d'être ultérieurement traitées et montées.

On a bien souvent à déplorer de fâcheux résultats quand on monte la coupe directement du xylol dans le mélange xylol-baume de Canada. La raison en est que l'albumine et la glycérine forment ensemble un mélange, lequel, en si faible quantité qu'il soit, ne s'amalgame pas au xylol ; il en résulte des taches.

CHAPITRE XII

LA COLORATION ET LES COLORANTS

1. — LA COLORATION (GÉNÉRALITÉS)

290. Le pouvoir de réfraction, à lui tout seul, ne suffit pas à rendre distincts les différents tissus.

Les objets colorés sont autrement nets, tels que colorations naturelles, pigments, cellules pigmentées : de nombreux procédés de fixation permettent de colorer certains tissus, de façon à leur donner une grande netteté, comme par exemple ceux où l'on fait usage des acides osmique, chromique et picrique.

Toutefois il est certains réactifs dont l'emploi pour colorer les tissus offre de plus grands avantages.

291. Il est très difffcile, nous allons le voir, de donner à la technique des colorants une base vraiment scientifique et de se rendre un compte exact des phénomènes auxquels on a affaire dans les diverses colorations.

Aujourd'hui encore cette question est loin d'être résolue pour tous les cas.

Lorsque, au moyen de méthodes spéciales, on réussit à colorer certains tissus ou certaines parties de tissus (quelques détails du noyau, des granulations cellulaires, des fibres élastiques, des fibrilles conjonctives, collagènes, du mucus, de la graisse, etc.), de façon que ces éléments soient seuls et à coup sûr colorés, on peut conclure avec grande vraisemblance que, si une pareille coloration apparaît dans une autre préparation, on se trouvera en présence de la même partie de tissu ou de la même substance ; cette hypothèse se trouvera tout à fait confirmée si l'on retrouve encore, dans l'objet étudié, les mêmes propriétés optiques ou la même allure vis-à-vis des réactifs dissolvants ou des liquides digestifs artificiels.

Il faut toutefois ne jamais perdre de vue ce fait que très souvent des parties de tissu absolument différentes montrent une même réaction vis-à-vis des colorants.

On se tromperait, par suite, grossièrement en regardant comme identiques des tissus se colorant identiquement. Il ne faut formuler de telles conclusions qu'avec beaucoup de prudence et après une expérimentation longue et consciencieuse.

Au total, dans l'état actuel de nos connaissances, il est plus sage de tenir le langage que voici : Deux tissus sont différents qui se colorent différemment à la suite d'un même traitement.

292. Les opinions les plus diverses ont été émises au sujet de **l'interprétation du phénomène de coloration** aussi bien dans le domaine de l'industrie que dans celui de l'histologie. Les réactions qui se produisent pendant la coloration sont déjà bien difficiles à établir, car la chimie et la physique de la cellule et de ses éléments sont très peu connues, et les colorations en question, généralement très compliquées. Dans ces questions, un pur empirisme règne donc en maître! une base vraiment scientifique de la technique des colorants est encore à trouver.

Les recherches théoriques n'ont toutefois pas fait défaut et ont, il faut le reconnaître, jeté une certaine lumière sur quelques points intéressants du problème.

Nous citerons : 1° la théorie **chimique** de la coloration; il n'est pas douteux qu'une série de colorations repose sur des phénomènes chimiques, par exemple la réaction du bleu de Berlin pour la révélation du fer dans les coupes (v. § 942), et la réduction de l'acide osmique par certaines graisses;

2° La théorie **physique** : *A. Fischer* (1899) a essayé de réfuter la théorie chimique ; il s'est appliqué à renverser quelques-unes des prétendues preuves les plus chères à la théorie chimique : la métachromasie, la double coloration avec différenciation ; il a voulu remonter jusqu'à la source même des phénomènes d'élection qui se passent dans les mélanges colorants, et à cette source il attribue un caractère mécanique ;

3° La théorie de *Otto N. Witt*, qui est du ressort de la **chimie physique** ; pour lui, il y a un parallélisme parfait à établir entre la teinture d'une fibre et celle d'un verre ou de tout objet coloré. C'est la *théorie de la solution*, ou *Lösungstheorie*.

Toutefois *M. Heidenhain* (1903) nie la possibilité d'édifier une théorie de la coloration en suivant la voie synthétique parce que les substances dont il s'agit sont trop diverses. En tous cas les recherches de ce genre si particulièrement délicat doivent être, suivant lui, confiées « à des chimistes éminents qui seraient en même temps des physiciens et des histologistes distingués ».

Consulter pour les différentes *Théories de la coloration* : *Fischer* (1899), *M. Heidenhain* (1902, 1903, *a*, *b*, *c*,...), *Bethe* (1905) et l'*Enzyklopädie der mikroskopischen Technik* (2ᵉ édition, 1910, p. 413 et suiv.).

293. Les colorations histologiques peuvent se diviser en deux groupes : les **colorations générales** (ou diffuses) et les **colorations électives** (ou sélectives).

Nous appelons *coloration* **générale** une coloration qui intéresse également *dans leur totalité tous les éléments* anatomiques d'une préparation.

Nous appelons *coloration* **élective** une coloration qui n'intéresse que *quelques-uns de ces éléments*, les autres demeurant incolores ou se colorant d'une autre façon que les premiers. C'est cette *différenciation* des éléments histologiques par la couleur qui est le but principal pour lequel on emploie des réactifs colorants dans la pratique de l'anatomie microscopique.

Les colorations électives se laissent diviser en deux groupes : il y a l'élection *histologique* et l'élection *cytologique*. Dans l'élection histologique, la coloration se porte avec élection sur tous les éléments appartenant *à un tissu donné*, les autres éléments histologiques de la préparation demeurant incolores, ou du moins se colorant d'une autre façon ; exemple : coloration des terminaisons nerveuses par le chlorure d'or ou par le bleu de méthylène. Les colorations de cette sorte s'appellent aussi *colorations spécifiques*.

Dans l'élection cytologique, au contraire, la coloration se porte avec élection sur l'un des *éléments cytologiques des cellules* de tous les tissus de la préparation, c'est-à-dire qu'elle choisit soit les noyaux en général ou un élément des noyaux, soit le cytoplasme ou un élément du cytoplasme, son réticulum, son enchylème, ses granulations ou autres enclaves.

La première de ces colorations cytologiques s'appelle coloration *nucléaire* ou *chromatinique*, la seconde, coloration *plasmatique*. Ce sont les teintures nucléaires qui sont, en anatomie microscopique générale, la classe la plus importante de colorations...

Les colorants à action *diffuse*, ceux qui se portent sur la *totalité* des éléments des tissus aussi bien que sur les noyaux sont aujourd'hui de plus en plus abandonnés.

Les *colorants plasmatiques électifs*, au contraire, sont de la plus grande utilité pour certaines recherches spéciales et il devient tous les jours plus évident que pour les études cytologiques ils sont indispensables (in *Lee* et *Henneguy*).

Dans la pratique, on a recours, pour réaliser des **colorations électives,** à deux manières reposant sur deux procédés opposés.

294. Si on laisse la coupe dans le colorant juste le temps nécessaire pour obtenir une teinte suffisante, on parle de **coloration progressive** ; mais si on y fait séjourner cette coupe jusqu'à ce qu'elle présente un excès de coloration (et, dans ce cas, on devra la soumettre à l'action de certaines liqueurs appropriées dans lesquelles se produira la *différenciation* désirée), on parle de **coloration régressive**. Ce dernier procédé prend une grande importance quand on fait usage des couleurs d'aniline (voir p. 351).

Ces deux méthodes peuvent, d'ailleurs, se combiner.

295. On parle aussi de **coloration substantive** et **adjective.** Lorsque les objets se teignent *immédiatement* dans une solution colorante, on dit que la coloration est substantive; mais lorsque, au contraire, ils ne peuvent se colorer qu'après avoir été traités par une autre substance, dite *mordant*, la coloration est dite adjective.

296. Il faut des mains très exercées pour mener à bien les colorations régressives. « Je m'explique sans difficulté que des colorations au carmin et à l'hématoxyline (*Delafield*) conduites avec prudence par la voie progressive puissent donner de meilleurs résultats que des teintures à l'aniline effectuées, par la voie régressive, avec insuffisance de précaution. Aussi crois-je devoir recommander, même pour les couleurs basiques d'aniline (safranine, gentiane, bleu de toluidine, etc.), le recours aussi fréquent que possible à la méthode progressive ; il faut, dans ce cas, employer des solutions très faibles et les laisser agir longtemps. » (*Heidenhain*, 1907).

2. – LES COLORANTS

297. Comme divers fabricants livrent sous le même nom des matières colorantes qui ne sont pas les mêmes, nous prévenons que, dans les données qui vont suivre, il ne sera question que de celles qu'on peut se procurer chez le Dr *Grübler et C*^{ie} (à Leipzig, Bayerische Str., 63).

298. La *filtration parfaite* des liquides de tous genres, et en particulier des *colorants,* est nécessaire en technique microscopique. Les systèmes à entonnoir et à filtre en papier ont des inconvénients multiples : évaporation du liquide, taches, dépense d'une quantité de réactif plus considérable que celle dont on a besoin, etc. Le *compte-gouttes filtreur de Regaud* (1896) peut renfermer tous les réactifs colorants, tels que le picro-carmin, le carmin aluné, les solutions d'hématoxyline et d'hématéine, les solutions des couleurs d'aniline, safranine, fuchsine, violet de gentiane, etc. On peut avoir ainsi chacun de ces réactifs sous la main, en flacons tout à fait fermés et propres, prêts à débiter instantanément les quelques gouttes de colorant dont on a besoin.

299. On a proposé, pour empêcher la prompte altération des *solutions colorantes* employées en histologie, solutions que nous allons maintenant passer en revue, de les préparer au moment du besoin, soit à l'aide de solutions alcooliques concentrées dites solutions mères, soit avec des comprimés. Mais les solutions mères sont altérables à la longue, surtout celles de bleu de méthylène et de vésuvine. Quant aux comprimés, le commerce n'en fournit que pour les réactifs les plus courants ; leur prix de revient est assez élevé, et ils ne sont pas toujours très solubles.

Guéguen (1907, 1912) conseille de remplacer solutions mères et comprimés par des *réactifs en poudre* (voir § 318), obtenus en triturant finement, dans un mortier bien sec, la matière colorante avec du sucre. Les proportions les plus convenables sont en général de 10 centigrammes de colorant pour 90 centigrammes de sucre. La poudre ténue ainsi préparée est enfermée dans de petits étuis à fond épais faciles à fabriquer avec du tube à dégagement et qui sont peu encombrants. Le produit se dissout instantanément et complètement dans l'eau ou dans le liquide approprié (eau phéniquée, eau alcaline ou alcool faible).

Les triturations de matières colorantes (hématéate d'ammoniaque, carmalun au demi, vert de méthyle, vésuvine, violet de gentiane, dahlia, rouge neutre, rouge de ruthénium au vingtième, éosine, cyanine, Sudan III : les deux dernières couleurs doivent être dissoutes dans l'alcool faible, toutes les autres dans l'eau pure) paraissent, suivant l'auteur, devoir se conserver indéfiniment, à la condition de les préparer avec des produits *bien secs*, et de les conserver à l'obscurité en petits tubes *bien desséchés et bouchés hermétiquement*. Seul le rouge de ruthénium au 1/20, après six ou sept ans de préparation, se grumelle légèrement, mais les particules poreuses ainsi formées se dissolvent instantanément et ne perdent rien de leurs propriétés colorantes. La conservation se montre tout aussi parfaite dans les petits flacons de colorants microbiologiques ; aussi peut-on renoncer à employer les réactifs préparés d'avance et même les solutions mères dont les ouvrages classiques donnent les formules. Cela évite les ennuyeuses filtrations et les précipités si désagréables dans les préparations.

Pour les contrées d'une excessive humidité, comme certaines colonies, il serait peut-être avantageux de substituer au saccharose, pour la « trituration », le lactose ou tout autre sucre non hygroscopique, ou encore le sulfate de soude, qui, lui, est efflorescent, et qu'on pourrait, d'ailleurs, dessécher à l'avance.

L'emploi des triturations permet d'emporter en voyage une vingtaine de colorants dans une boîte d'un volume très restreint.

300. On colore des morceaux entiers avant de les couper : c'est la **coloration en masse** ; ou bien on colore les coupes : c'est la **coloration en coupes.**

La *première* permet d'agir rapidement ; toutefois, *on n'y a presque plus recours aujourd'hui ;* la *dernière*, au contraire, *de beaucoup supérieure, est presque exclusivement* employée par les histologistes ; elle offre les avantages suivants : elle permet de contrôler à chaque instant la coloration sous le microscope ; elle autorise l'usage de beaucoup de matières colorantes qui ne peuvent pas être employées dans la coloration en masse ; c'est à elle qu'on a recours dans la plupart des colorations combinées. Dans certaines circonstances, on peut combiner les deux colorations, et colorer le même objet d'abord en masse, puis en coupes.

301. On fera bien, **pour se familiariser avec la techni que des colorants,** de commencer par l'hématoxyline (ou par l'hémalun, voir § 326), et, au début, de colorer des coupes non collées ; on emploiera ensuite le colorant connu depuis déjà bien longtemps, le carmin, en commençant par la *coloration en masse ;* on finira par les différentes couleurs d'aniline.

302. Voici les règles générales que l'on suit quand on veut procéder à la **coloration :**

Les **coupes non collées** sont portées avec une spatule et une aiguille dans un verre de montre contenant environ 5 centimètres cubes de colorant (par exemple de l'hémalun). Elles doivent, comme dans toutes les manipulations suivantes, présenter toujours une surface lisse à la spatule sur laquelle elles reposent.

Si la solution colorante n'est pas alcoolique, mais aqueuse, il ne faudra pas transporter directement de l'alcool dans le colorant (par ex. l'hémalun) les coupes que l'on viendra de débarrasser de leur paraffine (voir § 256) : on les fera auparavant séjourner quelques minutes dans l'eau ou, mieux encore, dans une solution de 1 à 2 % d'alun. Sans cette précaution, l'alcool contenu dans la coupe donne, avec le colorant, un précipité qui peut devenir gênant dans certaines circonstances. Les coupes collées peuvent, sans inconvénient sensible, passer de l'alcool dans l'eau ; quand on a affaire à des coupes délicates et non collées, il est toujours bon d'intercaler un ou plusieurs mélanges, par exemple l'alcool à 50° et celui à 70°, ou bien ceux à 40°, 60°, 80°,... etc., pour éviter les forts courants qui résultent du mélange et qui lacèrent les tissus.

Si on a laissé les coupes séjourner trop longtemps dans le colorant, on les portera de la solution aqueuse (s'il s'agit par exemple d'hémalun) dans une grande coupe pleine d'eau, où elles devront se laver pendant au moins dix minutes. Si on les y laisse davantage, une ou deux heures environ, la coloration devient plus nette.

Les coupes colorées dans des solutions alcooliques seront lavées dans de l'alcool : on obtiendra des résultats différents suivant qu'on emploiera l'alcool à 50°, 70°, 90°, etc., ou l'alcool absolu.

303. Les coupes lavées dans l'eau devront être **déshydratées** ; pour cela, avec une spatule et une aiguille, on les porte, successivement, pendant trois minutes, dans une petite coupe contenant de l'alcool à 70°, puis à 96° et enfin à 100° ; de là, elles passent dans le xylol.

Le transport dans l'alcool absolu exige les plus grandes précautions ; on doit éviter que les coupes s'enroulent ou se plissent ; une fois formés, ces plis persistent, car les coupes durcissent très vite dans l'alcool absolu ; aussi s'exposerait-on à les endommager, en essayant, après coup, de les rendre lisses à l'aide d'instruments. Il est toutefois aisé d'avoir raison de ces plis ; pour cela, on n'a qu'à porter à nouveau la coupe dans l'eau ; grâce au durcissement dont nous venons de parler, la coupe perdra ses plis par le simple effet du mouvement.

304. Du xylol, les coupes sont portées sur le porte-objet ; on y dépose une goutte de baume de Canada et on recouvre le tout du couvre-objet (voir § 422).

Il faut, avec l'hématoxyline, éviter l'emploi de l'essence de girofle, ou bien, alors, il faut de nouveau bien laver avec le xylol ; la pratique apprend, en effet, que cette essence a une influence préjudiciable sur la conservation des couleurs.

305. On peut faire subir à des couvre-objet (Voir § 559) recouverts de préparations les mêmes manipulations qu'aux coupes elles-mêmes ; seulement il conviendra de substituer à la spatule une fine pincette pour transporter le couvre-objet d'un liquide dans l'autre.

306. Avec des coupes déjà *collées*, l'opération est beaucoup plus simple. Comme récipients pour les colorants (et pour les autres liquides : eau, alcools, xylol, essence), on emploie dans ce cas les **tubes de Borrel**, tubes cylindriques courts, dans lesquels on peut mettre debout des lames portant les préparations. Ils sont pourvus d'un couvercle de verre ou, mieux, d'un bouchon de liège. Rangés

en série dans des trous percés dans une planche épaisse,
ils forment un appareil très commode pour les déshydrata-
tions, colorations, etc. Il est aisé de porter les lames de
l'un à l'autre et de les faire passer successivement dans les
différents liquides qu'elles ont à traverser. Elles s'y trouvent
à l'abri des poussières, de l'évaporation et des précipités
possibles. La diffusion des liquides au contact s'y fait bien
et favorise la substitution des uns aux autres.

307. Les porte-objet sur lesquels ont été collées les
coupes sont d'abord portés dans le verre de xylol, puis
dans celui de l'alcool absolu ; ils restent environ cinq

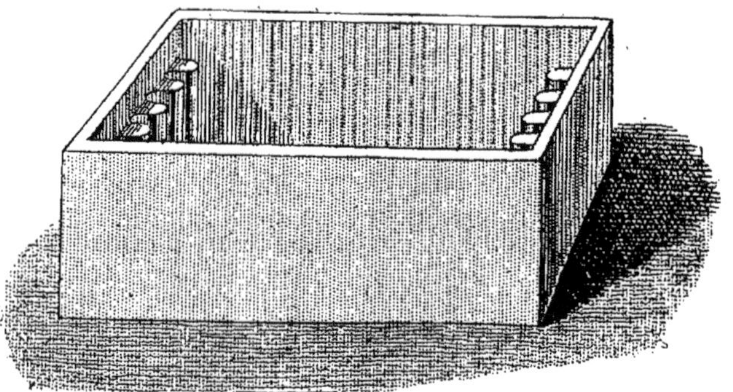

Fig. 15. — Cuvette de porcelaine à rainures.

minutes dans chacun d'eux ; enfin, on les plonge dans le
colorant. Dans ce cas encore, on peut intercaler un séjour
dans l'eau entre le séjour dans l'alcool et le plongement
dans le colorant.

Le traitement ultérieur de ces coupes collées est le même
que celui des coupes non collées ; il faut seulement se rappeler qu'elles devront séjourner un peu plus longtemps
dans les liquides, qui, en effet, ne pourront agir que sur
une de leurs faces.

S'il s'agit de coupes collées, on peut éventuellement
observer sous le microscope, à un faible grossissement,

des porte-objet que l'on retire du bain dans lequel ils se lavent ; on se rend compte ainsi du degré de coloration obtenu, et l'on examine, en particulier, les noyaux qui doivent ressortir avec netteté.

Le débutant doit bien se garder d'essuyer le côté du porte-objet sur lequel les coupes se trouvent collées ; il les détruirait.

308. Si l'on désire traiter simultanément un grand nombre de porte-objet, on se trouvera bien de la *cuvette de porcelaine ou de verre à rainures* qu'on peut se procurer chez Martin Wallach, à Cassel (*fig.* 15).

COLORATION AU CARMIN

309. D'après l'analyse de *Liebermann* (1886), le carmin serait un très remarquable *composé alumino-calcio-protéique de l'acide carminique*, véritable composé chimique, duquel en tout cas l'*aluminium* et le *calcium* ne peuvent pas plus être absents, que le sodium du sel de cuisine. Son analyse donne environ 17 $^0/_0$ d'eau, 20 $^0/_0$ de matières azotées, 56 $^0/_0$ d'acide carminique, au moins 3 $^0/_0$ d'alumine et 3 $^0/_0$ de chaux, avec une faible proportion de magnésie, de potasse, de soude, d'acide phosphorique, et une trace de cire. Les expériences de *Mayer* l'ont conduit à la conclusion que dans la teinture *histologique* (il ne s'agit pas ici de teinture industrielle) les éléments actifs de ce composé sont en général seulement l'acide carminique et l'alumine, avec, en certains cas particuliers, la chaux. Les autres bases sont inactives ; et les matières azotées, si tant est qu'elles agissent, ont un effet nuisible, car c'est à leur présence qu'est due la putrescibilité des solutions (In *Henneguy*).

Les carmins que l'on emploie aujourd'hui de préférence sont le carmin aluné et le carmin boracique, ce dernier légèrement acidifié, tous deux dus à GRENACHER (1879), le carmin aluné à l'acide acétique de Henneguy et ceux de P. Mayer (carmalun et paracarmin). Le carmin *pur* est complètement soluble dans l'ammoniaque.

310. Carmin aluné. — Préparation. — On mélange 1/2 à 1 gramme de carmin avec 100 centimètres cubes d'une solution de 1 à 5 % d'alun ordinaire ou ammoniacal. On fait bouillir le tout pendant un quart d'heure, et on filtre après avoir laissé refroidir.

Coloration. — Les coupes sortant de l'eau sont placées dans cette solution et se trouvent colorées au bout d'une demi-heure. On lave à l'eau, et puis on les soumet à l'action de l'alcool, etc. ; elles présentent une coloration presque exclusive du noyau. Parmi les tissus, les muscles seuls se colorent un peu. Un fait très important, c'est que le carmin aluné, après qu'il a longtemps servi, ne donne pas de coloration diffuse, et convient, par suite, merveilleusement pour la coloration en masse, par exemple pour des embryons et pour des éléments de tissus. La solution moisit facilement et demande à être additionnée d'un peu d'acide phénique.

311. Carmalun *de P. Mayer* (1892). — Acide carminique, 1 gramme ; alun, 10 grammes ; eau distillée, 200 centimètres cubes. Faire dissoudre à chaud ou à froid ; décanter ou filtrer ; ajouter, comme antiseptique quelques cristaux de thymol. Cette solution se conserve bien. *Colorations en masse.* Lavage à l'eau : dans ce cas, le plasma demeure légèrement coloré.. Si l'on veut obtenir une coloration tout à fait pure du noyau, on lavera dans une solution d'alun, ou, dans des cas difficiles, avec un acide très faible.

Pour la coloration d'objets de grandes dimensions, nous possédons les deux solutions suivantes de carmin boraté.

312. Carmin aluné à l'acide acétique *de Henneguy*. — On fait bouillir du carmin en excès dans une solution saturée d'alun de potasse. Après refroidissement, on ajoute 10 % d'acide acétique cristallisable, et on laisse reposer le mélange pendant plusieurs jours. Il se fait un dépôt de carmin et d'alun ; on filtre.

Pour colorer les pièces, on les met dans l'eau distillée, à laquelle on ajoute quelques gouttes de la solution de carmin, de manière à obtenir une teinte rose foncé. Elles restent dans la teinture vingt-quatre à quarante-huit heures, selon leur nature ; puis, on les lave pendant une heure ou deux dans de l'eau distillée. Il importe d'employer de l'eau distillée pour éviter la formation de cristaux dans les pièces. On traite ensuite par l'alcool à la manière ordinaire,

L'avantage de ce carmin est d'avoir un *pouvoir pénétrant* très grand et de colorer également toutes les parties aussi bien profondes que superficielles. Il a l'inconvénient de donner une coloration lilas qui n'est pas agréable à l'œil ; mais on peut rendre la coloration plus rouge en plaçant les pièces lavées dans de l'alcool additionné d'acide chlorhydrique, comme lorsqu'on emploie le carmin au borax. Les colorations se conservent très bien dans le baume, moins bien dans la glycérine.

313. D'après *Schridde* et *Fricke*, la solution la plus rationnelle de **carmin** aluné est la suivante. On fait dissoudre, en chauffant, 5 grammes d'alun de potassium dans 100 grammes d'eau ; puis, on ajoute 1 gramme de carmin et on fait bouillir la solution. Après avoir laissé refroidir, on filtre.

La coloration des coupes se fait en quatre minutes ; celle des morceaux, dans l'étuve à 35°, demande de trois à quatre jours. Après la coloration : eau, alcool, etc.

314. **Carmin acétique** *de Schneider*. — On fait bouillir une solution d'acide acétique d'une concentration de 45 %, et l'on ajoute du carmin jusqu'à ce qu'il ne s'en dissolve plus ; puis on filtre (c'est, à ce que dit Schneider, à la concentration de 45 % que l'acide acétique dissout la plus grande proportion de carmin).

315. **La solution aqueuse de carmin boracique.** — Voici comment on la prépare :

On broie ensemble dans un mortier 8 grammes de borax et 2 grammes de carmin, et on y ajoute 130 centimètres cubes d'eau distillée. Au bout de vingt-quatre heures, on décante et on filtre. Les morceaux de 1/2 à 1 centimètre de diamètre, ceux notamment qui ont été fixés avec le sublimé, sont maintenus dans cette solution pendant vingt-quatre heures ; ils y éprouvent très peu ou point du tout d'altération. On les porte ensuite dans l'alcool à 70° contenant de 4 à 6 gouttes d'acide chlorhydrique par 100 centimètres cubes, où ils restent également vingt-quatre heures ; de là, ils passent et séjournent encore tout un jour dans l'alcool à 70° pur, puis dans l'alcool à 95° ; on les inclut enfin et on les coupe.

Ils présentent une vraie coloration de la chromatine qui peut rivaliser avec celle due à la safranine. Il va de soi qu'on peut colorer après coup et faire une double coloration.

316. On évitera le contact de l'eau pour les morceaux à colorer en usant d'une solution de carmin spiritueux ou alcoolique.

On emploie très fréquemment la **solution alcoolique de carmin boracique.** On fait une solution avec :

Carmin.. 2 à 3 gr.
Borax... 4 gr.
Eau .... 95 cm³

On ajoute 100 centimètres cubes d'alcool à 70°, on secoue et on filtre. On colore comme au paragraphe 315.

317. Pour les colorations en masse et en coupes, *P. Mayer* (1881) recommande la **solution de carmin** suivante :

On met 4 grammes de carmin dans 15 centimètres cubes d'eau ; on chauffe, et on ajoute, en même temps, 30 gouttes d'acide chlorhydrique : après quoi, on y verse 95 centimètres cubes d'alcool à 85°, on fait bouillir le tout, et on neutralise avec l'ammoniaque. Après le refroidissement, on filtre. On colore comme au paragraphe 315.

On empêchera les vapeurs de l'alcool de s'enflammer en faisant bouillir cet alcool avec beaucoup de précaution.

318. *Grübler*, de Leipzig, vend les différents carmins dont nous parlons ici sous la **forme de poudres** (voir § 299) que l'on fait dissoudre en suivant ses instructions : par exemple 10 grammes de carmin boracique en poudre sont dissous, en chauffant, dans 150 centimètres cubes d'eau distillée ; après le refroidissement, on ajoute 150 centimètres cubes d'alcool à 96°. Vingt-quatre heures après, on filtre. 1 gramme de poudre de carmalun se dissout dans 20-25 centimètres cubes d'eau.

319. **Paracarmin de Paul Mayer** (1892).

Acide carminique...........................	1 gr.
Chlorhydrate d'aluminium	1/2 —
— de calcium.....................	4 —
Alcool à 70°.................................	10

On obtient ainsi un colorant très facile à préparer, et qui offre la très précieuse propriété de se dissoudre dans l'alcool à 70° ; les préparations en coupes ou en masse n'ont pas besoin, après avoir été fixées, d'être mises en contact avec l'eau. L'emploi du colorant est des plus simples ; le paracarmin colore rapidement, et les petits fragments ne risquent pas de prendre un excès de coloration.

Le lavage se fait également dans l'alcool à 70° : vingt-quatre heures suffisent pour colorer des fragments mesurant 2 centimètres.

En cas d'excès de coloration, on lave dans l'alcool à 70° contenant 1/2 °/₀ de chlorhydrate d'aluminium, ou bien encore dans l'alcool à 70° contenant 2,5 % d'acide acétique. L'action colorante du paracarmin se porte principalement sur les noyaux. Les objets ne doivent pas avoir une réaction alcaline, ni contenir beaucoup de chaux ; sinon il se forme des précipités.

320. Teinture à la cochenille. — D'après Mayer, le principe actif des extraits ou teintures histologiques de cochenille n'est pas l'acide carminique libre, mais un composé de cet acide avec une base, laquelle n'est pas la chaux, mais un alcali. L'extrait aqueux de cochenille ne contient que des traces de chaux, l'extrait alcoolique n'en renferme pas même des traces. L'extrait aqueux, préparé au moyen de l'*alun* (soit cochenille de *Partsch* ou de *Czokor* (voir §§ 323, 324), doit ses propriétés tinctoriales à la formation d'un *carminate d'alumine*. La teinture préparée avec l'*alcool pur* ne contient, au contraire, qu'un *carminate d'ammoniaque*. Ce carminate *seul* colore d'une façon faible et diffuse, comme le fait l'acide carminique seul. Mais, s'il se rencontre, dans les tissus à teindre, avec des sels de chaux, d'alumine ou de magnésie qui soient capables d'entrer en combinaison avec lui et de fournir au sein des tissus des précipités colorés insolubles, alors il peut résulter une coloration énergique et très élective. Malheureusement les objets qui contiennent ces sels sont plutôt rares, et avec la plupart des objets histologiques la coloration fournie par cette teinture est assez pâle.

Or *Mayer* a trouvé qu'en ajoutant les sels en question à la teinture, on obtient une solution colorante qui contient elle-même tous les éléments nécessaires pour fournir une coloration forte et élective (voir § 321). (*In Henneguy*).

321. Teinture à la cochenille *de Paul Mayer* (1881). — On mélange à froid une certaine quantité de cochenille pulvérisée avec 8-10 fois son volume d'alcool à 70° (8 à 10 centimètres cubes d'alcool pour un gramme de cochenille); pendant plusieurs jours on agite à maintes reprises le liquide ; puis, on filtre.

On porte auparavant les objets dans l'alcool à 70° et ensuite on se débarrasse, avec beaucoup de soin, de l'excédent de coloration par un lavage dans de l'alcool de même degré (C'est encore l'alcool à 70° auquel on a recours pour diluer la teinture).

322. Teinture à la cochenille *de Paul Mayer* (1892). — Cochenille, 5 grammes ; chlorure de calcium, 5 grammes; chlorure d'aluminium, 0gr,5 ; acide nitrique (d'une densité de 1,20), 8 gouttes; alcool à 50°, 100 centimètres cubes. On pulvérise finement la cochenille et on la broie intimement avec les sels en nature, on ajoute l'alcool et l'acide, on chauffe à l'ébullition, on laisse refroidir, on laisse le tout pendant quelques jours en agitant fréquemment, et l'on filtre.

Ces objets doivent être saturés d'alcool à 50° avant la coloration, et c'est dans de l'alcool de ce titre qu'il faut les laver ensuite.

Coloration assez semblable à celle du paracarmin, mais ni aussi énergique ni aussi élective. *Mayer propose cette teinture seulement comme succédané du paracarmin.*

Ce liquide est contre-indiqué pour des tissus contenant des éléments calcaires.

323. Cochenille à l'alun. — On mélange 25 grammes de cochenille pulvérisée et 25 grammes d'alun calciné que l'on verse dans 800 grammes environ d'eau distillée; le tout est soumis pendant une demi-heure à l'ébullition, et la solution se trouve alors réduite à 600 grammes (il faut agiter tout le temps). On ajoute quelques cristaux de thymol, et, après refroidissement, on filtre à plusieurs reprises.

Des embryons s'y colorent, suivant leur taille, pendant une demi-heure, ou même un jour entier et davantage; ils sont ensuite lavés jusqu'à disparition de tout nuage de colorant.

Avant la coloration, les embryons, à leur sortie de l'alcool, feront un séjour dans l'eau; on ne les en retirera que lorsqu'ils seront tombés au fond et qu'ils auront été complétement débarrassés de leur alcool (*Czokor, C. Rabl*, 1894).

324. *Partsch* (1877) fait bouillir de la cochenille avec une solution d'alun à 5 %, filtre et ajoute un peu d'acide salicylique pour prévenir le développement des moisissures. *Henneguy* fait remarquer que les deux formules de *Partsch* et de *Czokor* ont été soigneusement étudiées par *Paul Mayer* (1892), qui trouve celle de Partsch la plus rationnelle. Elle contient la bonne proportion d'alun, tandis que la formule de Czokor n'en contient pas assez. Aussi la solution de *Partsch* se conserve mieux ; celle de Czokor précipite volontiers.

Ce mode de préparation conseillé par *Rabl* n'est qu'une modification insignifiante de celui de *Czokor*.

D'après *Lee* et *Henneguy* (1902), ces solutions colorent en un temps plus ou moins long des tissus qui ont subi n'importe quel genre de préparation préalable. Elles sont peut-être supérieures comme richesse de coloration au carmin et à l'alun.

On les emploie de la même manière.

325. Coloration en masse avec la cochenille. — *Spuler* opère de la manière suivante : il fait bouillir pendant un temps très long 40 grammes de cochenille pulvérisée dans environ 500 centimètres cubes d'eau distillée; puis laisse refroidir, filtre et, sur le feu, réduit le volume à 200 centimètres cubes. A cette décoction de cochenille on ajoute de l'alcool à 96° jusqu'à ce qu'un précipité se produise (environ 300 centimètres cubes) ; à ce moment, on filtre et on réduit sur le feu à 400 centimètres cubes. Cette solution, allongée de son volume d'eau, est employée pour la coloration en masse ; on colore pendant quarante-huit heures dans l'étuve à 40° C.

Les morceaux sont traités par une solution d'alun de fer à 3/4 $^0/_0$ pendant vingt-quatre heures et ensuite pendant le même temps, par une solution à 1 $^0/_0$ de ce même sel ; puis lavés dans l'eau distillée et finalement soumis aux traitements ordinaires.

Si les objets sont très gros, on aura recours, pour la macération, à une solution à 1/2 — 3/4 $^0/_0$ d'alun de fer.

Résultats : le corpuscule basal des cils vibratiles, les bandelettes obturantes (bandelettes de ciment), d'ordinaire beaucoup de structures protoplasmiques, etc., apparaissent nettement colorés.

COLORATION A L'HÉMATOXYLINE

L'hématoxyline introduite par *Waldeyer* dans la technique microscopique est d'un emploi très varié : elle sert à colorer les noyaux ; comme matière colorante, elle répond aussi à d'autres fins spéciales. L'hématoxyline est difficilement soluble dans l'eau froide, facilement soluble dans l'alcool.

On peut l'employer pour les colorations des coupes et pour les colorations en masse (coloration en masse. §§ 326, 334, 335, 336, 341, 343).

326. *Paul Mayer* (1891 et 1892) recommande une solution alunée d'hématéine, **hémalun**. On dissout, en chauffant, 1 gramme d'hématéine dans 50 centimètres cubes d'alcool à 90°, et on verse le tout dans une solution formée de 50 grammes d'alun dans 1 litre d'eau, en ayant soin d'ajouter du thymol. Après refroidissement, on peut filtrer : l'hématéine est connue dans le commerce sous le nom d'hématéine cristallisée. On la prépare en laissant s'évaporer à la température ordinaire et à l'abri de la poussière, une solution aqueuse d'hématoxyline (1 : 20) additionnée de

1 centimètre cube d'ammoniaque caustique. Les avantages de l'hémalun sont considérables : il est susceptible d'être employé dès après avoir été préparé, sans besoin de mûrir ; il agit rapidement ; allongé avec de l'eau, il ne colore jamais avec excès et pénètre profondément ; il peut, en conséquence, être utilisé pour la *coloration en masse*.

Après la coloration, on lave dans l'eau distillée.

327. Solution d'hématoxyline IA d'après *von Apathy*, (1897) : consiste dans le mélange à parties égales des substances suivantes :

I. Glycérine.

II. 9 grammes d'alun, 3 centimètres cubes d'acide acétique et $0^{gr},1$ d'acide salicylique pour 100 centimètres cubes d'eau.

III. Solution à 1 $^0/_0$ d'hématoxyline dans l'alcool à 70° que l'on a conservée de six à huit semaines pour la faire mûrir.

A la place de la substance III, *Paul Mayer* (1901) emploie une solution d'hématéine à 1 $^0/_0$.

L'hématoxyline IA peut servir pour les colorations des coupes et pour les colorations en masse.

Après la coloration, on devra laver *avec le plus de soin possible* à l'eau distillée ; puis, on passera au traitement par l'alcool.

328. Hématoxyline alunée de Bœhmer. — *Préparation.* — Voici d'après *Bœhmer* (1865) et Frey (1868) la méthode à suivre : On dissout 0,35 parties d'hématoxyline dans 10 parties d'alcool absolu. Une deuxième solution se compose de :

```
Alun ............................................... 0,1
Eau distillée....................................... 30
```

On porte quelques gouttes de la première dans la seconde, jusqu'à ce qu'on obtienne un beau violet.

On arrive au même but par la méthode suivante : On prépare une solution aqueuse de 1 à 2 $^0/_0$ d'alun et une solution saturée d'hématoxyline dans l'alcool absolu. On verse goutte à goutte la seconde dans la première, jusqu'à ce que la solution devienne violette; la dose n'en n'est pas la même pour les différentes préparations d'hématoxyline.

Cette solution prend, au repos, une teinte bleu foncée; il faut la filtrer avant de s'en servir. Elle doit *mûrir*, c'est-à-dire qu'elle ne saurait être employée qu'après un repos de quinze jours dans un flacon ouvert, à l'abri de la poussière. Si la solution alcoolique d'hématoxyline employée est ancienne (quelques mois) et est devenue couleur de rouille, il est inutile de la faire *mûrir* (Apathy, 1896).

L'hématoxyline de Bœhmer s'emploie pour la *coloration des coupes;* très diluée, elle sert aussi à *la coloration en masse.* Elle donne surtout d'excellents résultats avec les coupes d'objets fixés dans l'acide nitrique, l'acide picrique, l'alcool ou le sublimé ; elle réussit moins pour les préparations à l'acide chromique, à l'acide osmique, ou encore pour celles traitées avec un mélange où entre ce dernier acide. De semblables coupes peuvent être colorées, collées ou non.

329. Avec l'*hématoxyline de Bœhmer* (une solution bien mûre), on peut colorer pendant deux minutes et laver dix minutes dans l'eau (si on laisse les coupes de une à deux heures dans l'eau, la coloration devient plus nette); on peut aussi colorer de trois à cinq minutes. On doit agir par tâtonnement, c'est-à-dire sortir du colorant la coupe, la porter dans l'eau et examiner si elle a atteint le degré de coloration voulu. Cette coupe doit être d'un bleu clair, mais pas trop foncé. Après quoi, on lave pendant environ dix minutes, et on traite les coupes comme il a été dit précédemment.

Il est, par ce procédé, possible que les coupes soient trop colorées; on se conforme, dans ce cas, aux indications du §. 331.

330. On se débarrasse du précipité qui se forme dans l'hématoxyline de *Böhmer* en le dissolvant dans une solution d'alun à 1 °/₀ ; on obtient ainsi l'**Hématoxyline à l'alun** de *Ranvier.*

331. Avec l'hématoxyline (celle de *Böhmer*, par exemple), il peut arriver que l'on obtienne une *coloration trop forte* ; dans ce cas, les coupes affectent une teinte bleu foncé. Il ne sert alors à rien de laver, même longtemps; toutefois les coupes peuvent venir à bien si l'on a soin de les plonger, collées ou non collées, dans de l'eau additionnée d'un peu d'acide, dans les proportions, par exemple, d'une goutte d'acide chlorhydrique pour 30 centimètres cubes d'eau. On les y laisse jusqu'à ce qu'elles aient perdu leur éclat rouge et soient devenues violettes ; de là, on les transporte dans l'eau de fontaine et on traite ensuite de la manière habituelle.

D'autres acides tels que l'acide sulfurique ou l'acide oxalique rendent aussi de très bons services. Lorsqu'on se sert de l'acide oxalique, on doit se faire une règle de n'employer que de l'eau distillée pour éviter la formation de cristaux.

Il est possible que l'on ait à faire une correction dans un sens tout opposé : un trop long séjour dans l'acide amène la rubéfaction des coupes : on y remédie, en les plongeant pendant un temps très long dans l'eau de fontaine, ou bien par un procédé plus rapide, en ajoutant à l'eau un soupçon d'ammoniaque, par exemple, une goutte pour 100 centimètres cubes. Les coupes redeviennent alors bleues.

Les différents **résultats** d'une bonne **coloration à l'hématoxyline** sont : une teinte bleue intense de la basichromatine seule des noyaux ; toute la gamme des nuances bleu clair dans les éléments des différentes cellules ; une intensité de coloration assez grande dans la substance fondamentale du cartilage hyalin, etc. Les préparations colorées avec l'hématoxyline de *Böhmer* s'obscurcissent souvent avec le temps.

332. Si l'on ajoute une goutte **d'acide acétique** à 10 grammes **d'hématoxyline**, il ne se produit aucune surcoloration, mais les noyaux seuls sont colorés (*Filatoff*).

333. Hématoxyline de Delafield (Voir *Prudden*, 1885). — Pour avoir 600 centimètres cubes du liquide, on dissoudra 4 grammes d'hématoxyline cristallisable dans 25 centimètres cubes d'alcool absolu. On verse le tout dans 400 centimètres cubes d'une solution aqueuse concentrée d'alun ammoniacal. Au bout de trois à quatre jours, pendant lesquels le liquide reste exposé à la lumière dans une bouteille ouverte, on filtre, et on ajoute 100 centimètres cubes de glycérine et autant d'alcool méthylique (esprit de bois, CH^4O). Deux jours après, on filtre de nouveau. En général, avant de l'employer, on allonge ce liquide avec de l'eau.

Coloration comme avec l'hématoxyline de Böhmer ; lavage à l'eau ; coloration des coupes.

334. L'**hématoxyline de Friedlænder** (1882) se compose de :

Hématoxyline	2 gr.
Alcool absolu	100,0
Eau distillée	100,0
Glycérine	100,0
Alun de potassium	2,0

335. On peut, à l'occasion, ajouter 10 centimètres cubes d'acide acétique cristallisable à la solution pour éviter l'excès de coloration (*Hématoxyline d'Ehrlich*). *Coloration.* — Une coupe placée dans cette solution brune se colore également en brun au bout de peu de temps ; on la lave dans l'eau distillée, et, en quelques minutes, sa couleur se change en bleu. Cette méthode se prête également à la coloration en masse.

336. L'**hématoxyline** (alcoolisée) de **Kleinenberg** (1876). — 1° On prépare une solution saturée de chlorure de calcium dans de l'alcool à 70° et on y ajoute autant d'alun qu'il peut s'en dissoudre ; 2° On mélange une solution saturée d'alun dans de l'alcool à 70° avec la première dans le rapport de 8 à 1 ; 3° On verse dans ce mélange, et goutte à goutte, une solution alcoolique concentrée d'hématoxyline jusqu'à ce que la masse devienne bleue.

Une pratique assez longue est nécessaire pour arriver à coup sûr à fabriquer un bon colorant semblable ; il est indispensable d'obtenir la liqueur voulue pour des préparations qui ne doivent pas être mises en contact avec des liquides dans la composition desquels entre l'eau.

337. *Hansen* (1895) obtient une **hématoxyline** avec laquelle on n'a pas à se préoccuper de la « **maturité** » qui, bien des fois, est gênante, par l'oxydation à chaud de la solution alunée d'hématoxyline. Voici comment il faut opérer : α) On fait dissoudre 1 gramme d'hématoxyline dans 10 grammes d'alcool absolu ; — β) puis, à chaud, 20 grammes d'alun ordinaire dans 200 grammes d'eau distillée; après le refroidissement, on filtre. Le lendemain, on fait un mélange de α et de β. On verse 3 centimètres cubes d'une solution aqueuse saturée à 15°C. de permanganate de potassium dans une coupe en porcelaine, ainsi que la dernière solution α + β alunée d'hématoxyline ; on agite le tout et on chauffe jusqu'à l'ébullition ; cette dernière doit durer une demi à une minute; après quoi, on fait refroidir rapidement et on filtre.

L'eau oxygénée peut être, comme le permanganate de potassium, employée pour obtenir la maturité de l'hématoxyline (*Unna*).

P. Mayer (1904) ajoute de l'iodate de sodium pour faire mûrir l'hématoxyline. — 0,2 d'iodate de sodium pour 1 litre, avec 1 gramme d'hématoxyline et 50 grammes d'alun (voir aussi *von Apathy*, § 328) *Harris* préconise pour le même but l'oxyde mercurique (0,25 % ajouté à la solution alunique d'hématoxyline bouillante).

338. Glychämalaun *de P. Mayer* (1896). — Ce colorant peut se conserver très longtemps. Hématéine 0^{gr},4; alun, 5 grammes ; glycérine, 30 centimètres cubes; eau distillée, 70 centimètres cubes. On triture l'hématéine dans un mortier et on la fait dissoudre dans une petite quantité de glycérine: on ajoute ensuite le reste de la glycérine ainsi que la solution d'alun (préparée à froid ou à chaud). Comme un peu d'alun se dépose facilement, on filtre la solution au bout de quelques jours.

339: L'hématoxyline de Mallory (1891) : hématoxyline, 0,1 ; eau, 80 ; acide phospho-tungstique (Merk), en solution aqueuse à 10 %, 1 centimètre cube; peroxyde d'hydrogène, 0,2. On fait dissoudre l'hématoxyline dans un peu d'eau chaude, on laisse refroidir ; puis, on ajoute le reste de l'eau et l'acide, et enfin le peroxyde d'hydrogène.

Après la coloration, on lave rapidement à l'eau ; ensuite : alcool à 95°, huile d'origan, xylol, baume de Canada.

Résultats : névroglie, bleue ; fibres nerveuses, roses ; tissu conjonctif, rose foncé.

Voici la composition d'une hématoxyline de *Mallory* plus ancienne (1891) : hématoxyline, 1 gramme ; acide phospho-molybdique à 10 °/₀, 1 centimètre cube ; eau, 100 ; hydrate de chloral, 5-10 grammes. La solution doit mûrir ; elle peut à la rigueur contenir plus d'hématoxyline.

340. Hématoxyline au vanadium de M. *Heidenhain.* — On mélange 60 centimètres cubes d'une solution à 0,5 °/₀ d'hæmatox. purissim., avec 30 centimètres cubes d'une solution à 0,25 °/₀ de vanadate d'ammonium (à la température du laboratoire, en ayant grand soin de ne pas chauffer). Il se produit une belle solution bleue, utilisable à partir du troisième au quatrième jour environ, mais qui cesse déjà de l'être après huit à dix jours. On ne réussit à bien colorer que de fines coupes de morceaux fixés dans le sublimé, et l'on doit obtenir une coloration métachromatique très intéressante ; le protoplasma prend ordinairement une teinte brun sepia (particulièrement belle dans les glandes muqueuses et les glandes salivaires) ; l'oxy-chromatine se colore fortement, la basi-chromatine faiblement ; les nucléoles affectent en général la teinte jaune ; la mucine et le tissu conjonctif, la teinte bleue ; les globules rouges, la teinte orange ; la musculature, le plus souvent, une belle teinte bai doré (le sarcolemme et les stries Z du muscle cardiaque présentent une coloration bleuâtre).

Cette coloration est constante, mais la technique est délicate et exige des mains exercées. *Heidenhain* M. (1903).

341. La coloration à l'hématoxyline de R. Heidenhain (1886) est une coloration *en masse. Préparation* : On fait une solution aqueuse à 1/3 °/₀ d'hématoxyline ; on peut employer le colorant à l'état frais, mais on ne peut pas le conserver longtemps à la lumière.

Coloration. — Les objets fixés dans l'alcool, ou dans une

solution saturée d'acide picrique, sont plongés dans le colorant pendant vingt-quatre heures, puis, durant le même temps, dans une solution aqueuse à $1/2\ ^o/_o$ de chromate de potassium ; cette solution ne tarde pas à se colorer sous l'influence des nuages qui se dégagent de la matière colorante ; aussi devra-t-on la renouveler à plusieurs reprises. Les morceaux sont alors lavés à l'eau et passent ensuite dans des alcools de plus en plus concentrés. — Alcool absolu, xylol ; on peut inclure dans la paraffine. Cette méthode est réservée pour les coupes très fines de 5 μ ou au-dessous. Indépendamment de la coloration du noyau, on obtient une coloration remarquable du protoplasma.

Ce procédé de coloration convient parfaitement aux préparations qui ont été fixées à l'alcool ou à l'acide picrique (Voir §§ 103 et 154). Une solution d'hématoxyline à $1/2\ ^o/_o$ et une solution de chromate de potassium de $1/2$ à $1\ ^o/_o$ agissant seulement pendant une heure, toutes deux employées à haute dose, et la dernière souvent renouvelée, donnent d'après *Apathy* une coloration très nette d'un gris de cendre qui permet de percevoir distinctement les éléments d'une coupe même épaisse.

342. *Bœhmer* écrivait en 1865 : « Des préparations préalablement placées dans l'acide chromique ou le bichromate de potassium, ou bien traitées avec du sulfate de cuivre ou certaines autres solutions de sels métalliques se colorent aussi en bleu si l'on verse goutte à goutte une solution alcoolique d'hématoxyline *dans de l'eau* (à la place de la solution alunée). La coloration, du moins dans les préparations chromées, repose essentiellement sur les principes qui ont présidé à la fabrication de l'encre à écrire proposée autrefois par *Leukauf.* » L'encre de Leukauf consiste en 1.000 grammes d'une solution de bois de campêche (1 partie de bois de campêche pour 8 d'eau) et en une partie de chromate neutre de potassium à laquelle on ajoute un peu de bichlorure de mercure. Le principe colorant est une combinaison d'hématéine et d'oxyde de chrome : *Wagner, Die chemische Technologie.* (1863).

343. Pour la **coloration en masse** de *O. Schultze* (1904), on emploie la **Chromhæmatoxyline** comme suit : Les objets sont fixés dans des liquides contenant de l'acide chromique ou des sels chromiques, par exemple du mélange chromo-acéto-osmique de *Flemming*, du bichromate de potassium à 3 °/₀ mélangé avec de l'acide osmique à 2 °/₀ dans le rapport de 3 à 1, etc. — Les morceaux fixés ne sont pas soumis à l'action de l'eau, mais immédiatement lavés avec soin dans l'alcool à 50° et ensuite portés dans l'alcool à 70° saturé d'hématoxyline, où ils séjournent de douze à vingt-quatre heures. On a recours alors, comme d'ordinaire, à l'alcool à 80°, etc., jusqu'au montage dans la paraffine.

Si, par insuffisance de chrome, la coloration n'apparaît pas avec assez d'intensité, les morceaux, avant d'être soumis à l'action de l'alcool hématoxylique, seront traités avec une solution à 1 °/₀ de bichromate dans l'alcool à 50°. L'huile de bergamote dissout la laque chromique.

Résultats. — De nombreuses structures protoplasmiques, les lignes de ciment, les fibrilles nerveuses et conjonctives apparaissent colorées.

343 *bis. Morel* et *Bassal* (1909) ont reconnu que l'addition d'acétate de cuivre à l'hématoxyline de Weigert la rend *très stable* et utilisable pendant plusieurs semaines pour la *coloration sur lames*. Cette modification permet aussi d'obtenir d'excellentes **colorations en masse**; aussi ce procédé peut-il être employé comme méthode générale en histologie normale et pathologique.

Les tissus peuvent être fixés par les divers réactifs usuels, à l'exception toutefois de ceux qui contiennent de l'acide osmique. On peut pourtant recommander tout spécialement le *fixateur* bichromate — formol — acide acétique.

On mélange à parties égales, au moment de l'emploi, les deux solutions suivantes :

Solution A

Bichromate d'ammoniaque................	2 grammes
Eau...	100 —

Solution B

Formol du commerce	10 cm³
Acide acétique cristallisable	10 —
Eau	80 —

La fixation est obtenue, suivant le volume des pièces, en huit à vingt heures.

Il faut alors laver les fragments d'organes à l'eau courante pendant vingt-quatre heures, puis les mettre pendant une journée dans l'alcool à 95°. Ce passage dans l'alcool est absolument indispensable.

Si l'on tente de colorer les pièces au sortir de l'eau, la pénétration des tissus par l'hématoxyline est toujours très incomplète, et souvent, en outre, il se fait dans la profondeur des pièces de fins précipités granuleux.

Pour les colorations en masse, on mélangera, au *moment de l'emploi*, les deux solutions suivantes :

Solution I

Hématoxyline	0 gr. 50	} 2 parties
Alcool à 95°	100 cm³	

Solution II

Perchlorure de fer (Sol. à 30° Bé)	2 cm³	
Acide chlorhydrique	1 —	} 1 partie
Sol. aqueuse d'acétate de cuivre à 1 p. 25	1 —	
Eau	95 —	

Les pièces séjournent dans le mélange de vingt-quatre à quarante-huit heures.

Après coloration, les tissus seront mis à dégorger dans un mélange d'alcool et d'eau distillée à parties égales, et, ultérieurement, on pourra facultativement les laver pendant quelques heures à l'eau courante.

L'inclusion sera faite d'après les méthodes usuelles. Le procédé suivant a, toutefois, toujours donné aux auteurs de bons résultats : déshydratation par l'alcool absolu, vingt-quatre heures ; acétone, vingt-quatre heures ; bain de paraffine, six à huit heures ; collage des coupes sur lames avec une solution de gélatine à 1/1.000 additionnée de quelques gouttes de formol.

Généralement, l'élection obtenue est des plus précises, et il n'y a aucune surcoloration. Le cas échéant, on y remédierait facilement d'ailleurs, en faisant agir sur les coupes, pendant quelques instants, la solution de perchlorure de fer ou bien une solution acide faible.

Dans presque tous les cas, il est avantageux de donner aux coupes une coloration complémentaire par la coloration de Van Gieson fortement allongée d'eau. On obtient ainsi des préparations dans lesquelles tous les éléments des tissus sont bien mis en évidence, et qui sont ainsi très démonstratives.

Ce procédé de coloration donne d'excellents résultats (*Tourneux*) après l'emploi du fixateur *Morel-Dalous* (§ 367).

344. Hématoxyline à l'alun de fer de *M. Heindenhain* (1892, 94 et 96). — Des coupes de préparations fixées de préférence au sublimé, collées avec de l'eau (coupes ne devant pas dépasser 5 μ), sont placées pendant deux ou trois heures dans une solution aqueuse de 1,5 à 4 $^0/_0$ d'alun ferrique. (Sulfate double d'ammonium et de sesquioxyde de fer $(NH^4)^2 Fe^2 (SO^4)^4$ qui existe dans le commerce sous la forme de cristaux violets.)

Pour les centrosomes ou corpuscules polaires, on emploie une solution à 2 1/2 $^0/_0$, et l'opération dure de six à douze heures, au lieu de deux à trois heures). Après un court lavage dans l'eau distillée, on colore pendant vingt-quatre à trente-six-heures dans une solution d'hématoxyline (1 gramme d'hématoxyline dans 10 parties d'alcool et 90 d'eau qu'on laissera mûrir pendant quatre semaines et qu'on allongera au moment de s'en servir, de son volume d'eau distillée). Les centrosomes se colorent avec plus de sûreté si l'on emploie la même solution plusieurs fois, sans la changer.

On lave les coupes devenues « noir d'asphalte » dans la même solution d'alun de fer (2 1/2 $^0/_0$). On contrôle le progrès de la décoloration sous le microscope après lavage du porte-objet dans une grande quantité d'eau (pour les centrosomes on aura recours à l'*immersion à eau*); on pourra, d'ailleurs, dans ce but, replacer, autant de fois qu'on voudra, les coupes dans l'eau. Finalement, on lavera de dix à quinze minutes à l'eau courante.

Résultat. — Coloration des chromosomes et des éléments grossiers de la structure chromatique des capillaires biliaires, du réseau des bandelettes obturantes (bandelettes de ciment), de certaines parties de la musculature striée, des grains de zymogène, des centrosomes, des fibres polaires, des mitochondries, etc.

On peut aussi, avec le Bordeaux R, la fuchsine acide ou le bleu d'aniline, colorer avant ou après l'hématoxyline au fer. *Avant*, avec le Bordeaux R en solution aqueuse, diluée, pendant cinq minutes; *après*, avec la rubine acide, pendant le même temps; on différencie dans l'alcool à 90°. Les résultats de cette opération dépendent essentiellement du mordançage et de la *différenciation*, deux opérations très délicates. Si la coloration est bien réussie, on a sous les yeux les images les plus belles et les plus claires que l'on puisse désirer.

Regaud (1903) (Voir *Bibliog.*) a apporté d'heureuses modifications à la méthode de M. Heidenhain à l'hématoxyline ferrique; il a montré l'influence heureuse du *mordançage* chromique, de l'addition d'acide sulfurique à l'alun ferrique, de la durée et de la température du mordançage ferrique.

345. Dans la méthode de *Heidenhain*, le mordançage, la coloration et la décoloration portent sur la pièce débitée au préalable en coupes minces.

Pour éviter tous les mouvements résultant spécialement de la coloration et de la décoloration, *Haemers* (1901) fait mordancer la pièce *en bloc* dans la solution d'alun de fer ammoniacal à 5 °/₀ pendant deux à huit jours. Après lavage rapide à l'eau distillée, la pièce est placée dans la solution d'hématoxyline à 1 °/₀ pendant quatre à huit jours. Pendant ce séjour la matière colorante forme parfois un dépôt abondant sur la pièce et au fond du réservoir. Il est bon de renouveler deux ou trois fois le colorant après lavage préalable à l'eau distillée.

Les pièces s'imprègnent généralement bien et deviennent complètement noires. Après avoir décanté la matière colorante, on lave à l'eau distillée et l'on traite par les alcools successifs. Le séjour dans l'alcool fait dégager dans la pièce des nuages brunâtres. Quand ceux-ci ne se produisent plus, on fait l'enrobage soit à la paraffine, soit à la celloïdine. Au sortir de l'alcool absolu, la pièce présente une coloration noire foncée avec reflet bleuâtre. Les coupes ont une couleur noire bleuâtre uniforme.

Les coupes sont collées comme à l'ordinaire ; puis on traite par le xylol pour enlever la paraffine.

On peut essayer une coloration double au vert lumière ou à la fuchsine. On peut aussi monter la préparation immédiatement dans le baume de Canada.

La méthode réussit aussi avec des pièces fixées soit à la liqueur chromosmique de Flemming, soit à la liqueur platinosmique de Hermann (§ 133), soit à la liqueur de Müller. Dans ces cas, les coupes présentent une teinte noirâtre.

346. *Gurwitsch* opère plus rapidement ; il projette au moyen d'une pipette et en grande quantité une solution à 2,5 °/₀ d'alun de fer sur les coupes préalablement collées, débarrassées de la paraffine, déshydratées avec l'alcool et soigneusement lavées à l'eau distillée — puis, il les chauffe à l'air libre sur un bain d'eau, jusqu'à ce que des bulles apparaissent ou que l'alun se trouble.

Après un court lavage à l'eau distillée, il répète cette manœuvre avec la solution d'hématoxyline. — Si l'on désire obtenir une coloration très intense, on fait vaporiser cette solution jusqu'au moment où elle commence à s'épaissir sur les bords ; on peut aussi soumettre une seconde fois et de la même façon les coupes à l'action du colorant. — La différenciation se produit à la température ordinaire.

347. *S. G. Hickson* (1901) laisse les coupes pendant une à trois heures dans une solution d'alun de fer (1 °/₀ d'alun de fer dans l'alcool à 70°) ; il les lave rapidement dans l'alcool à 70°, puis les place dans une solution de 1/2 °/₀ de braziline dans l'alcool à 70° pendant trois à seize heures. Lavage à l'alcool à 70° pur ; puis traitement par les alcools gradués, et montage au baume. Il est rarement nécessaire de traiter les coupes par l'alun de fer après la coloration.

La coloration de la chromatine est nettement définie, et le cytoplasme a une teinte différente. L'avantage de cette méthode sur celle de l'hématoxyline au fer serait que les coupes ne sont pas passées à l'eau et que le nombre des lavages est très réduit (In *Lee* et *Henneguy*, 1902).

348. *Strasburger* (1905) fixe avec la liqueur de *Flemming*, coupe, colle les coupes avec de l'eau, et passe ensuite, comme à l'ordinaire, au xylol et à l'alcool ; il traite les coupes avec l'eau oxygénée (H^2O^2) du commerce jusqu'à ce qu'ait disparu la coloration noire due au Flemming (environ une heure) ; le contrôle se fait sous le microscope. Traitement ultérieur d'après *M. Heidenhain* (§ 344).

349. Coloration à l'hématoxyline de Ni-sl (1894 *b*). — Les coupes très fines séjournent une demi-heure dans la teinture d'acétate ferrique : puis elles sont lavées superficiellement à l'eau pour être à nouveau plongées pendant une demi-heure dans la solution à l'hématoxyline de Weigert (hématoxyline, 1 ; alcool, 10 ; eau, 100). Après un second lavage rapide à l'eau, on les porte, pour obtenir la différenciation, pendant un temps très court, dans une partie d'acide chlorhydrique pour 100 parties d'alcool à 70° ; puis, dix minutes dans l'eau ; enfin, après leur passage dans l'alcool et le xylol, elles sont montées dans le baume de Canada.

350. Pour les services spéciaux que rendent les colorations à l'hématoxyline de *Weigert*, *Pa¹*, *Kultschitzky*, voir § 874 et suivants, 877, 883 et suivants ; de *Benda*, § 1.100.

COULEURS DE LA HOUILLE (COULEURS D'ANILINE)

Couleurs d'aniline

351. Avec les couleurs d'aniline, on peut avoir recours soit à **la voie régressive**, soit à **la voie progressive**. (Voir § 294.)

De bonnes colorations du noyau, en partie progressives, en partie régressives, sont fournies par la safranine, la thionine, le violet de gentiane, le vert de méthyle et le brun de Bismarck. D'autres parties de la cellule sont, d'ailleurs aussi, très bien colorées par l'éosine, l'orange G, la fuchsine acide, etc. Dans ce dernier cas, ces couleurs d'aniline sont rarement employées, mais bien plutôt combinées avec d'autres qui ont une affinité spéciale pour le noyau (*Double coloration* et *colorations combinées* : voir chapitre suivant.)

La puissance de coloration d'une grande partie d'entre elles, si on fait abstraction du temps, est presque indépendante de leur degré de concentration : c'est une règle, dans la coloration progressive, de faire usage de solutions faibles. Pour la coloration régressive, on se servira, au contraire, dans la plupart des cas, de solutions concentrées.

352. *Ehrlich* (1891) classe les couleurs de la houille en se plaçant sous un autre point de vue que les chimistes. Il appelle **couleurs acides** les combinaisons dans lesquelles la substance colorante proprement dite joue le rôle d'un acide : le picrate d'ammonium, par exemple, fuchsine acide, orange, nigrosine, bordeaux, rouge Congo, benzoazurine, éosine, érythrosine, Vert lumière S. F., induline, aurantia.

Les **couleurs basiques** sont, comme l'acétate de rosaniline, celles dans lesquelles la substance colorante joue le rôle de base combinée avec un acide indifférent. Ainsi le bleu de méthylène N, la safranine, le vert de méthyle, la thionine, le violet de gentiane, la fuchsine (Magenta), le brun de Bismarck, le violet de méthyle, etc.)

Les couleurs basiques d'aniline sont, en général, beaucoup moins solubles que les couleurs **acides.**

Quant aux **couleurs neutres**, tel le picrate de rosaniline, elles sont dues au concours d'une base et d'un acide colorants.

En dehors du chapitre sur le *sang* et la *lymphe* (voir ce chapitre), nous n'aurons que rarement recours à la classification d'Ehrlich, car la généralisation d'Ehrlich, exacte au point de vue théorique, ne se laisse pas appliquer sans beaucoup de restrictions aux réalités de la technique. Nous n'avons pas seulement à nous préoccuper dans nos recherches de la puissance de coloration, mais aussi de la résistance du colorant vis-à-vis des opérations ultérieures (lavage, déshydratation, montage, etc.) ; bref, ce qui nous intéresse surtout, c'est de savoir comment se comportera *finalement* la substance colorante, lorsqu'on l'aura soumise à la totalité des manipulations qu'exige la *méthode régressive* (*P. Mayer*, 1898).

353. Quand les objets se colorent avec des teintures acides, ils sont dits acidophiles ; avec les teintures basiques ou neutres, basophiles et neutrophiles.

Dans de bien rares cas, la fixation aura une influence sur la baso ou l'acidophilie des éléments (*Corti et Ferrate*) (1906).

354. Les éléments se colorent *métachromatiquement* lorsqu'ils prennent une autre couleur que celle de la solution colorante ; par exemple la *thionine* colore les noyaux en bleu, mais la mucine en rougeâtre ; le *Violet de crésyle* (*Kresylviolett R. extra*) colore les noyaux en bleu, les granulations des « Mastzellen » et le mucus en rouge, les muscles en verdâtre.

355. Les couleurs d'aniline que nous allons passer en revue et celles que nous citerons dans le chapitre des colorations doubles et combinées sont celles dont on fait usage pour les *cas généraux* de la coloration en coupes et de la coloration en masse. Dans la PARTIE SPÉCIALE de ce livre, nous parlerons des couleurs d'aniline dont on recommande l'emploi en vue de *cas particuliers* (par exemple : le bleu de méthylène, le dahlia, etc.).

Coloration du noyau avec les couleurs d'aniline (basiques)

356. La **safranine** est un excellent colorant du noyau, surtout dans les préparations fixées avec la liqueur de Flemming.

Voici la formule de la solution de safranine d'après *Pfitzner* (1880).

Safranine	1	partie
Alcool absolu	100	—
Eau distillée	200	—

On commencera par dissoudre la safranine dans l'alcool, ce qui dure vingt-quatre heures ou plus longtemps ; après quoi, on ajoutera l'eau.

On colore les coupes pendant vingt-quatre heures ; puis, on lave dans l'alcool absolu ; alcool absolu, xylol, baume de Canada. Si l'on fait agir de l'alcool pur ou de l'alcool faiblement acidulé (1 °/$_{oo}$), sur des coupes d'objets fixés dans l'acide osmique, colorées fortement avec la safranine, il se fait une sélection ; certaines parties du noyau, la **chromatine** (basichromatine de *Heideinhain*), se trouvent seules colorées. *Podwissotzki* obtient cette sélection et fixe le colorant au moyen de l'alcool absolu acidulé avec l'acide picrique.

357. *Henneguy* (1898) recommande le *mordançage au sulfocyanure d'ammonium*. Il place les coupes pendant dix minutes dans une solution à 1 °/$_o$ de sulfocyanure d'ammonium faiblement teinté par le Violet acide (*Säureviolett*) et l'orange G. Au sortir de la solution, elles sont rapidement lavées à l'eau, puis mises pendant un quart d'heure dans une solution de *safranine* de *Zwaardemaker* (mélange à parties égales de solution alcoolique de safranine et d'eau anilinée. L'eau anilinée se fait en agitant

un peu d'huile d'aniline avec de l'eau qu'on filtre ensuite. Cette solution se conserve indéfiniment). Nouveau lavage à l'eau, puis nouvelle immersion dans la solution de sulfocyanure, déshydratation rapide par l'alcool absolu, essence de girofle et montage au baume. Les éléments nucléaires sont nettement colorés en rouge, tandis que les formations cytoplasmiques sont teintées en bleu ou en gris bleuâtre.

358. La **thionine** (chlorhydrate de thionine, (violet de Lauth) et le **bleu de toluidine** sont, d'après *P. Mayer* (1898), d'excellents colorants de la chromatine par voie progressive et par voie régressive ; elle agit rapidement. Si l'on suit la dernière voie, la différenciation dans l'alcool pour des préparations qui ont été fixées par le sublimé et la liqueur de Flemming est très longue : elle exige des heures. (Voir § 838.)

La thionine colore métachromatiquement la mucine, la substance fondamentale du cartilage et les granulations des Mastzellen.

« Quelques histologistes ont accusé la coloration métachromatique de la **thionine** de s'évanouir dans l'alcool et, peut-être même, dans la glycérine ; il est facile de remédier à cet inconvénient en mordançant pendant quarante-cinq minutes environ dans l'**alun ferrique** les coupes collées et débarrassées de la paraffine. Après le mordançage et le lavage à l'eau, on colore pendant dix à vingt minutes dans une solution faible ou modérément concentrée de thionine, et l'on différencie dans l'alcool à 50° jusqu'à ce qu'ait disparu toute trace de nuages bleus. Si les coupes devaient se détacher, on emploierait une solution alcoolique d'alun de fer que l'on ferait agir plus longtemps, pendant quarante heures environ, et une solution également alcoolique de thionine. » (Metzner, 1907.)

La thionine peut être fixée dans les coupes en cinq à dix minutes, avec du molybdate d'ammonium à 5 %.

359. Bleu de méthylène polychrome de Unna. — Le bleu de méthylène du commerce (couleur basique, chlorure tétraméthylé de la thionine) contient souvent une petite proportion (impureté de fabrication) d'une couleur rouge qui a longtemps passé pour être du rouge de méthylène. Cette impureté est, d'après *Nocht* (1899), une couleur nouvelle, le « rouge du bleu de méthylène » (*Roth aus Methylenblau*.) Or cette couleur fournit quelquefois des diffé renciations d'éléments cellulaires tout à fait remarquables.

Le bleu de méthylène qui en contient est connu sous le nom de *bleu de méthylène polychrome de Unna* (*Grübler* le livre tout préparé).

1. *Mode d'emploi.* — Des coupes fixées au liquide de Flemming ou à n'importe quel autre réactif sont soigneusement lavées à l'eau. On verse sur elles, avec un entonnoir muni d'un filtre, quelques gouttes de bleu polychrome. On le laisse agir pendant un quart d'heure au moins ou davantage dans quelques cas particuliers, mais en général il suffit d'un quart d'heure à une demi-heure. Au bout de ce temps on l'enlève, on lave à l'eau distillée ; les coupes sont colorées uniformément en violet foncé. On dépose alors sur elles quelques gouttes d'une solution étendue de Glycerinæthermischung fournie par Grübler (eau distillée, 20 centimètres cubes ; glycerinæthermischung, **V** gouttes) qui dissout certaines parties de la couleur et laisse les autres en place en modifiant leur teinte (différenciation.) On peut suivre la différenciation sous le microscope avec un objectif faible ; lorsqu'elle paraît achevée, on enlève la Glycerinæthermischung, on lave soigneusement à l'eau distillée, on enlève cette dernière et on déshydrate rapidement par l'alcool absolu.

L'alcool décolore encore beaucoup les pièces et complète la différenciation de la matière colorante ; à cause de la décoloration qu'il produit, il importe de surveiller son action et d'aller vite. Dès que la déshydratation est obtenue, ce qui pour des coupes très minces ne demande pas plus de deux minutes, pourvu qu'on ait soin de renouveler l'alcool absolu, on peut monter au baume. Pour cela on emploiera après l'alcool absolu l'essence de bergamote qui décolore moins que l'essence de girofle. Si même on craignait de trop décolorer les coupes, on pourrait employer, au lieu d'essence, du xylol.

2. *Propriétés du bleu polychrome.* — Le bleu polychrome donne à lui seul, comme le picro-carmin, des colorations multiples très belles. Il colore les globules rouges du sang en vert brillant, les noyaux en bleu pur, les granulations de Nissl en bleu, les colorations du protoplasma de certaines cellules (Mastzellen, cellules plasmatiques, clasmatocytes) en rouge violet, les fibres musculaires lisses et striées en vert, la mucine en rouge violacé.

Métachromasie. — Comme on vient de le voir, le bleu polychrome permet d'obtenir, *sur nombre de points de la préparation*, une couleur différant de sa couleur propre qui est un bleu violet. On appelle ce phénomène *métachromasie*; il s'observe avec d'autres couleurs : ainsi la safranine, qui colore les noyaux en rouge, colore la mucine en orange; le vert de méthyle qui teint la chromatine en vert colore la substance amyloïde en violet intense, etc.

3. *Indications du bleu polychrome.* — Cette matière colorante est très précieuse; elle est indispensable pour la recherche des cellules à granulations (clasmatocytes), et, en dehors de ce cas où elle a une véritable valeur spécifique, elle peut être employée avec avantage pour toutes sortes de préparations. Elle donne d'excellents résultats pour l'étude du système nerveux central. Enfin elle offre la commodité très grande de colorer d'emblée des préparations qui demanderaient plus de vingt-quatre heures pour être teintes à la safranine et à ses mélanges. Aussi, quand on veut examiner rapidement pour faire un diagnostic des coupes fixées au Flemming, on les colore par le bleu polychrome et, en moins d'une heure, les préparations sont achevées et prêtes pour l'examen (In *Vialleton*).

360. Le **vert de méthyle** (chlorure double de zinc et de violet pentaméthylé) est un colorant du noyau. *Prépara-*

tion : 1 pour 100 parties d'eau distillée + 25 parties d'alcool absolu ; la coloration s'opère en dix minutes. Si l'acte de la coloration doit durer vingt-quatre heures, on diluera la solution avec de l'alcool à 20 % dans la proportion de 1 à 2 ou au-dessus. Coloration des coupes; lavage à l'eau ; différenciation pendant un temps très court (une à deux minutes) dans l'alcool à 70°; alcool absolu, une minute; xylol; baume de Canada.

Ce qui fait la supériorité du vert de méthyle sur la safranine, c'est que l'emploi en est plus facile dans les *colorations combinées* : avec les colorants rouges (par exemple : éosine, fuchsine acide et orange).

Pour l'emploi du vert de méthyle comme colorant du noyau dans les tissus frais, voir § 472.

361. Brun de Bismarck d'après *Weigert* (1878). — *Préparation* : on fait bouillir 1 partie dans 100 parties d'eau et on filtre; après quoi, on ajoute 1/3 du volume d'alcool absolu. — *Coloration* (coloration des coupes) : la durée de la coloration par le Brun de Bismarck n'est pas fixe ; elle peut varier de deux à vingt-quatre heures, parce qu'il ne colore pas facilement avec excès; on lave dans l'eau ; puis successivement, dans l'alcool absolu, le xylol, le baume de Canada; on peut aussi passer de l'eau dans la glycérine. Coloration du noyau très pure. D'après *P. Mayer*, le brun de Bismarck se recommande aussi pour la coloration en masse.

362. Fuchsine (**Magenta, Rubine**, colorant *basique*). —S'emploie comme la safranine. D'après *Sereni*, ce colorant possède des propriétés métachromatiques ; il colore, par exemple la mucine en violet.

363. *Fuchsine phéniquée* de Ziehl. — La solution colorante se compose de :

Fuchsine	1	gramme
Acide phénique cristallisé	5	—
Alcool	10	—
Eau distillée	100	—

Ou bien on prend une solution d'acide phénique à 5 °/₀ dans l'eau et on la sature de solution alcoolique concentrée de fuchsine (ce point de saturation se manifeste par la formation d'une pellicule à reflet métallique à la surface du liquide). On décolore à l'alcool suivi d'essence de girofle.

364. Violet de gentiane. — Préparation et coloration comme la safranine ; on peut aussi faire dissoudre une grande quantité du colorant dans de l'eau anilinée, et colorer par le procédé de *Gram* ; après la coloration, les coupes sont lavées à l'eau, puis, pendant deux minutes, traitées par une solution de :

Iode	1	gramme
Iodure de potassium	2	—
Eau	300	—

Ces coupes, devenues noires, sont différenciées par l'alcool absolu, puis par l'essence de girofle. — Xylol. Baume de Canada.

365. Le **rouge neutre** (**Neutralroth**) est une couleur *basique*, introduite par *Ehrlich* dans la technique (l'adjectif « neutre » se rapporte à la nuance de la couleur, et non à sa constitution chimique). Elle a, par conséquent, la propriété de colorer en rouge tout ce qui est basophile : les noyaux, les granulations de Nissl, la mucine, les lymphocytes, le cartilage. Les éléments acidophiles se colorent en jaune et les granulations des « Mastzellen » en orange. On peut colorer des coupes de tissus frais congelés, mais aussi des coupes d'objets préalablement fixés dans l'alcool ou le formol, et inclus soit dans la paraffine, soit dans la celloïdine. On colore avec des solutions aqueuses en quinze minutes environ.

366. Le rouge neutre n'est pas toxique ; aussi peut-on colorer avec lui des êtres ou des tissus encore vivants ; par exemple des têtards qui peuvent vivre dans une solution à 1 : 10.000 et y prendre une *coloration vitale ;* les noyaux et la mucine deviennent rouges. Dans une solution concentrée isotonique on peut examiner des préparations fraîches ; on peut aussi observer des préparations d'objets dissociés dans une solution de sel et de rouge neutre, au lieu de n'employer que la solution de sel. Ce colorant se laisse fixer avec le picrate d'ammonium. — D'autres réactifs, tels que le bleu de méthylène (voir § 811), la safranine, président à des colorations vitales.

367. *Morel* et *Dalous* (1903), après Ohlmacher et Wermel, se trouvent fort bien de l'emploi du *formol* à titre de *mordant* pour les couleurs d'aniline.

Les solutions sont préparées en règle générale de la manière suivante : La matière tinctoriale est dissoute dans *l'eau formolée* (eau distillée additionnée de 4 $^0/_0$ de formol du commerce). Si la substance colorante est très peu soluble dans l'eau, on la dissout au préalable dans une petite quantité d'alcool. Les solutions ainsi préparées sont susceptibles d'une longue conservation, la présence de l'aldéhyde formique suffisant à empêcher leur altération. L'action mordançante du formol se montre très manifeste pour toutes les couleurs acides (éosine, fuchsine acide, orange, tropéoline, etc.) et surtout pour la plupart des couleurs basiques (safranine, violet de gentiane, bleu Victoria, bleu de méthylène, bleu de toluidine, vert de méthyle). La coloration des coupes est presque instantanée, et la matière colorante fixée sur les éléments anatomiques ou sur les bactéries ne se laisse que très difficilement enlever par l'alcool et les différents agents d'extraction. L'addition de formol semble, au contraire, nuisible pour les colorations à la fuchsine, tout au moins avec les échantillons employés (rubine jaunâtre de Kœning, rouge magénta de Grübler); le formol les fait virer au rouge violacé, et sur les coupes l'élection de la matière colorante est inférieure à celle que donnent les solutions phéniquées.

Voici quelques indications sommaires sur les procédés à employer suivant la nature des recherches poursuivies :

I. Méthode de coloration indirecte. — *Préparations fixées par la liqueur de Flemming.* — Les coupes, collées au préalable sur lame par la gélatine bichromatée (Henneguy), sont colorées à chaud par la solution suivante :

Phénosafranine (Grübler) .... 1 gr.
Alcool .... 10 cc.
Eau formolée .... 90 gr.

On chauffe doucement sur la platine de Malassez jusqu'à l'apparition de vapeurs à la surface du liquide colorant déposé sur la coupe ; il est presque toujours nécessaire de faire l'extraction de l'excès de la matière colorante par l'alcool chlorhydrique à 1 pour 1000,

Dans cette méthode on peut, au lieu de safranine, utiliser le violet de gentiane, le bleu Victoria, la violaniline base. Dans tous les cas, après la différenciation, il est facile d'obtenir subsidiairement une coloration protoplasmique par les procédés usuels.

II. Méthode de coloration directe. — Les tissus peuvent être fixés par l'alcool, le liquide de Bouin, le liquide de Zenker. Les fixateurs suivants donnent d'excellents résultats.

1° Bichlorure de mercure .... 5 gr.
   Eau distillée .... 80 —
   Formol .... 10 —
   Acide acétique .... 5 —

2° Mélange à parties égales des solutions A et B.

A. Liquide de Müller.

B. Formol .... 10 gr.
   Acide acétique .... 10 —
   Eau distillée .... 80 —

Par ces réactifs, la fixation des tissus est obtenue très rapidement (trois heures environ pour des fragments larges de 1 centimètre, et épais de 2 millimètres). Les organes

fixés dans le bichlorure-formol sont transportés directement dans l'alcool iodé ; ceux traités par le bichromate-formol sont lavés pendant vingt-quatre heures à l'eau courante.

1° *Procédé de coloration simple.* — Les coupes sont colorées en quelques secondes par les solutions à 1/100 de bleu
de méthylène, de thionine ou de bleu de toluidine dans l'eau
formolée. La coloration résiste fortement à l'alcool ; il suffit
donc, pour monter les préparations au baume, de les déshydrater par l'alcool absolu et de les laver au xylol.

2° *Procédé de double coloration.* — Pour obtenir une
double coloration, on fait agir sur les coupes une solution
à 1/100 d'éosine BA extra (Hoëchst) dans l'eau formolée et,
après lavage à l'alcool, la solution du colorant basique.

Les résultats obtenus sont meilleurs encore quand, pour
la coloration nucléaire, on utilise le mélange suivant :

> Thionine (Merck) à 1/200 dans l'eau formolée....   2 parties
> Bleu de méthylène (Hoëchst) à 1/200 dans l'eau
> formolée.................. ....   1 —

Les coupes, au sortir de ce mélange, sont, d'habitude,
surcolorées ; on les traite pendant quelques instants par
une solution aqueuse d'acide acétique à 1/100 ; puis on lave
à l'alcool, on passe au xylol et on monte au baume.

3° *Coloration par le triacide d'Ehrlich.* — On obtient de
bons résultats en opérant ainsi : On prépare à l'avance les
trois solutions suivantes :

> 1° Orange G. ....   10 cgr.
> Eau formolée..............................   100 c.c.
> 2° Rubine acide..............................   10 cgr.
> Sol. aq. ac. acétique à 1/100...............   13 c.c.
> Eau formolée......................   87 —
> 3° Vert de méthyle............................   20 cgr.
> Eau formolée..............................   100 c.c.

On mélange ces solutions à volumes égaux, en ajoutant
en dernier lieu la rubine, qui, si on opère autrement, donne
des précipités. La coloration des coupes est rapide ; on

enlève l'excès de matière colorante par l'alcool et on monte au baume.

On peut, dans la préparation du mélange, remplacer le vert de méthyle par le vert d'iode ou par le vert de chrome.

4° Coloration par le Brillant-Krésyl-Blau. Cette coloration donne surtout de **très belles images** après la fixation au Flemming. — Le mélange d'orange, de rubine et de krésyl-blau donne des colorations qui, souvent, sont meilleures encore que celles fournies par le triacide. Le colorant est préparé extemporanément par le mélange à parties égales des deux solutions suivantes :

1° Orange G	10 cgr.
Rubine acide	10 —
Sol. aq. ac. acétique à 1/100	10 c.c.
Eau formolée	190 —
2° Brillant krésil-blau	50 cgr.
Alcool méthylique	20 c.c.
Eau formolée	180 —

Les coupes traitées par ce mélange sont colorées au bout de quinze à vingt minutes; on les lave **très vite** *à l'alcool* et au xylol et on les monte au baume.

Ce mélange donne en particulier une élection très précise des matières colorantes sur les granulations leucocytaires; les granulations acidophiles sont colorées en rouge intense; les neutrophiles, en rose pâle, et les basophiles en bleu.

III. **Méthode de Gram modifiée.** — Les coupes colorées pendant dix à quinze secondes par la solution suivante :

Bleu Victoria	1 gr.
Alcool	20 c.c.
Eau formolée	80 —

sont traitées par la solution iodo-iodurée de Gram et lavées à l'alcool. On les colore à nouveau pendant deux minutes environ par :

Safranine	1 gr.
Eau formolée	100 c.c.

On déshydrate à l'alcool et on enlève le bleu Victoria fixé sur les tissus par un mélange à parties égales d'alcool et d'essence de cannelle. On lave enfin à l'alcool, on passe au xylol et on monte au baume.

Ces différents procédés paraissent *recommandables* à un double titre : ils sont d'une exécution extrêmement simple et extrêmement facile ; ils donnent aux matières colorantes une élection plus précise que celle qui est d'habitude obtenue par les méthodes actuellement usitées.

COLORATIONS COMBINÉES

368. Lorsqu'on fait agir sur une même coupe certains colorants, soit en mélange, soit l'un après l'autre, on se trouve en présence d'un fait vraiment surprenant.

Les différents tissus de la coupe ne présentent pas tous uniformément la couleur du mélange : les uns se montrent sensibles à certains colorants, et les autres à d'autres.

On met à profit dans la coloration ce pouvoir électif des tissus ; on parle de **double coloration** dans le cas où on fait usage de deux colorants, et de **coloration combinée** quand on en emploie plusieurs.

Quand une coupe se comporte d'une façon identique vis-à-vis de deux colorants, on n'a pas affaire le moins du monde à une double coloration dans le sens que nous attachons à ce mot. Ce que nous appelons coloration double consiste uniquement dans certaines associations de couleurs bien déterminées, qui ont une importance considérable dans les recherches histologiques.

Exemples de colorations combinées : On peut employer un colorant spécial pour le noyau, et après lui, un autre sans effet sur la chromatine, mais très actif vis-à-vis du reste du noyau et de la cellule. Ces colorants du protoplasma sont, par exemple, l'éosine et l'orange.

Une association de plusieurs colorants des noyaux permettra

en outre, de distinguer, les unes des autres, les différentes parties, ou même les différentes sortes de noyaux.

On peut encore associer plusieurs colorants sans action sur le noyau à un autre qui le colore, et on aura ainsi trois ou plusieurs colorations.

Une série de couleurs s'emploie en vue de recherches tout à fait spéciales ; on les associe quelquefois en mélange convenable à un colorant du noyau.

Nous ferons suivre ici un choix des colorations combinées les plus importantes, dont nous dirons un mot à tour de rôle : Emploi de différents colorants conjointement avec le carmin, l'hématoxyline, la safranine et le vert de méthyle.

Comme colorant se prêtant à la double coloration avec l'hématoxyline, nous devons signaler en particulier l'éosine et la fuchsine acide ou rubine acide. On peut, avec l'éosine, se faire la main aux doubles colorations (v. §. 383).

369. Pikromagnesiakarmin (Picro-carmin magnésique), de **P. Mayer** (1897). — On commence par préparer du carmin magnésique : carmin, 1 gramme, et magnésie calcinée, $0^{gr},1$, soumis pendant cinq minutes à l'action de 20 centimètres cubes d'eau distillée bouillante ; la solution est ensuite étendue de 50 centimètres cubes d'eau : puis, on filtre et on y verse 3 gouttes de formol.

A 1 volume de ce carmin on ajoute 9 volumes d'une solution de picrate de magnésie (200 centimètres cubes d'une solution à $0,5\,^0/_0$ d'acide picrique dans de l'eau distillée avec $0^{gr},25$ de carbonate de magnésie, chauffés jusqu'à ébullition ; on laisse déposer ; puis, on filtre).

On se procurera un picrate de magnésie bien stable chez Grübler de Leipsick.

On peut aussi ajouter à 1 volume de carmin magnésique 4 volumes de la solution déjà mentionnée de picrate de magnésie et 5 volumes du carmin magnésique faible dans 100 centimètres cubes d'eau de magnésie ($0^{gr},1$ de magnésie séjourne pendant une semaine dans 100 centimètres cubes d'eau ordinaire ; on doit agiter très souvent ; puis, on laisse déposer et on décante). On lave dans l'eau distillée ou dans l'eau de magnésie.

Ce carmin colore rapidement les coupes : il peut aussi être employé pour la coloration en masse.

370. *Picro-carmin de Ranvier.* — On verse dans une

solution saturée d'acide picrique du carmin dissous dans l'ammoniaque, jusqu'à saturation. On laisse évaporer lentement à l'air libre dans de grands cristallisoirs. Il ne faut pas craindre la putréfaction ; elle semble favoriser la réaction. Celle-ci exige du temps, des semaines et même des mois. Il se dépose peu à peu des cristaux de picrate d'ammonium et du carmin amorphe que l'on recueille pour une opération ultérieure. On décante, on filtre, on évapore à siccité au bain-marie. On reprend sur l'eau distillée, on filtre et on évapore de nouveau. On obtient ainsi une poudre brune qui doit se dissoudre entièrement dans l'eau distillée ; une solution à un centième est la plus convenable.

Voici un autre mode de préparation du picro-carmin proposé par *Henneguy* d'après *Vignal* :

Eau	1.000 gr.
Acide picrique	20 —
Carmin	10 —
Ammoniaque	50 —

Mettre dans un flacon bouché et laisser pendant deux ou trois mois dans un endroit chaud. Puis laisser pourrir dans un cristallisoir ; lorsque le liquide est évaporé jusqu'à ne plus occuper que les 4/5 du volume primitif, enlever les cristaux d'acide picrique qui sont au fond du vase. Laisser sécher, puis dissoudre dans un peu d'eau chaude. Filtrer et examiner au microscope si le carmin est bien dissous. Dans le cas où il ne l'est pas, ajouter de l'eau et de l'ammoniaque, et laisser pourrir de nouveau ; puis refaire la même opération que précédemment.

Lorsque le carmin se dissout bien, faire sécher la liqueur à l'étuve et la réduire en poudre. Un gramme de poudre dissous à chaud dans 100 grammes d'eau donne le picro-carmin. On y ajoute un petit cristal de thymol, pour éviter le développement des moisissures.

371. *Le picro-carmin de Ranvier ne donne* **toutes les** élections *très délicates qui en font le prix que* **si les coupes sont montées dans la glycérine.**

Lorsqu'on les monte dans le baume, un certain nombre de réactions de la matière colorante peuvent disparaître pendant la déshydratation. Mais surtout **il faut éviter de laver à l'eau :** en effet, celle-ci dissout inégalement l'acide picrique et le carmin qui entrent dans la composition du mélange ; elle enlève beaucoup plus d'acide picrique que de carmin, et c'est ainsi qu'après son action, on ne distingue plus par exemple la coloration jaune des fibres élastiques qui est due à cet acide. En même temps, la teinte générale de la préparation devient plus uniforme (In *Vialleton*).

372. Picro-carmin de Weigert (1881). — On met 2 grammes de carmin dans 4 centimètres cubes d'ammoniaque, et on laisse reposer pendant vingt-quatre heures, en évitant toute évaporation : puis, on ajoute 200 grammes d'une solution aqueuse concentrée d'acide picrique, et on laisse de nouveau reposer vingt quatre heures.

On verse ensuite une très faible quantité d'acide acétique ; celui-ci provoque peu à peu un fort précipité qu'on ne peut faire disparaître, même en agitant. On filtre après vingt-quatre heures. Si le fin précipité passe à travers le filtre, on ajoute un soupçon d'ammoniaque qui suffit à le dissoudre.

Le picro-carmin dissout l'albumine. Lorsqu'on a coloré avec ce picro-carmin, il est bon de différencier comme après le carmin boracique, mais plus rapidement dans de l'alcool à 70° contenant 4 à 6 gouttes d'acide chlorhydrique par 100 centimètres cubes.

373. Picro-carmin de *Van Wijhe*. Une vieille solution ammoniacale de carmin, ou une solution artificiellement mûrie est additionnée d'alcool, réduite par l'évaporation à l'état de poudre et mélangée avec du picrate d'ammonium pour donner du *Picro-carmin*. **La maturation artificielle du carmin ammoniacal** est ainsi obtenue : 10 grammes de carmin *sec* (le carmin du commerce contient environ 10 °/₀ d'eau), 10 centimètres cubes d'ammoniaque et 20 centimètres cubes d'eau oxygénée (ou bien 20 centimètres cubes d'une solution à 1 °/₀ de permanganate de potassium sont chauffés jusqu'à ébullition pendant un temps assez court, et additionnés avec un volume quatre fois plus grand d'alcool à 96° ; au bout d'une heure, on filtre. Le précipité qui se trouve sur le filtre est lavé avec 100 centimètres cubes d'alcool à 96° et, finalement, séché à l'étuve à 40-45°. On jette $0^{gr},5$ de cette poudre de carmin ammoniacal dans 100 centimètres cubes d'une *solution à 1 °/₀ de picrate d'ammonium* (le sel ne doit contenir aucune trace d'acide picrique libre!) ; on fait bouillir un quart d'heure au bain-marie, on laisse refroidir et l'on filtre. La solution est neutre. Les coupes colorées sont rapidement lavées à l'eau, traitées par l'alcool pour atteindre la différenciation désirée et portées enfin, à travers le toluène, dans le baume de Canada.

374. *Lœwenthal* (1892) recommande l'emploi d'un *picro-carmin hématoxylique*. On prépare les deux solutions suivantes :

I. *Picrocarmin sodique*	Gr.	II. *Solution d'hématoxyline*	Gr.
a) Carmin en poudre.....	0,4	*a)* Hématoxyline..........	0,1
Soude caustique solide	0,5	Alcool absolu.	10
Eau distillée.........	100,00	*b)* Alun...................	0,1
b) Acide picrique solide..	0,25	Eau distillée...........	10

On verse la solution d'hématoxyline dans le picro-carmin sodique par petites portions, et en agitant le liquide. Un précipité apparaît plus ou moins vite ; on fait mieux d'abandonner le mélange pendant dix à quinze heures ; on filtre. On obtient environ 100 centimètres cubes de solution colorante. On ajoute ensuite environ 2 à 2 1/2 centimètres cubes d'acide acétique glacial. On verse l'acide à l'aide d'une pipette, goutte à goutte, et en agitant le flacon. Il se produit encore un précipité ; on filtre au bout de douze à vingt-quatre heures. Il est nécessaire d'abandonner ce liquide pendant quatre à six semaines dans un flacon bien bouché à l'émeri. On filtre et on conserve la solution dans le flacon bouché à l'émeri.

C'est en vue de la coloration des coupes d'organes divers (système nerveux central excepté) durcis dans l'alcool, que le picro-carmin hématoxylique présente des avantages réels.

375. Carmin-bleu de Lyon, de *Baumgarten* (1892). — C'est du bleu d'aniline soluble dans l'alcool et insoluble dans l'eau. Voici les instructions de *Röse* : On prépare au préalable une coloration au carmin (coloration en masse ou en coupe : par exemple, le carmin aluné ou le carmin boraté). On dissout du bleu de Lyon dans l'alcool absolu, et on le dilue dans ce même alcool jusqu'à ce que leur liquide ne paraisse plus qu'à peine bleu. Les coupes s'y colorent en vingt-quatre heures.

Le colorant, comme matière à double coloration, est d'un utile emploi dans les recherches d'ordre général.

Pour les recherches spéciales, voir son emploi au para graphe 731.

Le *Bleu de Lyon* colore beaucoup plus rapidement et plus intensivement si on lui ajoute de la teinture d'iode (1 goutte pour 30 centimètres cubes du colorant), ou bien si on traite les coupes, avant la coloration, avec une faible solution d'iode dans l'alcool à 96 $^o/_o$ (*Tonkoff*, 1900).

376. *Skrobansky* (1904) colore tout d'abord avec le carmin boracique, puis avec un mélange de Bleu de Lyon et d'acide picrique. A 100 parties d'eau on ajoute 4 centimètres cubes d'une solution de Bleu de Lyon saturée dans l'alcool à 95° et 10 centimètres cubes d'une solution aqueuse, saturée, d'acide picrique. On colore deux ou trois minutes, on fait passer les coupes dans les alcools à 70°, 80°, 90°, puis dans l'alcool absolu et le xylol, et l'on monte dans le baume.

377. *Paul Mayer* (1896) a fait remarquer que le **carmin d'indigo** (indigo-sulfate de soude) peut être employé d'une façon très simple, comme il suit : A 4 à 20 volumes d'hémalun ou de carmalun il ajoute une solution de $0^{gr},1$ de carmin d'indigo dans 50 centimètres cubes d'eau distillée (ou de solution d'alun à 5 $^o/_o$).

378. Rouge de Magenta et **Picro-indigo-carmin.** — Cette méthode donne une coloration rouge très nette aux éléments chromatiques et une teinte bleu verdâtre aux éléments cytoplasmiques. On l'emploie avec succès avec les pièces fixées par les mélanges chromiques ou platiniques.

Les coupes étant débarrassées d'une façon parfaite de leur paraffine par un séjour de deux à trois heures dans le xylol ou le toluène, on procède à la double coloration : rouge de Magenta et picro-indigo-carmin.

On colore pendant un quart d'heure par la solution suivante de rouge de Magenta :

Eau anilinée ou phéniquée......................	50 cm³
Alcool à 95°..................................	50 —
Rouge de Magenta.............................	1 gr.

On lave pendant dix minutes à l'eau courante.

On colore pendant six minutes au picro-indigo-carmin (formule de Cajal) :

Carmin d'indigo............................   1 gr.
Solution saturée d'acide picrique.............   200 cm³

On lave *très rapidement à l'eau distillée*. On passe ensuite, *une seconde seulement*, dans l'*alcool absolu* et on différencie dans l'essence de girofle, en surveillant cette différenciation sous le microscope. Après quoi, on passe dans le xylol ou le toluène pendant dix minutes. On monte enfin au baume.

379. Safranine et Picro-indigo-carmin. — Cette coloration est des plus importantes et donne des résultats très précieux.

1. *Mode d'emploi.* — Les coupes collées sur lames et colorées par un séjour de vingt-quatre à quarante-huit heures dans la safranine sont lavées à l'alcool à 90°, puis à 70° et enfin à l'eau. Lorsque les coupes sont bien hydratées, on verse sur elles quelques gouttes d'une solution aqueuse diluée de picro-indigo-carmin. [Pour préparer ce dernier, on fait d'abord une solution aqueuse de carmin d'indigo qui se conserve longtemps : eau distillée, 150 grammes; carmin d'indigo, 0ᵍʳ,50. On prépare ensuite le picro-indigo en mélangeant : solution de carmin d'indigo, 2 volumes; sol. aq. saturée d'acide picrique, 1 volume. Ce liquide d'un vert foncé se conserve assez bien ; on peut l'employer directement dans certains cas. mais le plus souvent on le dilue dans les proportions suivantes : picro-indigo-carmin, 1 vol. ; eau distillée, 4 vol.] Deux ou trois minutes suffisent en général pour l'action de ce dernier; au bout de ce temps on l'enlève et on lave soigneusement à l'eau distillée; puis, on déshydrate par les alcools successifs, 70°, 90°, absolu ; dans ce dernier la safranine qui colore la pièce disparaît en partie. Quand il ne se forme plus de nuages rouges dus à la safranine, on éclaircit à l'essence de girofle et on monte au baume.

Lorsqu'il s'agit de coupes de cartilage ou d'un point d'ossification, lesquelles retiennent très fortement là safranine, on emploie la solution *non diluée* de picro-indigo-carmin.

2. *Indications.* — Cette coloration doit toujours être employée après la liqueur de Flemming. Elle est très polychrome : les noyaux sont teints en rouge, les muscles en vert, l'os en vert ou en bleu, le tissu conjonctif en bleu comme la substance fondamentale du cartilage calcifié dans l'ossification. Le bleu du *tissu conjonctif* est assez intense pour permettre de le suivre partout et d'en faire une bonne analyse. Les fibres de Sharpey sont en bleu dans les lames d'os colorées en vert.

3. *Usage.* — D'un usage constant après fixation au Flemming. Cette méthode constitue une coloration qui doit *toujours* être employée (In *Vialleton*).

380. Safranine — Vert lumière (*Méthode de Benda*). — 1° *Mode d'emploi.* — Les coupes sont colorées par un séjour de vingt-quatre à quarante-huit heures dans le bain de safranine. Retirées de ce bain, elles sont lavées à l'alcool à 90°. Il ne faut pas les laver à l'alcool acidulé, et dès qu'elles ont dégorgé dans l'alcool la plus grande partie de la safranine qu'elles renfermaient, on les recouvre de quelques gouttes de la solution hydro-alcoolique de vert lumière (vert lumière, $2^{gr},5$; eau distillée, 100 grammes ; alcool à 90°, 100 centimètres cubes). On laisse cette solution en contact avec elles pendant un temps très court, une demi-minute à deux ou trois minutes au maximum, puis on l'enlève, on lave à l'alcool absolu, on éclaircit par l'essence de bergamote et on monte au baume.

Cette coloration est assez difficile à bien réussir car le vert lumière, qui est acide, peut, s'il agit trop énergiquement, enlever toute trace de safranine, mais en allant vite et avec un peu d'habitude on obtient de bons résultats. Il arrive souvent que les préparations colorées par cette méthode se décolorent. Le vert, notamment, disparaît peu à peu. Cet inconvénient ne se produit pas (*Grynfeltt*) si l'on a soin de chasser par le chloroforme l'essence ou le xylol qui ont servi à éclaircir les coupes. Il faut également, pour éviter les décolorations, monter les coupes ainsi traitées dans du baume dissous dans le chloroforme.

2. *Propriétés de la coloration de Benda.* — Cette coloration est excellente ; le fond vert qu'elle donne met en relief le rouge brillant de la safranine, et offre lui-même certaines différences de tons importantes pour l'analyse. Ainsi le tissu conjonctif est coloré en vert brillant, les fibres musculaires lisses et striées offrent une teinte lilas plus ou moins nette, le protoplasma est vert terne, et les fines structures cellulaires sont bien mises en évidence (In *Vialleton*).

381. *Schuberg*, après avoir coloré en masse des objets au **carmin,** les soumet pendant douze à vingt-quatre heures à l'action de l'**acide osmique** à $1/2~^0/_0$; puis, pendant le même temps, à celle de l'acide pyroligneux ordinaire. Ce dernier est allongé d'une fois ou de deux fois son volume d'eau.

382. — L'**acide picrique** ne sert pas exclusivement à la fabrication du picrocarmin ; il peut encore être employé comme *second colorant*. On se pourvoit d'une solution aqueuse saturée d'acide picrique comme pour la fixation. Pour les besoins de la coloration, on l'étend d'eau dans la proportion de 1 à 3 ; cette solution peut servir à colorer après coup des préparations déjà colorées par le carmin, l'hémathoxyline ou la safranine. Cette coloration, après coup, de coupes ne réclame pas un temps long : deux à cinq minutes suffisent : on lave ensuite à l'eau ; — alcool, xylol, baume de Canada. Il faut, quand on lave, ne pas oublier que l'acide picrique disparaît rapidement tout entier sous l'action de l'eau courante ; mais l'œil suffit pour faire saisir le moment précis où la coupe, sur le point de perdre l'acide picrique qu'elle contient, présente encore une teinte jaune. — Cette coloration après coup avec l'acide picrique est encore praticable pour les colorations en masse et demande, suivant la grosseur de l'objet, de deux à vingt-quatre heures. L'acide picrique agissant comme acide sur les préparations colorées en masse dans le carmin boraté, leur enlève l'excès de carmin ; aussi, dans ces circonstances, les morceaux peuvent-ils être portés directement du carmin boraté dans l'acide picrique, sans passer auparavant dans l'alcool acidulé.

Si on place des morceaux tout d'abord dans l'acide picrique pendant vingt-quatre heures, et si on les colore après coup avec le carmin, par exemple le carmin aluné, on obtient, dans certains ordres particuliers de recherches, de bonnes colorations. Ce procédé s'applique aux objets fixés dans l'acide picrique aussi bien qu'à ceux qu'on a fixés dans le sublimé ou l'alcool. Dans beaucoup de cas, l'acide picrique s'emploie aussi en solution alcoolique.

383. Hémalun — Eosine ou — Erythrosine. — Avant de faire agir la matière colorante, *Vialleton* recommande d'hydrater les coupes, car la solution aqueuse d'hématéine précipiterait au contact de l'alcool. Pour faire cette hydratation, on remplace, après le xylol et l'alcool absolu, l'alcool à 90° par de l'alcool à 70°, puis ce dernier par de l'alcool à 30°. Enfin l'alcool à 30° étant enlevé, on lui substitue de l'eau distillée. Ces passages successifs dans les alcools de titre progressivement décroissant avant d'arriver à l'eau distillée ont pour but de préparer l'hydratation, c'est-à-dire d'éviter les désordres qu'un changement brusque d'état (hydratation succédant sans transition à la déshydratation produite par l'alcool) ne manquerait pas d'amener, à cause des courants de diffusion très forts qui se formeraient au contact de l'eau et de l'alcool à 90°.

Au bout d'une ou de deux minutes, les coupes sont suffisamment hydratées et on peut commencer la coloration. On enlève l'eau en la faisant couler et on recouvre la plaque d'une couche d'une solution d'hématoxyline (voir § 302). En quelques minutes, de cinq à quinze, la matière colorante a produit son action ; il est, d'ailleurs, bon de s'habituer à surveiller la coloration au microscope. Lorsque celle-ci est reconnue suffisante, on lave soigneusement à l'eau distillée jusqu'à ce qu'il n'y ait plus de nuages violets d'hématéine dans l'eau de lavage ; puis, après l'addition d'une dernière goutte d'eau distillée pour enlever toute trace de matière colorante libre, la coloration par l'hématéine est achevée. Les lavages minutieux à l'eau sont nécessaires pour enlever la matière colorante non fixée sur les tissus.

On procède alors à la coloration plasmatique dans une solution d'éosine. La solution aqueuse d'éosine à 1 $^0/_0$ est, dans ce cas, le plus convenable (*Eosine jaunâtre*).

384. L'éosine a été, pour la première fois, proposée comme colorant par *Fischer* (1875) ; les granulations éosinophiles, les karyosomes et les globules rouges du sang (hémoglobine) retiennent le colorant plus longtemps que tout autre élément.

385. *Eosine. — Bleu de méthyle* (*Mann*).

```
Solution de bleu de méthyle à 1 $^0/_0$ ..............   35 cm³
Solution aqueuse d'éosine à 1 $^0/_0$ .................   35  —
Eau distillée ........................................  100  —
```

Les coupes de morceaux fixés dans le sublimé ou la solution de *Mann* [1 gramme d'acide picrique, 2 grammes de tanin, 100 centimètres cubes d'une solution aqueuse, saturée, de sublimé (*in* solution physiologique de sel)] séjournent vingt-quatre heures dans le colorant ; elles sont ensuite successivement lavées à l'eau ; déshydratées dans l'alcool et portées dans le mélange suivant :

```
Solution à 1 $^0/_0$ de soude caustique (in alcool
     absolu) ...........................................   4 gouttes
Alcool absolu ........................................   50 cm³
```

Les coupes deviennent rougeâtres. Rapidement rincées dans l'alcool absolu, elles sont alors portées dans l'eau pour y être débarrassées de l'excès de bleu ; au bout de dix minutes environ, elles passent dans de l'eau contenant quelques gouttes d'acide acétique, où elles redeviennent bleues et ne se décolorent plus.

Montage au baume, suivant le procédé ordinaire. Les cellules sont teintes en bleu, les karyosomes et les vaisseaux sanguins en rouge.

386. La coloration à l'*éosine* et au *bleu de méthyle* n'est pas applicable seulement aux pièces fixées par l'acide osmique. Les coupes hydratées d'une manière ordinaire et lavées à l'eau sont mises dans un mélange de 7 parties de bleu de méthyle à 1 $^0/_0$ et de 36 parties d'éosine à 1 p. 400.

On laisse les coupes dans ce mélange de dix minutes à vingt-quatre heures, suivant les objets.

On différencie ensuite au moyen de l'*alcool potassique*; pour cela, on prépare une solution de 1 gramme de potasse dans 100 centimètres cubes d'alcool absolu. La solution est saturée.

On prend 5 gouttes de cette solution qu'on met dans 30 centimètres cubes d'alcool absolu, et on se sert de cette deuxième solution pour différencier.

La potasse alcoolique a pour effet de faire ressortir la couleur rouge de l'éosine et de diminuer la couleur bleue du bleu de méthyle.

On arrête immédiatement l'action de l'alcool potassique dès que la différenciation est satisfaisante.

Après cette différenciation, si la pièce avait été fixée par le liquide de *Bouin* ou de *Zenker*, on doit trouver les *nucléoles* colorés en rouge vif et la *chromatine* en bleu pourpre tandis qu'après le *Flemming*, c'est le nucléole qui sera violet et la chromatine rouge.

On devra ensuite remonter la série des alcools et opérer la déshydratation pour le montage définitif.

387. *O. Duboscq* (1898) préconise dans ses *Recherches sur les Chilopodes*, pour la coloration à l'*hématoxyline*, et à l'*éosine* que le *Flemming* ne permet pas, l'emploi du liquide de *Pérenyi* (§ 158), *légèrement modifié* :

Acide chromique à 1/100 . . . . 〉
Acide nitrique à 10/100 . . . . 〉 parties égales
Alcool à 95° . . . . 〉

Cette formule, qui est plus simple, est plus forte en acide chromique et moins forte en acide nitrique que la formule originelle. Le cytoplasme est moins digéré et la fixation est plus rigoureuse, sans entraver la coloration.

388. Rawitz (1895 *b*) recommande de colorer **d'abord avec l'éosine et ensuite l'hématoxyline.** Il se sert d'une solution très diluée d'éosine (de 1 à 3 gouttes d'une solution d'éosine concentrée pour 25 à 50 centimètres cubes d'eau distillée) et y colore pendant vingt-quatre heures.

Après quoi il lave pendant dix minutes à l'eau distillée, colore dans une solution faible d'hématéine ou d'hématoxyline, et poursuit ensuite les manipulations ordinaires.

389. Coloration de van Gieson (citée par *v. Kahlden* (1895).

1° Séjour dans le liquide de Müller ou dans l'alcool;

2° Coloration pendant une demi-heure dans l'hématoxyline;

3° Sérieux lavage à l'eau;

4° Coloration pendant trois à cinq minutes dans un mélange composé de : une solution aqueuse concentrée d'acide picrique et une solution aqueuse concentrée de fuchsine acide (la liqueur doit être d'un rouge foncé);

5° Lavage à l'eau pendant une demi-minute;

6° Alcool, essence de houblon, baume de Canada.

La méthode est très simple et donne une très jolie coloration double : les noyaux deviennent d'un rouge foncé, le tissu interstitiel d'un rouge brillant. Un autre avantage présenté par ce procédé consiste en ce que les substances amyloïdes, collagènes, hyalines et muqueuses se colorent en même temps. Van Gieson a recommandé l'usage de l'hématoxyline de Delafield; mais l'hématoxyline alunée ordinaire donne de très bons résultats. On surcolore les coupes parce que l'acide picrique joue aussi le rôle de décolorant.

390. Géraudel (1908) a obtenu des résultats intéressants avec le **bleu polychrome** et le **mélange de van Gieson** (fuchsine acide-acide picrique) (§ 389) suivi d'une différenciation par le **xylol** lent. — Fixation au Zenker. Inclusion à la paraffine. Collage des coupes à l'albumine (les coupes doivent être parfaitement adhérentes).

1° La coupe déparaffinée et sortant de l'eau est colorée dans le bleu polychrome (polychromes Methylenblau N. Unna de Grübler) pendant cinq minutes. Il n'y a pas à craindre, d'ailleurs, de surcoloration ;

2° Lavage à l'eau pour enlever l'excès de bleu ;

3° Coloration par le mélange de fuchsine acide — acide picrique, vingt à trente secondes.

Ce mélange s'obtient souvent à l'aide des deux solutions suivantes :

Solution A, fuchsine acide (Säurefuchsin Grübler) à saturation dans l'eau distillée.

Solution B, acide picrique à saturation dans l'eau distillée.

Faire tomber 8 gouttes de la solution A dans 40 grammes de la solution picriquée. Le mélange peut servir aussitôt et se conserve bien ;

4° Sans laver, on décolore la coupe dans l'alcool à 70°. La coupe est ainsi débarrassée de tout le bleu, qui ne reste fixé que sur les noyaux. Les parties conjonctives, qui seules retiennent la fuchsine, apparaissent, tranchant en rouge vif sur le fond jaune verdâtre de la préparation ;

5° On arrête la décoloration avant que les nuages de bleu aient cessé, et cela à l'aide de l'alcool absolu et du xylol.

Le fond de la préparation doit alors rester légèrement verdâtre. Il ne faut pas pousser la décoloration jusqu'au jaune ;

6° Examiner la préparation au microscope ;

a) Si la différenciation est insuffisante, en particulier les nucléoles encore empâtés, nouveau lavage très rapide à l'alcool absolu, puis au xylol. Agir rapidement, la décoloration du bleu quand on repasse par l'alcool se faisant alors très rapidement.

b) Si le bleu a été trop décoloré, en particulier si les noyaux n'ont presque plus retenu ce bleu, passer par l'alcool, puis remettre dans l'eau une à deux heures la préparation qui se décolore entièrement et peut être dès lors réemployée ;

7° La coupe différenciée de façon satisfaisante est immergée vingt-quatre heures au plus dans le xylol.

On peut employer pour cela les petites cuves à rainures en porcelaine, où tiennent douze lames. Choisir de préférence le modèle où la lame est placée horizontalement. Dans les cuves de modèle haut, où la lame est placée verticalement, pour peu que la coupe soit large, elle risque d'être abîmée au niveau de ses bords frottant dans les rainures.

Le séjour dans le xylol est nécessaire si l'on veut obtenir une élection parfaite des différents éléments colorants entrant dans le mélange.

En particulier l'acide picrique reste fixé uniquement sur les hématies colorées en jaune brillant et sur les éléments élastiques.

8° Montage au baume de Canada acide, suivant la recommandation de Curtis.

Dans le baume acide, les éléments fuchsinophiles ne se décolorent pas comme ils le font à la longue dans le baume ordinaire.

Pour obtenir du baume acide, dissoudre le baume à l'aide de xylol saturé à froid d'acide salicylique.

Les coupes colorées par le Bleu-Gieson-xylol sont très lisibles et très transparentes. Les nucléoles sont finement colorés en vert.

Le protoplasma est jaune verdâtre. Les fibres conjonctives, les globules sanguins et les fibres élastiques d'un jaune brillant très caractérisque, les fibres musculaires jaune orangé.

Enfin la matière amyloïde se teint en vert clair, la matière caséeuse en jaune orangé, la sécrétion thyroïdienne en bleu noir, etc.

De plus, chacune des couleurs variées obtenues offre des nuances nombreuses, rendant la lecture de la coupe très facile.

391. Rubine. — Picrate d'ammonium. — Seconde coloration, d'après *v. Apathy*. — On commence par colorer dans l'hématoxyline IA : on lave à l'eau distillée et on a recours à l'eau courante dans le cas où l'on doit obtenir une teinte plus foncée.

On colore ensuite avec le mélange suivant : *a*) solution de picrate d'ammonium dans une solution à 1 $^0/_0$ de salicylate de sodium : 100 parties; *b*) 2 parties d'une solution de rubine à 10 $^0/_0$. La coloration dure quelques minutes; on lave alors dans l'eau distillée additionnée d'un peu de picrate d'ammonium; on déshydrate *à la hâte* dans l'alcool à 90° et, à travers le mélange alcool-chloroforme et le chloroforme pur, on monte aussi rapidement que possible dans le chloroforme — baume de Canada.

392. Weigert (1904) recommande la coloration au mélange : **hématoxyline-fuchsine acide-acide picrique.**

Pour la coloration à l'hématoxyline, on prépare : *a*) de l'alcool hématoxylique, 1 gramme pour 100 centimètres cubes d'alcool à 96°; *b*) 4 centimètres cubes de la liqueur de perchlorure de fer (Codex français : 8,95 de Fe pour cent de solution. — *Pharmakopæa germanica* : 10 de Fe pour cent de solution), 1 centimètre cube de l'acide chlorhydrique officinal (poids spécifique : 1,124; avec 25 $^0/_0$ d'acide chlorhydrique) et 95 centimètres cubes d'eau distillée. Au moment de s'en servir, on mélange *a* et *b* à volume égal.

Cette nouvelle hématoxyline de *Weigert* ne surcolore pas

(elle colore parfois aussi les fibres élastiques et les gaines des corpuscules osseux, ainsi que les canalicules primitifs).

Une fois colorées, les coupes sont lavées à l'eau et portées dans un mélange de 10 parties d'une solution à 1 $^o/_o$ de fuchsine acide et 100 parties d'une solution aqueuse concentrée d'acide picrique, où elles séjournent peu de temps. On les lave ensuite rapidement à l'eau ; on les déshydrate avec l'alcool à 90°, et, à travers le xylol phéniqué, on monte dans le baume de Canada.

La névroglie n'est pas colorée, tandis qu'elle l'est par le procédé de *van Gieson*.

Cette nouvelle hématoxyline de *Weigert* préside aussi à la coloration des gaines de myéline.

D'après *Morel* et *Bassal*, le réactif de Weigert présente un inconvénient sérieux : c'est la très courte durée de son utilisation : quand on a mélangé l'hématoxyline et le perchlorure de fer, la solution est mûre au bout de vingt-cinq à trente minutes, et donne alors des élections excellentes ; puis bientôt elle s'altère, et, trois à quatre heures après, elle a perdu presque complètement son pouvoir colorant.

393. Hématoxyline. — Orange G. — Une fois le noyau coloré avec l'hématoxyline (par exemple celle de Bœhmer), on pourra colorer après coup avec l'orange comme on l'a fait avec l'éosine : le procédé est le même et les résultats sont semblables. Il sera bon toutefois, dans ce cas, de colorer avec des solutions plus fortes, de 1 $^o/_o$, et plus rapidement, durant vingt-quatre heures environ, puis de laver dans l'alcool à 90° ; alcool absolu, xylol, baume de Canada.

394. *Hématoxyline. — Rouge Congo.* Voir § 972.

395. *Hématoxyline. — Safranine (C. Rabl. 1885).* — On ne colore qu'avec une très faible intensité par l'hématoxyline de Delafield les coupes fixées avec l'acide chromo-formique, ou avec une solution de chlorure de platine (Voir § 160). On les lave dans l'eau et dans l'alcool légèrement acidulé, et ensuite on les colore avec la safranine (une solution alcoolique saturée et filtrée de safranine : 1 volume + 2 volumes d'eau); l'opération dure de douze à vingt-quatre heures; deux à quatre heures suffisent généralement. On traite alors les objets avec l'alcool absolu jusqu'à ce que tout nuage rouge ait disparu.

396. Hématéine. — Safranine. — *Regaud* recommande un procédé de coloration à l'hématéine-safranine *absolument différent* du procédé de *Rabl* et qui cependant s'est vulgarisé sous le nom de cet auteur. Voici le détail du procédé.

Fixation des pièces par le *bichromate acétique* (par exemple le mélange de Tellyesniczky). Le mordançage des pièces par le bichromate est *absolument indispensable*, sinon au moment de la fixation, du moins par une *postchromisation intense* des *pièces* fixées par les fixateurs autres que le bichromate acétique.

Les coupes sont d'abord colorées par l'hématéine alunée fortement; puis lavées à l'eau soigneusement. Ensuite on les colore pendant vingt-quatre heures par la safranine anilinée de Zwaardemaker. — Après un lavage rapide à l'eau, on les différencie par l'alcool à 95° additionné de 1 pour 1000 d'acide chlorhydrique (extraction acide de Flemming). Enfin, alcool absolu neutre, xylol, baume.

Ce procédé de coloration double *nucléaire* teint les pièces chromatiques nucléaires et extranucléaires les unes en violet, les autres en rouge vif.

C'est le procédé le plus précis de double coloration nucléaire.

397. *Hématoxyline-Carmin (R. Heidenhain).* — Après la coloration en masse de Heidenhain (voir § 341), on peut encore obtenir une bonne coloration en faisant, par exemple, agir de nouveau en masse le carmin aluné de Grenacher, ou bien en colorant après coup les préparations avec l'hématoxyline de Bœhmer.

398. Double coloration à l'hématoxyline. — *Apathy* (1889) recommande le procédé de coloration suivant (spécialement pour le système nerveux des Hirudinées) qui fournit des images très instructives : de petits objets sont portés dans une solution aqueuse à 1/2 $^0/_0$ d'hématoxyline et y restent une demi-heure ; ils sont ensuite rapidement lavés à l'eau ; on les traite alors pendant deux heures par une solution aqueuse à 1 $^0/_0$ de bichromate de potassium ; on les lave à nouveau, et enfin on les coupe.

Les coupes sont, à ce moment, colorées, à la manière ordinaire, par une solution aqueuse faible d'hématoxyline alunée (Apathy préconise l'inclusion dans la celloïdine).

399. *Coloration combinée au bleu de Roux. — Brun Bismarck (Pacaut et Vigier) (1906).* — Cette méthode donne des résultats particulièrement remarquables dans l'étude de certaines glandes mixtes, telles que les glandes salivaires de l'escargot.

Les pièces doivent avoir été fixées au liquide de Zenker pour que la méthode donne les meilleurs résultats. Les coupes sont traitées de la façon suivante :.

1° Coloration au bleu composé de Roux [1], pendant cinq à quinze minutes ;

2° Lavage rapide à l'eau, une demi-minute environ ;

3° Coloration avec une solution aqueuse assez concentrée de brun Bismarck (le temps varie suivant la concentration du produit ; en moyenne une minute) ;

4° Décoloration rapide à l'alcool à 90°, puis à l'alcool absolu ;

5° Eclaircissement au xylol pur, montage au baume.

Pour obtenir le maximum de différenciations, il faut observer les coupes à la lumière artificielle. Dans ces condi-

1. Bleu de Roux :

Solution A		Solution B	
Violet Dahlia.........	1 gr.	Vert de méthyle	2 gr
Alcool absolu........	10 —	Alcool absolu........	20 —
Eau dist. Q. S. P	100 —	Eau dist. Q. S. P.......	200 —

1° Préparer séparément chacune de ces deux solutions ; triturer la matière colorante et l'alcool ; ajouter l'eau peu à peu ; laisser vingt-quatre heures en contact dans un flacon.

2° Mélanger les deux solutions ; filtrer ; conserver en flacon bien bouché.

tions (et dans les glandes salivaires de l'escargot), on voit alors que les noyaux sont bleus, les formations chromophiles (ergastoplasmiques) vertes, les grains de zymogène violet-lilas intense ; tout ce qui est mucus est brun violacé foncé, et le restant du cytoplasme est jaune pâle.

Le temps difficile est la décoloration.

400. *Coloration combinée au Magenta phéniqué. — Brun Bismarck (Pacaut et Vigier) (1906).* — **1°** Surcoloration au magenta phéniqué (magenta à saturation dans l'eau phéniquée à 5 %) cinq à dix minutes à 45-50°, ou une demi-heure à froid) ;

2° Lavage à l'eau, puis à l'alcool à 90° ;

3° Différenciation dans un mélange d'alcool à 90° (2 volumes) et d'essence de girofle (1 volume). Surveiller la décoloration ; l'arrêter dès que la différenciation est suffisante (une demi à 2 minutes), par un lavage à l'alcool à 90°, puis à l'eau. La décoloration se fait généralement dans l'ordre suivant : cytoplasme, noyaux, cellules muqueuses ; grains de zymogène, formations ergastoplasmiques ;

4° Fixer la coloration (localisée par la différenciation) en plongeant la préparation dans du formol étendu de son volume d'eau (deux à cinq minutes). Rincer à l'eau ;

5° On peut alors colorer au brun Bismarck (une minute) et monter au baume, sans que la coloration au magenta pâlisse.

Cette coloration donne de bons résultats pour la différenciation des diverses cellules glandulaires (en particulier dans les glandes salivaires de l'escargot), après fixation au liquide de Zenker.

401. **Vert de méthyle. — Éosine (en mélange).** — 1 % d'une solution aqueuse de vert de méthyle, 60 parties ; et 1 % d'une solution aqueuse d'éosine, 1 partie.

On complète les 100 parties avec l'alcool absolu.

On colore pendant dix minutes ; on lave pendant cinq minutes dans l'eau.

Alcool absolu, une minute ; xylol ; baume de Canada.

Dans ce procédé de coloration, ainsi que dans les suivants, le vert de méthyle joue le rôle de colorant du noyau ; l'éosine ou la fuchsine acide qui l'accompagne colore les autres parties de la cellule.

402. Le vert de méthyle peut être mélangé avec la **fuchsine acide** : il entre dans ce mélange 60 parties d'une solution aqueuse à 1 $^0/_0$ de vert de méthyle et 20 parties d'une solution aqueuse à 1 $^0/_0$ de fuchsine acide. On colore comme précédemment ; mais le lavage dans l'eau durera peu de temps, parce que la fuchsine acide disparaît rapidement sous l'action de l'eau ; ensuite : alcool absolu ; xylol ; baume de Canada.

403. Éosine. — Hématoxyline ferrique. — Vert lumière. — *Prenant* recommande la *triple coloration* suivante, réussissant particulièrement après fixation par les liquides de Bouin, de Perényi.

1° Colorer par l'hématoxyline ferrique ; puis, différencier à l'alun de fer ;

2° Colorer fortement par l'éosine ;

3° Colorer par le Vert lumière, en solution forte hydro-alcoolique ; ne laisser agir que quelques secondes.

Puis alcools, xylol, baume.

Pour que la coloration soit réussie, les coupes doivent offrir à l'œil nu une teinte grisâtre et n'être ni roses ni vertes.

L'hématoxyline s'étant fixée selon les affinités habituelles, l'éosine teint en rose le protoplasma et surtout le nucléoplasma ; le Vert lumière colore électivement le tissu collagène, la mucine, la cellulose dont il décèle les moindres traces.

404. *Voici une façon* **plus pratique** *d'opérer* (*Chatton*, 1910) :

1° Colorer par l'hématoxyline ferrique ; puis différencier *fortement* à l'alun de fer ;

2° Préparer une solution aqueuse, saturée, d'éosine ;

3° Préparer une solution aqueuse, saturée, de Vert lumière ;

4° Faire un *mélange* à parties égales de ces deux dernières solutions : on y colore les coupes pendant dix minutes ;

5° Différencier par l'alcool absolu acétique à 10 %.

On suit la différenciation sous le microscope.

6° Déshydrater rapidement dans l'alcool absolu ;

7° Monter au baume.

Résultats : Le *plasma* est rose ; les *cellules muqueuses*, les *muscles* apparaissent en vert ; les *noyaux*, en noir.

404 *bis*. **Hématéinate d'ammonium aluné. — Rouge Magenta. — Orange G. — Vert lumière** (de la maison Grübler).

Hollande (1912) recommande l'emploi de ces quatre colorants électifs pour obtenir la différenciation chromatique des éléments de la cellule.

(Pour son emploi, voir § 462 *bis*).

405. Vert de méthyle. — Fuchsine acide. — Orange (Biondi-Ehrlich). — Recommandé et modifié par *R. Heidenhain* (1888). Ce mélange et d'autres semblables, dans lesquels les couleurs *acides* (au sens d'*Ehrlich*) prédominent, sont aussi appelés *mélanges triacides;*

Préparation. — On fait des solutions aqueuses saturées de ces trois colorants : on les laissera reposer pendant plusieurs jours en ayant soin de les agiter à plusieurs reprises. On mélange alors :

Orange	100 cm³
Fuchsine acide	20 —
Vert de méthyle	50 —

On fera bien de se procurer directement ce mélange en poudre chez Grübler, à Leipzig.

Coloration. — On dilue 1 partie de la solution saturée dans 60 à 100 parties d'eau. On colore pendant vingt-quatre heures ; après quoi, on lave dans l'alcool. Alcool absolu : xylol ; baume de Canada. Ce procédé convient aux préparations au sublimé ; il procure, indépendamment des résultats déjà mentionnés de l'emploi du vert de méthyle-éosine et de la fuchsine acide, la coloration par l'orange des globules du sang.

L'ancienne formule de *Ehrlich-Biondi* est :

Solution saturée d'orange	10 cm³
Fuchsine acide	1 —
Vert de méthyle	3 —

406. *R. Krause* (1893) déclare que les meilleures colorations dans le mélange **triacide** sont obtenues sur les préparations fixées dans le sublimé ou les mélanges dans lesquels entre ce sel.

Préparation du colorant : rubine S (il s'en dissout 77 grammes environ dans 100 centimètres cubes d'eau), orange G (14 grammes environ dans 100 d'eau), vert de méthyle (8 grammes dans 100 d'eau). De ces solutions aqueuses saturées on fait un mélange composé de : 4 centimètres cubes de la première et de 7 centimètres cubes de la seconde ; on ajoute enfin 8 centimètres cubes de la troisième.

Par ce procédé seul on évitera tout précipité.

Pour colorer, on verse 1 centimètre cube de cette solution mère dans 50 ou 100 centimètres cubes d'eau. La coloration dure vingt-quatre-heures et s'adresse à des coupes collées avec de l'eau ou de l'alcool faible. Ces dernières, avant d'être colorées, pourront, quelquefois, avec avantage, séjourner de une à deux heures dans l'acide acétique à 2 %₀ [*M. Heidenhain* (1892) verse dans le colorant, et goutte à goutte, de l'acide acétique (1 : 500), en agitant tout le temps de l'opération ; il s'arrête lorsque le liquide présente un ton vigoureux de carmin]. On lave dans l'alcool à 90° pur ou légèrement acidulé. La coloration dans le mélange triacide doit être faite avec un très grand soin.

407. *Lee* et *Henneguy*, tout en reconnaissant que, dans les préparations réussies, l'effet est de toute beauté, déclarent que, malgré les plus grandes précautions, elles ne réussissent pas toujours. Ils insistent sur la nécessité de faire des *coupes très minces*, car il faut que la déshydratation puisse être faite très rapidement ; sans cela, les noyaux perdent infailliblement leur couleur. « Il faut admettre que cette méthode a sa raison d'être pour les objets très spéciaux qu'avaient en vue les auteurs qui l'ont imaginée, pour les récherches sur les granulations cytoplasmiques d'*Ehrlich*, ou pour les recherches sur le reticulum cytoplasmique de M. *Heidenhain*, pour des études sur des glandes et d'autres objets semblables. Mais vouloir, comme l'ont fait certains observateurs, en faire une méthode à appliquer à toute sorte d'objets, c'est tomber dans l'exagération. »

408. *Vialleton* recommande de se procurer ce mélange chez Grübler, qui le fournit prêt à être employé ; il est très difficile à préparer convenablement ; les préparations sont loin d'être toujours réussies ; quand elles le sont, on peut distinguer dans les vésicules (thyroïde) deux sortes de cellules : les unes claires, les autres rouges (*Langendorff*).

409. *Stephan* préfère, lui aussi, s'adresser directement chez Grübler pour obtenir un bon mélange. Il s'est bien trouvé de cette méthode dans ses études sur la Spermatogénèse, dans les cas où il est difficile de bien différencier la chromatine d'autres parties de la cellule. Il a toujours employé le Biondi après fixation au sublimé acétique. D'après lui, également, l'usage en est très limité.

410. *L. Michaelis* (1902) écrit : On explique en général le fait que les substances colorantes neutres se redissolvent lorsqu'elles sont mises en présence d'un excès d'acides, par la formation d'un sel triacide résultant de la combinaison de la matière colorante basique avec la matière colorante acide. Ainsi, par exemple, le vert de méthyle qui contient une matière colorante basique capable de fixer trois radicaux acides, mais qui habituellement, n'en fixe que deux, peut, d'après cette conception, former un sel triacide avec un excès de fuchsine acide.

411. *J. Salkind* (1912) préconise un **mélange polychrome** préparé de la manière suivante : 6 parties d'une solution de *bleu de toluidine* à 1 $^0/_0$ dans l'eau formolée sont diluées dans une quantité double d'alcool à 90° ; 3 parties d'alcool à 90° saturé d'*érythrosine* et 2 à 3 parties d'alcool à 90° saturé de *jaune de naphtylamine* (J. naphtol) sont mélangées et versées dans la solution de bleu.

On ajoute au mélange 1 à 2 fois son volume d'alcool à 70° ou plus faible.

La coloration des coupes sortant de l'alcool absolu dure cinq à dix minutes et n'exige pas de différenciation. On lave et déshydrate directement par l'alcool absolu et l'on monte dans le baume à travers le chloroforme, ou mieux dans la résine dammar à l'huile de cèdre.

Chromatine, bleue ; cartilage, mucus, granulations des Mastzellen, lilas ; protoplasma et granulations acidophiles, rouges ; neutrophiles, brunes ; muscles, orangés ; hémoglobine, jaune verdâtre.

Salkind fixait par le Zenker, opérait l'inclusion rapide à travers l'acétone dans la paraffine, et colorait avec le mélange précédent : coupes d'organes, sang et membranes (cobaye et grenouille),

412. *Morel* et *Doleris* (1902) recommandent pour le **mélange triacide 8 %** de **formol** et 1 %₀₀ d'**acide acétique**. Le vert de méthyle se fixe alors d'une façon remarquable sur les noyaux.

413. *Shridde* et *Fricke* préconisent une méthode permettant de **fixer** et de **colorer simultanément**. Des pièces de 4-5 millimètres sont portées dans un mélange de 9 parties de *carmin aluné* (§ 310) et 1 partie de *formol*, puis lavées dans l'eau courante et soumises à l'action de la solution suivante :

Alcool à 75°... 200 cm³
Solution d'ammoniaque à 25 % (poids spécifique : 0,900)....................................... 1 partie

Elles y restent douze heures.

S'il s'agit d'organes très riches en sang dans lesquels on aurait à redouter des précipités, on prend de préférence un mélange de 1 partie de la solution ammoniacale pour

100 centimètres cubes d'alcool à 75° où un séjour de six heures sera suffisant. A leur sortie de l'alcool ammoniacal, les préparations passent immédiatement dans l'alcool à 96°, puis de six à douze heures dans l'alcool absolu, etc., jusqu'à la paraffine. Les noyaux, les limites cellulaires et le protoplasma sont mieux obtenus que si l'on a recours au traitement successif par le formol et le carmin aluné. L'hémoglobine est plus ou moins altérée.

414. Mélange tétrachrome de *G. Delamare* (1905).

Pour préparer ce mélange, on prend *un volume* de la solution suivante :

Orcéine (Grübler)...............................	1 gr.
Acide chlorhydrique............................	1 cm³
Alcool absolu...................................	50 —

On ajoute un *volume égal* de la deuxième solution, ainsi constituée :

Hématoxyline acide d'Ehrlich..................	2 cm³
(ou bien 4 c. c. d'hématoxyline de Bœhmer)	
Fuchsine acide (Grübler), solution aqueuse sat...	1 —
Acide picrique (sol. aq. sat. à chaud)...........	200 —

Ce mélange paraît susceptible de se conserver au moins une semaine (Pour son emploi, voir § 630).

415. Liste des colorations combinées les plus usitées.

Carmin

Hématoxyline

Hématoxyline (Hémalun). Éosine....................	§ 383
—	—	Orange....................	§ 393
—	—	Acide picrique..........	§ 382
—	—	Rouge Congo...... § 972 et 991
—	—	Safranine	§ 395
—	—	Orcéine................	§ 623
—	—	Mucicarmin............	§ 982
—	—	Fuchsine acide. — Acide picrique....... §§ 389, 611, 612
—	Carmin (d'après R. Heidenhain).....	§ 397
—	Rubine (d'après M. Heidenhain)......	§ 344

Safranine

Safranine. Vert lumière	§ 380
—	Violet de gentiane....................	§§ 1.098
—	Violet de gentiane. — Orange.... §§ 459 et suiv.
—	Acide picrique........................	§ 382
—	Picro-indigo-carmin....................	§ 379

Bleu de méthyle

Bleu de méthyle. — Eosine........................ 385

Vert de méthyle

Vert de méthyle. — Eosine	401
—	—	Fuchsine acide.................	402
—	—	Fuchsine acide. — Orange.......	403

416. Je crois bon d'indiquer ici le *degré de solubilité* de quelques colorants :

La *Fuchsine* (colorant basique) = environ 0,5 $^0/_0$;

Le *Bleu de méthylène* = 4 $^0/_0$ environ ;

Le *Vert de méthyle* = 8 $^0/_0$ environ ;

L'*Acide picrique* à 20° C. = 1 $^0/_0$;

L'*Éosine* = au moins 2 $^0/_0$;

L'*Hématéine* à 20 $^0/_0$ C. = 0,06 $^0/_0$;

L'*Orange G* = 14 $^0/_0$ environ ;

La *fuchsine acide (rubine acide)* = 77 $^0/_0$ environ.

Consulter aussi pour ce chapitre XII *Gierke*, 1884, 1885, *Heidenhain*, 1903: *Bolles Lee* et *Hennequy (Traité des méthodes techniques de l'Anatomie microscopique*, 3ᵉ édition, 1902).

CHAPITRE XIII

MONTAGE

417. Après cette série de manipulations, on peut examiner les coupes. Cet examen, surtout quand il s'agit de coupes colorées, demande à être fait dans des milieux fortement réfringents, tels que le xylol, l'essence de girofle, la glycérine (v. § 238).

418. Il est désirable de pouvoir conserver des coupes en vue de recherches ultérieures. A cet effet, on les enveloppe dans une **substance conservatrice** qui doit être transparente et altérer le moins possible les coupes et les colorants auxquels on les a soumises. Les milieux, que nous avons jusqu'ici énumérés, répondent peu à ces exigences. Le xylol s'évapore rapidement et l'essence de girofle altère beaucoup de colorants. La glycérine s'est montrée dans beaucoup de cas d'un emploi efficace.

Quand les substances conservatrices restent fluides, il faut souder les bords du couvre-objet et du porte-objet à l'aide d'un ciment : on doit *border* ces masses afin d'en empêcher l'écoulement.

419. Les meilleures de ces substances sont les **résines** ; on les dissout et on les transporte sur la coupe ; elles sèchent, deviennent solides et fixent alors le couvre-objet. Il ne faut pas néanmoins perdre de vue que les résines possèdent un indice de réfraction très fort, et que, par suite, elles ne permettent pas de percevoir nettement les tissus non colorés.

420. *Clarke Lackhart* (1857) a proposé le premier la méthode de l'éclaircissement par l'essence de térébenthine et celle du montage dans le baume de Canada.

421. *Préparation du baume de Canada.* — Le **baume de Canada** du commerce est le plus souvent dissous dans l'huile de térébenthine; il faut le **sécher** par évaporation en l'exposant dans un vase à une température qui ne dépasse pas 60° C. ; après quoi on le dissout de nouveau dans le xylol; d'autres dissolvants tels que le chloroforme peuvent remplacer le xylol.

Le baume de Canada ainsi préparé est conservé dans des flacons dont le bouchon est traversé par une baguette de verre qui atteint presque le fond et permet de verser le baume goutte à goutte.

422. Montage dans le baume de Canada. — La coupe, après avoir séjourné dans le xylol ou dans l'un des liquides cités au paragraphe 180, est placée sur le porte-objet; on y verse dessus une goutte de baume de Canada, et on recouvre le tout d'un couvre-objet en évitant avec soin l'entrée de grosses bulles d'air. Les petites bulles n'ont pas grand inconvénient; elles disparaissent plus tard d'elles-mêmes.

Les coupes collées, une fois traitées d'après les indications du paragraphe 289, doivent encore une fois passer par le xylol pour se débarrasser de l'alcool qu'elles contiennent. On laisse ensuite égoutter et non sécher; on place une goutte de baume de Canada sur la coupe, et on recouvre rapidement avec un couvre-objet. Il faut bien se garder de respirer sur le porte-objet, car l'eau qui se précipiterait produirait avec le xylol un trouble nuisible à la coupe.

On doit surveiller les préparations pendant les premiers jours et les premières semaines, et si, par suite de l'évaporation du xylol, il se produit un vide dans l'espace compris sous le couvre-objet, il faut y verser de nouveau un peu de baume. Pour cela, on place sur le porte-objet une goutte de ce baume près du bord du couvre-objet. On peut aider à l'opération en chauffant la préparation avec précaution sur la flamme, et en exerçant avec non moins de prudence une pression sur le couvre-objet.

(On peut aussi chasser les bulles d'air en les remplaçant par du xylol, et puis déposer, sur le bord, du baume de Canada qui se trouve aspiré par suite de l'évaporation même du xylol.)

423. Il est des cas où les **préparations** demandent à être *rapidement* **desséchées**. La chose peut devenir nécessaire quand on doit les examiner par le procédé de l'immersion à huile, et qu'il y a lieu de faire disparaître la goutte d'huile sans altérer la préparation. Dans ces circonstances, ces préparations peuvent, sans inconvénient, rester environ vingt-quatre heures dans une étuve à 45° C.

Elles se dessèchent d'elles-mêmes d'autant plus rapidement que le baume de Canada employé est plus épais, c'est-à-dire qu'il contient moins de xylol ou de substance analogue ; quinze jours environ suffisent, le plus souvent, pour rendre tout au moins les préparations transportables.

424. Le baume de Canada peut être remplacé par la **résine d'Ammar** (*Pfitzner*, 1882) ; cette résine, surtout à l'état de dissolution dans un mélange de benzine et d'huile de térébenthine en parties égales, présente l'avantage de ne pas éclaircir d'une manière aussi intense que le baume.

425. Montage dans la glycérine. — Ce procédé est surtout employé pour les coupes qui, une fois colorées, ne doivent plus être mises en contact avec l'alcool ; il a, en outre, l'avantage de moins réfracter la lumière, et, par suite, de permettre de percevoir plus nettement les tissus non colorés.

On place une goutte de glycérine sur les coupes qui doivent sortir de l'alcool directement, ou mieux après leur passage dans l'eau ou dans la glycérine même, et on les recouvre d'un couvre-objet. Si l'on désire conserver la préparation, il faut la border (voir § 430.)

426. A la place de la glycérine, on employait autrefois

de la même façon l'**acétate de potassium** en solution à 33 °/₀ dans l'eau distillée (M. *Schultze*, 1871).

427. *O. Schultze* (1907) préconise le mélange à parties égales d'**acétate de potassium, d'alcool méthylique** et **d'eau**.

428. Si l'on désire monter des préparations sortant du toluène, du xylol, etc., dans des milieux moins réfringents que le baume de Canada, on a recours au *Paraffinum liquidum*. Dans ce liquide sirupeux, qui n'est pas hygroscopique, comme la glycérine par exemple, on distingue les structures très délicates beaucoup plus nettement que dans le baume. Pour les préparations que l'on veut conserver, il faut *border* le couvre-objet.

429. Pour des cas spéciaux, par exemple pour la coloration de la matière amyloïde, on monte dans la *lévulose*. On fait fondre une certaine quantité de glucose dans un peu moins que son volume d'eau, et on expose cette solution pendant vingt-quatre heures dans l'étuve à 37° C. ; elle doit être épaisse. (*Ehrlich*).

430. Le **bordage** se fait de la manière suivante : On prend un fil de fer épais que l'on chauffe sur une flamme et, avec ce fil, on fait fondre une goutte de la substance qui doit servir à border. On place cette goutte d'abord sur un coin du couvre-objet, de façon qu'elle porte à la fois sur le porte-objet et sur le couvre-objet ; on en fait de même sur les trois autres. On soude alors les côtés en étendant sur toute la longueur la goutte à l'aide du fil très chaud ; la soudure doit être complète ; il faut toutefois veiller à ce que la substance avec laquelle on borde n'empiète pas trop sur la surface du couvre-objet.

Une condition préliminaire à remplir dans cette opération, c'est que la goutte du liquide employé pour l'inclusion ne s'écoule pas au-dessus du bord du couvre-objet ; dans ce cas, on essuierait avec grand soin.

Comme **substances propres à servir au bordage**, on peut employer :

431. La *paraffine*. Elle ne se recommande guère à cause de son peu de résistance.

432. Paraffine et baume de Canada. — Apàthy (1889): Parties égales de paraffine fondant à 60° et de baume de Canada sont chauffées dans une coupe de porcelaine jusqu'à ce qu'aucune vapeur de térébenthine ne se dégage plus (voir § 422).

433. La **laque de Krœnig** (1886) rend de très bons services. Préparation : on fond 2 parties de cire et on y ajoute, en agitant, 7 à 9 parties de colophane. On usera de grandes précautions, car la masse peut s'enflammer ; on peut filtrer la masse avec une gaze chauffée.

Avant d'employer un système à immersion à huile, on fera bien de frotter le bord avec une solution alcoolique de laque en écailles.

434. Le **vernis à la laque du D**^r **Kaiser**, qui convient particulièrement dans le procédé de bordage à l'aide de la table tournante (couvre-objet ronds), se trouve dans le commerce.

435. Schéma des manipulations de la coupe à la paraffine.

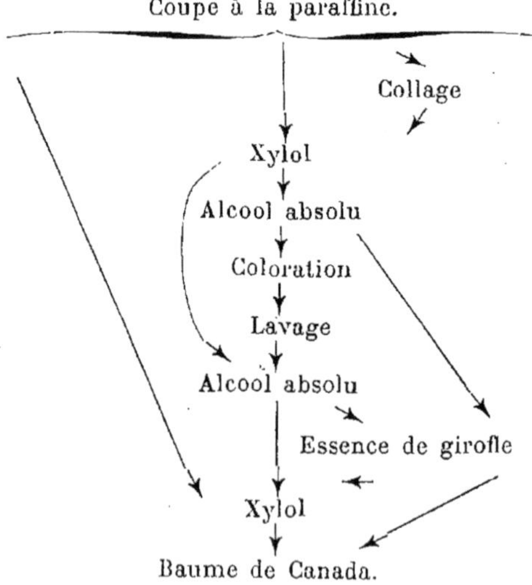

436. Ayant constaté que les principaux procédés actuels de fixation (gélatine solidifiée, glycérine, etc.) sont défectueux, attendu qu'ils ne permettent pas de conserver indéfiniment l'aspect et la couleur des préparations microscopiques de **végétaux**, *Nonnotte* et *Sartory* ont proposé (1908) un procédé qui est une légère modification de celui employé pour fixer la préparation d'histologie animale.

1° Colorer des préparations aussi minces que possible ;

2° Bien laver à l'eau ;

3° Laver à l'alcool à 90° ;

4° Laver à l'alcool absolu ;

5° Laver à l'alcool absolu dilué de la moitié de xylol ;

6° Laver au xylol, puis égoutter et sécher ;

7° Monter dans une goutte de baume de Canada liquide.

On obtient, par ce procédé, si on a soin d'éliminer toute trace d'eau et d'air, des préparations d'une transparence parfaite et se conservant presque indéfiniment (les auteurs avaient, en 1908, des préparations datant de plus de trois ans et qui avaient conservé leur aspect primitif).

CHAPITRE XIV

MÉTHODE DE RECONSTRUCTION

PAR

G. BORN (DE BRESLAU)

(TRADUCTION DU PROFESSEUR WEBER, D'ALGER)

437. Une **représentation matérielle** *des éléments cellulaires* s'acquiert le plus souvent par l'examen des différents plans optiques *d'une seule et même coupe;* lorsqu'une forme particulière ou l'extension des éléments cellulaires (cellules de Purkinje de l'écorce cérébelleuse, par exemple) créent des difficultés dans cette étude, il faut combiner plusieurs images fournies par des coupes *nombreuses et diversement orientées.*

Il est plus difficile, par ce seul moyen, de se faire une *représentation matérielle*, dans l'espace, *d'organes pluricellulaires :* ainsi, tout récemment encore, les parties terminales de nombre de glandes examinées sur des coupes isolées les avaient fait considérer à tort comme des glandes acineuses, en grappes, tandis qu'en réalité ces alvéoles étaient la section de tubes allongés, coudés et bosselés en certains points. Dans beaucoup de cas semblables, l'emploi de coupes épaisses fortement éclaircies ou aussi les procédés de macération *spécifiques* très appréciés des anciens histologistes (vinaigre de bois, acide chlorhydrique, alcalis concentrés, etc.) ont conduit au but; cependant, pour certains objets de cette sorte, on a dû recourir à des reconstructions d'après les coupes (morphologie des follicules du corps thyroïde par J. Streiff. etc.).

Mais il reste un grand nombre de pièces anatomiques et surtout embryologiques, qui sont et trop petites et trop compliquées, pour qu'on puisse se faire d'elles une représentation suffisante dans l'espace (représentation plastique). par la dissection et l'examen direct à la loupe ou à de faibles grossissements microscopiques; d'autre part, ces pièces sont trop grandes et encore trop compliquées pour que leurs formes (celles des cavités notamment), puissent être convenablement étudiées sur des coupes isolées ou par des macérations. On est donc amené à faire une reconstruction de ces objets au moyen des aspects que présentent les différentes coupes d'une série.

438. La **reconstruction** peut être **plane,** purement graphique; les dimensions perpendiculaires au plan où se fait la reconstruction ne sont représentées qu'en raccourci et par des ombres; ou bien la reconstruction est **plastique,** dans l'espace. Dans les deux cas, on se sert toujours d'un *grossissement* plus ou moins considérable. Il est facile de comprendre que la reconstruction graphique n'est souvent qu'un moyen provisoire et doit être réservée aux cas les plus simples.

Toutes les méthodes de reconstruction nécessitent de la peine et du temps; on les évitera donc chaque fois que d'autres procédés, tels que dissections, macérations, injections et corrosions pourront suffire; mais on ne saurait trop se mettre en garde contre les reconstructions par la pensée, après un simple examen des coupes, pour tout objet un peu compliqué. A d'autres avantages, les reconstructions plastiques joignent celui d'être des préparations très agrandies et, par là, d'autant plus facilement *démontrables.*

439. Toute *reconstruction suppose une* **série complète** *de coupes parallèles* d'un objet; cette condition toujours indispensable (certaines reconstructions exceptées) est facilement remplie avec tous les microtomes modernes. Le plus souvent on se servira d'une série d'épaisseur régulière; quelquefois, si on le juge nécessaire, on pourra intercaler en certains points, des coupes moitié moins épaisses. En tout cas, l'épaisseur des coupes doit être fixée et connue. D'après la dimension des objets et la possibilité d'en réussir plus ou moins bien les coupes, on choisira des épaisseurs de **6, 8, 10, 12, 15, 20** μ. Théoriquement, la direction du plan de section est indifférente ; dans la pratique, il vaut mieux se servir de coupes parallèles ou perpendiculaires à l'axe principal de l'objet.

La coloration en masse est absolument préférable à la coloration des coupes sur lame ; de même l'inclusion à la paraffine plutôt que celle au collodion. Les coupes fixées sur le porte-objet doivent toujours être parfaitement *planes*, sans aucun déplacement (même des portions isolées périphériquement), sans déchirures, ni plissements. Pour éviter ces inconvénients, voir les procédés indiqués au paragraphe 261 et suivants et au paragraphe 443. L'exactitude et la perfection de chaque reconstruction dépendent entièrement de la réussite de la série des coupes : *c'est perdre son temps et sa peine qu'essayer d'obtenir des reconstructions avec des séries incomplètes, irrégulières et mal étalées.*

440. *Méthodes de* **reconstructions en surface.**

1. *On se propose d'obtenir une image dans un plan perpendiculaire au plan de section de la série ;* c'est la *construction projective* de His, le procédé le plus ancien et, actuellement encore, le plus employé avec succès.

Prenons un exemple : on veut reconstituer avec un grossissement de 50 diamètres l'aspect qu'auraient en *coupe médiane* les organes d'un petit embryon humain qui a été débité en série de coupes régulières et transversales de 20 μ d'épaisseur. Voici comment on devra s'y prendre : on fera de différents côtés et à un grossissement connu (5 ou 10 diamètres), des dessins de l'embryon coloré en masse et éclairci dans de l'essence de cèdre, ou un autre liquide éclaircissant ; pour l'exemple que nous avons choisi, une *vue de profil* exacte est nécessaire. Lorsque cela est impossible, on recommence les dessins, tandis que l'embryon est dans la paraffine liquide.

On dessine successivement chaque coupe transversale de 20 μ d'épaisseur à un grossissement de 50 diamètres ; c'est sur les dessins ainsi obtenus qu'on pourra prendre des mesures importantes.

Si l'on n'a pas de plan de définition (*a*) (voir § 442) il est nécessaire de connaître la direction du plan de section de la série, sinon il faut le rechercher en comparant certains points des coupes avec le dessin de profil de l'embryon, où on précise ces points. Lorsqu'on possède un plan de définition, il est superflu de rechercher la direction des coupes.

a) Sur un papier quadrillé au millimètre, on colle un calque obtenu en agrandissant la vue de profil de l'embryon à 50 diamètres : on prend soin que les lignes horizontales du quadrillage soient exactement parallèles à la direction des coupes, connues au préalable ou déterminées après coup. Cela fait, on numérote d'avant en arrière les lignes transversales répondant à la position des différentes coupes de la série, et, sur chacune de ces lignes, on porte, à leur place respective, les mesures des divers organes prises sur une ligne médiane des dessins obtenus par agrandissement à 50 diamètres des coupes sériées. La réunion ultérieure des différents points qui se correspondent donne le tracé des organes en question vus en coupe médiane.

b) On prolonge la ligne médiane du dessin des coupes jusqu'à ce qu'elle coupe la ligne de définition qu'on a eu soin de dessiner à côté de la coupe. Les points d'intersection de ces deux lignes sont portés sur une des lignes du papier quadrillé et numérotés suivant la coupe à laquelle ils appartiennent. A partir de cette ligne, on remarque, sur les horizontales convenables, les distances qui, sur les dessins des coupes, séparent la ligne de définition des contours et des organes de l'embryon ; les points correspondants sont ensuite joints les uns aux autres. On obtient ainsi le profil de l'embryon et la position des différents organes sur un plan médian.

Il est clair qu'avec cette méthode on peut aussi projeter et représenter sur le plan médian des dimensions prises sur des plans latéraux ; de cette façon on obtient non seulement le contour des organes sur la ligne médiane, mais aussi leur silhouette prise sur différents plans. On pourra aussi obtenir avec des coupes transversales des vues latérales de l'objet, des vues ou des coupes frontales.

C'est par une étude approfondie des différentes coupes d'une série et de vues totales, que His arriva à *modeler* l'objet en question (ou certains de ses organes), en ayant toujours présentes à l'esprit les dimensions observées sur les différentes coupes ; ce procédé, malgré les remarquables résultats qu'il a donnés entre les mains de son auteur, n'a trouvé que de rares imitateurs, à cause des exigences considérables que, par suite des chances d'erreurs nombreuses et subjectives, il impose à l'habileté artistique et technique du travailleur.

2. **Isolement graphique de Kastschenko** (1886, 1887, 1888. Voir aussi, p. 35, dans *Zeitsch. f. wiss. Mikr.* 1887). On suppose que l'objet monté dans la paraffine est entouré, à peu de distance, par des **surfaces de définition** se coupant à angle droit et perpendiculaires au plan des coupes, ou que tout près de l'objet, il y a un plan avec stries de définition (voir § 442). Sur un carton et à un grossissement donné, on dessine, les unes par-dessus les autres, les coupes sériées des organes à isoler graphiquement, en ayant soin que chaque fois les lignes de définition et leurs dentelures qui correspondent à la section des stries se recouvrent exactement. On obtient ainsi un ensemble de lignes figurant des contours, d'après lequel on peut facilement réaliser, en l'ombrant convenablement, une **vue** *de l'organe* **perpendiculaire au plan de section des coupes.**

441. Pour les **reconstructions plastiques,** on emploie communément maintenant la **méthode de modelage au**

moyen de plaques (Born). Le principe est le suivant :

On choisit dans chaque coupe d'une série régulière les parties que l'on veut reconstruire plastiquement ; on les dessine à un grossissement donné sur des plaques qui sont d'une épaisseur proportionnelle à celle des coupes et au grossissement employé.

Les parties intéressantes sont ensuite découpées dans les plaques, et les fragments successifs ainsi obtenus, ajustés ensemble. Si cet assemblage est convenablement fait, sans déviations latérales, on doit obtenir, après régularisation des intervalles entre les bords des plaques, une *représentation plastique dans l'espace, agrandie et exacte* de l'objet qui a servi à obtenir les coupes sériées.

Voici un exemple pour nous faire mieux comprendre : au moyen d'une série de coupes transversales de 20 μ proposons-nous de reconstruire plastiquement à 50 diamètres, l'intestin d'un petit embryon humain. Nous dessinerons toutes les sections du tube intestinal à un grossissement de 50 diamètres sur des plaques épaisses de 50×20 μ, c'est-à-dire 1 millimètre; nous assemblerons convenablement les découpures des plaques de cire et nous obtiendrons la reconstruction plastique de l'organe cinquante fois grossi.

En ce qui concerne les détails de la méthode, voir ce qui suit ; pour plus de précision, on aura recours aux articles cités.

442. Plans et stries de définition. — Lorsqu'on n'est pas obligé de reconstruire d'après une série déjà existante, on ne négligera pas de tracer sur le bloc de paraffine, tout contre l'objet, un *plan* et des *stries de définition* perpendiculaires au plan de section des coupes. On a ainsi, à côté de chaque coupe, une **ligne de définition dentelée** (Pour le but et la signification de ces lignes, voir § 446). Le nouveau procédé Born et Peter (1898-1899) pour l'obtention du plan et des séries de définition, qui a déjà très fréquemment fait ses preuves et que nous allons exposer, s'applique à la confection habituelle des blocs de paraffine. Au sujet des autres méthodes plus anciennes pour l'obtention de lignes de définition, méthodes dont on ne peut se passer en certains cas, voir l'index bibliographique.

On construit un **moule à angles droits** (parallélipipède rectangle), en appliquant sur un socle plan et pourvu de trois pieds deux équerres (cadres de Naples) ; on place ces dernières de telle sorte qu'elles coïncident exactement avec les côtés (longs de 1 centimètre) d'un carré gravé sur le socle. Ce carré, qui forme ainsi le fond du moule, porte sur une bande médiane une série de stries très rapprochées les unes des autres, parallèles entre elles et aux deux côtés du carré. Il est préférable de se servir d'un socle et d'une équerre en verre (on en trouvera d'excellentes, mais fort coûteuses chez Zeiss de Jena). En métal, tout mécanicien peut en construire (on en trouvera spécialement chez Kleiner, à Breslau, Breitestrasse). Avant de se servir du moule, on commence par en nettoyer très soigneusement les parois et le socle à l'alcool, puis au chloroforme et même, en dernier lieu, on peut les frotter avec une goutte d'un mélange à parties égales de glycérine et d'alcool absolu ; on porte alors l'appareil à environ 50° C. et on y verse la paraffine chauffée vers 70°. L'objet imprégné de paraffine y est transporté et, si l'on désire une série de coupes transversales, orienté de telle sorte que son axe longitudinal soit perpendiculaire à la paroi située du côté de l'opérateur, c'est contre cette paroi que sera la *base* du bloc de paraffine. Avec l'instrument en verre, cette orientation est facilitée par des lignes noircies, se coupant à angle droit, qui se trouvent à la face inférieure du socle et qui sont visibles par transparence. Le moule est ensuite entouré d'eau glacée, et le refroidissement du bloc régularisé par l'addition de gouttes de paraffine chaude afin d'éviter qu'aucun côté du bloc ne se rétracte. Après un séjour prolongé dans l'eau glacée, les équerres et le socle se détachent *parfaitement* ; on obtient ainsi un bloc de paraffine à angle droit (parallélipipède rectangle). Au moyen du *rasoir placé transversalement et fixé définitivement*, on a égalisé un plan sur la paraffine qui recouvre le porte-objet du microtome ; sur ce plan on pose la *base* du bloc et on l'y fixe par de la paraffine chaude ; à ce moment, *l'axe longitudinal de l'objet, la face du bloc (plan de définition) qui reposait sur le socle et sur laquelle sont les stries parallèles, ces stries elles-mêmes (stries de définition) sont tous perpendiculaires au plan de section des coupes.* La face du bloc où sont les stries reçoit une mince couche de vernis noir à l'alcool ; lorsqu'on veut faire des colorations sur coupe, ce qu'il est préférable d'éviter, on remplace le vernis par du collodion fluide délayé avec du noir de fumée. Après dessiccation complète de la couche de vernis, on enlève du bloc de paraffine, et avec précaution, tout ce qui n'est pas indispensable. Ce qui persiste est plongé un instant dans de la paraffine à 75° ; on répète l'opération après refroidissement aussi fréquemment qu'il est nécessaire pour recouvrir le plan et les stries de définition d'une couche de paraffine épaisse d'environ 1 millimètre.

Le rasoir étant fixé, on sectionne l'objet en série ; les coupes sont perpendiculaires à l'axe longitudinal de la pièce, au plan et aux stries de définition. Tout contre chaque coupe se trouve une *ligne de définition* fine, noire et dentelée. *Si l'on superposait un certain nombre de coupes de la série en ayant soin que toutes les dentelures des lignes de définition coïncident exactement de façon à reconstituer dans le sens vertical le plan et les stries de définition, les coupes des différents organes s'assembleraient aussi correctement, c'est-à-dire sans déviation latérale.* De la même manière, avec cette différence que ce ne sont pas les coupes, mais leurs dessins agrandis qu'on superpose, les lignes de définition pourront aussi bien servir pour des reconstructions graphiques (§ 440) que pour la méthode de reconstruction plastique.

443. La série des coupes. — Les coupes étalées sur

de l'eau chauffée (jusqu'à 40°) sont rangées sur le porte-objet ; après dessiccation, on les recouvre, suivant le procédé de Strasser, d'une mince couche de collodion riciné appliquée avec un pinceau tendre bien essuyé (collodion 10 volumes ; éther 10 volumes ; huile de ricin 10 volumes). On laisse sécher peu de temps cette couche de collodion et on place les lames dans du toluène ou un autre dissolvant, juste le temps nécessaire pour dissoudre la paraffine ; puis on les recouvre d'une lamelle sous laquelle on a mis une goutte de baume. Un trop long séjour dans le toluène, le xylol ou un autre liquide dissolvant détruit facilement la frêle ligne de vernis. Dans certains cas, lorsqu'on désire colorer sur lame, ou bien inclure dans la celloïdine, on aura recours aux procédés indiqués dans les articles cités.

444. Le dessin. — On se sert, pour dessiner les coupes, du prisme d'Oberhäuser, du miroir d'Abbe ou plutôt de l'appareil à projection qui, même aux forts grossissements (100 à 150 diamètres) toujours préférables, permet d'obtenir un champ considérable et plan. Si l'on prépare les plaques en les cylindrant comme nous l'expliquerons plus loin, on dessinera avec un crayon à copier (pour pouvoir prendre un calque) sur un papier d'impression aussi peu encollé que possible, sur les plaques toutes faites. On peut dessiner avec un crayon tendre. On doit prendre pour règle de mettre plutôt trop d'indications sur ses dessins que pas assez.

445. Au début, les **plaques** étaient coulées en cire : maintenant on se sert surtout de plaques faites au rouleau en cire et en papier (procédés de Strasser et de Born). Dans ces plaques, une couche de cire est comprise entre deux feuilles de papier : sur l'une des feuilles on a tracé le dessin (on prend pour ce côté du papier d'impression le moins encollé qu'il soit possible ; voir le paragraphe précédent) ; l'autre feuille est une simple couverture de papier de soie : ce revêtement de papier donne aux plaques, et par suite à tout le moule un degré d'élasticité très considérable. Le Dr Grübler, de Leipzig, fournit de ces plaques d'épaisseurs usitées; mais comme on ne se sert que d'une minime portion de chaque plaque, l'emploi de plaques du commerce devient assez coûteux, et on ne peut que conseiller de fabriquer soi-même les plaques de cire et de papier suivant les conseils donnés par Dorn (1888). On s'est servi quelquefois de carton, de plomb. etc.; mais ces matériaux sont moins recommandables.

446. Découpage et assemblage des fragments des plaques de cire. — Pour le découpage, on se sert de petits couteaux courts, étroits et pointus (scalpels usés). On commence par enlever les cavités, tout en ménageant entre les portions persistantes non continues ou qui n'ont que de faibles points d'attache entre elles, des ponts ou travées d'union.

Plus tard, lorsque les morceaux séparés seront assemblés, on détruira ces travées; si des parties du moule doivent demeurer isolées, les points d'union seront remplacés par des fils métalliques. Au niveau de la *ligne de définition*, on laisse une bande de cire de la largeur du doigt sur laquelle on découpe les dentelures des stries de définition; naturellement cette bande de cire est réunie par des travées au reste de la coupe.

Si l'on doit reconstruire sans ligne de définition, on n'a cependant pas à craindre de commettre d'erreur trop considérable : Le profil d'organes étendus longitudinalement, tels que la corde dorsale, les vaisseaux sanguins, etc., permettra d'éviter les déviations latérales dans la superposition des coupes; de plus, les coupes d'un objet un peu compliqué possèdent toujours un grand nombre de points de repère d'importance plus ou moins secondaire qui rendent possible ou vraisemblable un certain assemblage à l'*exclusion de tout autre*, et restreignent la possibilité d'une erreur.

Il est pourtant préférable et plus sûr d'avoir, à côté de chaque coupe, une ligne de définition. Dans ce cas, on ne se sert que des bandes de cire sur lesquelles on a dessiné la ligne de définition pour faire la superposition des coupes; on s'assure que toutes les lignes de définition avec leurs dentelures coïncident pour éviter toute déviation latérale dans les formes de l'objet (Voir la fin du paragraphe 442).

447. Achèvement du modèle. — On commence par superposer correctement environ 5 découpures, qu'on fixe provisoirement les unes aux autres en perforant leurs faces par une spatule étroite et fortement chauffée; puis, on égalise les *escaliers* entre les coupes et on arrondit leurs bords avec une spatule large et chaude. On ajoute 5 à 6 coupes aux premières et on continue de même. Qu'on n'aille pas croire, comme beaucoup le pensent, qu'un moule avec *escaliers* inégalisés soit plus naturel qu'un moule régularisé et poli.

Pour rendre accessibles à la vue les cavités, on ne bâtira plus toujours le modèle d'une seule pièce, mais, après un assemblage provisoire et une régularisation de certaines surfaces, on le découpera en plusieurs morceaux. Dans d'autres cas, on pratiquera des fenêtres, on placera des tiges de soutien ou d'union, etc.

Voir plus haut quel est le *moment opportun* pour supprimer les travées provisoires.

Enfin, on polit le moule le plus possible, soit avec une spatule chaude, soit avec un pinceau large trempé dans l'essence de térébenthine, soit avec la pulpe du doigt. Un modèle régularisé, sur lequel les inégalités accidentelles ont disparu, met mieux en relief les caractères des formes que ne pourrait le faire un moule brut et non poli.

Pour mettre encore mieux en évidence les détails, on colore diversement avec des couleurs à la détrempe les différentes parties du moule.

448. Le Dr *Denis*, de Liége, qui a expérimenté la méthode de Born dans ses *Recherches sur le développement de l'oreille interne chez les Mammifères* (1901), s'exprime ainsi : « Cette méthode bien employée permet d'obtenir une reproduction fidèle de l'organe

étudié, avec une exactitude pour ainsi dire toute mécanique. Cette méthode, si simple qu'elle paraisse, exige cependant quelques précautions, si l'on veut se mettre à l'abri de toute cause d'erreur. Ainsi, afin d'éviter la rétraction que subit la paraffine ordinaire en se refroidissant, rétraction pouvant amener des déformations plus ou moins sensibles de l'objet enchâssé, il est bon de se servir, pour l'enrobement, de paraffine recuite, ce qui diminue beaucoup cet inconvénient. Il est ensuite presque nécessaire de se ménager, dans chaque coupe, certains points de repère fixes, qui serviront de point de direction lors de la reconstruction du modèle lui-même, et empêcheront ainsi les superpositions des plaques en cire suivant une direction inexacte », et il ajoute : « Tous les embryons dont nous nous sommes servi pour cette méthode ont été coupés au microtome de Jung à raison de 15 µ d'épaisseur par coupe. Ces coupes ont été collées sur porte-objet au moyen d'un mélange de collodion et d'huile de ricin, fixateur favorisant beaucoup l'étalement régulier de la coupe. »

449. *Weber* (1902) recommande la méthode suivante de reconstruction d'épaisseurs dont il montre quelques-unes des applications à l'embryologie :

Dans certains cas, il peut y avoir intérêt à connaître aussi exactement que possible les variations d'épaisseur d'un organe tel qu'un feuillet embryonnaire. Les méthodes de reconstruction employées sont insuffisantes pour donner des résultats sur ce point. Aussi j'ai imaginé une méthode de reconstruction graphique d'épaisseurs. Voici comment je procède.

Après avoir fait choix d'un axe pour orienter la reconstruction, je projette sur un plan tous les points où le feuillet et l'organe étudié ont la même épaisseur. Ces épaisseurs sont mesurées sur les dessins des coupes. Avec un grossissement de 200 diamètres, en se servant du millimètre comme unité de mesure, il est possible de fixer sur chaque dessin la position des points où le feuillet étudié a une épaisseur de $\frac{1^{mm}}{200}$ c'est-à-dire de 5 µ.

La projection de ces points est faite sur un plan adopté,

ou mieux sur des portions de plans qu'on place les unes à côté des autres, dans un plan principal unique, celui du dessin de la reconstruction. En joignant par des lignes la projection des points d'égale épaisseur, on obtient des courbes délimitant des plages où la variation de l'épaisseur du feuillet est inférieure à 5 μ pour le grossissement indiqué dans une même plage, supérieure à 5 μ d'une plage à l'autre. En recouvrant chaque zone délimitée par une courbe d'égale épaisseur, d'une teinte appropriée, on obtient une reconstruction représentant le feuillet étudié par transparence ; les zones les plus teintées correspondent aux régions les plus épaisses. Les renseignements que donne cette méthode peuvent être complétés utilement par la projection graphique ordinaire. Cette méthode paraît surtout appelée à rendre service dans l'étude des premières phases embryonnaires, époque où il n'est souvent pas possible d'examiner l'embryon ou l'un de ses organes par transparence.

Bibliographie pour le chapitre XIV

Born G., 1883 et 1888 ; *Born* G. et *Peter* K, 1898 ; *His* W., 1868 et 1887 ; *Kastschenko* N., 1886, 1887 et 1888 ; *Peter* K, 1899 ; *Strasser* H., 1886 et 1887 ; *Born-Peter*, 1898. — *Alexander* G. (in *Zeitschr. f. wiss. Mikr.*, t. XV). — *Weber* (*Bibliogr. anat.*, 1902 ; t. XI ; fasc. 1 ; p. 43-55 avec 14 fig.). — *Peter*, 1903.

450. Dans certains traités, les mêmes termes techniques sont souvent pris dans des sens différents ; l'expression « inclure », par exemple, sert chez plusieurs auteurs, et quelquefois aussi chez le même, à désigner toutes sortes d'opérations différentes. Il n'en peut résulter que des malentendus ; pour éviter cet inconvénient, nous réunissons ici quelques-uns des termes les plus fréquents que nous ayons à employer.

Liste des termes techniques.

Un organe est **fixé, conservé** ; il n'a généralement pas besoin d'être **durci.** Le **durcissement** est nécessaire pour les coupes avec le rasoir. Une fois fixé, l'objet est, si l'on veut, **lavé** et ensuite **traité** par l'alcool, pour être privé de son eau, (et non pour être durci). On l'**inclut** ensuite dans la paraffine, etc. **L'inclusion** se décompose en plusieurs actes; tout d'abord, l'objet est soumis à l'action du xylol, etc., puis à celle du mélange, et finalement à celle de la paraffine pure. L'opération consiste à faire passer successivement l'objet dans ces trois liquides. Il est alors placé dans un moule et il doit y être **orienté**.

Avant d'être coupé avec le microtome, il doit être disposé sur le chariot à objet après avoir été fixé par la fusion sur un cylindre, un morceau de bois, etc. On l'oriente alors au moyen de l'appareil à orientation. Le traitement ultérieur comprend tout d'abord le **collage**, puis l'**enlèvement de la paraffine** sous l'action du xylol et la **coloration des coupes,** dans le cas où on n'a pas auparavant **coloré en masse.** Après la coloration, on passe au **lavage** et éventuellement à la différenciation; si c'est d'une coloration du noyau qu'il s'agit, on peut **colorer après coup,** à l'aide d'autres matières colorantes (*coloration du plasma*). On parle alors de **colorations combinées**; si on n'emploie que deux colorants, c'est alors ce qu'on appelle **double coloration.** Vient enfin le montage dans le baume de Canada; on peut procéder à cette opération en plaçant tout d'abord l'objet dans la glycérine, puis en le **bordant.**

PARTIE SPÉCIALE

CHAPITRE PREMIER

LA CELLULE

1° Élément des tissus. — 2° Individu indépendant

1° LA CELLULE, ÉLÉMENT DES TISSUS

451. La cellule diffère en général d'un tissu à l'autre. Il est cependant possible, dans les cellules les plus différentes, de rendre visibles des éléments analogues au moyen des mêmes méthodes, par exemple la chromatine du noyau (§ 816), certains détails particuliers de structure dans le protoplasma, etc.

452. Il existe deux sortes de chromatine : l'une prend électivement les *matières colorantes d'aniline à fonction basique :* c'est la **basichromatine ;** l'autre, jusqu'alors confondue dans le suc nucléaire, qui a la forme de granules disposés en traînées elles-mêmes arrangées en un réseau, a une réaction colorée différente de la précédente, car elle se colore exclusivement par les couleurs d'aniline à fonction acide; c'est l'**oxychromatine** ou « lanthanine » de Heidenhain, c'est-à-dire « substance cachée ».

453. Pour l'étude des différentes phases de la division indirecte (karyokinèse = **mitose**), on fixe les pièces dans le sublimé (§ 140), l'acide picrique (§ 154), l'acide nitrique (§ 153), et on a recours soit à la coloration en masse avec l'hématoxyline (§ 341), ou le carmin (§§ 310 et suiv., 319), soit à la coloration des coupes avec l'hématoxyline (§§ 326, 333), le carmin (§§ 310, 319), la safranine (§ 356), le violet de gentiane (§ 364), etc.

On choisira de préférence pour cette étude, à cause de la grande taille de leurs éléments, des tissus empruntés aux Amphibiens, notamment aux larves de grenouilles, de crapauds, de tritons.

Les embryons de *Salamandra mac.* et *atra* sont encore plus favorables à cet ordre de recherches, mais il est moins facile de se les procurer.

D'après *Vialleton* (1899), on verra très aisément le filament nucléaire et ses transformations dans les cellules épidermiques de la queue des larves de triton, tandis que les figures achromatiques et les centrosomes devront être observés dans les divisions cellulaires des spermatocytes. Le blastoderme de la seiche se prêtera particulièrement bien à l'étude de la division cellulaire.

Les cellules végétales, elles aussi, permettent d'observer ce phénomène de la division indirecte ; par exemple, celles qui se trouvent dans la région terminale de jeunes racines d'oignons placés dans un verre à jacinthe. On les traite comme les tissus animaux.

454. On ne s'entend pas encore sur la question de savoir si les colorations au carmin et à l'hématoxyline se superposent à celles dues aux colorants basiques d'aniline. A cause de sa moindre énergie, le carmin se recommande moins que les couleurs agissant avec intensité dans les recherches concernant les formations basichromatiques tout à fait délicates.

455. *Hammer* (1891) dit que les **mitoses** chez l'homme cessent de se produire **après la mort,** et qu'elles se détruisent par chromatolyse, le fuseau achromatique se maintenant longtemps.

456. Les méthodes les plus sûres pour l'**étude** approfondie des **noyaux** sur des objets absolument frais, sont : *a*) la fixation avec la liqueur de Flemming (§ 128), suivie de la coloration en coupes avec la safranine (§ 356) (*Flemming*) ; — *b*) la fixation de Rabl avec une solution de 1/10 à 1/8 °/₀ de chlorure de platine ; lavage dans l'eau ;

transport dans des alcools de plus en plus concentrés. Coloration avec l'hématoxyline de Delafield (§ 333). Examen de l'objet dans l'alcool méthylique (ou dans l'eau); — c) la fixation d'après la méthode de Hermann avec la liqueur de Flemming modifiée (§ 133), pendant quelques jours ou même une semaine ; lavage à l'eau courante ; séjour de vingt-quatre heures dans l'alcool absolu ; au sortir de l'alcool, transport et séjour des morceaux de douze à vingt-quatre heures dans l'acide pyroligneux brut ; puis lavage durant vingt-quatre heures et transport dans l'alcool. La coloration des coupes avec la safranine (§ 356), ou avec la safranine de Gram (§ 1098), peut se faire, mais ne s'impose pas, parce que, même sans coloration, beaucoup de détails sont visibles. Les méthodes *b* et *c* permettent de voir distinctement quelques détails de structure du protoplasma, et *c* montre spécialement le centrosome avec une grande netteté ; — *d*) le mélange sublimé-acide acétique (Voir § 1121).

Beaucoup de procédés recommandés dans le chapitre « Technique embryologique » pour la fixation et la coloration des œufs peuvent être aussi utilisés avec avantage pour l'étude de la cellule.

457. Le noyau n'est pas seulement basophile, mais aussi **cyanophile.** Quand on expose le noyau à l'action d'un mélange de colorants *basiques*, c'est la couleur bleue dont il s'empare. D'un mélange de colorants *acides* aux teintes variées, c'est encore le bleu qu'il extrait. Enfin, soumis à l'influence de couleurs *acides* et *basiques*, c'est toujours la basique qui a sa préférence.

458. La coloration progressive faite avec de l'hématoxyline très diluée (§ 296) est particulièrement précieuse pour l'étude de la chromatine.

459. Pour colorer le **centrosome**, les filaments du fuseau, les **filaments de linine** et les rayonnements polaires, *Flemming* recommande la méthode suivante : Fixer…, etc.. d'après le paragraphe 128 ; colorer les coupes ou les lamelles minces pendant deux à trois jours dans la *safranine* (§ 356), laver rapidement dans l'eau distillée ; transporter dans l'alcool absolu faiblement acidulé avec HCl (1/1000), jusqu'à ce qu'il ne se dissolve plus que *peu* de colorant ; laver rapidement dans l'eau distillée ; transporter les coupes dans une solution aqueuse très foncée de *violet de gentiane* où elles séjournent de une à trois heures ; laver de nouveau rapidement dans l'eau distillée, les porter dans une solution aqueuse concentrée d'*orange* (orange G) jusqu'à ce qu'elles commencent à prendre une couleur violette (quelques minutes) ; les laver rapidement dans l'alcool absolu ; les éclaircir dans l'essence de girofle ou dans l'huile de Bergamote, et finalement les monter dans le baume de Canada. Il faudra s'arrêter au moment où, *seuls*, les centrosomes et les filaments resteront encore colorés.

Résultats : la chromatine est rouge pourpre ; les filaments du fuseau sont d'un brun grisâtre, gris ou tirant sur le violet ; les centrosomes présentent la même teinte, ou bien sont rougeâtres.

D'après *Henneguy*, cette méthode est « *extrêmement aléatoire* » ; « elle servait dans le temps pour la coloration des centrosomes ; mais l'hématoxyline ferrique le fait beaucoup mieux ».

460. *Reinke* a modifié cette méthode de la façon suivante : Dans une solution aqueuse concentrée de gentiane, il verse quelques gouttes d'une solution aqueuse et concentrée d'orange G. Il se forme ainsi une substance colorante neutre (*gentiane neutre*, *Reinke*), qui trouble le liquide ; celui-ci, étendu d'eau, redevient limpide ; on peut alors l'employer.

On place les objets pendant vingt-quatre heures dans la solution diluée, non filtrée ; puis on les lave dans l'eau et on les plonge rapidement dans l'alcool absolu ; on les y laisse jusqu'à ce qu'ils ne perdent plus de couleur ; on éclaircit à l'essence de girofle, où ils séjournent pendant un temps assez court.

On obtient les mêmes résultats qu'avec la triple coloration de *Flemming*.

461. *Laguesse* (1901) propose le mode d'emploi suivant de la méthode de coloration Flemming-Reinke à la safranine-gentiane-orange.

A 3 centimètres cubes d'une solution saturée aqueuse ancienne de violet de gentiane, ajouter goutte à goutte, en remuant avec un agitateur, de 3 à 6 gouttes d'une solution concentrée d'orange G ; puis, toujours en remuant et goutte à goutte, 3 à 4 centimètres cubes d'eau distillée qui dissolvent le précipité. Verser la solution dans une boîte de verre rectangulaire avec couvercle (catalogue de Leune); y retourner la lame de façon à ce que les coupes collées regardent en bas, vingt-quatre heures. — Lavage rapide dans l'alcool absolu. Différenciation dans l'essence de girofle ; pour l'arrêter, xylol : les coupes ont été préalablement mordancées de deux à vingt-quatre heures au sulfite de potassium à 2 $^{0}/_{0}$, colorées deux à trois heures par safranine-aniline.

462. *Bonney* **modifie** également la **triple coloration** de *Flemming*. On fixe de petits morceaux dans le *Flemming*, la liqueur de *Hermann* ou dans un mélange de 1 partie d'acide acétique et 2 parties d'alcool absolu ; la durée de la fixation dans ce dernier liquide est de cinq à quinze minutes ; on transporte ensuite les pièces dans l'alcool absolu, etc., jusqu'à leur inclusion. Débarrassées de leur paraffine, les coupes demeurent une heure dans une solution aqueuse saturée de violet de méthyle. Après avoir frotté le porte-objet tout autour des coupes, on verse goutte à goutte sur les coupes une solution d'orange G dans l'acétone (à 20 centimètres cubes d'acétone on ajoute goutte à goutte une solution saturée d'orange G dans l'eau, jusqu'à ce que se dissolve le précipité floconneux qui apparaît tout d'abord ; la solution est filtrée). Aussitôt apparaît un nuage épais qui empêche de bien distinguer les coupes ; on s'en débarrasse avec le papier buvard et on recommence l'opération jusqu'à ce que ces nuages deviennent très minces. Si les coupes présentent une couleur rose pâle, on les arrose avec de l'acétone pure ; puis on les lave légèrement dans le xylol que l'on renouvelle à deux reprises ; enfin, on les monte dans le baume.

Résultats. Tout ce qui est basichromatique est violet foncé ; les fuseaux achromatiques, rose pâle ; le protoplasma, rouge tirant sur le rose ; les granulations interstitielles, jaune pâle.

Si l'on fait agir trop longtemps l'orange G, tout devient jaune ; si, au contraire, le colorant n'agit pas assez longtemps, la préparation se remplit de taches.

Si l'on exagère la durée de l'action de la safranine, la chromatine devient rouge ; des taches apparaissent aussi dans les coupes, si l'on soumet longtemps celles-ci à l'influence du bleu de méthylène.

Dans le cas où la coloration n'est pas réussie, on porte successivement les coupes dans le xylol, l'acétone, l'eau, et l'on reprend l'opération par le début.

462 *bis*. L'*hématéinate d'ammonium* et le *rouge Magenta* servent à obtenir une double coloration du noyau, dont les résultats sont comparables à ceux obtenus avec la méthode de Regaud (hématéine-safranine) ; l'*orange G* et le *vert lumière* sont employés plutôt pour mettre en évidence certaines granulations et autres éléments figurés du cytoplasme de la cellule, que pour colorer le protoplasme même, celui-ci se teignant généralement en gris par l'hématéinate d'ammonium aluné.

Cette méthode de **colorations combinées** de *Hollande* (1912) ne nécessite pas l'emploi de fixateur particulier — ceux renfermant du tétraoxyde d'osmium étant éliminés ; — et on peut indifféremment l'appliquer après l'action du sublimé, des liquides picro-formol ou picro-formol-acétique (Bouin), des mélanges d'Orth (§ 114) ou de Tellycsniczky (§ 115).

Néanmoins, l'auteur a employé comme *fixateur* une solution aqueuse de bichromate de potasse, de chlorure de sodium et de formaldéhyde additionnée d'une trace d'acide acétique, ayant observé que l'action des sels de chrome jointe à celle du formol était plutôt coagulante que précipitante vis-à-vis du protoplasme et évitait par suite un grand nombre d'artefacts ; l'addition du chlorure de sodium a pour but de retarder la formation du sesquioxyde de chrome — cause du noircissement du liquide — en formant probablement un chromate acide double de potasse et de soude, moins facilement décomposable que le bichromate de potasse.

Voici la formule de ce fixateur :

Bichromate de potasse chimiquement pur........	1^{gr},75
Chlorure de sodium — —	0^{gr},10
Eau distillée....................................	100 gr.

A 9 centimètres cubes de cette solution, on ajoute seulement au moment de l'emploi 1 centimètre cube d'un mélange de :

Formaldéhyde à 40 °/₀ Poulenc.................	100 cm³
Acide acétique cristallisable...................	1 —

La fixation se fait à l'obscurité dans un pot en porcelaine à couvercle, par exemple ; les tissus séjournent vingt-quatre heures dans le mélange fixateur qu'il est inutile de renouveler. Le lavage de la pièce fixée se fait ensuite à l'eau ordinaire ; ce lavage dure également vingt-quatre heures et doit encore se faire à l'abri de la lumière ; il en est de même pour les passages successifs de la pièce dans les alcools, dans le chloroforme et le chloroforme-paraffine.

La *coloration* s'opère sur les coupes collées sur la lame de verre, débarrassées de leur paraffine et collodionnées.

Voici le procédé employé par Hollande pour le *collodionnage des coupes*. Collées selon le procédé d'Henneguy (1895), celles-ci sont rapidement séchées à l'étuve à 37° durant une heure, et plongées dans du chloroforme un quart d'heure, puis un temps égal dans du xylol : les coupes sont alors placées cinq minutes dans un mélange à parties égales d'alcool éthylique absolu et d'éther sulfurique renfermant 10 centimètres cubes de collodion officinal pour 50 centimètres cubes d'alcool-éther. Retirées du collodion, les coupes sont maintenues durant quelques secondes dans une position verticale, afin de permettre au collodion de se déposer en une très mince couche à la surface des coupes ; alors seulement la lame porte-objet est plongée dans de l'alcool à 80°. A la sortie de cet alcool, les coupes peuvent être placées directement dans le bain colorant et lavées à l'eau sans subir aucun dommage.

La couche de collodion dont les coupes sont ainsi recouvertes ne gêne en aucune façon l'emploi des divers colorants.

Toutefois, lors du montage des préparations au baume de Canada — xylol, il est utile, après la déshydratation par l'alcool absolu, de passer non pas directement de l'alcool au xylol, mais d'abord par le chloroforme avant d'arriver au xylol.

La *technique* de cette méthode de coloration est la suivante :

A leur sortie de l'alcool à 30°, les coupes sont placées durant un quart d'heure ou une demi-heure dans l'hémalun de Regaud (hématéinate d'ammonium, 1 gramme ; alcool absolu, 50 grammes, + alun de potasse 50 grammes dans 1.000 centimètres cubes d'eau distillée) ou dans la solution d'hématéine alunée donnée par *Deguy* et *Guillaumin* (hématéine $0^{gr},15$, alcool absolu 10 gr. + alun potassique 5 grammes dans 100 centimètres cubes d'eau distillée) ; les coupes sont ensuite lavées à l'eau ordinaire jusqu'à leur bleuissement ; rincées à l'eau distillée, elles sont alors mises cinq à six heures au contact d'une solution de rouge de Magenta ainsi composée :

Rouge de Magenta Grübler	1 gr.
Alcool à 96°	30 cm³
Eau distillée	100 —

La préparation est ensuite lavée à l'eau ordinaire (2-3'), rincée à l'eau distillée, puis plongée durant quelques secondes (20 à 30) dans un mélange d'orange G additionné d'acide phosphomolybdique selon la formule :

Orange G à saturation dans l'eau distillée. : . . . .   50 cm³
Acide phosphomolybdique en solution aqueuse à 1 °/₀   50   —

(L'addition de l'acide phosphomolybdique à l'orange G a pour but de rendre moins soluble dans l'alcool le rouge Magenta et l'orange G.)

A la sortie de l'orange, la différenciation s'opère d'abord dans l'alcool à 96°, puis dans l'alcool à 96° additionné de deux gouttes de HCl pour 50 centimètres cubes ; les coupes sont retirées de l'alcool dès qu'elles n'abandonnent plus le rouge de Magenta (20 à 30″) ; on les lave alors directement à l'eau ordinaire et on prolonge ce lavage jusqu'à ce que les coupes présentent une coloration bleue.

A ce moment, la chromatine des noyaux se montre au microscope colorée en *bleu* ; les nucléoles en *rouge*, alors que le protoplasma de la cellule et les inclusions sont teintées par l'*orange*.

Un dernier traitement de la coupe par le vert lumière va permettre, en utilisant l'action décolorante de ce dernier vis-à-vis de l'orange G, de différencier les éléments de la cellule qui retiennent fortement l'orange.

A cet effet les coupes sont plongées à nouveau pendant une minute dans le bain orange — phosphomolybdique, et de là transportées directement dans une solution aqueuse de vert lumière à 0ᵍʳ,20 °/₀, où elles séjournent jusqu'à ce que le protoplasma de la cellule ait à peu près perdu sa coloration orange ; un rapide lavage à l'eau arrête toute surcoloration par le Vert lumière.

A la suite de ces diverses manipulations, les coupes sont montées au baume de Canada — xylol, en passant par les alcools à 80°, 96°, 100°, puis dans un mélange à parties égales d'alcool à 100° + chloroforme, ensuite dans du chloroforme non hydraté et enfin dans le xylol. (Le rouge de Magenta, l'orange G et le vert lumière sont devenus à

peu près insolubles dans leur passage à travers les alcools ;
seule l'hématéinate se dissout un peu.)

Les avantages de cette méthode sont de mettre en évidence et
de différencier nettement la chromatine en mouvement de la
chromatine au repos des divers noyaux en la colorant soit en
rouge, soit en bleu, comme dans la méthode de Regaud à l'hématéinate + safranine.

Le suc nucléaire se montre en outre, suivant son degré de
basicité ou d'acidité vis-à-vis des colorants, teinté en bleu foncé,
bleu pâle, rouge, orange ou vert.

Quant aux éléments figurés du cytoplasme, tels que les granulations, ils se colorent suivant leur nature chimique fortement
en bleu, en rouge, en orange ou en vert; enfin d'autres éléments
se colorent de façon spéciale ; ainsi les grains de mucine prennent une coloration violette, les membranes basales des invertébrés retiennent fortement le vert lumière, alors que les cils
vibratiles sont généralement teintés en orange ; certaines cellules sexuelles en voie de formation se colorent en jaune orange.

En résumé cette méthode de coloration est rapide et n'exige
pas de tour de main particulier ; par l'emploi du rouge de Magenta, elle élimine les inconvénients de la safranine (lenteur de
coloration, décoloration trop rapide dans les alcools, jaunisse-
ment des préparations à la longue, etc.); enfin, grâce à l'action
décolorante du vert lumière vis à vis de l'orange G phosphomolybdique, elle permet de mettre en évidence certains éléments
figurés de la cellule qui pourraient échapper à l'observation avec
d'autres méthodes.

463. Dans les **œufs** de l'**Ascaris megalocephala,** qui
ne contiennent que 2 ou 4 chromosomes, les éléments
chromatiques et achromatiques de la cellule se présentent
sous une forme beaucoup plus simple. On excise les utérus
et on les place dans une coupe à fond plat que l'on expose
dans une chambre humide chauffée à 25° C. Les œufs y
poursuivent leur développement, et l'on peut bientôt obtenir et étudier les différentes phases de la segmentation.
Les utérus ne doivent jamais être mis directement en
contact avec l'eau (*Van Beneden* et *Neyt*).

464. La méthode de *O. Duboscq*, préconisée par *L. Brasil*
(Voir § 169), est précieuse pour l'étude des divisions nuclé-

aires ; elle est particulièrement remarquable pour l'analyse des sphères attractives et la démonstration des centrioles.

465. Pour la démonstration des centrosomes et *autres structures cellulaires*, se recommande tout spécialement la méthode à l'hématoxyline à l'alun de fer de M. *Heidenhain* (Voir § 344). Le maniement de cette méthode de coloration est simple, comparé à celui des méthodes précédentes et suivantes.

On peut, d'après *Solger* (1889 *b*), examiner facilement les centrosomes non colorés dans les **cellules à pigment** de la peau du brochet dans les régions frontale et ethmoïdale. Liqueur de Flemming ou sublimé. Le brochet sera, avant d'être tué, maintenu dans l'obscurité, afin que les granulations pigmentées se distribuent également dans la cellule à pigment.

466. Voici comment procède *C. Benda* (1901) pour mettre en évidence les **Mitochondries** qu'il a lui-même découvertes.

Il est tenu compte, ici, des modifications apportées à sa méthode par *Benda* lui-même, et publiées dans leur mémoire par *Meves* et *Duesberg* (1908).

A. — **Durcissement** .

1. Les fragments de tissus, aussi petits que possible et *absolument frais*, séjournent pendant huit jours dans une assez grande quantité du liquide de *Flemming* (acide chromique à 1 $^0/_0$, 15 parties ; acide osmique à 2 $^0/_0$, 4 parties ; acide acétique, 3 gouttes).

2. On les place pendant une heure environ dans l'eau distillée ; puis, pendant vingt-quatre heures, dans un mélange à parties égales d'acide pyroligneux rectifié et d'une solution à 1 $^0/_0$ d'acide chromique.

3. On les transporte dans une solution à 2 $^0/_0$ de bichromate de potassium, où ils restent vingt-quatre heures (*Voir le paragraphe suivant*).

4. On les lave pendant vingt-quatre heures à l'eau de fontaine ; puis on les fait passer dans la série ascendante

des alcools, pour les inclure enfin dans la paraffine, à l'abri de la lumière.

N. B. — Les morceaux, après ce traitement, ont une teinte bai doré ; ils ne sont pas sensiblement noircis par l'acide osmique. Il est nécessaire de procéder à l'inclusion dans la paraffine immédiatement après le durcissement ; il faut, en effet, éviter un séjour prolongé dans l'alcool.

B. — Coloration.

1. Les coupes de 5 μ environ d'épaisseur sont toujours collées par *Benda* sur le couvre-objet ; débarrassées ensuite de la paraffine, traitées par l'alcool, par l'eau ; elles sont enfin mordancées dans une solution d'environ 4 % d'alun de fer, où elles séjournent vingt-quatre heures.

2. Après leur lavage rapide à l'eau distillée, les couvre-objet sont plongés dans une solution aqueuse, couleur jaune d'ambre, de *sulfalizarinate de sodium* (jaune d'alizarine) (*Kahlbaum*).

Sulfalizarinate de sodium.   1 cm³ de solution saturée dans l'eau.
Eau distillée..............   80 —

N. B. — Les coupes doivent être complètement débarrassées de la matière colorante ; aussi place-t-on les couvre-objet dans un petit cristallisoir à fond plat, leur face intéressée par les coupes tournée en haut.

3. Après avoir desséché les coupes avec du papier buvard, on porte chaque couvre-objet dans un verre de montre où se trouve un mélange à parties égales de la solution de violet-cristal de Benda et d'eau. Cette solution que l'on peut conserver est vendue chez *Grübler*.

N. B. — La solution de violet-cristal est une solution alcoolique (95°) de violet-cristal à 3 % étendue d'une quantité égale d'eau anilinée.

4. On chauffe la solution jusqu'à émission de vapeurs ; les couvre-objet y séjournent de trois à cinq minutes ; puis on éloigne le verre de montre de la flamme et on laisse

encore pendant trois à cinq minutes ces couvre-objet dans
la solution, tandis que celle-ci se refroidit.

5. On dessèche les coupes avec du papier buvard, et on
les place ensuite pendant une minute dans l'acide acétique
à 30 °/₀.

6. On lave dans l'eau distillée d'abord, puis cinq à dix
minutes dans l'eau courante pour enlever toute trace
d'acide. La teinte due à la coloration par l'alizarine redevient ainsi rougeâtre.

7. On sèche les coupes au papier filtre. Alcool absolu, un
instant. Éclaircissement à l'huile de bergamote. Xylol.
Baume.

N. B. — Quand on emploie un bon alcool absolu, on peut
aussi, d'après *G. Fritsch*, transporter directement les couvre-
objet sur le baume.

Le moment le plus délicat est celui du lavage dans
l'alcool. Quand on exagère la durée de ce bain, les grains
des filaments (Fadenkörner) se décolorent complètement,
et l'on doit recommencer à colorer à partir de la manipulation 3.

Si, au contraire, on s'est trop hâté, et que d'autres éléments se soient colorés, on peut, après s'être débarrassé du
baume par le xylol, opérer après coup, très prudemment,
la différenciation avec de la créosote ; le meilleur moyen
consiste à mélanger cette créosote avec le xylol pour ralentir le lavage.

Dans les préparations ainsi colorées, les noyaux et le
cytoplasme filamenteux, ainsi que l'archoplasma (*Idiozoma*
sont d'un rouge brun ; les centrosomes, d'un violet rougeâtre.

Quelques grains de sécrétion, par exemple les grains
leucocytaires éosinophiles, sont d'un violet pâle. Les grains
des filaments et leurs dérivés présentent une coloration
violette intense et se distinguent avec une telle netteté
qu'on les prendrait souvent pour des bactéries, — *Benda*,
1901.

467. Duesberg, depuis plusieurs années, **a renoncé complètement au passage des objets dans le bichromate et le mélange d'acide chromique et d'acide pyroligneux**, recommandé par *Benda*. Il fixe par le Flemming modifié, c'est-à-dire contenant peu (3 gouttes) d'acide acétique (n° 1 du paragraphe précédent), lave, passe par les alcools et inclut dans la paraffine.

Il considère toute autre manipulation comme inutile, voire même nuisible : il est, par exemple, très difficile de couper en séries des embryons ainsi traités, tant ils deviennent friables.

468. La méthode de **Benda** comporte *essentiellement* la fixation des pièces par le liquide de Flemming (employer une formule *très pauvre* en acide acétique), un mordançage chromique des pièces, le mordançage des coupes (*très minces*) par l'alun ferrique, enfin leur coloration successive par l'alizarine et le violet-cristal.

De nombreux essais ont montré à **Regaud** (1910) que, pour l'étude des mitochondries, la coloration par telle couleur ou telle autre importe beaucoup moins que le mordançage préparatoire. Si celui-ci est défectueux, l'hématoxyline ferrique est aussi aléatoire que le violet-cristal.

Ce sont donc les réactions préliminaires à la coloration qu'il importait de déterminer.

Voici les procédés que recommande l'auteur et dont il s'est bien trouvé dans son étude sur la *structure des tubes séminifères chez les mammifères*.

Procédé I. — Fixer les pièces par le mélange :

Bichromate de potasse à 3 %................	100 volumes
Acide acétique cristallisable	5 —
Formol commercial........................	20 —

pendant un jour au moins ; un séjour de deux à quatre jours ne nuit pas, à la condition de changer une fois le liquide, qui ne se trouble pas, mais devient très foncé.

Sans lavage, mordancer ensuite les pièces dans une solu-

tion de bichromate de potasse à 3 $^o/_0$, pendant une semaine.
Ces deux opérations se font à la température ordinaire
du laboratoire.

Laver les pièces à l'eau courante pendant un jour.

Les coupes (faites toujours à la paraffine), ayant au plus
10 μ d'épaisseur, sont collées à l'albumine ou à la gélatine
et surcollées par le procédé au collodion (Voir § 288) dans
le but d'éviter tout décollement ultérieur. Elles sont
mordancées dans une solution d'alun ammoniaco-ferrique
d'une concentration de 5 à 15 $^o/_0$ (la concentration importe
assez peu) pendant environ dix jours, à la température ordinaire du laboratoire. On peut aussi ajouter au bain d'a-
lun ferrique 1 $^o/_0$ d'acide sulfurique pur, et faire le mordançage à 35° pendant un à quatre jours; les résultats sont
du même ordre, avec de petites différences.

Après ce mordançage, les coupes sont rincées à l'eau
courante pendant quelques minutes, puis surcolorées dans
une solution d'hématoxyline. Quel que soit le procédé, ce
temps de l'opération est le même. On colore pendant au
moins vingt-quatre heures; mais un séjour de plusieurs
jours dans le bain colorant ne nuit pas. L'auteur emploie
toujours la formule suivante, qui permet la maturation et
la longue conservation du bain.

Hématoxyline cristallisée pure................	1 gramme
Alcool.....................................	10 cm³
Dissoudre et ajouter :	
Glycérine.................................	10 —
Eau distillée.............................	80 —

Enfin les coupes surcolorées, rincées à l'eau, sont différenciées dans une solution d'alun ammoniaco-ferrique à
5 $^o/_0$, toujours avec contrôle de l'examen microscopique.
Après un dernier lavage de cinq minutes à l'eau courante,
elles sont déshydratées et montées dans le baume.

Ce procédé colore ou ne colore pas la chromatine nucléaire (suivant la durée et le mode de mordançage ferrique).

Procédé II. — Fixer les pièces par le mélange suivant :

Solution aqueuse saturée d'acide picrique....   20 volumes
Formol commercial........................   5   —

à la température du laboratoire pendant huit à douze heures, puis les déshydrater par des mélanges d'eau et d'alcool de titre croissant.

Les coupes ayant au plus 10 μ d'épaisseur sont mordancées pendant un jour à la température ordinaire, par une solution d'alun ferrique à 5 $^0/_0$, colorées pendant un jour par l'hématoxyline, et différenciées par une solution d'alun ferrique à 2 $^0/_0$.

Ce procédé fixe moins bien l'épithélium séminal que le mélange de Bouin, qui contient en plus 5 $^0/_0$ d'acide acétique ; le fixateur conserve la forme et la structure individuelle des cellules séminales, mais les rétracte notablement au sein du syncytium en produisant des lacunes pericellulaires artificielles. Il colore sans élection particulière les pièces de chromatine.

Procédé III. — Au sortir du picro-formol (procédé précédent), les pièces sont mordancées pendant deux à quatre semaines dans une solution de bichromate de potasse à 3 $^0/_0$ à la température du laboratoire, puis lavées à l'eau pendant un jour.

Les coupes (très fines, 5 μ) sont mordancées pendant vingt-quatre heures à 35° dans une solution d'alun ferrique à 5 $^0/_0$ non acidulée, puis colorées pendant vingt-quatre heures par l'hématoxyline et enfin différenciées dans la solution d'alun ferrique à 5 $^0/_0$. Ce procédé colore avec une électivité parfaite toutes les mitochondries de l'épithélium séminal. Si on pratique le même mordançage, suivi de la même coloration, après fixation par le mélange de Bouin, on colore habituellement non pas les mitochondries, mais les corps lipoïdes, surtout si le mordançage ferrique a lieu à 35° dans une solution d'alun ammoniaco-ferrique acidulée avec 1 $^0/_0$ d'acide sulfurique.

Procédé IV. — A. Fixation des pièces dans la solution :

Formol commercial.................... 20 à 100 volumes
Eau distillée............................. 100   —

pendant un à cinq jours.

Les pièces sont ensuite mordancées pendant trois ou quatre semaines dans une solution de bichromate de potasse à 3 $^0/_0$, à la température ordinaire, puis lavées à l'eau courante pendant un jour.

Les coupes (très fines, 5 μ) sont mordancées pendant vingt-quatre heures à 35° dans une solution d'alun ferrique à 5 $^0/_0$ non acidulée, puis colorées dans l'hématoxyline, enfin différenciées dans l'alun ferrique à 5 $^0/_0$.

B. Une variante souvent avantageuse de ce procédé consiste à opérer simultanément la fixation et le mordançage chromique, dans la solution :

Bichromate de potasse à 3 $^0/_0$............... 80 volumes
Formol commercial......................... 20   —

pendant quatre jours, en changeant tous les jours le mélange qui se trouble rapidement. Ces pièces sont ensuite conservées pendant une semaine dans la solution de bichromate de potasse à 3 $^0/_0$ (temps qu'on peut éviter en fixant pendant deux jours de plus dans le mélange bichromate-formol). Ces coupes (très minces) sont traitées comme dans le cas précédent.

Ce procédé laisse absolument incolores (si la différenciation a été conduite juste à point) presque toutes les pièces chromatiques.

En définitive, sauf le procédé II (qui ne permet la coloration que de quelques mitochondries), les procédés précédents comportent le chromage primitif ou consécutif des pièces. *Regaud* pense que le chrome se fixe sur la substance des mitochondries et la rend insoluble, particulièrement dans l'alcool.

Il importe de remarquer que la durée du mordançage chromique ne peut pas être prolongée indéfiniment sans inconvénients. Au contraire, après un optimum atteint au bout d'un temps encore mal déterminé (et variable suivant les objets et la température), les mitochondries deviennent incolorables électivement, si la durée du mordançage est prolongée.

Ces procédés ont, chacun pour leur compte, deux avantages considérables : le premier, de fournir des résultats constants, sans autre incertitude que celle qui résulte de l'inégalité de différenciation finale des coupes (ce qui est inhérent à toute méthode de coloration régressive) ; le second, de permettre le traitement des pièces volumineuses, par exemple d'un testicule de rat tout entier (débarrassé de l'albuginée), tandis que le liquide de Flemming a le gros inconvénient de ne bien fixer qu'une écorce superficielle d'une fraction de millimètre d'épaisseur seulement.

469. *Champy* (1911) recommande la technique suivante pour la coloration des *mitochondries.*

1° *Méthodes visant exclusivement la coloration des mitochondries.*

a) Fixation au liquide de Meves, c'est-à-dire :

Acide chromique 1 $^0/_0$	15 parties
Acide osmique 2 $^0/_0$	4 —

ou mieux dans le liquide de Champy :

Bichromate K 3 $^0/_0$	7 parties
Acide chromique 1 $^0/_0$	7 —
Acide osmique 2 $^0/_0$	4 —

La fixation dure vingt-quatre à quarante-huit heures.

b) Lavage sommaire.

c) Postchromisation par passage pendant quarante-huit heures ou plus, dans une solution de bichromate à 3 $^0/_0$ à l'étuve à 50-55°.

d) Lavage soigné. Montage par une méthode quelconque. Coupes de 2 à 4 µ (il est important qu'elles soient très fines).

Coloration par la méthode de Benda modifiée par Meves, par celle d'Altmann ou par celle de Heidenhain (hématoxyline au fer). (On reviendra sur ces colorations à la fin de ce paragraphe).

On fixe directement les mitochondries par un séjour de quarante-huit heures dans

Azotate d'Uranyle 4 %.......................   2 parties
Acide osmique 2 %......................   1   —

La postchromisation n'est, alors, pas nécessaire. On peut monter directement après lavage soigné.

2° Méthodes ne visant qu'accessoirement la mise en évidence des mitochondries.

Les fragments, *qui peuvent être assez gros,* sont fixés dans la solution suivante, au moins quarante-huit heures.

Iodure de sodium.......................   15 grammes
Eau.............................   800   —

Saturer à froid d'iodure mercurique (récemment préparé par précipitation d'iodure par le sublimé jusqu'au moment où le précipité commence à se redissoudre. On lave le précipité et on en sature le mélange précédent). On ajoute :

Formol........................   450 grammes

Ces pièces peuvent être colorées par toutes les méthodes usuelles. On peut aussi les chromer par passage dans le bichromate à 3 % pendant quarante-huit heures à 50-55°, et y colorer les mitochondries par la méthode de Mallory ou l'hématoxyline au fer.

Pour les colorations mitochondriales, Champy recommande :

1° La coloration de Benda (1908) (§ 466),

2° La coloration à l'hématoxyline au fer (§ 344) mordancer quarante-huit heures au moins dans l'alun de fer à $4^0/_0$; puis hématoxyline à 1 $^0/_0$, vingt-quatre heures. On colore ensuite simplement à l'orange ou au picro-ponceau de Curtis);

3° La méthode d'Altmann (§ 473) :

Fuchsine acide à saturation employée à chaud, 4 à 5 minutes.
Alcool picriqué saturé... 1 partie ⎫
Eau...................... 3 — ⎬ pendant 1 ou 2 minutes

sans lavage intermédiaire à l'eau.

Déshydrater rapidement.

On peut ajouter à la fin de la différenciation par l'alcool picriqué du picro-noir Naphtol de Curtis (§ 614), si l'on veut colorer le conjonctif;

4° La coloration de Mallory (§ 615), en ayant soin d'employer une solution *saturée* de fuchsine acide.

470. Avec la méthode à l'acide osmique de *Kopsch* (§ 839) et avec celle au formol, à l'eau et à l'acide osmique de Sjövall (§ 840), les chromidies des organes génitaux se teignent en noir, comme les « réseaux » des cellules ganglionnaires (*M. Popoff*).

471. Les chromidies se colorent spécialement bien avec l'hématoxyline de *R. Heidenhain* (§ 341); mais il faut faire usage d'une hématoxyline *fraichement préparée*. Avec une hématoxyline ancienne, mûre, se colorent les structures protoplasmiques et les fibrilles. L'hématoxyline de *Delafield*, combinée avec l'éosine, l'hématéine de v. *Apathy Ia* permettent d'obtenir le même résultat. Il faut faire des coupes très minces (2-6 µ) (*Goldschmidt*). Après la fixation par le *Flemming*, les mitochondries se colorent admirablement avec l'hématoxyline au fer (*Fr. Meves*).

472. Voici la technique pour l'étude d'autres structures du protoplasma.

On fixe les morceaux dans des solutions d'acide picrique ou dans l'alcool faiblement iodé; on les colore avec l'hématoxyline; on les a préalablement traités avec l'acétate de fer, puis rapidement lavés et soumis à une solution aqueuse à 1/2 $^0/_0$ d'hématoxyline (voir aussi § 341). On les coupe ensuite en tranches très minces (1/2 μ).

Un éclairage favorable, un fort grossissement et des milieux peu réfringents sont des conditions d'examen qui permettront d'obtenir bien colorées les structures les plus diverses du protoplasma; les cellules animales s'étudieront dans les œufs ovariens des poissons osseux, dans les globules du sang de la grenouille ou dans l'épithélium de l'intestin grêle (Bütschli, 1892).

Les savants belges *Van Beneden* et *Neyt* emploient de préférence, et avec succès, un mélange composé de vert de méthyle et d'une solution d'acide acétique glacial, soit pour colorer seulement, soit pour fixer et colorer tout ensemble. On dissout le vert de méthyle dans l'acide acétique glacial dans la proportion de 2 à 3 $^0/_0$ (Carnoy); on colore pendant une demi-heure, on lave dans le susdit acide à 2-3 $^0/_0$, et on remplace ce dernier par la glycérine.

473. **Pour mettre à jour la structure granuleuse des cellules,** *Altmann* (1894) a recours à la méthode suivante : Il fixe au moyen d'un mélange, à volumes égaux, d'une solution à 5 $^0/_0$ de bichromate de potassium et d'une solution à 2 $^0/_0$ d'acide osmique ; il y porte les fragments d'organes d'animaux tués à la minute, les y laisse vingt-quatre heures, les lave dans l'eau courante pendant plusieurs heures et les fait passer quelque temps dans les alcools à 75°, 90° et 100°; après quoi viennent : un mélange de 3 parties de xylol pour 1 partie d'alcool absolu ; le mélange de xylol et de paraffine... etc. Enfin Altmann en fait des coupes de 1 à 2 μ d'épaisseur.

Pour le collage, voici comment procède *Altmann :* il fait une solution assez concentrée de caoutchouc dans le chloroforme qui porte en pharmacie le nom de traumaticine (gutta-percha 1 + 6 chloroforme) et l'étend de 25 fois son volume de chloroforme ; il verse un peu de cette dernière solution sur le porte-objet, laisse égoutter et, après l'évaporation du chloroforme, chauffe fortement le porte-objet à la flamme du gaz. Ces dispositions prises, il place sur les porte-objet les coupes à la paraffine qu'il mouille avec un pinceau, d'une solution de coton-poudre dans l'acétone et l'alcool (2 grammes de coton-poudre sont dissous dans 50 centimètres cubes d'acétone ; et 5 centimètres cubes de cette solution sont ensuite dilués dans 20 centimètres cubes d'alcool) ; puis, il les presse fortement avec du papier buvard sur les porte objet, les sèche et les débarrasse de la paraffine en la fondant. Ainsi traitées, les coupes peuvent, sans aucun risque, subir l'action des divers dissolvants et colorants.

Les coupes ainsi collées, Altmann les dégage, au moyen du xylol, de leur paraffine, et les porte ensuite dans l'alcool ; il prend une *solution aqueuse d'aniline saturée à froid* et filtrée, dans 100 centimètres cubes de laquelle il dissout 20 grammes de *fuchsine acide ;* il place quelques gouttes de ce nouveau liquide sur le porte-objet qu'il expose à une flamme à l'air libre, jusqu'à ce que la face inférieure en accuse un degré sensible de chaleur et qu'il voie fumer la solution colorante. Il laisse ensuite refroidir et lave le colorant dans une solution d'*acide picrique* formée du mélange d'un volume d'une solution concentrée d'acide picrique dans de l'alcool absolu et de 2 volumes d'eau. Il verse alors une nouvelle quantité de la solution d'acide picrique sur le porte-objet qu'il chauffe de trente à soixante secondes. Il dépendra de l'expérience personnelle et de l'habileté d'un chacun que ce chauffage se fasse dans des conditions de continuité et d'efficacité qui assurent de bons résultats. On remplacera avec avantage le baume de Canada au xylol, soit par le paraffinum liquidum d'après *Altmann*, soit par le baume de Canada, dont on aura fait évaporer la térébenthine (voir § 421).

Les granulations doivent apparaître fortement colorées ; le reste, au contraire, doit être incolore, ou ne présenter qu'une teinte gris jaunâtre (Voir aussi § 816).

474. *Aimé* (1912) a appliqué, avec succès, la *coloration d'Altmann* à des pièces fixées par d'autres méthodes : le Flemming, le biodure de mercure, le bichromate formol (bichromate à 3 $^0/_0$, 80 parties ; formol du commerce, 20 parties).

On verse sur les lames une solution aqueuse *concentrée* de fuchsine acide et l'on chauffe jusqu'à dégagement de vapeurs. On laisse refroidir cinq minutes et l'on décolore à l'aide d'une solution saturée d'acide picrique dans l'alcool étendu de deux fois son volume d'eau et à laquelle on a ajouté quelques gouttes d'une solution aqueuse concentrée de carmin d'indigo. La solution a une couleur bleu vert caractéristique. On suit la décoloration et on peut l'activer en chauffant.

Puis on colore par une solution aqueuse concentrée de carmin d'indigo qu'on laisse agir quelques minutes. On lave soigneusement et l'on monte comme d'habitude.

La fuchsine colore les noyaux, les mitochondries; le carmin d'indigo colore les fibres conjonctives. On obtient ainsi de très belles préparations qui valent, quoique obtenues plus vite et plus facilement, celles faites à la triple coloration de Flemming (organe de Corti, rétine, etc., etc.). La coloration est stable.

475. *Schridde* (1905) a **modifié** essentiellement et simplifié la **méthode d'Altmann.** Il fixe dans le liquide d'*Orth* à 35°, pendant vingt-quatre heures, des morceaux qui ne doivent pas dépasser 1 centimètre et qu'il porte ensuite pour un ou deux jours dans le liquide de *Müller*, à la température ordinaire; il les lave alors pendant douze à vingt-quatre heures à l'eau courante.

On coupe les morceaux en fragments de 2 millimètres d'épaisseur et on les laisse six heures dans l'eau distillée ; ils séjournent vingt-quatre heures dans l'acide osmique à 1 $^0/_0$ à l'abri de la lumière, puis sont lavés avec soin pendant douze heures à l'eau courante. On les déshydrate, enfin, insensiblement, dans la série ascendante des alcools (de l'alcool à 50° à l'alcool absolu) et, à travers le chloroforme, on les inclut dans la paraffine.

Les coupes de 1-2 μ d'épaisseur sont collées avec le *mélange de glycérine-albumine et colorées, soit d'après Altmann* (§ 473), soit d'après la méthode suivante, mais alors *à froid. A leur sortie de l'alcool à 85°, les préparations passent de deux à vingt-quatre heures dans une solution de fuchsine acide et d'eau anilinée* (à 100 centimètres cubes d'une solution saturée à froid dans l'eau distillée et filtrée d'aniline, on ajoute 20 grammes de fuchsine acide et l'on filtre) ; de là elles sont différenciées dans une solution alcoolique d'acide picrique (1 partie d'une solution saturée d'acide picrique dans l'alcool absolu et 7 parties d'alcool à 20°, *Metzner*) : on verse pour cela, en se servant de la main droite, un peu de cette solution sur les coupes collées contre le porte-objet, en ayant soin de faire balancer ce dernier, tenu entre les doigts de la main gauche. On répète cette opération jusqu'à ce que les coupes montrent une teinte rouge jaunâtre clair.

Avec cette coloration, on obtient les granulations des *Belegzellen* (*cellules bordantes*) en violet ; les granulations éosinophiles, en rouge sombre ; les neutrophiles en rouge brunâtre ; les granulations des *Mastzellen* (cellules-engrais), en noir tirant sur le gris, etc.

On peut aussi mordancer des préparations fixées avec d'autres réactifs, par exemple avec le formol, le mélange d'*Orth* ou le bichromate de potassium, et ensuite avec l'acide osmique; puis, pour le traitement ultérieur, on suivra les instructions précédentes et l'on obtiendra les mêmes résultats.

476. *Altmann* (1894) indique le procédé suivant comme permettant de conserver aux tissus leur « faculté de réaction » dans son état de nature, et revêtant, par suite, un caractère universel; il aurait, de plus, l'avantage de conserver, comme pas un autre, les formes les plus ténues : on fait congeler de petits morceaux d'organes frais, et on les fait complètement sécher dans cet état de congélation à une température inférieure à — 20° C. dans le vide et au-dessus de l'acide sulfurique. Le desséchement dure deux jours. On maintient, pour plus de sûreté, la température pendant tout ce temps, de préférence à — 30° C . parce que de — 10° à — 15° les objets se ratatinent. Il convient de dessécher au-dessous de la température critique. Il sera préférable de disposer d'un outillage spécial à cet usage.

On inclut directement, dans le vide, avec la paraffine fondue, les préparations dont le volume n'a pas changé; à notre connaissance, cette méthode serait tombée en désuétude.

477. Méthode d'*Altmann* (1892) pour l'étude du *réseau intergranulaire dans le noyau.*

Mélange A :

Molybdate d'ammonium.....................................	2,5
Acide chromique...	0,25
Eau...	100

(d'après les objets, l'acide chromique sera employé à 1/4 ou 1 %). Avec le molybdate d'ammonium seul, les noyaux apparaissent homogènes ; avec addition de 0,5-1 $^0/_0$ d'acide chromique, ils présentent des réseaux grossiers. Dans la solution A, les objets frais séjournent vingt-quatre heures environ ; on les transporte ensuite directement dans l'alcool, et, quelques jours après, dans la paraffine pure. Coloration à l'hématoxyline, la gentiane, etc.

478. D'après *Fischer* (1899 et aussi 1893), des solutions d'albumine acide traitées par le mélange d'*Altmann* (Voir § 473) fournissent des précipités intéressants : ils se comportent, en effet, vis-à-vis des colorants, comme les granulations d'*Altmann*. Si, au lieu de suivre les prescriptions d'Altmann, on opère la double coloration simultanée (mélange d'acide picrique et fuchsine acide), on obtient alors une inversion de la coloration des granulations : les granulations grosses et les moyennes se colorent en jaune picrique pur ; toutes les petites, jusqu'aux plus infimes, en rouge intense.

Fischer conclut de cette observation que la coloration d'*Altmann* ne représente pas un réactif spécifique des granulations cellulaires.

479. Un élève d'Ehrlich, *Michaëlis*, recommande une coloration « vitale » au *vert Janus* ou Safraninazodiméthylaniline, qui met en relief, dans la parotide, le pancréas (Voir § 999), *certaines différenciations cellulaires* qu'elle colore, et colore seules, en vert foncé. On emploie ce colorant en solution au 1/40.000 dans l'eau salée à 7 ou 8 $^0/_{00}$.

Nous croyons devoir citer encore, comme un excellent fixateur de la cellule, le mélange d'acide picrique et de formol de *Bouin* (Voir § 167).

480. On peut, avec l'*eau oxygénée*, aux dépens toutefois de la conservation des tissus, se débarrasser du pigment contenu dans des cellules fixées.

Avec ce réactif, on obtient, d'après *Unna*, plusieurs résultats : tous les *pigments blanchissent ;* les préparations à **l'acide chromique** et à **l'acide osmique** sont décolorées, ainsi que celles qui sont surcolorées avec l'hématoxyline ; il est, par contre, inactif vis-à-vis des précipités d'or et d'argent, mais il réduit immédiatement et complètement de fraîches préparations au chlorure d'or ; les solutions faibles et fortes ont la même action, celles-ci, toutefois, agissant actuellement plus vite que celles-là.

Solger (1883) et *Duval* (1878), après *Pouchet*, ont fait les mêmes observations sur le phénomène du blanchîment des cellules par l'eau oxygénée.

481. L'action de l'eau oxygénée est très peu énergique. *P. Mayer* a attiré récemment l'attention des histologistes sur l'**eau de chlore** et le **permanganate de potassium** à 1 : 2.000, comme excellents moyens de blanchîment. Avec la dernière substance, il se forme dans le tissu de l'*oxyde de manganèse* dont on se défait avec l'acide oxalique à $1/2\,^0/_0$.

482. Le **chlore naissant** a permis à P. *Mayer* (1881) de blanchir des pigments très résistants, ainsi que des préparations à l'acide osmique devenues trop sombres. Les objets traités sont placés dans un flacon rempli d'alcool, au fond duquel on dépose des cristaux de chlorate de potassium. On ajoute de l'acide chlorhydrique (jusqu'à $1\,^0/_0$) et on bouche le flacon.

483. Il ne faut pas négliger d'observer les cellules avec ou sans addition de solutions indifférentes, isotoniques : mouvements amiboïdes, rampement des cellules, mouvements des cils vibratiles, etc. Les mouvements moléculaires « browniens », observables, par exemple, dans les leucocytes et dans les corpuscules salivaires sont actuellement considérés non comme une manifestation de la vie, mais bien plutôt, au contraire, comme un des signes de la mort (voir § 554).

484. *Loisel* (1898) a découvert et bien étudié les *noyaux des cellules sphéruleuses* qui constituent les chapelets de certaines Reniérides (Éponges). Voici sa technique :

Il ajoutait dans le bac où vivent les éponges une faible quantité d'une solution de rouge Congo *faite dans l'eau douce ;* la seule difficulté était de mettre une dose suffisante de colorant pour obtenir la réaction voulue, sans toutefois en verser une trop grande quantité qui aurait pu tuer immédiatement l'éponge. Après quelques essais infructueux, il est arrivé aisément à trouver la dose convenable, qui ne tue l'éponge qu'au bout de vingt-quatre heures au plus. Durant ce temps, on fait quelques coupes à main levée avec le rasoir et l'on observe au microscope dans de l'eau de mer ordinaire. Au bout de trois heures, on voit que les gaines de spongine qui entourent les extrémités des spicules, de même que les fibres et les fibrilles isolées dans la substance fondamentale sont fortement colorées en rouge. Il faut attendre six heures environ pour voir les éléments cellulaires se charger d'enclaves rouges ; ce sont d'abord les cellules vibratiles, puis les cellules mésodermiques ordinaires, enfin les cellules sphéruleuses libres ou en chapelet qui se colorent ainsi. Dans ces dernières, on remarque que beaucoup de sphérules ont disparu ; on voit alors nettement la fibre qui les traverse et, à côté d'elle, un noyau sphérique, l'une et l'autre étant fortement colorées par le Congo. C'est alors qu'on peut faire agir le sublimé acétique.

Après avoir essayé les différentes substances habituellement employées en coloration intravitale, *Loisel* n'a obtenu de résultats analogues à ceux du rouge Congo qu'avec la safranine et le vert d'iode.

La méthode la meilleure pour mettre en évidence le noyau des cellules sphéruleuses, en ce sens qu'elle fixe parfaitement, en même temps, les cellules sphéruleuses et les fibres, est l'emploi du réactif de *Millon* (Dissoudre à 50° 1 partie de mercure et 2 parties d'acide azotique D = 1,42 ; ajouter le double d'eau. — Une autre formule donne : parties égales de mercure et d'acide azotique).

Voici comment on opère :

Une coupe faite sur l'éponge vivante est passée promptement à l'eau distillée pour enlever les sels marins qui se précipiteraient ; elle est placée ensuite, sur une lame de verre, dans une goutte du réactif ; le tout est recouvert d'une lamelle, et chauffé sur une flamme de gaz jusqu'à ébullition. Le point délicat de cette technique est de laver suffisamment la coupe pour enlever les sels de l'eau de mer, sans toutefois aller jusqu'à faire éclater les cellules.

Enfin l'auteur a pu faire apparaître les noyaux des cellules sphéruleuses en les colorant sur des pièces préalablement fixées avec des liquides qui, comme l'alcool, éclaircissent les cellules en détruisant les sphérules. Cependant il n'a pu les mettre en évidence qu'avec le violet de gentiane employé d'après la méthode de Bizzozero (Lee et Henneguy, *Traité des méthodes techniques*, 2ᵉ édition, p. 186) et le bleu de quinoléine (employé d'après la méthode de Ranvier : *Traité technique*, p. 102), et non sans les rétrécir et les déformer beaucoup (*Journal de l'Anatomie et de la Physiologie*, 1898, p. 18).

485. *Guéguen* (1909) recommande le procédé suivant de

coloration régressive des *noyaux de cellules végétales* (chlamydospores du *Mucor sphaerosporus*). Après l'emploi de fixateurs tels que le picroformol de Maire, le liquide de Pérenyi et l'alcool absolu, le colorant de choix est l'hématoxyline d'Ehrlich, que son véhicule à base d'acide acétique et de glycérine rend très pénétrante. On y fait macérer les objets pendant quarante-huit heures, après quoi on les lave et on les porte dans une solution faible (un centième environ) d'alun de potasse pour leur faire subir la différenciation. Cette opération, qui dure quelques heures, ne peut guère être suivie sous le microscope, car elle s'effectue inégalement pour les divers kystes et filaments ; le mieux est de faire plusieurs préparations à intervalles réguliers. Après lavage à l'eau distillée, déshydratation, puis éclaircissement par un séjour d'un quart heure dans le benzène, des filaments dissociés sont montés dans le baume du Canada.

La coloration du fond à l'éosine est inutile et même nuisible, en ce sens qu'elle teint le protoplasme et enlève de la netteté aux détails de structure.

Les couleurs basiques d'aniline sont ici d'un assez bon emploi. Le violet dahlia, versé à la dose de quelques gouttes de solution alcoolique saturée dans un verre de montre plein d'eau, colore rapidement les noyaux en violet, les corpuscules métachromatiques étant rougeâtres ; après lavage à l'eau, on peut monter les préparations dans la glycérine, où la différenciation s'achève en un temps qui varie avec l'épaisseur des membranes.

Dans le *thalle*, outre les gouttes d'huile et les noyaux, on observe également les corpuscules métachromatiques de Babes (grains rouges de Bütschli), qui abondent surtout aux extrémités et contre les parois cellulaires. Ces corpuscules se distinguent aisément des noyaux ; ils sont, en effet, sept ou huit fois plus petits, de taille et de forme irrégulières et dépourvus d'aréole. L'hématoxyline les teinte à peu près comme les noyaux, mais la différenciation atténue fortement leur coloration, celle du chromoblaste conservant toute son intensité. Les couleurs basiques d'aniline les teignent ordinairement en rouge ou rougeâtre, alors que le noyau prend la couleur réelle du réactif. De tels corpuscules sont très répandus dans les végétaux inférieurs, Algues et Champignons.

Ce procédé de coloration est certainement susceptible de rendre des services dans le cas d'organismes à très petits noyaux entourés de corpuscules métachromatiques ou de mitochondries.

486. *A. Guilliermond* (1908) déclare que le meilleur *fixateur* pour l'ensemble de la structure, du **grain d'aleurone** et *la différenciation métachromatique des globoïdes* est le *formol* à $40.^0/_0$

Le procédé de choix pour la *coloration des globoïdes* est le bleu de crésyl BB, en solution aqueuse à $1\ ^0/_0$ après fixation au formol. Le cytoplasme se colore en bleu violacé, le noyau cellulaire en bleu foncé, les membranes et les grains de protéine en bleu pâle verdâtre, tandis que les globoïdes prennent une teinte nettement rouge.

Des résultats intéressants sont obtenus à l'aide de colorations au Giemsa, après fixation au formol: le noyau se teint en bleu foncé, le cytoplasme offre des nuances qui varient du rose au bleu pâle; les grains de protéine se colorent par l'éosine, tandis que les globoïdes fixent le bleu d'azur et prennent une teinte métachromatique rouge foncé.

Un autre procédé qui permet de différencier les globoïdes est la coloration à l'hématoxyline cuprique, surtout après fixation au formol. La masse protéique se colore en noir intense et les globoïdes prennent une teinte plus claire, légèrement métachromatique, violacée. Mais les globoïdes se confondent toujours plus ou moins avec la protéine ; aussi ce procédé est-il surtout utilisable à la fin de la germination lorsque la protéine a disparu Enfin le rouge de ruthénium donne de très belles colorations électives des globoïdes.

La protéine se colore d'une manière intense par l'hématoxyline ferrique ; toutefois la coloration est moins persistante que celle du noyau et disparaît rapidement dans la régression à l'alun ferrique. Il est donc nécessaire d'arrêter la régression au moment où le noyau est encore surcoloré, si l'on veut obtenir une bonne différenciation des grains de protéine. Les globoïdes apparaissent avec cette méthode comme des vacuoles incolores ou, si la coloration est trop intense, ils ne se distinguent pas et le grain de protéine présente un aspect homogène.

Pour l'étude de l'épiderme sécréteur, l'auteur a employé avec succès la coloration de Mann (bleu de toluidine-éosine). Ce procédé a l'avantage de permettre de distinguer nettement les *granulations basophiles* du cytoplasme, qui fixent le bleu de toluidine, des *grains de protéine, qui se colorent* par l'éosine. Les coupes à la paraffine réussissent très facilement, mais à condition de n'inclure que l'embryon détaché de son albumen.

Les préparations se conservent dans le baume de Canada. On arrive facilement à obtenir de très belles colorations vitales des grains de protéine pendant la germination; il suffit pour cela d'écraser une petite portion du cotylédon ou d'un autre tissu renfermant des grains d'aleurone dans une solution aqueuse de rouge neutre à 1/10.000. Les granules de protéine se colorent en rouge foncé dans les vacuoles qui souvent prennent une teinte légèrement rose. Les globoïdes restent incolores. (Le procédé de Renaut permet de conserver les préparations au rouge neutre. On place sur la préparation une mince couche de la solution suivante : solution aqueuse d'acide picrique concentré; mélange en parties égales de sucre et de gomme arabique. Lorsque ce vernis est sec, on ajoute du baume de Canada et on recouvre la préparation.)

On peut également colorer les granules de protéine par le bleu de méthylène, mais les colorations sont plus délicates par suite de l'épaisseur des membranes qui rend difficile la pénétration de ce colorant.

487. *Guilliermond* et *Beauverie* (1908) ont comparé les caractères histo-chimiques des **globoïdes** (*des grains d'aleurone*) et de la **volutine** (*grains de volutine ou corpuscules métachromatiques des Protistes*). Ils ont été amenés à dresser le tableau suivant :

A. *Colorations vitales.* — Les globoïdes ne se colorent pas sur le frais, ni par le rouge neutre, ni par le bleu de méthylène. Au contraire, la volutine fixe énergiquement ces deux colorants dans les cellules vivantes.

B. *Colorations après fixation.* — Les globoïdes se colorent électivement et d'une manière métachromatique avec la plupart des couleurs basiques d'aniline bleue ou violette (bleu de méthylène, bleu polychrome d'Unna, brillant Kresylblau, bleu de crésyl BB, bleu de toluidine, thionine, violet de gentiane, violet de méthyle, violet de crésyl RR), comme la volutine. Ils fixent également, comme cette dernière, la safranine, l'hématoxyline cuprique, le vert de méthyle, la fuchsine phéniquée de Ziehl et le rouge de ruthénium; ils se colorent enfin par l'hématoxyline de Delafield, mais d'une manière un peu différente de la volutine. Par contre, ils ne se colorent ni par l'hématéine, ni par l'hématoxyline ferrique qui teignent la volutine.

Réactions microchimiques. — Les auteurs ont essayé sur les globoïdes les réactions décrites par A. Meyer comme caractéristiques de la volutine.

1° *Réaction I.* — Coloration au bleu de méthylène, décoloration par une solution aqueuse à 1 $^{0}/_{0}$ de SO^4H^2. Tous les éléments se décolorent, sauf la volutine. Les globoïdes se dissolvent par la solution de SO^4H^2 et laissent à leur place des vacuoles renfermant quelques petits granules qui restent colorés par le bleu de méthylène et qui correspondent à la substance colorable des globoïdes. Cette substance offre donc la réaction I de la volutine. Tous les autres éléments de la cellule se décolorent.

2° *Réaction II.* — Coloration au bleu de méthylène, traitement par l'iodo-iodure de potassium, puis par une solution aqueuse à 5 $\%$ de carbonate de sodium. La volutine prend une teinte brun foncé en présence de l'iodo-iodure de potassium, le reste de la cellule se colore en jaune. La solution de carbonate de sodium ne décolore que lentement la volutine. Les globoïdes se comportent exactement comme la volutine.

3° *Réaction III.* — Coloration de la fuchsine phéniquée de Ziehl, décoloration par une solution aqueuse de 1 $\%$ de SO⁴H². La volutine reste seule colorée. Les globoïdes se dissolvent et laissent dans les vacuoles résultant de leur dissolution de petits granules qui conservent leur coloration. Le reste de la cellule se décolore.

4° *Réactions IV* et *VI.* — Eau bouillante. La volutine se dissout en quelques minutes dans l'eau bouillante, mais elle devient insoluble après fixation au formol. Les globoïdes sont au contraire toujours insolubles et conservent leur affinité pour les colorants après ce traitement.

5° *Réaction V.* — Eau de javelle. La volutine se dissout en quelques minutes dans l'eau de javelle. Les globoïdes paraissent insolubles.

6° *Réaction VI.* — Hydrate de chloral. L'hydrate de chloral ne dissout pas la volutine après un traitement de quelques minutes. Les globoïdes sont également insolubles.

7° *Réaction VIII.* — Coloration au bleu de méthylène, traitement par une solution aqueuse à 5 $\%$ de carbonate de sodium. La volutine se décolore immédiatement. Il en est de même des globoïdes.

(Conclusion : la présence d'une substance voisine de la volutine dans les globoïdes est un argument en faveur du rôle de matière de réserve de la volutine.)

488. Le procédé de fixation par la quinone, dû à Meunier et à Vaney, a donné à *A. Bonnet* (1910) des résultats intéressants pour la fixation des **Algues**. « Si l'on traite des algues filamenteuses ou en thalles minces, telles que les Siphonées, Confervacées, Conjuguées, les petites Phéo-

phycées ou Floridées par une solution de quinone fraîchement préparée à 4 $^0/_{00}$, on obtient une très bonne fixation des
divers éléments cellulaires. La fixation peut se faire aussi
bien dans l'eau douce que dans l'eau de mer ; mais, dans
ce dernier cas, la solution de quinone brunit plus rapidement que dans l'eau douce.

« La *chlorophylle* se colore en brun verdâtre. On obtient
ainsi de belles préparations sur lesquelles se détachent les
noyaux et les *nucléoles*, avec une remarquable netteté. Les
spores et les œufs se colorent également en brun. Le reste
du protoplasma garde une teinte jaune clair, tandis que les
membranes cellulosiques restent incolores. Parmi les avantages de cette méthode de fixation, il faut signaler que, le
fixateur étant très progressif et ne produisant pas de
rétractions brusques dans les organismes, on peut obtenir
de belles préparations d'algues unicellulaires rampant sur
d'autres algues, de Vorticelles, d'Infusoires, de Forami-
nifères, etc., qui restent en place et bien étalés sur le
filament de l'algue où ils étaient fixés. On peut toutefois,
si l'on craint une déformation ou une rétraction de l'animal,
se servir d'une solution de quinone à 1 ou 2 $^0/_{00}$ seulement,
et la laisser agir le temps nécessaire pour obtenir l'intensité
de coloration désirée.

« Il suffit ensuite de monter directement la préparation
dans le milieu, sans avoir à pratiquer des colorations
successives qui risquent souvent de faire détacher les animaux de leur support ».

489. Pour fixer le **plankton**, on a recours à plusieurs
méthodes : la plus usitée (*O. Fuhrmann* 1889) consiste
simplement à précipiter les organismes avec du *formol* à
1 ou 2 $^0/_0$. Ce procédé est assez commode ; il conserve parfois
pendant un certain temps la coloration naturelle du
plankton. Mais le formol contient toujours une assez forte
quantité d'acide ; de plus, les combinaisons obtenues avec
les matières albuminoïdes ne sont pas d'une grande stabilité ; aussi observe-t-on quelquefois, après un temps plus

ou moins long, un commencement de macération des tissus.

Dans la deuxième méthode (*de Beauchamp*, 1906), l'agent de fixation est *l'acide osmique* à 1 $^0/_0$. Ce composé est coûteux, il ne peut être ajouté qu'à une faible quantité d'eau, et son action trop prolongée détermine le noircissement des animaux, qui perdent ainsi leur transparence primitive. Ce procédé, bien employé, paraît être pourtant la méthode de choix pour la fixation des Rotifères.

Après avoir adressé à ces deux méthodes les critiques précédentes, *L. Meunier* et *C. Vaney* (1910) exposent leur procédé : ils utilisent, concurremment au formol, une solution de *quinone* à 2 ou 4 $^0/_{00}$ pour fixer soit le plankton marin, soit le plankton d'eau douce. Les composés que forme la quinone avec les substances albuminoïdes sont plus stables que ceux obtenus avec la formaldéhyde ou avec les sels de chrome.

Après un certain temps de contact avec la quinone, quelques éléments histologiques se colorent en brun plus ou moins foncé. Cette coloration, loin de voiler l'anatomie interne des animaux pélagiques, ne fait qu'en faciliter l'étude en différenciant les éléments ; c'est ainsi que les *noyaux des cellules*, les fibres musculaires et les glandes deviennent plus ou moins brunâtres sous l'action de la quinone.

« Comme mode opératoire, nous laissons le plankton séjourner vingt-quatre heures dans une solution *fraîchement préparée* de quinone; après ce temps de fixation, nous le conservons dans de l'alcool à 70°.

« Le montage *in toto* des animaux se fait par le passage successif dans l'alcool à 90°, puis dans l'alcool absolu auquel on ajoutera graduellement une huile essentielle (essence de bergamote ou essence de girofle). Après un séjour de quelques heures dans l'essence pure, les organismes sont montés dans le baume : ils ne subissent que de faibles déformations au cours de ces diverses manipulations. La coloration à la quinone facilite l'observation par transparence de tous les détails anatomiques des animaux pélagiques. Nous avons ainsi obtenu de belles préparations de Cténophores, de Méduses, de Cladocères, de Copépodes, d'Oligochètes, de Salpes et même de *Protozoaires*.

« Le plankton fixé au formol et traité ensuite à la quinone prend les caractères du matériel fixé uniquement à la quinone.

« *Pour l'étude histologique*, on peut, comme pour le formol, associer à la quinone des solutions de bichlorure de mercure et d'acides picrique et acétique. La quinone, étant neutre, n'entrave en rien les colorations et peut même servir de mordant. »

Dans tous les frottis ou préparations *in toto* à la quinone, les *noyaux* prennent une teinte brun foncé, alors que le *cytoplasme* reste incolore, ou se colore, très faiblement en jaune brunâtre.

490. Tous les **microbes** se colorent par les colorants d'aniline basiques et acides. Quand il y a des spores, elles restent incolores. Pour les obtenir colorées, il faut teindre fortement et puis décolorer les microbes.

Le Giemsa et l'hématoxyline au fer sont d'excellents colorants (ils colorent sans élection toutes les bactéries).

Comme colorants électifs nous avons : celui de *Gram* et celui de *Koch*.

A. *Méthode de Gram* (surtout pour le bacille de la diphtérie).

On fait les frottis des microbes sur des lamelles en prenant une goutte de la culture avec une aiguille de platine et en diluant la culture dans une goutte d'eau. On laisse sécher les frottis. On les fixe avec l'alcool absolu, ou dans le sublimé, ou à la flamme. On colore dans le *liquide de Gram* pendant cinq minutes.

Solution alcoolique saturée de violet de gentiane. 1 cm³)
Eau anilinée..................................... 10 —) 5 minutes

On vire dans :

Solution d'iode................. 1 gramme)
Jodure de potassium........... 2 grammes } 2 minutes
Eau .... 200 —)

On décolore par l'alcool absolu jusqu'à ce que la préparation paraisse tout à fait décolorée. On peut passer par les colorants rouges (fuchsine, etc.) pour obtenir un fond rouge. On monte enfin au baume.

B. *Coloration de Koch*, pour les bacilles acido-résistants (tels celui de la tuberculose, etc.).

On fait un frottis suivant la manière ordinaire. On colore à chaud par la liqueur de Ziehl :

Fuchsine basique......................... 2 grammes
Alcool absolu............................. 20 —
Eau phéniquée à 5 % .... 200 —

On décolore par :

Acide nitrique..... 1 partie } pendant quelques secondes.
Eau .... 3 parties }

Il est utile de colorer le fond par le bleu de méthylène faible.

On lave à l'eau et l'on monte au baume.

491. La numération des **bactéries** de l'eau peut s'effectuer sans difficulté particulière au moyen de l'ultramicroscope (Voir § 66 et suiv.). D'après *Amann* (1911), il suffit d'introduire une gouttelette d'eau dans la chambre à numération qu'on emploie couramment pour le dénombrement des globules de sang (Voir § 602). On observe avec un objectif à immersion et un oculaire puissant (12 ou 18), sous un éclairage intensif. Il est facile de distinguer les bactéries par leur forme ou leur mouvement de translation des particules ultramicroscopiques animées du mouvement brownien. Ce mode de numération présente un avantage particulier en ce qu'il permet de dénombrer certains organismes microscopiques (spirilles, infusoires, etc.) qui échappent à l'examen bactériologique par la méthode des cultures et dont le signalement offre cependant une certaine importance au point de vue de l'hygiène des eaux.

Pour la même eau, le nombre des bactéries observées à l'ultramicroscope est de beaucoup supérieur à celui que révèlent les procédés ordinaires d'analyse. Un échantillon où l'on avait compté 584 germes par centimètre cube, par la numération des colonies sur milieu solide, donna 86.000 germes à l'ultramicroscope. Une des causes de cette différence consiste en ce fait que, dans la méthode des cultures, la distribution des bactéries est supposée uniforme dans toute la masse. Or le nouveau procédé décèle, au contraire, des amas de microbes qui peuvent comprendre un grand nombre d'individus, et chacun de ces groupes nombreux aurait donné naissance, sur milieu solide, à une seule colonie. Le dénombrement de ces groupes peut être fait directement à l'ultramicroscope.

La méthode en question est très expéditive et ne demande guère qu'une heure d'observation.

Elle est surtout avantageuse au point de vue de l'*analyse quantitative* des germes.

L'auteur ne prétend pas supprimer l'examen des eaux par ensemencement, qui seul peut déterminer la qualité des microbes.

Cette méthode, toutefois, ne permet pas de distinguer certaines bactéries immobiles des autres particules ultramicroscopiques. Néanmoins ce mode de numération peut être utilisé pour donner un premier aperçu de la richesse microbienne d'une eau et pour y déceler la présence de germes vivants qui ne se cultivent pas sur les milieux solides, tels que certains protozoaires. (D'après *Sazerac*, in *Bulletin de l'Institut Pasteur*, 15 février 1912.)

492. Pour la fixation des **Saccharomycètes**, voici un mélange qui donne de bons résultats :

Iodure de potassium......................	6 grammes
Iode bisublimé	4 —
Ajouter H²O..............................	80 cm³

Fixer pendant quinze minutes. Laver à l'eau et à l'alcool s'il reste des traces d'iode sur la préparation.

493. *Guilliermond* préconise les milieux de culture suivants pour les *Saccharomycètes* :

1° Tranches de carotte ;

2° Moût gélosé. On chauffe le moût de vin au bain-marie, et l'on ajoute de 2 à 5 grammes par litre de gélose ; on chauffe à plus de 75° et on filtre dans un cône chaud (il est bon de changer le papier-filtre).

Pour la stérilisation dans l'autoclave, on expose pendant quinze minutes à 118-120°. On laisse ensuite refroidir la masse sur une surface inclinée ; les cultures sont mises dans l'étuve portée à 25° au maximum.

494. Dans une savante Etude de *Zikes* (voir *Bibliographie*) (1911), on trouvera de très nombreux et précieux détails concernant *la fixation et la coloration des Levures.*

495. *Henry Pénau* (1912) (*voir Bibliographie*) a également consacré un mémoire d'un haut intérêt aux *techniques générales* visant l'*étude cytologique des levures.*

496. Pour fixer les **Diatomacées**, on se trouve bien de l'alcool à 40-45°, fortement additionné de teinture d'iode ; la solution doit présenter la couleur chocolat. On a également ment recours, avec succès, au liquide de *Gilson*.

497. La meilleure méthode actuelle pour la mise en évidence, dans les coupes, de **Spirochaete pallida**, est due à *Levaditi*, qui s'est inspiré du procédé de *Ramon y Cajal* pour l'imprégnation des neurofibrilles :

Fixation de très petits morceaux d'organe pendant vingt-quatre heures, dans le formol à 10 %.

Durcissement, vingt-quatre heures, dans l'alcool à 96°. Lavage à l'eau jusqu'à ce que les morceaux tombent au fond.

Imprégnation, pendant trois à cinq jours, dans une solution aqueuse de 1,5 à 3 % de nitrate d'argent, à 38° ; après un court lavage à l'eau, les pièces séjournent vingt-quatre à quarante-huit heures, à la température du laboratoire, dans :

Acide pyrogallique..........................	4 grammes
Formol....................................	5 cm³
Eau distillée..............................	100 —

Lavage à l'eau distillée ; alcool absolu ; xylol ; paraffine ; coupes de 5 μ d'épaisseur, au maximum.

Coloration : *a*) d'après *Giemsa :* quelques minutes dans la solution de *Giemsa* non diluée, lavage à l'eau ; différenciation dans l'alcool absolu, additionné de quelques gouttes d'essence de girofle; on éclaircit dans l'essence de bergamote; xylol; baume; — *b)* avec le bleu de toluidine : colorer dans une solution concentrée de bleu; différencier dans l'alcool, additionné de quelques gouttes du mélange d'*Unna* (« Glycerinæthermischung »); essence de bergamote; xylol; baume ; — *c)* rouge neutre bleu de méthylène (*Manouélian*) : Les coupes sont d'abord traitées avec une solution à 1 $^0/_0$ de bleu de méthylène; puis, lavées à l'eau, dans une solution à demi saturée de rouge neutre et différenciées dans l'alcool absolu; xylol, baume.

498. *Laveran* et *Mesnil* (1904) s'expriment ainsi au sujet des *procédés de coloration*, dont ils se sont bien trouvés dans leur étude des **Trypanosomes**. Ces méthodes sont applicables à la coloration des *noyaux*, en général :

« Pour se faire une idée précise de la structure intime des Trypanosomes, il est indispensable d'avoir des préparations colorées, et colorées d'après une méthode particulière : mélange colorant à proportions définies de bleu de méthylène et d'éosine. Ce mélange a été pour la première fois utilisé pour la coloration des hématozoaires (hématozoaires du paludisme) par Romanowsky... La méthode suivante nous a donné d'excellents résultats : le sang est étalé sur lame de verre en couche mince (le mieux avec une lame de carton, par exemple une carte de visite) séché très rapidement, et fixé dans l'alcool absolu (cinq à dix minutes).

« Les solutions qui suivent doivent être préparées à l'avance : 1° Bleu de méthylène à l'oxyde d'argent ou *bleu Borrel*. Dans une fiole de 150 centimètres cubes environ, on met quelques cristaux d'azotate d'argent et 50 à 60 centimètres cubes d'eau distillée; quand les cristaux sont dissous, on remplit la fiole avec une solution de soude caustique concentrée et on agite; il se forme un précipité noir d'oxyde d'argent qui est lavé à plusieurs reprises à l'eau distillée, de manière à enlever l'azotate d'argent et l'excès de soude; ce précipité est, bien entendu, *lavé sans être filtré;* il est essentiel qu'on ne laisse pas sécher. On verse alors sur l'oxyde d'argent une solution aqueuse saturée de bleu de méthylène préparée avec du bleu de méthylène médicinal de Höchst; on laisse en contact pendant quinze jours en agitant à plusieurs reprises ;

« 2° Solution aqueuse d'éosine à 1 pour 1000 (éosine soluble dans l'eau de Höchst);

« 3° Solution de tanin, à 5 %, ou, *de préférence*, solution de *tanin orange* qu'on trouve toute préparée dans le commerce..(Si l'on emploie la solution de *tanin*, il est bon de mettre dans les fioles qui contiennent les solutions d'éosine et de tanin de petits morceaux de camphre, afin d'empêcher la production des moisissures.)

« On prépare, *au moment de s'en servir*, le mélange colorant d'après la formule suivante :

```
Solution d'éosine à 1 p. 1000 .....................  4 cm³
Eau distillée.....................................  6  —
Bleu Borrel ......................................  1  —
```

« Ce mélange est aussitôt versé dans une boîte plate, boîte de Pétri, par exemple, ou bien boîte carrée ou rectangulaire avec fond incliné, construite spécialement à cet effet (chez *Leune*). La lame porte-objet sur laquelle le sang a été étalé et fixé est posée à la surface du bain colorant ; une baguette de verre ou une saillie du fond de la boîte l'empêche de toucher le fond (où presque toujours se dépose un précipité), et on l'y laisse de cinq à vingt minutes. Une coloration de cinq à dix minutes suffit pour la plupart des Trypanosomes, en particulier pour les trypanosomes pathogènes des mammifères; une durée de vingt minutes est nécessaire pour certaines espèces, par exemple le *Tryp. Lewisi*, surtout quand il est en voie de reproduction.

« Au sortir du bain, la préparation est lavée à grande eau, puis traitée par la solution de tanin quelques minutes ; on lave de nouveau à grande eau, puis à l'eau distillée et on sèche.

« Lorsqu'il s'est formé un précipité qui gêne pour l'examen, on lave à l'essence de girofle, puis au xylol, et on passe un linge trempé dans le xylol à la surface de la préparation; les préparations se conservent mieux à sec que dans le baume et surtout que dans l'huile de cèdre, où elles se décolorent rapidement.

« Lorsque la coloration est bien réussie, le protoplasma des trypanosomes se colore en bleu clair, les noyaux se colorent en lilas ainsi que les flagelles, dans leur partie libre aussi bien que dans la partie qui borde la membrane ondulante; le centrosome prend une teinte violet foncé un peu différente de celle du noyau; la membrane ondulante reste incolore ou prend une teinte bleuâtre très pâle. Les hématies sont colorées en rose, les noyaux des leucocytes en violet foncé

« On obtient également de très bons résultats en utilisant un mélange de bleu azur II et d'éosine. Ce mélange a été préconisé par Giemsa, et la maison Grübler prépare le bleu d'après les indications de Giemsa. L'un de nous a modifié la méthode de la façon suivante :

« Colorer la lame de sang desséché et fixé à l'alcool absolu, dix minutes dans :

Solution d'éosine à 1 p. 1000	2
Eau distillée	8
Solution aqueuse d'azur II à 1 p. 1000	1

« Laver à l'eau; traiter par une solution de tanin à 5 % pendant deux à trois minutes; laver de nouveau et sécher.

« Enfin, on a utilisé, pour obtenir des solutions électives de Trypanosomes, les poudres préparées par Jenner, Leishman, J.-H. Wright, etc., en faisant agir les solutions de bleu de méthylène et d'éosine l'une sur l'autre; on recueille le précipité, on le lave longuement à l'eau distillée, on le sèche et on le pulvérise. Ces poudres constituent le principe actif colorant des méthodes précédentes. On les fait agir sur les préparations en dissolution dans l'alcool méthylique ; une fixation préalable du sang n'est donc pas nécessaire.

« Lorsqu'on veut colorer rapidement une préparation contenant des Trypanosomes, ou bien lorsqu'on n'a pas à sa disposition des colorants nécessaires pour appliquer les méthodes précédentes, on peut colorer avec la solution alcoolique de fuchsine, ou bien une solution aqueuse de rouge Magenta, ou encore mieux une solution de phénate de thionine. La coloration est très rapide. quelquefois en moins d'une minute. Le noyau, le centrosome et le flagelle se colorent plus fortement que le protoplasma, et l'on obtient ainsi des préparations qui suffisent dans la pratique, quand il s'agit simplement de reconnaître l'existence des Trypanosomes et leur abondance.

« Parle procédé d'Heidenhain (hématoxyline et alun de fer), le noyau, le centrosome et le flagelle se colorent plus fortement que le protoplasma, mais sont naturellement beaucoup moins apparents que lorsqu'ils prennent une teinte différente de celle du protoplasma, comme dans notre procédé et celui de Romanowski.

« Les mêmes méthodes de fixation et de coloration que nous venons de décrire pour le sang infecté de Trypanosomes, sont applicables aux autres liquides qui peuvent renfermer des parasites : sérosités sanguinolentes retirées des œdèmes, liquide céphalo-rachidien, liquides des milieux de culture, sang anémique, ou simplement sang dilué d'eau physiologique ou d'eau citratée. Mais la fixation n'est jamais aussi parfaite que pour le sang pur ; souvent les trypanosomes de ces divers liquides apparaissent vacuolaires. C'est en particulier le cas pour les trypanosomes du liquide céphalo-rachidien des nègres atteints de la maladie du sommeil et même, au début de l'étude de ces trypanosomes, on a voulu voir là un caractère spécifique. L'examen des mêmes Trypanosomes dans le sang a bientôt montré qu'on commettait une erreur.

« Quand les Trypanosomes sont rares dans le sang, il est

indiqué de faire des couches épaisses de sang dont on enlève ensuite toute l'hémoglobine.

« Dans la méthode de Ross, la couche épaisse de sang, après dessiccation, est colorée par un des procédés que nous avons indiqués, *sans se préoccuper de sa fixation*. Les colorants en solution aqueuse dissolvent l'hémoglobine en même temps qu'ils colorent les leucocytes et les parasites. Naturellement le procédé est surtout recommandable pour le sang des Mammifères.

« *Dans ces conditions d'emploi, on a souvent décollement de la couche de sang, et, de plus, les Trypanosomes sont très déformés et difficiles parfois à reconnaître. Ruge a conseillé de fixer le sang, avant de faire agir les colorants*, par une solution de formol du commerce à 2 $^0/_0$ à laquelle on ajoute un demi à 1 $^0/_0$ d'acide acétique ; cette fixation n'empêche pas la dissolution de l'hémoglobine.

« Nous nous sommes bien trouvés du procédé suivant : fixation par l'alcool absolu ; puis, dissolution de l'hémoglobine par une solution d'acide acétique à 1 $^0/_0$.

499 *Policard* (1910) a réussi à colorer d'*une façon vitale* le Trypanosome du Nagana (*Trypanosoma brucei*) : Une goutte de sang est mise entre lame et lamelle. Sur les bords de la préparation on ajoute une goutte de solution concentrée de rouge neutre ; ce liquide pénètre sous la lamelle et prend contact avec le sang. Au point de contact, le rouge diffuse dans le plasma sanguin ; il existe une zone où les éléments du sang ne sont pas du tout modifiés et où ils sont cependant colorés. Les leucocytes rencontrés dans cette zone servaient d'étalon à l'auteur ; quand ils apparaissaient bien nets, à noyau non coloré, à granulations très fines, colorées en rouge brun, en somme avec l'aspect habituel classique, on pouvait en déduire que le milieu n'était pas altérant. Et ce qui le démontrait encore, c'était l'existence de Trypanosomes animés de mouvements très actifs. Ce procédé, malgré son aspect fruste, a toujours donné des résultats très comparables et très fidèles. — Des recherches faites sur des trypanosomes soit au troisième jour de l'infection chez la souris, soit au moment de la mort, il résulte que ces Trypanosomes renferment des formations colorables pendant la vie par le rouge neutre sous la forme de grains de couleur rouge brique dont le rôle physiologique n'est pas même encore soupçonné.

500. L'étude des **Leishmania**, toujours aisée sur des frottis soigneusement fixés et bien colorés, est parfois singulièrement difficile, lorsqu'on doit se contenter de l'**examen d'une coupe histologique.**

« Pour que les colorations puissent être réussies, les *fixations doivent être faites avec grand soin : les meilleurs réactifs paraissent être la solution ordinaire de sublimé acétique ou la solution aqueuse saturée de sublimé. Les fixations par l'alcool sont très satisfaisantes, à la condition que l'on ait immergé tout d'abord la pièce dans l'alcool à 70° ; après trois heures, on peut recourir à l'alcool à 80°, puis trois heures plus tard à l'alcool à 90°. Enfin on peut faire précéder la fixation à l'alcool d'un bain de trois à quatre heures dans la solution de formol à 2 °/₀. Pour obtenir de bonnes fixations, il est nécessaire de ne mettre dans les réactifs que des fragments d'organes de petites dimensions ne dépassant pas, par exemple, 8 millimètres de long sur 4 millimètres de large et 3 millimètres d'épaisseur. L'orientation de ces petits fragments ne présente aucune difficulté lorsqu'il s'agit d'un foie ou d'une rate infectés par *Leishmania Donovani ;* il n'en est pas de même lorsqu'on doit étudier un « bouton d'Orient » ou une lésion analogue : les pièces doivent alors être prélevées à la périphérie de l'ulcération et doivent comprendre toute l'épaisseur de la région infiltrée du derme.

« Les *inclusions* à la celloïdine ne trouvent leurs indications que lorsqu'on veut examiner des coupes d'ensemble du foie, de la rate, des ganglions ou de la peau ; en règle générale, il vaut mieux faire usage des inclusions à la paraffine, qui permettent d'obtenir des coupes très minces, où les *Leishmania* se colorent mieux.

« Lorsque les tissus contiennent un très grand nombre de parasites, des *méthodes de coloration* très simples peuvent donner des résultats satisfaisants; mais, lorsqu'il n'existe que de rares éléments parasités, ne contenant chacun qu'un ou deux *Leishmania*, il devient nécessaire d'obtenir des colorations plus électives. Voici trois procédés que nous avons employés pour déceler les *Leishmania* de la *espundia du Pérou* :

« 1° *Coloration par la thionine phéniquée.* — Prolonger l'action de la thionine phéniquée pendant une demi-heure, laver la coupe à l'eau distillée; déshydrater rapidement à l'alcool absolu; éclaircir au xylol. Le noyau et le centrosome des *Leishmania*, colorés en bleu très foncé se détachent nettement sur le protoplasma des éléments qui restent à peine bleutés. Lorsque les *Leishmania* sont situés en dehors des éléments cellulaires, leurs contours sont bien colorés;

« 2° *Coloration par le Kernschwarz et par la thionine phéniquée.* — Colorer pendant un quart d'heure par le Kernschwarz; laver largement à l'eau distillée; colorer pendant une demi-heure par la thionine phéniquée; laver à l'eau distillée; déshydrater rapidement à l'alcool absolu; différencier par l'essence de girofle, puis par l'alcool absolu en poussant la décoloration assez loin pour que les noyaux paraissent rester seuls colorés. Le noyau et le centrosome des *Leishmania* sont colorés en un gris verdâtre; les contours des parasites sont colorés en bleu et tranchent nettement sur le protoplasma resté grisâtre des cellules parasitées.

« 3° *Coloration par le carmin aluné et par la thionine phéniquée.* — Colorer pendant vingt-quatre heures dans le carmin aluné; après avoir lavé à l'eau distillée, colorer pendant une demi-heure par la thionine phéniquée; différencier par l'essence de girofle jusqu'à ce que la coupe, restée bleue, présente une sorte de fluorescence rouge violacé et jusqu'à ce qu'un rapide examen microscopique montre que le protoplama des éléments a repris une teinte rosée; laver rapidement à l'alcool absolu, éclaircir au xylol. Cette méthode, d'un maniement un peu délicat, peut donner de très belles colorations et permettre de distinguer tous les détails de structure des *Leishmania*.

« Un diagnostic pathogénique d'une lésion encore douteuse est rendue possible grâce à ces méthodes. » (*Nattan Larrier*, 1912).

501. Pour l'étude des **Grégarines** (par exemple celles du tube digestif de la larve de *Tenebrio*), on prend un morceau d'intestin de cette larve, on l'incise et on le met sur la lame dans une goutte de sérum (solution physiologique). On sèche les préparations *très vite* pour fixer les animaux (*Frottis*). On place la lame dans le sublimé et on l'y laisse quinze minutes.

Lavage à l'alcool à 30°, cinq minutes. Lavage à l'eau distillée ou ordinaire.

Pour la coloration des noyaux, mettre la lame dans l'hématoxyline d'Ehrlich pendant deux à trois minutes (il est bon de suivre la coloration sous le microscope). Quand la coloration sera suffisante, laver la préparation à l'eau.

Pour colorer le cytoplasme, mettre la lame dans l'éosine pendant cinq à huit minutes (surveiller l'intensité de la coloration au microscope).

Une fois la coloration terminée, laver la préparation avec l'alcool à 30°. La déshydrater ensuite en remontant la série des alcools : 30°, 70°, 90°, 100°; le séjour dans ces divers alcools sera de plus en plus court : deux minutes dans l'alcool absolu. Passer ensuite par l'alcool — xylol (deux minutes), le xylol pur (dix minutes). Monter au baume de Canada.

Consulter aussi, pour l'histologie de la cellule, les travaux de : *Flemming* (1882, 91 *a* et *b* ; 95), *Hermann* (1893). *F. Henneguy* (1896) : *Leçons sur la cellule; Häcker* (1899); *Meves* (1903); M. *Heidenhain* (1907).

CHAPITRE II

EPITHELIUMS ET ENDOTHELIUMS

502. On se procure des **épithéliums frais,** en raclant légèrement avec un scalpel tranchant la surface de l'organe. Pour avoir des épithéliums pavimenteux, il faut s'adresser à la cavité buccale; pour observer des épithéliums vibratiles, le milieu classique est la muqueuse du palais de la grenouille, ou les lamelles branchiales des Lamellibranches. Beaucoup de parasites qui se rencontrent dans la vessie et le cloaque de la grenouille ont leur corps recouvert de cils vibratiles.

On examine tout d'abord les épithéliums dans la solution de sel physiologique, et on fera bien de se rendre compte de l'action des acides faibles et des alcalis sur le mouvement des cils vibratiles (1 partie de potasse caustique dans 1.000 d'eau; l'action des alcalis est excitante). Dans les préparations de la salive buccale, on rencontre de petits corpuscules salivaires, chez lesquels on observera des mouvements moléculaires.

503. On fait alors l'examen des **épithéliums** en les **isolant.** Pour cela, on place dans les *liquides dissociateurs* des lambeaux d'épithélium ou même des organes entiers recouverts d'épithéliums (par exemple l'intestin, la trachée); au bout d'un temps plus ou moins long, on peut, en les secouant ou en les effilant à l'aide d'aiguilles, voir les cellules s'isoler et nager librement; l'examen peut se faire dans le liquide dissociateur lui-même; ou bien encore, on additionne de glycérine, on colore en déposant une goutte de picrocarmin sur le bord du couvre-objet et on borde.

Parmi les dissociateurs les plus efficaces, nous signalerons :

504. L'alcool au tiers, de *Ranvier* (28 parties d'alcool absolu et 72 parties d'eau). Des lambeaux de moyenne dimension d'un épithélium frais séjournent de douze à vingt-quatre heures dans une petite quantité de ce liquide ; à l'aide de simples secousses, ou bien encore en les effilant sur le porte-objet au moyen d'aiguilles, on arrive à les dissocier. On obtient ainsi les cils des épithéliums vibratiles ; on peut, si l'on veut, colorer après coup sur le porte-objet.

Comme autres milieux isolants pour les épithéliums, nous citerons :

505. Le sérum iodé de M. *Schultze* (Voir § 84).

506. L'acide osmique à 1 $^0/_{00}$.

De petits morceaux restent vingt-quatre heures, ou plus, dans ce liquide ; on les lave ensuite dans l'eau, et on les effile soit dans l'eau elle-même, soit dans la glycérine.

507. Une solution très faible d'acide chromique à 1/10 $^0/_{00}$, qu'on laisse agir pendant vingt-quatre heures ou même pendant des semaines ; dans ce dernier cas, on ajoute un petit morceau de camphre.

508. Une solution très faible, de 1/2 à 1 $^0/_{00}$ de bichromate de potassium ou d'ammonium, ou bien, le **liquide de Müller**, étendu d'eau, qu'on laisse agir pendant au moins vingt-quatre heures et même pendant des semaines ; dans ce dernier cas, on ajoute un petit morceau de camphre.

509. Une solution à 1 à 2 $^0/_0$ de fluorure de sodium pendant quelques heures. Recommandée pour l'épiderme, les fibres du cristallin et les cellules musculaires lisses (*Levi*, 1904).

510. *Ewald* (1897) dissocie les épithéliums des muqueuses avec l'alcool au tiers de Ranvier pendant vingt-quatre heures ; il fixe dans l'acide osmique à 1/2 °/₀ et lave à l'aide d'un siphon (voir § 511) ; il verse alors de l'eau, laisse reposer et a, de nouveau, recours au siphon.

Pour les cellules vibratiles, la macération se fera plutôt dans le liquide de Müller que dans l'alcool au tiers. Epithélium du pharynx de la grenouille : dissocier pendant vingt-quatre heures ; colorer dans une solution aqueuse diluée d'hématoxyline ou dans le picrocarmin, en faisant usage du siphon de Mays ou du centrifugeur.

511. Dans le **siphon** du Dr **Mays**, que recommande *Ewald* (1897), la plus courte branche qui plonge dans le liquide est, à sa partie inférieure, recourbée de nouveau en haut, et tronquée très près du coude, l'ouverture libre du siphon étant ainsi dirigée en haut. Avec un pareil instrument, on peut enlever tout le liquide jusqu'à la dernière goutte, sans avoir à se préoccuper du dépôt.

512. En 1891, *Soulier* a attiré l'attention sur des mélanges déterminés de sulfocyanure de potassium ou d'ammonium et de liqueur de *Ripart* et *Petit* (Voir § 87), dont les proportions varient d'objet à objet, et qui rendent de précieux services pour la dissociation des épithéliums. Le sulfocyanure de potassium comme le sulfocyanure d'ammonium employés seuls agissent avec trop d'intensité comme isolants, et altèrent les épithéliums d'une façon extraordinaire. La liqueur de Ripart et Petit, au contraire, fixe, mais n'isole pas. Ce double fait a suggéré à l'auteur la possibilité d'obtenir par tâtonnements un liquide à la fois isolant et fixateur en vue de certains épithéliums. On peut encore, d'ailleurs, pour la même fin, combiner entre eux d'autres liquides, par exemple la potasse caustique en solution faible avec Ripart et Petit, etc.

513. Il est encore préférable de soumettre les cellules et les fibres qui ont déjà subi un commencement de dissociation à l'action d'un **centrifugeur**.

« Après avoir fait macérer convenablement le tissu, on le secoue dans un verre à essai, jusqu'à ce que ses éléments soient bien dissociés. S'il en reste encore des fragments grossiers, qui doivent être de prime abord mis de côté, on laisse déposer pendant quelque temps et on décante ; le liquide alors recueilli contient de nombreuses cellules.

« On centrifuge alors ce dernier, et on obtient une grande quantité de cellules sous la forme d'un dépôt épais ; on se débarrasse maintenant du liquide dans lequel on a fait macérer le tissu et on fait flotter les cellules dans de l'eau distillée où elles se lavent. On centrifuge de nouveau, on décante l'eau et on verse sur le dépôt la solution colorante dans laquelle flottent les cellules.

« La coloration s'effectue ; on centrifuge encore, on jette le colorant ; puis on a, pour la seconde fois, recours à l'eau et on centrifuge.

« Avec le centrifugeur, on opère le durcissement des cellules dans la série ascendante des alcools, en rassemblant toujours à nouveau celles-ci au fond du tube ; on termine par l'alcool absolu ; on centrifuge et on verse dessus du xylol ; la masse est soigneusement mélangée avec le xylol : on centrifuge pour la dernière fois, et on arrose celle-ci avec du xylol pur. » (*Heidenhain*, 1903 *a*).

514. Déjà en 1888, *Bovier-Lapierre* avait eu recours, pour la *dissociation des éléments anatomiques*, à un procédé mécanique fort ingénieux ; il employait très heureusement les mouvements produits par un *diapason*.

« Cet appareil, disposé horizontalement, est entretenu par un électro-aimant et une pile. Sur une de ses branches est fixé un petit vase vertical contenant dans une petite quantité d'eau le tissu à dissocier. Le diapason étant en route, on voit le plus souvent à la surface du liquide les figures concentrées d'un mouvement giratoire. Mais en réglant au moyen du buteur l'amplitude des vibrations, on arrive à un point où tout le liquide entre en mouvement et offre un aspect qu'on ne saurait comparer qu'à celui d'une ébullition : ces mouvements sont des dissociateurs parfaits. Ils peuvent durer aussi longtemps qu'on le veut, et l'ébullition pouvant être plus ou moins tumultueuse, leur action peut aussi être réglée.

« Le diapason dont je me sers donne cent vibrations à la seconde ; on peut employer cependant des diapasons plus aigus. Des vases en forme de tronc de cône, fixés par leur grande base sur le diapason, ou même affectant la forme de ballons Pasteur sont de beaucoup ceux qui donnent les meilleurs résultats.

« Il est nécessaire que le vase soit petit ; il faut qu'il soit en verre mince. La quantité de liquide qu'on y met doit être faible ; on obtient à la fin une sorte de bouillie claire dont une goutte peut immédiatement être montée en préparation.

« Enfin, en ajoutant de l'alcool goutte à goutte, il est possible d'amener peu à peu les éléments à passer dans ce dernier liquide sans ratatinement, même des plus délicates cellules. »

515. *A. Guilliermond* et *Mawas* ont étudié les caractères histo-chimiques des granulations des **mastzellen** dans le **mésentère** chez le chien et chez le rat.

a) Colorations vitales. — Ces granulations fixent électivement sur le vivant le rouge neutre en solution isotonique. Le bleu de méthylène en solution très diluée colore ces granulations d'une façon remarquable et légèrement métachromatique.

b) Coloration après fixation. — La plupart des fixateurs permettent de différencier les granulations des Mastzellen (le Perenyi altère toutefois ces corps).

On sait depuis longtemps que les granulations des Mastzellen se colorent d'une façon métachromatique avec la plupart des colorants basiques d'aniline, bleus ou violets (bleu de méthylène, bleu polychrome de Unna, violet de dahlia, thionine, bleu de toluidine, violet de méthyle, de gentiane, de crézyl RR, bleu de crézyl BB, brillant. — Kresylblau).

Le vert de méthyle les colore en rouge violacé, mais faiblement. La safranine et la fuchsine phéniquée de Ziehl (voir § 363), le rouge de ruthénium, au contraire, les colorent intensivement. L'hématéine, l'hématoxyline ferrique cuprique ne les colorent jamais.

c) Réactions microchimiques. — 1° Lorsqu'on décolore une préparation au bleu de méthylène par une solution aqueuse à 1 °/₀ d'acide sulfurique, tous les éléments du mésentère se décolorent immédiatement, excepté les granulations des Mastzellen qui conservent leur teinte bleu foncé, violacée.

2° Si l'on décolore de la même façon une préparation colorée au Ziehl, on obtient un résultat analogue.

3° Coloré au bleu de méthylène, puis traité par l'iodure — iodure de potassium — le mésentère prend une coloration jaune clair, et les granulations des Mastzellen, une teinte brun foncé caractéristique, disparaissant lentement au contact d'une solution aqueuse de carbonate de sodium à 5 °/₀.

4° L'eau bouillante dissout en une dizaine de minutes ces granulations : les Mastzellen, colorées après ce traitement par le bleu de méthylène, montrent une coloration diffuse, homogène, légèrement métachromatique : aucune granulation ne subsiste. Levaditi (1902) a montré que ces granulations sont solubles dans l'eau froide, ainsi que dans les alcalis et les acides. Guilliermond et Mawas ont eux-mêmes observé la dissolution des grains dans l'acide sulfurique à 5 °/₀ au bout de quelques minutes.

516. Des épithéliums ou des endothéliums frais examinés par leur surface, ne permettent à l'observateur de distinguer que très imparfaitement les limites respectives des cellules. Pour rendre ces limites apparentes, on a recours à la **méthode au nitrate d'argent.** [*Ranvier* (1868 et 1889).]

On lave rapidement dans l'eau distillée des membranes, des morceaux de mésentère (tendus d'après les instructions du paragraphe 520), de péricarde, minces et frais, des vaisseaux coupés ténus, des alvéoles pulmonaires insufflés d'air, etc., pour les débarrasser des globules du sang, etc., qui y adhèrent. On les porte alors dans une solution aqueuse à $1/2\ ^0/_0$ environ de nitrate d'argent où ils restent jusqu'au moment où ils commencent à perdre leur transparence. Ce moment arrivé, les morceaux passent de la solution de nitrate d'argent dans une grande quantité d'eau distillée et y séjournent exposés dans un endroit ensoleillé, jusqu'à ce qu'ils commencent à brunir. On lave encore fortement à plusieurs reprises à l'eau distillée, et on les examine dans la glycérine ou dans d'autres liquides analogues; ou bien on les transporte, mais par gradation, dans l'alcool absolu, dans lequel il faut avoir grand soin de déployer convenablement les membranes, c'est-à-dire de les étendre à l'aide d'aiguilles sur un liège. Xylol; baume de Canada.

Quand les opérations ont bien réussi, les limites entre les cellules ou les surfaces de contact des cellules paraissent noires; la substance cellulaire et les noyaux, incolores ou faiblement teintés.

On peut colorer les noyaux après coup, par exemple avec le carmin-hématoxyline; on fera très bien d'intercaler cette coloration après le traitement par l'alcool.

517. Dans cette **imprégnation**, le *nitrate d'argent se réduit* sur les lignes intercellulaires en formant un dépôt très fin, absolument noir, qui limite les contours de la cellule comme par un trait d'encre. Ce dépôt, constitué par de l'*argent métallique* ou par un oxyde d'argent, se fait sur le ciment qui unit les différentes cellules entre elles, et, comme on le dit, met en évidence ce ciment. Le nitrate d'argent ne se dépose jamais sur la cellule qui reste incolore et se détache vivement sur le dessin noir des traits de ciment ; le noyau est invisible. A cause de cela, on dit que l'imprégnation est *négative*, puisqu'elle porte sur des parties extérieures à la cellule. Dans d'autres cas, l'argent se dépose sur le corps même de la cellule, formant au sein du protoplasma un précipité granuleux, qui respecte absolument le noyau laissé incolore; on dit alors que l'imprégnation est *positive*.

L'imprégnation positive peut se produire accidentellement au cours d'une imprégnation négative ; cela arrive souvent lorsque la solution d'argent est très faible, 1 p. 500 à 1 °/₀₀ (*Ranvier*). L'imprégnation positive n'est pas recherchée en histologie (*In Vialleton*).

518. *Achard et Aynaud* (1906) admettent que **l'imprégnation par l'argent** des tissus est due à la présence du **chlorure de sodium** dans les tissus et à la formation d'un **précipité de chlorure d'argent** qui noircit à la lumière.

On rend, en effet, l'imprégnation impossible si l'on déchlorure les tissus dans une solution inoffensive de sulfate de sodium ou de sucre, et elle redevient facile si l'on rechlorure la pièce.

Si le rôle du chlorure de sodium dans le mécanisme de l'imprégnation paraît important, par contre celui de l'albumine semble minime ; la présence d'albumine gêne l'imprégnation, alors même que l'on emploie des sels d'argent qui ne la coagulent pas. Ce fait laisse à penser que le liquide intercellulaire, riche en chlorure de sodium, est pauvre en albumine.

518 *bis.* Les *endothéliums profonds* se trouvent bien de la méthode de l'imprégnation par injection interstitielle. On se sert avec succès du *liquide de Renaut* qui est ainsi constitué : on fait d'abord une solution A composée de :

$$\text{Solution A} \left\{ \begin{array}{l} \text{Sol. aq. saturée d'acide picrique} \\ \quad \text{dans l'eau distillée} \dots\dots\dots\dots \quad 80 \text{ cm}^3 \\ \text{Sol. aq. d'acide osmique à 1 p. 100.} \quad 20 \ — \end{array} \right.$$

Cette solution peut être conservée pendant quelque temps à l'abri de la lumière. Lorsqu'on veut faire l'imprégnation, on y ajoute, au moment de s'en servir, le nitrate dans les proportions suivantes :

$$\begin{array}{ll} \text{Solution A} \dots\dots\dots\dots\dots\dots\dots\dots & 4 \text{ parties} \\ \text{Nitrate d'argent à 1 p. 100} \dots\dots\dots\dots & 1 \ — \end{array}$$

Ce mélange est un excellent fixateur et imprègne très

bien. On peut d'ailleurs faire varier les proportions d'acide osmique et de nitrate d'argent; ainsi on peut employer le mélange suivant :

Solution A $\begin{cases} \text{Sol. aq. saturée d'acide picrique ..} & 66 \text{ cm}^3 \\ \text{Sol. aq. à 1 p. 100 d'acide osmique.} & 33 \text{ —} \end{cases}$

puis :

Solution A.................................... 3 parties
Nitrate d'argent à 1 p. 100.................... 1   —

Dans ce dernier mélange, l'acide osmique entre pour un tiers dans la solution A, le nitrate d'argent pour un quart dans la solution totale, tandis que dans le premier mélange indiqué, l'acide osmique entrait pour un cinquième dans la solution A, le nitrate d'argent pour un cinquième dans la solution définitive.

On maintient l'injection pendant une ou deux minutes, puis on porte le fragment injecté dans l'alcool à 90° qui achève la fixation.

Il s'agit ensuite de faire disparaître la teinte jaune due à l'acide picrique. Pour cela on peut laver l'objet dans de l'alcool à 70°, plusieurs fois renouvelé, et qui dissout mieux l'acide picrique que l'alcool à un degré supérieur. Enfin on fait les coupes, soit sans autre durcissement que celui donné par l'alcool, soit après inclusion au collodion ou à la paraffine.

519. D'après *Loewenthal* (1893), pour obtenir la *coloration des noyaux des cellules endothéliales* après le traitement par l'argent des séreuses, le carmin aluné donne, entre les mains des débutants, de meilleurs résultats que l'hématoxyline. Les préparations sont beaucoup plus propres, sans précipités. La membrane doit seulement être exposée aussi peu que possible à l'action du nitrate d'argent. La coloration du noyau est pâle. La préparation doit séjourner au moins une demi-heure dans le carmin aluné.

520. « Dans certains cas où l'on a affaire à des organes très rétractiles (épiploon) ou contractiles, parce qu'ils renferment des fibres lisses [vessie (voir chap. xiv), intestin (voir chap. xi), etc., etc.], il importe de fixer ces organes tendus, sinon la rétraction qu'ils subissent, lorsqu'on les enlève de la place qu'ils occupent dans l'organisme, plisse et froisse les éléments qui les composent, et rend les préparations moins belles et plus difficiles à interpréter. Ainsi lorsqu'on fixe un fragment d'intestin abandonné à lui-même, la contraction de ses tuniques musculaires, en le plissant de diverses manières, empêche d'avoir des coupes régulièrement perpendiculaires ou parallèles à son axe longitudinal, les seules qui donnent des images bien claires de sa structure.

« Pour remédier à cet inconvénient, on ouvre l'intestin, on le débarrasse de son contenu et on le fixe avec des épingles sur un cadre de liège, en le tendant modérément; puis, on le plonge dans le liquide fixateur. La fixation se fait alors régulièrement; toutes les parties des tuniques s'imprègnent également du réactif, ce qui n'arrive pas si on laisse se former des plis dont le fond est à peu près à l'abri du fixateur, et de plus, il est facile de faire des coupes perpendiculaires entre elles sur toute leur étendue.

« Les cadres tenseurs se font très facilement aux dimensions voulues ; on les découpe avec un bistouri dans des lames minces de liège que l'on trouve partout. Il ne faut pas se contenter de tendre la membrane contractile sur une lame de liège, car une de ses faces serait presque complètement à l'abri du réactif, mais il faut évider le milieu de

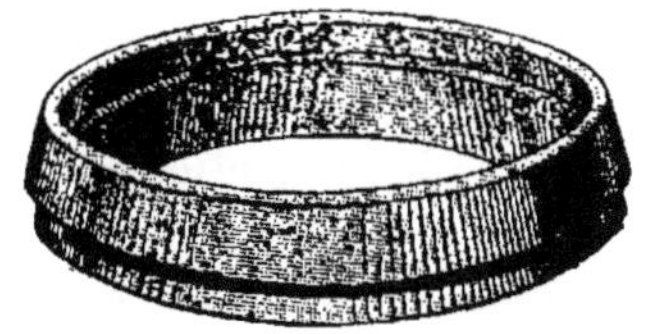

Fig. 16. — Anneaux d'Eternod.

la lame, de façon à en faire un cadre véritable, comme il a été dit. Il existe des membranes trop délicates pour pouvoir être fixées à l'aide d'épingles qui les déchireraient et qui doivent cependant être fixées à l'état d'extension: tels sont l'épiploon ou le mésentère de petits animaux, rats, cobayes, lapins, etc.

« Dans ces cas, on emploie des tenseurs imaginés par *Eternod*.

« Ce sont des anneaux en ébonite, très légèrement tronconiques et s'emboîtant les uns dans les autres, par paires. Lorsqu'on veut s'en servir, on glisse le plus petit des deux sous la membrane choisie, encore en place dans l'organisme, et on l'en coiffe comme de la peau d'un tambour; puis on enfonce par-dessus la membrane, l'anneau le plus large qui emboîte le précédent en serrant entre eux deux la membrane qui se tend régulièrement. Lorsque les deux anneaux sont entièrement emboîtés l'un dans l'autre, la membrane est maintenue en place; on peut alors la couper avec des ciseaux en suivant le contour de l'anneau extérieur et porter dans le fixateur choisi le petit système des deux anneaux conjugués et la portion de membrane qu'ils ont immobilisée.

« Il faut prendre garde de ne pas séparer les anneaux avant que la rétractilité de la membrane ait été abolie par l'action des réactifs, ce qui arrive en général après un temps assez court. En général, une portion d'épiploon ou de mésentère ainsi tendue ne revient plus sur elle-même après être restée un quart d'heure dans l'alcool à 90° ou quelques heures dans la liqueur de Flemming. Lorsque la rétractilité a été abolie, la membrane mise en liberté par la dislocation des anneaux tenseurs est devenue un peu rigide et ne revient plus sur elle-même. » [*Vialleton* (1899).]

521. En 1844, *C. Krause*, avec l'aide du nitrate d'argent, a mis à jour dans l'épiderme les limites respectives des cellules, et, dans une thèse soutenue en 1854 sous la présidence de *Coccius*, *Flinser* a fait remarquer qu'à la suite de la cautérisation de l'épithélium de la cornée par le crayon de nitrate, il se produit des précipités entre les cellules.

522. Pour faire la **solution de nitrate d'argent**, on

peut remplacer l'eau par l'acide osmique à 1/2 $^0/_0$ (O. et R. Hertwig) ou par l'acide nitrique à 2 ou 3 $^0/_0$. On laisse agir les liquides pendant un quart d'heure environ ; on lave un peu plus longtemps, à peu près une demi-heure à l'eau distillée, et on porte les objets dans l'alcool à 70°. On colore après coup, si l'on veut, avec l'hématoxyline ou le carmin, et on monte la préparation dans le baume de Canada, à la manière ordinaire.

523. *O. Schultze* (1907) ajoute à une solution à 2 $^0/_0$ d'argent 1 $^0/_0$ d'acide osmique, et laisse agir le mélange trente minutes ; puis il l'expose pendant le même temps en plein soleil, lave à l'eau distillée et réduit avec une solution à 1 $^0/_0$ d'hydroquinone ou une solution à 1 $^0/_0$ d'acide pyrogallique.

On peut aussi faire agir tout d'abord une solution à 2 $^0/_0$ d'acide osmique pendant vingt-quatre heures, et ensuite une solution au nitrate d'argent à 2 $^0/_0$.

524. On doit éviter avec le plus grand soin le contact des spatules en fer-blanc, d'aiguilles en fer, de pinces, etc., avec la solution d'argent, et l'on peut facilement s'aider d'instruments improvisés en bois, en corne, de poils ou de piquants. Deux simples piquants d'oursin tiendront lieu d'aiguilles ; deux petits morceaux de bois ou de corne convenablement taillés et fixés sur le prolongement d'une pince ordinaire, une lamelle mince et large de bois dur, feront très bien l'affaire dans ce cas.

525. *Regaud* et *Dubreuil* (1903) préconisent un *excellent procédé d'argentation des épithéliums* au moyen du *protargol*. — « Le nitrate d'argent et les divers sels minéraux ou organiques d'argent employés jusqu'à présent pour l'imprégnation des épithéliums présentent tous, à des degrés divers, l'inconvénient de former des précipités avec les chlorures et divers composés organiques dont sont imbibés les tissus. Cet inconvénient rend notamment impossible le lavage des tissus par la solution physiologique de sel préalablement à l'argentation. La difficulté peut, il est vrai, être tournée en composant un sérum artificiel (isotonique avec le plasma sanguin) au moyen de substances ne formant pas de précipité avec les sels d'argent : tels les nitrates et les sulfates alcalins.

« Nous avons cherché dans une direction toute différente la solution de ce petit problème de technique. Trouver un composé argentique ne précipitant ni par les chlorures ni par les albumines et les divers corps organiques imbibant les tissus, tout en se réduisant sur les ciments intercellulaires, était évidemment un idéal à atteindre. L'expérience nous a montré qu'il n'était point chimérique. C'est le *protargol* qui atteint le mieux le but que nous nous sommes proposé.

« Le *protargol* fourni par la maison Bayer et Cie, à Flers (Nord), se trouve sous forme d'une poudre jaune. Cette poudre est facilement soluble dans l'eau, et fournit une solution qui brunit assez rapidement à l'air et à la lumière. Le protargol est une combinaison d'argent avec une albumine végétale ; il contient 8,3 $^0/_0$ d'argent. Nous l'employons en solution à 1 $^0/_0$ dans l'eau distillée. Cette solution ne donne aucun précipité avec les chlorures ni avec les solutions d'albumine.

« Nos essais d'argentation avec le protargol ont porté sur des membranes péritonéales minces : épiploons et mésentères. Nous recommandons soit : 1° l'imprégnation par la solution pure de protargol ; 2° l'imprégnation avec fixation simultanée par un mélange d'acide osmique et de protargol. Supposons qu'il s'agisse d'imprégner un mésentère.

Premier procédé. — Une anse d'intestin est détachée d'un coup de ciseaux (sur l'animal venant de mourir), portée dans la solution physiologique de sel (7 ou 8 $^0/_{00}$), et, dans cette solution, étalée sur un cadre de liège au moyen d'épingles fixées à travers l'intestin. Le lavage de la pièce dans le sérum artificiel débarrasse les surfaces endothéliales des cellules (globules rouges, leucocytes) qui nuiraient à l'imprégnation ; le séjour dans le sérum doit être aussi court que possible (de quelques secondes à une minute). On pourra, bien entendu, tendre la membrane par un autre procédé quelconque, et laver les surfaces sous un jet (sans pression) de sérum artificiel. Au sortir du sérum, la membrane est portée dans une quantité suffisante de solution aqueuse à 1 $^0/_0$ de protargol *fraîchement préparée*, pendant deux à trois minutes. Après un nouveau lavage rapide au sérum artificiel, la membrane est fixée par immersion dans l'alcool, l'acide osmique à 1 $^0/_0$, etc. Les préparations sont ensuite colorées ou non, puis déshydratées, passées par l'essence de girofle, le xylol, et conservées dans le baume.

« *Deuxième procédé.* — On peut substituer, dans le procédé précédent, à la solution aqueuse de protargol, le mélange suivant :

Protargol à 1 $^0/_0$ .... | parties égales
Acide osmique à 1 $^0/_0$ .... |

« Ce mélange, qui ne se conserve pas, doit être préparé extemporanément. Les manipulations sont les mêmes que dans le premier procédé. On achève la fixation par l'alcool.

« Le procédé à l'acide osmique fournit une fixation parfaite et une imprégnation d'une remarquable finesse. Mais le procédé au protargol simple est très satisfaisant, et suffisant dans la pratique des démonstrations aux élèves. Dans ce dernier cas, les résultats obtenus plus facilement sont généralement meilleurs que ceux que donnent le nitrate d'argent.

« Le lavage préalable au sérum artificiel pourrait être supprimé, tandis qu'avec le nitrate d'argent, on ne pourrait guère se passer d'un lavage à l'eau distillée sous peine d'avoir une imprégnation impure. Le lavage au sérum est naturellement moins nocif que le lavage à l'eau distillée, et peut être prolongé pendant plus longtemps. Toutefois, il est préférable de le faire durer le moins de temps possible.

Après l'imprégnation au protargol, les colorations (picro-carmin, carmin aluné, hémalun, etc.) sont *aussi faciles que si aucune argentation n'avait été faite*, ce qui n'est pas ordinairement le cas des tissus traités par le nitrate d'argent.

« Une exposition convenable à la lumière (préparations déposées sur du papier blanc pendant quelques heures devant une fenêtre, mais non ensoleillées), fait apparaître comme des lignes noires très fines et très pures, les contours des cellules endothéliales. On doit n'avoir aucun précipité grenu dans les intervalles des traits intercellulaires. »

526. En traitant des tissus survivants tels que des mésentères, des tendons, de petits nerfs, etc., par une solution de sel marin au bleu de méthylène (Voir § 811) on réussit à mettre à jour les limites entre les cellules dans les endothéliums ou dans les cellules des tendons, et, secondairement, les croix de Ranvier.

527. Au sujet de l'*Imprégnation des tissus par le bleu de méthylène*, *Dogiel* s'exprime ainsi : On peut se servir du bleu de méthylène non seulement pour la coloration des éléments nerveux, mais aussi pour l'imprégnation des tissus lorsqu'il s'agit de mettre en évidence les *contours* des cellules épithéliales, ou d'obtenir des images négatives des lacunes (espaces non limités par un endothélium continu), et des fins canaux lymphatiques (tubes limités par un endothélium continu, etc.). Pour colorer la substance intercellulaire des cellules épithéliales, on choisit une muqueuse ou une séreuse quelconque, par exemple la muqueuse de la cavité buccale, celle de l'intestin, ou bien le péricarde, le péritoine, etc. On fait séjourner ces organes pendant quinze à vingt minutes dans une solution de sel marin au bleu de méthylène (1/2-1 %), et on les transporte ensuite dans une solution de picrate ou de molybdate d'ammonium, où elles resteront trente à soixante minutes.

Dans le premier de ces deux cas, il est indispensable de rincer préalablement la membrane choisie dans une première solution de picrate d'ammonium, avant de la mettre dans la solution de picrate définitive; cela fait, on procède à l'inclusion dans un mélange à parties égales de glycérine et de la solution de picrate d'ammonium.

Dans le second cas, il faudra laver les préparations pendant vingt à trente minutes dans de l'eau distillée, les déshydrater et les monter dans le baume.

En fixant le bleu de méthylène dans de la solution de molybdate d'ammonium, il est bon d'ajouter à cet agent une petite quantité de solution d'acide osmique à 1 2 %, par exemple 2 à 3 gouttes pour 30 à 50 centimètres cubes de la solution, attendu que, sans cela, l'épithélium pourrait, par endroits, se détacher de la surface des membranes qu'il recouvre.

Sur de semblables préparations, les *limites* des cellules épithéliales se détachent admirablement, et bien souvent les noyaux mêmes des cellules se colorent en même temps, d'où résultent des images bien plus instructives qu'avec l'imprégnation des tissus au nitrate d'argent. Quelquefois même on réussit à distinguer nettement les ponts plasmatiques qui passent à travers la substance intercellulaire colorée, sous la forme de minces lignes blanches.

Pour imprégner les lacunes et les fins canaux lymphatiques, les vaisseaux lymphatiques et sanguins, on met les membranes minces, par exemple la cornée, le centre tendineux du diaphragme, la capsule fibreuse des reins, etc., pendant vingt, trente, quarante minutes dans la solution de bleu de méthylène indiquée ci-dessus ; après quoi, on fixe le bleu de méthylène (Voir § 811 et suiv.).

Si on traite les préparations de cette façon, la substance fondamentale du tissu conjonctif se colore avec plus ou moins d'intensité, tandis que les lacunes et les fins canaux lymphatiques, ainsi que les vaisseaux lymphatiques et sanguins demeurent blancs et non colorés. De plus les limites des cellules des endothéliums et des fibres musculaires lisses ressortent nettement dans les préparations imprégnées au nitrate d'argent. Dans certains cas, au lieu d'images négatives, on obtient des images positives, c'est-à-dire que les lacunes et les vaisseaux lymphatiques se colorent, la substance fondamentale restant non colorée.

Au total, les préparations ainsi obtenues sont beaucoup plus nettes et démonstratives que les préparations traitées au nitrate d'argent ; en outre, contrairement à celles-ci, elles ne noircissent pas avec le temps.

528. On met en évidence le **réseau des lignes de séparation** des cuticules épithéliales, en se conformant aux prescriptions du paragraphe 344.

529. Pour rendre apparents les **ponts intercellulaires**, *Kolossow* (1892) recommande la méthode suivante qui présente de grands avantages : de fines membranes, de très petits fragments de tissus (des objets qui, même, ont été auparavant fixés), sont plongés pendant un quart d'heure environ dans l'acide osmique à 1/2 %, ou bien dans :

Alcool....	50 cm³
Eau	50 —
Ac. azotique conc	2 —
Acide osmique....................................	1-2 gr.

'Après quoi, ils passent dans une solution aqueuse de tanin à 10 °/₀ ou dans le développateur suivant :

Eau...	450 cm³
Alcool à 85 °/₀..................................	100 —
Glycérine.......................................	50 —
Tanin puriss....................................	30 —
Acide pyrogallique	20 —

(Pour fabriquer le développateur, on fait dissoudre 30 grammes de tanin dans 100 centimètres cubes d'eau ; on filtre au bout de un ou deux jours ; puis on ajoute au liquide filtré 30 grammes d'acide pyrogallique dissous dans 100 centimètres cubes d'eau ; enfin, on verse le restant d'eau, l'alcool et la glycérine.)

Les morceaux séjournent quelques minutes dans le développateur ; ils sont ensuite lavés pendant cinq minutes dans une solution étendue d'acide osmique. Eau distillée, alcool, etc. (Voir aussi § 1187).

530. *Kolossow* (1898) recommande la méthode suivante : on lave les vaisseaux des organes à étudier en faisant circuler dans leur intérieur une solution à 0,6 °/₀ de sel marin ; puis on leur injecte le mélange que voici :

Solution aqueuse d'acide osmique à 1/2 °/₀......	100 cm³
Acide nitrique...........	1/2-1 cm³
Acide acétique..	1 cm³
Nitrate de potassium........................ ...	10-12 gr.

Les organes débités en petits morceaux séjournent de seize à vingt-quatre heures dans l'acide osmique à 1/2 °/₀ et, pendant le même temps, dans une solution à 10 °/₀ de tanin que l'on renouvellera jusqu'à disparition complète de la teinte noire. Eau, alcool à 70, 85, 96° ; alcool absolu. On coupe dans la paraffine. La coloration n'est pas nécessaire.

531. *Woronin* (1898) préconise une méthode analogue : il colore les *coupes* dans l'acide osmique à 1 °/₀ pendant dix minutes ou plus, et les traite pendant le même temps avec une solution saturée de **tanin**; il les porte ensuite durant vingt minutes dans l'acide osmique et les lave alors dans l'alcool absolu pendant un temps plus long.

532. Les tissus qui, très frais, vivants si possible, ont été fixés dans les mélanges : sublimé-acide picrique, alcool-formol et formol-liquide de *Müller*, sont colorés d'après la méthode de *Unna* (d'après *Schridde*, 1907).

On prépare deux solutions :

I. **Bleu de méthyle**, 1 ; orcéine, 1 ; acide acétique, 5 ; glycérine, 20 ; alcool à 96°, 50 ; eau distillée, 100.

II. **Eosine**, 1 ; alcool à 80°, 100.

On mélange avec soin 10 centimètres cubes de la solution I avec 3 centimètres cubes de la solution II ; les préparations se colorent pendant dix minutes dans ce nouveau liquide.

Les coupes à la paraffine de 5 µ d'épaisseur, sont collées avec l'albumine glycérinée.

Le traitement ultérieur se fait de la manière suivante :

1° On lave les coupes dans l'eau ; 2° on les expose dans une solution aqueuse à 1 °/₀ de safranine O (Grübler) pendant dix minutes ; 3° on les passe à l'eau distillée ; 4° on les fait séjourner de dix à trente minutes dans une solution aqueuse à 0,5 °/₀ de bichromate de potassium ; 5° second lavage à l'eau distillée ; 6° alcool, toluène, baume.

Les coupes doivent paraître violettes. Les limites cellulaires et les cils vibratiles avec leurs corpuscules basaux s'y montrent colorés ; une teinture tout spécialement réussie impressionne les fibres protoplasmiques des cellules épineuses ou crénelées.

533. Dans les organes à épithélium mixte (épithéliums pavimenteux et vibratile ou cylindrique), on peut, en les observant par leur surface, reconnaître à la loupe la **distribution de l'épithélium** ; *Zilliacus* préconise la méthode suivante : on enlève à un animal certains organes, tels que le larynx, l'utérus, etc., on les lave très minutieusement

dans la solution physiologique de sel, et on les fixe pendant
vingt-quatre heures dans :

Solution saturée d'acide picrique.................... 1 vol.
Solution saturée de sublimé....................... 1 —
Eau distillée..................................... 2 —

A leur sortie de ce mélange, les morceaux sont lavés une
heure à l'eau courante et portés ensuite dans une solution
aqueuse saturée d'acide picrique où ils restent de deux à
trois jours. Après leur lavage dans l'eau ordinaire, ils sont
colorés pendant environ deux minutes dans l'Hémalun de
P. Mayer. On les fait passer enfin, s'il est nécessaire, dans
une solution à 1 $^0/_0$ de carbonate de soude et on lave, etc.
L'épithélium pavimenteux apparaît jaune; le cylindrique,
vert foncé.

CHAPITRE III

SANG ET LYMPHE

534. Les globules rouges du sang peuvent s'obtenir directement. On se procure une goutte de sang en se piquant soi-même, par exemple à la surface inférieure du doigt ; on presse suffisamment pour faire sortir la goutte ; on peut la porter directement sur le porte-objet, la recouvrir d'une lamelle et l'examiner.

Pour obtenir les globules dans leur disposition en *piles de monnaies* (voir § 550), on prendra une goutte plus grosse ; il faut opérer rapidement, parce que les globules ne tardent pas à s'altérer très profondément par suite de l'évaporation ou pour toute autre cause.

On obtient de meilleurs résultats en plaçant au-dessus de la piqûre deux couvre-objet serrés l'un contre l'autre et en faisant alors sortir la goutte de sang ; celle-ci s'introduit naturellement dans l'espace capillaire et s'y répand en une mince couche. Au lieu de deux couvre-objet, on peut encore naturellement combiner d'une manière convenable un porte-objet et un couvre-objet. Cela fait, on a soin d'éviter l'entrée de l'air dans la goutte que l'on va examiner, et pour cela, on borde d'huile le couvre-objet.

535. A l'étude d'un nombre suffisant des globules rouges sans altération succédera immédiatement celle d'une goutte de sang sur une préparation montée sans grande précaution. Les globules se hérissent de pointes ; ils deviennent successivement **crénelés** et **épineux**. On ajoute de l'eau à ces préparations, et aussitôt on voit se gonfler les globules que l'eau a atteints. La matière colorante des globules (l'hémoglobine) se dissout alors dans l'eau, et les globules eux-mêmes, de plus en plus pâles, se dérobent bientôt à l'œil de l'observateur. L'addition d'une solution de chlorate de potassium à 5 % provoque un ratatinement très accentué des globules, qui réapparaissent colorés par l'hémoglobine. On obtient le même résultat avec le chlorure de sodium et le sel de Glauber (sulfate de sodium) (*Schwalbe E.*).

536. Sous l'action de l'acide acétique étendu, les globules se gonflent au premier contact de l'acide, se rembrunissent et ne tardent pas à perdre leur matière colorante.

537. On ne doit pas oublier de faire intervenir la **bile** du même animal ; on a en effet, alors, l'occasion d'assister à une dissolution directe des globules; ils se gonflent et font véritablement explosion.

538. La couche corticale des **Erythrocytes** ne se laisse pas traverser par les solutions de sel marin, qui provoquent leur ratatinement, mais bien par l'urée.

Les érythrocytes ne sont pas pénétrés par des sels de soude, de potasse, de chaux, de baryte, de strontium, etc., pas plus que par la dextrose et l'inosite : ils se ratatinent dans ces substances. Ils sont, au contraire, pénétrés par le chlorate d'ammonium, l'acétate d'ammonium, l'oxalate d'ammonium, l'alcool méthylique et éthylique, la glycérine, l'acétamide, le biuret, la pyridine (*Cohnstein*, 1896).

539. On révèle le **filament marginal** (décomposable en fibrilles) de *Meves* sur des globules rouges frais en ajoutant à une goutte de *sang* du violet de gentiane ou du violet de méthyle, en solution à 1/4-1/2 %.

540. Pour l'examen des plaquettes du sang, on emploie la **liqueur d'Afanassiew** (1884) : on dissout 0ᵍʳ,6 de peptone desséchée dans 100 parties de la solution de sel physiologique; on ajoute : 1 : 10.000 ou même 1 : 20.000 de violet de méthyle, et on fait bouillir le mélange. On en

dépose une goutte sur la peau, par exemple à la face inférieure du doigt, après avoir eu soin de la bien nettoyer ; on
fait une piqûre au-dessous de cette goutte, de façon que le
sang pénètre directement dans la liqueur sans entrer en
contact avec elle. Cette liqueur conserve aussi les globules
rouges et blancs.

Comme elle s'altère avec beaucoup de facilité, il faut avoir le
soin de stériliser les flacons destinés à la renfermer ; on la filtre
après l'avoir fait bouillir, et on y ajoute une quantité très minime
de sublimé ou d'acide phénique.

541. Dans ses *Recherches sur la formation des globules
rouges des Mammifères*, J. *Jolly* (1907) préconise la méthode suivante :

Pour la **fixation** du sang frais, non desséché, il s'est
servi soit des vapeurs d'acide osmique, soit des mélanges
chromo-osmiques et des solutions de sublimé. Après l'action des vapeurs d'acide osmique, l'adhérence est obtenue
par simple dessiccation. En prenant soin de laisser agir les
vapeurs peu de temps (une demi-minute au plus), on peut
employer les modes de coloration les plus variés (*Weidenreich*).

Avec les mélanges chromo-osmo-acétiques (ac. chro-
mique à 1 $^0/_0$, 30 vol. ; ac. osmique à 1 $^0/_0$, 10 vol. ; ac. acétique, 0,2-0,5), l'adhérence est produite par l'action coagulante de ces réactifs.

Contrairement à ce que semblent croire *Barjon* et *Regaud*
(§ 566), le sang reste parfaitement adhérent à la lame et ne
s'en va nullement au lavage. Cette méthode, il est vrai, fixe
mal la forme des globules rouges des Mammifères, mais
elle est précieuse pour toutes les questions de structure ;
aucune ne fixe le *noyau* des cellules sanguines avec la même
netteté. Toutes les colorations sont possibles avec ou sans
l'emploi de mordants, suivant les cas.

Jolly a aussi utilisé la *fixation du sang frais par sédimentation* dans le *formol*, suivant la formule de la solution

recommandée par *Marcano* pour la numération des hématies (solution de sulfate de soude D. 1,022, 100 vol. ; formol
du commerce, 1 vol.). Les globules tombent lentement, et,
si la quantité de liquide est suffisante, ils se trouvent fixés
lorsqu'ils sont arrivés au fond du tube. On décante; une
goutte du sédiment est déposée sur la lame. Pour obtenir
l'adhérence du sédiment, il suffit de dessécher; l'action
fixatrice s'étant exercée sur le tissu frais, la dessiccation
n'a plus les effets nuisibles qu'elle aurait si on l'avait fait
agir d'abord. (La méthode de *Barjon* et *Regaud* n'a pas
donné à l'auteur de bons résultats.)

Jolly a aussi étudié le sang *en place*, soit sur des coupes
d'organes hématopoïétiques bien fixés, particulièrement
dans les vaisseaux du foie des embryons, soit dans les vaisseaux des membranes péritonéales, soit enfin en fixant un
segment vasculaire (appartenant à une très petite veine,
par exemple) isolé entre deux ligatures. Le mélange de
Rabl (§ 161), recommandé par *Retterer* pour la fixation des
globules rouges dans un segment vasculaire isolé, convient
très bien.

Comme **colorations**, l'auteur a surtout employé, pour le
sang, l'éosine-orange, l'hématéine, la toluidine, le mélange
triacide d'Ehrlich et le bleu azur-éosine. Il a utilisé le mélange de *Giemsa* et la méthode de *Cochinal* (*Jolly* et *Vallée*,
1906). Dans la méthode de *Cochinal*, on fait agir successivement une solution de toluidine et une solution de bleu
azur, de la façon suivante : dessiccation, fixation par l'acide
chromique à 1 $^o/_{oo}$, tanin à 5 $^o/_o$, alcool à 70°, dessiccation.
Cette méthode donne très peu de précipités, et la coloration
préalable par la toluidine permet d'éviter la fixation du bleu
azur sur les hématies qui restent bien colorées par l'éosine.
Le bleu est suffisamment fixé pour qu'on puisse ainsi monter la préparation en déshydratant et en éclaircissant, sans
dessiccation.

Cette coloration peut être employée après différentes
méthodes de fixation.

Après la fixation par les vapeurs d'acide osmique agissant sur le sang frais, Jolly a utilisé les combinaisons éosine-orange-toluidine, éosine-orange-hématéine, la toluidine seule, le mélange de Giemsa, la méthode de Cochinal. Ces différentes méthodes peuvent être employées après l'action fixatrice des mélanges chromo-osmiques sur le sang frais, et on peut ici, de plus, utiliser à peu près toutes les méthodes cytologiques : en particulier l'hématoxyline au fer, et les combinaisons de la safranine et du magenta avec les couleurs plasmatiques.

Après la fixation par sédimentation dans le liquide de *Marcano*, le mieux est de colorer à l'éosine-hématéine.

Il convient de ne faire agir le colorant que lorsqu'on a plongé la préparation dans l'eau pour dissoudre les cristaux de sulfate de soude qui se sont formés sur la lame.

Pour la fixation des membranes, *Jolly* s'est servi de la méthode usuelle, connue depuis *Ranvier* sous le nom d'*étalement par demi-dessiccation*. Il faut arriver à la dessiccation presque complète des bords de la membrane pour produire l'adhérence à la lame, et conserver absolument humide la surface de la membrane. C'est en observant cette précaution qu'on obtiendra de bonnes fixations. Il faut étaler directement sur lame et ne pas se servir d'un véhicule intermédiaire comme l'eau salée. Les fixateurs les plus recommandables ici sont le sublimé acétique, les mélanges de Flemming avec peu d'acide acétique, le mélange de Zenker et le liquide de *Dominici* employé de la façon suivante : solution de sublimé saturée à froid, chauffée à 37-40°; solution d'iode à saturation dans l'alcool à 90° faite au moment de la fixation, ajoutée à la solution chaude de sublimé jusqu'à commencement de précipitation d'iode; mélanger avec égal volume de liquide de Müller; se servir *immédiatement* de la liqueur. Lavage à l'eau et dans l'alcool faible.

Comme comparaison, et pour être sûr d'éviter les artefacts dus à l'étirement, il est bon, suivant la recommandation d'*Hugo Fuchs*, d'injecter le liquide fixateur avec une seringue ou une pipette, directement dans la cavité abdominale, aussitôt après décapitation,

Pour l'étude de la moelle osseuse, Jolly a employé soit la méthode des empreintes sur lame (*Malassez*), soit les coupes à la paraffine de petits fragments. La fixation des empreintes était obtenue, soit par les vapeurs d'acide osmique, soit par le sublimé acétique, les mélanges chromo-osmiques ou le liquide de Dominici. Dans les *côtes* des fœtus de mouton et de porc de 25 à 40 centimètres, on trouve en général une *moelle* liquide comme le sang, malgré sa richesse en cellules lymphatiques; on peut donc l'étaler délicatement sur la lame et fixer sans dessécher dans les mélanges chromo-osmiques ou dans le sublimé, ou bien exposer aux vapeurs d'acide osmique.

Pour la fixation des fragments de moelle osseuse et d'autres tissus hématopoïétiques, rate, foie embryonnaire, il a eu recours au liquide de Dominici et au liquide de Zenker. Le premier fixe admirablement l'*hémoglobine*, mais a un pouvoir de pénétration extrêmement faible; le second pénètre beaucoup plus, mais fixe un peu moins sûrement l'hémoglobine.

Pour la coloration, il s'est servi de la plupart des combinaisons usuelles et des combinaisons précieuses : hématéine — safranine, mélange de Pappenheim (vert de méthyle, pyronine), etc.

Le mélange bichromate — formol — acétique de *Morel* et *Dalous* (1903) (§ 367) et les solutions colorantes formolées recommandées par ces auteurs, donnent aussi de bons résultats. (*Jolly* donne, dans le courant de son Mémoire. (Voir notre *Bibliographie*), les réactions colorantes *spéciales* qu'il a utilisées pour des fins déterminées.)

542. *Vallet* (1906) s'est bien trouvé de la technique suivante pour colorer les *plaquettes du sang* ou *hématoblastes* chez l'homme.

« On étale en couche mince, sur une lame de verre nettoyée

à l'éther, le sang qui sort de la piqûre d'un doigt, on sèche rapidement sans chauffer fortement, et on fixe par l'alcool absolu (une heure). On dépose ensuite sur la lame une quantité suffisante du colorant préparé dans les proportions de 10 gouttes de Giemsa (de chez Grübler) pour 10 centimètres cubes d'eau. La coloration se fait assez rapidement, puisque, au bout d'un quart d'heure, on peut déjà apercevoir les plaquettes; mais il vaut mieux laisser agir le colorant pendant deux heures. On lave ensuite sous un courant d'eau, on sèche au buvard et on examine avec l'immersion. Le grossissement de 1.000 à 1.100 diamètres suffit, mais un bon objectif est nécessaire. Cette technique très simple est à recommander, spécialement aux cliniciens. »

Vallet insiste sur la *résistance* méconnue des plaquettes du sang « elles se retrouvent bien, conservées et nombreuses, dans des préparations pour lesquelles le sang a été recueilli sans précautions spéciales, puis colorées comme nous l'avons indiqué. Si l'on mélange une goutte de sang et une goutte d'eau, on retrouve encore, après coloration, les hématoblastes visibles, au milieu des hématies méconnaissables.

« Les plaquettes du sang sont pour la plupart isolées dans les préparations du sang humain; on ne rencontre que rarement des îlots de deux ou trois éléments. Elles ont encore une propriété intéressante, qu'il est facile d'étudier après coloration, c'est l'*adhésivité*. Si l'on dépose, sans l'étaler, une goutte de sang sur un porte-objet et si on laisse couler ensuite un filet d'eau sur elle, les éléments du sang sont entraînés, sauf les plaquettes que l'on peut ensuite fixer et colorer. On les trouve alors en grande quantité dans la zone qui a été en contact avec le sang.

« Toutes les observations qui précèdent peuvent être faites à l'aide du procédé clinique que nous avons indiqué; mais si l'on emploie l'acide osmique, il faut être prévenu que la réaction colorante des hématies est changée; au lieu d'être teinte en jaune pâle par le Giemsa, elles se colorent assez fortement en bleu.

« L'aspect général de la préparation est par suite notablement modifié (les plaquettes gardent leur coloration habituelle). »

Etudiant ensuite les *plaquettes dans la série animale*, l'auteur a fait les constatations suivantes :

Chez le cobaye et le lapin, ces éléments diffèrent peu de ceux de l'homme.

Chez le rat blanc, leurs granulations paraissent plus fines; mais, chez cet animal, on les rencontre souvent en amas composés de nombreux éléments; chez la vache, le mouton et la chèvre, elles paraissent plus rares que chez l'homme et, bien que les globules rouges de ces animaux (de la chèvre surtout) soient de petite taille, les plaquettes ont des dimensions comparables à celles qu'ont ces cellules chez l'homme.

543. De nombreux liquides employés comme fixateurs provoquent dans les globules du sang des modifications grossières dans leur structure et leur forme; c'est le cas de la solution de *Hayem* (*Kaiserling* et *Germer*, 1893).

544. *Ewald* (1897) (p. 257 et suiv.) recommande l'**acide osmique** pour l'étude des globules du sang : les globules rouges y acquièrent une teinte vert olive ; pour les Amphibiens et les Reptiles, on emploie une solution à 0,5 $^0/_0$ d'acide osmique dans de la solution de sel à 0,6 $^0/_0$; pour les Mammifères, une solution à 0,5 $^0/_0$ d'acide osmique dans de la solution de sel à 0,9 $^0/_0$.

On mélange 3-4 gouttes de sang avec 10 centimètres cubes du liquide.

Sur l'endroit où se fait l'incision, on verse un peu de ce liquide afin que le sang ne se trouve jamais au contact de l'air, comme on l'a indiqué au paragraphe 540 ; puis on agite, et, au bout de vingt-quatre heures, on transporte le dépôt dans un petit tube à essais qu'on remplit d'eau ; on laisse reposer, on enlève ensuite la liqueur avec le siphon de Mays (Voir §511), et on répète encore une fois l'opération.

Pour des globules nucléés, on verse une solution de carmin aluné qu'on fait agir pendant vingt-quatre heures ; après quoi, on a recours au siphon et on ajoute de l'alcool à 50° où les globules peuvent séjourner pendant des années (pièces de démonstrations pour les cours). Le montage se fait soit à travers l'alcool absolu, l'essence de girofle et le baume de Canada en se servant du siphon, soit encore dans la glycérine. Dans ce cas encore, on peut avec succès avoir recours au centrifugeur. *Heidenhain* (1903 *a*). (Voir aussi pour la coloration des globules rouges, § 653.)

545. Nous possédons une série de méthodes de coloration pour reconnaître les **globules rouges sur des coupes** dans les vaisseaux d'objets fixés.

546. La double coloration par l'**hématoxyline** et l'**éosine** (voir § 383) communique aux globules rouges une teinte rouge d'un éclat tout particulier qui les fait reconnaître immédiatement.

547. *Wissozky* (1877) fait agir l'éosine sur l'hémoglobine aux doses suivantes :

Eosine	1
Alun	1
Alcool	200

La réaction se fait encore mieux quand on a traité au préalable les globules du sang pendant deux minutes par l'acide osmique à 1 $^0/_0$ (*Thanhoffer*, 1877).

548. L'acide picrique montre la plus grande affinité pour les globules rouges. Exposés à un mélange d'acide picrique et d'un autre colorant acide, ceux-ci se laissent colorer par l'acide picrique.

549. Pour les préparations au sublimé, *R. Heidenhain* (1888) recommande la méthode de **Ehrlich-Biondi** (Voir § 405) qui colore le sang en orange.

Le mélange de *sublimé* et de *chlorure de sodium* fixe relativement bien les globules rouges et ne dissout que peu l'hémoglobine ; il est préférable à la solution aqueuse de sublimé (*H.-F. Müller*).

550. Pour se rendre bien compte de la forme des hématies des Mammifères et de leurs parties constituantes, *Retterer* (1906) recommande la technique suivante :

« Sur l'animal vivant (cobaye, chien, lapin), je dénude une veine sous-cutanée ou abdominale ; en deux points, distants de quelques centimètres, je passe un fil, et, après ligature, j'enlève le tronçon vasculaire que je plonge dans ma solution de chlorure de platine et de sublimé (mélange de Rabl : chlorure de platine à 1 $^0/_0$, 1 volume ; sublimé, solution saturée aqueuse, 1 volume ; eau distillée, 2 volumes).

« Après un séjour de un ou deux jours, puis lavage à l'eau et à l'alcool, j'étudie les hématies de deux façons : 1° je fais des frottis ; mais, comme on a affaire à du sang fixé, il en faut coller les éléments avec de l'eau albumineuse sur la lame de verre ; 2° j'inclus le vaisseau et son contenu dans la paraffine, et je les débite en coupes de 2 à 5 μ que je monte comme à l'ordinaire. Ensuite, je colore les préparations, soit à l'hématoxyline, soit au rouge bordeaux, soit successivement à l'hématoxyline ferrique et au rouge bordeaux.

« Bien mieux que les méthodes classiques, cette technique montre la vraie forme et la constitution réelle de l'hématie.

« De plus, l'examen du sang fixé dans le vaisseau et coloré ensuite permet de se faire une idée de la disposition en *piles de monnaie*, que tendent à prendre les hématies en *voie de désorganisation*. On ne voit s'accoler et s'agglutiner avec facilité que les hématies entourées de l'enveloppe de protoplasma clair. La réunion en piles n'est donc pas le fait de l'attraction de corps mobiles quelconques suspendus dans un liquide ; elle n'est pas davantage fonction de la viscosité de l'hématie ; car, dans le sang vivant ou convenablement fixé, elle ne se produit point.

« Voici comment il faut procéder pour prendre, pour ainsi dire sur le fait, la réunion en pile. Après avoir choisi sur l'animal vivant un vaisseau sanguin à parois épaisses (pour que le liquide fixateur ne pénètre que lentement et difficilement), on le lie en deux points, on enlève le tronçon ligaturé et on le plonge dans le fixateur. Alors de nombreuses hématies commencent à adhérer entre elles, deux par deux, et cette agglutination se fait toujours par les portions épaissies de l'enveloppe de protoplasma transparent. On arrive ainsi, par une étude attentive, à se convaincre que la réunion en pile tient à un commencement d'altération du protoplasma cortical. »

551. On dévoile la présence des **globules blancs** dans le

sang des Mammifères, en ajoutant un peu d'acide acétique
à une goutte de sang sur le porte-objet. Lorsque les globules rouges ont perdu leur netteté (voir § 535), les noyaux
des globules blancs apparaissent clairement.

552. On peut observer les **mouvements amiboïdes** des
globules blancs du sang des Mammifères, en exposant les
préparations à une température correspondant à peu près
à celle du corps ; on y arrive au moyen de la platine chauffante. Il faut opérer rapidement. A la température ordinaire, il est possible de constater les mouvements amiboïdes des globules blancs chez les Amphibiens, par exemple
chez la grenouille et la salamandre ; on voit ces mouvements encore plus nettement dans la lymphe de l'écrevisse
commune (voir § 554).

553. Pour faire des préparations microscopiques à une température constante, d'un degré d'élévation déterminé, on a construit une série d'appareils connus sous le nom de **platines
chauffantes.** Celle de M. Schultze (1865) est à la fois simple et
bien appropriée à sa destination.

Elle se compose d'une plaque de laiton que l'on peut fixer avec
des crampons à la platine du microscope ; cette plaque présente
en son milieu une ouverture correspondant au trou de la platine et qui permet le passage des rayons lumineux. Tout près de
cette ouverture se trouve un thermomètre disposé de façon qu'on
peut lire constamment la température de la platine, et par suite
celle de l'objet qu'elle supporte ; la table de laiton se prolonge
latéralement en deux bras sous lesquels on peut établir des
lampes à alcool ; elles transmettent par conductibilité à la table
le degré d'élévation de température désiré.

Il existe des appareils modernes qui sont plus maniables et plus
exacts, par exemple la platine chauffante du D⊕ *Malassez* (*fig.* 17).

Cette platine, entièrement métallique, comme celle de Max
Schultze, dont elle est un perfectionnement, est aussi simple et
plus pratique que cette dernière. La chaleur est transmise par
une seule lame métallique qui arrive au milieu de la plaque
chauffante, au voisinage de la préparation. Comme cette lame est
articulée à la façon d'un mètre de poche, on peut placer où l'on
veut la flamme chauffante. La préparation n'est pas uniquement
posée à nu sur la platine ; elle est introduite dans une chambre
métallique qui l'entoure et la chauffe de tous les côtés. Des portes

à coulisse ferment cette chambre en maintenant en place la préparation ; à côté de cette dernière, on peut introduire un thermomètre indiquant la température atteinte.

554. Si l'on observe des mouvements amiboïdes sur une platine chauffante en se servant de porte-objet de **verre** ordinaire, on ne tarde pas à les voir bientôt se ralentir, et cesser même complètement : le verre est nuisible aux cellules.

Aussi *Deetjen* (1906) recommande-t-il, dans ce cas, l'emploi de lames et lamelles de **quartz** ; les mouvements

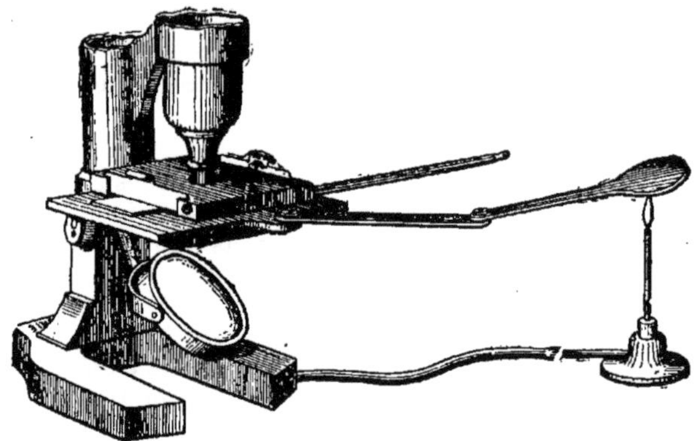

Fig. 17. — Platine de Malassez.

amiboïdes s'y montrent plus intenses et durent beaucoup plus longtemps : un lymphocyte et un leucocyte y conservent leur vitalité pendant des jours entiers (on se procure ces porte-objet et ces couvre-objet chez Zeiss d'Iéna). Le quartz présente, toutefois, l'inconvénient de ne pas autoriser l'observation à l'immersion homogène.

555. Il ressort de l'expérience suivante une preuve indirecte du mouvement amiboïde des leucocytes : on introduit un petit morceau de moelle de sureau dans un des cœurs lymphatiques d'une grenouille, organes qui se trouvent dans la région dorsale ; on coud la blessure. Au bout de vingt-quatre heures, on tue l'animal, on fixe le petit morceau de sureau, on l'imprègne avec

la paraffine, on le coupe et on le colore. On le trouve alors entièrement traversé de leucocytes.

Voici la **méthode d'Arnold** :

Il stérilise dans une solution bouillante du chlorure de sodium
à 0,6-0,7 % de petites plaquettes de moelle de sureau ; il les
débite au moyen du microtome en tranches aussi minces que
possible, et les introduit dans le sac lymphatique. Au bout de
quelques heures, leurs mailles sont bourrées de cellules migratrices. On les retire alors du sac lymphatique pour les appliquer
contre un grand couvre-objet bordé de vaseline que l'on dispose
sur un porte-objet à cellule.

556. On arrive à conserver les globules rouges ou les
globules blancs, en **enfumant de vapeurs d'acide osmique** une couche de sang très mince étendue sur le
porte-objet (voir § 124).

Il faut préalablement enfumer aussi l'endroit de la lame
avec lequel la goutte de sang doit venir en contact. L'observation se fait dans l'eau ou la solution physiologique de sel.

557. Sur les préparations précédentes, on voit nettement
la forme de cloche des érythrocytes.

Weidenreich croit avoir démontré que **la forme de
cloche des globules rouges** représente la forme normale
de ces éléments dans le corps vivant. « L'opinion de *Weidenreich* est rejetée par la plupart des hématologistes. »
(*Nœgeli.*)

558. *F. Huber* recommande d'**enfumer** de vapeurs de
formol, pendant cinq minutes, des préparations que l'on
refixe ensuite dans l'alcool à 95°.

559. Pour **étendre la goutte de sang** sur le porte-
objet ou sur le couvre-objet, on introduit par capillarité
une goutte de sang fraîchement retirée de l'animal entre
deux couvre-objet superposés, qu'on sépare l'un de l'autre.
On peut aussi placer une petite goutte sur une lamelle que
l'on recouvre simplement d'une autre, sans exercer aucune
pression ; puis on attend que le sang se soit étendu entre
ces deux lamelles, et, à ce moment, on les sépare l'une de
l'autre en tirant lentement.

560. Les préparations ainsi obtenues sont soumises, pendant trente secondes environ, à une température de 120°, soit dans un autoclave, soit sur une petite table de *Born* à l'endroit où les gouttes d'eau, sous l'action de la chaleur, roulent en se transformant en petites perles (phénomène de *Leidenfrost*) (*Ehrlich*).

Si l'on élève fortement la température d'une petite table de Born en cuivre, toutes les parties de celle-ci ne se trouvent pas également chauffées : les régions qui sont plus près de la flamme seront plus chaudes que celles qui en sont plus éloignées.

De l'eau jetée sur cette table de Born se transforme plus ou moins vite en vapeur. Toutefois une zone très étroite fait exception à cette règle ; là, les gouttes d'eau conservent leur forme arrondie, se déplacent activement en roulant, et ne s'évaporent que lorsqu'elles atteignent les régions voisines. La température de cette zone oscille entre 120° et 125°.

561. Il est possible de colorer à nouveau les préparations qui ont subi ce traitement, à la condition que les globules du sang aient été, après la dessiccation, collés d'une façon suffisante sur le porte-objet, pour permettre les manipulations nécessaires.

La double coloration par l'hématoxyline et l'éosine trouvera ici avantageusement sa place. On peut commencer soit par l'hématoxyline, soit par l'éosine.

562. Une excellente méthode à suivre pour faire des **préparations du sang** consiste à étendre le sang en couche aussi mince que possible sur le porte-objet (Voir § 559), et à plonger ce dernier immédiatement après, pendant dix minutes, dans une solution aqueuse concentrée de sublimé au sel marin (voir § 145). On la lave alors avec de l'eau que l'on renouvelle plusieurs fois ; on peut porter la préparation directement, ou bien dans le colorant, ou, entre les deux, dans l'alcool. Cette méthode fixe convenablement les globules du sang et de la lymphe ; elle permet, grâce au collage possible, une série de doubles colorations (par exemple hématoxyline-éosine ; vert de méthyle-éosine, l'orange pouvant remplacer l'éosine).

563. La dessiccation à la température de 120°, température qu'on ne peut obtenir qu'avec des appareils spéciaux doit être, d'après *Nikiforoff*, complètement remplacée par l'immersion de la préparation pendant une à deux heures dans un mélange à volumes égaux d'alcool absolu et d'éther. (L'alcool ne devra pas contenir d'eau ; on la lui enlève au moyen de sulfate de cuivre calciné (voir § 181). Ces préparations sont alors séchées à l'air ; on pourra les colorer d'après la méthode d'*Ehrlich*, et cela avec le même succès.

564. *O. Duboscq* (1898) s'est bien trouvé de la méthode suivante pour l'étude du *sang des Chilopodes*. Il place sur la lame une goutte d'une huile inodore et purifiée, comme les huiles à machine. C'est sur cette goutte qu'il dépose la gouttelette de sang contenant les globules, qu'il aspire dans l'animal avec une pipette préalablement humectée d'huile. En recouvrant d'une lamelle, on a des globules dans leur milieu naturel, et ne pouvant être en contact qu'avec un corps comme l'huile, beaucoup moins nocif pour eux qu'un corps solide comme le verre de la lame (tour de main déjà employé par Balbiani pour l'étude des œufs ?).

Il est pareillement bien utile de fixer sur lame au liquide de Pérenyi (§ 158) qu'on lave facilement au buvard, ce qui permet de colorer de diverses manières.

L'auteur recommande, comme *liquide à la fois fixateur et colorant*, le liquide suivant :

Acide acétique	1	gramme
Acétate de cuivre	1	—
Chlorure de cuivre	1	—
Acide osmique	1	—
Thionine	1	—
Eau distillée	400	—

Cela revient à prendre parties égales de : 1° acétate de cuivre à 1 $^0/_0$ dissous dans l'acide acétique à 1 $^0/_0$; 2° chlorure de cuivre à 1 $^0/_0$; 3° acide osmique à 1 $^0/_0$; 4° thionine à 1 $^0/_0$.

Une goutte du mélange est mise sur la lame et l'on ajoute une goutte de sang. Au bout de deux minutes, *la coloration est complète, la fixation très bonne.* On recouvre d'une lamelle et l'on examine en lutant la préparation sans changer le liquide. Les noyaux, avec la chromatine violette et le suc nucléaire rose, peuvent être analysés dans tous leurs détails. Les mitoses, colorées en noir d'encre, se trouvent avec la plus grande facilité. Dans le cytoplasme d'un ton gris clair, les grains basophiles seuls sont colorés en violet, ainsi que certaines inclusions (vieux globules) qui se colorent d'un ton plus rougeâtre. Enfin, certains grains (métachromatiques) se colorent en rouge.

Pour la recherche des granules acidophiles, *Duboscq* fixe à l'iode dissous dans l'iodure de potassium, et, sans enlever l'iode à fond, colore sous la lamelle avec une goutte de fuchsine acide.

Ces méthodes très sérieuses doivent être souvent préférées aux méthodes classiques.

565. Pour la question de la *numération et de la coloration des* **leucocytes** *du sang,* consulter le mémoire de *J, Courmont* et *V. Montagard* sur *les Leucocytes; techniq ue (hématologie, cytologie),* 1902 (voir notre *Bibliographie*).

Pour l'*étude des différents types de* **globules blancs** (*Valeur morphologique et signification*), on lira avec profit le travail de *J. Jolly,* 1898 (voir notre *Bibliographie*).

566. Barjon et **Regaud** (1903) recommandent la méthode suivante, qui permet de faire adhérer au verre les éléments anatomiques dissociés.

Premier temps : *Fixation.* — Les éléments anatomiques préalablement dissociés — quand ils ne le sont pas naturellement, comme c'est le cas du *sang,* du sperme, des sédiments urinaires, des épanchements des séreuses — sont fixés par le formol (à 10 $^0/_0$) ou mieux par l'acide osmique (à 1 $^0/_0$), et plus généralement par tout fixateur ne précipitant pas les albuminoïdes des plasmas. La fixation s'opère le plus commodément en mélangeant le fixateur avec le liquide tenant en suspension les éléments anatomiques dans un tube en verre de centrifugeuse.

Quand la fixation est terminée, on achève de remplir le tube avec de l'eau filtrée, et on agite modérément.

DEUXIÈME TEMPS : *Sédimentation.* — On sédimente les éléments anatomiques ainsi fixés soit par centrifugation, soit (à défaut d'une centrifugeuse), par le repos et une simple décantation.

[Dans le cas où la fixation aurait introduit des sels gênants (exemple : bichromates) on s'en débarrasserait en lavant le sédiment une ou deux fois et en le laissant se reformer chaque fois.]

On verse avec précaution tout le liquide, en ne laissant au fond du tube que le sédiment.

TROISIÈME TEMPS : *Déshydratation et collodionnage.* — On fait tomber goutte à goutte sur le sédiment 5 à 6 centimètres cubes d'alcool absolu, en agitant constamment, puis 5 ou 6 centimètres cubes d'éther anhydre, puis environ 1 à 2 centimètres cubes de collodion officinal. On agite de façon à mettre en suspension très finement, dans le liquide, tout le sédiment.

On laisse alors reposer le tube (ou bien on le centrifuge) de façon à sédimenter de nouveau les éléments anatomiques. On décante ensuite la plus grande partie (par exemple les trois quarts) du liquide surnageant. Enfin on suspend de nouveau, par agitation, les éléments anatomiques dans les 2 ou 3 centimètres cubes restant d'alcool-éther collodionné.

QUATRIÈME TEMPS : *Étalement et pelliculation du mélange.* —On aspire dans une pipette sèche le mélange collodionné et on dépose une goutte de ce mélange sur autant de lames porte-objet très propres qu'on veut obtenir de préparations.

La goutte s'étend circulairement. Sans laisser sécher le

collodion, on porte les préparations d'abord dans l'alcool à 80°, puis dans l'eau. L'alcool à 80° a précipité le collodion sous forme d'une mince pellicule qui englobe les éléments anatomiques.

Les préparations peuvent être dès lors manipulées de la même façon que des coupes collées. Il faut éviter l'emploi des colorants qui teignent énergiquement le collodion, et des liquides qui le dissolvent. Les préparations seront déshydratées par de l'alcool absolu chloroformé à 10 $^0/_0$.

Cette méthode, simple et rapide, donne des résultats généralement très supérieurs à la dessiccation, qu'on emploie jusqu'à présent pour faire adhérer au verre les éléments anatomiques dissociés. Elle est applicable notamment au sang, aux liquides des séreuses, au sperme, à l'urine, aux cultures d'infusoires, etc.

567. *Ehrlich* a réuni en groupes distincts les cellules de structure granuleuse, d'après leur manière de se comporter avec les couleurs d'aniline (voir § 352) ; il les désigne par les lettres α-ε. Voici ces différents groupes :

568. 1° Cellules **éosinophiles** ou **acidophiles** (Voir § 411) avec les granulations α : elles se rencontrent dans le sang, la lymphe et les tissus. Elles sont caractérisées par leur affinité pour la grande série des colorants acides, c'est-à-dire de ceux chez lesquels l'acide fournit le principe colorant.

Au premier rang se trouve l'éosine.

On colore pendant douze heures dans une solution d'éosine saturée dans la glycérine, ou bien dans l'induline, ou encore dans une solution aqueuse d'orange saturée, ou enfin dans un mélange d'éosine, de glycérine et d'induline, les deux colorants étant simultanément dissous dans la glycérine jusqu'à saturation ; on lave avec l'eau ; on laisse sécher, et on monte la préparation dans le baume de Canada. Les granulations sont alors d'un rouge pourpre. On peut aussi employer l'hématoxyline d'*Ehrlich* (Voir § 335), dans laquelle on ajoute 0^{gr},5 d'éosine. Avant d'user de la liqueur, on l'expose pendant trois semaines à la lumière ; on colore en quelques heures, et on lave dans l'eau. Les noyaux sont bleus ; les granulations d'un rouge vif.

569. 2° Les cellules aux **granulations β amphophiles**, indulinophiles) sont sensibles aux colorants acides et basiques. On les trouve dans le sang du cobaye, du lapin et des oiseaux (*Procédé :* on fait agir sur des préparations sèches une solution saturée d'éosine, de jaune de naphtylamine ou d'induline dans la glycérine ; l'hémoglobine devient jaune, les noyaux apparaissent noirs ; les granulations γ rouges et les granulations β noires).

570. 3° Cellules aux granulations γ « Mastzellen » **basophiles**, sont sensibles à tous les colorants basiques ; on les trouve dans le tissu conjonctif, dans le mésentère (§ 515) et dans le sang. Les granulations basophiles sont facilement solubles dans l'eau et dans les solutions aqueuses ; elles le sont surtout dans les solutions alcalines faibles. Au contraire, elles ne sont nullement modifiées dans les colorants basiques fortement alcooliques. Ehrlich les colore avec le dahlia en solution saturée dans : acide acétique glacial, 12,5 ; alcool absolu, 50 ; eau distillée, 100 ; il fait agir ce colorant sur des préparations de morceaux desséchés ou fixés pendant vingt-quatre heures au moins dans l'alcool. Il emploie aussi la méthode suivante :

571. Carmin aluné-dahlia (Westphal, 1880). — On traite avec ce mélange les coupes qui ont été pendant une semaine, au moins, fixées dans l'alcool :

Carmin...	2 cm³
Eau distillée......................................	200 —
Alun..	2 gr.

On fait bouillir le tout pendant un quart d'heure ; on filtre (carmin de *Partsch-Grenacher*), et on ajoute 1 centimètre cube d'acide phénique. Dans cette solution de carmin, on verse 200 centimètres cubes d'une solution saturée de dahlia dans l'alcool absolu, 100 centimètres cubes de glycérine et 20 centimètres cubes d'acide acétique glacial. On agite le tout et on laisse reposer quelque temps. Les coupes faites dans les morceaux fixés à l'alcool séjournent dans cette liqueur vingt-quatre heures, et même plus longtemps ; après quoi, on les porte pendant le même temps dans l'alcool absolu. Les coupes se décolorent, les noyaux seuls conservent quelque chose de la couleur rougeâtre, mais les granulations des « Mastzellen » (et la substance fondamentale du cartilage) restent d'un bleu intense. Objets d'observation : tissu conjonctif interlobulaire du foie ; l'intestin, etc., nerfs minces de la grenouille. Les granulations γ se colorent métachromatiquement.

572. 4° Cellules aux granulations δ (basophiles) d'Ehrlich : Ce sont des granulations très fines que l'on rencontre dans les leucocytes mononucléaires du sang de l'homme. On les met en évidence dans des préparations chauffées ou non, au moyen d'une solution aqueuse concentrée de bleu de méthylène. On ne les a encore que peu étudiées.

573. 5° **Granulations neutrophiles** (ε) (dans les leucocytes polynucléaires du sang de l'homme et du pus).

Elles s'observent sur des préparations desséchées. Voici la composition du colorant neutre d'après Ehrlich : à 5 volumes d'une solution aqueuse saturée de fuchsine acide, on ajoute, en ayant soin d'agiter, 1 volume d'une forte solution aqueuse de bleu de méthylène et 5 volumes d'eau ; on laisse reposer quelques jours et on filtre. On laisse alors agir le colorant de deux à cinq minutes et on lave rapidement dans l'eau ; puis, on absorbe le liquide avec du papier buvard, on sèche et on monte dans le baume de Canada. Les globules rouges du sang apparaissent rouges, les granulations ε violettes et les granulations α d'un pourpre vif.

574. *Lefas* (1904) fixe des frottis de sang dans l'alcool ou le sublimé-acide acétique de une à deux heures et colore dix minutes dans la *vésuvine* S (5 °/₀). Les granulations neutrophiles deviennent d'un brun clair, les acidophiles d'un brun foncé. Si l'on colore pendant quelques minutes avec la solution de Biondi (voir § 405), l'hémoglobine deviendra jaune, les granulations α seront d'un rouge brillant, et les granulations ε rouges.

Les granulations basophiles ne sont pas colorées. La coloration *Ehrlich-Biondi* est la seule qui permette de bien faire apparaître les granulations neutrophiles.

575. *May* et *Grünwald* ont proposé un colorant qui est d'un emploi très simple et rend de très grands services.

Il a pour origine un précipité obtenu en mélangeant une solution de bleu de méthylène avec de l'éosine ; le précipité dissous dans l'alcool méthylique (esprit-de-bois, CH⁴O) constitue un colorant excellent et facile à conserver.

Un litre d'éosine « *soluble dans l'eau, jaunâtre* » à 1 $^0/_{00}$ est mélangé avec 1 litre de *bleu de méthylène* médicinal à 1 $^0/_{00}$; au bout de quelques jours, on filtre avec une pompe aspirante. On lave le filtre avec de l'eau distillée froide jusqu'à ce que celle-ci s'écoule presque incolore ; ce qui reste sur le filtre forme une masse qui, une fois sèche, a une teinte foncée et s'exfolie : c'est la nouvelle substance colorante.

576. Employée en solution saturée dans l'alcool méthylique, cette substance peut aisément se conserver (de préférence dans un flacon large et se fermant bien).

Il n'est pas nécessaire de fixer. Le porte-objet sur lequel les éléments figurés du sang viennent adhérer intimement par séchage est plongé immédiatement dans le flacon où il séjourne trois minutes (éventuellement plus longtemps, jusqu'à vingt-quatre heures) ; puis, on le rince de dix à quinze minutes dans de l'eau distillée additionnée de quelques gouttes de la solution. Les préparations passent alors *directement*, pour un instant, dans l'eau distillée et sont ensuite séchées avec le papier buvard.

La préparation exige à peine cinq minutes.

Résultats. — Les érythrocytes se colorent en rouge clair ; les noyaux en bleu foncé ; les noyaux des leucocytes modérément en bleu foncé, les granulations α en rouge foncé ; les granulations γ, en bleu foncé nettement reconnaissables ; les granulations ε, petits grains fins, présentent une teinte rouge clair sur un fond non coloré ; les plaquettes du sang sont bleu pâle. Les préparations doivent être différenciées dans une eau absolument neutre ; on éprouve préablement l'eau avec la phénolphtaléine ; la présence d'alcali fait, on le sait, apparaître une teinte rouge.

Les préparations se fanent bientôt, sous la lamelle, dans le baume de Canada ; aussi est-il prudent de coller avec le baume contre la face inférieure du porte-objet les lamelles portant sur leur face dirigée en haut la couche de sang et de les conserver ainsi.

577. La nouvelle méthode de *R. May* (1906) consiste en ceci : des préparations colorées par la méthode précédente sont **colorées après coup** avec de l'**azur de méthylène** (Voir *Enzyk. d. mikr. Technik*, 1910, t. II, p. 85). Les préparations de sang sont d'abord colorées par le procédé *May-Grünwald*, c'est-à-dire avec une solution de 25 $^0/_0$ d'éosinate de bleu de méthylène dans l'alcool méthylique ; puis lavées une minute dans l'eau distillée, et enfin recouvertes d'une couche régulière d'une solution à 0,5 $^0/_0$ d'azur de méthylène. La coloration désirée est obtenue au bout de deux à quatre minutes ; on sèche aussitôt les préparations avec le papier buvard, on les rince avec l'eau de fontaine et on monte dans le baume.

Les noyaux deviennent rouges, ainsi que ceux des plaquettes qui absorbent le plus rapidement la couleur. Le protoplasma des lymphocytes apparaît bleuâtre ; les globules rouges, rougeâtres ; les granulations des leucocytes, grises ; celles des « Mastzellen » sont d'un rouge violet.

Il ne faut pas employer de solutions trop concentrées de bleu d'azur. Une propreté absolue s'impose dans cette manipulation. Si, dans la préparation, il s'est formé après la différenciation dans l'eau distillée un précipité d'acétate de bleu de méthylène, on peut facilement s'en débarrasser par un lavage prolongé, notamment dans l'eau distillée.

578. Méthode de Giemsa (Méthode de Romanowsky perfectionnée). — On prépare un *frottis* (voir § 501) du sang, et on le fixe par l'*alcool* à 100° ou par l'alcool-éther sulfureux (parties égales) pendant trois à cinq minutes.

On laisse sécher la préparation pendant cinq minutes au plus et on la colore dans un mélange de *bleu de méthylène* et d'*éosine*, dissous dans l'alcool méthylique.

Pour préparer le colorant, on prend *une goutte* de cette solution préalablement faite pour chaque centimètre cube d'eau distillée. La coloration demande de quinze minutes à une heure.

Après la coloration, on égoutte la lame ; on peut alors la laver dans une solution de tanin à 5 $^0/_0$ (une minute et demi), qui fixe la couleur et permet le lavage ultérieur à l'eau distillée ; on sèche alors au buvard.

On examine la préparation une fois sèche à l'immersion, sans l'inclure au baume, et sans la couvrir d'une lamelle. On peut aussi passer rapidement par le xylol et monter ensuite au baume. Après l'observation, on lave au xylol pour enlever l'huile de cèdre, et l'on sèche la préparation de nouveau au buvard.

Le colorant bien préparé ne forme pas de précipité sur la préparation et donne des couleurs variant du bleu franc au rouge franc.

Ainsi les *noyaux des parasites* sont pourpres ; le *cytoplasme des Flagellés* et d'autres parasites est bleu franc, ainsi que le flagellum et le blépharoplaste. Les globules sanguins sont, au contraire, grisâtres ou jaunâtres.

[*Romanowsky* a découvert cette coloration en traitant le mélange d'éosine et de bleu de méthylène par une base minérale (la soude, par exemple) ; il a cru découvrir un nouveau colorant, l'éosinate de bleu de méthylène, dont le radical colorant a été mis en liberté par cette base minérale.]

579. La méthode de Laveran-Borrel n'est qu'un perfectionnement de celle de Giemsa-Romanowsky, mais présente des avantages sérieux à cause de l'abondance des couleurs qu'on observe dans la préparation. La seule

différence consiste dans le traitement du bleu de méthylène par l'oxyde d'argent d'abord pour préparer le *Bleu de
Borrel* (voir § 498).

Pour procéder à la coloration d'un frottis fixé et traité
de la même manière que par la méthode de Giemsa, on
compose ainsi le colorant :

Bleu de Borrel..	1 cm³
Eau distillée...	6 —
Eosine à 1 p. 1000.......................................	4 —

La coloration se fait comme avec le liquide de Giemsa, et
le traitement ultérieur de la préparation est identique. Seulement, comme le colorant forme un précipité très abondant, *Laveran* a conseillé, pour s'en débarrasser, de fixer
le colorant par une solution de tanin à 5 $^0/_0$ (dissolution
dans l'eau distillée).

On lave la préparation dans cette solution pendant cinq
minutes ; il faut surveiller en tous cas le lavage sous le microscope, parce que le tanin enlève plus ou moins le colorant. — Au lieu du tanin à 5 $^0/_0$, on peut employer la
solution de tanin orange de Unna (chez Grübler) ; le lavage
ultérieur à l'eau s'impose.

580. *Sabrazès* (1908-1912) emploie des *solutions aqueuses
très diluées aseptiques de bleu de méthylène médicinal pur.*
On les fait agir directement sur des préparations par frottis *bien* desséchées, généralement sans autre fixation phy-
sico-chimique. Ces dilutions aqueuses de bleu varient,
suivant les cas, de 1/300 à 1/1000. La solution usuelle est
de 1/500. On la laisse à demeure, sans l'agiter, dans un
flacon solidement fixé à une table. Elle reste ainsi indéfiniment transparente et pratiquement aseptique. On y puise
chaque fois, en la débouchant avec précaution, par capillarité, avec des effilures de pipettes neuves, qu'on enfonce
à peine au-dessous de la surface du liquide.

La gouttelette colorante est mise entre lame et lamelle,
de telle façon que le frottis soit immédiatement imprégné

de la quantité juste suffisante de bleu. Les affinités colorantes se satisfont très vite, la préparation étant montée dans la gouttelette de solution. Lorsqu'on désire colorer le frottis *très peu de temps* après son obtention, user, après dessiccation, de divers fixateurs : un réchauffement léger, l'exposition aux vapeurs d'une solution d'osmium pendant quelques secondes, etc., rendent les *éléments du sang* immédiatement *indéformables*, sans contrarier leur colorabilité ; la borde-t-on de paraffine, elle se conserve durant une huitaine de jours. On pratique l'examen à l'immersion à l'huile, soit à la lumière naturelle, soit, mieux, à un éclairage artificiel (bec Auer, lentille convergente et petit diaphragme).

On différencie facilement globulins, hématies granuleuses à ponctuations basophiles nucléées ; on reconnaît sans hésitations les diverses espèces de globules blancs, leucoblastes avec leurs nucléoles, neutrophiles à fines granulations à peine bleutées, éosinophiles à gros grains verdâtres, Mast-zellen métachromatiques, etc., etc., ainsi que les hématozoaires (petits schizontes du *plasmodium falciparum*). Si l'on veut obtenir des préparations polychromes, on met sur la lamelle couvre-objet une trace d'une solution alcoolique d'éosine dite française (solution saturée d'éosine dite française pure, dans l'alcool à 95°, 5 centimètres cubes ; alcool à 95°, 10 centimètres cubes. Cette solution se conserve indéfiniment). Par dessus cette fine gouttelette, on met une goutte de la solution de bleu de méthylène à 1/500. On renverse sans retard sur le frottis cette lamelle chargée : elle doit s'appliquer hermétiquement.

On a ainsi une double coloration bien réussie ; les granulations leucocytaires, surtout les neutrophiles, ressortent nettement.

Ce procédé est aussi sûr et plus simple que les autres techniques de coloration vitale. Il exhume plus d'hématozoaires que les colorations, avec fixation préalable, par les bleus alcalins et par les divers procédés dérivés de la méthode de Romanowsky.

Le colorant de Giemsa, après l'alcool, lui est supérieur qualitativement ; mais, quantitativement, il est parfois en défaut; il exigeait, pour révéler la même proportion des schizontes que le bleu à 1/500, à l'état vital, des bains dilués et des colorations lentes sur des frottis récents moyennement fixés.

Au total, cette technique de Sabrazès est des plus précieuses ; elle fournit d'excellentes colorations hématologiques, cytologiques et microbiologiques extemporanées.

581. *J. Brückner* (1908) préconise le procédé suivant pour obtenir sûrement la coloration du *sang* par le bleu de méthylène-éosine.

On fait dissoudre à chaud 1 gramme de bleu de méthylène dans 100 centimètres cubes d'eau distillée ; après dissolution et refroidissement, on ajoute 15 centimètres cubes d'une solution normale de soude au dixième, ou bien 6 centigrammes d'hydrate de soude pur en poudre, préalablement dissous dans 10 centimètres cubes d'eau distillée.

On tient le tout pendant cinq jours à 37°, afin de faire mûrir le bleu ; ensuite on ajoute 50 centigrammes d'éosine dissoute dans 50 centimètres cubes d'eau distillée ; on agite quelques instants et on laisse le tout déposer une à deux heures. On recueille le précipité formé sur du papier Joseph et on le lave en y ajoutant encore 500 centimètres cubes d'eau distillée ; on met le filtre avec le précipité à 37°, et, après séchage complet (vingt-quatre heures), on dissout le précipité dans 100 centimètres cubes d'alcool méthylique ; on filtre après vingt-quatre heures.

Pour colorer le sang, on prend 1 centimètre cube de la solution mère pour 5 centimètres cubes d'alcool méthylique et l'on verse sur la lame desséchée et non fixée ; après dix minutes, on ajoute 10 à 12 gouttes d'eau distillée ; après cinq minutes, lavage à l'eau, séchage et montage dans de l'huile de cèdre épaissie ; les globules rouges sont roses, les noyaux des leucocytes violets, les granulations neutrophiles sont violettes, les granulations éosinophiles rouges, les granulations basophiles bleu violacé ; le protoplasma des lymphocytes est bleu foncé, celui du grand mononucléaire bleu pâle ; le *parasite du paludisme* est bleu, la chromatine est rouge ; en un mot on y trouve toutes les nuances données par un Romanowsky réussi. [Pendant les chaleurs, l'alcool méthylique s'évapore rapidement, et, pour éviter le séchage de la matière colorante, il faut ajouter de temps en temps quelques gouttes d'alcool méthylique et remuer la lame pour le mélanger à la solution colorante ; si, par négligence, il s'est formé par le fait de l'évaporation quelques précipités, faire, après le lavage à l'eau, un passage rapide (une ou deux secondes) dans de l'alcool méthylique, suivi de nouveau d'un lavage après séchage et montage.

On peut encore colorer les préparations du sang et obtenir des nuances identiques, sinon plus brillantes que celles que donne le procédé Romanowsky, par la méthode suivante :

A 20 centimètres cubes d'eau distillée, on ajoute 1 centimètre cube de la solution mère et on plonge la lame préalablement fixée dans l'alcool absolu, face en dessous, pendant vingt à trente minutes ; après ce temps, lavage à l'eau, séchage, montage à l'huile de cèdre.

L'auteur a également essayé la coloration rapide du *tréponème* avec cette solution d'après le mode opératoire de Schereschewsky.

A 10 centimètres cubes d'une solution de glycérine à 5 °/₀, il ajoute 10 à 15 gouttes de la solution mère ; il fait bouillir quelques secondes et verse le mélange bouillant sur la préparation, préalablement fixée à l'alcool absolu ; après *trois minutes*, lavage à l'eau, séchage et montage à l'huile de cèdre épaissie ; on voit les noyaux des cellules rouge violet, les globules rouges, rose et les spirochætes tout à fait comme dans les bonnes colorations par le Giemsa.

582. *R. Heidenhain* (1888) prône la méthode de coloration de Biondi-Ehrlich (§ 405), modifiée par lui, pour distinguer sur des coupes les espèces suivantes de cellules migratrices :

1° Les cellules avec un protoplasma très réduit, presque incolore ;

2° Les cellules avec un protoplasma plus abondant, d'un rose clair ;

3° Les cellules granuleuses ;

4° Les cellules avec un noyau d'un gris bleu très foncé et un protoplasma d'un rouge très sombre (formes de dégénérescence pour Heidenhain).

583. *Bürker* recommande une méthode simple pour obtenir en grand nombre des **plaquettes sanguines**. On nettoie le bout d'un de ses doigts avec un mélange d'alcool et d'éther, on le pique et on fait tomber une grosse goutte de sang sur une surface bien unie de paraffine, par exemple sur un porte-objet paraffiné. On expose le tout pendant vingt à trente minutes dans une étuve à 37°. La goutte ne se coagule pas, et *les plaquettes sanguines*, plus légères, se réunissent en haut. Si maintenant l'on touche le sommet de la goutte avec une lame ou une lamelle, les plaquettes restent, nombreuses, collées sur celle-ci.

584. Les **thrombocytes (plaquettes du sang)** adhèrent tellement au verre qu'ils ne se laissent pas emporter par un courant d'eau. Ils sont insolubles dans la potasse caustique à 33 %, mais solubles dans les concentrations faibles. On les conserve aisément soit dans l'acide osmique ou les mélanges contenant cet acide, soit dans une solution d'iodure de potassium ioduré ou encore dans le liquide de *Hayem* :

Sublimé, 0,5 ; chlorure de sodium, 1 ; sulfate de sodium, 5 ; eau, 200 ; iode (pour le sang de l'homme, 3,5 centigrammes d'une solution de 25 grammes d'iodure de potassium dans 500 d'eau avec de l'iode en excès).

La *tétraiodofluorescéine*, dissoute dans la thionine ou le chloroforme, colore le protoplasma des thrombocytes et celui des leucocytes en rouge. Pour teindre les noyaux (?)

des thrombocytes, on a recours à la thionine, qui agit
assez vite ; on rince à l'eau, et l'on colore à nouveau avec
une solution à demi saturée d'acide picrique (*Kopsch*).

585. *Le Sourd* et *Pagniez* (1911) sont arrivés à fixer une
méthode qui permet de voir nettement les *plaquettes sanguines* dans les coupes histologiques. Cette technique est
la suivante : les fragments d'organes, aussi minces que
possible, sont fixés dans le liquide de Dominici douze à
quinze heures. Inclusion à la paraffine, coupes très minces.
Coloration par le Giemsa dilué en deux temps. Les coupes
placées debout dans des flacons Borrel séjournent d'abord
douze à quinze heures dans un bain ainsi établi : eau distillée, 15 centimètres cubes; Giemsa, 5 gouttes. Puis séjour de quatre à cinq heures dans un nouveau bain : eau
distillée, 15 centimètres cubes; Giemsa, 15 gouttes.

Au sortir du bain, les coupes sont, sans lavage, traitées
par les mélanges suivants d'acétone et de xylol :

A.	Acétone	18 gouttes
	Xylol	2 —
B.	Acétone	14 gouttes
	Xylol	6 —
C.	Acétone	6 gouttes
	Xylol	14 —

On verse goutte à goutte ces mélanges sur les coupes,
en laissant agir un temps suffisant pour obtenir une bonne
différenciation, qui est affaire de tour de main très facile à
acquérir. Après lavage prolongé par le xylol pur, montage au baume. Il arrive souvent qu'après quelques jours
les coupes se décolorent, surtout en ce qui concerne les
plaquettes.

Les deux particularités qui nous paraissent la condition
de la réussite de la coloration sont le renouvellement du
bain colorant et le remplacement dans la déshydratation
des alcools par l'acétone.

Cette technique dérive de celles qui ont été déjà proposées pour la coloration des coupes par le Giemsa. Elle diffère de la technique qui a été indiquée par Giemsa lui-même par la substitution du fixateur de Dominici au sublimé alcoolique de Schaudinn. Ce dernier fixateur n'a donné aux auteurs, pour la mise en évidence des plaquettes, que de très mauvais résultats.

586. *Schridde* (1905) étudie les **granulations** et autres structures des leucocytes **sur des coupes**. Fixation dans le liquide d'Orth (§ 114). On colle les coupes de 5 μ d'épaisseur avec de l'eau ou avec une très mince couche d'albumine glycérinée. On colore avec une solution diluée, fraîchement préparée, de *Giemsa* (§ 578), 1 goutte pour 1 centimètre cube d'eau, pendant vingt minutes. Après un lavage soigné à l'eau, on sèche les coupes avec le papier buvard; on les porte une minute dans l'acétone, et, de là dans le xylol et le baume. *Tous les liquides employés doivent ne contenir aucune trace d'acide.*

La méthode est sûre et convient après n'importe quelle fixation; toutefois, l'on doit préférer le mélange d'*Orth* à tout autre réactif. Les granulations neutrophiles sont colorées en violet; les basophiles, en bleu foncé; les noyaux, en rouge; les globules rouges, en vert d'herbe, etc.

Zieler colore les coupes d'après le même principe dans une solution concentrée du colorant de *May-Grün-wald* (§ 575), pendant deux à trois minutes.

587. Plehn (1890) étudie le sang entre deux gouttes de *Paraffinum liquidum* (d'abord une goutte de cette paraffine; puis du sang par dessus; une seconde goutte de paraffine, et enfin le couvre-objet).

588. La formation de ce qu'on appelle les **cristaux d'hémoglobine** (*C. B. Reichert*, 1849 b) s'obtient de la manière suivante : on emprunte une petite quantité de sang à un animal qui vient d'être tué : cheval ou cobaye. On le défibrine, en le battant et en l'agitant avec du mercure; on agite ce sang défibriné long-temps au contact de l'éther sulfureux que l'on verse goutte à goutte jusqu'à ce qu'on obtienne la couleur de laque bien con-

nue. Le sang couleur de laque ne doit plus présenter sous le microscope de globule rouge intact; le colorant rouge du sang s'est dissous. On le dépose ainsi défibriné et décoloré de douze à vingt-quatre heures dans un vase plat sur de la glace. Si maintenant on en place une goutte sur le porte-objet, et qu'on la laisse dessus pendant une demi-heure, elle se prend à sécher en commençant par les bords où se forme un anneau sombre très net. (On peut hâter l'opération en chauffant légèrement le porte-objet).

Si l'on recouvre alors la goutte avec un couvre-objet de moyenne dimension, on voit apparaître dans le voisinage immédiat de l'anneau et, sur l'anneau lui-même, un grand nombre de cristaux dont on peut, même avec un faible grossissement, observer directement la formation au microscope.

On n'a aucun avantage à faire des préparations durables à cause de la complication du procédé à employer.

Il est possible de provoquer la formation de ces cristaux dans du baume de Canada très dense; ils se conservent pendant des mois entiers.

589. Quand on enferme hermétiquement du sang défibriné dans un tube de verre et qu'on le fait séjourner pendant deux ou trois jours dans une étuve (à 40° C.), si l'on brise l'extrémité du tube, et si on laisse s'écouler dans un plat ce sang ainsi traité, on voit à l'œil nu se former des **cristaux d'hémoglobine** très nets (*Gscheidlen*, 1876).

590. Les cristaux se forment encore dans les circonstances suivantes : on prend une goutte de sang et, au moyen de la pointe d'une aiguille, on le mêle avec soin à une goutte d'égale dimension d'une solution de sel marin d'un degré quelconque de concentration. On chauffe avec précaution jusqu'à ce qu'il reste un résidu sec brun de rouille, et on recouvre ce dernier avec un couvre-objet. On fait pénétrer sous celui-ci un peu d'acide acétique que l'on chauffe en le portant par deux fois jusqu'à l'ébullition; on doit bien prendre garde, en se livrant à cette opération, que le couvre-objet ne saute ou ne se brise; on fait bouillir deux fois, en remplaçant l'acide acétique évaporé par une nouvelle quantité d'acide frais.

Après la complète évaporation de l'acide, on peut introduire directement le baume de Canada sous le couvre-objet.

On obtient d'innombrables cristaux d'un brun noirâtre susceptibles de se conserver très longtemps dans le baume. Ce sont les **cristaux d'hémine de Teichmann** (1853) (hémine — chlorhydrate d'hématine). Ces cristaux sont presque insolubles dans l'eau, l'alcool, l'éther, l'ammoniaque, l'acide acétique, les acides sulfurique et nitrique étendus; ils sont dissous par la potasse caustique.

Dans ces conditions, il se produit des masses amorphes d'hémine et des cristaux de sel marin qui souillent les préparations.

591. On peut accidentellement rencontrer un autre dérivé de la substance colorante du sang, dans les foyers apoplectiques, dans les corps jaunes de l'ovaire, etc. Ce sont des masses d'un jaune rouge constituées par des **cristaux d'hématoïdine** roussâtres, rhomboïdaux et ne contenant pas de fer (*Virchow*, 1847).

On peut les conserver dans le baume de Canada.

592. On obtient des globules contenant des cristaux avec le sang de la salamandre, dont on recueille 3-4 gouttes dans un verre de montre où se trouvent 10 centimètres cubes d'une solution étendue de sel marin à 0,45 $^0/_0$; on laisse reposer et déposer pendant vingt-quatre heures.

On peut conserver ces globules par le procédé d'*Ewald* (1897) (voir § 510) avec l'acide osmique à 1 $^0/_0$ (avec addition d'un égal volume d'une solution de sel marin). On conservera également avec l'acide osmique des globules de Mammifères (chien) contenant des cristaux, obtenus par la méthode de Rollett (congélation et dégèlement).

593. Pour rendre la **fibrine** observable sur le porte-objet, on laisse séjourner en repos pendant deux heures une goutte de sang dans une chambre humide: on recouvre le tout avec un couvre-objet, et on lave avec de l'eau qu'on ajoute d'un côté de la lamelle, et qu'on absorbe de l'autre avec du papier buvard. Après avoir ainsi entraîné le plus grand nombre des globules, on ajoute de l'iodure de potassium ioduré qui colore du jaune dense au brun les petits filaments et les réseaux de fibrine.

594. Coloration de la fibrine (*Neelsen, Grundriss der path. hist. Technik*). Méthode de *Weigert*. — On durcit de préférence dans l'alcool. Les coupes restent dix minutes au moins dans une solution de violet de gentiane dans de l'eau anilinée; puis, on les lave rapidement dans une solution à 0,6 $^0/_0$ de sel marin et on les traite pendant dix minutes au moins par une solution d'iodure de potassium ioduré (1 : 2 : 300), ou bien par un mélange d'une solution saturée d'iode et d'une solution à 5 $^0/_0$ d'iodure de potassium (dans une petite coupe ou, dans le cas de coupes délicates, de préférence sur le porte-objet). On les étend

alors sur le porte-objet, on les sèche en les pressant avec
du papier-filtre et on les décolore avec de l'huile d'aniline
(2 parties pour 1 partie de xylol), que l'on renouvelle à plusieurs reprises, jusqu'à ce qu'elles deviennent transparentes
et que la coloration apparaisse nettement. On se débarrasse
avec soin de l'huile d'aniline par le xylol; après quoi, on
monte dans le baume de Canada.

595. **Coloration de la fibrine, d'après *Kockel* (1899).** — Les
morceaux inclus dans la paraffine (ayant son point de fusion à
56° C.) sont débités en coupes minces (5 µ); celles-ci sont collées
sur le porte-objet d'après les instructions du paragraphe 151,
avec un mélange d'albumine et de glycérine et débarrassées de
leur paraffine; elles sont ensuite transportées à travers l'alcool
et l'eau dans une solution aqueuse à 1,5 % d'acide chromique
où elles séjournent de cinq à dix minutes. Après un lavage de
quelques secondes seulement, car elles doivent conserver leur
teinte jaune, ces coupes passent de quinze à vingt minutes dans
la solution d'hématoxyline de *Weigert* (1885) composée de :

Hématoxyline	1	partie
Alcool absolu	10	—
Eau distillée	90	—
Solution saturée de carbonate de lithine	1	—

Les coupes sont alors rincées dans l'eau, puis traitées pendant
une minute, jusqu'à ce qu'elles deviennent d'un bleu foncé par
une solution d'alun aqueuse et concentrée (10 % environ);
après quoi, on les lave de nouveau dans l'eau. Cela fait, elles
passent de trois à six minutes dans le mélange suivant de Weigert :

Borax	2,0	parties
Ferricyanure de potassium	2,5	—
Eau distillée	100,0	—

Dans ce liquide que l'on additionne d'environ trois fois son
volume d'eau, s'opère la différenciation. On lave à l'eau. On colore avec le carmin aluné pour faire apparaître les noyaux, et
on monte immédiatement dans le baume de Canada.

Cette méthode de *Kockel*, il est vrai, ne colore pas exclusivement la fibrine, mais aussi (comme, parfois, celle de *Weigert*) les
muscles (les fibres lisses montrent une striation fibrillaire), les

globules du sang, les capillaires biliaires, etc.; mais cette particularité ne donne lieu, d'ailleurs, à aucune méprise.

596. *Schueninoff* **colore la fibrine** avec l'hématoxyline de *Mallory*, qui contient de l'acide phospho-tungstique (§ 339), pendant quinze à vingt minutes; il rince à l'eau, traite à nouveau les coupes pendant vingt minutes à vingt heures avec l'acide phospho-tungstique à 5-10 $^0/_0$, lave à l'eau et inclut en passant par l'alcool et le xylol dans le baume de Canada.

597. On peut étudier la **circulation du sang** dans un grand nombre d'objets. Les plus favorables sont les *têtards* des grenouilles et des crapauds, que l'on peut se procurer en si grand nombre pendant l'été, ainsi que les larves des tritons. On enveloppe dans du papier buvard imbibé d'eau le corps épais et la tête de ces têtards, et on place l'animal sur le porte-objet. Le têtard s'agite tout d'abord violemment, mais il commence bientôt à respirer difficilement et se calme. Dans les membranes minces, par exemple sur les bords étalés et à la pointe de la queue, on peut déjà, avec un grossissement moyen, observer la circulation du sang; elle est parfaitement observable sur *une foule* de points du corps de la grenouille adulte.

598. On rend les grenouilles immobiles généralement en les paralysant avec du **curare.** Ce poison agit, on le sait, sur les plaques terminales motrices des muscles striés; il est sans action sur celles du cœur comme sur celles des muscles lisses; il n'agit pas non plus sur les nerfs sensitifs. Quand on injecte une dose suffisante de curare dans le cœur lymphatique d'une grenouille, tout mouvement cesse bientôt chez elle; mais les battements du cœur, c'est-à-dire la circulation, persistent.

Jusqu'à présent, on n'a pu opérer qu'avec un extrait de curare, jamais avec une substance chimiquement pure; aussi est-il impossible de doser d'une manière bien exacte. Avec une grenouille de grosseur moyenne, on emploie environ de 1/10 à 1 5 de gramme de la solution aqueuse à 1 $^0/_0$ que l'on injecte dans le cœur lymphatique dorsal. Si, au bout d'une heure, on n'a pas réussi, on fera une seconde injection. Les doses en usage se sont toujours montrées assez peu énergiques pour ne pas arrêter le cœur.

599. Si l'on verse 2 gouttes d'alcool dans la bouche de

la grenouille, celle-ci, au bout de quelques minutes, reste, un moment, immobile (*Rudnew*, 1876).

600. Chez une grenouille ainsi curarisée, la circulation du sang s'observe directement sur ses *membranes natatoires* transparentes. On étend ces dernières en écartant l'un de l'autre deux doigts du pied et en les fixant au moyen de deux aiguilles d'entomologiste (Carlsbad) au-dessus d'une ouverture pratiquée à l'emporte-pièce sur une plaque de liège; on aura soin de choisir une plaque assez grande pour qu'on puisse y placer la grenouille. On fait coïncider l'ouverture du morceau de liège avec celle de la platine du microscope, et on examine la membrane en question.

Une seconde partie du corps de la grenouille, où l'on peut observer la circulation du sang dans les papilles, les muscles etc., est la *langue*. Elle présente une masse charnue fixée en avant à l'angle du maxillaire inférieur. On peut facilement l'extraire de la bouche et en faire l'examen aussi bien sur sa face dorsale que sur sa face ventrale. Il est possible, en l'étirant convenablement, de la rendre très mince ; après quoi, on la tend au moyen d'aiguilles au-dessus d'un trou pratiqué sur une plaque de liège.

Une troisième région est le *mésentère* de la grenouille; mais ici une petite intervention chirurgicale s'impose. On fait dans la peau une incision de 1/2 centimètre de long, suivant la ligne axiale du côté droit; il faut bien se garder de léser des vaisseaux, accident d'ailleurs facile à éviter, vu qu'ils apparaissent luisants au travers de la peau, qui est mince. On fend alors la couche musculaire située au-dessous par une deuxième incision d'égale longueur, à l'aide d'une pince qu'on introduit dans l'ouverture, on fait sortir le lacet de l'intestin grêle; on l'étend au-dessus de la portion trouée d'un morceau de liège avec des aiguilles enfoncées au travers du canal intestinal. La préparation est alors achevée (Voir *Cohnheim*, 1867 *b*).

Une quatrième région est le *poumon* de la grenouille.

On peut encore ici atteindre le but sans recourir à des moyens spéciaux. On choisit des grenouilles chez lesquelles les poumons sont remplis d'air, condition qu'un gonflement particulier de l'animal décèle au simple aspect. S'il en est autrement, on leur insuffle de l'air au moyen d'une canule introduite dans le larynx. Dans la partie supérieure de la ligne axiale, on fait dans la peau une incision qu'on élargit ensuite graduellement. L'opération devra se faire avec beaucoup de prudence, car il existe dans cette région une grosse veine à trajet sinueux. On a sous les yeux la couche musculaire sous-jacente qui, dans les poumons remplis d'air, est si mince qu'on peut voir au travers les grands alvéoles des poumons ; on fait alors une coupe de 1/2 centimètre de largeur, oblique ou transversale, au travers des fibres musculaires, ne nécessitant aucune perte de sang.

Le poumon distendu fait saillie à la manière d'une hernie ; on le sort tout entier, avec précaution, par l'ouverture que l'on a pratiquée. Ce sac pulmonaire peut être examiné dans une *chambre de Holmgren*, construite tout exprès pour cet usage ; si elle fait défaut, on pourra, pour faire échapper l'air, percer le sac pulmonaire, de part en part, à l'aide d'aiguilles qu'on aura fait rougir au feu afin d'éviter toute hémorragie ; après quoi on déploiera le poumon avec soin, au-dessus d'une ouverture, et on le fixera avec des aiguilles également rougies. On garantira, durant le temps de l'observation, les parties contre l'évaporation en les humectant avec une solution à 1 % de sel marin, et on les recouvrira d'un couvre-objet.

Ewald (1897 ; p. 248 et suiv.) recommande d'étudier la circulation du sang dans le *poumon du triton*, et donne les instructions nécessaires dans son Mémoire.

Cette étude peut également être faite dans la *Vessie* (Hällstén, 1886), dans les *muscles striés*, etc.

Chez les petits poissons et leurs embryons, on examinera les *parties caudales ;* chez le triton, les *branchies externes*, et, surtout, on mettra à profit, dans l'occasion, les *branchies externes* si longues et si volumineuses des salamandres. On peut enfin utiliser pour le même objet les disques germinatifs d'embryons d'oiseau, poulet (voir § 1150), âgés de deux ou trois jours.

601. Dans ces recherches, il importe de tenir compte de l'existence des courants axial et marginal, et du mouvement de pulsation dans les artères, etc. On saisit de l'œil, quand les conditions de l'observation sont favorables, le retour du courant dans les capillaires. Aux points de bifurcation des capillaires, les globules du sang restent quelquefois adhérents les uns aux autres et prennent une longueur primitive. Si un de ces globules se détache et devient libre, il reprend ses premières dimensions (élasticité).

Les mésentères, comme aussi les poumons, peuvent, par suite du desséchement ou de variations de température, etc., présenter brusquement certains états que l'on considère comme les préludes de l'inflammation ; ils laissent voir alors l'émigration des globules blancs du sang au travers des parois des vaisseaux.

602. L'*appareil de Thoma*, destiné à la *numération des globules du sang*, est fabriqué par *C. Zeiss*, d'Iéna ; il consiste en un tube capillaire en verre présentant dans son tiers supérieur une dilatation ampullaire qui renferme une petite boule de verre. L'ex-

trémité antérieure du petit tube est munie d'une division allant
de 0,1, 0,5, 1 à 101 ; de plus, est annexée à l'appareil une cellule
hématimétrique construite par Abbe et Zeiss, fixée avec du ciment
sur un porte-objet, et ayant exactement 0,1 millimètre de profondeur. Son fond est partagé en carrés microscopiques ; l'espace
au-dessus de chacun de ces carrés mesure 1/4000 de millimètre.
Chacun de ces 16 carrés est marqué de traits particulièrement
forts.

Voici la méthode que l'on suit pour faire l'évaluation : On fait
entrer par capillarité du sang dans le tube jusqu'à la division 0,5
ou 1. On essuie alors la pointe du petit tube capillaire et on y
introduit une solution à 3 % de sel marin jusqu'au degré 101.
On opère un mélange intime des deux liquides, et on fait sortir
la colonne liquide qui se trouve dans le capillaire en y soufflant
de l'air. (On lave, après s'en être servi, le tube capillaire avec de
l'eau, puis avec de l'alcool et enfin avec de l'ether.)

On remplit la chambre en verre du porte-objet avec ce mélange
de sang et de sel marin ; on la recouvre du couvre-objet, on
laisse reposer la préparation pendant quelques minutes ; après
quoi, on examine. On compte toujours 16 carrés un à un, et on
prend la moyenne des nombres obtenus ; on opère pour ce
dénombrement de la manière suivante : quand le niveau du sang
atteint la marque 0,5, la dilution est dans la proportion de 1 :
200 ; le sang monte-t-il dans le tube capillaire jusqu'à la division
1, le mélange est dans la proportion de 1 : 100. En multipliant le
nombre des globules sanguins trouvés dans l'évaluation des
carrés par 4.000, et, à nouveau, d'après le degré de la dilution,
par 100 ou 200, et en divisant par le nombre des carrés comp-
tés, on a le nombre des globules sanguins contenus dans 1 centimètre cube de sang. Quand on opère avec une solution à
3 % de sel marin teintée par un peu de *violet de gentiane*, ou
mieux de *violet hexaméthylé* (Barjon et Regaud), on arrive à
distinguer plus aisément les leucocytes, colorés aussi en bleu,
des globules sanguins, chez lesquels la teinte rouge pâle do-
mine la plupart du temps.

Voir pour la technique du sang et de la lymphe : *Ehrlich* (1891),
E. Meyer et *H. Rieder*, *Nägeli*.

CHAPITRE IV

TISSU CONJONCTIF ET TISSU ADIPEUX

603. On commence par examiner au microscope les **tissus conjonctifs à fibres parallèles** : les objets qui se prêtent le mieux à ce genre d'étude et que l'on se procure le plus aisément sont les tendons de la queue d'une souris ou d'un rat. Si, avec les ongles, on arrache deux vertèbres terminales de la queue avec la peau, et, si en les tirant, on les écarte l'une de l'autre, elles demeureront reliées par quelques filaments minces longs et brillants; ces filaments sont les tendons.

604. *Retterer* (1898) fixe les tendons pendant vingt-quatre heures dans un mélange de sublimé et d'acide picrique (parties égales de solutions concentrées); il se débarrasse de la mucine en les plaçant de un à trois jours dans une solution saturée d'acide picrique à laquelle il ajoute 2-3 $^0/_0$ de sel marin; il les porte ensuite dans la paraffine.

605. *Retterer* et *Lelièvre* (1911) recommandent la technique suivante pour l'étude du tissu tendineux :

Principe. — Ce procédé repose sur ce fait que l'huile d'aniline se comporte comme un déshydratant égal à l'alcool et n'en présente pas l'inconvénient de durcir et de rendre cassantes les pièces.

Technique. — Les morceaux, après fixation et au sortir de l'alcool à 75° ou de l'alcool à 50°, sont plongés dans un bain d'huile d'aniline qui est renouvelé à plusieurs reprises (quatre en moyenne), afin d'obtenir une déshydratation complète. Ensuite les pièces séjournent dans l'huile de cèdre, d'après la technique habituelle.

A noter que, d'après cette technique, on peut, dans certains cas, plonger les pièces dans l'huile d'aniline au sortir de la solution fixatrice (formol à 10 % ou 20 %, par exemple); quant aux morceaux fixés par le liquide Zenker, ils ne subissent la déshydratation par l'huile d'aniline qu'après un séjour dans l'alcool à 50° iodé.

Résultats. — Par cette méthode les objets, qui deviennent durs, friables ou cassants par l'emploi de l'alcool, restent fermes et souples.

Cette technique convient particulièrement à l'étude du tissu osseux, du tissu conjonctif dense, du tendon.

606. *Hollande* (1911) est arrivé à colorer électivement les tendons musculaires des pattes des insectes par la méthode suivante :

Au moyen d'une pipette en verre très effilée, quelques gouttes d'une solution renfermant $0^{gr},20$ de bleu de Lyon pour 100 centimètres cubes de liquide physiologique, sont injectées dans la cavité générale de l'insecte à étudier. L'injection est poussée jusqu'à ce qu'il apparaisse une goutte du liquide aux articulations où s'effectue la sortie du sang. L'insecte est ensuite déposé sur du papier buvard et laissé vivant douze heures. A partir de ce moment les pattes sont sectionnées et directement placées dans le mélange fixateur picro-nitrique de Mayer (1881). (Voir § 156.) La durée de fixation est d'environ deux heures. Une fois fixées, les pattes sont lavées à l'alcool à 75°, puis portées successivement dans les alcools à 85°, à 95°, à 100°, dans le chloroforme pur, le chloroforme saturé de paraffine à 52°, et enfin dans la paraffine à 52° maintenue fondue à l'étuve, puis incluses. La coloration bleue fixée par les tendons se montre très stable.

607. On coupe avec des ciseaux bien aiguisés un petit fragment de ces tendons, on l'effile sur le porte-objet d'après la méthode de la demi-dessiccation (*Ranvier*, 1889), c'est-à-dire qu'on le dissocie dans aussi peu de liquide que possible, tout en ayant soin qu'il ne dessèche pas pendant ce temps, ce qu'on évite en ne discontinuant pas d'humecter de son haleine le porte-objet. On examine de telles préparations tout d'abord dans une solution concentrée de *rouge neutre* dans la solution physiologique de sel.

608. Si l'on ajoute à ces préparations ainsi effilées une légère quantité d'une solution à 1 °/₀ d'**acide acétique**, les fibres et les fibrilles se gonflent fortement et deviennent finalement d'une transparence telle qu'on ne les distingue plus qu'avec peine. Les noyaux des cellules tendineuses (Voir § 816) apparaissent alors avec une grande netteté.

609. Une solution de **potasse caustique,** surtout à chaud, dissout ces fibres tendineuses ainsi que ces fibrilles.

610. *Rollett* (1858) dissocie les fibrilles conjonctives dans l'eau de chaux ou l'eau de baryte ; ces liquides dissolvent la substance (voisine de la mucine), qui soude ces fibrilles entre elles.

On traite les fibres des tendons par **l'eau de chaux,** pendant six à huit jours ; par l'eau de baryte, pendant quatre à six heures. Si l'on désire conserver les préparations, il faut préalablement neutraliser l'eau de chaux et l'eau de baryte avec précaution.

Dans le tissu nécrosé, les fibres se décomposent en fibrilles (*Ranvier*, 1889).

611. On met en évidence, dans les coupes, les fibrilles conjonctives par la méthode de *Hansen*.

Coloration du tissu conjonctif de Hansen. — *Hansen* (1898 à 1905) prépare une solution mère :

100 centimètres cubes d'une solution aqueuse saturée d'acide picrique ;

5 centimètres cubes d'une solution à 2 °/₀ de fuchsine acide dans l'eau. (Ce mélange peut se conserver longtemps.)

Avant de s'en servir, on ajoute à 30 centimètres cubes de cette solution mère 7 gouttes d'acide acétique à 1 °/₀. On colore de vingt minutes à vingt-quatre heures, on égoutte et on porte les coupes dans l'eau (dans 30 centimètres cubes de cette eau, on a versé 20 gouttes du colorant acidulé précédent); ce dernier séjour durera quelques secondes seulement; puis on déshydrate aussi rapidement que possible dans l'alcool à 96° et dans l'alcool absolu; xylol; baume de Canada épais. Des fibrilles conjonctives se colorent en rouge; toutes les autres parties de la coupe, en jaune. On peut colorer préalablement, par exemple avec l'hématoxyline.

L'acide picrique se dissout plus rapidement que la fuchsine acide dans l'alcool fort. La coloration s'évanouit bientôt, si l'on met les coupes en contact avec des lames et des lamelles de verre ordinaire (*Schaffer*, 1896). On peut, au contraire, conserver indéfiniment les préparations si l'on emploie des porte-objet et des couvre-objet en quartz.

612. *Schaffer* (1896, 1899) emploie, pour la coloration élective du tissu conjonctif, le mélange suivant :

Solution aqueuse saturée **d'acide picrique**..	100
Rubine acide (Patent-Säurerubin)..........	0,15
Acide acétique.............................	2 gouttes

Fixation préalable par le sublimé ou l'alcool; durée de la coloration de une minute à plusieurs heures, si on a déjà coloré les noyaux par l'hématoxyline aluminique (Hämatoxylin-Tonerde). Puis on passe directement dans l'alcool à 95°, où on rince les coupes avec soin.

Schaffer (1899) recommande, pour l'étude des membranes très minces, une coloration par la **picronigrosine** due à *Freeborn*. Les coupes collées avec l'eau sont colorées pendant une demi-heure (Freeborn dit trois minutes) ou plus longtemps dans le mélange suivant : solution aqueuse concentrée d'acide picrique, 90 centimètres cubes; solution aqueuse de nigrosine à 1 %, 10 centimètres cubes. Après quoi, on lave, on déshydrate, et on monte dans le baume de Canada. Les fibres conjonctives sont d'un bleu clair; les noyaux, noirâtres, et tout le reste d'un jaune verdâtre.

613. Pour la mise en évidence du tissu conjonctif des *Chilopodes*, *Duboscq* fixe des morceaux de l'animal soit dans le Flemming, soit dans un mélange à parties égales d'acide chromique à 1 %, d'acide nitrique à 1 % et d'alcool à 95°. On peut aussi observer le tissu frais dans la solution de Ripart-Petit (§ 87), additionnée de thionine.

614. *F. Curtis* (1905) indique d'**excellentes méthodes** de colorations électives du tissu conjonctif.

I. Méthode du **Picro-Ponceau.** — Fixation des tissus. — Alcool, formol, Zenker, sublimé.

Coloration, Noyaux. — Colorer les noyaux dans une solution diluée d'hématoxyline de *Delafield.*

Employer la dilution suivante :

Hématoxyline de *Delafield*.....................	40 cm³
Eau distillée...............................	160 —

Laisser les coupes collées sur lame dans ce bain, face en bas, jusqu'à la coloration intense des noyaux et commencement de coloration plasmatique.

Laver à l'eau distillée, puis à l'eau ordinaire pour faire bleuir les noyaux.

Le conjonctif et le fond. — Le conjonctif se colore électivement en rouge à l'aide du *ponceau S. extra.* Ce corps n'existe plus dans le commerce ; il faut le demander à la maison Cogit, à Paris, ou directement à l'*Actiengesellschaft für Anilenfabrikation à Berlin.*

Il faut que ce soit le corps résultant de l'action *du diazo de l'amidoazobenzène disulfoné sur le sel R.*

Faire une solution à 2 % de ponceau *S* extra dans l'eau distillée. Prendre :

Solution aqueuse à 2 % de ponceau S extra...	0 cm³ 1/2
Solution d'eau picriquée saturée..............	9 — 1/2
Solution aqueuse d'acide acétique à 2 %......	5 gouttes

Placer la coupe, ayant subi la coloration nucléaire, dans

ce mélange, face en bas, laisser quinze à trente secondes, laver à l'eau, alcool à 95°, alcool absolu, xylol, baume.

Noyaux noirs bleus, conjonctif rouge, protoplasma jaune ou orangé. Préparations persistantes.

II. Méthode des **Picro-Bleus**. — Fixation, Zenker. Passer les coupes à l'alcool iodé. Avoir soin de désioder à l'alcool à 95°. Remettre les coupes dans l'eau.

Noyaux. — Faire la solution suivante :

Carbonate d'AzH³...........................	1 gr.
Eau.......................................	270 cm³
Formol à 40 %............................	30 —

Prendre de cette solution 8 centimètres cubes et y ajouter 2 centimètres cubes de la solution alcoolique saturée (alcool absolu) de safranine nucléaire.

On a ainsi une solution de safranine douée des propriétés colorantes les plus intenses. Cette solution de safranine est le plus puissant colorant nucléaire connu jusqu'ici.

Mettre les coupes collées, face en bas, vingt-quatre heures dans ce mélange ; après ce temps, laver les coupes à l'eau et à l'alcool à 95° rapidement, pour enlever l'excès du colorant, sans chercher à différencier.

Remettre les coupes dans l'eau.

Tissu conjonctif et fond. — Le tissu conjonctif se colore par le bleu Diamine 2 B ou le noir Naphtol B. Faire avec ces substances la solution suivante :

Bleu diamine 2 B ou Noir Naphtol B.............	1 gr.
Glycérine.................................	20 cm³
Eau distillée.............................	80 —

L'addition de 5 gouttes d'acide acétique à 2 % rend l'électivité sur le conjonctif plus nette, mais n'est pas indispensable.

Prendre de cette solution 1 demi-centimètre cube et mêler avec eau picriquée saturée 9 centimètres cubes et demi, de façon à faire 10 centimètres cubes. Mettre la coupe collée, ayant subi la coloration nucléaire comme ci-dessus, dans le mélange de picro-noir ou de picro-bleu, face en bas. Laisser trois à quatre minutes. Laver à l'eau, alcool à 95°, alcool absolu, xylol, baume.

Noyaux rouges, conjonctif bleu noir, protoplasme jaune.

Les membranes basales et l'hyalin se colorent en même temps que la fibrille conjonctive, mais d'une manière moins intense que cette dernière.

615. *Mallory* (1900) recommande une coloration du tissu conjonctif qui, lorsqu'elle est menée à bien, est tout à fait remarquable : des objets fixés dans le sublimé ou le *Zenker* sont coupés et colorés de la manière suivante : 1° trois minutes dans une solution à 1 p. 400 de *fuchsine-acide* dans l'eau distillée ; 2° lavage à l'eau ; 3° quelques minutes dans l'acide *phospho-molybdique* à 1 $^0/_0$; 4° lavage *rapide* à l'eau ; 5° coloration pendant deux minutes dans une solution de *bleu d'aniline*, 0,5 ; orange G, 2,0 ; acide oxalique, 2,0 ; dans 100 parties d'eau ; 6° lavage à l'eau ; 7° alcool ; 8° xylol ; 9° baume de Canada.

Résultats. — Le tissu conjonctif et le tissu réticulé se colorent en bleu ; le cylindraxe, la névroglie, etc., en rouge.

On peut aussi négliger l'emploi de la fuchsine acide.

N. B. — La fuchsine acide résiste fortement au lavage par l'alcool ; elle est, au contraire, extrêmement peu résistante à l'eau ; le bleu d'aniline se comporte d'une façon inverse vis-à-vis de ces deux liquides.

616. Mlle *Sabin* traite les coupes d'après la méthode de *Mallory* légèrement modifiée : après la fuchsine acide, elle emploie également l'acide phospho-molybdique, et puis colore directement avec le mélange : Bleu d'aniline, Orange G, acide oxalique (voir la manipulation n° 5 du paragraphe précédent), mais elle prend 1 gramme de bleu d'aniline. Après la manipulation n° 6, l'auteur sèche les coupes avec le papier buvard et passe au numéro 8 (*Mall, American Journ.*, t. I).

617. *Maresch* a employé avec grand succès et vulgarisé la méthode de **Bielschowsky** concernant l'étude des **fibrilles conjonctives.** Elles se **colorent** toujours avec une intensité (en noir) mieux que par tout autre procédé ; on ne sait d'ailleurs pas encore si les fibrilles *collagènes* seules se colorent. On fixe avec une solution de formol à 10 $^0/_0$; on lave à l'eau courante environ six heures, et l'objet est alors débité avec le microtome, muni d'un appareil à congélation, en coupes de 10 μ environ d'épaisseur.

Ces coupes congelées sont portées dans l'eau distillée et, peu de temps après, dans une solution à 2 $^0/_0$ de nitrate d'argent où elles séjournent vingt-quatre heures et plus. Après un lavage rapide dans l'eau, elles sont soumises à l'influence d'une solution ammoniacale de sel d'argent fraîchement préparée : à 20 centimètres cubes d'une solution de nitrate d'argent à 2 $^0/_0$, on ajoute, tout en secouant, de 1 à 3 gouttes de soude caustique à 40 $^0/_0$; un précipité brun foncé d'oxyde d'argent apparaît, que l'on dissout aussitôt en versant goutte à goutte de l'ammoniaque et en secouant ou en agitant avec une baguette de verre. — Dans cette solution, les coupes restent deux à dix minutes. Elles passent ensuite dans l'eau distillée et, de là, dans une solution à 20 $^0/_0$ de formol faite avec de l'eau ordinaire ; elles y deviennent d'un gris d'ardoise ; au bout de dix à quinze minutes, elles sont lavées à l'eau de fontaine et transportées dans un bain d'or (2-3 gouttes d'une solution de chlorure d'or à 1 $^0/_0$ pour 10 centimètres cubes d'eau et 2-3 gouttes d'acide acétique) ; elles y séjournent jusqu'à ce qu'elles présentent une teinte *rouge violet :* de une à deux heures, rarement plus longtemps. Lavées à l'eau distillée, ces coupes sont fixées dans de l'hyposulfite de sodium (une minute), lavées à nouveau avec beaucoup de soin, de douze à vingt-quatre heures, à l'eau distillée, déshydratées, etc., et montées dans le baume.

On peut aussi traiter avec le même succès et presque de la même manière par la méthode de *Bielschowsky* des *coupes à la paraffine*, après fixation dans le formol ; mais, dans ce cas, on fait agir le sel d'argent dans l'étuve (37°), et, à la fin, on retire les coupes avec des porte-objet enduits, par exemple, d'albumine glycérinée, pour les soumettre ensuite au traitement ordinaire des coupes collées de la même façon.

618. Le ligament de la nuque du bœuf permet d'étudier les grosses fibres du tissu **élastique**; elles sont ici autrement difficiles à effiler, chaque **fibre**, en s'isolant, se courbant d'une manière particulière (forme en bâtonnet de Bischof).

619. Les **réactifs**, tels que l'acide acétique et la potasse caustique, sont presque sans action sur les fibres ainsi traitées ; les fibres élastiques sont très réfractaires, notamment vis-à-vis de la dernière substance. On peut mettre cette propriété à profit pour l'étude des fibres élastiques de finesse moyenne et extrême. Voici comment on traite avec la lessive alcaline une lamelle mince d'un poumon frais, par exemple ; au bout d'un certain temps, deux heures environ, les tissus conjonctifs, le sang, etc.. commencent à se dissoudre, et il ne reste plus que les petites fibres les plus fines qui entourent les alvéoles.

L'étude des fibres élastiques sur coupes se fait suivant le procédé de *Weigert* et la méthode de l'*Orcéine* acidulée.

620. La **coloration** des fibres élastiques par le procédé de **Weigert** (1898) réussit après n'importe quelle fixation ; l'alcool et le formol se recommandent, il est vrai, spécialement ; mais le liquide de *Müller* et la liqueur de *Flemming* peuvent aussi très bien être employés ; on peut avoir recours, pour les coupes, à la celloïdine ou au collodion et à la paraffine.

On prépare une solution composée de 2 grammes de fuchsine [synonymes : rubine (mais non rubine acide !) rouge magenta, rouge d'aniline] et de 4 grammes de résorcine dans 200 centimètres cubes d'eau qu'on fait bouillir dans une coupe en porcelaine ; on y ajoute 25 centimètres cubes de la liqueur de sesquichlorure de fer (*Pharm. Germ.*, III), et on laisse bouillir encore deux à cinq minutes, tout en agitant.

On laisse alors refroidir et on filtre. Le précipité qui est resté sur le filtre est placé avec ce dernier dans la même coupe en porcelaine que l'on a fait sécher et qui contenait également, elle-même, un peu de précipité. Le tout est additionné de 200 centimètres cubes d'alcool à 95° que l'on agite constamment ; on chauffe pour faire dissoudre les précipités ; le papier filtre, lui, sera enlevé par morceaux. Finalement on laisse refroidir, on filtre et on ajoute à nouveau 200 centimètres cubes d'alcool à 95°. Après l'addition de 4 centimètres cubes d'acide chlorhydrique, la solution colorante est prête.

Les coupes y demeurent de vingt à soixante minutes, puis sont lavées dans l'alcool à 95°, et enfin éclaircies avec le xylol. Elles peuvent aussi rester plus longtemps (quelques heures) dans le colorant, mais elles doivent alors, dans certaines circonstances, subir la différenciation dans l'alcool additionné d'acide chlorhydrique.

Après la coloration, les fibres élastiques apparaissent en bleu foncé ; elles sont presque noires sur un fond tout à fait clair. Les noyaux, après une courte action du colorant, ne sont pas teints ; ils peuvent, avant ou après la coloration, être avec succès soumis à l'influence du carmin ; la différenciation s'effectuera dans l'alcool acidulé par l'acide chlorhydrique.

D'après *Weigert*, c'est un nouveau colorant que l'on obtient en traitant la fuchsine comme on vient de le dire ; il est insoluble dans l'eau, mais soluble dans l'alcool.

621. *Hart* colore les coupes avec le carmin au lithium d'*Orth* (on dissout, en faisant bouillir 2,5 — 5 °/₀ de carmin dans une solution concentrée de carbonate de lithium ; il leur fait alors subir la coloration de l'élastine de *Weigert* en ajoutant un peu plus d'acide chlorhydrique. Pendant que se colorent les fibres élastiques, l'excédent de carmin est enlevé par l'acide. Traitement ultérieur avec l'alcool à 90°, etc. Les noyaux apparaissent en rouge ; les fibres élastiques, en bleu foncé.

622. *Mayer* (*Lee* et *Mayer*, 1901) trouve avantageux d'ajouter une très faible quantité de sesquichlorure de fer.

On colore des coupes (le matériel fixé n'importe comment) pendant vingt minutes à une heure ; on lave à l'alcool, et on éclaircit avec du xylol (pas avec une huile essentielle). Fibres élastiques, bleu foncé sur fond clair ; les noyaux d'habitude ne sont pas colorés... on peut les colorer après coup par le carmin, etc.

623. La **méthode de l'Orcéine** (*Taenzer*), d'après *Unna* (1891).

    Orcéine.. 0,1
    Alcool à 95°....................................... 20,0
    Eau distillée...................................... 5,0

A cette solution on ajoute, à volume égal, le mélange suivant :

    Acide chlorhydrique............................... 0,1
    Alcool à 95°....................................... 20,0
    Eau distillée...................................... 5,0

Toutefois on arrivera par tâtonnements à une juste proportion, qui ne sera atteinte que lorsque les fibres élastiques d'un brun saturé se distingueront du reste du tissu bien plus faiblement coloré.

On colore pendant vingt-quatre heures (de préférence des coupes non collées) ; puis on provoque en une demi-minute la différenciation dans l'alcool à 95° acidulé (les noyaux seront colorés par l'hématoxyline ou le bleu de méthylène) ; on passe ensuite à l'alcool absolu, au xylol, et enfin au baume de Canada.

624. *Pranther* modifie légèrement cette méthode : *a*) orcéine D (Grübler), 0,1 ; acide nitrique officinal, 2 ; alcool à 70°, 100 ; durée de la coloration : huit à vingt-quatre heures ; *b*) orcéine, 1 ; acide nitrique offic., 5 ; alcool à 70°, 100, durée de la coloration : une demi-heure à une heure.

625. *Benda* opère très simplement. Il fait une solution mère, saturée, d'orcéine dans l'alcool à 90°. Cette solution doit mûrir, exposée deux semaines à la lumière et à l'air. On verse cette solution non filtrée, goutte à goutte, dans une solution alcoolique (70°) à $1^0/_0$ d'acide chlorhydrique jusqu'à ce que l'on obtienne une teinte rouge de vin. Les coupes se colorent dans ce mélange pendant douze à vingt-quatre heures. Si les coupes étaient surcolorées, on les traiterait par l'alcool à 70° additionné d'acide chlorhydrique à $1^0/_0$.

626. *Mulon* recommande une formule de solution d'**Orcéine** qui est, à son avis, supérieure à celle, classique, d'*Unna-Taenzer*. Elle appartient à *Rubens Duval* :

Orcéine	0 gr. 10
Acide azotique..............................	2 —
Alcool à 70...............................	100 cm³

Elle colore électivement le tissu élastique en douze à vingt-quatre heures.

627. Pour donner une teinte noir bleuâtre foncé spéciale aux *fibrilles élastiques* les plus ténues, *Letulle* et *Normand* (1907) recommandent la technique suivante, aussi simple que pratique, pouvant être utilisée avec tous les tissus ayant subi un durcissement préparatoire dans l'alcool ou le formol (solution légère).

1° Faire baigner la coupe six à dix heures en moyenne, vingt-quatre heures au maximum (suivant l'organe et les lésions) dans une quantité suffisante de la solution suivante, formule classique de l'orcéine :

Orcéine bien pure	1 gramme
Alcool absolu............................	80 —

(pour dissoudre) et ajouter :

Eau distillée	40 grammes
Acide chlorhydrique pur...................	40 gouttes

Laver largement la coupe à l'eau.

La traiter par q. s., d'alcool chlorhydrique de Unna

Alcool chlorhydrique :

Eau *distillée*	50 cm³
Alcool à 95°	200 —
Acide chlorhydrique	1 —

jusqu'à différenciation spécifique des fibres élastiques (en surveiller l'action au microscope). Lavage soigné (à l'eau) de la coupe ; surveillance attentive (au microscope) du virage des fibres élastiques vers le rouge brun foncé. Réitérer, si besoin, les bains successifs d'alcool chlorhydrique, puis d'eau, jusqu'à bonne teinte voulue, bien fixe après le lavage prolongé à l'eau.

2° Coloration méthodique des noyaux par l'hématéine (ou l'hématoxyline).

Lavage de la coupe à l'eau distillée.

3° Passage rapide de la coupe dans une solution de carbonate de soude à 1°/₀ :

Eau *distillée*	100 grammes
Carbonate de soude	1 —

Lavage de la coupe à l'eau distillée.

4° Coloration du fond à l'éosine en solution très légère prolongée (bain de douze à vingt-quatre heures). Cette technique a l'avantage de différencier toutes les fibres élastiques présentes sur la coupe en les teignant en un noir bleuâtre des plus élégants ; les noyaux ont leur bleu discret et les protoplasmas et la gangue interstitielle sont diversement touchés par la gamme des roses dus à une éosine bonne et lentement imprégnée.

628. Pour la coloration des fibres élastiques, *Röthig* recommande la Krésofuchsine. On prend, par exemple, la solution suivante : Krésofuchsine (*Spiegel*), 0,2 ; acide nitrique ou acide chlorhydrique officinal, 3 centimètres cubes ; alcool à 70°, 100. Durée de la coloration : de douze à vingt-quatre heures.

629. Les enveloppes de l'œuf constituent l'objet le plus commode pour suivre le développement des fibres élastiques.

630. *G. Delamare* (1905) obtient avec son *mélange tétra-chrome* (§ 414) une coloration élective et simultanée des noyaux cellulaires, des *fibres conjonctives, élastiques* et *musculaires*. « La méthode de Van Gieson différencie net-tement les noyaux cellulaires, les fibres musculaires et les fibres conjonctives ; mais elle ne met pas nettement en évidence les fibres élastiques ; la méthode d'Unna, fondée sur l'action de l'orcéine, ne montre que les fibres élastiques.

« L'étude des tissus conjonctifs, élastiques et muscu-laires, poursuivie à l'aide de ces méthodes, nécessite donc deux séries de coupes et quatre temps de coloration.

« Avec le *mélange* dont je crois pouvoir préconiser l'em-ploi, la quadruple différenciation des noyaux, des fibres conjonctives, élastiques et musculaires est obtenue en *un seul temps* et sur *une même coupe*.

« Pour préparer ce mélange, on prend *un volume* de la solution suivante :

Orcéine (Grübler).............................	1 gr.
Acide chlorhydrique...........................	1 cm³
Alcool absolu.................................	50 —

« On ajoute *un volume égal* de la deuxième solution, ainsi constituée :

Hématoxyline acide d'Ehrlich....................	2 cm³

(les 2 centimètres cubes d'hématoxyline d'Ehrlich peuvent être remplacés par 4 centimètres cubes d'hématoxyline de Bœhmer).

Fuchsine acide (Grübler) (solut. aq. sat.)..........	1 cm³
Acide picrique(sol. aq. sat. à chaud).............	200 —

« Ce mélange m'a paru assez stable et susceptible de se conserver au moins une semaine. Les coupes de matériel fixé soit par l'alcool à 90°, soit par le formol à 10 °/₀ ou le liquide de Bouin, sont collées avec l'eau distillée, déparaf-finées, puis, trempées dans l'eau légèrement acide et immer-gées dans le mélange tétrachrome maintenu à 45°.

« Après un séjour de vingt à trente minutes dans le bain colorant, les coupes sont lavées un instant dans l'eau acidifiée (4 à 5 gouttes d'acide chlorhydrique pour 100 centimètres cubes d'eau). Après un très rapide passage dans l'eau de source pour obtenir le bleuissement de l'hématoxyline, elles sont déshydratées (alcool, xylol) et montées dans le baume.

« On constate alors que l'hématoxyline colore en *violet* les noyaux, que l'acide picrique colore en *jaune* les protoplasmes et les fibres musculaires, tandis que la fuchsine acide teinte en *rose* les fibres conjonctives 'et que l'orcéine dessine en *noir* les fibres élastiques. Il n'y a pas de précipités. Les résultats sont toujours beaucoup plus satisfaisants sur les coupes minces (au 1/300 ou au 1/150 de millimètre) que sur les coupes épaisses (au 1/100 de millimètre)

« Quoique les indications de cette méthode soient, en somme, assez spéciales et se réduisent à celles fournies par l'étude des localisations et des connexions du tissu élastique avec les tissus conjonctifs et musculaires, elle paraît susceptible d'être utilisée avec profit par les histologistes et par les anatomo-pathologistes. »

631. *G. Dubreuil* (1904) recommande le *picro-bleu* pour la coloration spécifique des *fibrilles conjonctives*.

« La méthode se réduit à l'emploi de la solution colorante suivante qu'on nommera, pour faciliter la nomenclature, le *picro-bleu* n° 2 (allusion aux numéros 1 et 2 du *bleu pour micrographie* de *Zachariadès* qu'on se procure à l'Usine des Produits chimiques et Matières colorantes de Saint-Denis, 105, rue Lafayette, Paris).

« Solution avec :

Bleu pour micrographie n° 2, sol. aq. à 1/200 . . . .   4 cm³
Acide picrique (solution aqueuse saturée)   46   —

« Les pièces fixées par un des fixateurs couramment employés, débitées en coupe après inclusion à la paraffine, par exemple, sont collées sur lame. Après le passage au xylol, à l'alcool et à l'eau, on laisse tomber une quantité de solution suffisante pour couvrir la lame. La coloration dure environ quinze à vingt minutes, elle est progressive ; il est absolument nécessaire, pour obtenir une bonne coloration, d'agiter la lame de temps à autre pour renouveler la portion de la solution en contact avec la préparation. Les coupes à la celloïdine sont beaucoup plus rapidement colorables par l'agitation simple et ménagée dans la solution. La coloration jugée suffisante au microscope, on lave à l'eau pour enlever l'excès d'acide picrique, à l'alcool absolu, au xylol phéniqué et l'on monte au baume. L'emploi de l'alcool picriqué est désastreux : il dissout très rapidement le bleu fixé par les tissus.

« Sur de semblables préparations, la trame conjonctive est bleu foncé ; les plus fines fibrilles apparaissent très nettement si la coloration a été bonne ; le protoplasma est vert très clair, presque jaune ; les noyaux sont vert un peu plus foncé.

« Cette unique coloration réalise, croyons-nous, un progrès ; cependant il y avait mieux à faire. Les doubles colorations sont trop utiles à cette heure pour qu'on s'en tînt à ce premier résultat. Les combinaisons qui suivent, simples à obtenir, donnent des préparations plus belles et parfois plus démonstratives.

« 1° *Rouge d'acridine et picro-bleu n° 2*. — L'association de ces deux couleurs se fait de la façon suivante : coloration avec une solution aqueuse de rouge d'acridine à 1 $^0/_0$, cinq minutes, lavage à l'eau ; coloration au picro-bleu n° 2 comme précédemment. Il faut surveiller la décoloration à l'alcool absolu qui enlève facilement le rouge d'acridine, et proscrire absolument l'emploi du xylol phéniqué.

« 2° *Safranine et picro-bleu n° 2*. — La safranine de ZWAARDEMAKER (mélange à parties égales de solution alcoolique de safranine et d'eau anilinée) est employée pendant vingt-quatre heures ; lavage à l'alcool faible (60°), puis à l'eau. Coloration au picro-bleu. Surveiller également la décoloration à l'alcool absolu, proscrire le xylol phéniqué.

« 3° *Carmalun et picro-bleu.* — Coloration forte au carmalun, lavage soigneux à l'eau, picro-bleu, lavage à l'eau... Montage au baume (procédé rapide et bon, même pour les recherches délicates).

« N. B. — Un bon lavage à l'eau enlevant tout l'acide picrique sur la coupe est utile; l'élection bleue reste parfaite surtout après le liquide de Tellyesniczky (douze à vingt-quatre heures).

« Les préparations colorées par ces trois procédés présentent leurs fibres conjonctives très bleues, opaques, tandis que le protoplasma est, en général, violet clair et les noyaux rouges avec leurs croûtelettes de chromatine. On peut même substituer à la safranine la coralline en solution hydro-alcoolique.

« Moins rapide, peut-être moins facilement maniable que la picro-fuchsine, le picro-bleu ne tend pas à se substituer à la méthode de Van Gieson dans l'étude rapide d'une sclérose conjonctive, par exemple; mais l'observation fine du tissu conjonctif pourra être poussée beaucoup plus loin par ce nouveau procédé, qui révèle facilement les plus fines fibrilles là où la picrofuchsine ne laissait rien soupçonner de leur existence. »

632. Le tissu **aréolaire** s'emprunte de préférence au grand épiploon, à celui d'un lapin par exemple. Il convient de traiter par l'argent (voir § 516) de petits fragments de cet organe et de les colorer ensuite avec le carmin (picro-carmin); dans ces conditions, on voit comment les cellules endothéliales revêtent les faisceaux conjonctifs à mailles épaisses.

633. Le tissu **réticulé (adénoïde)** sera, de préférence, étudié dans les ganglions lymphatiques, la rate, le foie, les reins, etc. (voir, à ce sujet, §§ 930 et suiv.).

634. On fait l'étude des éléments du **derme** par le procédé suivant : on tue un chien, on détache un fragment de sa peau, et on fait avec le nitrate d'argent (1 pour 1000) une injection interstitielle. Il se produit alors un petit **œdème** dans l'intérieur duquel les fibres sont un peu allongées ; on les fixe dans cet état.

On détache de cet œdème un petit lambeau avec des ciseaux courbes, et, sur le porte-objet, on isole ses fibres avec le plus grand soin en s'aidant de la loupe ; on verse dessus une goutte de picrocarmin.

On isole alors les faisceaux du tissu conjonctif, les fibres élastiques, les cellules du tissu conjonctif bien fixées et éventuellement les cellules adipeuses. Parmi les fibres conjonctives, il y en a qui, souvent, présentent des étranglements et ont un trajet spiralé ; elles se comportent autrement que les fibrilles du même tissu. (Voir le chapitre *Peau*)

635. Méthode de la **digestion artificielle.**

Comme méthode histologique, la *digestion artificielle* repose sur ce double fait que les diastases qui se trouvent dans le corps de l'animal et de la plante sont capables de dissoudre les éléments des tissus, et qu'elles agissent à des degrés différents et en des temps variables selon la nature de ces éléments ; elles peuvent, par suite, être utilisées pour mettre en relief, en les séparant, une ou plusieurs parties de ces tissus.

Cette action des diastases n'a, encore aujourd'hui, rien de bien précis. Leur degré d'activité varie avec l'espèce animale, avec l'état physiologique où se trouvait l'organe auquel on les a empruntées, avec le temps écoulé depuis la mort, avec le mode d'extraction et enfin le mode de conservation.

On fera toujours bien de s'assurer de la puissance d'action des diastases employées, par des digestions préalables servant d'épreuves.

Une manipulation minutieuse est, avec cette technique, encore plus nécessaire qu'avec toute autre méthode histologique ! (d'après *Spaltehotz*).

636. *Ewald* et *Kühne* (1874) soumettent les tissus suivants à l'**action digestive de la trypsine,** par exemple avec un extrait de pancréas glycériné faiblement alcalin à la température de 35° C.

1° Les *tendons* se dissocient en petits groupes distincts ou en fibrilles ; de toutes les autres parties, il ne reste que des noyaux ratatinés qui se détruisent aisément ;

2° Le *tissu conjonctif alvéolaire* du mésentère se comporte comme les tendons ; les endothéliums sont dissous jusqu'aux noyaux eux-mêmes ;

3° Le *tissu conjonctif réticulé* se présente dans un état de pureté parfaite ;

4° Le *cartilage hyalin*. Cellules et noyaux sont dissous : la substance fondamentale montre un réseau particulier un peu granuleux, ayant la consistance de la matière collagène ;

5° Le *cartilage élastique* se comporte comme l'hyalin ; les fibres élastiques disparaissent ;

6° Le *tissu élastique* se dissout ;

7° Les *membranes dites amorphes* sont complètement dissoutes ;

8° Le *foie* est complètement digéré, jusqu'aux noyaux et à la matière collagène. Le tissu conjonctif fibrillaire s'étend jusqu'à la veine intralobulaire ;

9° Les *muscles* sont digérés avec leurs éléments conjonctifs eux-mêmes ;

10° Les *épithéliums de la muqueuse* ne laissent subsister que les noyaux ;

11° Dans les coupes de l'*épiderme* de l'homme, la couche de Malpighi disparaît la première ; puis les cellules à dents s'isolent et celles de la couche cornée prennent l'aspect de cellules creuses à double contour.

La trypsine est donc un réactif qui permet d'isoler de chaque tissu animal les *fibrilles et les réseaux collagènes*, la substance cornée et les noyaux.

637. Voici quelques-uns des résultats qu'a obtenus *F. Mall* (1891 et 1896) dans son étude sur le **tissu conjonctif et sa manière d'être vis-à-vis des réactifs.**

Les fibres élastiques peuvent séjourner sans dommage dans l'acide acétique ou dans une solution de ce même acide à 20 % amenée à la température de l'ébullition. Elles deviennent seulement cassantes; si on les fait cuire dans l'acide chlorhydrique concentré, la fibre élastique se désagrège très rapidement; dans cet acide à 10 %, elle ne se modifie pas à la température ordinaire; à 50 %, elle se dissout en sept jours, et dans une solution concentrée, dès le second jour.

C'est l'intérieur de la fibre qui se détruit le premier, puis vient sa « membrane ». Pour rendre évidente cette dernière, on fait cuire les fibres élastiques à deux reprises dans l'acide chlorhydrique concentré, et on verse le tout dans l'eau froide. Quelquefois on distingue aux membranes une striation longitudinale qui fait supposer l'existence d'une structure fibrillaire. La potasse caustique concentrée détruit les fibres en peu de jours; en solution faible, son action se ralentit; à 1 %, la potasse caustique a besoin de mois entiers; à 2 %, d'un mois; à 5 %, de trois jours; à 10 %, d'un jour; à 20-40 % de quelques heures pour provoquer la perte de la fibre.

Même en ébullition, une solution faible de potasse caustique ne dissout pas les fibres élastiques; elles n'y deviennent même pas cassantes. Si on opère la cuisson dans la potasse à 5-10 % les membranes de la fibre s'isolent en un ou deux jours; il en est de même dans la potasse à 20 % et à froid. La pepsine détruit l'intérieur de la fibre, mais laisse intactes les « membranes ».

La *trypsine* dissout rapidement les fibres élastiques, mais non le tissu des tendons ou le tissu réticulé; ce dernier peut, sans dommage aucun, y séjourner des jours entiers. La putréfaction détruit le *ligament de la nuque* en peu de jours; tout d'abord l'intérieur des fibres se désagrège; puis, les « membranes de la fibre ».

Pour mettre à jour l'intérieur de la fibre et « les membranes de la fibre », on emploie une coloration au rouge Magenta (un petit grain de rouge Magenta pour 50 grammes de glycérine + 50 grammes d'eau). Le contenu se colore en rouge, la gaine de la fibre reste incolore.

Si l'on fait cuire un *tendon*, il se raccourcit. Si l'on fixe le tendon avant de le faire cuire, le raccourcissement ne se produit pas, le tissu adénoïde se ratatine par la cuisson, se gonfle au bout de peu de temps et se dissout. Le tissu du tendon et le tissu adénoïde se ratatinent déjà à 72° C. Traités pendant un temps court par l'acide osmique à 1/2 %, ils se ratatinent à partir de 95° C. Ainsi modifiés par la chaleur, le réticulum et le tendon se laissent facilement digérer par la pancréatine (trypsine) et se détruisent très aisément par la putréfaction.

Dans l'*acide acétique* concentré ou au-dessous de 1/20 %, les fibres du tendon ne se gonflent pas. Dans les acides, entre 1,2 et 25 °/₀, le résultat inverse est obtenu ; à 25 °/₀, l'acide les dissout au bout de vingt-quatre heures. Dans l'*acide formique* très étendu, au 1/500 par exemple, ces fibres gonflent au bout de peu de temps (Zachariadès). Dans l'*acide chlorhydrique* de 0,01 °/₀ jusqu'à 6 °/₀, ces fibres ne se gonflent pas. Dans une solution de 6 jusqu'à 25 °/₀, elles restent un certain temps sans se modifier et ne se dissolvent que dans l'acide concentré. L'*acide nitrique* à 10 °/₀ modifie à peine le volume des fibres du tendon ; à 1/50 °/₀, il provoque chez elles un gonflement des plus prononcés. Le *tissu réticulé* se gonfle dans l'acide chlorhydrique jusqu'à 3 °/₀, reste intact entre 3 et 10 °/₀ ; il se dissout au bout de vingt-quatre heures dans l'acide à 25 °/₀ et au-dessus. Traité par l'acide faible et en cuisson, le tendon se dissout beaucoup plus rapidement que le tissu réticulé.

Dans le suc gastrique naturel du chien, les tendons ne se dissolvent pas plus vite que le tissu élastique ; dans le suc gastrique artificiel, au contraire, le tendon se dissout le premier ; puis le tissu réticulé, et enfin la fibre élastique (Spalteholz, 1903). La pancréatine n'attaque ni le tendon ni le tissu réticulé ; si on les fait cuire, ils sont facilement digérés par elle.

La putréfaction ne détruit ni le tendon, ni le réticulum, si ces tissus ont été retirés du corps ; dans le corps même, au contraire, et notamment à la température de 47°, ils se désagrègent rapidement.

638. *Hohl*(1897) recommande de faire *digérer* des coupes *collées* avec l'eau, d'objets préalablement fixés. Après l'enlèvement de la paraffine avec le xylol, les porte-objet sont placés dans l'alcool absolu ; comme la **pancréatine** n'agit efficacement que sur une préparation complètement privée de graisse, ceux-ci séjournent de vingt-quatre à soixante-douze heures, à une température de 37° C., dans un flacon hermétiquement fermé et contenant de la benzine ; puis ils passent dans l'alcool absolu, l'alcool à 90°, à 70°, et, de là, sont exposés de dix à vingt minutes à l'eau courante pour être plongés dans le liquide destiné à les digérer. Ils y restent de vingt-quatre à dix heures, à une température de 20° à 37°.

Après la digestion, les préparations sont lavées avec soin pendant dix à vingt minutes à l'eau courante. Les porte-objet passent ensuite successivement : de une à vingt-quatre heures dans une solution aqueuse à $1/2°/_0$ de tartrate ferrico-ammonique ; puis, rapidement dans l'eau, et de trois à vingt-quatre heures dans une solution aqueuse et mûre à $1/2°/_0$ d'hématoxyline.

Si, après avoir, en rinçant, enlevé le colorant, les travées du réticulum ne présentent pas encore une teinte très noire, la préparation est à nouveau placée pour vingt ou trente minutes dans la solution du sel ferrique qui, chaque fois, doit être fraîchement préparée.

639. *Björkenheim* expose avec de nombreux détails la méthode de la **digestion des coupes collées** ; les lames doivent être très propres et débarrassées de toute graisse afin que les coupes ne se détachent pas pendant l'opération. Le meilleur moyen, et en même temps le plus commode, pour atteindre ce but, est de faire séjourner ces lames pendant trois ou quatre jours dans une solution de savon. Les coupes régulièrement collées à l'eau sont déparaffinées ; pour cela, on les porte à la température du laboratoire : *a*) trois ou quatre heures dans le xylol ; *b*) dans l'alcool absolu ; *c*) dans la benzine, pour faire disparaître en même temps toute trace de graisse. La digestion se fait avec plus de facilité quand les coupes ont séjourné plus longtemps (six ou sept jours) dans la benzine ; *d*) dans l'alcool absolu ; *e*) dans l'alcool à 96° ; *f*) quelques minutes dans l'eau distillée ; *g*) dans l'eau de baryte pour rendre les coupes un peu plus lâches et faciliter ainsi la digestion (*Kolster*, 1887) ; *h*) dans l'eau courante ; *i*) dans *le liquide qui doit les digérer* [à 40-45 centimètres cubes d'une solution à $1°/_0$ de carbonate de soude, on ajoute une pointe de couteau de **pancreatinum siccum** (Grübler)]. On laisse ce liquide agir, à 30-37° C., de six à vingt-quatre heures ou plus ; *j*) on transporte alors les coupes dans l'eau distillée où elles se lavent pendant quelques heures ; *k*) on les colore dans l'hématoxyline de *Mallory* (§ 339) pendant cinq ou six minutes ; *l*) on les relave ensuite dans l'eau distillée en ayant bien soin qu'elles ne se détachent pas, et enfin *m*) on les monte au baume après les avoir fait passer dans l'alcool absolu, etc.

On ne peut pas fixer exactement d'avance le temps pendant lequel doivent séjourner les coupes dans le liquide digérant : les coupes d'un utérus emprunté à un fœtus demandent à peine six heures ; par contre, l'utérus de vieilles femelles réclame jusqu'à six jours pour être nettement digéré. Si l'on exagère la durée de l'opération, le tissu conjonctif se détache du porte-objet ; le lavage à l'eau, après la digestion, doit être exécuté avec de grandes précautions. L'optimum de l'épaisseur des coupes est 6-8 µ.

Traitement précédant la digestion : fixation dans l'alcool ou le sublimé, mais *non* dans le formol, l'acide chromique ou l'acide osmique.

640. *C.-M. Jackson* a imaginé, pour la **digestion** des coupes délicates, la modification suivante, qui est extrêmement remarquable :

« J'ai constaté qu'il était possible de faire, avec succès, digérer **des coupes à la paraffine** (de 5 µ à 10 µ d'épaisseur) collées sur le porte-objet ou bien flottant librement, sans les débarrasser préalablement de leur paraffine ; on doit seulement laisser agir un peu plus longtemps (un à quatre jours) la solution de trypsine. Les coupes digérées sont colorées (dans la paraffine) avec l'hématoxyline ferrique (un jour dans l'alun de fer, un jour dans l'hématoxyline).

« On peut alors enlever la paraffine à l'aide du xylol, ou bien la respecter, et inclure les coupes directement dans le baume, après les avoir fait sécher avec le plus grand soin.

« L'avantage de cette méthode est qu'elle permet de conserver *à leur place*, dans la paraffine, les fibres les plus ténues que l'on perd facilement pendant le lavage.

« Il est vrai que les préparations ne sont pas aussi belles que celles obtenues avec la méthode ordinaire ; mais cependant, à mon avis, cet inconvénient est largement compensé par les avantages. » (Consulter *Spalteholz*, 1903.)

641. *Flint*, pour faire digérer des *morceaux* de différents organes, préconise la méthode suivante : les organes, débités en coupes parallèles de 3 millimètres au maximum, sont fixés dans le liquide de *Van Gehuchten* (acide acétique, 10 ; chloroforme, 30 ; alcool absolu, 60 parties) et ensuite débarrassés de leur graisse dans l'appareil de *Soxleth* (éviter l'inflammation des vapeurs d'éther!) ; cette dernière opération dure environ une semaine. Les préparations passent dans la série décroissante des alcools ; elles sont ensuite lavées vingt-quatre heures à l'eau courante et soumises dans l'étuve à l'action de la pancréatine de *Grübler ;* la solution de pancréatine doit être renouvelée toutes les quarante-huit heures. On n'arrêtera la digestion que lorsque le tissu conjonctif pur aura, seul, été respecté, ce qui demande un temps variable suivant les différents organes.

Les manipulations durent, en tout, un mois entier.

642. On garantit les solutions de pancréatine contre toute putréfaction en y ajoutant une petite quantité de chloroforme, de thymol, de toluène ou d'éther,

643. De *jeunes fibrilles collagènes* opposent peu de résistance à la trypsine ; elles se colorent mal par le procédé de *Bielschowsky* (*Golowinski*, 1907).

644. Le *traitement* subi *préalablement* par le tissu conjonctif a une grande **influence** sur les résultats de sa digestion. Les fibres élastiques fixées dans l'acide osmique par exemple, sont insolubles dans la pepsine ; si l'on traite ces fibres élastiques par de très faibles solutions d'acide chromique (1/3.000), en les exposant à la *lumière*, elles ne se modifient nullement dans la trypsine ; au contraire, elles sont digérées si la même fixation s'opère dans l'*obscurité*. Il en est de même pour le tissu collagène (*Ewald*, 1890).

645. On a assez souvent l'occasion d'examiner des **cellules adipeuses** à l'état frais dans des parties de tissus conservés vivants, par exemple dans les mésentères d'animaux de toute taille. La graisse est soluble dans l'éther, l'alcool chaud, le benzol et le chloroforme. On rencontre aussi, dans certaines circonstances particulières, des cristaux de margarine dans les cellules adipeuses.

646. La **graisse** est si brillante et les cellules adipeuses si grandes qu'on ne saurait, sur un objet frais, discerner les détails délicats de sa structure. Pour s'orienter dans la constitution d'une cellule adipeuse, on doit employer l'injection sous-épidermique au nitrate d'argent. Les préparations par dissociation *de la boule d'œdème* (§ 634) donnent presque toujours des cellules adipeuses isolées, montrant avec netteté une goutte de graisse entourée (en coupe optique) d'un anneau protoplasmique. Ce dernier s'élargit à un des pôles de la cellule dont il enveloppe le noyau.

647. De petits morceaux de graisse pris au moment même sur le sujet, traités pendant vingt-quatre heures par *l'acide osmique* de 1/2 à 1 $^0/_0$, montrent leurs cellules adipeuses teintes en noir. Cela est dû à la présence de l'acide oléique libre ou de l'oléine qui, seuls, sont directement noircis par l'acide osmique, parce qu'il réduit l'osmium ; les autres graisses pures, qui ne contiennent pas d'oléine, sont fixées et seulement *brunies* par l'acide osmique ; elles ne sont *noircies* qu'à la suite du traitement subséquent par l'alcool. *Altmann* (1894), *Starke.*

Les morceaux de tissu adipeux, une fois fixés dans l'acide osmique, sont lavés avec de l'eau distillée ; on les dissocie sur le porte-objet et on les transporte dans la glycérine (Voir § 425) ; on borde le couvre-objet et on a alors une préparation qu'on pourra indéfiniment conserver.

L'intervention de l'acide osmique dans une préparation du tissu adipeux exclut son transport direct dans l'alcool ; elle y deviendrait tout à fait noire ; ce qu'on a de mieux à faire, c'est d'employer une solution d'acide osmique de 1 à 2 $^0/_0$ à l'abri de la lumière, de laver à l'eau distillée et de transporter ensuite graduellement dans l'alcool : c'est là seulement que la goutte de graisse prendra une coloration intense.

La graisse, noircie dans l'acide osmique ou dans un mélange à l'acide osmique, se dissout dans la térébenthine le xylol, le toluène, l'éther et la créosote, mais non dans l'essence de girofle, l'huile de bergamote et le chloroforme [l'huile de bergamote dissout la graisse des capsules surrénales (*H. Rabl*, 1891), et de la région du thymus (*Schaffer*, 1896)].

La **solubilité** de la graisse dans les préparations traitées uniquement par l'acide osmique est toutefois beaucoup moins grande que dans les préparations fixées dans les mélanges (*Flemming*, 1889, *a* et *b*). La graisse traitée par le liquide de *Müller* noircit également dans l'acide osmique. — Au sujet du traitement par l'acide osmique de la graisse sur les coupes, voir *Unna* (1898).

Des portions de tissus contenant de la graisse devront donc passer non par le xylol, etc., mais par le chloroforme, avant d'être transportées dans la paraffine, si l'on veut obtenir des cellules remplies de graisse noircie.

La graisse éprouvée par l'acide osmique peut être décolorée, blanchie ; pour cela on la traite par le chlore naissant : les objets sont portés dans un tube de verre plein d'alcool, au fond duquel on a préalablement disposé des cristaux de chlorate de potassium. On verse alors de l'acide chlorhydrique (jusqu'à 1 %), et on lient le tube herméliquement fermé (*P. Mayer*, 1881) (Voir aussi le *Blanchiment des pigments*) (§§ 480-482).

Consulter également la coloration d'*Azoulay* dans le paragraphe 888.

648. *L. Daddi* a récemment recommandé le **Soudan III** pour la coloration de la graisse. Il nourrit des animaux avec cette substance pendant plusieurs jours : toute la graisse se colore en rouge. On peut aussi colorer en cinq ou dix minutes dans une solution alcoolique saturée de Soudan des morceaux ou des coupes d'organes soit frais, soit fixés (dans des liquides qui ne dissolvent pas la graisse, par exemple le liquide de *Müller*. On emploie une solution alcoolique saturée de Soudan qui colore en cinq à dix minutes. On lave dans l'alcool et on monte dans la glycérine. Nos expériences faites avec le Soudan nous ont donné des résultats très satisfaisants. Ce colorant, très en usage aujourd'hui, est souvent préféré à l'acide osmique.

649. *W. Rosenthal* recommande la méthode suivante : Des tranches d'environ 5 millimètres d'épaisseur sont fixées pendant vingt-quatre heures dans un mélange de 5 centimètres cubes de formol et de 100 centimètres cubes d'une solution aqueuse saturée d'acide picrique; elles sont ensuite lavées pendant peu de temps dans l'eau distillée et coupées enfin, aussi minces que possible, avec le microtome muni d'un appareil de congélation. Les coupes sont lavées dans l'eau; elles passent alors, pendant un moment assez court, dans l'alcool à 50° pour être portées dans le Soudan III où elles séjournent dix minutes (au maximum trente minutes) (on emploie le Soudan III en solution dans l'alcool à 70-80 %). Une fois colorées dans le Soudan III, elles sont très rapidement (quelques secondes) lavées dans l'alcool à 50°; on les porte dans l'eau et on les inclut dans la glycérine ou dans la gélatine à la glycérine. On peut encore colorer avec l'hématoxyline, par exemple.

Au lieu du mélange formol-acide picrique, il est permis de fixer avec le formol seul et de couper ensuite sur le microtome muni d'un appareil de congélation.

Le Soudan III colore aussi la *graisse neutre qui ne contient pas d'oléine ; ce que ne fait pas l'acide osmique.* La lécithine et la myéline se colorent en rose pâle.

Michaelis préconise, comme donnant une teinte plus foncée le **Scarlach R.** ou Ponceau des graisses (Fettponceau). Cet Écarlate R se comporte vis-à-vis de la graisse comme le Soudan III : il est soluble dans les graisses (*Herxheimer*). On prend une solution saturée dans 80 parties d'alcool absolu auquel on a ajouté 20 parties d'une solution de soude caustique à 50 %. On peut aussi colorer en masse (*Lindemann W*).

650. Quand on examine dans l'eau ou dans un liquide indifférent des cellules adipeuses fraîches, recouvertes par un couvre-objet, on remarque que ces cellules, ou plutôt leurs membranes, éclatent en plus ou moins grand nombre, et que, par suite, des

gouttes de graisse plus ou moins volumineuses deviennent libres et se fusionnent souvent entre elles.

On comprend qu'il suffise, pour exagérer le phénomène, de la simple pression d'une aiguille sur le couvre-objet.

651. Les dépôts de graisse dans la cellule ne contiennent pas partout des substances semblables ; celles-ci sont différentes, suivant qu'elles se trouvent à la périphérie ou au centre [*Solger* (1893)].

652. *G. Loisel* a publié, en 1903, les instructions suivantes au sujet de la technique microchimique comparative de la *lécithine* et des *graisses neutres* :

« L'idée de ces recherches nous a été suggérée par le désir de reconnaître la nature des substances grasses que nous trouvions, en abondance, dans le testicule, lors de nos études sur la spermatogénèse. Nous avons observé ainsi comment se comportent comparativement les graisses neutres et les graisses phosphorées en présence : *a*) des substances fixatrices ; *b*) des substances mordançantes et éclaircissantes, et *c*) de dix-neuf substances colorantes.

« Pour ce qui concerne l'action de ces dernières substances, dont nous parlerons seulement ici, il est important de remarquer que la coloration peut varier avec le genre de fixation préalable. Par exemple, l'hématoxyline de Delafield ne teinte la graisse qu'après l'action du formol ; elle la laisse parfaitement incolore après l'action du liquide de Müller, du sublimé ou de l'acide picrique. Si nous considérons la lécithine, la coloration sépia foncée que nous avons signalée ne se présente qu'après la fixation au formol ; après l'action du sublimé, l'hématoxyline colore la lécithine en violet foncé sombre ; elle donne une teinte neutre foncée après l'acide picrique, une teinte neutre claire après le liquide de Müller.

« L'éosine ne colore la lécithine en laque ponceau qu'après l'action du formol ; elle donne une teinte grenadine foncée après le sublimé, une teinte grenadine moyenne après le liquide de Müller et l'acide picrique.

« Le bleu de quinoléine colore en bleu de Paris la graisse fixée par le formol, en vert de chrome n° 2 celle fixée par l'acide picrique.

« Le mordançage préalable joue parfois aussi un grand rôle dans l'action ultérieure des substances colorantes sur la graisse et sur la lécithine. Prenons cette dernière par exemple, fixée par le formol, à 4 °/₀. Traitée par l'orcanette au sortir du bain fixateur, elle est colorée en laque carminée rose ; si on la mordance entre deux, par l'alun de fer à 4 °/₀, elle devient promptement gris de Payne foncé ; mordancée par l'acétate de cuivre, elle prend une teinte neutre très accentuée. Disons enfin que la lécithine, fixée d'abord par le liquide de Flemming, se colore bien encore par l'orcanette en donnant une teinte foncée de laque brûlée.

« En résumé, pour conserver et pour reconnaître la lécithine dans les tissus que l'on veut inclure, dans la paraffine, par exemple, il faut :

« 1° Laisser les pièces peu de temps dans le formol, si on a choisi ce fixateur ;

« 2° Les faire passer, après n'importe quelle fixation, dans un mordançage tel que l'alun, ou ajouter directement l'alun au mélange fixateur ;

« 3° Les laisser le moins de temps possible dans l'alcool ;

« 4° Les éclaircir par l'acétone, l'éther ou la benzine ;

« 5° Colorer avec l'hématoxyline, le violet de gentiane, le vert de méthyle, le bleu de toluidine, la fuchsine acide ou l'orange G, qui teignent fortement la lécithine, tout en laissant les graisses incolores ;

« 6° Contrôler les données fournies par les colorants au moyen des dissolvants de la lécithine, tels que le chloroforme et l'alcool chauds.

En ce qui concerne plus spécialement la recherche des graisses neutres dans les tissus, nos expériences montrent qu'on peut se servir de toute espèce de fixatif, sauf l'acétone ; pour l'éclaircissement des coupes, il est préférable d'user du xylol qui, de tous les éclaircissants, dissout le plus lentement les graisses neutres. L'acide osmique est le seul colorant des graisses, et encore faut-il contrôler son action avec un dissolvant des graisses tels que l'éther, la benzine ou l'essence de térébenthine ; le Soudan, l'orcanette et le brun de Bismarck colorent énergiquement les graisses; mais, comme nous l'avons vu, ces corps agissent de la même façon sur la lécithine. Faisons remarquer enfin que l'action si particulière de l'acétone sur la graisse pourra être utilisée peut-être pour la diagnose de cette substance dans les tissus. »

653. *Regaud* recommande le procédé suivant de coloration des corps lipoïdes différents des graisses neutres et à constitution probablement lécithoïde.

« C'est une modification d'un procédé de Weigert pour la coloration de la myéline.

« Les pièces doivent être fixées par le bichromate acétique (par exemple le mélange de Tellyesniczky, § 115), ou bien « postchromisées » (après fixation par les mélanges de Bouin, de Lenhossek, de Zenker, etc.) par une solution de bichromate de potassium, pendant huit à quinze jours.

« Coupes mordancées pendant vingt-quatre heures par une solution d'acétate de cuivre demi-saturé. — Lavage à l'eau. — Coloration pendant vingt-quatre heures, par l'hématoxyline de Weigert. — Différenciation ménagée par le mélange de borax-ferricyanure de Weigert. (voir § 874) étendu de 5 fois son volume d'eau. — Lavage à l'eau courante. — Conservation dans le mélange de sucre-gomme arabique d'Apathy (eau, gomme, sucre : parties égales.)

« Par ce procédé, on colore spécifiquement en noir, sur fond incolore ou légèrement jaunâtre, les globules rouges du sang et des corps gras, distincts des graisses neutres, et non décelables par l'acide osmique. »

654. *Mulon* a montré que, *in vitro*, les acides gras saturés *purs* et leurs glycérides sont incapables de réduire OsO^4 au contraire des acides gras non saturés. Aussi, dans les tissus, les graisses ne se coloreront qu'autant qu'elles contiendront oléine ou acide oléique (Cf. Altmann, Starke, Handwerk). La *fixation* des graisses par OsO^4 est en général proportionnelle à l'intensité de leur coloration. Les *lécithines*, outre leur propriété de présenter la croix de polarisation (Dastre), se reconnaîtront (étant pauvres en acide oléique) à leur faible coloration et leur *très mauvaise fixation* par OsO^4. Après immersion dans OsO^4, elles sont pourtant susceptibles de prendre une *coloration noire* et une meilleure fixation, si l'on provoque par l'alcool, après lavage, une « réduction secondaire » de OsO^4 non réduit qui les imprègne (Cf. Starke).

OsO^4 n'étant pas un colorant général des graisses, *Mulon* conseille toujours, pour rechercher celles-ci dans les tissus, l'emploi du *Scarlach*.

655. *Mulon* considère la coloration au **Scarlach** comme la meilleure de toutes celles que l'on peut mettre en œuvre pour colorer les **graisses** en général : graisses neutres, acides gras lipoïdes (phosphatides, myéline).

Les solutions à employer sont les suivantes :

A	Alcool à 70°..	2 parties
	Alcool à 100°..	1 —
	Acétone...	1 —
	Scarlach de Kalle (Biebrich-s.-Rhin).........	Quelques gouttes

Dissoudre le scarlach à froid pendant vingt-quatre heures ; laisser décanter et filtrer au moment de l'usage.

B	Scarlach...	Quelques gouttes
	Acide lactique......................,.................	100

La solution B n'a qu'un usage restreint : elle peut s'employer pour colorer des coupes où l'on soupçonne l'existence de corps gras très labiles. Elle colore en cinq à dix minutes environ.

La solution A est d'un usage général. Il faut la faire agir sur des coupes faites par congélation. Ces coupes sont lavées une minute dans l'alcool à 70°. Puis le colorant est versé sur la coupe et reste environ une minute, pendant laquelle il faut avoir soin d'éviter la formation d'un trouble. Si ce trouble se produisait — indice d'une précipitation du colorant — il faudrait tout de suite rajouter une goutte de la solution colorante. Après une minute, on lave la coupe pendant une minute, sur lame, avec l'alcool à 70° ; puis on lave à l'eau et l'on monte, dans la glycérine ou le mélange d'Apathy (gomme arabique, 50 grammes; sucre de canne, 50 grammes ; eau distillée, 50 grammes. Faire dissoudre au bain-marie et ajouter 5 centigrammes de thymol. Ce sirop durcissant très vite, il n'est pas nécessaire de luter les préparations).

Sur coupes faites à la paraffine *après fixation au formol ou au liquide de Bouin*, la solution de Scarlach colore électivement les pigments gras (lutéine de l'ovaire ; pigment des surrénales, etc).

Sur coupes faites à la paraffine *après fixation dans les liquides chromés ou osmio-chromés*, la solution de Scarlach colore une quantité de différenciations cytoplasmiques imprégnées de lipoïdes : mitochondries, plastes, bâtonnets mitochondriaux, zone pellucide, etc.

Mulon considère le **Scarlach** comme un **réactif de premier ordre** qui lui a rendu les plus grands services et dont on ne saurait trop se servir.

CHAPITRE V

CARTILAGE

656. Le **Cartilage**, notamment l'hyalin, peut s'étudier dans beaucoup de régions **à l'état frais.** Pour cela on prend soit l'hyposternum ou l'épisternum d'une grenouille, soit l'apophyse xyphoïde de petits Mammifères. Ces lamelles cartilagineuses minces peuvent, une fois débarrassées des parties molles au moyen d'un linge, être examinées dans un liquide indifférent (voir § 81). On distingue alors nettement la substance fondamentale du cartilage, des capsules, et, dans celles-ci, les cellules qui les remplissent complètement.

657. Il est possible aussi d'observer à l'état frais de gros morceaux de cartilage. La consistance du tissu cartilagineux permet d'en pratiquer directement des coupes au moyen d'un rasoir humecté d'un liquide indifférent et de les examiner dans ce même liquide.

658. On peut, de la même manière, avec le rasoir, couper des morceaux frais de cartilage réticulé (Voir § 77) ou bien, s'il s'agit de cartilage mince, comme le pavillon de l'oreille d'une souris, on peut se borner à enlever les deux lamelles cutanées et procéder à l'examen sans coupe préalable.

659. La substance fondamentale du cartilage *hyalin*, fixée par le sublimé et colorée ensuite avec la safranine, présente une teinte orange très stable. Elle est **basophile** et se laisse spécialement bien colorer avec une solution de bleu de méthylène au 1/1000-1/10.000, acidulée à raison de 1-5 gouttes d'une solution d'acide chlorhydrique à 1 $^0/_0$ par 100 centimètres cubes du liquide colorant.

660. *Van Wijhe* (1900) colore pendant quelques jours dans la safranine (solution à 1 $^0/_0$ dans l'alcool à 70°), et *in toto*, des embryons de *lepus* fixés dans un mélange de formol et d'une solution de sublimé.

Il les lave pendant une semaine avec l'alcool à 75°. Xylol, baume. — Le cartilage seul est coloré. (**Excellent procédé**).

661. S'il s'agit de monter des parties de **squelette cartilagineux embryonnaire** ou bien des embryons entiers en vue de préparations sur lesquelles on désire jeter un rapide coup d'œil, on peut suivre les instructions de *Lundval* :

a) Fixation dans le formol à 10 $^0/_0$, pendant quarante-huit heures et plus; *b*) traitement avec l'alcool à 95°, pendant le même temps ; *c*) coloration au bleu de toluidine chauffé à 40° C. (On fait dissoudre 0^{gr},25 de toluidine dans 100 centimètres cubes d'une solution à 1/2 $^0/_0$ d'acide chlorhydrique dans l'alcool à 70°) puis on ajoute 0^{mc3},5 d'acide chlorhydrique et l'on filtre au bout de vingt-quatre heures; *d* décoloration dans un mélange d'acide chlorhydrique et d'alcool à 70°(0,25 $^0/_0$), mélange qu'il faut souvent renouveler et que l'on porte à une température de 40° C. ; *e*) désacidifier dans l'alcool à 95° souvent renouvelé ; *f*) alcool absolu, etc.

A la place du xylol, on emploiera le benzol.

662. On obtient les mêmes résultats avec les manipulations suivantes : coloration au bleu de méthylène ; enlèvement de l'excès de colorant avec l'acide chlorhydrique dilué ; déshydratation et traitement par un mélange de benzol et d'acide sulfhydrique.

Lenhossék et *Bokay* colorent en masse avec le brun de Bismarck ; ils différencient dans l'alcool à 96° et éclaircissent dans l'essence de bois de cèdre.

663. *Hansen* (1898 *b*), 1905, décrit dans le cartilage hyalin des Vertébrés de fines fibrilles conjonctives dans la substance fondamentale hyaline. La basophilie du cartilage provient de la présence d'**acide chondroïtinesulfurique** dans le **chondromucoïde**. Celui-ci entoure les fibrilles et les masque. Si on se débarrasse de ce sulfate, grâce à un traitement très prudent par des alcalis, dans une coupe de cartilage non fixé, ou qui de préférence aura été fixé, tout le collagène (fibrilles conjonctives) de cartilage se colorera par le procédé de *Hansen* (voir § 611).

664. Dans des coupes fixées, spécialement dans le formol ou le formol-alcool, le chondromucoïde **se dissout** dans l'eau de baryte, dans un mélange à volumes égaux d'eau de baryte et d'une solution à 10 $^0/_0$ d'acide chlorhydrique, dans l'eau de chaux et, surtout bien, dans la potasse caustique étendue; celle-ci ne présente aucun danger, à la condition que les corps proviennent d'objets qui aient été sérieusement et longuement fixés [*Hansen* (1905).]

665. Des tranches de cartilage hyalin débarrassées des parties molles, empruntées par exemple à la rotule ou aux condyles, sont mises à macérer pendant trois à sept jours dans une solution, de concentration moyenne, de permanganate de potassium, ou dans une solution à 10 $^0/_0$ de chlorure de sodium.

Le premier liquide doit être renouvelé 4-6 fois par jour.

La substance fondamentale hyaline se résout alors en fibrilles très fines, qui rappellent les fibrilles du tissu conjonctif (Tillmanns).

366. Le **cartilage des Céphalopodes** présente des *cellules ramifiées* qui s'anastomosent entre elles. *Chatin* a observé de semblables cellules dans la sclérotique du gecko, du lézard et du caméléon, ainsi que dans le cartilage cricoïde du blaireau.

667. Pour examiner un **cartilage réticulé** (pavillon de l'oreille, épiglotte, etc.), on commence par le fixer dans l'alcool ; puis on en fait des coupes minces que l'on colore à volonté, par exemple avec le carmin boraté, la safranine, etc.

Dans ces conditions, et surtout quand elles sont montées dans le baume de Canada, les préparations laissent à peine voir les réseaux élastiques. On les rend visibles en transportant la coupe de l'eau dans une *solution faible d'iode*, qui les colore rapidement en brun.

Avec cette addition d'iode, il ne faut pas perdre de vue la présence possible de *glycogène* dans les cellules du cartilage (il en existe aussi dans le cartilage hyalin); cette substance apparaît avec une teinte brun d'acajou (§ 429), qui disparaît si l'on chauffe).

668. Pour obtenir des préparations susceptibles d'être conservées, on colore des *coupes* minces de *cartilage réticulé* par le procédé de *Weigert* (voir § 620) ou par la méthode de l'orcéine (voir § 623).

Avec le *picro-carmin*, les réseaux se colorent en jaune, et les noyaux des cellules du cartilage en rouge.

669. Si on colore des coupes minces avec une solution aqueuse de *fuchsine*, en les lavant longtemps à l'alcool, et les portant ensuite, à la manière ordinaire, dans le baume de Canada, les réseaux apparaissent d'un rouge intense, le reste, en dehors des noyaux, restant incolore.

670. Chez les individus âgés, les cartilages, notamment celui des côtes et celui du larynx, etc., renferment des **concrétions de carbonate de calcium** ; aussi doit-on les décalcifier (voir § 675 et suivants) après les avoir fixés.

671. *J. Renaut* (1911) a étudié le *processus de calcification du cartilage* sur des coupes du cartilage sérié d'un embryon (par exemple de mouton) d'âge variable. Aussi près que possible du sacrifice de la mère, c'est-à-dire de façon que le cartilage soit encore vivant, on les pratique à main levée, sans décalcification aucune. On les reçoit, on les examine vivantes, puis on les traite par différents colorants vitaux, dans l'eau salée isotonique à 8 °/₀₀. Ceci, en ajoutant à la solution isotonique, et peu à peu, une quantité de solution aqueuse concentrée du colorant vital trop petite pour changer sensiblement la concentration moléculaire du. liquide additionnel. Cela fait, on recouvre la préparation d'une lamelle ; on la borde à la paraffine et on l'examine.

Les colorants vitaux qui donnent des renseignements sur les mutations précalcificatrices de la substance fondamentale du cartilage sont les colorants basiques tels que la thionine, le bleu de méthylène BX, le violet de méthyle 5 B et l'hématéine. Ils teignent, tous, électivement et avec une intensité croissante celle du cartilage sérié. Ils le font en donnant à cette substance une coloration *métachromatique* exactement la même, pour chacun d'eux, que celle résultant de l'action produite par les acides faibles dilués, tels que les acides acétique ou formique, par exemple.

a) La *thionine*, qui teint la substance fondamentale du cartilage ordinaire en *bleu clair*, colore en *rose* les travées intersériaires de substance fondamentale qui répondront dans l'os enchondral aux travées directrices. Elle teint en *rose rouge* très vif et avec une élection remarquable, les capsules des cellules cartilagineuses ainsi que les *Chondrinballen* des groupes isogéniques axiaux dans toute l'étendue du cartilage sérié et sur le pourtour des gros canaux vasculaires engagés dans ce cartilage.

b) Le *bleu de méthylène* BX, qui teint en *bleu pur* la substance fondamentale du cartilage ordinaire, ne colore de cette façon, dans le cartilage sérié, que les capsules des cellules discoïdes ou globuleuses. Les travées intersériaires sont faiblement teintées en *vert pâle* au niveau de l'assise des grandes cellules vacuolaires.

c) Le *violet de méthyle* 5 B fournit des réactions colorantes .vitales très intéressantes. Il teint les capsules cartilagineuses en violet presque pur à l'origine du cartilage sérié ; mais cette coloration vire de plus en plus à l'amarante au fur et à mesure qu'on s'approche de la zone calcifiée. Il colore de la même façon, encore ici métachromatique, les travées intersériaires de substance fondamentale dans les limites de la zone des premières cellules globuleuses et de celle de calcification qui répond aux grandes cellules globuleuses vacuolaires.

Toutes ces opérations se produisent sans que les divers réactifs précités teignent les noyaux : ce qui signifie, comme on sait, que les cellules du cartilage continuent à vivre.

d) L'*hématéine* (hémalun) ne peut être considérée ici comme un colorant vital, car elle rétracte d'emblée les cellules cartilagineuses. Mais elle ne tue certainement pas net la substance fondamentale du cartilage, ni non plus celle des jeunes lamelles osseuses enchondrales. Elle colore la substance fondamentale du cartilage sérié métachromatiquement en violet amarante intense dans toute l'épaisseur de l'assise des cellules globuleuses non vacuolaires du cartilage sérié, traité vivant par le colorant en milieu isotonique. Si, par contre, on fixe la coupe faite sur le vivant par l'alcool, puis qu'on la colore par l'hématéine, l'élection sur la substance fondamentale se fera dans des limites exactement les mêmes, mais donnera lieu à une coloration en violet foncé, pur et presque noir.

672. Le cartilage costal de l'adulte et le cartilage embryonnaire fournissent souvent des éléments pour l'étude de plusieurs **cellules cartilagineuses filles** dans une capsule.

673. Les organes possédant du tissu cartilagineux ne se laissent pas bien coller avec l'albumine sur le porte-objet, surtout quand les coupes ont une certaine épaisseur ; dans ce cas, en effet, leur forme s'altère sous l'action de la chaleur.

674. Le *fibro-cartilage* s'emprunte aux disques intervertébraux, etc. ; on le fixe avec l'acide osmique, ou, mieux encore, avec l'acide picrique, et on le colore avec le picro-carmin, ou d'après la méthode de *Hansen* (Voir § 611).

Consulter pour ce chapitre : *Flesch* (1880) ; *Hansen* (1905).

CHAPITRE VI

OS ET DENTS

675. La masse fondamentale organique de l'os renferme diverses substances inorganiques et notamment des sels calcaires qui donnent à l'os entier sa solidité. On le rend susceptible d'être coupé en le débarrassant de ses sels, en le **décalcifiant** : on traite, pour cela, les os et les dents par des acides qui y remplacent les acides des sels calcaires ; il se fait, par suite, de nouvelles combinaisons, qui sont, elles, solubles dans l'eau et l'alcool. C'est sur ce principe que repose la décalcification.

676. *P. Ziegler* (1899) place l'**acide sulfureux** au premier rang des **liquides décalcifiants** : son action repose sur ce fait que le phosphate tricalcique insoluble qui, avec le carbonate de calcium, représente la plus grande partie des éléments inorganiques de l'os, se transforme, sous l'influence de l'acide sulfureux, en monophosphate de chaux qui, lui, est facilement soluble.

Après avoir convenablement fixé de *petits os* (les *gros* os seront fixés de préférence dans le formol), *P. Ziegler* les fait séjourner plus ou moins longtemps dans une solution aqueuse à 5 $^o/_o$ d'acide sulfureux. Après quoi, on lave pendant le même temps à l'eau courante, on parcourt la série ascendante des alcools, et on coupe dans la celloïdine ou le *collodion*.

Voici, comme complément du paragraphe 202, en quoi consiste le procédé du « *collodionnage* des surfaces de section » imaginé par Duval : on dilue du collodion ordinaire épais avec de l'éther, ou parties égales d'éther et d'alcool, de façon à en faire un collodion peu filant. Avec un pinceau ou le doigt, on passe légèrement de ce collodion fluide sur la surface de section, au préalable séchée avec le doigt ou à l'air, de sorte qu'elle soit devenue terne (si la surface restait brillante, c'est qu'elle serait humectée d'alcool, ce qui empêcherait toute adhérence du collodion).

Aussitôt après le collodionnage, on souffle sur la surface de section, pour faire vite sécher la mince pellicule de collodion: Dès que la surface est redevenue terne (ce qui prouve que le collodion a fait prise), on l'imbibe avec de l'alcool, de même que le rasoir, et on coupe. (Pour la coupe suivante, on recommence le séchage de la surface, son collodionnage, le séchage du collodion, l'imbibition à l'alcool et la coupe, et ainsi de suite. Toutes ces opérations, à recommencer pour chaque coupe, doivent se faire vite).

L'humérus d'un cobaye adulte se décalcifie dans cet acide en un ou deux jours, les parties molles conservant admirablement leur structure. La décalcification s'opère très régulièrement, et l'on peut, avec ce procédé, avoir recours à n'importe quel colorant.

Les membres de triton ne restent que deux ou trois heures dans l'acide ; de gros os humains y séjournent huit jours ; quant aux petits os, après une fixation convenable, s'ils sont soumis au décalcifiant pendant deux à cinq heures seulement, ils montrent on ne peut mieux conservées les plus fines structures de leurs parties molles.

Comme autres liquides décalcifiants (Voir *Haug*, 1891 *a*, et *Schaffer*, 1903), nous citerons :

677. L'acide chlorhydrique de 1/2-1 $^0/_0$, que l'on doit souvent renouveler ; on le fait agir sur des objets préalablement fixés. L'acide chlorhydrique fumant du commerce contient environ 38 parties de HCl et a comme poids spécifique : 1,19. L'acide chlorhydrique ordinaire contient 30-33 $^0/_0$ de HCl ; l'acide chlorhydrique officinal pur, environ 25 $^0/_0$ de HCl.

678. Un mélange à volumes égaux d'une solution à 1 $^0/_0$ d'acide chlorhydrique et d'une solution à 1 $^0/_0$ d'acide chromique.

679. Un mélange à volumes égaux d'acide chromique à 5 $^0/_0$ et d'acide nitrique à 3 $^0/_0$; à renouveler fréquemment. C'est un très bon fixateur et décalcifiant.

680. L'acide **trichloracétique**, $CCl_3\text{-}CO.OH$, en solution *aqueuse* à 5 $^0/_0$. Il décalcifie assez vite et fixe en même temps ; on le laisse agir pendant douze à quarante-huit heures; cette solution doit être agitée et renouvelée plusieurs fois ; on lave ensuite de un à deux jours dans l'eau courante, pour passer enfin dans la série ascendante des alcools : le crâne d'une grenouille (après fixation dans le sublimé) est décalcifié en vingt-quatre heures dans une solution à 4 $^0/_0$.

Cet acide présente toutefois un inconvénient : il provoque le gonflement du tissu collagène (*Holmgren*).

681. Pour de petits objets, une solution saturée d'**acide picrique** et l'**acide picro-nitrique** (§ 155), mais jamais l'acide picro-sulfurique, qui donnerait lieu à la formation du gypse difficilement soluble.

682. L'acide **nitrique** ; nous avons ici en vue l'*Acidum nitricum crudum* contenant 61 $^0/_0$ d'acide et ayant un poids spécifique égal à 1,40.

Cet acide, employé à 2-15 $^0/_0$, est le meilleur et le plus rapide des décalcifiants; après la décalcification, on traite les morceaux avec une solution d'alun à 5 $^0/_0$, et on lave à l'eau (*Schaffer* 1903).

On emploie aussi des solutions alcooliques; on a, dans ce cas, généralement recours à l'alcool à 70°. On peut, dans ces solutions, décalcifier aussi des *morceaux inclus dans la celloïdine ou le collodion. Schaffer* (1903).

On obtient aussi de bons résultats avec le mélange : acide nitrique, 70 ; formol, 50 ; eau, 1.000, que l'on fait agir sur des objets fixés.

683. Un excellent décalcifiant est la solution concentrée d'acide picrique, à laquelle on ajoute 2 °/$_0$ d'acide azotique. La décalcification faite, on lave à grande eau avant de monter, puis on coupe, etc. Ce procédé a permis à *Malassez* de débiter en coupes sériées d'assez gros fragments de maxillaire avec les dents, quand il a étudié ce qu'il a appelé les *débris épithéliaux paradentaires*.

684. L'acide chlorhydrique ne doit jamais servir à traiter des objets tout à fait frais ; il faut les **fixer au préalable**; même dans cet état, s'ils sont de grande dimension et s'ils restent longtemps dans la liqueur décalcifiante, ils s'altèrent très fortement.

Le mélange d'acide chlorhydrique et d'acide chromique décalcifie et fixe mieux, tout ensemble.

On obtient de bons résultats avec les acides picrique et picro-nitrique ; mais ces liquides ne pénètrent que très peu profondément et ne décalcifient que très lentement. On se trouve aussi très bien de l'acide nitrique, notamment en solution faible pour des objets de petite dimension et préalablement bien fixés. Il convient de remplacer l'eau par une solution de sel marin ; on évite ainsi l'effet ordinaire des acides, le gonflement (Voir § 685).

L'usage de toutes ces liqueurs est soumis à la règle générale d'être employées en quantité la plus grande possible, et renouvelées aussi souvent qu'on le peut.

La durée de la décalcification varie avec la nature, le degré de concentration, la température du liquide employé ; mais elle implique toujours un temps assez long et, parfois, des semaines.

L'os est décalcifié quand il est assez mou pour être coupé ; on doit user de tâtonnements pour reconnaître cet état ; on essaie de faire des coupes, ou bien on cherche à percer l'os avec une aiguille fine.

Une fois décalcifiés dans l'un de ces quatre liquides, les morceaux sont lavés pendant un temps très long (vingt-quatre heures ou davantage) jusqu'à ce qu'ils aient complètement cédé à l'eau leur coloration, c'est-à-dire les acides.

Ils passent de là, comme les morceaux fixés, à travers une série d'alcools de concentration graduellement croissante.

685. Tous ces liquides provoquent le gonflement de la substance fondamentale de l'os, et, par suite, la plupart des canalicules primitifs se trouvent obturés ; la structure intime de la substance fondamentale, et notamment celle des lamelles osseuses, est également détruite. Pour conserver cette structure, *v. Ebner* (1875) a proposé l'emploi d'un **mélange** composé d'**acide chlorhydrique et d'une solution de sel marin.** Voici quelle en est la composition :

Une solution de sel marin saturée à froid est allongée de 2 volumes d'eau ; à ce mélange on ajoute 2 $^{0}/_{0}$ d'acide chlorhydrique (pour les dents, de 10 à 20 $^{0}/_{0}$).

Pendant le séjour dans ce liquide, des os que l'on veut décalcifier, on y verse journellement un peu d'acide chlorhydrique jusqu'à ce que les os soient flexibles. On les lave alors dans une solution aqueuse de sel marin à moitié saturée ; on obtient bientôt une réaction acide ; on la fait disparaître en ajoutant peu à peu de l'ammoniaque jusqu'à ce que l'os soit devenu neutre. L'os peut alors être coupé. Cette liqueur décalcifie très lentement, mais donne de bons résultats.

Il est bon de colorer avec le *violet de gentiane* (§ 594) les corps minces après les avoir bien mouillés ; à la place du liquide décolorant dont nous parlons dans ce dernier paragraphe, on prend deux parties d'huile d'aniline pour 3 parties de xylol (*Beneke*). Les *fibrilles de la substance fondamentale* de *v. Ebner* et les *fibres de Sharpey* se colorent.

686. Sur des coupes traitées d'après *Bielschowsky-Maresch*, les fibrilles apparaissent avec une remarquable netteté (*H. v. Baeyer, Studnicka*).

687. Pour mettre en évidence la chaux, on traite environ cinq minutes des coupes incomplètement ou pas du tout décalcifiées par le nitrate d'argent ; on les lave à l'eau distillée pour les transporter ensuite dans une solution faible d'acide pyrogallique : les régions calcifiées présentent immédiatement une teinte noirâtre. L'argent, d'ailleurs, n'est pas le seul métal qui montre de l'affinité pour le tissu calcifié ; on peut obtenir un aussi bon résultat avec des combinaisons telles que l'acétate de cuivre et le sulfure d'ammonium (NH_4SH) ou le perchlorure de fer et le ferrocyanure de potassium.

688. Pour les objets très délicats, pour de petits os d'embryons ou pour l'os du rocher de tout petits animaux par exemple, on peut aussi avoir recours à la solution de Flemming, que l'on fera agir pendant un à deux jours ou plus longtemps.

689. S'il s'agit de très petits objets contenant très peu de carbonate de calcium, il suffira de les faire séjourner dans l'acide chromique faible, dans les conditions où cet acide sert de fixateur, ou, ce qui revient au même, dans le liquide de Müller qui, d'ordinaire, contient aussi une petite quantité d'acide chromique libre.

690. On devra prendre l'habitude de commencer par fixer les objets avant de les décalcifier ; le temps nécessaire, dans ce cas particulier, est beaucoup plus long, mais les parties molles sont beaucoup plus ménagées.

691. Voici le mode d'emploi de la **phloroglucine** (*Haug* 1891 *b*), d'après les instructions de *v. Kahlden* (1895).

La phloroglucine n'est pas, par elle-même, un décalcifiant, mais elle protège bien plutôt les tissus contre l'acide que l'on fait agir en même temps ; on peut, pour cette raison, employer un acide en solution assez forte pour produire la décalcification de petits fragments d'os en une demi-heure, et celle de fragments plus durs en quelques heures.

Il faut, naturellement, surveiller de près la préparation.

Formule de la solution : 1 gramme de phloroglucine est dissous à chaud, *avec précaution*, dans 10 parties d'acide nitrique ordinaire. (Il vaudra mieux s'être débarrassé préalablement de la base alcalino-terreuse.) Pendant le mélange, en effet, il se produit de très nombreuses vapeurs rouge brun d'acide azotique et une élévation considérable de température.

A cette solution-mère (rouge rubis) on ajoute 100 centimètres cubes d'une solution aqueuse d'acide nitrique à 10 %.

Un décalcifiant un peu long est le suivant :

Phloroglucine	1
Acide nitrique	5
Alcool	70
Eau distillée	30

692. Comme liquide décalcifiant et favorable à la conservation des parties, à faire agir aussi sur des objets déjà fixés, *Thoma* (1891) recommande un mélange d'acide azotique et d'alcool [alcool absolu, 5 volumes ; acide azotique concentré (p. spéc. 1,3), 1 vol.]. Ce liquide doit être renouvelé toutes les vingt-quatre heures ; il décalcifie en quelques jours. On lave à l'alcool à 95° additionné de carbonate de calcium précipité en excès. Au bout de 8 à 15 jours, les préparations perdent toute trace de l'acide ; on les débarrasse de la chaux en les lavant à l'alcool pur à 95° (voir § 682).

693. « *Fourgeroux* débitait l'os en lamelles en le plongeant, après l'extraction des sels calcaires, dans l'eau bouillante : les lamelles se séparent alors très aisément en feuillets », d'après *Henle* (1841).

694. Ainsi préparés et lavés, l'os et la dent pénétrés de celloïdine ou de collodion (voir §§ 201-204) se laissent aisément couper. On peut aussi inclure dans la paraffine et couper de petits os bien décalcifiés, mais, toutefois, en employant des paraffines aussi tendres que possible.

695. Schmorl a recours aux deux **méthodes** suivantes qui permettent de mettre en évidence les *systèmes des cavités de l'os* (ostéoplastes) et leurs *lignes limitantes*.

A. On fixe des morceaux d'os dans des liquides ne contenant pas de sublimé ; on les décalcifie et on les coupe dans la celloïdine ou le collodion ; puis on les colore pendant dix minutes, soit dans la thionine phéniquée de *Nicolle* (eau phéniquée, 100, et 10 centimètres cubes d'une solution saturée de thionine dans l'alcool à 50°), soit dans une solution concentrée de thionine dans l'alcool à 50°. Les coupes sont rincées à l'eau et portées pendant une minute dans une solution aqueuse saturée d'acide picrique ; elles sont à nouveau rincées à l'eau et lavées dans l'alcool à 70°, jusqu'à ce que celui-ci ne se colore plus (cinq à dix minutes). On les déshydrate dans l'alcool à 96°, on les éclaircit dans le xylol phéniqué, pour les monter dans le baume. — Si la coloration ne réussit pas, on ajoute au colorant 1-2 gouttes de liqueur ammoniacale.

Cette méthode n'est qu'une application directe des procédés de coloration à la *thionine picriquée* que *Sabrazès* a le premier fait connaître en 1897 (voir § 838).

Résultats. — Les *cavités de l'os* se colorent en brun foncé sur fond brun clair; les cellules, en rouge. Cette même méthode est applicable à l'étude des dents.

B. On fixe de minces disques osseux dans le formol ; on les durcit alors pendant cinq à huit semaines dans le liquide de *Müller* et on les décalcifie suivant le procédé de *v. Ebner* (§ 685). On effectue des coupes à la celloïdine, au collodion ou à la paraffine, on les colore dans la solution de thionine sus-mentionnée avec addition d'ammoniaque, on les rince bien avec de l'eau distillée, et on différencie pendant peu de temps avec l'*acide phosphowolframique* ou l'*acide phosphomolybdique* concentré.

(Les acides attaquant les métaux, on emploie des instruments en verre.)

On lave alors les coupes jusqu'à ce qu'elles présentent une teinte bleu clair (dix minutes), et l'on fixe dans l'ammoniaque (1 volume dans 10 volumes d'eau) pendant trois à cinq minutes ; on les porte ensuite directement dans l'alcool à 90°, que l'on doit renouveler. Après leur passage dans l'alcool absolu et le xylol phéniqué, elles sont montées dans le baume de Canada.

Si la substance fondamentale est obtenue trop foncée, on a recours, avant l'alcool absolu, à l'alcool acide (1 volume d'acide chlorhydrique pour 100 volumes d'alcool à 90°) que l'on a laissé agir pendant cinq minutes. La méthode n'est pas toujours couronnée de succès et ne se recommande que pour les os en voie d'accroissement.

Résultats : La substance fondamentale est colorée en bleu clair : les *lignes limitantes*, en bleu foncé.

696. *Goetsch* s'y prend un peu autrement. Des morceaux fixés et décalcifiés sont coupés et colorés pendant deux à trois heures par une solution à 5 % de rouge neutre dans l'eau phéniquée ; après un court lavage à l'eau, les coupes sont transportées avec des aiguilles de verre, pour y séjourner deux à quatre minutes, dans un mélange à parties égales d'une solution saturée d'acide picrique et d'une solution de sublimé à 0 1 % ; elles sont alors lavées rapidement à l'eau et successivement placées sur une lame, séchées avec le papier buvard et différenciées dans 3 parties de xylol et 1 partie d'huile d'aniline. Cette dernière **opération** est la plus délicate, et il est prudent de suivre les résultats sous le microscope ; on lave avec le xylol et l'on monte dans le baume.

Résultats. — L'os apparaît couleur de brique ; les noyaux des cellules sont d'un bleu gris ; les cavités de l'os et leurs prolongements, d'un brun d'acajou, remplies par un précipité.

On peut aussi colorer préalablement avec l'hémathoxyline et traiter non plus avec le mélange xylol-aniline, mais cinq minutes avec l'alcool à 70° teint en jaune par de l'acide picrique, puis avec l'alcool à 96°, jusqu'à ce qu'il ne se dégage plus aucune trace de couleur ; enfin à travers l'alcool absolu, etc., on monte dans le baume.

Dans la différenciation par le xylol-aniline, apparaît également la structure fibrillaire de l'os.

697. Pour des préparations d'os et de dents jeunes, qui ont été fixés et décalcifiés dans des liquides contenant de l'acide chromique, **v. Korff** préconise la **coloration** suivante : Rubine S., 2 grammes ; orange G, 1 gramme ; glycérine, 7 centimètres cubes ; eau distillée, 100 (une demi-minute). Il différencie dans l'alcool à 93°.

Résultats — Ostéoblastes, cellules osseuses et odontoblastes prennent une teinte orange, ainsi que leurs prolongements ; les fibrilles de la substance fondamentale non calcifiée, une teinte rouge ; les régions calcifiées de cette dernière, une teinte orange ou jaune.

698. *Retterer* (1906), dans son étude des *lignes dites de ciment du tissu osseux* (*lignes cimentantes* ou *lignes limitantes*) a eu recours aux fixations et aux colorations indiquées au paragraphe 699.

Résultats. — Les cellules osseuses élaborent des lamelles sombres et claires. Chez l'adulte, l'étendue des lamelles claires est supérieure à celle des lamelles sombres ; mais, de distance en distance, dans un même système et surtout aux points de contact des systèmes d'ordre différent, il existe une rangée de cellules osseuses dont les prolongements capsulaires persistent à l'état de lames chromophiles sans développement notable d'hyaloplasma ou substance amorphe. Il en résulte la formation de lamelles sombres qui divisent et subdivisent le tissu osseux en territoires distincts, bien que continus, à travers la masse osseuse.

699. *Retterer* (1905) préconise la technique suivante pour l'étude de la structure et de l'histogénèse de l'os :

« L'étude du tissu osseux est hérissée de difficultés. Lorsqu'on laisse macérer les os, on détruit toutes les parties organiques qui ne sont pas imprégnées de sels calcaires. Les coupes fines de ces os desséchés nous montrent par conséquent des lacunes et des canalicules qui n'existent pas dans l'os frais.

« On obtient également des images artificielles lorsqu'on laisse séjourner les os dans les solutions d'acide chromique, d'acide picrique ou le liquide de Müller, qui ne conservent qu'une portion des éléments protoplasmiques.

« L'acide picrique ou le liquide de Müller détruisent la capsule et les prolongements capsulaires ; de plus ils altèrent et font disparaître la zone cytoplasmique périphérique de la cellule osseuse contenue dans la capsule. Le noyau lui-même est fragmenté... *Il est absolument nécessaire de fixer les fragments osseux avant de les soumettre à la décalcification*, quel que soit l'acide qu'on emploie.

« Voici la méthode générale qui m'a donné les meilleurs résultats au point de vue des éléments cellulaires, de la substance fondamentale et des rapports génétiques des diverses parties de l'os.

« Je fixe des fragments d'os frais dans le liquide de Zenker ou la solution formol-picro-sublimé-acétique. Pour assurer la pénétration complète et rapide, je divise au maillet la diaphyse des os longs avant de les mettre dans le fixateur.

« Après lavage prolongé, je conserve les pièces dans l'alcool. Pour en faire des coupes sériées dans la paraffine, je les décalcifie à l'aide de la solution picro-nitrique de Kleinenberg, je les déshydrate rapidement, pour monter et inclure d'après mon procédé (sulfure de carbone et inclusion dans le vide), et ensuite je les débite en coupes de 7 à 10 μ.

« Les coupes sont colorées pendant douze heures dans une solution concentrée de safranine anilinée [Bouma (1883) montra que la solution aqueuse de safranine à 1/2.000 colore le tissu osseux en rose. A. Aurelio da Costa Ferreira (1903) employa la solution alcoolique à 1/100 qui teint à peine le tissu osseux adulte, mais colore en rose pâle la substance osseuse en voie de formation. Aussi conclut-il que la safranine en solution alcoolique permet de reconnaître la *substance préosseuse*], puis dans l'hématoxyline durant quatre heures ou davantage.

« Les coupes deviennent noires, si on les lave ensuite dans l'eau courante. Dans le cas où la teinte rouge de la safranine a pâli, je remets les coupes à nouveau pendant dix minutes dans un bain de safranine anilinée. Ensuite je les décolore en les faisant séjourner pendant quelques minutes dans l'eau additionnée de quelques gouttes de la solution picro-nitrique. Enfin je les déshydrate et les monte dans le baume.

« Le côté délicat de la méthode consiste dans la décoloration : il faut la surveiller et la contrôler à tout moment au microscope et souvent sur une dizaine de coupes collées sur la même lame et ayant subi les mêmes manipulations, on ne réussit à obtenir des images démonstratives que sur une ou deux coupes.

« Un autre procédé complète le précédent : les coupes sont colorées soit dans le violet de méthyle, soit dans la toluidine, soit dans la thionine. Mais alors il faut passer vite par l'alcool pour éviter les précipités, ou bien déshydrater à l'aide de l'acétone additionnée de traces de phénol.

« Comparativement aux procédés susmentionnés, j'ai laissé les os pendant des mois et même des années dans une solution d'acide picrique ou le liquide de Müller. Après les avoir débités en coupes, je les ai colorés ou desséchés pour les monter dans le baume. »

700. *Retterer* (1906) croit pouvoir confirmer par les *colorations intra-vitales* de l'**os** (Voir *Bibliographie*) toute la description qu'il a donnée de ce dernier par la fixation et les colorations progressives ou régressives (Il a expérimenté avec la garance, le rouge neutre, le bleu de méthylène et le carmin d'indigo). Il insiste sur ce fait important qui résulte, à son avis, de ces constatations : Par la fixation et les colorations progressives ou régressives (Voir § 294) les éléments *figurés* du noyau, du corps cellulaire et de la substance dite fondamentale sont chromatiques ou chromophiles. Au contraire, les colorants *intra-vitaux*, tels que les principes de la garance ou le rouge neutre, ont de l'élection ou une affinité plus grande pour le nucléoplasma, le cytoplasma homogène ou la partie amorphe de la substance fondamentale. Le bleu de méthylène ou le carmin d'indigo ne colorent les éléments amorphes des cellules ou de la substance fondamentale que d'une façon diffuse, et se fixent *pendant la vie* d'une manière intense sur les éléments figurés du protoplasma.

701. *Retterer* et *Lelièvre* (1911) préconisent une nouvelle méthode de coloration du tissu osseux.

Principe. — Il est difficile, par les méthodes usuelles, de colorer les prolongements anastomotiques des cellules osseuses en laissant la substance fondamentale avec une teinte claire, d'opposition. L'emploi de l'hématoxyline utilisée comme colorant protoplasmique, combiné avec une différenciation par l'acide picrique, permet d'obtenir ce résultat.

Technique. — Pièces fixées par le liquide de Bouin.

Coloration des coupes par l'hématoxyline de Böhmer ou par l'hémalun de Mayer, jusqu'à teinte très foncée (bain de six à douze heures).

Après lavage à l'eau ordinaire, les préparations sont décolorées par l'eau picrique, et cette décoloration est suivie au microscope.

Lavage rapide à l'eau, aux alcools ; montage au baume.

Résultats. — Cette technique décèle, d'une façon nette, le riche reticulum formé par les anastomoses des cellules osseuses, qui est coloré en violet et qui tranche vigoureusement sur le fond teinté en jaune.

702. Pour examiner isolément les **parties molles de la dent et des os,** on en extraira de gros morceaux intacts de pulpe et de moelle ; à cet effet, entre les mâchoires d'un étau, on rompra vivement, et sans qu'esquille s'ensuive, la dent ou la diaphyse de l'os. ou bien même on se servira avec avantage d'un marteau et d'un ciseau ; les parties molles restant, par ce moyen, plus facilement intactes. Si celles-ci ne contiennent aucune partie dure, travées secondaires de la dentine, ou bien travées spongieuses de la diaphyse enchondrale non entièrement résorbée, elles peuvent, sans autres manipulations, être immédiatement fixées ; on les soumet ensuite aux traitements ultérieurs ordinaires ; sinon elles doivent être encore décalcifiées.

703. *Gulenko* opère autrement. Il lime l'os, disposé avec précaution dans un étau, jusqu'au niveau du canal médullaire ; puis il le fait tourner autour de son axe longitudinal et l'attaque par un autre côté. Finalement, la moelle, sans être comprimée, peut être décortiquée.

La moelle osseuse de jeunes grenouilles ou souris, par exemple, peut ainsi être isolée et obtenue intacte : les éléments conservent leurs rapports normaux et n'ont subi aucune dislocation.

Cette méthode peut aussi présider à l'étude des os épais, à la condition, bien entendu, d'employer des instruments convenables.

Par précaution, on peut conserver une très mince lamelle osseuse protectrice autour de la moelle ; dans ce cas, le moment venu, on décalcifiera très rapidement. Coloration du fond réticulé d'après le paragraphe 617.

704. Les éléments de la moelle des os peuvent être examinés dans les préparations étendues et fixées par des couvre-objet (voir § 559).

705. Pour la mise en évidence des *cellules géantes* (myéloplaxes) de la *moelle des os*, *Lewenthal* (1893) recommande le procédé suivant qui, entre les mains des débutants, donne d'excellents résultats : le fémur ou le tibia d'un cobaye, d'un lapin ou d'un jeune chat est fendu en long ; la moelle rouge, extraite des épiphyses, est réduite en petits morceaux et immédiatement transportée dans une solution de vert de méthyle et d'acide acétique pour y séjourner de vingt à vingt-quatre heures. Avant les travaux pratiques, les petits morceaux sont dissociés dans une solution à 1 °/₀ d'acide acétique, opération très simple. Les cellules se montrent, alors, parfaitement isolées les unes des autres.

En dehors des cellules géantes et de leurs différentes variétés, on étudiera aussi très commodément les cellules de la moelle et les leucocytes.

706. Si l'on veut examiner les parties dures et les parties molles en connexion les unes avec les autres, sans décalcification préalable, on devra recourir à la méthode de la **pétrification** que *v. Koch* (1878) a employée avec un si grand succès dans ses recherches sur le corail. *Weil* l'a suivi, lorsqu'il a voulu polir la dent, tout en conservant les parties molles. Une fois que la cassure vive de la partie dure a permis d'atteindre les parties molles, les dents et les os sont fixés, et ensuite soumis au traitement ordinaire jusqu'à la coloration en masse, si l'on veut. On les plonge alors dans l'alcool absolu et dans la térébenthine, ou bien encore dans le chloroforme ; on les porte ensuite dans un mélange de baume de Canada et de térébenthine ou de chloroforme. Ce dernier s'évapore, ou bien la térébenthine s'épaissit peu à peu, surtout à une température élevée, et, au bout de deux semaines généralement, le baume de Canada qui imprègne la dent et toute la matière ambiante acquiert la consistance de la pierre. *Rose* (1892) recommande de laisser dessécher les préparations dans une étuve chauffée à 50° Celsius, ce qui exige environ trois à quatre mois. On peut, sans avoir à redouter de ratatinement, hâter un peu l'évaporation ; on doit seulement, au début, n'évaporer qu'à la température la plus faible possible. Le tout est alors susceptible d'être poli d'après les mêmes procédés que ceux employés pour les parties dures seules.

707. *Malassez* répand avec le doigt une *très mince* couche de moelle osseuse sur la lame. La pression du doigt doit être assez légère pour que l'on voie à peine une nébulosité sur cette lame. On fixe, par exemple, aux vapeurs d'acide osmique. Il ne faut pas confondre ce procédé avec la méthode des frottis qui altérerait profondément les éléments de la moelle.

708. Si l'on borne son examen aux **parties dures,** on choisira des lamelles osseuses très minces que fourniront le vomer et les parois alvéolaires de l'ethmoïde, etc., et, après en avoir enlevé le périoste, etc., on pourra les examiner directement, sans autre secours que celui d'un faible grossissement.

On peut encore, à l'aide d'un rasoir bien tranchant, détacher d'un os épais une lamelle d'une transparence suffisante, susceptible d'être, elle aussi, directement observée.

709. Si, en raclant avec un scalpel de fines plaquettes osseuses empruntées à l'opercule de petits poissons, on les débarrasse du tissu conjonctif qui les entoure, et si on les place pendant une heure dans l'alcool absolu, les corpuscules renferment, d'après *Ewald* (1897), de l'air (du gaz), et peuvent alors, à travers l'essence de girofle, être transportés dans le baume de Canada (baume ordinaire au xylol).

710. Mais, s'il s'agit d'étudier des territoires plus étendus, d'examiner un os épais, et, en particulier, de mettre à jour la disposition des cavités dans la dent et dans l'os, on procède au **polissage des os,** et, pour cela, on opère de la manière suivante : on choisit de vieux os bien macérés et aussi pauvres que possible en tissu adipeux. On débarrasse les cavités de l'os, en les faisant putréfier et sécher, de presque toute la substance organique; les plus petites vacuoles des os ainsi que les canalicules primitifs se trouvent alors remplis d'air. La macération ordinaire ne suffit pas ; on emploiera de préférence de vieux os pourris et lavés par la pluie pendant des années, comme on les trouve chez l'équarrisseur.

Dans les nouvelles chambres à macération à l'usage des anatomistes, les os sont si complètement dépouillés de leur graisse qu'après leur dessiccation ils peuvent être directement utilisés.

Au moyen d'une scie à chantournage, on fait deux sections parallèles qui détachent une mince lamelle dans la région précise de l'os que l'on veut étudier ; on commence à polir transversalement et longitudinalement.

Sur une meule (meule à aiguiser) dure et plane, ou bien entre deux meules, on rend les faces aussi unies que possible. L'une des faces est alors polie sur une plaque de verre dépolie, l'os est lavé et séché, et la face complètement polie est à ce moment fixée sur une plaque de verre épais, à bords émoussés, au moyen de baume de Canada (§ 423) ; grâce à cette précaution, la préparation est plus facile à saisir avec la main.

Cette opération exige une certaine pratique : On arrive à ses fins en liquéfiant à la flamme un petit morceau de **baume de Canada solide** sur la plaque de verre (Grübler). On pose alors la coupe par dessus, en prenant bien garde de ne pas laisser tomber de bulles d'air entre la surface polie et la plaque de verre ; on polit alors l'autre sur une pierre à aiguiser dure et plane, jusqu'à ce que la lamelle tout entière soit devenue très mince.

Si le morceau de l'os n'a pas été convenablement fixé avec le baume de Canada sur la plaque de verre, ce que l'on reconnaît à la présence de bulles d'air entre la plaque et la surface polie, cette dernière se brise d'ordinaire au moment même où l'on va pouvoir s'en servir.

711. On peut aussi polir la surface en la pressant simplement avec le doigt ou avec un petit morceau de liège sur une meule, et en l'usant d'abord d'un côté, puis de l'autre, jusqu'à ce qu'elle soit devenue suffisamment mince et transparente.

Cette méthode n'est nullement sûre, et le débutant, notamment, doit se résigner à perdre beaucoup de matériaux; le procédé de polissage que nous avons décrit plus haut dans le texte a été perfectionné surtout par les minéralogistes, et peut servir, comme nous l'avons déjà dit, à polir des objets très durs, tels que minéraux, coquilles de mollusques, etc. ; seulement, suivant le degré de dureté, on emploiera, bien entendu, des pierres dures, de l'émeri ou de la poudre de diamant.

Avec une grande habitude, on arrive à obtenir de larges plaques osseuses bien régulièrement minces, et cela sans avoir besoin d'avoir recours à des appareils spéciaux (meule des minéralogistes, etc.).

712. De très minces plaquettes de dents ou d'os obtenues à main libre sont placées pendant vingt-quatre heures dans une solution alcoolique éclaircie par le benzol, de gomme laque non blanchie, et additionnée d'une petite quantité de carbonate de sodium pour éviter toute réaction acide. Ces plaquettes disposées sur des porte-objet sont recouvertes d'une grosse goutte de la solution de gomme laque ; puis, elles séjournent dans l'étuve jusqu'à ce que celle-ci soit bien durcie ; on les polit finement alors et, après avoir dissous la gomme dans l'alcool, on les repolit, etc. (*v. Ebner*, 1903).

713. Une fois poli sur une plaque de verre, l'objet peut être directement inclus dans le baume de Canada ; la plaque de verre joue, dans ce cas, le rôle de porte-objet ; mais il n'y a généralement à cela aucun profit. Les parties creuses s'étant remplies de baume de Canada, dont l'indice de réfraction est à peu près égal à celui de la substance fondamentale de l'os, qui a pris une teinte claire, deviennent par cela invisibles. Aussi vaut-il mieux détacher de la plaque de verre, au moyen du chloroforme, la mince lamelle osseuse dont le traitement demandera beaucoup de précaution. Si on fait sécher la prépration et qu'on vienne à l'examiner dans l'eau, on aperçoit tout d'abord, avec une netteté extraordinaire, les corpuscules osseux et les canalicules primitifs remplis d'air, colorés en noir; mais peu à peu l'eau prend la place de l'air. C'est sur ce fait que repose le mode suivant très simple de préparation des canalicules primitifs et des corpuscules osseux.

714. Montage du tissu poli contenant de l'air. — On chauffe sur le porte-objet un petit morceau de baume de Canada solide (de chez *Grübler*) jusqu'à liquéfaction, et on chasse avec une aiguille les quelques bulles d'air qui ont pu se former. On place alors sur le baume liquide la plaque osseuse polie, préalablement séchée à l'air, et par suite blanchie, et on recouvre rapidement le tout avec un couvre-objet. On doit veiller tout particulièrement à ce que l'espace compris entre le tissu poli et le couvre-objet se remplisse de baume de Canada, ce qu'on obtient en pressant le couvre-objet avec une aiguille, ou encore en chauffant à nouveau. Le procédé ne réussit que lorsqu'on opère rapidement (le baume de Canada se durcit en effet extrêmement vite, et il reste alors de l'air emprisonné dans les cavités internes de l'os). On a ainsi une préparation de corpuscules osseux et de canalicules qui peut se conserver.

715. Les **coupes** d'os décalcifiés peuvent, elles aussi, mais seulement sur des aires restreintes, fournir par la **dessiccation** les canalicules primitifs et les corpuscules remplis d'air, susceptibles d'être définitivement inclus de la même manière [*Flemming* (1886)].

716. On peut d'ailleurs dans les os ainsi polis, **substituer à l'air** *un colorant*, tel que le **bleu d'aniline** [*Ranvier* (1875)], soluble dans l'alcool et insoluble dans l'eau, ou un autre, par exemple le violet de méthyle. Voici comment on opère dans ce cas : on prend une solution alcoolique concentrée de bleu d'aniline, de préférence dans une petite capsule d'une contenance de 15 grammes ; on y plonge le tissu poli qui a été séché à l'air, on chauffe le tout lentement jusqu'à ce que l'alcool se soit évaporé : la chaleur chasse l'air naturellement, et les cavités du tissu se remplissent alors de poudre fine de bleu d'aniline. Ce procédé présente un inconvénient : les surfaces de l'os sont, en effet, souillées par des précipités ; on fera disparaître, aussi complètement que possible, ces derniers, avec un couteau, une pince ou un pinceau, et, finalement, en polissant ces surfaces sur une table de verre, qu'on aura soin d'humecter avec une solution de 2 à 3 $^0/_0$ de sel marin, qui ne dissout pas le bleu d'aniline. On lave l'os poli dans cette même solution, et l'on inclut définitivement dans un mélange de glycérine et de chlorure de sodium, ou bien encore on commence par le laver à l'eau distillée pour le débarrasser du sel ; on le fait ensuite rapidement sécher et on l'inclut dans le baume de Canada durci, en suivant la méthode décrite précédemment. Ce dernier procédé ne réussit qu'avec des os en décomposition (voir § 710). Il faut chauffer le colorant avec beaucoup de précaution ; s'il vient à s'enflammer, on couvre la capsule, jusqu'à ce que la flamme se soit éteinte, au moyen d'un couvert plat dont on a eu soin de se pourvoir ; après quoi, on continue l'opération.

Il n'est pas possible, dans cette manière de procéder, de transporter, comme on le fait d'habitude, l'objet dans le baume de Canada liquide, vu que l'alcool, les huiles éthérées, etc., dissolvent et attaquent le bleu d'aniline.

717. Des méthodes absolument semblables s'appliquent à l'étude des **dents**; il est évident que, dans ce cas, ce sont les **canalicules dentaires** que remplit l'air ou le colorant [voir *v. Ebner* (1891)]. [Polissage des dents ayant macéré, procédé de *Koch* (voir § 706).]

La structure des dents peut aussi s'étudier sur des coupes. Naturellement il faut d'abord décalcifier la dent. On emploie les mêmes procédés que pour les os.

L'acide chlorhydrique, l'acide chromique étendu et l'acide picrique dissolvent les *prismes de l'émail;* le ciment qui réunit ces derniers se dissout (*v. Ebner*).

718. L'émail de jeunes dents se colore en brun dans l'acide chromique et ses sels, et en noir dans l'acide osmique. Déjà, dans les *cellules de l'émail* (Adamantoblastes), on voit des gouttes qui prennent la coloration de l'acide osmique [Graf Spee (1887)]. Si l'on soumet une dent polie suivant sa longueur à l'action corrosive de l'acide chlorhydrique, l'entrecroisement des prismes de l'émail apparaît avec netteté (lignes de *Retzius*).

719. Pour distinguer les **fibrilles de la dentine,** on décalcifie une dent dans le liquide de *v. Ebner* (Voir § 685); il est bon d'observer des dents de jeunes individus, ou bien encore des dents cariées On peut aussi faire agir l'acide chlorhydrique sur des dents polies.

Les fibrilles de la dentine, contrairement à celles de la pulpe, ne sont pas des fibrilles collagènes (*v. Ebner*, 1906).

720. Le **cément,** et notamment celui qui est pauvre en cellules, renferme un grand nombre de fibres de Sharpey.

721. On étudie le *développement des dents et des os* chez des embryons dont on fixe les maxillaires pour les décalcifier ensuite et en faire des coupes sériées.

Un excellent sujet d'étude est fourni par les embryons de mouton, que l'on peut facilement se procurer dans les abattoirs.

722. De petits os à l'état frais ou des dents, ou encore de petites plaquettes de ces mêmes organes obtenues avec la scie, et dont l'épaisseur ne doit pas dépasser 3/4 de millimètre, sont placés pendant vingt-quatre heures dans un mélange d'une solution à 1 $^0/_0$ de chlorhydrate d'or et d'acide formique pur (2 volumes pour 1 volume) ; on les lave ensuite rapidement dans l'eau distillée, et on les transporte dans une solution glycérinée de gomme arabique où ils séjournent vingt-quatre heures.

On les lave à nouveau à l'eau distillée et on les transporte dans l'alcool ; puis on les inclut dans la celloïdine ou la paraffine, et on les coupe ; les sections montrent les canalicules primitifs et les canalicules de la dentine colorés franchement en violet foncé au milieu de la substance fondamentale claire [*Lepkowsky* (1892)].

723. Les lamelles osseuses polies, traitées par le bleu d'aniline, présentent, notamment celles qui ont été polies transversalement, des cercles incolores et nettement limités. Ce sont les **fibres de Sharpey** (Ranvier) (voir § 685).

724. On peut faire rougir de fines lamelles osseuses à la flamme du gaz dans un creuset de platine incandescent, pendant 30 à 60 secondes et pas davantage, sous peine de les rendre le plus souvent opaques.

On peut alors procéder à l'examen ; la chaleur détruit la substance organique, et on aperçoit avec une netteté parfaite, par exemple les *fibres de Sharpey*, tout au moins celles qui n'ont pas été calcinées [*Kœlliker* (1886)].

725. Les *fibres de Sharpey* sont encore, au moyen de colorants, observables sur des os décalcifiés. *Kœlliker* (1886) opère de la manière suivante : il rend transparente une coupe de cartilage ossifié, au moyen de l'acide acétique concentré ; il la plonge immédiatement après, pendant un temps très court, 1/4, 1/2 ou 2 minutes, dans une solution de carmin d'indigo non étendue ; il la lave ensuite dans l'eau distillée, et la monte dans la glycérine ou dans le baume de Canada.

Les fibres de Sharpey deviennent d'un rouge pâle qui peut aller jusqu'au rouge sombre ; le reste de la substance osseuse se colore en bleu.

726. On isole les **corpuscules osseux** de Virchow, et, pour cela, les cavités osseuses avec leurs canalicules primitifs et avec la substance osseuse compacte qui les limite, en faisant séjourner, pendant quelques heures et jusqu'à un jour entier, de minces lamelles polies dans l'acide nitrique concentré (*Virchow*, 1850); on dépose ensuite ces lamelles sur le porte-objet et on les recouvre d'un couvre-objet. Si on vient à presser ce dernier avec une aiguille, on voit généralement apparaître des corps ellipsoïdes isolés, munis de nombreux prolongements.

727. Pour l'étude de l'**ossification,** on choisit de préférence les os longs d'embryons de Mammifères; on les décalcifie, et on les coupe suivant leur axe longitudinal, etc.

728. *Retterer* (1900), pour faire cette étude de l'*Ossification*, recommande comme *fixateurs* (à côté des mélanges de Zenker et de Flemming, et du sublimé) les deux mélanges suivants :

1) Solution à 3 %/0 d'acide chromique............	66	vol.
Formol....................................	33	—
Acide acétique............................	8	—
2) Solution à 5 %/0 de chlorure de platine........	50	—
Formol....................................	50	—
Acide acétique............................	3	—

Au bout de six à douze heures, lavage sérieux dans l'eau.

729. Comme colorants, on peut employer l'éosine-vert de méthyle (Voir § 401), ou le carmin-hématoxyline. Après le carmin boraté, il est possible de colorer après coup avec l'hématoxyline (*Stretzoff*, 1873), le brun de Bismarck, la thionine, etc. (Voir aussi *v. Korff*, § 697). La substance fondamentale du cartilage est basophile; celle de l'os, acidophile.

730. *Strelzoff* opérait ainsi : Des objets fixés dans le liquide de *Müller* étaient lavés et décalcifiés pendant deux à huit jours dans l'acide pyroligneux concentré; après un nouveau lavage et un traitement par la série ascendante des alcools, il effectuait les coupes. Il colorait alors avec l'hématoxyline de *Bœhmer* (§ 128) et ensuite avec le carminate neutre d'ammoniaque (§ 842). La substance fondamentale du cartilage, décalcifiée, se colore en bleu ; celle de l'os, en rouge. Les ostéoblastes qui accompagnent la substance fondamentale de l'os et qui contiennent du calcaire sont bleus et ceux qui sont situés dans la couche profonde du périoste sont, au contraire, rouges. *Strelzoff* attire l'attention sur l'affinité de la substance fondamentale de l'os pour le chlorure d'or et le chlorure de palladium.

731. On applique la double coloration : carmin boraté — bleu de Lyon (voir § 375), non seulement au tissu osseux et aux fibrilles du tissu conjonctif, mais aussi à la dentine décalcifiée ; on peut, par ce moyen, en révéler les traces les plus légères (*Röse*, 1893).

732. Si l'on colore à l'hématoxyline les préparations destinées à l'étude de l'ossification et qu'on les traite pendant peu de temps par l'acide picrique, on obtient une double coloration *très suggestive :* ce qui reste de la substance cartilagineuse est bleu ; les lamelles osseuses de nouvelle formation présentent une teinte qui varie du jaune au brunâtre (*Klaatsch*, 1887).

733. Pour obtenir des **préparations d'embryons transparents** que l'on puisse conserver, qui sont très précieuses pour l'étude de la formation de l'os, *O. Schultze* (1897) recommande la méthode suivante : on fixe des embryons dans l'alcool (non avec des acides) pendant au moins huit jours ; puis on les porte dans une solution aqueuse à 3,5 % de potasse caustique (le cerveau de gros embryons sera enlevé au moyen d'une pince et d'une petite cuillère ; quant aux viscères, on s'en débarrassera après avoir pratiqué une incision médiane et ventrale.

Si les embryons sont transparents, on pourra les conserver dans un mélange de glycérine et de formol [eau, 100 ; glycérine, 30 ; formol (à 35 %), 2].

Consulter pour ce chapitre : *Schaffer* (1888, 1893 et 1903), *Retterer* (1905, 1906 et 1911) ; pour les dents : *V. Ebner* (1894).

CHAPITRE VII

MUSCLES, FIBRES NERVEUSES
ET TERMINAISONS NERVEUSES DANS LE MUSCLE

734. **Les muscles striés** pris, par exemple, sur la cuisse d'une grenouille, s'étudient *à l'état frais* sur un porte-objet dans la solution physiologique de sel ou dans tout autre liquide indifférent. La striation transversale de ces muscles est à peine visible; on voit mieux la striation fibrillaire (longitudinale) (voir § 630).

La grenouille (voir § 816), notamment celle d'hiver, présente souvent entre les fibrilles de petites ponctuations brillantes; ce sont de petites boules de graisse.

735. Ce mode d'examen a communément pour résultat, au bout de peu de temps, que le **sarcolemme** se détache.

En moins de temps encore, on peut mettre à jour le sarcolemme, en ajoutant un peu d'eau aux fibres fraîchement dissociées.

La pellicule de sarcolemme se détache alors en formant des saillies plus ou moins sphériques.

736. D'après *Ewald* (1890), le sarcolemme se comporte autrement que le tissu conjonctif collagène vis-à-vis de la trypsine; celle-ci le dissout immédiatement. Mais, si on le fixe avec l'acide osmique, pour ensuite le faire bouillir et le traiter alors avec la trypsine, il ne subit, dans ce cas, aucune modification; par contre, le tissu conjonctif soumis au même traitement se dissoudra.

787. Pour la mise à jour du sarcolemme, Solger recommande, à la place de l'eau ordinaire ou de la solution physiologique, l'emploi d'une solution froide saturée de carbonate d'ammonium. Déjà, au bout de cinq minutes, l'étui de sarcolemme se soulève en beaucoup de points.

738. D'après *Froriep* (1878), le sarcolemme se comporte vis-à-vis des réactifs microchimiques *non* comme une membrane cellulaire, mais comme du tissu conjonctif; il n'est pas attaqué par la trypsine et se dissout presque en totalité dans les acides dilués bouillants : « il se comporte donc en tissu conjonctif donnant de la gélatine et d'une manière tout opposée aux formations protoplasmiques ».

739. On observe très bien la **striation transversale** sur des muscles âgés de Mammifères conservés longtemps, des mois et des années, dans l'**alcool ;** on les dissocie sur le porte-objet, on les colore à l'hématoxyline èt on les monte dans la glycérine diluée. Les éléments biréfringents apparaissent d'un bleu foncé, le reste est clair ou même incolore. Avec les couleurs d'aniline (basiques), on obtient à peu près les mêmes résultats.

740. Si l'on colore, par exemple, des coupes de muscles avec une solution à $0{,}5$-$1^0/_0$ de *rouge de thiazine* (*Thiazinrot*) jusqu'à ce qu'elles se soient vivement colorées tout en restant transparentes, et si on les soumet ensuite à l'influence d'un colorant basique (thionine ou bleu de méthylène) pendant une ou douze heures, pour les différencier alors avec l'alcool ou avec l'alcool méthylique qui est plus énergique, on obtient ainsi une coloration très précise de Z, M, J, *h* ; Q reste incolore. Les segments intercalaires du muscle cardiaque se colorent très joliment (*M. Heidenhain*, 1903).

741. Il existe un certain nombre de réactifs qui provoquent par dissociation la décomposition des fibres musculaires en **fibrilles.**

L'*alcool* à tous ses degrés de concentration (à l'exception, toutefois, des degrés les plus faibles, comme par exemple de 1 à $10^0/_0$) :

De très faibles solutions d'acide chromique (inférieures
à 1/10 $^0/_0$) ; de faibles solutions de sels de chrome.

742. L'acide acétique faible (1/2 à 1 $^0/_0$), une solution de
1 à 5 $^0/_{00}$ d'acide chlorhydrique, le suc gastrique, etc., provoquent, au contraire, la division des fibres musculaires
en *disques* (mais non de *Bowman*).

743. *Rollett* (1885) applique un traitement particulier à différentes espèces de Coléoptères (*Hydrophilus piceus*, par exemple) :
il commence par les essuyer, puis il les plonge tout vivants dans
l'alcool à 93°. Les muscles se décomposent en **disques de Bowman** (substance biréfringente de Brücke, portion isotrope et ani-
sotrope de Hensen), et le sarcolemme demeure intact ; il les examine au bout de vingt-quatre à quarante-huit heures dans la
glycérine étendue. On fera bien de laisser s'écouler de dix à
douze jours, si on a l'intention, excellente d'ailleurs, de les colorer avec l'hématoxyline : l'hématoxyline glycérinée.

Elle est diluée fortement dans l'eau distillée ; puis, la dissociation s'opère dans ce même liquide, et enfin vient la coloration,
qui dure de six à douze heures.

Les acides délayés, au contraire, font gonfler la substance des
disques de Bowman, et finissent par les dissoudre (*Krause*). *Rollett* étudie l'action des acides en dissociant dans la glycérine des
muscles de Coléoptères qui sont restés vingt-quatre heures dans
l'alcool à 93° et qui présentent la division en disques déjà décrite.
Il dépose ensuite sur le bord du couvre-objet une goutte
de glycérine additionnée d'un soupçon d'acide formique
à 1 $^0/_0$.

L'examen se fait alors aussi, directement, dans l'acide formique
à 1 $^0/_0$.

744. Si l'on veut pousser plus loin l'étude des muscles, observer, par exemple, des **champs de Cohnheim**, on se trouve bien de
l'emploi de la méthode de l'or (voir aussi §§ 793 et suiv.).
Voici comment procède *Rollett* : à la manière de *Retzius*, il
plonge les muscles absolument frais de Coléoptères dans une
solution de 1/5 à 1/2 $^0/_0$ de chlorure d'or ; puis il les écarte un
peu les uns des autres avec des aiguilles de platine et les laisse
séjourner de vingt à vingt-cinq minutes dans le bain d'or ; il les
transporte ensuite dans l'acide formique à 1 $^0/_0$ ou dans la liqueur
réductrice de Bastian-Prichard (voir § 1213).

745. Il n'est pas indifférent d'étudier un muscle **à l'état**

de tension ou de **relâchement**, de contraction ou de repos.

On provoque ces différents états dans un muscle ou dans un groupe de muscles, en donnant aux membres une position convenable. Cela fait, on injecte, avec une seringue de Pravaz, de 1/4 à 1/2 centimètre cube environ d'acide osmique à 1 °/o qui s'étend le long des fibres et on les fixe immédiatement. Au bout de quinze à vingt minutes, on coupe avec des ciseaux courbes les morceaux ainsi fixés ; on les lave pendant un temps égal dans l'eau distillée, et on les dissocie sur le porte-objet. Les stries transversales apparaissent très nettement sur des préparations non colorées au préalable et montées dans la glycérine.

Des muscles, ainsi contractés ou relâchés, peuvent d'ailleurs encore être mis en état tétanique. Pour cela, on les irrite, par exemple, avec le courant électrique, et, une fois contractés, ils sont fixés de la manière indiquée plus haut, et soumis aux traitements ultérieurs absolument identiques (*Ranvier*, 1889).

746. De même, les **muscles rouges** et les **muscles blancs** ne se ressemblent pas complètement, notamment pour ce qui est de la hauteur des disques et de la répartition des noyaux.

Le plus grand nombre des muscles du membre postérieur du lapin sont blancs; ils ont peu de sarcoplasme et se contractent rapidement, tandis que, au contraire, le demi-tendineux, le crural, le petit adducteur, le carré crural, sont rouges; ils se contractent lentement et ont un riche sarcoplasme qui subdivise les fibrilles en groupes (*Ranvier*, 1889; *Pantul*, 1904).

747. On étudiera les relations qui existent entre les groupements fibrillaires et le sarcoplasme (*champs de Cohnheim*) et les *noyaux* sur des coupes transversales de muscles fixés à l'état de tension par l'acide osmique. On observera un développement de sarcoplasme vraiment énorme relativement au nombre des fibrilles, dans les muscles moteurs de la nageoire dorsale de l'hippocampe, ainsi que dans les muscles pectoraux de la chauve-souris (*Rollett*, 1889).

748. Pour étudier la **répartition des noyaux** dans les diverses sortes de muscles des différents animaux, on fait des coupes transversales dans les fibres musculaires ; de très minces coupes permettent aussi de suivre la distribution des fibrilles dans la fibre ; des fibres musculaires préalablement soumises au chlorure d'or (Voir §§ 793 et suivants), et coupées transversalement ou longitudinalement, montrent, de la manière la plus nette, le *sarcoplasme* avec une couleur foncée.

749. On se rend bien compte des **relations qui existent entre la fibre musculaire et le tendon** en se conformant aux méthodes ci-après de *Weismann* et de *Ranvier*.

750. On traite pendant un quart d'heure par une solution de 35 $^0/_0$ de potasse caustique de petits muscles avec leurs tendons respectifs ; on dissocie sur le porte-objet la région située entre le muscle et le tendon correspondant (*Weismann*, 1861).

751. *Ranvier* recommande de placer une grenouille en vie dans l'eau à 55° C. ; elle ne tarde pas à y mourir, et ses muscles deviennent raides. On la fait séjourner un quart d'heure dans cette eau qu'on laisse refroidir ; après quoi on l'en retire. On coupe alors avec des ciseaux une petite bande contenant en même temps le muscle et le tendon, et on dissocie dans l'eau.

752. Pour *isoler les extrémités libres des fibres musculaires*, *Rollett* (V. *Kühne*, 1862) chauffe pendant environ dix minutes à 120°-140° dans un bain de sable, des fibres musculaires contenues dans un petit tube hermétiquement scellé.

753. Pour le même but, *Kühne* (1862) recommande le procédé suivant : on fait séjourner le muscle pendant vingt-quatre heures dans 1 litre d'eau contenant $0^{gr},1$ d'acide sulfureux (poids spécifique : 1,83). Pendant l'opération, on surveille ce liquide, et s'il cesse d'avoir une réaction acide, on le remplace par un nouveau. Au bout de ce temps, on secoue le muscle avec de l'eau distillée, dans un verre à essais ; on renouvelle l'eau jusqu'à ce que sa réaction ne soit plus acide ; on place alors le muscle dans une plus grande quantité d'eau distillée, et on l'expose ainsi dans l'étuve à une température de 35-40° C. Vingt-quatre heures après, des secousses imprimées à ces muscles plongés dans de l'eau distillée contenue dans un tube à essais suffiront à les réduire en fibres.

754. *W. W. Podwissotzki* (1887) attire l'attention sur les rapports des fibrilles avec les petites fibres tendineuses dans le bourrelet de la lèvre inférieure du lapin. Pour cet ordre de recherches, il emploie la liqueur de Flemming, la safranine et lave à l'acide picrique. Il a trouvé que chaque fibrille musculaire est en continuation directe avec une fibrille tendineuse.

755. Le **chlorure de palladium** en solution à 1-2 $^0/_0$ colore les muscles striés en brunâtre, les cellules des muscles lisses en jaune paille (les gaines de myéline des muscles se colorent en gris noir) ; comme d'autres éléments, en particulier le tissu conjonctif, ne se colorent pas, ce réactif est précieux pour la démonstration d'éléments musculaires lisses dispersés çà et là dans une préparation. On plonge de petits morceaux dans une solution de chlorure de palladium acidulée (avec une goutte d'acide chlorhydrique concentré pour 100) ; ils y séjournent vingt-quatre heures et plus longtemps ; puis, ils sont lavés à l'eau courante et déshydratés dans la série ascendante des alcools. (*F.-E. Schulze.*)

756. Les fibres musculaires lisses s'isolent dans l'acide azotique fumant, en solution forte, jusqu'à 20 $^0/_0$ (*Reichert,* 1849 *a*). On plonge des portions fraîches de la tunique musculeuse d'un morceau d'intestin pendant deux ou trois heures dans l'acide azotique susdit. Les muscles ainsi préparés sont lavés à l'eau et se laissent très facilement dissocier sur le porte-objet.

Si le séjour dans l'acide azotique se prolonge et dure de douze à vingt-quatre heures, les muscles se séparent d'eux-mêmes lorsqu'on les secoue ; mais les cellules musculaires sont dans un état de conservation peu satisfaisant ; elles sont irrégulièrement déchiquetées, et leur noyau est complètement dissous. Les préparations peuvent alors être montées dans la glycérine pour être conservées.

Pour obtenir les cellules musculaires lisses en bon état, on fait bouillir la tunique musculeuse de l'intestin dans l'acide salicylique à 2,5 $^0/_0$ (*Froriep*, 1878), dans lequel on le conserve. Au bout de quelques mois, il est possible de décomposer, par des secousses, cette tunique en ses éléments cellulaires. Centrifugeur [*Heidenhain* (1903 *a*,)].

757. Quand on place les petits morceaux non plus dans l'acide, mais dans une **solution de potasse caustique** d'un poids spécifique de 1,33 (32,5 $^0/_0$), et qu'on les y laisse une demi-heure ou une heure et demie, on obtient dans ce même liquide, à travers les fibres, des fuseaux extrêmement nets. Dans le cas où la macération s'est faite dans de bonnes conditions, les membranes musculaires se résolvent en fibres distinctes sous la moindre pression exercée sur le couvre-objet ; on les examine dans la potasse caustique. De cette même manière s'isolent les cellules ramifiées des muscles striés que présente la langue de la grenouille. Des préparations qui ont été dans l'alcool, et que l'on soumet à ce même régime, se laissent aussi macérer (*Mole-schott*, 1859 et 1863). Si l'on désire interrompre la macération, on ajoute à la potasse caustique environ 60 $^0/_0$ d'acétate de potassium ; si l'on veut colorer, on lave à l'alun.

758. On peut, il est vrai, en neutralisant avec précaution la potasse caustique avec des acides, en lavant, en colorant ensuite, transporter de pareilles préparations dans la glycérine ; mais le procédé est si compliqué et si délicat que nous ne le recommandons pas.

Ewald (1897), après avoir fait une véritable bouillie avec les éléments isolés dans la potasse caustique, verse sur cette bouillie une très grande quantité d'acide acétique à 30 %; puis, il laisse déposer, a recours à son siphon, colore avec l'hématoxyline, et se conforme ensuite aux instructions du paragraphe 510.

Born s'y prend de la manière suivante pour inclure les fibres musculaires qui ont été isolées dans la potasse caustique à 35 % : il commence par les dissocier dans la glycérine, et ajoute ensuite 2 à 3 gouttes d'un mélange de glycérine et d'acide chlorhydrique et de la teinture d'iode, jusqu'à ce que la teinte brune, que l'iode communique à la glycérine, ne disparaisse plus lorsqu'on agite la solution. Cette teinte, que les fibres tiennent de l'iode, s'évanouit de nouveau ultérieurement; mais on peut la remplacer par la coloration au carmin.

759. *Levi* (1904) isole les fibres musculaires lisses avec une solution à 1-2 % de **fluorure de sodium ;** celle-ci doit surtout dissoudre les substances cimentantes. Les éléments dissociés par cette méthode se laissent, d'ailleurs, mal colorer.

760. Des vaisseaux de petit calibre, par exemple ceux qu'offrent les mésentères de petits animaux, laissent apercevoir très distinctement les lignes de soudure des fibres musculaires lisses. De semblables figures se rencontrent généralement dans les mésentères préparés en vue de l'étude de l'endothélium (Voir § 516).

761. On inclut dans la paraffine les muscles lisses de l'intestin de petits animaux, par exemple de la grenouille, fixés avec l'acide osmique à 1 % ; on les coupe ensuite le plus mince possible (on ne doit pas dépasser 5 μ dans un sens exactement perpendiculaire à la direction des fibres). Les images offertes par les coupes transversales sont très suggestives et très caractéristiques. Les coupes longitudinales colorées permettent d'étudier les noyaux, en forme de bâtonnets, des fibres musculaires. Les **spirales de nucléine** des noyaux sont très délicates et disparaissent déjà un quart d'heure après la mort. Le meilleur fixateur du matériel frais est le mélange sublimé — acide acétique. (*Münch.*)

762. *Albert Müller* a décrit la remarquable différence

que présentaient dans leur forme et leur taille les cellules musculaires lisses suivant qu'on les examinait dans des organes contractés ou non ; il a montré que l'ordonnance des éléments contractiles variait dans les deux états en question, et que cette ordonnance était sous la dépendance du tissu conjonctif intermusculaire.

763. Sur de minces coupes transversales (5 μ), les fibres musculaires lisses de l'intestin du chat bien fixées, avec la liqueur de Flemming par exemple, montrent entre elles des ponts intercellulaires, qui correspondent aux coupes transversales des « Zellleisten » des Allemands [Barfurth (1891] (voir aussi § 529).

Schaffer (1899), qui décrit comme un produit artificiel des lignes d'union semblables aux ponts intercellulaires, que l'on observe sur des coupes transversales de fibres musculaires lisses (*Kultschitzky, Barfurth*), démontre, par la picro-fuchsine (voir § 612) et la picro-nigrosine (voir § 612) l'existence, entre les fibres musculaires, d'un tissu conjonctif délicat et percillé de trous.

764. Un excellent objet pour l'étude de petits fascicules de fibres musculaires lisses, sans qu'il soit nécessaire d'avoir recours à la dissociation, est fourni par le mésentère de l'intestin terminal des Batraciens urodèles (salamandre, triton); ces petits fascicules courent ici dans la direction de l'intestin (*Ebner*, 1882). On peut aussi les observer dans la vessie *tendue*, de la salamandre ou de la grenouille. « Pour obtenir une bonne préparation de la *vessie* de la grenouille, je ligature l'intestin au-dessus de cet organe, et j'y injecte par l'anus de l'alcool au tiers, jusqu'à ce que ses parois soient fortement distendues (il faut inciser la peau tout autour de l'anus, avant d'introduire la canule ; on lie alors ensemble peau et canule, puis, on retire cette dernière et on ligature le rectum tout près de la région anale). A ce moment, je coupe le corps entier de la grenouille tout autour de la vessie, et je suspends l'ensemble durant vingt-quatre heures dans de l'alcool au tiers ; le lendemain j'isole la vessie et je l'ouvre pour la colorer dans l'hématoxyline, en ayant soin de me débarrasser de l'épithélium avec le pinceau. On colore enfin au rouge Congo. » [*Heidennain* (1903 *b*).]

765. Les **fibres cardiaques** du myocarde de l'homme adulte, soumises jusqu'à vingt-quatre heures à l'action de l'acide azotique fumant à 20 %, se décomposent parfois en fragments contenant chacun un noyau et correspondant aux myoblastes. Le même résultat s'obtient avec la potasse caustique d'un poids spécifique de 1,33, que l'on fait agir pendant une demi-heure à une heure.

Les limites entre les myoblastes du myocarde ne disparaissent pas toujours sans laisser de traces. On peut quelquefois, du moins particllement, les révéler avec l'hématéine, par exemple (§ 740).

766. Les cellules musculaires des **filaments de Purkinje** s'obtiennent en plaçant, pendant vingt-quatre heures, des fragments de cœur de 1/2 millimètre d'épaisseur (l'endocarde compris) dans une petite quantité d'alcool au tiers de Ranvier. La solution aqueuse à 5 % de chromate d'ammonium donne aussi de très bons résultats (*Ranvier*, 1889).

On détache sans difficulté l'endocarde absolument lisse ; on enlève les filaments de *Purkinje* et on les dissocie. Les cellules s'isolent facilement au moyen d'aiguilles ; on colore après coup avec le picro-carmin par exemple, sans excès, les cellules qui se trouvent isolées, et on les inclut dans la glycérine.

Les cœurs du mouton, de la chèvre et du cheval se prêtent fort bien à cette étude ; il n'en est pas de même du cœur de l'homme.

767. *F. Marceau* (1902) recommande la méthode suivante, **excellente**, pour l'étude des *filaments de Purkinje* (cœur de mouton).

a) *fixation.* — Les fixateurs à base de sublimé ont seuls permis à l'auteur d'obtenir des préparations satisfaisantes, et encore à la condition de ne les faire agir que pendant deux heures ou deux heures et demie au plus ; sans quoi ils produisent, eux aussi, une rétraction.

Le meilleur liquide, à ce point de vue, surtout pour les cœurs d'embryons, est le liquide de Zenker. On fixe les pièces pendant au moins trois heures.

b) Inclusion. — Il a employé des inclusions à la paraffine et les a réalisées en suivant les indications de Carnoy et Lebrun, c'est-à-dire par le passage successif et rapide des pièces dans l'alcool à 90°, l'alcool à 95°, le mélange d'alcool à 95° et de chloroforme (parties égales), le chloroforme pur, le mélange de chloroforme et de paraffine, etc.

Par cette méthode. qui évite l'emploi de l'alcool absolu, les pièces sont moins cassantes, ce qui permet d'en faire facilement des coupes très minces. Il ne faut pas dépasser la température de 50° pour l'inclusion ; sans quoi tous les éléments se ratatinent, spécialement le tissu conjonctif interfasciculaire.

c) Coloration. — Coupes collées et colorées à l'*hématoxyline ferrique*, suivant la méthode de M. Heidenhain, et montées au baume de Canada ou à la résine Dammar.

Cette méthode de coloration est assez délicate et ne réussit pas toujours bien, mais elle donne de fort belles préparations où les différentes parties des éléments anatomiques tranchent très vivement les unes sur les autres.

768. La **myéline** qui enveloppe le cylindre-axe avec de nombreuses fibres nerveuses (voir § 769) est d'un blanc éclatant à la lumière incidente et légèrement jaunâtre à la lumière transmise.

C'est elle qui donne à la substance blanche des centres nerveux et aux cordons nerveux périphériques leur éclat mat caractéristique.

La **myéline** paraît formée en majeure partie par des *protagons*, substances azotées riches en phosphore, caractéristiques de la substance nerveuse blanche, et dont la constitution, bien qu'encore incomplètement connue, est certainement très complexe.

Les protagons donnent comme produits de décomposition des lécithines, un peu d'acide gras et des graisses; puis un groupe de substances azotées spéciales, la *cérébrine*, la *cérasine* et la *céphaline*, qui sont dépourvues de phosphore et renferment des molécules de sucres (galactose, etc.) dans leur constitution. C'est aux lécithines que sont dues les « formes myéliniques », sortes de boules réfringentes qu'on voit se former par fractionnement de la myéline, dans certains états de dégénérescence ou de décomposition (voir § 873).

769. Les **fibres nerveuses à myéline** peuvent être dissociées à l'état vivant dans un liquide indifférent (voir § 81) et s'étudier comme suit :

Des nerfs frais, empruntés à un animal que l'on vient de tuer, par exemple le nerf sciatique d'une grenouille, sont dissociés suivant leur longueur sur le porte-objet ; la méthode de la demi-dessiccation de *Ranvier* (voir § 607) se recommande dans ce cas.

La simple addition à ces fibres dissociées d'une certaine quantité de la solution physiologique de sel permettra d'observer l'éclat particulier de la gaine de myéline, le cylindre-axe, les **étranglements de Ranvier**, les **segments de Lantermann**, et rarement les noyaux.

770. Le fixateur le plus utile pour conserver à peu près la morphologie de la *fibre à myéline* et de ses étranglements est le liquide J. de Laguesse (voir § 999). La coloration d'Altmann (voir § 473) permet, lorsqu'elle réussit bien, d'avoir à la fois les filaments de Rezzonico, les neurofibrilles et la forme réelle des étranglements.

771. Mlle *Marie Loyez* (1910) recommande une **excellente méthode** pour la *coloration par l'hématoxyline ferrique des coupes de pièces nerveuses simplement formolées et incluses au collodion* (on peut, d'ailleurs, aussi inclure à la paraffine).

La simple fixation au formol à 10 % suffit pour insolubiliser sinon la myéline, du moins la *structure protoplasmique de la gaine de myéline* et permettre l'inclusion. Les pièces doivent y séjourner au moins huit jours, pour obtenir de bonnes préparations, mais elles peuvent rester dans le fixateur plusieurs mois et plusieurs années sans inconvénient. Pour les petits fragments, après vingt-quatre heures de fixation, les fibres se colorent déjà suffisamment pour permettre de constater l'existence de lésions dégénératives.

Après l'inclusion, les coupes faites au microtome doivent subir les trois opérations suivantes :

1° Mordançage à l'alun de fer à 4 % pendant vingt-quatre heures. Lavage rapide ;

2° Coloration par l'hématoxyline de Weigert (hématoxyline, 1 gramme; alcool, 10 centimètres cubes; eau, 90 centimètres cubes; solution saturée de carbonate de lithine, 2 centimètres cubes) pendant vingt-quatre heures, de préférence dans l'étuve à 37°, mais ce n'est pas indispensable. Lavage à l'eau.

3° Différenciation. Il est préférable de la faire en deux temps: d'abord par l'alun de fer à 4 %, mais arrêter la décoloration dès que la substance grise commence à se dessiner en plus clair, et porter ensuite les coupes, après lavage soigné, dans le différenciateur de Weigert : borax, 2 %; ferricyanure de K, 2,5 %. Laver à l'eau, puis à l'eau ammoniacale ; laver de nouveau plus longuement ; enfin passer par les alcools, le xylol, et monter au baume.

L'usage d'un second différenciateur, sous la forme du décolorant de Weigert, est utile pour atténuer l'action trop rapide et un peu brutale de l'alun de fer, avec lequel on risquerait facilement de dépasser la mesure.

Bien entendu cette méthode, comme celle de Weigert-Pal (§ 877), n'est pas élective. Outre les fibres nerveuses, les hématies, les nucléoles des cellules nerveuses, la chromatine des petits noyaux restent colorés en noir; le protoplasma des cellules nerveuses est jaune pâle, et les corps chromatophiles un peu plus foncés.

Sur les coupes du cerveau, il reste dans la substance grise une teinte de fond gris jaunâtre, d'autant plus accentuée que les coupes sont plus épaisses ; si l'on différencie davantage pour la faire disparaître, on risque de décolorer les fibres fines de la corticalité. De là la nécessité de faire des coupes minces. Celles de 10 à 15 μ sont très suffisamment transparentes ; au delà, leur opacité les rend difficilement utilisables.

Malgré cet inconvénient, cette simple modification apportée à une méthode déjà employée depuis longtemps présente de réels avantages.

1° Elle permet d'obtenir dans l'espace de quelques jours des préparations de fibres nerveuses sans qu'il soit nécessaire de recourir au chromage prolongé des pièces ;

2° C'est une méthode facile à employer, ne nécessitant ni outillage spécial, ni habileté particulière, comme c'est le cas pour les procédés par congélation ;

3° Elle permet de faire sur la même pièce, au même niveau, sur des coupes voisines, les principales colorations usitées en neuropathologie, telles que le nisol, l'hématéine — éosine, le Van Gieson, — ce qui est surtout appréciable pour l'étude de lésions très limitées, par exemple lorsqu'il s'agit des noyaux bulbaires ou protubérantiels.

Elle semble donc appelée à rendre quelques services dans les laboratoires de neurologie (voir aussi, pour la *myéline*, le paragraphe 888).

772. Tout en constatant que, grâce à la méthode de Mlle Loyez, il devient possible d'abandonner définitivement le chromage des pièces, qui présente de si grands inconvénients, *Nageotte* (1910), après avoir reconnu que, pour certaines régions, le cervelet par exemple, la congélation ne donne pas de bons résultats, reste toutefois persuadé que, dans beaucoup de cas et pour beaucoup de pièces, la congélation, qui est si peu coûteuse et si rapide, finira par être adoptée lorsque les anatomistes, et surtout les anatomo-pathologistes, se seront familiarisés avec elle.

Les coupes à la celloïdine peuvent être colorées, non seulement à l'hématoxyline au fer, comme l'a montré Mlle Loyez, mais aussi par sa méthode à l'hématéine, avec décoloration au ferricyanure. La technique de l'hématéine présente sur l'hématoxyline au fer certains avantages ; elle est certainement moins favorable à la photographie, mais elle donne des préparations beaucoup plus transparentes ; aussi permet-elle de suivre le trajet des fibres, même dans les parties les plus denses de la substance blanche et même dans les coupes épaisses. Ce sera la technique de choix pour les grandes coupes du cerveau, sauf lorsqu'il s'agira d'étudier les fibres à myéline de l'écorce ; dans ce dernier cas, l'hématoxyline au fer est supérieure. Enfin cette technique a pour elle son extrême rapidité ; l'auteur a, en effet, obtenu la décoloration de coupes chauffées fortement sur lame, pendant quelques instants, et différenciées pendant quelques minutes seulement. L'expérience lui a en outre montré que, au moins pour les coupes faites par congélation, un lavage prolongé n'est pas indispensable.

773. *Nageotte* (1910) préconise la technique suivante pour mettre en évidence ses *bracelets épineux* qui entourent une portion régulièrement cylindrique de l'axone ; on voit nettement les rangées d'épines, au nombre de six à sept pour chaque moitié ; les épines sont plus ou moins isolées (cobaye), plus ou moins confondues en lames circulaires (lapin) : bichromate à 5 %, quinze jours à l'étuve ; coupes longitudinales à la paraffine ; coloration d'Altmann (§ 473). Mais la coloration n'est bonne que si la maturation est exacte : quinze jours constituent une moyenne (vu la variabilité des nerfs, on échoue souvent dans cette opération). Les *incisures* se colorent en même temps.

774. Si l'on vient à ajouter à des fibres dissociées de l'eau, particulièrement de l'eau distillée, aussitôt les gaines de myéline subissent des modifications tout à fait singulières ; les **étranglements de Ranvier** disparaissent, plus tard les segments de *Lantermann*, et à l'intérieur de la gaine se produisent des coagulations particulières.

Aux extrémités libres, la myéline s'écoule et se coagule en **gouttes de myéline,** d'un aspect tout à fait typique. Ces mêmes gouttes se retrouvent en grand nombre, lorsque l'on dissocie la substance blanche du système nerveux central.

775. On peut encore ajouter de l'*acide osmique* à **1** % à des préparations dissociées, fraîchement montées, et le laisser agir pendant une demi-heure dans une chambre humide. Les nerfs se fixent, et les gaines de myéline se mettent à noircir. Les *étranglements de Ranvier* restent incolores et se détachent, par cela même, avec une grande netteté. On enlève alors l'acide osmique avec du papier buvard et on lave à l'eau distillée en l'introduisant par un un des côtés du couvre-objet, et en l'absorbant de l'autre, au moyen d'une bande de papier buvard. On remplace l'eau par un courant très lent de glycérine. On peut alors opérer l'inclusion définitive dans ce même liquide (voir § 425).

776. Des préparations fraîches ainsi dissociées peuvent encore être mises en contact avec une solution à 1/10 % de *nitrate d'argent* (aussi d'après § 522). Au bout de cinq minutes, on enlève la goutte avec du papier buvard, et on procède pour le reste comme précédemment, c'est-à-dire qu'on lave à l'eau distillée sous le couvre-objet, puis que l'on introduit peu à peu de la glycérine, etc.

On obtient de cette manière les **croix de Ranvier** et les *stries de Frommann* (1864) ; ces dernières se montrent d'ordinaire plus tard sous l'influence de la lumière. Pour inclure ces préparations dans le baume de Canada, on remplace, sous le couvre-objet, l'eau par l'alcool, et ce dernier par l'essence de girofle que l'on enlève ensuite avec le papier buvard ; on introduit enfin le baume de Canada.

Voici d'autres méthodes que l'on emploiera avec avantage :

777. Sur un morceau de bois, avec un fil à coudre, on étend dans sa situation normale un nerf mince, par exemple le nerf sciatique d'une grenouille ; on le coupe et on le traite environ douze heures par l'acide osmique à 1/2 °/₀. Le nerf fixé et lavé pendant une demi-heure à l'eau distillée, puis plongé dans l'alcool absolu où il séjourne à peu près deux heures, et, à la suite, le même temps dans une huile éthérée qui l'éclaircit ; on peut alors le dissocier sur le porte-objet. On n'utilise d'ailleurs, dans ces conditions, que la portion de nerf comprise entre les deux extrémités nouées, et à une certaine distance d'elles (environ 1/2 millimètre). Ces préparations dissociées peuvent être directement montées dans le baume de Canada après enlèvement de l'excès d'huile au moyen d'un papier buvard.

Nageotte recommande toutefois *de ne jamais tendre les nerfs* pour les fixer, sous peine d'altérer gravement *les étranglements*. Avec quelque soin, les nerfs restent rectilignes, ou, tout au plus, s'incurvent un peu dans le liquide fixateur, ce qui n'est pas gênant pour les coupes en long, et encore moins pour les dissociations.

778. Pour les *mitochondries de la myéline*, il faut prendre un fragment de nerf sciatique (lapin, cobaye), le fixer directement dans le bichromate acétique (bichromate, 5 ; eau, 100 ; acide acétique, 2 1/2) pendant un jour à l'étuve. Laver rapidement à l'eau ; inclure à la paraffine. Coupes longitudinales de 5 µ ; transversales de 2 µ. 1/2.

Colorées par la technique d'Altmann, ces coupes donnent les mitochondries avec pureté. Colorées par l'hématoxyline au fer (avec décoloration très discrète), elles donnent la structure radiée et concentrique.

On ne réussit pas toujours ; il faut s'adresser à des animaux adultes plutôt qu'à des jeunes.

On mettra plus ou moins d'acide acétique suivant que l'on voudra faire gonfler plus ou moins la myéline. Certains tâtonnements sont également nécessaires pour la durée de la fixation qui doit toujours être très courte, car les mitochondries de la myéline ne supportent pas un long chromage.

Sur les mêmes coupes, la coloration de Benda permet aussi de colorer les mitochondries.

On peut également voir la *structure radiée et concentrique* de la gaine de myéline à l'aide de la coloration d'Altmann, en faisant séjourner les pièces dans le bichromate à 5 % (trois ou quatre jours) après la fixation au bichromate acétique. Les mitochondries ne sont alors plus guère visibles, mais les travées protoplasmiques radiées et les cercles de myéline se voient très bien.

779. S'il s'agit de nerfs d'une épaisseur quelconque, par exemple de ceux d'un Mammifère, on les traite, en état de tension modérée, en les plongeant de douze à vingt-quatre heures dans une solution aqueuse de 1/2 à 1 °/₀ de nitrate d'argent ; puis en les lavant rapidement à l'eau distillée et les transportant dans l'alcool. On les dissocie ensuite comme dans l'exemple précédent, ou bien on les inclut dans la paraffine d'après le procédé ordinaire, et on les coupe suivant leur longueur.

Après une courte exposition à la lumière, on voit apparaître les croix de *Ranvier*, les stries de *Frommann*, les limites des cellules endothéliales des périnèvres (gaines lamelleuses).

780. Il y a quelques années, *Kühne et Chittenden* (1889) ont attiré l'attention sur des *réseaux* particuliers (réseaux de Kühne) dans l'intérieur de la gaine de myéline, que l'on rend distincts en faisant digérer les fibres nerveuses par de la trypsine. On y réussit encore plus simplement, en traitant des nerfs à myéline par l'alcool et l'éther sulfurique, en les dissociant ensuite et en les colorant sur le porte-objet avec l'hématoxyline, celle de Bœhmer par exemple. Ces réseaux, dont la préexistence n'a pas encore été rigoureusement établie, se colorent en bleu ; ce sont les réseaux spongieux cornés de *Kühne*.

781. *Björkenheim* s'inspire de la méthode d'*Unna* (consulter *Max Joseph*) pour traiter, sur la lame, les coupes par la **pepsine**. Celles-ci séjournent vingt-quatre heures dans l'eau de baryte (§ 637); on les lave sérieusement à l'eau pour les soumettre ensuite pendant cinq à six jours, à la température de 37-40° dans le liquide suivant: solution à 0,5 % de *pepsine* (pepsinum Langebeck) mélangée avec une solution à 1 % d'acide chlorhydrique (0gr,5 pour 100 centimètres cubes); on les y laisse jusqu'à ce que l'œil ait l'impression que tout a disparu. On lave alors à l'eau, on sèche avec le papier buvard, on colore une minute au bleu polychrome, on sèche de nouveau avec le papier buvard, et l'on porte les coupes dans une solution aqueuse à 1 % de ferricyanure de potassium rouge. On sèche une dernière fois avec le papier buvard, on lave à l'alcool acidulé avec l'acide chlorhydrique, et l'on passe par l'essence de bergamote avant de monter dans le baume. « Tout ce qui reste non modifié et coloré en bleu est de la kératine. »

782. Pour bien voir le *syncytium de Schwann* des fibres à myéline et constater son indépendance relativement à la myéline, *Nageotte* fixe au *liquide de Dominici formolé* (solution saturée de sublimé, chauffée à 70°; ajouter goutte à goutte de la teinture d'iode jusqu'à persistance d'une couleur de porto. Le liquide étant refroidi, ajouter 10 % de formol. Fixer de une à quatre heures suivant l'épaisseur de la pièce. Ce liquide ne se conserve pas et doit être préparé chaque fois).

Il dissocie ensuite *dans l'eau*, colore à l'hématoxyline au fer sur lame (un quart d'heure alun de fer, un quart d'heure hématoxyline chauffée) et monte au baume.

783. L'étude de la **gaine de Schwann et des noyaux** se fait sur des préparations traitées par l'acide osmique, dissociées et éventuellement colorées.

784. On examine la **gaine de Henle** sur des nerfs très fins traités par le nitrate d'argent d'après la méthode décrite pour les endothéliums (voir § 516).

785. Quand on traite les nerfs d'après *Fleischl* (1874), pour les fixer, par l'acide chromique, l'alcool ou les sels de chrome, et qu'on les coupe dans le sens transversal ou longitudinal, on cesse d'apercevoir des fibrilles disséminées dans l'espace axial ; elles adhèrent entre elles, formant un filament fin, si on a eu recours à l'acide chromique, plus grossier si on a employé l'alcool ; ce filament est connu sous le nom de cylindre-axe.

Pour isoler le **cylindre-axe,** il est bon de traiter les nerfs par l'acide chromique très faible à $1/10\ ^0/_0$ environ, ou par le bichromate de potassium faible, en solution d'environ $1/5\ ^0/_0$, ou dans l'acide pyroligneux (en colorant ultérieurement à la safranine) pendant quelques jours, jusqu'à une semaine, et de les dissocier. On réussit la plupart du temps, par la dissociation, à détacher par places la gaine de myéline coagulée et à mettre à nu le cylindre-axe. On obtiendra, tout particulièrement, de grandes étendues de ce cylindre-axe en ajoutant de l'acide acétique aux préparations fraîchement dissociées ; c'est là une méthode qui est recommandée par *v. Kœlliker* (1893).

786. *J. Nageotte* (1910), dans ses études sur le mécanisme de la fragmentation de la *myéline* et du *cylindraxe* dans la dégénération wallérienne, a examiné le tube nerveux à l'état vivant. Les réactifs, même ceux qui fixent le mieux la myéline, amènent de telles modifications morphologiques que les images obtenues ont perdu leurs traits caractéristiques.

Par contre, si l'on place sous l'objectif microscopique un fragment de nerf dégénéré vivant, plongé dans une goutte d'humeur aqueuse ou de sérum sanguin, on voit sans difficulté les moindres détails de la myéline, tels qu'ils sont dans la nature : il faut seulement savoir distinguer, lorsqu'on les rencontre, les altérations traumatiques dues aux manipulations.

Cette technique permet non seulement de reconstituer le mécanisme de la fragmentation de la myéline par la mise en série des images observées, mais encore de voir directement le processus se continuer pendant toute la durée de l'examen ; il n'est même pas indispensable pour cela de maintenir la préparation à l'étuve, bien que la chaleur hâte l'évolution.

787. Pour faire apparaître les **fibrilles** dans l'espace axial, voici comment on devra procéder d'après *Kupffer* (1883) : on mettra à nu le sciatique d'une grenouille, par exemple ; on le fixera avec du fil sur un petit morceau de bois dans son état de tension normale ; après l'avoir coupé, on le plongera dans une solution aqueuse d'acide osmique à 1/2 $^0/_0$ pendant environ quatre heures ; on le lavera ensuite pendant le même temps à l'eau distillée, et on le soumettra enfin à l'action de l'alcool à 90° pendant vingt-quatre heures.

Ces nerfs ainsi fixés, on en détache de petits fragments d'une longueur d'environ 1/2 centimètre, que l'on colore dans une solution aqueuse saturée de fuchsine acide, où ils séjournent douze heures, et qu'on traite pendant soixante-douze heures (trois jours) par l'alcool absolu. On les inclut dans la paraffine à la manière ordinaire ; ils restent dans le bain une demi-heure.

On en fait des coupes aussi minces que possible, qui ne doivent pas dépasser 3 µ. Les fibrilles apparaissent rouges, le plasma intertibrillaire est incolore. Les coupes longitudinales sont les plus instructives ; elles demandent à être orientées avec un soin particulier.

On peut obtenir des résultats analogues, mais cependant moins satisfaisants, par la substitution à la fuchsine acide du **brun de Bismarck** (Kölliker) ou de tout autre colorant équivalent.

Le contenu de l'espace axial se dissout dans une solution à 1 $^0/_{00}$ d'acide muriatique ou dans une solution à 10 $^0/_0$ de sel marin (*Halliburton*).

788. *Mœnckeberg* et *Bethe* (1899) traitent les *nerfs péri-phériques* par le procédé suivant : ils fixent ces nerfs pendant vingt-quatre heures dans l'**acide osmique** à 0,25 $^0/_0$; puis ils les lavent quatre à six heures, les traitent directement pendant dix heures dans l'alcool à 90°, les soumettent de nouveau à l'eau pendant quatre heures, les exposent de six à douze heures dans une solution à 2 $^0/_0$ de bisulfite de sodium à laquelle on verse de 2 à 4 gouttes d'acide chlorhydrique pour 10 centimètres cubes. Lavage à l'eau, une à deux heures ; inclusion à la paraffine à travers l'alcool et le xylol ; collage des coupes de 2-3 µ avec de l'albumine très diluée ; une fois déparaffinées par le xylol, les coupes sont traitées par l'alcool et l'eau et sont plongées dans une solution à 1-4 % de molybdate d'ammonium pendant cinq à dix minutes, exposées à l'étuve à 25°. Après plusieurs lavages à l'eau pour éviter tout précipité, on colore cinq minutes à 50-60° C. dans une solution de 0,05-0,1 % de **toluidine** (on inonde les coupes avec le colorant !) ; eau, alcool, xylol, baume.

La méthode permet la mise en évidence des fibrilles des nerfs périphériques et de celle du système nerveux central (*Warnke*).

789. D'après *Bethe* (1904), les *fibrilles* sont *basophiles* et conservent la basophilie après fixation par l'alcool. On colore les fibrilles avec le bleu de toluidine ; elles deviennent rougeâtres. Comme la gaine de myéline se colore un peu en même temps, on traite longtemps les préparations colorées avec le toluène dans lequel cette gaine abandonne sa couleur ; quant aux fibrilles, elles conservent leur coloration.

790. Le meilleur moyen de mettre à jour les **fibres de Remak** est de traiter le *sympathique*, ou mieux, le nerf vague d'un Mammifère par l'acide osmique, et de le dissocier. Entre les fibres à myéline noires du nerf vague se rencontrent de nombreuses fibres sympathiques qui, dans ces conditions, demeurent incolores.

791. Pour l'étude de la **distribution** générale **des nerfs dans les muscles,** il est bon d'avoir recours à un mélange de 8-12 gouttes d'acide acétique et de 100 centimètres cubes d'eau distillée ; de petits muscles y deviennent transparents en quelques heures (Kœlliker). L'acide chlorhydrique à 1 %₀ rend d'aussi bons services ; il dissout la syntonine et respecte les nerfs (*Engelmann*).

792. S'il s'agit de mettre en évidence les **terminaisons nerveuses dans les muscles striés,** on choisira, si on le peut, des muscles courts, par exemple ceux de l'œil. On les coupe, on les étend sur un porte-objet, et on les dissocie avec précaution, suivant leur longueur, avec des aiguilles. On n'a qu'à ajouter de l'acide acétique à 1 °/₀ et à les recouvrir d'un couvre-objet, pour voir apparaître les nerfs au bout de deux heures, et il est possible de les suivre jusque dans le muscle. Les préparations à l'acide acétique ne se prêtent pas à un montage susceptible de conservation.

793. Si l'on fait agir le **chlorure d'or** en solution aqueuse sur les *fines terminaisons nerveuses*, on constate que ce sel se réduit particulièrement sur ces éléments; toutefois cette réduction a lieu aussi sur les cellules du tissu coujonctif, les fibres musculaires lisses et accidentellement sur la plupart des éléments. Il faut donc se rappeler que l'**imprégnation par l'or** ne se fait pas uniquement et seulement sur les nerfs, et qu'*elle ne constitue pas une caractéristique exclusive pour le système nerveux*.

794. Voici en quoi consiste la **méthode de l'or** introduite par Cohnheim (1867) et appliquée en premier lieu à la *cornée* : on place de petits fragments (de petits muscles, dans notre cas) dans une solution à 1/2 °/₀ de chlorure d'or, à laquelle on a ajouté une trace d'acide acétique ; on les y laisse jusqu'à ce qu'ils deviennent jaunes (quelques minutes à une demi-heure). Puis on les lave rapidement à l'eau distillée, et ils restent enfin à l'obscurité dans de l'eau additionnée d'un peu d'acide acétique. Généralement les morceaux deviennent jaune grisâtre, gris violacé, rouges au bout de un à trois jours. Les nuances du violet au rouge sont les plus favorables.

Cette méthode n'est nullement sûre : les résultats en sont assez souvent mauvais ou nuls; elle ne permet même pas de se rendre compte des sources d'erreur.

795. Le chlorure d'or est instantanément réduit avec l'eau oxygénée.

Entre tous les procédés mis en usage au sujet des terminaisons des nerfs dans les muscles, nous retenons les deux plus sûrs : celui de Lœwit-Fischer et celui de Ranvier.

796. Procédé de Lœwit (*Lœwit*, 1875 ; *Fischer*, 1876; *Bremer*, 1882). — De petits fragments de muscles (1 millimètre) sont plongés dans l'acide formique au tiers (acide formique, 1 ; eau distillée, 2), jusqu'à ce qu'ils deviennent transparents (une minute). On les transporte alors dans une petite quantité de chlorure d'or en solution à 1 %, pendant près d'un quart d'heure, [quelques chercheurs, comme par exemple *Grabower* (1902), emploient des solutions plus faibles, par exemple 1/4 %] ; ils y deviennent jaunes. On les plonge à nouveau dans l'acide formique au tiers, où ils séjournent pendant vingt-quatre heures à l'abri de la lumière ; on peut les reporter alors dans une solution concentrée d'acide formique, où ils devront rester également vingt-quatre heures à l'abri de la lumière.

On lave les fragments à l'eau distillée et on les dissocie sur le porte-objet. Ils sont généralement violets au centre et d'un jaune sale à la surface. Dans la partie intermédiaire se trouvent des fibres musculaires qui montrent les nerfs et les terminaisons nerveuses très bien colorés.

797. Kühne (1886) acidule avec l'acide formique à 1/2 %, traite les fragments par le chlorure d'or à 1 % et réduit au moyen de l'acide formique de 20 à 25 % dissous dans un mélange à volume égal de glycérine et d'eau.

798. Ranvier (1889) traite les fragments de muscle, avant de les plonger dans une solution à 1 % de chlorure d'or, avec le jus de citron fraîchement exprimé et filtré sur de la flanelle, et les y laisse jusqu'à ce qu'ils deviennent transparents (quelques minutes). De là il les porte dans une solution de chlorure d'or à 1 %, où il les laisse séjourner près de vingt minutes; il les lave ensuite rapidement dans l'eau distillée et les plonge dans de l'eau faiblement acidulée (1 goutte d'acide acétique dans 30 centimètres cubes d'eau), et les laisse, de vingt-quatre à quarante-huit heures, *exposés à la lumière*. Dans les fragments ainsi traités, la réduction de l'or n'est pas complète ; ce qui est cause que les préparations deviennent généralement très foncées. Cela n'arrive pas quand, à l'eau faiblement acidulée, on substitue l'action de l'acide formique au tiers pendant vingt-quatre heures dans l'obscurité, comme dans le procédé de Lœwit.

799. Golgi (1880, 1894) acidule avec l'acide arsénique à 1/2 %; il remplace le chlorure d'or par le chlorure double d'or et de potassium à 1/2 % pendant une demi-heure ; il lave à l'eau et emploie ensuite l'acide arsénique à 1 %, dans lequel la réduction s'opère à la lumière du soleil.

800. Muschenkoff donne les instructions suivantes :

Des objets ne dépassant pas 1/2 centimètre cube séjournent environ trente jours, soit dans une solution à 2 % de bichromate d'ammonium, soit dans une solution à 2 % de bichromate de potassium. Après le lavage, on les transporte dans un jus de citron frais ou bien dans une solution de 20 % d'acide formique où ils restent de quinze à vingt minutes. Après quoi : eau distillée ; solution à 1/2 % de chlorure d'or ou de chlorure double d'or et de potassium pendant une demi-heure. La réduction s'opère dans de l'eau légèrement acidulée par l'acide acétique.

801. Aucune « méthode de l'or » n'est vraiment sûre. C'est chez les Reptiles (et surtout chez le Pseudopus Pallasii) que cette méthode réussit le mieux ; après eux, viennent les Mammifères ; au contraire, les Oiseaux, les Amphibiens et les Poissons sont réfractaires à ce procédé ; toutefois les muscles de l'œil des Poissons osseux s'y prêtent assez bien.

802. Les organes terminaux des nerfs décrits par Golgi dans les tendons des Mammifères, sont également mis en évidence par la méthode de l'or.

803. Stœhr (1894) prône la méthode suivante :

Séjour pendant quarante à cinquante-cinq minutes dans un mélange de 8 parties d'une solution de chlorure d'or à 1 $^0/_0$ et de 2 parties d'acide formique pur (le mélange a été trois fois porté à l'ébullition). Lavage à l'eau distillée. Transport dans la liqueur suivante :

> Acide formique pur...................... 10 parties
> Eau distillée............................ 40 —

Réduction à la lumière pendant trente-six heures. Conservation dans l'alcool, à l'obscurité.

804. Negro (1887) recommande l'hématoxyline, en particulier chez les lézards et la grenouille, dans le but de rendre visibles en quelques minutes, dans les muscles frais, les terminaisons des nerfs.

805. Pour observer les terminaisons des nerfs dans les muscles striés, **Gad** (1895) recommande le procédé suivant dû à *Sihler* : On place pendant dix-huit heures des faisceaux de muscles pris dans l'épaisseur d'une plume d'oie dans :

> 1. Acide acétique ordinaire 1
> Glycérine........................ 1
> Solution aqueuse d'hydrate de chloral (1 $^0/_0$)......... 6

Ces muscles sont dissociés dans la glycérine pure et soumis à l'action de la liqueur suivante :

> 2. Hématoxyline d'Ehrlich.................... 1
> Glycérine........................ 1
> Solution à 1 $^0/_0$ d'hydrate de chloral............ 6

Les morceaux y restent de trois à dix jours. On les transporte ensuite dans la glycérine additionnée d'acide acétique dans lequel la coloration se différencie, de telle sorte que les nerfs et leurs terminaisons dans les muscles et les vaisseaux sont colorés d'une manière intense, le reste ayant un aspect clair. A la sortie de la liqueur 2, on peut conserver les petits fragments dans la glycérine pure et ne les traiter que plus tard par l'acide acétique (solution 1). Après *Sihler*, *Balter* est aussi partisan de ce procédé pour l'étude des organes sensibles du muscle.

806. L'application de la méthode de l'or à l'étude des terminaisons des nerfs dans les muscles lisses et les muscles du cœur est très délicate et peu sûre.

Consulter pour ce chapitre vii : *Ranvier* (1878 et 1880).

807. Pour le traitement des *coupes* par le chlorure d'or, **de Nabias** (1904) opère ainsi : Des coupes d'objets préalablement fixés dans l'alcool, le sublimé, la liqueur de *Flemming* ou l'acide osmique sont collées à l'eau (§ 264) et déshydratées sur le porte-objet.

On les soumet alors aux manipulations suivantes : *a*) traitement (quelques minutes) par une solution d'iode (iode. 1 ; iodure de potassium, 2 ; eau, 300-1.000) ; *b*) rinçage à l'eau; *c*) traitement, pendant trois à six minutes, par une solution à 1 $^0/_0$ de chlorure d'or; les coupes deviennent blanches; *d*) rinçage à l'eau distillée ; *e*) rinçage à l'eau anilinée (1 centimètre cube d'huile d'aniline pour 100-1.000 d'eau).

Au bout d'une ou de deux minutes, les coupes deviennent violettes. Il ne faut pas, toutefois, les laisser devenir trop foncées ; *f*) lavage à l'eau distillée, etc.

On peut remplacer l'eau anilinée par la *résorcine*, 1 : 100 : 1.000-10.000.

Les *neurofibrilles*, en particulier, sont nettement colorées.

808. **H Merton** (1907) traite la coupe par l'or. Du matériel fixé dans la liqueur de Hermann est débité en coupes et traité successivement et chaque fois pendant dix minutes dans : solution de tanin à 3 $^0/_0$: solution de tartre stibié à 5 $^0/_0$ solution de chlorure d'or à 1 $^0/_0$ et eau d'aniline.

Entre deux solutions consécutives, les coupes sont lavées à l'eau distillée.

809. Comme la **méthode de Bielschowsky** (telle qu'elle a été employée par l'auteur pour le système nerveux central), en dehors des neurofibrilles, colore aussi les fibrilles du tissu conjonctif qui n'existent pas dans ce système nerveux central, on ne peut pas l'utiliser, sans le modifier, pour mettre en évidence les terminaisons nerveuses périphériques dans le tissu conjonctif. *Bielschowsky* (1905) y apporta lui-même les modifications suivantes. Des morceaux de 1 centimètre d'épaisseur environ sont fixés par le formol, lavés dans l'eau distillée et débités au microtome muni d'un appareil de congélation en coupes de 10 μ; ces coupes séjournent alors vingt-quatre heures et plus dans une solution à 2 % de nitrate d'argent; elles passent ensuite quinze minutes dans une solution ammoniacale d'argent ainsi préparée : à 5 centimètres cubes d'une solution à 10 % de nitrate d'argent, on ajoute 5 gouttes d'une solution à 40 % de lessive de soude; puis, on verse goutte à goutte de l'ammoniaque jusqu'à complète dissolution. On dilue ensuite avec de l'eau pour obtenir le volume de 20 centimètres cubes. Les coupes restent quinze minutes dans cette solution, jusqu'à ce qu'elles prennent une teinte brun foncé; de là elles passent dans l'acide acétique (5 gouttes d'acide pour 20 centimètres cubes d'eau) où elles deviennent jaunâtres. On les transporte alors dans une solution à 20 % de formol et on les y maintient tant que des nuages blanchâtres s'en échappent. La réduction est alors terminée.

Les coupes devenues tout à fait pâles sont alors placées dans un bain d'or *neutre* (5 gouttes de chlorure d'or à 1 % pour 10 centimètres cubes d'eau); elles y restent jusqu'à ce que la teinte de fond soit devenue rouge violet — environ une heure. Elles sont ensuite soumises pendant trente secondes à l'influence d'une solution à 5 % d'hyposulfite de soude. Après un lavage soigné dans l'eau distillée, on monte dans le baume à travers le xylol phéniqué (à 10 %).

On peut, visant le même but, traiter aussi des *blocs;* mais, dans ce cas, les différentes opérations doivent durer plus longtemps.

Avec cette méthode, on arrive à mettre en évidence les corpuscules de *Meissner*, ceux de *Grandry*, les terminaisons des nerfs moteurs dans les muscles striés, etc.

810. Le mécanisme des **colorations** dites « **vitales** » est encore seulement soupçonné. Comme l'a montré *de Beauchamp* (1909), cette coloration doit être expliquée par les lois qui régissent les actions des colloïdes entre eux. Deux colloïdes, en effet, se trouvent en présence dans ces expériences : la matière colorante d'une part, les substances protoplasmiques d'autre part.

Si un certain nombre de faits d'observation se trouvent expliqués par cette théorie, il faut reconnaître que beaucoup d'autres restent inexpliqués ; la raison en est que nous connaissons encore fort mal toutes ces lois si complexes des substances colloïdales (*Policard*, 1910).

811. La méthode de la **coloration** « **vitale** » **au bleu de méthylène** est due à *P. Ehrlich* (1885) ; elle permet assez sûrement de mettre les nerfs en évidence dans presque tous les organes, à l'exception du système nerveux central : dans ces derniers temps, *Dogiel* (1902-1903) l'a remise en honneur et en a précisé la technique.

Pour colorer les nerfs, on peut avoir recours à quatre procédés différents : *A*) injection de la solution de bleu de méthylène dans les vaisseaux sanguins d'un animal que l'on vient de sacrifier; *B*) injection de cette solution dans les *cavités naturelles*; ou *C*) *par piqûre*, dans le tissu conjonctif sous-cutané ou dans le tissu conjonctif d'un autre organe dont on veut faire l'étude; *D*) coloration *directe* de l'organe ou de parties de l'organe avec le bleu de méthylène.

Dans tous les cas, on emploie le bleu de méthylène (du Dr *Grübler*, à Leipzig : bleu spécial pour « coloration vitale ») dissous dans une solution de chlorure de sodium chimiquement pure à 0,75 °/₀ dans l'eau distillée.

On prend pour *A* une solution de bleu de méthylène à 1/4-1/6 °/₀ ; pour *B* une solution à 1/4-1/8 °/₀ ; pour *C* à 1/6-1/8 °/₀, et pour *D* à 1/4-1/6-1/8 °/₀. Les solutions en question peuvent être facilement fabriquées avec une solution de bleu de méthylène à 1 °/₀.

A) *Coloration par injection dans les vaisseaux sanguins.*

Chez les animaux de grande taille (chien, chat, lapin), les solutions sont injectées dans l'organe à étudier par la grande artère correspondante.

Chez les animaux de petite taille (rats, souris), l'injection est poussée, par l'aorte, à travers le ventricule gauche.

Dans les deux cas, il est *indispensable* de bien laver préalablement les vaisseaux avec de la solution physiologique de sel, chauffée à 36-37° C. Le bleu devra être chauffé à la température du corps de l'animal. L'injection devra être aussi complète que possible ; les capillaires et les veines devront, comme les artères, être intéressés par l'injection.

De vingt à trente minutes après l'injection, on détache l'organe entier, ou, si celui-ci est trop gros, on le débite en morceaux de 1, 2, 3 centimètres. La coloration s'opère dans l'étuve, à une température de 35-36° C. On y laisse la préparation bien exposée à l'air durant dix à trente minutes, et même une heure, une heure et demie ou deux heures, suivant les dimensions de la pièce.

Pendant que la coloration se poursuit, il faut empêcher la surface de la préparation de se dessécher ; on fera bien, pour cela, d'humecter cette surface de temps en temps, avec une solution de 1/5 — 1/15 °/₀ de la matière colorante, ou, tout simplement, d'une solution physiologique de sel. On pourra aussi se contenter de placer les pièces dans une coupe plate, sur de la ouate hydrophile imbibée avec la solution précédente.

Après le laps de temps mentionné, on retire la préparation de l'étuve, et on *fixe* le bleu de méthylène (Voir plus loin, dans ce paragraphe 811). On contrôlera sous le microscope, quand la grosseur de l'objet le permettra, la marche de la coloration.

Il arrive quelquefois que les nerfs ne se colorent que très

faiblement ; on sera alors obligé de recourir à une *coloration supplémentaire* des nerfs ; pour cela, on humectera de temps en temps la surface des préparations avec une solution de 1/8 à 1/10 °/₀ de bleu ; on procédera donc ainsi à une coloration *directe* de l'organe.

Cette méthode ne donne pas de bons résultats avec les ganglions lymphatiques, la rate, les reins, par exemple ; les éléments des centres nerveux se colorent, aussi, bien faiblement.

Lorsque les organes, injectés au bleu, ont une consistance assez dense (peau, cire et muqueuse du palais des oiseaux aquatiques, foie), on pourra en faire des coupes provisoires dix à quinze minutes après l'injection. A ce dessein, on enrobe un fragment de l'organe dans de la moelle de sureau ou dans du foie et ensuite on pratique avec un rasoir tranchant des coupes aussi minces que possible. Ces dernières sont placées sur de larges porte-objet, et humectées préalablement avec de la solution de bleu de méthylène à 1/15 °/₀, ou bien avec de la solution physiologique de sel. Les porte-objet sont exposés, dans l'étuve, dans de petits vases contenant un petit morceau de papier buvard imbibé d'eau. Au bout de trois à cinq minutes, on examine les coupes sous le microscope, et on fixe les préparations au moment où les nerfs auront atteint une coloration suffisante.

Chez les animaux à *sang froid*, l'injection des vaisseaux sanguins au bleu à $^1/_4$-$^1/_8$ °/₀ se fait par le bulbe aortique, et on n'aura, cela va sans dire, nullement besoin de chauffer la solution. On injecte une solution à $^1/_4$-$^1/_8$ °/₀. Au bout d'une demi-heure, une heure, deux heures, on met à nu, sans toutefois l'enlever, l'organe à étudier, de telle façon que *l'air y puisse pénétrer aisément*, et, vingt à trente minutes après, on détache l'organe ; on fixe alors le bleu de méthylène. On ne pourra ainsi, par cette méthode, colorer que les nerfs des organes facilement exposables à l'air, tels que la langue, le pharynx, le tube digestif, les poumons, etc.

Le bleu de méthylène se transforme à l'abri de l'air en une leucobase incolore, qui, par agitation en présence de l'oxygène de l'air, redevient bleue (on peut, à ce moment, ajouter de l'oxygène).

Cette méthode de coloration par injection peut aussi être appliquée aux *Invertébrés* qui ont, comme par exemple les Crustacés, un système circulatoire différencié : l'injection se fait par le cœur.

Si l'on opère en suivant les méthodes *B* et *C*, on procédera comme avec la méthode *A*, en tenant, bien entendu, compte des différences essentielles.

D) Coloration directe de l'organe avec des solutions de $^1/_4$-$^1/_6$-$^1/_8$ $^0/_0$.

L'organe entier [ou des parties de cet organe (1-2 centimètres)] est détaché et placé dans une coupe plate sur le fond de laquelle on dispose de la ouate hydrophile. (On débarrassera l'organe de tout son sang et on le lavera.) La coupe est munie d'un couvercle qui ne doit pas fermer hermétiquement.

La surface de l'organe à examiner est arrosée d'une petite quantité de solution de bleu de méthylène à $^1/_4$ — $^1/_6$ — $^1/_8$ $^0/_0$ après quoi, on expose la pièce dans une étuve à une température de 36° C. (de temps en temps on humecte la surface de la préparation avec une solution de la matière colorante à $^1/_{13}$ $^0/_0$); au bout d'une à deux heures (au maximum au bout de deux heures et demie), on fixe la préparation.

Si l'organe en question est assez mince, on contrôlera de temps en temps sous le microscope la marche de la coloration.

Lorsqu'il s'agit de colorer des organes d'un animal à sang froid, la coloration doit être opérée à la température du laboratoire.

Par cette méthode, on peut obtenir une coloration très complète des nerfs dans presque tous les organes à l'exception de très peu d'entre eux, par exemple des reins, des ganglions lymphatiques, de la rate, etc.

Dans le cas de tissus compacts (peau, muqueuse du palais dur des oiseaux nageurs, et autres), on modifiera ainsi la méthode précédente.

On débite l'organe, au moyen d'un rasoir tranchant, en coupes aussi fines que possible (l'enrobage se fait dans la moelle de sureau ou dans le foie), et on les place sur de larges porte-objet ; on humectera préalablement ces derniers avec quelques gouttes d'une solution à $^1/_6$-$^1/_8$ % de bleu, en ayant soin d'empêcher les coupes de flotter dans le liquide. Les porte-objet sont alors exposés dans l'étuve, à une température de 25°-37° C., et recouverts de verres de montre. La coloration se produit très rapidement, en dix, quinze ou vingt minutes ; quelquefois en une heure ou une heure et demie.

Il sera prudent, pour combattre l'évaporation, de se servir d'une grande coupe de Pétri, dans laquelle on mettra un peu de ouate hydrophile imbibée d'une solution de bleu de méthylène, ou d'eau tout simplement. Dans cette coupe, on place les porte-objet avec les préparations et on la ferme avec un couvercle durant la coloration. Les préparations devront être examinées sous le microscope, à un faible grossissement, afin de pouvoir les fixer *dès que* les nerfs seront colorés.

Qu'on ait recours à l'une ou à l'autre de ces méthodes, il est indispensable d'observer les conditions suivantes :

Le tissu dont on veut examiner les nerfs doit être aussi *frais* que possible, et emprunté à un animal qui vient d'être tué ; en tout cas, trois heures au plus après sa mort.

L'oxygène de l'atmosphère doit avoir libre accès dans les organes à colorer.

Malgré ces précautions, il est juste de déclarer que l'on ne réussit pas toujours et dans tous les cas à obtenir une coloration satisfaisante. On se verra généralement obligé, dans chaque cas spécial, de modifier quelque peu l'une ou l'autre des méthodes proposées ; on se servira de solutions de bleu plus ou moins fortes en les faisant agir pendant un espace de temps plus ou moins long, etc. Une longue pratique est, seule, capable de permettre d'atteindre à coup sûr le but.

Les colorations obtenues par ces procédés ne se conservant pas au delà de quelques heures, ou même de quelques minutes, il faut absolument les **fixer**.

On emploie, pour cela, soit le *picrate* ou le *molybdate d'ammonium*, soit les deux sels successivement.

812. Pour fixer avec le **picrate d'ammonium** (de chez *Grübler*), on fait usage d'une solution aqueuse concentrée. Quand les nerfs paraissent suffisamment colorés avec le bleu de méthylène, on transporte les préparations dans une quantité suffisante de cette solution dans laquelle elles séjournent deux, six, douze, vingt-quatre heures, suivant la grosseur des morceaux, mais en aucun cas plus de quarante-huit heures. On monte alors dans un mélange à parties égales de glycérine et de liqueur fixatrice. — Les préparations à examiner peuvent être trop opaques et trop épaisses ; dans ces cas, on les divise convenablement au moyen d'aiguilles, de petites pinces et de ciseaux ; on les effile, on les incise, on les déchire, on les réduit à l'état de lamelles, etc.

En ayant soin d'ajouter à 100 centimètres cubes du liquide fixateur 1-2 centimètres cubes d'acide osmique à 2 $\%$, on peut alors colorer à nouveau, par exemple avec le picro-carmin, et monter comme tantôt.

813. Le **molybdate d'ammonium** s'emploie de la manière suivante pour la fixation des préparations au bleu de méthylène (*Dogiel*) :

On fait une certaine quantité de solution de molybdate d'ammonium à 5-8 $\%$, en ayant soin de la filtrer si elle est trouble. On place immédiatement les préparations colorées dans une quantité assez grande de cette solution. La durée de ce séjour dépendra des dimensions des organes et des tissus à fixer. Dans le cas de petites pièces, de coupes, de membranes minces, etc., on emploiera de 20 à 30 ou 50 centimètres cubes de la solution. Pour fixer des objets plus volumineux (2, 8, 10 centimètres), on prendra de 100 à 200 ou 300 centimètres cubes de la solution.

Dans le premier cas, on y laissera les préparations pendant quarante minutes ou une heure, et même deux heures, à la température du laboratoire.

Dans le deuxième cas, il faudra les y faire séjourner pendant dix à douze et jusqu'à vingt-quatre heures.

Un séjour plus prolongé des préparations dans la solution de molybdate d'ammonium ne nuit point à la coloration des nerfs.

On retire alors les préparations, et on les lave dans une grande quantité d'eau distillée, qu'on fera bien de renouveler à plusieurs reprises, surtout s'il s'agit d'objets plus ou moins épais ou de grandes dimensions.

De petites portions de tissus ou des membranes minces sont généralement lavées pendant trente à quarante minutes; pour des objets plus gros, on lavera pendant deux ou trois heures.

Les préparations, retirées de l'eau, sont mises dans de l'alcool absolu où elles séjourneront *très peu de temps*, juste assez pour obtenir exactement leur déshydratation, au maximum six heures.

Quant aux coupes, membranes minces de toutes sortes et portions menues de tissus, il suffit de les laisser dans l'alcool pendant quinze à vingt minutes, tandis que les préparations volumineuses et épaisses devront y rester pendant une demi-heure ou une, deux et même jusqu'à quatre à six heures.

Certaines préparations destinées à être examinées *in toto*, telles que muscles, tendons, fragments empruntés à l'estomac, l'intestin et la vessie, peuvent, avant d'être placées dans l'alcool, être étendues sur des morceaux de carton à dessin de dimensions correspondantes, où on les fixe avec de petites épingles. On les transporte ainsi dans l'alcool et, une fois convenablement durcies, ces préparations ne menaceront plus de se rétracter. On enlèvera le carton, et on mettra les préparations dans de l'alcool frais.

De l'alcool, les préparations, si elles ne sont pas destinées à être débitées en coupes, passeront dans le xylol. On les inclut ensuite dans le baume.

Si les préparations sont épaisses et destinées à être soumises à l'action du microtome, on les portera de l'alcool absolu dans la celloïdine à demi liquide, où elles séjourneront, suivant leur volume, une demi-heure ou une heure, et même de deux à trois heures ; on les fixera ensuite sur un bouchon de liège, et on les mettra dans l'alcool à 70°.

Les coupes peuvent être préalablement colorées au carmin aluné.

Si l'on ne doit pas effectuer tout de suite les coupes, on met les blocs dans l'eau où la coloration n'est pas altérée par un séjour de deux ou trois jours (*Markovitin*). Si l'on veut couper dans la paraffine, on fixe d'après les instructions de *Bethe* (§ 814). Toutefois la coloration souffre beaucoup, dans certains cas, de l'inclusion dans la paraffine.

S'il s'agit de bien conserver un épithélium ou des muscles ou de colorer la gaine de myéline des fibres nerveuses ; si l'on désire fixer le bleu de méthylène chez les Invertébrés, *Dogiel* recommande d'ajouter de l'acide osmique à la solution de molybdate d'ammonium en ayant recours au mélange suivant :

Solùtion de molybdate d'ammonium à 5 ou 8 %.   25 cm³
Acide osmique à 1/2 %......................   2 à 3 cm³

Ce mélange se distingue de celui proposé par Bethe par l'absence de l'acide chlorhydrique et la teneur plus faible en acide osmique. On y laisse les préparations de dix à vingt minutes, jusqu'à ce qu'elles prennent une teinte brune ; puis, on les soumet aux traitements ultérieurs.

(Cette méthode, due à *Dogiel*, est une modification de la méthode de *Bethe* ; voir §§ 814 et 815.)

Le premier procédé de fixation est employé pour les préparations épaisses et pour la rétine. Le deuxième, pour les minces préparations en surface et pour celles débitées en coupes. On peut, si l'on veut, couper par exemple des objets fixés dans le picrate d'ammonium, les transporter *encore*, ensuite, dans le molybdate d'ammonium : c'est là un exemple de *fixation combinée*.

814. *Bethe* (1895) recommande pour la *fixation du bleu de méthylène* chez les Vertébrés le mélange suivant .

> Molybdate d'ammonium................... 1 gr.
> Eau distillée............................. 10 cm³
> Eau oxygénée............................ 1 —
> Acide chlorhydrique officinal.................. 1 goutte

Ce liquide doit être aussi froid que possible (2° à 3°); on y laisse les morceaux à fixer de deux à trois heures s'ils sont petits, de quatre à cinq heures s'ils atteignent 1 centimètre cube; ils restent pendant quelque temps exposés à la température du laboratoire; lavage à l'eau distillée de une demi-heure à deux heures; déshydratation dans l'alcool froid; xylol. Inclusion dans la paraffine ou la celloïdine. Une coloration après coup au carmin aluné ou aux couleurs d'aniline est possible. Le cas de tissus riches en graisse étant excepté, si l'on ajoute de l'acide osmique au liquide fixateur dans lequel la préparation a déjà séjourné quelque temps, le bleu de méthylène devient plus insoluble dans l'alcool et la teinte devient d'un bleu foncé.

815. Un an plus tard, *Bethe* (1896), pour éviter la basse température de la méthode précédente, proposa le procédé suivant : comme *Smirnow* et *Dogiel*, il emploie comme préfixateur une solution aqueuse concentrée de picrate d'ammonium dans laquelle les pièces de moyenne grosseur, traitées par le bleu de méthylène, séjournent de dix à quinze minutes. Les pièces épaisses (en vue de préparations totales) sont transportées, sans lavage préalable, dans le mélange suivant :

> *A.* Molybdate d'ammonium ou phosphomo-
>   lybdate de sodium)...................... 1 gr.
> Eau distillée.......................... 20 —
> Acide chlorhydrique officinal............... 1 goutte

ou bien encore dans :

B. Molybdate d'ammonium (ou phosphomolybdate
    de sodium .... 1 gr.
    Eau distillée..... .... 10 —
    Solution d'acide chromique à 2 % ..... 10 —
    Acide chlorhydrique..................... 1 goutte.

S'il s'agit de faire des coupes, ou s'il est question de préparations totales très minces, on a recours au liquide *C* :

Molybdate d'ammonium (ou phosphomolybdate
    de sodium).................................. 1 gr.
    Eau distillée........................... 10 —
    Acide osmique à 1/2 % .... 10 —
    Acide chlorhydrique.......................... 1 goutte

Dans les solutions *A* et *B*, de petits objets séjournent de trois quarts d'heure à une heure (pas plus longtemps) ; dans la solution *C*, de quatre heures à douze heures.

Après avoir fixé, on lave à l'eau, on transporte dans l'alcool et, par le xylol, on inclut dans la paraffine.

On peut aussi colorer après coup avec le carmin aluné, la cochenille à l'alun et les couleurs neutres d'aniline.

816. Au sujet de la *coloration au bleu de méthylène de diverses cellules vivantes*, *Dogiel* s'exprime ainsi :

« Le bleu de méthylène, comme d'ailleurs la thionine, le bleu de toluidine, le rouge neutre et autres, possède la faculté de colorer *non seulement les cellules nerveuses*, mais encore différentes autres *cellules vivantes*.

« On a recours, dans ce cas, aux méthodes employées pour colorer les éléments nerveux, en se servant de solutions très diluées de la matière colorante.

« Généralement ce sont les inclusions cellulaires qui se colorent les premières : granulations pigmentées, gouttelettes graisseuses, etc. Après quoi, la cellule elle-même revêt une faible coloration diffuse. Dans le noyau de la cellule, la chromatine et le nucléole se colorent les premiers ; puis, le noyau entier se colore d'une manière diffuse.

« L'apparition de la coloration diffuse très accentuée de la cellule et de son noyau doit être envisagée, d'après les observations de Dogiel, comme le commencement du dépérissement de la cellule. Dans ce cas, le noyau est excessivement coloré et les nucléoles n'y sont que difficilement visibles. D'après Dogiel, l'hypothèse d'après laquelle la coloration de la chromatine indiquerait la mort de la cellule ne serait pas absolument juste, vu que, seule, la coloration diffuse intensive de la cellule et de son noyau peut être envisagée comme un indice de dépérissement.

« En se servant du bleu de méthylène, *A. Némilow* a coloré le *réseau de chromatine* du noyau dans les cellules épithéliales géantes, vivantes, de la vessie de différents animaux (souris, rats et autres). Pour cela, *Némilow* enlève la vessie à un animal fraîchement tué ; il la coupe rapidement en long, et l'étend, la muqueuse tournée en haut, sur une plaque de liège. Puis, il dispose sur cette muqueuse un couvre-objet chauffé à 35-37° C. ; habituellement, des cellules géantes épithéliales (de la couche la plus interne) restent appliquées contre le verre ; à ce moment on place le couvre-objet sur une goutte d'une solution de bleu de méthylène, et l'on chauffe à la température indiquée ci-dessus.

« On examine la préparation au microscope avec un objectif à immersion ; la coloration du réseau chromatique se produit presque immédiatement.

« En colorant les cellules de l'épithélium vibratile de la trachée, des bronches, des fosses nasales, etc., au bleu de méthylène, *Dogiel* a obtenu une coloration intensive des corpuscules basaux dans les cellules vibratiles vivantes ; tandis que, dans les cellules caliciformes dispersées parmi les cellules ciliées, les gouttelettes de mucine se coloraient en bleu plus ou moins foncé.

« Dans le tissu conjonctif fibrillaire modelé ou lâche, ce sont les granulations des « Mastzellen » d'*Ehrlich* et les cellules plates du tissu conjonctif qui se colorent parfaitement au bleu de méthylène. Afin de bien colorer ces cellules dans le tissu conjonctif lâche (amorphe), on découpe un petit fragment de tissu adipeux sous-cutané d'un animal qu'on vient de tuer, et on le place sur un porte-objet légèrement chauffé, sur lequel on a disposé une goutte de solution de bleu de méthylène à 1/6 $^0/_0$, chauffée également à 36-37° C. On place sur la préparation un couvre-objet et on l'examine au microscope sur une table chauffante.

« Au bout de quelques minutes, on distinguera généralement déjà les « Mastzellen » d'*Ehrlich*, dont les granulations sont colorées en violet foncé, et non en bleu. On voit en même temps, dans la même préparation, un grand nombre de cellules ramifiées du tissu conjonctif légèrement colorées, dont les prolongements forment des anastomoses, et constituent des réseaux complets.

« On procède de la même manière pour colorer les cellules du tissu conjonctif modelé des aponévroses, tendons, etc., en appliquant les méthodes *A* ou *D* (Voir § 811).

« Dans le cas où le fragment de tissu conjonctif lâche à examiner contiendrait des cellules adipeuses, le protoplasma qui entoure la graisse se colore en bleu pâle, tandis que le noyau prend une coloration plus forte.

« Après une action plus prolongée du bleu de méthylène, les gouttes de graisse se colorent dans beaucoup de cellules plus nettement que le cercle protoplasmique qui les entoure.

« En opérant sur des coupes de peau fraîche de l'homme ou de mammifères, on peut facilement colorer les granulations de pigment qui se trouvent dans des cellules spéciales disposées non seulement sous l'épithélium, mais aussi dans l'épithélium même (*Pljuchkow*). En même temps on obtient la coloration des granulations à pigment contenues dans différentes cellules nerveuses, par exemple dans les cellules des ganglions spinaux, dans les cellules sympathiques et dans beaucoup de cellules de la moelle épinière.

« En colorant selon les méthodes indiquées ci-dessus des organes contenant des fibres musculaires lisses ou striées, on obtient sans peine la *coloration vitale* de certains éléments des fibres musculaires. Dans les cellules des muscles lisses, ce sont des granulations de tailles différentes contenues dans le sarcoplasme, qui se colorent les premières, tandis que la coloration des fibrilles musculaires commence plus tard ; ces dernières se dessinent avec une netteté remarquable dans les grandes cellules musculaires des Vertébrés inférieurs, par exemple des grenouilles. Ensuite, les cellules musculaires prennent une coloration de plus en plus diffuse, à mesure qu'elles dépérissent.

« Dans les fibres des muscles striés de la grenouille, le bleu de méthylène colore les petites granulations de graisse contenues dans le sarcoplasme, et particulièrement abondantes chez les animaux épuisés (ayant, par exemple, passé l'hiver dans les laboratoires) ; les noyaux des muscles sont, aussi, colorés.

« Chez certains Invertébrés, le bleu de méthylène colore, pendant la vie de l'animal, certains éléments des cellules. Ainsi *Bethe* a observé que chez les *Cténophores*, les noyaux des cellules de la membrane vibratile prennent une coloration bleue, tandis que *Loisel* a observé la coloratoin du noyau' chez les *Porifères*. *W. Schimkewitsch* a obtenu chez *Dinophilus* une coloration vitale des muscles et des cellules ciliées, aussi bien dans les téguments que dans les organes segmentaires.

« La coloration des corpuscules basaux des cils vibratiles au bleu de méthylène persiste pendant un certain temps, même lorsque les cils commencent à subir une réduction durant la métamorphose. En outre, *Schimkewitsch* a obtenu dans les œufs de *Loligo* une coloration vitale diffuse des noyaux de quelques cellules en train d'absorber des granules vitellins, ainsi que la coloration d'éléments spéciaux qui se trouvent dans presque toutes les cellules de l'embryon, et qui sont considérés par cet auteur comme étant un produit de la métamorphose du vitellus absorbé.

« Bien des organismes unicellulaires (Opalina ranarum, Vorticella et autres), d'après les observations de Belooussoff, ne se colorent point au bleu de méthylène durant leur vie; les inclusions cellulaires de différente nature et le contenu des vacuoles nutritives prennent seuls une coloration vitale.

« Certains Crustacés (Daphnia, Cypris) peuvent vivre pendant plusieurs jours dans des solutions allongées de bleu de méthylène qui colore les noyaux des cellules de l'épithélium et les muscles.

« La coloration vitale s'observe, d'après *Belooussof*, le plus souvent lorsque le « biotonus » de l'organisme (énergie vitale) est affaibli. »

817. Pour la coloration par des solutions aqueuses très diluées, aseptiques, de *bleu de méthylène médicinal pur*, voir § 580.

818. Dans ses études sur le *système nerveux de l'Ascaris*, **Deineka** (1908) a heureusement modifié la méthode du bleu de méthylène, qui devient dès lors utilisable non seulement pour la famille des *Ascarides*, mais pour beaucoup d'autres *Nématodes* parasites.

Les modifications en question concernent la concentration de la solution, la température, la durée de la coloration, le mode de fixation dans le molybdate d'ammonium, etc. Voici cette technique :

1° Placez les animaux dans la solution physiologique de sel à 0,75 %. pendant trois à quatre heures, à une température de 25 à 30° (renouveler le liquide deux ou trois fois);

2° Transporter les animaux dans la solution de bleu de méthylène (1/200-1/400) préparée avec la solution physiologique; séjour de vingt-quatre heures à la température du laboratoire (15°-20°), ou même à 10 ou 12°.

Dans chaque récipient de 300 à 500 centimètres cubes, ne pas placer plus de 5 à 6 Ascaris;

3° Solution aqueuse de molybdate d'ammonium à 7 %. *Pour le système nerveux sensible*, fixer pendant vingt-quatre heures, dans le molybdate, de 2 à 3 centimètres de la région antérieure et de 2 à 3 centimètres de la région postérieure du corps de l'animal.

Pour le système nerveux central (anneau et troncs nerveux), ouvrir l'Ascaris en long; enlever le tube digestif et couper aussi, transversalement, le corps en morceaux de 1 à 2 centimètres de longueur.

4° Laver ensuite à l'eau, de deux à quatre heures; serrer les morceaux entre deux porte-objet pour les aplatir; les placer dans l'alcool absolu de dix à quinze minutes; puis, renouveler cet alcool, et les exposer, dans le nouveau, encore quelques minutes. Ensuite : xylol, damar-xylol.

Observations. — *a*) Les Ascaris, à leur sortie du bleu, ne semblent pas colorés; sous le microscope, on ne voit ordinairement que des traces faibles de coloration; *b*) cette coloration n'apparaît qu'après le séjour des morceaux dans le molybdate; *c*) les cas de coloration parfaite sont très rares (de 3 à 4 sur 30 à 40); *d*) la durée du séjour des animaux dans la solution de bleu ne peut pas être précisée : quarante-huit heures, et quelquefois davantage, sont nécessaires; au-dessous de vingt-quatre heures, l'auteur n'a jamais obtenu de bonnes préparations.

Au total, déclare *Deineka*, « la méthode est toute simple, mais les cas de bonne coloration sont rares. Les meilleurs résultats sont obtenus sur les Ascaris *vivants* et pleins d'activité : le tissu vivant *seul* s'emparant du colorant. » L'auteur employait indifféremment femelles et mâles.

CHAPITRE VIII

MOELLE ÉPINIÈRE, CERVEAU ET GANGLIONS

819. Le système nerveux entier de petits animaux ou bien
des parties du système nerveux de grosses bêtes peuvent
être isolés par le procédé suivant : On fait séjourner une
Lamproie pendant trois fois vingt-quatre heures dans de
l'acide azotique fumant à 20 $^0/_0$ (*Reichert*), puis un jour
dans l'eau : presque tout l'ensemble du tissu conjonctif est
alors dissoùs. » On enlève au moyen d'une pince la peau
de la lamproie et, en imprimant avec des précautions des
secousses à celle-ci, on la débarrasse de ses muscles, etc.,
de manière à obtenir isolé tout son système nerveux ; les
nerfs restent, d'ailleurs, en relation avec l'axe nerveux.
[*Langerhans* (1876).]

820. On retire le cerveau et la moelle épinière, en
ayant soin de les dégager le plus complètement possible
de la peau et des muscles de la région en question. On
ouvre le canal médullaire en s'aidant de tenailles à briser
les os; pour ouvrir la cavité cranienne, on peut, chez les
petits animaux comme maints poissons, grenouilles, etc.,
user d'un couteau; chez le cobaye ou chez le lapin jeune,
il suffira d'une forte pince. Quand la chose est possible, on
obtient ainsi, la plupart du temps, de bien meilleurs
résultats que dans le cas des petits animaux qui exigent
l'usage des tenailles ou de la scie. Une fois le cerveau ou
la moelle épinière mis à nu, avant d'enlever ces organes,
on coupe les nerfs qui en dépendent. On plonge les frag-

ments dans le liquide fixateur, où ils reposent sur un coussinet de papier filtre ou de ouate ; ils peuvent, d'ailleurs, aussi, y être pendus à un fil blanc. L'examen du cerveau et de la moelle épinière de grands Mammifères, qu'on se procure à la boucherie, alors même qu'on ne les traite que quelques heures après la mort de l'animal, permet tout au moins de s'orienter convenablement dans la structure de ces organes. De bons liquides fixateurs sont, *dans ce cas*, le bichromate de potassium, le liquide de Müller, l'alcool, et, pour les préparations fraîches, le sublimé.

821. Pour la pratique des **grandes coupes de cerveau** *par congélation*, consulter le paragraphe 887.

822. Les méthodes ne manquent pas pour **isoler les cellules ganglionnaires**. [D'après *Levi* (1904), les grosses bêtes et le chat ont de grandes cellules ganglionnaires]. Voici quelques-unes de celles qui ont fait le mieux leurs preuves :

823. On injecte par une piqûre, dans la corne antérieure de la moelle épinière, de l'acide osmique à 1 $^0/_{00}$ ou de l'alcool au tiers (voir § 504) ; après quoi, les parties ainsi fixées sont coupées, dissociées et montées dans la glycérine.

824. On coupe et on fait macérer de petits fragments empruntés aux cornes antérieures de la moelle épinière. On a, pour cela, recours aux **liquides isolants** suivants, dans lesquels on plonge et on fait séjourner des morceaux dont la dimension peut atteindre 12 centimètres cubes.

825. L'alcool au tiers, une à deux semaines (Ranvier).

826. Le sérum iodé de *Max Schultze* (1864), vingt-quatre heures.

827. L'acide chromique à 0,5-0,25 pour 1000, pendant trois à cinq jours et plus longtemps.

828. Une solution à 1 pour 1000 de bichromate de potassium pendant deux semaines et plus longtemps.

829. L'acide osmique à 1 pour 1000 pendant vingt-quatre heures et plus longtemps.

En imprimant des secousses à la préparation, ou en

dissociant, on obtient l'isolement spontané des cellules ganglionnaires. On monte dans l'eau ou dans la glycérine les préparations, qu'on peut, au préalable, colorer en ajoutant à la glycérine une faible quantité d'éosine, par exemple.

830. Les cellules ganglionnaires résistent beaucoup à la putréfaction. On peut laisser pourrir de la substance grise dans l'eau ou dans l'acide chromique très étendu et isoler ensuite, par dissociation, à l'aide d'aiguilles montées, les cellules ganglionnaires avec leurs longs prolongements.

831. Certains détails de structure sur lesquels jusqu'ici l'attention n'a été que peu attirée, peuvent être assez facilement étudiées dans les cellules ganglionnaires. **Nissl** (1895) et *Flemming* (1895 *b*). Sur des préparations fixées dans l'alcool et colorées par la thionine, ou bien sur d'autres, traitées par le sublimé et colorées par les couleurs d'aniline basiques (voir § 352), on voit des corps colorables « **corps tingibles** », trancher nettement dans les cellules ganglionnaires.

832. *Lenhossek* (1899) préfère, pour l'étude des « corps de Nissl », le *bleu de toluidine* à la thionine. Il colore les coupes pendant une nuit sur porte-objet dans une solution concentrée ; il rince à l'eau, différencie rapidement à l'alcool, et passe par le xylol au baume. On peut ajouter une deuxième coloration, légère, à l'érythrosine, avant de différencier.

833. La méthode de *Nissl*, qui permet de révéler dans les cellules ganglionnaires les « **corps de Nissl** » (*Nissl* 1891 *a*, 1903) consiste en ceci : des pièces auxquelles on a donné une forme cubique et ayant au moins 1 centimètre de côté sont enlevées avec des ciseaux bien tranchants ; on les durcit dans l'alcool à 96° souvent renouvelé pendant cinq jours au moins ; puis, on les fixe sur du liège ou sur des supports en bois avec de la colle de poisson ou de la gomme arabique, et, sans inclusion préalable, on les coupe après les avoir humectées avec de l'alcool à 96°.

Les coupes sont placées dans un verre de montre contenant la solution colorante suivante dont la fabrication doit remonter au moins à trois mois :

Eau distillée........................... 1.000 cm³
Bleu de méthylène B. pat........ .... 3,75 gr.
Savon de Venise râpé...................... 1,75 —

On chauffe le verre de montre sur une lampe à alcool jusqu'à ce que des bulles éclatent à la surface (environ 65 à 70° C.).

On différencie les coupes dans un mélange de 10 centimètres cubes d'huile d'aniline limpide et de 90 centimètres cubes d'alcool à 96°, jusqu'à ce qu'il ne s'en dégage plus de gros nuages colorés.

La coupe portée sur le porte-objet est séchée avec du papier filtre, éclaircie avec de l'huile de cajeput, séchée à nouveau avec du papier filtre, traitée avec quelques gouttes de benzine pour enlever l'huile, et portée dans le mélange xylol-colophane et dans une solution saturée, filtrée, de colophane dans le xylol. On passe le porte-objet à travers la flamme de la lampe (attention !) jusqu'à ce que le xylol se soit évaporé. On recouvre alors la préparation encore chaude avec un couvre-objet lui-même chauffé.

Au total, cette méthode est toute conventionnelle ; aussi n'a-t-elle de valeur que si elle est appliquée en suivant aussi exactement que possible les instructions de Nissl et si l'on n'a recours à elle que dans des conditions tout à fait identiques.

Résultat : Coloration distincte des « corps de *Nissl* ». Les images des granulations dans les cellules ganglionnaires, obtenues par d'autres méthodes, ne sont vraisemblablement jamais exactement superposables à celles que l'on obtient avec le procédé de Nissl.

834. *Van Gehuchten* obtient les mêmes résultats que Nissl en employant des coupes à la paraffine collées sur porte-objet par la méthode de l'eau.

Il colore pendant cinq à six heures dans le liquide de Nissl à une température de 35° à 40° C., différencie comme *Nissl*, mais monte dans le dammar au xylol. Ce procédé a l'avantage de permettre de faire des séries et d'opérer à la fois sur un grand nombre de coupes.

835. **Pour les granulations des cellules ganglionnaires,** *Cox* (1898) recommande de fixer dans un des trois mélanges suivants :

Mélange 1 : sublimé en saturation, 30; acide osmique à 1 %, 10; acide acétique, 5.

Mélange 2 : sublimé en saturation, 15; chlorure de platine à 5 %, 15; acide osmique à 1 %, 10; acide acétique, 5.

Mélange 3 : sublimé en saturation, 30; formol, 10; acide acétique, 5.

La fixation dure de deux à trois jours; puis : lavage dans les alcools à 60°, 70°, 90°, 98°; alcool + essence de bergamote; essence de bergamote pure; paraffine + essence de bergamote; paraffine pure. Collage avec le mélange d'eau et d'albumine. La paraffine est éloignée avec le xylol; alcool; ensuite : transport dans le tanin, de 20 à 25 % pendant huit heures; lavage pendant cinq minutes. Après quoi, deux procédés se trouvent en présence.

Ou bien : oxyde de fer — sulfate d'ammonium (2,5 %) pendant cinq à dix minutes;

Puis, dans I : phénol (2 %) 15 auquel on ajoute 1-2 centimètres cubes du mélange suivant chauffé pendant cinq minutes au bain-marie :

Bleu de méthylène	2
Carbonate de potassium	2
Eau	200

Ou encore : émétique (5 %), de cinq à dix minutes;

Puis, dans II : un mélange de : alun à 5 %, 10; bleu d'indoïdine *BB* à 5 %, 20 (ou mieux : bleu coton BB) (chez E. Merk, Ludwigshafen).

On colore de douze à dix-huit heures dans un des mélanges I ou II, et on lave dans une grande quantité d'eau. Les coupes sont séchées avec du papier filtre, traitées par un mélange de 90 parties de xylol pour 60 d'alcool à 95°; puis, par le xylol pur, et enfin incluses dans le baume de Canada (non dilué, et rendu liquide par la chaleur).

Si la coloration est trop forte, on décolore avec l'aniline alunée d'*Unna* (*Zeitsch. f. wiss. Mikrosk.*, t. XII, p. 560).

Si l'on a fixé avec la solution 3, on colorera vingt-quatre heures au bleu de méthylène (formule ci-dessus), puis on passe à l'eau, le xylol-alcool, etc. L'hématoxyline de Delafield donne également, dans ce cas, de bons résultats.

836. *Bielschowsky* et *Plien* colorent les granulations de Nissl avec le **Cresylviolet** R R ; 6 gouttes d'une solution aqueuse, concentrée, pour 50 centimètres cubes d'eau ; vingt-quatre heures.

837. *Lugaro* fixe pendant quarante-huit heures dans un mélange de 5 parties d'acide nitrique et de 100 parties d'alcool absolu. Après le traitement par l'alcool, il colore les coupes faites à la paraffine dans une solution de 4 °/₀ de molybdate d'ammonium.

838. La *thionine*, préconisée par Heidenhain comme colorant nucléaire, est surtout utilisée, actuellement, dans les recherches bactériologiques ; on l'emploie aussi pour mettre en évidence les *granulations chromatophiles des cellules nerveuses* et pour déceler les Mastzellen sur les pièces fixées par le sublimé acide.

Les résultats qu'a donnés à *Sabrazès* (1897) la **thionine** (de Grübler) en solution aqueuse concentrée, en associant son action à celle de l'**acide picrique** dissous dans l'alcool, sont *très favorables* et *très différents de ce que fournit ce même colorant, lorsqu'on s'en sert isolément ou dans les conditions ordinaires.*

Après montage dans la paraffine, on colore les coupes sur lame pendant une à trois minutes, les pièces ayant été fixées soit par l'alcool, soit par le sublimé, les liqueurs de Müller et de Flemming. On lave rapidement à l'eau distillée et à l'alcool, puis à l'alcool picrique d'une nuance jaune d'or ; on passe à l'alcool à 90°, on laisse parfaitement sécher à l'air la coupe bien étalée sur le porte-objet et, après éclaircissement au xylol, on monte dans le baume. On peut aussi déshydrater par l'alcool absolu.

Ces corps ont une *belle teinte vert pré.*

Il s'est fait, sur ce noyau, une réaction telle que la chromatine se présente, après l'action de l'acide picrique, sous la forme d'un filament ou de grains d'un noir intense dont il est facile d'étudier les modalités. Les autres parties de la cellule sont diversement nuancées et se prêtent aux observations cytologiques les plus minutieuses..

Cette méthode de coloration se recommande par sa simplicité et par sa rapidité d'exécution ; les *préparations sont très claires et d'une lecture facile*. Elle a été appliquée par l'auteur à l'étude du développement de l'œuf de certains poissons. Elle permet aussi, après fixation par les bichromates des centres nerveux, d'étudier la névroglie. Ce procédé peut rendre des services dans le domaine de l'histologie normale et pathologique.

839. Pour mettre en évidence le **réseau de Golgi** dans les cellules ganglionnaires, *Kopsch* (1902) fixe des ganglions dans l'acide osmique à 2 $^0/_0$.

Les ré eaux commencent déjà à se colorer au bout du cinquième jour, mais atteignent l'optimum au bout du huitième jour. Pour les ganglions du chien et du chat, quinze jours sont nécessaires ; s'il y a surcoloration, on emploiera l'essence de térébenthine pendant trente-six à quarante-huit heures (*Von Bergen*).

840. *Sjövall* fait apparaître les réseaux de Golgi en plaçant les ganglions dans une solution à 10 $^0/_0$ de formol à 5-7° C., pendant huit heures, et en les traitant ensuite, successivement, cinq heures par l'eau et deux jours, à 35°, par une solution à 2 $^0/_0$ d'acide osmique. La solution de formol doit être fraîche et être employée dans l'obscurité ; le succès dépend de ces conditions.

841. *Lenhossek* (1898) et *Holmgren* (1899) recommandent la solution de Rabl non étendue (voir § 157) pour les cellules nerveuses. Coloration : toluidine et érythrosine (employée comme l'éosine) (canalicules intracellulaires).

Pour rendre visibles **les canaux dans les cellules ganglionnaires**, *Holmgren* (1901) emploie la méthode suivante : 1° fixation pendant huit à vingt-quatre heures dans l'acide trichlorolactique à 5 $^0/_0$; 2° traitement par l'alcool employé successivement à 40°, 50°, 70°, 80°, 90° (vingt-quatre heures dans chacun d'eux) ; 3° alcool absolu et inclusion dans la paraffine ; 4° coupes de 2-5 μ d'épaisseur ; 5° coloration d'après *Weigert* (coloration des fibres élastiques, § 620) ; 6° baume de Canada.

842. L'étude des **prolongements des cellules ganglionnaires** et de la **marche des fibres nerveuses** à l'intérieur du système nerveux central se réclame encore aujourd'hui de l'ancienne *méthode de Gerlach* (1871 et 1872). *Schwalbe* (1901) a fait remarquer que la coloration dans une solution de carmin ammoniacal conservée depuis longtemps et très étendue n'est couronnée de succès que si l'on traite dans l'étuve les coupes (avant de les colorer) pendant quinze jours avec le liquide de Müller ou pendant un ou deux jours avec l'acide chromique à 1 $^0/_0$.

Voici comment se prépare le colorant : 1 gramme de carmin est mis dans 100 grammes d'eau ; on ajoute, tout en agitant, goutte à goutte, de l'ammoniaque, jusqu'à ce que le carmin soit bien dissous ; on laisse vieillir la solution jusqu'à ce que l'odeur d'ammoniaque ait presque complètement disparu. On colore pendant vingt-quatre heures.

843. Voici les instructions de *Forel* (1877), qui a étudié de très près la **méthode de Gerlach.**

Pour obtenir une bonne coloration au carmin, les parties du système nerveux central doivent être fixées dans le *bichromate de potassium*, et il faut, avant de colorer, éviter méticuleusement l'emploi de l'alcool. — Le *cerveau* se laisse fixer assez rapidement ; la moelle allongée et la *moelle épinière* exigent, au contraire, beaucoup de temps ; quant au *cervelet*, au *pont de varole* et à la *partie supérieure de la moelle allongée*, ils demandent, pour être fixés, un temps moyen.

La durée de la fixation est très variable :

Le cerveau du canari ou de la grenouille est fixé au bout d'un petit nombre de semaines ; le cerveau, et surtout la moelle épinière de l'homme, a besoin de plusieurs mois, ou même de plusieurs années, et encore faut-il avoir recours à une solution concentrée.

Le temps nécessaire au durcissement n'est nullement proportionnel à la grosseur du cerveau.

On évitera les moisissures en opérant le durcissement dans une cave fraîche.

Pour réussir la coloration, il faut que la préparation ne soit ni trop cassante ni insuffisamment durcie.

Des coupes minces d'objets *convenablement* durcis sont lavées à l'eau pendant quelques heures; puis, l'eau est remplacée par une solution ammoniacale de carmin qu'on a neutralisée en la laissant longuement reposer, exposée à l'air.

N. B. — La puissance de coloration de la solution doit tout d'abord être éprouvée; cela fait, on allongera cette dernière de façon que les coupes séjournent de douze à vingt-quatre heures dans le carmin.

La *solution de carmin* peut être employée indéfiniment; elle s'améliore avec le temps.

Après la teinture, on traite les coupes pendant une à deux heures avec de l'eau *légèrement* acidulée d'acide acétique ; alcool, essence de girofle, baume de Canada.

Résultats. — Sont colorés en rouge intense : les noyaux des vaisseaux, les grains de la substance cérébrale (notamment dans les lamelles du cervelet), *les cellules ganglionnaires avec tous leurs prolongements (y compris le cylindraxe des grandes cellules), ainsi que le cylindraxe des fibres nerveuses. La substance intermédiaire se colore en rouge clair ou en rose. La gaine de myéline des fibres nerveuses reste tout à fait blanche ou jaune.*

Les noyaux et les nucléoles des cellules présentent une teinte plus foncée que le protoplasma.

Si toutefois l'on emploie l'alcool avant le carmin, l'ensemble se colore tout différemment; la coloration survient rapidement; celle de la *substance intermédiaire* est des plus intenses.

844. Pour les *cylindraxes, Schmaus* recommande le procédé suivant qui a été modifié par *Chil-sotti :*

Un gramme de **carminate de sodium** est broyé avec $0^{gr},1$, de nitrate d'uranium dans un mortier ; le tout est additionné de 100 grammes d'eau ; on fait bouillir pendant une demi-heure ; on filtre et, avant de faire usage de la solution, on l'acidule (2 gouttes d'alcool-acide chlorhydrique à $1\,^o/_0$ pour 1 centimètre cube du colorant).

Avant leur coloration, les coupes peuvent être traitées avec le liquide de *Müller* ou bien avec le liquide de *Weigert* (§ 392). On colore pendant une heure environ. Si l'on se trouve devant un excès de coloration, on plonge le porte-objet dans un flacon contenant de l'alcool-acide chlorhydrique à $1/2$ %.

845. *Fajerstajn* (1901) colore des coupes de matériel durci dans le formol à 5 ou 10 %, dans une solution de nitrate d'argent ammoniacal à 2 %, les fait réduire dans le formol à 5 %, et les met pendant douze à vingt-quatre heures, à l'obscurité, dans 10 à 15 centimètres cubes d'alcool à 90 % additionné de une à trois gouttes de solution de chlorure d'or à un tiers pour cent, et monte au baume. On peut employer du matériel chromique à condition de le bien laver dans un bain d'argent fortement ammoniacal avant de mettre dans le bain d'imprégnation. D'habitude, les cylindraxes seuls sont colorés (In *Lee et Henneguy*, 1902). (*Cette méthode n'a pas donné à Ramon y Cajal des résultats satisfaisants.*)

846. Les fibres de la substance blanche se laissent traiter (en de très petits fragments) par le nitrate d'argent (§ 776) et montrent alors des **stries de Frommann**.

847. Pour la moelle épinière (ganglions et fibres), il existe une autre **méthode**, également due à **Gerlach** (1871-1872) : On fixe une moelle d'enfant pendant deux à trois semaines dans une solution de bichromate d'ammonium de 1 à 2 %. On en fait des coupes, et on les laisse séjourner de dix à douze heures dans une *solution de chlorure double d'or et de potassium* à 1 pour 10.000, additionnée d'acide chlorhydrique très faible. On les lave ensuite dans l'acide chlorhydrique à 1/2 jusqu'à 1/3 pour 1.000 et on les plonge, pendant dix minutes, dans l'alcool à 60° additionné d'acide chlorhydrique à 1 pour 1.000.

Une fois la préparation portée dans le baume de Canada, après qu'elle a passé par l'alcool absolu et l'essence de girofle, les nerfs, tout d'abord pâles, se montrent, au bout de quelques heures, avec une grande netteté; dans ces conditions, les préparations, quand elles viennent à bien, peuvent entrer franchement en concurrence avec celles obtenues par la méthode de Golgi. Elles sont toutefois d'une exécution bien moins sûre ; de plus, elles brunissent souvent dans le baume de Canada, au point de ne plus pouvoir être utilisées.

848. *Stræbe* (1893) recommande le procédé suivant pour *colorer le cylindraxe* dans le système nerveux central et périphérique : On colore pendant dix minutes, et même pendant une demi-heure ou une heure, dans une solution aqueuse saturée de bleu d'aniline des coupes de 10 μ d'épaisseur faites dans la celloïdine ou le collodion de préparations fixées pendant quatre à cinq mois dans le liquide de Müller. Lavage à l'eau ; différenciation par l'alcool et la potasse caustique : on fait une solution contenant 1 gramme de potasse caustique pour 100 centimètres cubes d'alcool ; on la laisse reposer vingt-quatre heures, on filtre et on met alors 20 à 30 gouttes de ce liquide dans un verre de montre où on laisse les coupes jusqu'à ce qu'elles deviennent rouge brun clair, ce qui demande quelques minutes. — Puis : eau distillée pendant cinq minutes, dans laquelle les coupes deviennent bleues ; nouvelle coloration, mais dans une solution aqueuse concentrée de safranine, diluée dans son volume d'eau, et cela, pendant un quart d'heure à une demi-heure. Alcool absolu, xylol, baume de Canada.

Résultat : Le cylindraxe est bleu : la gaine de myéline est incolore avec de petites ponctuations bleues ; la gaine de Schwann, enfin, est rouge.

849. *Ramon y Cajal* préconise la méthode suivante de *coloration noire des cylindraxes* à l'hydroquinone et au nitrate d'argent :

1° Les pièces d'organes nerveux centraux (moelle, bulbe, cervelet, cerveau) sont durcies (de vingt jours à deux mois) dans le liquide suivant :

Hydroquinone	2
Formol	30
Eau	100

Les pièces, préalablement plongées dans de l'alcool absolu pendant quelques secondes, sont fixées au moyen d'un scalpel chauffé sur un bloc de paraffine, et coupées au moyen d'un rasoir très tranchant, humecté avec un peu d'alcool à 36°. Ces coupes sont, à mesure, recueillies dans un godet contenant le même liquide durcissant : elles y séjournent au moins dix minutes.

2° Sans lavage préalable, les coupes passent dans un bain d'acide formique au 1/5, ou d'acide acétique au 1/4. On peut employer d'autres acides organiques, et même des acides minéraux dilués.

Elles doivent y rester une demi-minute à une minute ;

3° Après les avoir très rapidement lavées à l'eau (quelques secondes), on les porte dans le bain d'imprégnation suivant, dans lequel elles séjournent dix minutes :

Nitrate d'argent	2
Eau	100
Ammoniaque	Quelques gouttes

On y verse de l'ammoniaque jusqu'à redissolution du précipité, et on se débarrasse de l'excès d'alcali en ajoutant, peu à peu, de la solution argentique du même titre jusqu'à ce que se forme un léger dépôt, puis on filtre.

Pendant la coloration et les opérations suivantes, il est nécessaire de manipuler les coupes avec des aiguilles de verre ou de bois ; on évite ainsi la production de taches noires.

4° Les coupes, devenues noires et très opaques, sont très rapidement lavées et plongées dans le bain décolorant suivant qui doit être fraîchement préparé :

Ferricyanure de potassium	3
Carbonate de potassium	0,50
Eau	100

Les coupes y restent quelques minutes, jusqu'à ce que la substance grise se détache de la substance blanche, en prenant une teinte d'un brun clair. Si la décoloration survient très vite, ce sera l'indice d'un dépôt d'argent insuffisant, et, par conséquent, d'une coloration pâle des cylindraxes.

Afin d'éviter cet inconvénient, il faut, avant de plonger les coupes dans le bain de ferricyanure, les placer deux ou trois minutes dans le même liquide durcissant (formol-hydroquinone). De cette manière, la réduction sera fortement renforcée, et le liquide décolorant agira plus lentement.

5° Après un lavage variable, les coupes passent dans un bain fixateur (solution photographique d'hyposulfite de sodium) ou, mieux encore, dans un bain viro-fixateur quelconque, comme celui employé pour virer les épreuves au gélatino-chlorure d'argent. Le chlorure d'or renforcera la couleur et transformera la nuance brune des cylindraxes en nuance noire ou violette;

6° Les coupes ne peuvent pas se déshydrater et s'éclaircir immédiatement, parce qu'elles se rétracteraient beaucoup. Il faut les plonger, à leur sortie de l'hyposulfite de sodium, dans un bain peu concentré d'alun (1-2 %), et ensuite, dans un autre, presque saturé. Les coupes supporteront bien alors l'action de l'alcool. Lavage ;

7° Éclaircissement à l'essence de girofle. Lavage au xylol et Damar.

Observée au microscope, la préparation montre les *cylindraxes* colorés en *noir* ou en brique foncé ; tout le reste, cellules nerveuses, névroglie, vaisseaux, myéline, se montre tout à fait incolore.

Quand les coupes sont minces et bien décolorées, on peut traiter les cellules par les carmins ou par la méthode de Nissl (rouge Magenta). Les fuseaux chromatiques des neurones fixent bien la couleur ainsi que les noyaux, et la préparation devient très démonstrative.

L'aspect général des coupes bien imprégnées par l'argent est très semblable à celui des préparations de Weigert-Pal ; elles ont cependant un avantage : elles font mieux ressortir les cylindraxes les plus fins. Cependant le dépôt d'argent ne se fixe pas seulement sur les portions myélinisées des cylindraxes, ce qui semble prouver que dans ces régions, le cylindraxe a une composition chimique particulière.

Lorsque la décoloration est insuffisante, les *segments de Lantermann* apparaissent très nettement colorés, surtout au niveau des gros tubes. On peut, d'ailleurs, rendre cette imprégnation très complète, même après une bonne décoloration : au lieu de plonger les coupes avant le bain d'argent dans un liquide acide, on les met dans une solution d'hyposulfite de sodium.

Il faut reconnaître un inconvénient à cette méthode : c'est la difficulté d'exécuter des coupes très fines et sériées ; c'est pourquoi, il est parfois préférable d'enrober les pièces dans la celloïdine ou le collodion. Cette dernière opération devra être poussée *très activement*, car l'alcool dissout l'hydroquinone et altère un peu les affinités des cylindraxes pour l'argent. Ramon y Cajal fait l'enrobage en trois jours, en n'employant que des pièces n'ayant qu'un 1/2 centimètre cube et même moins d'épaisseur.

Voici comment l'auteur modifie sa méthode :

1° Les coupes sont plongées vingt-quatre heures ou plus dans le liquide durcissant (formol-hydroquinone) ;

2° Immersion pendant une demi-minute dans l'acide formique au 1/5 ;

3° Lavage rapide et immersion de quinze minutes dans le bain d'argent ;

4° Immersion de deux ou trois minutes dans le bain durcissant (formol-hydroquinone) ;

5° Nouvelle imprégnation, après lavage rapide, dans le bain d'argent ;

6° Encore nouvelle action du liquide durcissant ;

7° Décoloration dans le bain de ferricyanure de potassium ;

8° Immersion dans le liquide viro-fixateur ;

9° Lavage, déshydratation dans l'alcool et Damar.

Les préparations sont très belles et transparentes. Les cylindraxes fins sont fort bien imprégnés en noir, ou en brun foncé ; seulement on observe dans ces préparations certaine tendance à la décoloration excessive des cylindraxes volumineux. Aussi se trouvera-t-on bien d'une « teinte de fond » rouge.

850. Pour la coloration des cellules ganglionnaires et de leurs prolongements dans les organes centraux, *Golgi* a proposé les méthodes suivantes, **méthodes de tout premier ordre.**

Méthode du sublimé. Golgi (1894) traite durant deux à trois semaines des fragments frais d'organes centraux mesurant de 1 à 2 centimètres de diamètre par le liquide de Müller ou par le bichromate de potassium seul, ce dernier en solution dont il élève graduellement le degré de concentration de 3 à 5 %.

Ces morceaux passent ensuite dans une solution de sublimé de 1/4 à 1/2 %, que l'on a soin de renouveler souvent : ils y séjournent de huit à dix jours, et même plus longtemps. Ils peuvent alors être coupés, et, après avoir été bien lavés, être conservés dans la glycérine ou dans le baume de Canada. La substance corticale du cerveau est le tissu pour lequel cette méthode convient le mieux ; toutefois ses résultats ne présentent pas la constance désirable : tantôt ce sont les cellules ganglionnaires, tantôt les cellules conjonctives et les vaisseaux qui se colorent, fait qui se produit, d'ailleurs, avec les méthodes suivantes de Golgi. Des objets colorés paraissent noirs par réfraction.

Pal recommande, pour donner plus de netteté aux coupes, de les traiter après coup par le sulfite de sodium. Les préparations qui ont, à la place de l'action du sublimé, subi celle du nitrate d'argent, sont, elles-mêmes, d'après Pal, lavées avec avantage au sulfite de sodium (1/2 à 1 %).

851. Cox (1890 et 1891) prône la méthode suivante : Des fragments d'épaisseur moyenne de centres nerveux sont traités de deux à trois mois en hiver, et au moins un mois, en été, dans le liquide suivant :

Solution à 5 % de bichromate de potassium...	20 parties
— — de sublimé..................	20 —
Eau distillée........................	30-40 —
Solution à 8 % de chromate jaune de potassium (fortement alcaline)................	16

On les met ensuite pendant quelques heures dans l'alcool. La méthode donne de meilleurs résultats avec les animaux jeunes (notamment avec un lapin âgé d'un mois). On voit se colorer en première ligne les fibres de Remak.

G. Günther (voir Schaffer, 1896) fait séjourner les morceaux huit jours dans le liquide de Cox, et les expose, dans une étuve, à la température du corps ; il les lave avec soin, les traite éventuellement plus longtemps par l'alcool et les inclut dans la celloïdine.

Une réduction supplémentaire des coupes dans le chlorure d'or ou dans une solution faible d'ammoniaque (2 à 3 gouttes dans un verre de montre plein d'eau) fournit, au bout de cinq minutes, le résultat suivant : les cellules ganglionnaires et les fibres nerveuses imprégnées sont devenues à ce point distinctes entre elles que les coupes peuvent être colorées après coup, traitées par des acides faibles et enfermées sous le couvre-objet.

852. Dans une seconde méthode due à **Golgi** (1894), la coloration repose sur la formation de **bichromate d'argent**. Cet auteur remarqua que, si l'on traite par un bain de nitrate d'argent des fragments du système nerveux central durcis dans le liquide de Müller, ou dans le bichromate de potassium, il se forme sur certaines cellules un précipité noir ou noir rougeâtre de chromate d'argent qui donne à la cellule et à ses prolongements une teinte noire tranchant vivement sur le fond jaunâtre de la préparation ; c'est ce que Golgi appela la **réaction noire**.

Lorsque le corps protoplasmique n'est pas très épais, le noyau se montre avec une couleur brun clair. Cette réaction est extrêmement précieuse ; en marquant d'une manière nette les cellules nerveuses et leurs ramifications, elle a fourni des données inappréciables sur la structure des centres nerveux et a, pour ainsi dire, renouvelé toutes nos connaissances sur leur anatomie.

En 1875, Golgi employa sa méthode de la façon suivante : Il fixait un bulbe olfactif dans le liquide de Müller dont il élevait graduellement la teneur en bichromate de potassium (jusqu'à 4 grammes). La fixation durait en été de cinq à six semaines, en hiver de trois à quatre mois et même davantage. Il traitait alors les morceaux (après trois mois en hiver et trente à quarante jours en été) par une solution de nitrate d'argent de 1/2 à 1 %, et cela, en vérifiant tous les quatre ou cinq jours la marche de l'opération. En été, cela dure vingt-quatre heures ; en hiver, quarante-huit ; on peut même prolonger sans danger la durée du bain d'argent. Cette méthode est capricieuse : il faut, en effet, déterminer le temps exact pendant lequel les morceaux doivent séjourner dans le liquide de Müller, en tenant compte de la température. Une fois la réaction produite, les morceaux peuvent être conservés soit dans la solution d'argent, soit dans l'alcool. Ils sont enfin lavés dans l'alcool absolu, éclaircis avec la créosote et montés dans le baume.

La coloration est éphémère.

En 1885, Golgi employa, à côté du liquide de *Müller*, le *bichromate de potassium pur*. Il opère sur les fragments de 1-1 1/2 centimètre de cerveau et de moelle empruntés de préférence à des animaux fraîchement tués (la réaction réussit toutefois même vingt-quatre et quarante-huit heures après la mort). On fixe dans le bichromate de potassium de concentration graduellement ascendante (de 2-5 $^0/_0$); il est bon de se servir d'une quantité assez grande de ce liquide, que l'on maintient dans les flacons bien bouchés. Naturellement on le renouvellera souvent, et, afin d'éviter les moisissures, on ajoutera du camphre ou de l'acide salicylique.

Il est difficile de statuer exactement sur le moment précis où est atteint le degré de fixation voulu par le traitement ultérieur au nitrate d'argent; cela dépend en effet de la quantité et de la température du liquide employé; les tâtonnements sont donc de rigueur. On peut, au bout de six semaines environ, commencer déjà les observations pour se rendre compte si le nitrate d'argent a agi avec ou sans succès. On les répète tous les huit jours.

On fait encore usage d'une solution à 2/3 $^0/_0$ de nitrate d'argent (1/2 verre à boire pour un objet de 1 centimètre cube); tout d'abord on voit se déposer un abondant précipité; la solution d'argent doit être changée et doit même l'être une seconde fois au bout de quelques heures.

Après vingt-quatre ou, au plus, quarante-huit heures, le traitement est généralement terminé. On déshydrate avec précaution les coupes dans l'alcool absolu, et on les fait passer ensuite dans la créosote pour les monter enfin sans couvre-objet dans le baume de Canada.

Aujourd'hui, deux modifications de la méthode de Golgi sont surtout en usage : l'une est dite la méthode *lente*, l'autre la méthode *rapide*.

853. La méthode lente de Golgi consiste à traiter les morceaux tout d'abord par une solution au bichromate de potassium que l'on élève rapidement de 3 à 5 $^0/_0$; cette solution doit être renouvelée plusieurs fois; la durée de la fixation dépend de la température et de la quantité de liquide employé. Aussi faut-il surveiller l'opération. On peut, au bout de quatre à six semaines déjà, vérifier si le nitrate d'argent a agi avec ou sans succès. Dans ce dernier cas, on continue les observations tous les huit jours. On transporte les morceaux du bichromate de potassium dans une solution de $1/2$-$1\ ^0/_0$ de nitrate d'argent qu'il faut renouveler au bout de quelques heures. La réaction s'effectue le plus souvent en vingt à trente heures. Ce procédé ne donne pas de résultat constant.

Dans la **méthode rapide** de *Golgi*, les morceaux sont préalablement traités dans 8 parties d'une solution de bichromate de potassium à $2\ ^0/_0$ que l'on mélange avec 1 partie de solution d'acide osmique à $1\ ^0/_0$: ils sont, au bout de deux ou trois jours, portés dans une solution au nitrate d'argent de $1/2$ à $1\ ^0/_0$.

854. Ramon y Cajal (1894 *b*) a modifié cette dernière méthode de la manière suivante :

Les morceaux sont plongés, pendant trois jours, dans 4 volumes d'une solution de bichromate de potassium à $3\ ^0/_0$ auquel on ajoute 1 volume d'une solution d'acide osmique à $1\ ^0/_0$; puis, pendant un à deux jours, dans une solution de nitrate d'argent à $3/4\ ^0/_0$. Ce procédé convient uniquement à de petits objets, tel que, par exemple, le système nerveux central d'embryons.

La moyenne du séjour dans la solution du bichromate de potassium est bien de trois jours ; mais cette durée dépend des éléments nerveux à obtenir ; c'est ainsi qu'il faut en général : deux à trois jours pour les névroglies ; trois à cinq jours pour les cellules ; de cinq à sept jours pour les fibres collatérales ; de six à sept jours et plus pour les terminaisons nerveuses. Ce ne sont là, bien entendu, que des chiffres approximatifs permettant l'apparition des éléments que l'on recherche.

Ainsi ce n'est pas une raison pour que seules les collatérales apparaissent, si on a fait durcir les pièces de quatre à cinq jours ; d'autres éléments peuvent aussi se montrer, mais ils sont rares.

855. Si l'on n'obtient pas de succès avec la méthode de Golgi, on peut *transporter à nouveau* les préparations dans un mélange de bichromate de potassium et d'acide osmique (ce dernier y entrant pour une faible part) et les reporter ensuite dans l'argent au bout de vingt-quatre ou quarante-huit heures : il peut être, dans certains cas, nécessaire de répéter plusieurs fois cette opération.

856. *Kopsch* (1896) recommande d'employer de la manière suivante **le formol avec la méthode de Golgi** : Peu de temps avant de s'en servir, on mélange 10 centimètres cubes de formol avec 40 centimètres cubes d'une solution à 3,5 % de bichromate de potassium ; on met les petits fragments d'organes dans cette solution, en observant le rapport de 50 centimètres cubes de liquide pour 2 centimètres cubes de substance. Avec de gros morceaux, il faut renouveler le liquide au bout de douze heures. Après vingt-quatre heures, ce dernier est remplacé par une solution à 3,5 % de bichromate de potassium (sans addition de formol). Le transport dans la solution d'argent à 0,75 % s'opère pour le foie, l'estomac et la rétine dès le second jour ; pour cette dernière et pour le système nerveux central, au bout de trois à six jours. A la place du nitrate d'argent, *H. Gudden* emploie le lactate d'argent.

857. Les fragments sont plongés dans l'alcool à 40°, puis dans l'alcool absolu, et ensuite coupés. On peut employer la méthode de la paraffine, à la condition d'agir le plus rapidement possible ; toutefois il faudrait s'abstenir de recouvrir les coupes avec une lamelle de verre. On les porte donc sur un couvre-objet dans une solution épaisse de baume de Canada qui se durcit peu à peu. Le couvre-objet est disposé, la face portant la préparation tournée en bas, sur un petit cadre en bois ou sur un porte-objet à cellule. On examine les coupes du côté du couvre-objet.

858. E. Kallius (1892) **réduit** le chromate d'argent directement à l'état d'argent métallique au moyen du développateur à l'hydroquinone (5 grammes *d'hydroquinone*, 40 grammes de *sulfite de sodium*, 75 grammes de *carbonate de potassium*, 250 centimètres cubes d'eau distillée). On prend 20 centimètres cubes de cette liqueur pour 230 centimètres cubes d'eau distillée. Cette liqueur se conserve des semaines entières, à la condition de la laisser dans l'obscurité.) Avant de l'employer, on l'allonge de 1/3 ou, au maximum, de 1/2 de son volume d'alcool absolu, et les coupes subissent son action pendant plusieurs heures dans un verre de montre, jusqu'à ce qu'elles deviennent gris foncé ou noir.

Pour contrôler si la réduction est accomplie, on place *une* coupe dans une solution à 20 °/₀ d'hyposulfite de sodium où tout le chromate d'argent est dissous (mais non l'argent métallique réduit). Pour faire disparaître la coloration gris foncé des coupes, on s'y prend ainsi : à leur sortie de la solution d'hydroquinone, les coupes passent dans l'alcool à 70° où elles restent de dix à quinze minutes, puis, pendant cinq minutes, dans une solution à 20 °/₀ d'hyposulfite de sodium, et enfin, jusqu'à vingt-quatre heures, dans une grande quantité d'eau distillée. Il faut alors déshydrater les coupes et les porter dans le baume, ou bien les colorer (carmin, hématoxyline, brun de naphthylamine) et les monter alors dans le baume. On peut aussi traiter les coupes par la potasse caustique ou l'alcool acidulé avec l'acide chlorhydrique.

A propos des méthodes précédentes (§ 531-§ 537), consulter aussi *Riese* (1891).

859. Méthode de Kronthal (1899) (modification de la méthode *Golgi-Ramon y Cajal*). — En versant goutte à goutte et lentement de l'acide formique dans une solution aqueuse d'*acétate de plomb*, on voit se former des aiguilles cristallines fines et blanches qui, finalement, si l'on continue à ajouter graduellement de l'acide formique, remplissent tout le flacon. — Ce formiate de plomb est bien plus difficilement soluble dans l'eau que l'acétate de plomb ; c'est pour cela aussi que, dans cette réaction, l'acide acétique devient libre.

On décante la liqueur mère, et on fait dissoudre les cristaux à saturation dans de l'eau.

On fait un mélange de parties égales de cette solution et de formol à 10 °/₀ (donc avec 10°/₀ d'aldéhyde formique); on y place de petits morceaux *frais* de cerveau ou de moelle pendant cinq jours ; puis, on les porte directement dans un mélange à parties égales de formol à 10 °/₀ et de solution d'acide sulfhydrique. « Pour ne pas trop colorer ce liquide par le contact immédial des préparations, on commence par en verser un peu sur les petits morceaux en question. » Les organes séjournent également cinq jours dans le mélange : acide sulfhydrique, eau, formol. On passe ensuite les petits morceaux dans la série ascendante des alcools ; on inclut à la celloïdine, on coupe, on éclaircit au xylol ; on monte dans le baume au xylol sous *couvre-objet*. Les préparations se conservent indéfiniment. Quant à la coloration, elle repose sur la formation de précipités de sulfure de plomb dans les éléments nerveux et gliaux.

860. Corning (1900) modifie ainsi la **méthode de Kronthal**, qu'il emploie avec des organes fixés dans le formol à 10 °/₀; à la place du formiate de plomb obtenu avec l'acétate de plomb et l'acide formique, il a recours au *plumbum formicicum* (formiate fourni par *Merck*, de Darmstadt).

861. Toutes les méthodes d'imprégnation précédentes, spécialement celles de *Golgi* et de *Ramon y Cajal*, malgré les services incontestables qu'elles ont rendus, présentent de graves inconvénients. *Weigert* (1895) écrit à ce sujet : « Tous les éléments du système nerveux central, à l'exception des gaines de myéline, sont, il est vrai, imprégnés dans la méthode de *Golgi* : les cellules nerveuses avec leurs dendrites et les prolongements du cylindraxe, les cellules et les fibrilles de la névroglie, les cellules de l'épendyme, ainsi que les vaisseaux ; suivant la durée de la coloration, chacun des éléments précédents peut être mis séparément en évidence, indépendamment des autres ; ou bien plusieurs de ces éléments, à l'exclusion d'autres, et cela sans aucune règle... Dans la méthode de *Golgi*, les structures disparaissent presque totalement, à cause de l'opacité des images

·dues à la combinaison de l'argent ; la cellule imprégnée apparaît, par suite, simplement comme une silhouette. Le noyau lui-même est seulement ici et là reconnaissable sous la forme d'une tache plus claire ; quant aux vaisseaux, ils prennent souvent l'aspect non de tubes creux, mais de cordons solides. »

862. Semi Meyer recommande la **méthode** suivante : Des pièces de moyenne taille sont fixées dans une solution de formol à 4 % pendant vingt-quatre heures ; on les porte ensuite dans une solution à 2 1/2 % de *ferrocyanure de potassium* et, enfin, on les traite de deux à quatre jours avec l'*alun de fer*.

Après avoir lavé les morceaux pendant un petit nombre d'heures dans l'eau distillée, on les fait passer dans l'alcool : de là, comme à l'ordinaire, dans le xylol et dans la paraffine. Les coupes peuvent être traitées à volonté ; toutefois il faut éviter les alcalis, car ils décomposent le bleu de Berlin.

Les résultats ne sont pas très sûrs ; ils sont variables, et ne peuvent pas être comparés à ceux que l'on obtient avec les méthodes de *Golgi* ; cependant, de temps en temps, on réussit à colorer les fibrilles dans les cellules ganglionnaires et dans les fibres nerveuses.

863. Bethe (1902-1903) préconise la **méthode** suivante pour mettre en évidence *sur des coupes* les **neurofibrilles** et les **réseaux de Golgi** dans la moelle épinière et le cerveau :

Des portions de tissu nerveux central sont fixées pendant vingt-quatre heures dans l'acide nitrique de 3-7,5 % (densité = 1,40) ; on les porte directement dans l'alcool à 95° ; puis dissoutes dans un mélange d'une partie d'ammoniaque (densité 0,95) avec 3 d'eau et 8 d'alcool à 96° pendant vingt-quatre heures. Elles sont ensuite mises pendant six à dix heures dans l'alcool à 96° et pendant vingt-quatre heures dans un mélange de 1 partie d'acide chlorhydrique (densité 1,18) avec 3 d'eau et 8 à 12 d'alcool à 96° ; de là elles passent successivement dans l'alcool à 96°

pendant dix à vingt-quatre heures ; dans l'eau distillée, de deux à six heures ; dans une solution à 4 $^0/_0$ de molybdate d'ammonium, pendant vingt-quatre heures : dans l'alcool à 96°, de deux à vingt heures ; dans l'alcool absolu, etc.

On coupe dans la paraffine : on colle avec l'albumine, parce que l'eau dissout le molybdate d'ammonium.

La fixation doit se faire à une température inférieure à 20° C., si l'on désire révéler les fibrilles, et supérieure à 20° C., s'il s'agit des réseaux de *Golgi*.

« *Différenciation.* — Lorsque les coupes, à leur sortie de l'alcool, ont été transportées dans l'eau, on les lave *sérieusement* (*peu*, d'après *Gariaeff*) avec de l'eau distillée ; puis on sèche bien la face inférieure du porte-objet, et on verse sur la lame de 1 à 5 centimètres cubes d'eau distillée, de manière à avoir au-dessus des coupes une couche de 1 à 2 millimètres d'épaisseur ; on met alors le tout pendant deux à dix minutes dans une étuve chauffée à 60° C. environ. La lame y séjourne de deux à dix minutes.

« On rince plusieurs fois à l'eau ; on verse sur les coupes une solution de 1 partie de bleu de toluidine dans 3.000 d'eau ; elles y sont colorées au bout de dix minutes à une température de 58-60°.

« On lave les coupes à l'eau, à l'alcool jusqu'à ce qu'elles ne cèdent plus de couleur ; puis l'on passe par l'alcool absolu et le xylol au baume.

« Pour arriver à conserver les préparations, il est tout à fait essentiel que le xylol et le baume ne contiennent pas trace d'eau ; si cette condition est réalisée, on pourra garder en bon état ces préparations de trois mois à quatre ans. » (*Voir Mönkeberg-Bethe*, § 788.)

864. *R. Sand* (1910) préconise, pour mettre en relief les **neurofibrilles**, le procédé suivant qui, chez l'homme, même sur des pièces recueillies vingt-quatre heures après la mort, le chien, le chat et le lapin, est *absolument sûr, régulier et facile.*

1° *Fixation* de blocs ne mesurant pas plus de 5 millimètres d'épaisseur dans le mélange suivant, fait extemporanément :

Acétone anhydre...........................	90 cm³
Acide nitrique pur	10 —

On renouvelle cette solution après une heure, puis dans les vingt-quatre heures suivantes. La pièce séjourne en tout quarante-huit heures dans la fixation. Elle doit être placée sur une couche épaisse de papier-filtre ;

2° *Déshydratation* pendant six heures au moins dans l'acétone pure, que l'on renouvelle deux ou trois fois. L'objet, ici encore, est placé sur du papier-filtre.

3° *Passage*, pendant une demi-heure, dans le xylol pur. L'objet est toujours placé sur du papier-filtre ;

4° *Inclusion à la paraffine.* L'auteur passe directement du xylol à la paraffine à 50°. Il change l'objet de paraffine toutes les demi-heures, sans que le séjour à l'étuve dépasse jamais deux heures.

Les coupes de 5 à 10 μ d'épaisseur sont collées au moyen de l'albumine de Mayer diluée dans 50 parties d'eau, et passant dans le xylol, l'acétone et enfin l'eau distillée (une minute dans chacun de ces liquides) ; l'acétone doit être renouvelée une fois au moins.

Ces coupes sont ensuite placées dans une boîte en verre ou en porcelaine bien bouchée contenant une solution préparée extemporanément de nitrate d'argent à 20 % dans l'eau distillée.

La boîte demeure trois jours dans l'étuve à 37° C. environ. Ensuite : laver à l'eau, plonger la lame dans la solution suivante, renouvelée dès qu'elle se trouble :

Eau...........................	1.000	grammes
Acétate de soude fondu..................	10	—
Acide gallique	5	—
Tanin	3.	—

Cette solution doit être vieille de trois jours au moins.

Elle ne peut resservir. La coupe y séjourne dix minutes. On peut ensuite la monter. Mais il vaut mieux la virer à l'or, dans la solution suivante, qui peut resservir presque indéfiniment :

Eau distillée	80 cm³
Solution à 2 % de sulfocyanure d'ammonium	17 —
Solution à 2 % de chlorure d'or	3 —

On y laisse la coupe jusqu'à ce qu'elle présente une teinte gris violet (environ cinq minutes).

Ensuite on lave rapidement, on passe quelques secondes dans une solution à 5 % d'hyposulfite de soude, on lave encore et on monte au baume.

Les coupes ne contiennent aucun précipité ; elles présentent une coloration parfaitement égale du bord au centre ; la série des coupes d'un même bloc se colore d'une façon uniforme.

Les *neurofibrilles* sont d'un gris violacé foncé ; elles sont visibles tant dans les cellules que dans les prolongements protoplasmiques et les cylindraxes. Les boutons de Held sont, aussi, nettement visibles. Aucun autre élément n'est imprégné. *Ce procédé est nettement électif.* Les préparations sont inaltérables.

Les coupes ainsi obtenues ne se prêtent pas seulement à la coloration neurofibrillaire : on peut les traiter par le carmin, l'hémalun, le Van Gieson, la safranine, la nigrosine, les méthodes d'Heidenhain, de Mallory, etc. On peut y colorer les *corps de Nissl* par le bleu de méthylène, le bleu de toluidine, le bleu polychrome, le violet de crésyle, les *fibres élastiques* par l'orcéine ou la méthode de Weigert, les *microbes* par la méthode de Gram, la *névroglie* même par les méthodes de Weigert et de Benda en faisant sur la coupe toutes les opérations depuis le mordançage.

Seules la graisse et la myéline, extraites par l'acétone et le xylol, ne peuvent plus être mises en évidence.

Ce procédé, qui réussit à coup sûr dans la moelle, le

bulbe, la protubérance, les. pédoncules, les corps striés et. les ganglions cérébro-spinaux et sympathiques, donne des résultats moins satisfaisants dans les écorces cérébrale et cérébelleuse ; ici, les cylindraxes et les prolongements protoplasmiques sont bien colorés, mais les neurofibrilles intra-cellulaires ne sont visibles que dans quelques cellules.

865. Von Apathy (1097) recommande la « **méthode de l'or** » suivante pour l'étude des **fibrilles nerveuses** chez les Invertébrés (principalement les Hirudinées) et les Vertébrés. On peut traiter par l'or : a) des tissus frais (**préaurification**) ou b) des tissus ayant subi l'action d'acides organiques (**post-aurification**).

Dans le premier cas, de petites pièces, notamment de minces membranes, sont exposées à l'obscurité dans une solution à 1 $^0/_0$ de chlorure d'or pendant au moins deux heures ; puis, sans lavage, elles sont portées dans une solution à 1 $^0/_0$ d'acide formique (poids spécifique, 1,223). On les expose alors immédiatement à la lumière (de six à huit heures) pour effectuer la réduction de l'or: on placera les tubes près d'une fenêtre et on pourra même disposer derrière eux un réflecteur quelconque, une feuille de papier, par exemple. La solution d'acide formique pourra éventuellement être renouvelée. On monte de préférence directement dans le sirop de gomme ou dans la glycérine concentrée.

866. Dans la **post-aurification**, la fixation s'opère, pour les Vertébrés, pendant vingt-quatre heures, dans un mélange de parties égales de sublimé (dans l'eau salée à 1/2 $^0/_0$ et d'acide osmique à 1 $^0/_0$).

On lave dans l'eau souvent renouvelée; puis, les pièces séjournent douze heures dans une solution aqueuse d'iodure de potassium ioduré (iodure de potassium à 1 $^0/_0$ et iode à 1/2 $^0/_0$).

On opère ensuite comme après la fixation simple au sublimé, et l'on passe par le chloroforme dans la paraffine pour couper enfin et coller avec l'eau. Les différentes manipulations qui précèdent l'inclusion dans la paraffine se font dans l'obscurité.

Les coupes, en sortant du mélange chloroforme-alcool, sont portées dans l'eau où elles restent au moins six heures ; on peut aussi les laver à l'eau, les mettre pendant une minute dans l'acide formique à 1 %, les relaver à l'eau et les soumettre alors au traitement ultérieur. Elles séjournent vingt-quatre heures dans une solution à 1 % de chlorure d'or ; puis elles subissent un rapide lavage dans l'eau pour être portées dans une solution à 1 % d'acide formique et être exposées à la lumière ». On se sert, dans ce cas, de flacons de verre assez larges ou *tubes de Borrel* (voir § 306).

Les coupes doivent, nous le répétons, *être exposées de tous côtés « à un éclairage aussi puissant que possible et à une température aussi basse que possible*. On les lave encore une fois à l'eau, et on les porte à la manière ordinaire dans le baume, ou bien on les monte directement dans la glycérine ou le sirop de gomme.

De minces membranes sont étendues sur de petits cadres spéciaux en bois de tilleul et traitées à la façon de coupes collées.

Sur des préparations réussies, les fibrilles nerveuses ont une couleur allant du violet foncé au noir.

Un sujet d'étude très favorable est offert à l'histologiste par les gros ganglions de la moelle du Lophius, du Veau, etc.

867. *Lee* (1902) recommande beaucoup cette méthode. Il trouve utile de réduire dans une solution faible de formol, avec ou sans un peu d'acide formique. Il suffit de quelques gouttes de formol pour un tube d'eau. — Cette méthode n'imprègne pas seulement des fibrilles nerveuses, mais donne aussi une excellente coloration nucléaire et plasmatique des cellules en général.

868. La méthode, dit *London*, élève de *v. Apathy*, est très facile à suivre, mais donne rarement des résultats satisfaisants, même entre les mains les plus expérimentées. Toutefois, sur 100 préparations, il y en a toujours quelques-unes de réussies, et celles-ci sont *si instructives qu'elles dédommagent amplement de la perte de temps et de la peine prises*.

869. Méthode de Bielschowsky. — Des morceaux du système nerveux central fixés dans le *formol* sont portés pendant quelques heures dans l'eau distillée pour enlever l'excès de formol et sont coupés aussi minces que possible (10 μ), avec le microtome muni d'un appareil de congélation. Les coupes sont recueillies dans l'eau distillée et passent ensuite vingt-quatre heures dans une solution à 2 $^0/_0$ de nitrate d'argent.

On fait alors une solution d'argent ammoniacal en versant, tout en agitant, de 8 à 12 gouttes d'une solution à 40 $^0/_0$ de soude caustique dans 20 centimètres cubes d'une solution d'argent à 10 $^0/_0$. Il se forme tout d'abord des précipités d'oxyde d'argent brun foncé, qui disparaissent si l'on ajoute de l'ammoniaque.

Les coupes restent de cinq à dix minutes dans cette solution devenue claire et que l'on allonge de 4 à 5 fois son volume. Elles sont alors lavées à l'eau distillée, puis réduites dans une solution neutre de formol à 20 $^0/_0$, préparée avec de l'eau de fontaine; cette opération est la plus importante, et l'on peut déjà, si elle est réussie, observer les fibrilles sous le microscope. Toutefois les préparations, à ce stade, ne sont pas encore définitives; aussi doit-on laver rapidement dans l'eau distillée les coupes devenues brunes, pour les traiter ensuite par une solution acidulée de chlorure d'or ; on ajoute à 10 centimètres cubes d'eau de 2 à 3 gouttes d'une solution à 1 $^0/_0$ de chlorure d'or et autant d'acide acétique (à la place de l'or, on peut prendre une solution de chlorure de platine acidulée).

Pour terminer, on soumet, pendant une demi-minute environ, les préparations à l'influence d'une solution à 5 $^0/_0$ d'hyposulfite qui, vu le traitement préalable par l'acide acétique, est additionnée de *sulfate* de sodium : 1 goutte de la solution concentrée pour 10 centimètres cubes d'hyposulfite.

Imprégnation, par l'argent, des blocs. Des blocs aussi minces que possible, ou des objets naturellement peu épais — rétine — sont exposés, suivant leur volume, de un à huit jours dans une solution à 2 $^0/_0$ de nitrate d'argent, puis de une demi-heure à six heures dans la solution ammoniacale d'argent et enfin, après un lavage rapide à l'eau, dans une solution à 20 $^0/_0$ de formol où ils séjourneront douze à vingt-quatre heures, ou même davantage, sans inconvénient.

Après une déshydratation *aussi rapide que possible* dans la série ascendante des alcools, en précipitant la marche de l'opération dans les alcools les plus forts, on inclut dans la paraffine ou la celloïdine. Traitement ultérieur déjà décrit.

Wolff (1905), très au courant de la méthode de *Bielschowsky*, est d'avis qu'on doit lui faire subir certaines modifications si l'on désire obtenir dans tous les cas des résultats également précis.

Les *glomérules olfactifs* se colorent électivement d'une façon remarquable, si, au lieu d'une solution à 2 $^0/_0$ de nitrate d'argent, on emploie une solution à 10 $^0/_0$ et si on a le soin de laisser séjourner les coupes dans une solution à 0,1 $^0/_0$ de chlorure d'or pendant un temps plus long, par exemple vingt-quatre heures (*Faworski*).

870. Très employées pour les V(ertébrés sont les **méthodes** suivantes, aujourd'hui **classiques,** de **Ramon y Cajal :**

Pour mettre en évidence les **fibrilles** dans les cellules nerveuses de *petite* ou de *moyenne taille*, Ramon y Cajal (1903-1904) place pendant trois jours et davantage des morceaux frais de 3 millimètres d'épaisseur environ dans une solution à 0,75-3 $^0/_0$ de nitrate d'argent (dans l'étuve entre 30° et 35°). Les grosses pièces (la moelle épinière du lapin, par exemple) restent cinq jours dans la même solution.

On lave les morceaux pendant une minute à l'eau

distillée et on opère la réduction de l'argent dans :

Acide pyrogallique ou hydroquinone.	1-2 gr.	
Eau distillée......................	100 cm³	24 heures
Formol du commerce...............	5 —	

Après quoi, nouveau lavage à l'eau distillée (quelques minutes) et inclusion dans la celloïdine. On peut aussi inclure dans la paraffine, mais les coupes deviennent cassantes. Pour les embryons et les animaux nouveau-nés, on emploie des solutions de nitrate d'argent à 0,75 °/₀; pour les mammifères adultes, des solutions à 3 °/₀.

Résultat : Dans toutes les classes des Vertébrés, chez l'embryon aussi bien que chez l'adulte, on voit apparaître les **fibrilles** dans les cellules et les nerfs (mais non dans les cellules de la névroglie).

Pour colorer les **cylindraxes** des *fibres à myéline* et les **neurofibrilles** *des grandes cellules*, on fixe les pièces pendant vingt-quatre heures dans l'alcool à 96° et on les traite par une solution de nitrate d'argent à 1 °/₀, dans l'étuve, entre 30° et 35° C. pendant quatre jours (en moyenne). Après un court lavage à l'eau distillée, la réduction se fait dans :

Hydroquinone......................	2	
Eau.............................	100	24 heures
Formol...........................	5	

Le traitement ultérieur se fait comme précédemment :

Résultats : Les cylindraxes se colorent en brun rouge, les neurofibrilles en brun, les corbeilles des cellules de Purkinje en brun.

Si les coupes médianes de la pièce sont colorées en rouge trop clair, il faut les virer à l'or, ce qui donnera un ton noir aux fibres. Le viro-fixage le plus expéditif consiste à baigner les coupes dans la solution suivante :

Sulfocyanure d'ammonium...................	3 gr
Hyposulfite de sodium......................	3 —
Eau distillée..............................	100 —

à laquelle on ajoutera, au moment de s'en servir :

Chlorure d'or à 1 $^0/_0$..................... Quelques gouttes

Pour les *fibres sans myéline* et les *terminaisons des fibres nerveuses*, on modifie la méthode précédente en ce sens que l'on durcit, trois jours, dans l'alcool; à cela près, la marche des manipulations reste la même.

Pour colorer les **neurofibrilles** *des grandes cellules* et les *fibres nerveuses fines*, on peut, aussi, durcir dans l'alcool à 96° avec addition d'ammoniaque à 0,5-1 $^0/_0$ (à 1,5 $^0/_0$ pour les grosses pièces), pendant vingt-quatre à trente-six heures.

On lave à l'eau distillée renouvelée deux ou trois fois (quelques minutes); on traite les pièces avec une solution de nitrate d'argent à 1,5 $^0/_0$, dans l'étuve à 30-35° pendant trois à cinq jours, et on réduit dans :

Formol........................ 5 cm³ ⎞
Hydroquinone .... 2 gr. ⎬ 24 heures
Eau distillée................. 100 cm³ ⎠

Traitement ultérieur comme précédemment.
On peut remplacer l'alcool par le mélange suivant :

Formol........................ 25 cm³ ⎞
Eau distillée................. 100 — ⎬ 24 heures
Ammoniaque...... Quelques gouttes à 1 gr. ⎠

Dans ce cas, avant d'employer le nitrate d'argent en solutions faibles, on lavera à grande eau pendant douze heures.

Avec cette dernière méthode, on obtient la coloration spéciale et presque exclusive des plexus nerveux terminaux, et des arborisations péricellulaires avec leurs masses terminales, mais on emploie une solution d'argent à 3 $^0/_0$.

V. Lenhossék emploie pour le traitement ultérieur des coupes le liquide suivant, qu'il laisse agir pendant cinq à trente minutes :

Solution à 1 $^0/_0$ de chlorure d'or................. 4 cm³
Eau.. 150 —

Les **fibrilles** apparaissent alors noires sur fond incolore. Voir aussi *Poscharinsky*.

871. *P. Aimé* (1912) préconise le procédé de coloration suivant pour les *neurofibrilles*, après l'emploi de la méthode de Cajal : Après avoir enlevé la paraffine par le xylène ou le toluène et être passé par les différents alcools pour arriver à l'eau, on met sur les lames une solution concentrée de bleu de méthylène phéniqué ou bleu de Kühne (bleu de méthylène, 1,5 ; alcool absolu, 10 ; eau phéniquée à 5 %, 100). On laisse agir le colorant pendant cinq minutes ; on passe directement dans l'alcool à 90° dans lequel l'excès de colorant disparaît, puis dans l'alcool absolu, et l'on monte comme d'habitude dans le baume de Canada ou la résine Dammar de préférence. *Aimé* a ainsi obtenu une très belle coloration des grains du cervelet et des noyaux de toutes les cellules nerveuses et névrogliques.

Cette méthode appliquée aux ganglions spinaux permet d'y colorer les corps de Nissl en bleu, tandis que les neurofibrilles se détachent en brun par le Cajal. Pour avoir une meilleure coloration, il est souvent avantageux de passer les coupes à l'éosine avant le bleu de Kühne.

872. *H. Joris* (1904) colore les **neurofibrilles** avec des solutions d'**or colloïdal**.

« Ce procédé colore *spécifiquement* ces éléments nerveux et permet de les poursuivre à l'intérieur comme à l'extérieur des cellules.

« Cette méthode ne demande pas beaucoup de précision et de propreté.

« *Fixation*. — Le tissu nerveux frais est divisé en fragments de faible volume. La coloration des neurofibrilles intracellulaires est encore possible dans des tissus recueillis vingt-quatre heures (et même plus) après la mort. Mais l'étude des neurofibrilles extracellulaires ne peut se faire, en thèse générale s'entend, que sur des pièces fraîches. On peut employer comme fixateur la plupart des mélanges connus. Le sublimé, le formol, les acides nitrique, acétique et picrique donnent de bons résultats ; l'acide osmique et les bichromates, au contraire, de mauvais.

« Le fixateur choisi ne doit pas provoquer la rétraction des cellules. Il doit avoir une réaction franchement acide. J'emploie indifféremment les fixateurs suivants :

```
1° Acide acétique.................................  5 cm³
   Eau distillée.................................  100  —
   Sublimé......................................  7-8 gr.
```

« La fixation demande de quatre à six heures. Elle sera suivie du lavage habituel dans l'eau iodée.

```
2° Formol........................................  10 parties
   Acide nitrique...............................  6    —
   Eau distillée................................  100  —
```

« La fixation demande près de vingt-quatre heures.

« J'ai aussi fait usage des solutions d'acide nitrique aux concentrations recommandées par Bethe (voir § 863), la fixation obtenue, je lave rapidement dans l'eau et je place les objets dans la solution :

```
Molybdate d'ammoniaque..................  5 grammes
Eau distillée..........................  100   —
```

« Les pièces séjournent dans le molybdate pendant huit à douze heures.

« *Déshydratation et inclusion.* — Après un lavage sommaire, on passe les pièces par la série des alcools et l'on procède à l'inclusion en suivant la technique ordinaire.

« Je donne la préférence à l'inclusion dans la paraffine par l'intermédiaire du chloroforme, ce qui permet d'écourter la durée de l'action, toujours nuisible, de l'alcool absolu.

« *Coupes.* — Les coupes peuvent avoir les épaisseurs les plus variables, et 2 et 20 μ.

Au delà de 20 μ, l'épaisseur de la coupe donne à l'image une complication qui amène nécessairement une grande confusion de détails.

« Les coupes fines montrent bien certaines particularités

de la structure intracellulaire. Elles n'offrent naturellement pas de vue d'ensemble, surtout en ce qui concerne les neurofibrilles extracellulaires.

« L'optimum paraît se trouver entre 7 et 12 μ.

« On fixera les coupes sur le porte-objet bien propre au moyen de l'eau distillée.

« *Coloration.* — Le porte-objet chargé de coupes est traité selon les règles nouvelles : chloroforme, série des alcools, eau distillée.

« Il faut alors *renouveler très fréquemment l'eau distillée* afin d'éloigner : 1° toute trace d'alcool ; 2° l'excès de molybdate.

« Un séjour de plusieurs heures dans l'eau distillée renouvelée est nécessaire pour atteindre ce but. On lavera avec le plus grand soin pendant au moins une heure. Prolonger le lavage est parfois inutile, mais n'est jamais nuisible ; un séjour de quatre jours dans l'eau n'empêche pas la réaction.

« Après avoir sommairement égoutté le porte-objet, on recouvre les coupes de la solution :

```
Or colloïdal....................................   1gr,50
Eau distillée ...................................   100 —
```

« [L'or colloïdal dont j'ai fait usage m'a été fourni par la *Chemische Fabrik* de Heyden, à Rabdebeul (Dresde)].

« La dissolution de l'or dans l'eau se fait assez lentement.

« On ne peut pas employer la solution avant, au minimum, un jour.

« La coloration se produit en quelques minutes, en général après dix minutes. Mais les solutions fraîches agissent plus rapidement que les solutions un peu vieillies.

« La réaction obtenue, je lave à l'eau distillée et je monte les préparations, sous couvre-objet, d'après les règles connues.

« On obtiendra ainsi une *coloration spécifique* des éléments nerveux et des neurofibrilles dans tous les tons d'un beau rouge pourpre.

« Au sortir de la solution colorante, la préparation est à peine rosée ; elle fonce dans l'alcool et dans le chloroforme.

« Les tissus sont faiblement colorés en rose un peu jaunâtre ; seuls, les éléments ressortent vigoureusement, et l'on peut suivre, avec un faible objectif, leurs prolongements pendant de longues distances.

« L'*objectif à immersion* est nécessaire pour suivre les neurofibrilles. On les voit, bien colorées en rouge foncé, parfois presque en noir, dans l'intérieur des cellules et dans les prolongements ; on les poursuit au delà de ceux-ci dans leur parcours extracellulaire.

« Pour obtenir une bonne préparation des neurofibrilles, il faut avoir soin de travailler avec des tissus frais et soigner spécialement la fixation. L'action suffisante du mélange fixateur, les lavages nécessaires (dans le cas d'une fixation au subliné, par exemple), l'emploi d'eau distillée, d'alcools et de réactifs exempts de toute impureté, sont tout à fait indispensables.

« Il m'est arrivé d'échouer complètement, parce que j'avais employé une paraffine vieillie et souillée par un trop long usage.

« Il faut aussi éviter la surcoloration. Les neurofibrilles extracellulaires sont fort délicates, et quand le fond de la préparation est très coloré, elles ne se détachent plus assez nettement pour être poursuivies avec certitude.

« Ces précautions sont moins nécessaires quand on ne vise qu'à la coloration des neurofibrilles intracellulaires. Cette dernière s'obtient facilement, même sur des pièces fixées d'après la méthode de Bethe et malgré le long séjour dans l'alcool qui précède l'action du molybdate d'ammoniaque. Avec de semblables objets, il faudra prolonger le lavage des coupes, parfois recourir à l'eau chaude, pour parvenir à redissoudre le molybdate.

« Je crois utile de dire que les coupes fixées par mon procédé peuvent, aussi, être traitées par tout autre colorant nucléaire ou plasmatique. Une préparation colorée par l'or colloïdal peut aussi être complétée, à l'hématoxyline par exemple.

« Mais, si l'image microscopique devient ainsi plus complète, c'est naturellement aux dépens de sa netteté.

« La coloration est définitive et durable. Elle ne se détruit ni par la lumière, ni par les acides ou les alcalins. La température reste sans action sur elle (de 0° à 58° C.). Elle est détruite par les solutions iodées, qui précipitent l'or en granulations bleuâtres. Les cellules noires se détachent vigoureusement sur fond bleuté. Il n'y a plus trace des neurofibrilles. L'action prolongée de l'iode finit par dissoudre les granulations. Je n'ai pas obtenu une recoloration de ces préparations. »

Joris n'a jamais obtenu la réaction avec les neurones de l'olive, et beaucoup de cellules, dans l'écorce et dans le cervelet, ne se colorent qu'imparfaitement (cellules de la couche moléculaire).

873. Pour faire apparaître les **fibres à myéline** dans le *système nerveux central*, nous sommes redevables à **Weigert** d'une série de méthodes (Voir §§ 874 et suiv.).

La **myéline** (§ 768) se caractérise par plusieurs réactions de coloration. Elle réduit l'acide osmique en prenant une teinte noire d'encre de Chine. Elle se colore par les laques chromiques et cuivriques d'hématoxyline ; **cette coloration est le principe de la méthode de Weigert et de ses nombreux dérivés** (voir §§ 874 et suiv.).

Les substances chimiques qui composent la myéline sont des graisses phosphorées (le protagon ou lécitho-cérébrine, la céphaline et d'autres lécithines), de la cholestérine, des graisses neutres, des albuminoïdes. D'après *Gedoelst*, les lécithines, que détruit la pepsine, imprègnent les travées mêmes de la charpente réticulée ; la cérébrine ou protagon épargnée par la pepsine, remplit les mailles du réseau.

Les colorations de la myéline globale sont dues à l'une ou à l'autre des substances qui la composent : ainsi, d'après *Gad* (§ 805) et *Heymann*, *Wlassak*, la coloration de Weigert est due au protagon ou à un dérivé inconnu de cette substance (*Bing* et *Ellermann*) ; la teinte noire produite par l'acide osmique a pour supports les lécithines et les graisses ; la méthode de *Marchi* (§ 890) colore exclusivement des graisses neutres (In *Prenant*).

Parmi les méthodes dues à *Weigert*, nous citerons :

874. La méthode *de l'hématoxyline de* **Weigert** (1884), consistait **primitivement** en ceci :

Des coupes de préparations fixées dans le liquide de Müller ou dans celui d'Erlicki (*non lavées dans l'eau*), et dont la couleur doit être brune et non verte (inclusion dans la celloïdine), sont plongées dans une solution d'hématoxyline ainsi composée :

Hématoxyline	1 gr.
Alcool	10 —
Eau	90 cm³

La solution a dû reposer quelques jours avant d'être employée. Les coupes y séjournent trois heures, enfermées dans une étuve chauffée à 30-45° C. ; à la température ordinaire du laboratoire, ce séjour sera plus long et durera de un à deux jours. Les coupes devenues noires sont lavées superficiellement dans l'eau distillée ; puis, portées dans une liqueur composée de :

Borax	2 gr.
Ferriycanure de potassium	2 — 1/2
Eau	100 —

C'est dans cette liqueur que s'opère la différenciation désirée ; la substance grise devient jaune ; la blanche reste sombre. Dans quelques circonstances, cette différenciation ne se produit qu'après des heures. Toutes les gaines de myéline, à la fin, apparaissent noires ; les autres éléments présentent des teintes qui varient entre le jaune et le brunâtre.

875. Voici une méthode de **Weigert** (1885), qui est plus employée aujourd'hui :

Les morceaux, une fois fixés, d'après les indications du paragraphe 874, inclus dans la celloïdine, assujettis à du bois ou à du liège (voir §§ 204 et 205) et enfermés dans une étuve (40° C.), sont et demeurent plongés de vingt-quatre à quarante-huit heures dans une solution neutre d'acétate de cuivre (solution saturée de sel étendue d'un égal volume d'eau). Les fragments présentent une couleur vert foncé, et leur revêtement de celloïdine, une teinte vert clair.

Grâce à ce procédé, on peut conserver les morceaux dans l'alcool à 80° jusqu'au moment où on les coupera. Les coupes faites, on les porte dans une solution d'hématoxyline (*Hématoxyline de Weigert*) composée de :

Hématoxyline..	1 gr.
Alcool absolu.......................................	10 cm³
Eau..	90 —
Solution aqueuse saturée de carbonate de lithium.	1

Avant d'employer ce colorant, on y ajoutera de l'acide acétique (une goutte dans un verre de montre).

Les coupes y demeurent de deux à vingt-quatre heures, d'après la grosseur ou la nature de l'objet; s'il s'agit de tissus difficiles à colorer, on ajoutera l'action de la chaleur en les enfermant dans l'étuve chauffée à 40° C.

On les transporte de là dans le même liquide différenciateur que celui en usage dans la méthode susmentionnée de l'hématoxyline de Weigert, à savoir :

Borax...	2 gr.
Ferricyanure de potassium.........................	2 — 1/2
Eau...	100 cm³

La marche de la différenciation est lente; celle-ci demande quelques jours et ne doit pas être interrompue avant que la substance blanche soit devenue *foncée*, et la substance grise, *claire*.

876. Voici une autre méthode, plus récente, de Weigert (1891) :

On fixe les morceaux d'après les instructions du paragraphe 874 ; on les inclut dans la celloïdine ou le collodion on les durcit dans l'alcool à 80°, et on les scelle sur du liège ou du bois (voir §§ 204 et 205). Cela fait, on les laisse séjourner pendant vingt-quatre heures dans une étuve où ils plongent dans la solution suivante :

Acétate neutre de cuivre..........................)
(Solution aqueuse saturée à froid).....................) en
Tartrate double de potassium et de sodium (sel de } parties
    Seignette).. } égales
Solution aqueuse à 10 %.............................)

De gros objets (par exemple le pont de Varole de l'homme) peuvent y rester plus de vingt-quatre heures si on a soin de renouveler la solution au bout de ce laps de temps, mais jamais plus de quarante-huit heures (éviter une température élevée qui rendrait les tissus cassants). On les place une seconde fois dans l'étuve dans une *solution aqueuse d'acétate neutre de cuivre*. Cette solution saturée à froid peut être ou ne pas être allongée de son 1/2 volume d'eau distillée. Alcool à 80°. Au bout d'une heure, les objets peuvent déjà être débités en coupes ou, si l'on veut, être laissés encore longtemps dans la solution. Coloration des coupes :

A. *Carbonate de lithium* (solut. aq. sat.).......... 7 cm³
   Eau distillée.................................... 92 —
B. *Hématoxyline*.................................... 1 gr.
   Alcool absolu.................................... 10 cm³

On peut conserver en réserve les deux liqueurs ; toutefois il ne faudrait pas laisser par trop vieillir la solution de lithium. On les mélange immédiatement avant leur emploi : *A*, 9 parties + *B*, 1 partie.

Quatre à cinq heures suffisent pour que les coupes, exposées à la température du laboratoire, soient complètement colorées ; on peut, malgré cela, les laisser vingt-quatre heures dans le colorant.

Pour des coupes celloïdinées isolées, non collées, le liquide différenciateur est superflu, la coloration étant possible sans lui.

Cette méthode de Weigert sera, en revanche, très précieuse dans le cas où les substances grise et blanche ne pouvant pas être microscopiquement distinguées, l'interprétation de la différenciation par voie microscopique est rendue difficile ou, somme toute, impossible. Les coupes sont finalement lavées à l'eau, traitées avec l'alcool à 90° et éclaircies dans le xylol phéniqué ou dans le xylol aniliné (2 parties d'huile d'aniline et 1 partie de xylol); dans ce dernier cas, elles seront avec beaucoup de soin lavées avec du xylol pur. On monte dans le « baume au xylol ».

Les fibres à myéline présentent une coloration allant du bleu foncé au noir sur un fond clair qui se colore bientôt en rose clair : la celloïdine du bord prend souvent une teinte bleuâtre. Si l'on veut se débarrasser de cette dernière coloration, on remplace le lavage à l'eau ordinaire par un lavage dans l'acide acétique à 1/2 %. Avec des préparations délicates, par exemple l'écorce cérébrale, il faut, au contraire, éviter l'acide acétique.

Avec l'emploi des méthodes de *Weigert*, il faut obtenir des coupes n'atteignant pas une épaisseur supérieure à 1/40 de millimètre; si ces coupes sont plus épaisses, les gaines de myéline n'apparaissent pas assez nettement sur le fond qui n'est pas tout à fait incolore. Si l'on désire aussi éloigner cette coloration de la celloïdine du bord, on remplace le second lavage à l'eau par un lavage d'acide acétique de 1/5 à 1/2 %. (Puis : eau, alcool.) L'acide acétique devra, nous le savons déjà, être évité s'il s'agit de préparations délicates, telles que l'écorce cérébrale.

877. La méthode de Pal (1886) n'est au fond qu'une modification de celle de Weigert. La coloration est très précise, mais moins intensive que celle de Weigert; aussi la recommande-t-on pour les coupes épaisses. On procède comme dans cette dernière, mais *sans mordançage par le cuivre* jusqu'à la sortie des coupes du bain d'hématoxyline (c'est donc un procédé à laque *chromique*).

On obtient avec elle des effets moins énergiques; aussi la recommande-t-on dans le cas des coupes épaisses : elle donne aux débutants, en particulier, de très élégants résultats ; la fixation se fait comme dans la méthode précédente ; les coupes sont plongées pareillement dans l'hématoxyline, ou bien, si elles ne sont pas assez brunes, si elles tirent sur le vert, pendant quelques heures, dans l'acide chromique à 1/2 $^0/_0$, ou dans une solution de 2 à 3 $^0/_0$ de bichromate de potassium. On les porte ensuite dans une solution d'hématoxyline de Weigert (§ 875), soit une solution formée de :

Hématoxyline	0,75
Alcool	10 gr.
Eau	90 — (On dissout en chauffant)

avec addition de 2 centimètres cubes d'une solution aqueuse saturée de carbonate de lithine.

Au bout de vingt-quatre heures au moins, à la température de la chambre, les coupes sont transportées dans une solution aqueuse à 1/4 $^0/_0$ de permanganate de potassium qui doit être de fraîche date ; elles y séjournent de vingt à trente secondes ; puis passent dans une liqueur formée de :

Acide oxalique	1
Sulfite de potassium (SO^3K^2)	1
Eau	200

C'est là que s'effectue la différenciation ; à l'examen macroscopique, la substance grise apparaît incolore, la blanche se montre sombre. Toutes les gaines de myéline sont alors d'un bleu foncé, et le reste incolore.

On peut très bien colorer à nouveau avec d'autres substances, comme l'éosine, le carmin aluné, etc.

Voici encore une autre marche qui mène également au but :

On traite les coupes par le liquide d'Erlicki pendant une à deux heures, à une température de 40° à 50° ; on les lave très superficiellement dans l'eau ; puis, on les fait séjourner de deux à trois heures et à la même température que précédemment, dans :

Hématoxyline	1 gr.
Alcool absolu	10 —
Eau	90 —

On les traite alors par l'*hypochlorite de sodium* (quelques gouttes d'une solution contenant 2 % de chlore sur un verre de montre avec de l'eau); la différenciation s'y opère directement, en un temps fort court, sous les yeux de l'observateur; les gaines de myéline restent colorées et tout le reste se décolore. L'eau de Javel étendue peut être employée, d'une manière analogue, comme liquide différenciateur.

Une fois la différenciation de la substance grise et de la substance blanche obtenue par l'une des méthodes susdites, on lavera les coupes avec beaucoup de précaution dans l'eau distillée; après quoi, on enlèvera cette eau, et on procédera à leur montage.

La méthode a été proposée par *Heilmeyer* pour l'étude des capillaires biliaires du foie.

878. Mlle *Loyez* (1910) préconise une excellente méthode (§ 771) pour la coloration par l'hématoxyline au fer de pièces nerveuses simplement formolées.

879. Pour la mise en évidence des **gaines de myéline**, dès les premiers stades de leur développement, nous possédons une **méthode** très délicate due à **O. Schultze** (1906). Dans les colorations de *Weigert*, après l'emploi de bichromate de potassium comme fixateur, la gaine de myéline ne se colore que partiellement, si bien que, pendant son évolution, elle peut, en certains points, échapper très facilement à l'œil de l'observateur.

Des morceaux conservés avec l'acide osmique sont portés dans une solution à 1 % de bichromate de potassium; celle-ci est renouvelée au moins trois fois en vingt-quatre heures afin d'enlever complètement tout excès d'acide osmique. Ces morceaux passent alors dans l'alcool à 50° (dans l'obscurité) pendant vingt-quatre heures; puis, vingt-quatre à quarante-huit heures, suivant leur grosseur, dans une solution alcoolisée (70°), mûre, d'hématoxyline à 1/2 %. On les lave ensuite dans l'alcool à 70°, etc., pour fabriquer enfin les blocs.

Les morceaux sont noir foncé et, par suite, doivent être débités en coupes de moins de 5 μ.

Les plus fines gaines de myéline elles-mêmes sont, dès le début, reconnaissables sous la forme d'anneaux excessivement ténus ; aussi des objets dans lesquels on ne croyait normalement qu'à l'existence de fibres sans myéline, comme par exemple dans la moelle des jeunes larves d'Amphibiens, montrent déjà de nombreuses fibres sans myéline.

880. Comme l'a montré **Weigert** (1893 et 1894), son procédé de coloration est applicable aux objets **fixés** non seulement avec le liquide de *Müller* ou celui de *Marchi*, mais aussi avec le **formol**.

Inclure dans la celloïdine ou le collodion.

Couper (ne pas traiter par l'acétate de cuivre du paragraphe 876).

Commencer par bien étendre les coupes et les chauffer dans une capsule avec de l'acide chromique à 1 $^0/_0$ jusqu'à la production de vapeurs. Laver à l'eau.

Colorer dans l'hématoxyline de Weigert en chauffant jusqu'à la production de vapeurs.

Eau. — Différenciation d'après Pal. Eau à laquelle on ajoute quelques gouttes d'ammoniaque (si l'on obtient une teinte brune) ou de lithine (dans le cas de teinte bleue). Monter la coupe.

881. On peut aussi employer d'une autre façon la méthode de *Weigert* avec du matériel fixé dans le formol.

Voici comment l'on procède en suivant les instructions de *Benda* (1900). Les morceaux séjournent aussi longtemps qu'on le veut dans la solution suivante de Weigert :

Acétate de cuivre	5 gr.
Acide acétique concentré	5 cm³
Alun de chrome	2,5 g. pour 100 d'eau

On doit, toutefois, les laisser dans ce mélange au moins deux jours exposés dans l'étuve ; après quoi ils sont lavés pendant un jour pour être enfin traités deux jours par une solution à 1/2 $^0/_0$ d'acide chromique.

Traitement ultérieur comme avec la méthode de *Weigert*.

882. Des pièces de grosseur quelconque sont durcies successivement dans une solution de formol à 5-10 % et dans l'alcool à 96°; puis coupées dans la celloïdine.

On peut colorer les coupes dans le *bleu de méthylène* (Nissl), dans la thionine (v. Lenhossek), etc. mais si on les traite environ dix heures par l'acide chromique à 0,05 %; si on les lave à l'eau et qu'ensuite on les soumette rapidement à l'action de l'alcool à 80°, il sera possible de colorer d'après le procédé de Pal, en ajoutant cependant à l'hématoxyline quelques gouttes d'acide nitrique dilué [*Minnich, Gudden* (1897)].

883. Plus simple encore paraît le procédé donné par *Kultchitzky* (1890) pour l'étude de la moelle.

Au sortir du liquide de Müller ou de celui d'Erlicki, les objets sont inclus dans la celloïdine ; puis, coupés, et les préparations ainsi obtenues plongées dans la solution d'hématoxyline :

On dissout entièrement 1 gramme d'hématoxyline dans 2 centimètres cubes d'alcool, et on y ajoute 100 centimètres cubes d'une solution à 20 % d'acide borique. Avant de l'employer, on acidule cette solution avec 2 à 3 gouttes d'acide acétique pour un verre de montre. Ou bien encore plus simplement :

On dissout 1 gramme d'hématoxyline dans 2 centimètres cubes d'alcool, et on y verse 100 centimètres cubes d'une solution aqueuse à 2 % d'acide acétique.

Au bout de vingt-quatre heures, toutes les gaines de myéline apparaissent colorées en bleu foncé; tout le reste est presque incolore, tirant vers la teinte rougeâtre. Le traitement après coup par le liquide différenciateur de Weigert (§ 875) conduit plus sûrement au but.

884. Voici d'après *Kultschitzky* (1887) et *Wolters* (1890) une méthode de coloration pour la gaine de myéline et le cylindre-axe :

a) Kultschitzky : à de l'alcool à 50° on ajoute *ad libitum* du bichromate de potassium finement pulvérisé et du sulfate de cuivre. Au bout de vingt-quatre heures, une partie de ces sels se dissout dans l'obscurité absolue. Avant de l'employer, on acidule cette liqueur avec de l'acide acétique (5 à 6 gouttes pour 100 centimètres cubes). Suivant leur dimension, les objets demandent de douze à vingt-quatre heures pour être fixés dans l'obscurité; puis on les porte dans l'alcool fort.

Douze à vingt-quatre heures plus tard, on peut effectuer les coupes.

b) Wolters : On fait dans la celloïdine des coupes aussi minces que possible (5-10 μ) d'objets fixés dans la liqueur de Kultschitzky, et on les soumet ensuite pendant vingt-quatre heures au liquide macérateur suivant :

Solution de chlorure de vanadium à 10 % ...... 2 parties
— d'acétate d'aluminium à 8 % .... 8 —

Laver dix minutes dans l'eau; après quoi, les coupes passent dans la solution d'hématoxyline de Kultschitzky :

Hématoxyline (solution alcoolique)................... 2
Acide acétique à 2 % 100

Deux gouttes d'acide osmique (*Kaes*, 1891).

Elles y restent vingt-quatre heures (à 30°) et, ensuite, subissent l'action de l'alcool à 80°, acidulé avec de l'acide chlorhydrique, jusqu'à ce qu'elles deviennent d'un rouge bleu clair. Cette dernière manipulation exige une grande habitude pour être menée à bonne fin.

885. Borchert préconise le procédé suivant pour l'étude des moelles et des cerveaux de petit volume empruntés à des vertébrés inférieurs. Des objets fixés au formol à 10 % sont débités en disques de 2-3 millimètres (ou encore plus petits, si possible) et séjournent vingt-quatre heures dans l'acide osmique à 1 %. Ils sont ensuite lavés pendant plusieurs heures et traités par la série graduellement ascendante des alcools pour être enfin inclus dans la paraffine et coupés (20 μ).

Les coupes collées sont, pendant quelques secondes, soumises au permanganate de potassium à 1/4 %, puis lavées à l'eau et différenciées dans le liquide de *Pal* :

Acide oxalique 1
Sulfite de potassium (SO^3K^2)................. 1
Eau.. 200

Une fois la différenciation obtenue, on lave à l'eau courante, plusieurs heures; on déshydrate ensuite et l'on monte dans le baume. (Cette méthode a donné de bons résultats avec les *Sélaciens* et les *Batraciens*.)

886. *Streeter* colore les **gaines de myéline** sur des **coupes à la paraffine.** Fixation du matériel frais, soit pendant des semaines et des mois dans le liquide de *Müller*, soit dans une solution à 5 % de bichromate de potassium, ou, pendant quatre à huit jours, à la température du laboratoire, dans :

Bichromate de potassium	5 gr.
Fluorure de chrome	2 —
Eau	100 cm³

(On se procurera le fluorure de chrome chez *Rudolf Kœpp* et *C*^{ie}, à *Œstrich-sur-Rhin.*)

On renouvelle une fois ce liquide. On se débarrasse de l'excès de bichromate en lavant pendant une ou deux semaines dans l'alcool à 80° souvent renouvelé, et l'on colore les morceaux, de quatre à six jours, dans l'hématoxyline de *Weigert* (§ 875). On change le colorant après le premier et le troisième jour.

Ces morceaux, devenus absolument noirs, sont, pendant quarante-huit heures, lavés dans l'alcool à 70°, et, à travers l'alcool absolu, etc., inclus dans la paraffine et coupés.

Les coupes collées avec de l'albumine sont alors différenciées suivant le procédé de *Weigert* ou celui de *Pal.*

Cette méthode donne de bons résultats pour le système nerveux central de l'homme et se recommande avant tout pour les besoins du cours.

887. *J. Nageotte* (1908) est arrivé à colorer en quelques instants les coupes faites par congélation des pièces fixées au formol. Grâce à cette méthode, *on peut avoir des coupes de nerfs, de moelle et de fragments d'encéphale le lendemain de l'autopsie ; les grandes coupes sériées de la totalité du cerveau peuvent être, avec son microtome (§ 251), faites sans inclusion huit à quinze jours après.*

Toutefois, il ne faut pas perdre de vue la nécessité d'une fixation complète avant la congélation.

Manuel opératoire. -- Pour les nerfs, la moelle et les faisceaux blancs du cerveau, la fixation peut être effectuée dans la solution de formol à 10 % (contenant 4 % d'aldéhyde formique) ; toutefois un correctif doit être ajouté à la solution de formol sous la forme de sulfate de sodium. Le liquide suivant donne d'excellents résultats :

Eau....................................	900
Formol.................................	100
Sulfate de sodium hydraté............	10 à 70

Il y a donc tout intérêt à remplacer la solution habituelle par une solution sulfatée pour la formolisation des cadavres, suivant l'excellent procédé de P. Marie, et pour le traitement ultérieur des pièces.

Les coupes, faites par congélation, sont reçues dans l'eau ; elles doivent être dégraissées par l'alcool avant la coloration ; il suffit de les arroser d'alcool absolu lorsqu'elles sont étalées, sur lame : de cette façon elles ne se déforment pas ; un séjour prolongé dans l'alcool ne nuit pas à la coloration, mais a l'inconvénient de ratatiner les coupes, surtout celles de moelle. Le dégraissage est d'autant plus facile que les pièces sont mieux fixées.

La coloration se fait à l'aide de la laque alunée d'hématoxyline. On peut mordancer les coupes à l'alun et les traiter ensuite par la solution d'hématoxyline de Weigert, mais par ce procédé les fibres de la substance grise sont mal colorées. Le mieux est de colorer directement dans la solution d'hématéine de P. Mayer (hémalun). Pendant la coloration, les coupes doivent être parfaitement étalées et ne pas se recouvrir ; le procédé le plus pratique est de colorer sur lame ; à cet effet, après avoir étalé la coupe sur un porte-objet, on l'égoutte et on verse dessus quelques gouttes d'hématéine ; puis on dispose la préparation dans une chambre humide à l'étuve pendant une demi-heure. Pour les coupes de moelle, on peut opérer plus vite en chauffant la préparation sur un bec de Bunsen jusqu'à production de vapeurs ; en une minute la coupe est saturée. La solution d'hématéine, que l'on reverse après coloration, peut resservir jusqu'à épuisement.

Après lavage à l'eau, la coupe est différenciée dans la solution décolorante de Weigert (ferricyanure, 2,5 ; borax, 2 ; eau, 100), plus ou moins diluée, puis lavée et montée comme d'habitude. Il est important de bien laver si l'on ne veut pas voir la coloration s'affaiblir pendant le montage ; il peut être avantageux d'ajouter une trace d'ammoniaque à l'eau de lavage. Le procédé de Pal ne donne pas d'aussi bons résultats.

Pour l'étude du cerveau sur des coupes, la technique est des plus délicates, car les inconvénients de la congélation, qui sont bien connus, s'exagèrent à mesure que les dimensions des pièces augmentent. Voici les conseils que donne, à ce sujet, *Nageotte* (1909) : On peut pratiquer des coupes horizontales entières d'un hémisphère (§ 251); leur épaisseur convenable varie entre 70 et 80 μ, tandis que, pour les coupes verticales, cette épaisseur peut descendre à 40 ou 50 μ. D'ailleurs il est reconnu que, dans la plupart des cas, il y a avantage à fragmenter les hémisphères en trois pièces, dont l'antérieure et la postérieure sont coupées verticalement, la moyenne horizontalement; de cette façon, les faisceaux principaux sont sectionnés presque normalement, ce qui facilite leur étude. Une fois cette première division opérée, il est indispensable de fragmenter les morceaux en disques de 1 centimètre d'épaisseur; ce sont ces disques qui seront congelés et disposés successivement sur la platine réfrigérante pour être débités en coupes sériées. Pour éviter les pertes au voisinage de la section inférieure, il faut disposer sur la platine une mince couche de foie, que l'on nivelle au microtome; sur cette couche on disposera la pièce qui, ainsi, peut être coupée jusqu'au bout.

Une immersion des pièces à couper dans du formol à 3 %/$_0$ pendant un jour permet d'obtenir une consistance parfaite alors que la température, dans la platine, varie entre — 12° et — 8°; avec l'appareil de Nageotte (voir § 887), ces conditions sont faciles à maintenir pendant des heures entières. Le formol diminue beaucoup les dimensions des cristaux formés pendant la congélation, mais ne suffit pas encore à supprimer l'altération de la substance grise. Pour y parvenir, il faut congeler rapidement le disque en projetant un jet de chlorure de méthyle alternativement sur chacune de ses faces : une fois congelé, on le colle avec de la gomme sur la platine réfrigérante et on attend que la température de la pièce se soit mise en équilibre avec celle de la platine. De cette façon les altérations de la substance grise sont supprimées sur une certaine étendue à la surface de la pièce et réduites à des traces minimes au centre du disque. L'emploi du formol élargit notablement la zone de température qui permet de pratiquer les coupes; de plus il l'abaisse de plusieurs degrés, ce qui est utile, car il est facile de maintenir longtemps le maximum du froid que l'on peut obtenir. En disposant de réfrigérants plus puissants que la glace et le sel d'une part, le chlorure de méthyle d'autre part, on pourrait augmenter le taux du formol et obtenir des résultats encore meilleurs. Avec la neige carbonique, par exemple, il est probable que l'on pourrait congeler sans inconvénients des disques épais de 2 centimètres et plus.

Les coupes faites sont recueillies sans difficulté à l'aide d'un pinceau, ou même au bout des doigts, si l'on a soin d'enduire le rasoir d'une épaisse couche de vaseline liquide, pour empêcher l'adhérence des parties dégelées de la coupe. Souvent la coupe saute d'elle-même dans un cristallisoir placé à portée et la vaseline est inutile.

Après rapide agitation dans l'eau, la coupe qui vient d'être faite est retirée en chiffon, au bout d'un pinceau, et couchée dans une cuvette sur un papier buvard mouillé où elle est conservée, à l'abri de la sécheresse, jusqu'au moment où elle doit être utilisée. Une goutte d'essence de moutarde empêchera toute moisissure.

Avant la coloration, la coupe doit être portée pendant quelques minutes dans de l'alcool à 90° pour être débarrassée de la myéline épanchée, qui empêcherait le colorant de pénétrer. On évite le ratatinement qui rendrait difficile l'étalement ultérieur, en ajoutant à l'alcool 30 °/₀ d'acide acétique cristallisable.

De ce bain la coupe est portée dans une cuvette à écoulement central, rempli d'eau, où l'étalement se fait sur une lame bien dégraissée, à l'aide d'un pinceau.

Enfin, la lame étant retirée et son pourtour essuyé, on colle sur elle avec de la vaseline quatre bandes de verre qui constituent une cellule étanche, dans laquelle on verse environ 10 centimètres cubes du mélange suivant : hémalun de Mayer, 2 ; alcool absolu, 1 ; filtrer. Au bout d'une demi-heure à l'étuve, ou mieux de vingt-quatre heures à froid, le colorant est recueilli (il peut servir jusqu'à épuisement) ; la coupe, légèrement arrosée d'eau, est plongée avec la lame dans une cuvette contenant du liquide décolorant de Weigert modifié, à cause de l'épaisseur des coupes : ferricyanure, 2 ; borax, 5 ; eau, 100. Très rapidement la décoloration se fait, et la coupe, retirée au bout d'un pinceau, est essorée par trempages répétés dans l'eau, puis passée à l'eau ammoniacale, rincée à l'eau, étalée de nouveau sur lame, arrosée d'alcool, collée au collodion fluide, enfin éclaircie au xylol phéniqué et montée au baume.

Pour la coloration des fibres les plus fines de l'écorce, dans des coupes de 10 à 30 μ, soit découpées dans de grandes coupes, soit faites sur des fragments prélevés séparément, on obtient des résultats parfaits avec la méthode d'Heidenhain : alun de fer à 4 °/₀ un jour, hématoxyline de Weigert un jour, décoloration à l'alun de fer.

Nageotte recommande cette technique si simple aux anatomopathologistes auxquels elle rendra les plus grands services. Pour le bulbe et la protubérance, elle donne aussi d'excellents résultats, mais, pour les grandes coupes de cerveau, la coloration obtenue est beaucoup trop opaque.

888. *Azoulay* (1894) recommande le procédé suivant pour la coloration de la *myéline*, en ce qui concerne surtout la moelle, le bulbe et les nerfs :

A. Pièces ayant séjourné plusieurs mois dans le liquide de Müller, ou traitées et durcies par le formol ; lavage dans l'eau, un à deux jours ; montage à la celloïdine ou au collodion. Un séjour très prolongé des pièces dans l'alcool ne nuit aucunement.

1° Coupes très fines, régulières, reçues dans l'alcool à 90° ;

2° Léger lavage dans l'eau pour les débarrasser de l'alcool qui réduirait inutilement l'acide osmique ;

3° Immersion dans une solution faible d'acide osmique à 1 pour 500 ou 1.000 d'eau distillée ou plus forte : cinq à dix ou quinze minutes, suivant la richesse de la solution en acide osmique, l'épaisseur et la surface de la coupe (on prend 1 centimètre cube d'acide osmique à 1 ou 2 $^0/_0$ et on l'étend de 20 ou 40 centimètres cubes d'eau distillée);

4° Léger lavage à l'eau ; peu utile pour les coupes très fines, qui ne doivent pas subir de décoloration, ou pour les coupes épaisses devant la subir ;

5° Immersion des coupes dans une solution de tanin à 5 ou 10 $^0/_0$, et chauffage jusqu'à vapeurs à la flamme ou à l'étuve à 50°-55° : deux, trois, quatre, cinq minutes et plus, suivant la teinte qu'on veut obtenir. — Cinq minutes en moyenne ;

6° Lavage des coupes à plusieurs eaux, cinq à dix minutes et plus, si l'on veut faire une double coloration ;

7° Double coloration au carmin et à l'éosine aqueuse ;

8° Montage ordinaire des coupes à l'alcool, xylol phéniqué simple, ou éosiné, si l'on veut faire la double coloration à ce moment, xylol et baume de Canada

Il n'y a que la myéline qui soit colorée.

Comme il n'y a pas de décoloration, on est certain que les endroits où la myéline manque sont des endroits malades ou sclérosés.

Si les coupes sont épaisses ou trop étendues, il faut décolorer ; alors on a : les six temps comme plus haut ;

7° Décoloration par le procédé de Pal :

a) Permanganate de potassium à 0,25 $^0/_0$;

b) Lavage à l'eau,

c) Sulfite de potassium à 1 $^0/_0$ ⎱ à mélanger au moment
Acide oxalique à 1 $^0/_0$ ⎰   de s'en servir

ou encore par :

Extrait d'eau de Javel..................................	1
Eau	50

Le temps de ces décolorations est trop variable pour qu'il y ait utilité à l'indiquer. Cela nécessite de l'expérience et de la surveillance, tout comme pour le *Weigert-Pal;*

8° Lavage prolongé à l'eau ;

9° Double coloration *ad libitum* au carmin ou à l'éosine ;

10° Montage ordinaire des coupes.

B. Pièces ayant séjourné dans un mélange contenant de l'acide osmique [solution de *Flemming* : de *Ramon y Cajal* (§ 854), etc.] : les coupes passent de l'eau dans une solution de tanin à 5-10 %; elles sont ensuite soumises aux traitements que nous venons d'indiquer.

On peut, par ce même procédé, colorer la graisse dans des organes quelconques (voir aussi, pour la *myéline*, le paragraphe 771).

889. *Flechsig* (1876) a attiré l'attention sur ce fait, que, chez les embryons, les fœtus et les animaux jeunes, certains tubes se remplissent de myéline plus tard que d'autres, et il a fondé sur cette observation une méthode pour l'étude du trajet des fibres dans le système nerveux central.

890. Coloration. — Méthode de Marchi (1885). — 1° Liquide de Müller pendant huit jours ; 2° des fragments aussi petits que possible passent, sans être lavés, dans : 2 parties de liquide de Müller et 1 partie d'acide osmique à 1 % et y restent de cinq à huit jours ; 3° lavage pendant quelques jours ; 4° celloïdine ou collodion, etc. Les fibres *en voie de dégénérescence* (et non les fibres dégénérées) deviennent noires ; tout le reste de la préparation reste légèrement jaune.

La méthode de Marchi ne permet de bien colorer que de petits morceaux de cerveaux par suite de la formation de mottes noires dans des régions non dégénérées ; aussi *Teljatnik* (1897) a-t-il été amené à la modifier de la manière suivante : les pièces en question, empruntées au système nerveux, ayant 1 centimètre et demi d'épaisseur, sont tout d'abord placées dans une solution de Müller ; puis elles passent dans des mélanges d'acide chromique et osmique dont on augmente peu à peu la concentration; enfin, les préparations sont traitées par le permanganate de potassium et l'acide oxalique (comme dans la méthode de Pal). Grâce à ce procédé, disparaissent ces mottes noires qui ne représentent pas des produits de dégénérescence.

891. Coloration de la névroglie. — La **névroglie**, substance de soutien des centres nerveux de l'axe cérébro-spinal, a été découverte en 1846 par *Virchow*, ainsi nommée par lui en 1853, et étudiée par le même savant, dont la technique était naturellement rudimentaire.

Voici, d'après l'*Enzyklopädie der mikroskopischen Technik*, un rapide coup d'œil jeté sur l'évolution de la technique de la névroglie.

Un premier progrès essentiel apporté au procédé de Virchow fut la *chromisation* des préparations du système nerveux central, combinée avec la coloration au *carmin (Clarke et Frommann)*. Toutefois le carmin colorant trop d'éléments en même temps, cette méthode échouait partout où de grosses gaines de myéline ne facilitaient pas l'examen de la coupe (cas de la substance grise).

Un nouveau pas en avant fut franchi grâce à l'emploi de l'*acide osmique (Deiters et Ranvier)*.

Enfin, de nos jours, la technique de la névroglie s'est sensiblement améliorée à la suite des recherches de *Golgi*, de *Weigert* (§ 892), de *Bartel* (§ 893), de *Benda* (§ 897), de *Sand* (§ 900), etc.

La méthode de **Golgi** était, d'ailleurs, loin d'être satisfaisante : elle ne permettait d'imprégner qu'incomplètement ce tissu, même sur des coupes très épaisses (nécessité réclamée par cette méthode); bien plus, sur ces coupes l'attention n'était plus attirée que par les cellules et nullement par les fibres.

Pendant treize ans, **Weigert** (1895) (§ 892) a cherché mieux. « La coloration, écrit-il, doit tout d'abord être *élec-*

tive... Je puis, avec le même bloc, colorer sur certaines préparations les gaines de myéline, et sur d'autres préparations la névroglie, *mais l'essentiel est aujourd'hui aussi peu atteint par ma méthode qu'il y a sept ans... Jusqu'au jour où la méthode n'aura pas acquis une précision et une sûreté mathématiques, elle ne pourra pas être considérée comme définitive* ».

Benda (1900) (§ 897) a édifié une méthode de coloration de la névroglie différenciée, d'après de nouveaux principes.

Il a fait varier les procédés de durcissement, de mordançage et de coloration, et a recommandé sa méthode comme absolument sûre pour l'homme et les Mammifères.

Sand (1907) est arrivé à obtenir une excellente *conservation de la névroglie* (voir § 900), grâce à une méthode très heureuse de durcissement du système nerveux.

892. Méthode de Weigert (1895). (Voir § 894.)

1° Fixation (et mordançage).

Ces deux actes peuvent s'accomplir ensemble ou séparément. On opérera en deux temps si l'on veut aussi traiter les préparations d'après d'autres méthodes, telles que celles de Marchi, de Golgi-Nissl, ou la « méthode des gaines de myéline ». Fixation dans le formol au 1/10. Les objets ne doivent pas dépasser $^1/_2$ centimètre d'épaisseur. Matériaux aussi frais que possible. Se servir de cristallisoirs avec du papier-filtre tapissant le fond.

Au bout d'un jour, on renouvelle le liquide ; quatre jours environ suffisent pour la fixation. On peut, pendant des années entières, conserver alors les préparations en vue de la coloration de la névroglie.

2° Mordançage (voir Merkel-Bonnet, Ergebnisse, 1894).

On recommande tout spécialement le liquide suivant :

Acétate neutre de cuivre...................... 5 $^0/_0$
Acide acétique ordinaire...................... 5 $^0/_0$
Alun de chrome dans l'eau.................... 2 1/2 $^0/_0$

(On se trouvera bien de remplacer l'alun de chrome par le fluorure de chrome.)

On fait bouillir de l'eau dans laquelle on met l'alun de chrome; puis on ajoute les deux ingrédients : l'acide acétique d'abord et ensuite l'acétate neutre de cuivre finement pulvérisé. On agite convenablement et on laisse refroidir.

C'est dans ce liquide (très efficace aussi pour la coloration des gaines de myéline) que séjournent pendant quatre à cinq jours dans l'étuve ou pendant huit jours à la température du laboratoire, les objets fixés dans le formol. Si l'on ne désire colorer que la névroglie, il vaut mieux ne pas employer le formol simple, mais placer *directement* les objets frais et ne dépassant pas 1/2 centimètre d'épaisseur dans *la solution de cuivre et d'alun de chrome*, à laquelle on ajoute 10 $^0/_0$ de formol. Laisser séjourner au moins huit jours dans le liquide (que l'on renouvellera plusieurs fois) à la température du laboratoire.

Lavage à l'eau; déshydratation par l'alcool, inclusion dans la celloïdine ou le collodion. — Coupes.

Les coupes restent dix minutes dans une solution à 1/3 $^0/_0$ de permanganate de potassium; on les lave ensuite avec de l'eau que l'on fait couler sur elles; puis, on les met dans la liqueur suivante où s'effectue la réduction.

Chromogène	5 $^0/_0$
Acide formique (poids spécifique = 1,20) dans l'eau.	5 $^0/_0$

On filtre avec soin. Avant de s'en servir, on additionne 90 centimètres cubes de ce mélange avec 10 centimètres cubes d'une solution à 10 $^0/_0$ de sulfite neutre de sodium. Au bout de quelques minutes, une décoloration s'est déjà produite dans les coupes brunies par le permanganate de potassium; mais il vaut mieux les laisser tout de même de deux à quatre heures encore dans la solution.

Si l'on tient à obtenir le tissu conjonctif incolore, on peut à ce moment arrêter les manipulations faites en vue de la coloration ; sinon, dans le cas où l'on désire donner à ce tissu une teinte faisant contraste avec celle du tissu nerveux, on place les coupes, après avoir décanté la liqueur réductrice et avoir à deux reprises différentes versé de l'eau dessus, dans une solution simple, aqueuse, saturée de chromogène (5 $^0/_0$ de chromogène dans l'eau distillée). Filtrer avec soin. Dans cette solution les coupes restent une nuit; plus leur séjour est long, et plus frappant est le contraste obtenu dans la coloration du système nerveux; on verse encore deux fois de suite de l'eau sur les coupes, et ces dernières sont alors prêtes pour la coloration.

3° Coloration : c'est une modification de la méthode employée pour la fibrine (§ 594). La solution d'iodure de potassium ioduré est toujours la même (solution saturée d'iode dans une solution à 5 $^0/_0$ d'iodure de potassium).

A la place de la solution ordinaire de violet de gentiane, on emploie une solution alcoolique de violet de méthyle (alcool à 70° ou 80°); elle est saturée à chaud et, après le refroidissement, on a le soin de décanter. On ajoute à cette liqueur 5 centimètres cubes d'une solution aqueuse à 5 $^0/_0$ d'acide oxalique par 100 centimètres cubes; la solution d'huile d'aniline et de xylol est faite dans les proportions suivantes : 1 partie d'huile pour 1 partie de xylol.

La coloration s'effectue dans la suite comme dans le cas de la fibrine (§ 594); les réactions s'opèrent très rapidement. Les coupes ne doivent pas avoir plus de 20 μ d'épaisseur.

893. Bartel (1904) propose la **modification** *suivante à la méthode de Weigert :* Il inclut non dans la celloïdine, mais dans la paraffine, et traite les coupes, sans se débarrasser de la paraffine, jusqu'à l'iodure de potassium ioduré inclusivement; il les lave ensuite sérieusement à l'eau distillée, les sèche à la température de 38° C. et les transporte dans la solution d'huile d'aniline et de xylol (de 1-10 à 1-100); la paraffine s'y dissout et la différenciation s'effectue, mais très lentement : elle demande de douze à vingt-quatre heures.

Avec cette méthode on arrive à colorer les névroglies sur des pièces provenant de cadavres, trente-six heures encore après la mort.

Bartel donne approximativement les temps auxquels on doit avoir recours pour les coupes à la paraffine, qui ont été colorées suivant la méthode de *Weigert : solution à* 1/3 $^o/_o$ *de permanganate de potassium*, une demi-heure à une heure; *solution de : chromogène-acide formique-sulfite neutre de sodium*, six à douze heures; *solution alcoolique de violet de méthyle*, douze à vingt-quatre heures; *iodure de potassium ioduré*, un quart à une demi-heure.

894. Lhermitte et Guccione (1909), s'inspirant des travaux de *Weigert*, d'*Anglade et Morel*, ont édifié une nouvelle **méthode** comportant *deux procédés* qui permettent de colorer d'une manière absolument constante soit exclusivement, soit avec une différenciation nette, les fibrilles et les cellules de la **névroglie** à l'état *normal* et à l'état *pathologique*.

Le temps écoulé entre le moment de la mort et celui auquel on pratique l'autopsie n'est d'aucune importance; l'injection du système nerveux par une solution de formol à 5 $^o/_o$, aussitôt après la mort, selon la technique de *Pierre Marie*, n'est nullement nécessaire.

La moelle est placée dans une solution de formol à 10$^o/_o$ durant deux à trois jours; au bout de ce laps de temps, elle a acquis une consistance suffisante.

Pour l'encéphale, il suffit de prélever les fragments nécessaires et de les placer dans une solution de formol pendant le même temps.

Les coupes doivent être pratiquées ensuite, sans inclusion, au moyen du microtome à congélation (voir § 231); elles sont reçues dans l'eau distillée, puis, immédiatement et sans lavage, placées dans une solution aqueuse saturée à froid de bichlorure de mercure (la fixation par le sublimé n'est pas indispensable).

Au bout de deux heures, elles sont immergées dans le

fixateur osmo-chromo-acétique dont les composants sont dans la proportion suivante :

Tétra-oxyde d'osmium à 1 %...................... 3 gr.
Acide chromique à 1 %........................ 35 —
Acide acétique à 2 %........................ 7 —
Eau distillée........................ 55 —

La durée du séjour des coupes dans ce fixateur doit être au moins de deux jours.

Les coupes sont ensuite reçues dans l'eau et colorées. La coloration doit s'effectuer à chaud et sur la lame qui servira au montage de la coupe.

On dépose ensuite quelques gouttes d'une solution à 1 % de bleu Victoria (dont les solutions *anciennes* donnent de plus belles colorations que les solutions *fraîches*), et l'on chauffe la lame à nu sur la flamme de la veilleuse du bec de Bunsen. Dès qu'apparaissent les premières vapeurs, on doit retirer la lame et la laisser refroidir; cette opération sera répétée une dizaine de fois.

On jette ensuite l'excédent du colorant et l'on met sur la coupe quelques gouttes de la liqueur iodo-iodurée de *Gram* (iode, 1 gramme ; iodure de potassium, 2 grammes ; eau, 300) qu'on laisse une minute; puis, la coupe est déshydratée par un lavage rapide à l'alcool absolu, et enfin décolorée par un mélange à parties égales d'huile d'aniline et de xylol. On monte au baume dissous dans le xylol.

La *névroglie* apparaît alors teintée en *bleu intense*, tandis que les fibres et les cellules nerveuses sont complètement décolorées. Le tissu conjonctif, lui aussi, demeure transparent ou à peine teinté de vert léger ; les gaines de myéline ont gardé la belle teinte jaune de l'acide chromique.

Cette méthode est applicable aussi bien à l'étude de la névroglie normale qu'à celle des proliférations inflammatoires ou néoplasiques.

(Avec cette méthode, les auteurs ont vérifié la « structure névroglique » de l'*épiphyse*, démontrée récemment par Mlle Dimitrova ; cet organe est en effet bien constitué par une charpente névroglique fibrillaire assez dense, délimitant des logettes remplies de cellules entre lesquelles pénètre une partie de ce réseau de fibrilles.)

Pour colorer **électivement**, dans le tissu névroglique, les *noyaux*, le *protoplasma* et le *réseau fibrillaire*, les deux auteurs préconisent le procédé suivant :

Les pièces sont recueillies comme il est dit précédemment et soigneusement lavées avant d'être débitées en coupes à l'aide d'un microtome à congélation.

Fixées par le liquide chromo-osmo-acétique dont nous avons donné plus haut la formule, les coupes sont passées ensuite dans la liqueur de *Gram*, puis lavées à l'eau distillée.

La coloration s'effectue en plaçant les coupes dans une solution d'hématoxyline phosphotungstique pendant deux jours.

Hématoxyline de *Mallory* modifiée : On fait dissoudre à chaud $0^{gr},70$ d'hématoxyline dans un peu d'eau, puis on ajoute de l'eau distillée froide jusqu'à 80 centimètres cubes. Après refroidissement, on verse 20 grammes d'une solution à 10 % d'acide phosphotungstique et $0^{gr},20$ d'eau oxygénée (à 12 volumes). Cette solution colorante peut être employée aussitôt préparée ; elle n'a pas besoin de maturation.

Un lavage à l'eau distillée suivi d'une décoloration rapide par l'alcool absolu détermine une différenciation très nette des éléments névrogliques. Les coupes sont montées au baume de Canada *neutralisé*.

Les fibrilles et les noyaux névrogliques apparaissent colorés en violet sombre, le protoplasma teinté de violet rose ; les axones et le tissu conjonctif prennent une teinte rosée et les gaines de myéline conservent la couleur jaune de l'acide chromique. Il est très facile, sur de telles préparations, de suivre les fibrilles névrogliques et les axones, et il est impossible de les confondre.

Sur les coupes longitudinales de la moelle, il est aisé de

reconnaître, au sein d'une plaque de sclérose, par exemple, les fibrilles névrogliques, malgré leur intrication avec les fibres nerveuses dénudées de leurs gaines myéliniques.

Ce procédé permet aussi l'étude du protoplasma des cellules névrogliques et met en évidence les connexions des fibrilles avec ce protoplasma.

895. *L. Merzbacher* (1908) recommande une méthode de coloration simple de la *névroglie* : Fixation au formol à 10 %; la durée importe peu, qu'elle soit de quelques jours ou de plusieurs années. L'auteur emploie en général du matériel fixé pendant plusieurs mois.

Pour couper, employer de préférence les méthodes par congélation. Laver, puis soumettre à l'action de la soude (10 à 20 parties) et de l'eau distillée (10 parties environ) jusqu'à éclaircissement du mélange. Les coupes incluses dans la paraffine ou la celloïdine seront débarrassées de ces substances avant immersion. La durée du bain est de cinq minutes. Lavage à l'eau; coloration dans une solution aqueuse concentrée de bleu Victoria, à froid, pendant vingt-quatre heures. Lavage à l'eau ; séchage au papier de soie.

Différenciation par un mélange à parties égales de xylol et d'huile d'aniline. Les coupes doivent être transparentes et de ton bleu clair. On sèche à nouveau, on lave au xylol et on monte au baume.

896. Le procédé suivant préconisé par *Galesescu* (1908) présente l'avantage d'être très simple tout en donnant une coloration suffisamment *élective* de la *névroglie*. Les pièces, recueillies aussitôt que possible (pas plus de douze à vingt-quatre heures après la mort), peuvent être déposées dans une solution de sublimé à 6 %, pendant cinq heures, puis débitées en petits morceaux ne dépassant pas 4-5 millimètres d'épaisseur. Cette fixation préalable n'est pas absolument nécessaire, mais les résultats sont d'autant meilleurs, si on l'emploie.

1° Les pièces, après avoir subi cette fixation préalable,

sont déposées pendant quarante-huit heures à l'étuve à 37°
dans le liquide d'*Anglade* :

Liquide de Fol	Solution d'acide osmique à 1 %	2 cm³
	Acide chromique à 1 %........	25 —
	Acide acétique à 2 %	8 —
	Eau distillée.................	68 —
....		45 parties
Solution de sublimé $= 7$ %.................		15 —

On change le fixateur autant de fois qu'il devient trouble,
c'est-à-dire deux ou trois fois dans quarante-huit heures;

2° Lavage de deux heures à l'eau courante. Passage des
pièces dans l'acétone avec teinture d'iode pendant vingt-
quatre heures (pour enlever le sublimé). On déshydrate les
pièces avec l'acétone absolument anhydre ;

3° Inclusion à la paraffine. Acétone, vingt-quatre heures;
paraffine de 37° à l'étuve, trois heures; paraffine de 52°,
cinq heures;

4° Les coupes très minces, de 3-4 μ, collées sur la lame,
sont immergées pendant trois heures à l'étuve à 50° dans
une solution aqueuse de résorcine 2 %;

5° *Coloration.* Les coupes très minces, de 3-4 μ, collées
sur la lame, sont immergées pendant trois heures à l'étuve
à 37° dans une solution saturée de violet de méthyle 5 B
Grübler ou Merck :

Alcool à 80°........................	125 cm³
Violet de méthyle 5 B	5 gr.

On chauffe au bain-marie une demi-heure, on refroidit
lentement, et après refroidissement on décante. On prend
de cette solution mère 100 centimètres cubes, on ajoute
5 centimètres cubes d'une solution d'acide oxalique, 5 %,
dans le but de rendre la coloration plus stable.

On colore les sections d'abord à froid pendant dix minutes, puis on les passe à la flamme jusqu'à léger dégagement des vapeurs et on répète cette opération cinq ou six
fois pendant cinq minutes.

On rejette l'excès de couleur, on sèche les coupes avec du papier filtre et on fixe avec la solution de Gram pendant cinq minutes à chaud jusqu'à dégagement de vapeurs.

On sèche les coupes avec du papier-filtre. Le dessèchement doit être soigné, jusqu'au moment où les coupes deviennent aréolaires, en les regardant par transparence.

6° La différenciation de la névroglie est faite sur lame directement avec un mélange à parties égales de xylol pur et d'huile d'aniline, pour éviter la décoloration. Monter dans le baume de Canada.

On examine au microscope. Voici comment apparaît la coupe :

Sur un fond grisâtre ou blanchâtre, se détachent les cellules de névroglie, ayant le protoplasma d'un bleu très pâle et le noyau violet foncé à chromatine apparente. De nombreux prolongements protoplasmiques s'étendent tout autour de lacellule en irradiant à une distance plus ou moins grande. Ces prolongements ont une structure homogène et légèrement translucide. Ils apparaissent colorés en violet, d'une teinte intermédiaire entre le bleu pâle du protoplasma et le violet foncé du noyau.

897. Coloration de la névroglie. — Méthode de Benda (1900) (d'après les instructions mêmes de l'auteur, in *Enzycl. d. mikr. Technik*, 1910, t. II, p. 308-310).

1. **Durcissement.** — 1° Exposition du matériel frais dans l'alcool à 90-93°, pendant au moins deux jours et aussi longtemps que l'on voudra (l'auteur a obtenu de bons résultats avec du matériel qui avait séjourné cinq années dans l'alcool);

2° Les morceaux débités en disques de $0^{cm},5$ au maximum passent vingt-quatre heures dans une solution d'acide nitrique officinal (1 volume d'acide nitrique pour 10 volumes d'*eau ordinaire*).

N. B. — Il est bon de renouveler une fois ce mélange.

3° Vingt-quatre heures dans une solution à $2^{0}/_{0}$ de bichromate de potassium ;

4° Quarante-huit heures d'acide chromique à 1 $^0/_0$;

5° Lavage pendant vingt-quatre heures dans l'eau plusieurs fois renouvelée ; durcissement dans la série ascendante des alcools ; inclusion dans la paraffine, ou mieux : *a*) après l'alcool absolu, vingt-quatre heures dans de la créosote de bois de hêtre ; *b*) vingt-quatre heures dans la benzine ; *c*) quelques jours dans de la benzine saturée de paraffine fusible à 42°, dans une coupe tout d'abord munie d'un couvercle, puis ouverte ; *d*) vingt-quatre heures dans une étuve à 38° ; *e*) après addition de paraffine fusible à 42°, deux heures dans l'étuve à 45° ; *f*) les morceaux, sortis de la paraffine et superficiellement séchés avec du papier buvard, sont inclus dans la paraffine fusible à 58°.

II. Coloration des coupes collées ou déparaffinées. — 1° Mordançage des coupes, vingt-quatre heures, dans une solution à 4 $^0/_0$ d'alun de fer ou dans la *liquor ferri sulfurici oxydati* allongée de 2 volumes d'eau distillée ;

2° Lavage à l'eau courante ou dans plusieurs coupes successives ;

3° Deux heures dans une solution aqueuse, faible, d'un jaune d'ambre pâle, *d'alizarate sulfoné de sodium* (sulfalizarinsaeure Natron) (*Kahlbaum*, chez Grübler) ;

4° Rincer à l'eau et sécher avec du papier buvard.

N. B. — Pour rendre la coloration rouge plus vive, on peut aussi plonger les coupes dans une solution faible de *chromate de potassium*, puis les laver sérieusement à l'eau et les faire sécher ;

5° Colorer dans une solution aqueuse de *bleu de toluidine* à 0,1 $^0/_0$, chauffée jusqu'à émission de vapeurs ; puis, colorer quinze minutes environ dans la liqueur refroidie ; ou bien, séjour de une à vingt-quatre heures dans une solution froide de bleu de toluidine ;

6° Traiter par l'acide acétique à 1 $^0/_0$ ou par une solution très diluée d'acide picrique ;

7° Sécher avec le papier buvard, plonger dans l'alcool absolu ;

8° Différencier dans de la créosote de bois de hêtre pendant dix minutes environ, en surveillant l'opération sous le microscope.

N. B. — Au faible grossissement, tout le tissu conjonctif et les axones doivent être rouges ; les noyaux, bleus. Les **cellules de la névroglie** particulièrement abondantes dans la gelée de Stilling qui entoure le canal central de la moelle (cellules en araignée géantes), doivent se distinguer déjà, à l'œil nu, grâce à leur coloration franchement *bleue*, les tissus qui les entourent étant d'un violet pâle.

9° Sécher avec le papier buvard ; laver bien au xylol et monter dans le baume. Avec cette même méthode de durcissement et de coloration, on peut mettre en évidence les corpuscules centraux (centrosomes), les striations des fibres musculaires, la fibrine et quelques granulations de sécrétion.

Ce qui caractérise essentiellement cette méthode, c'est en première ligne le choix de l'*alcool* comme durcissant.

La *chromisation*, qui succède au durcissement (méthode découverte *empiriquement*), est due à une distribution très rapide et régulière et à une imprégnation du chrome ; elle ne peut, d'ailleurs, être atteinte avec du matériel durci par l'alcool qu'après un traitement de plusieurs semaines par des sels de chrome.

Quant à la *coloration* par l'alizarate de fer et le bleu de toluidine de Benda, qui, avec d'autres méthodes de durcissement et un autre matériel, permet de mettre en évidence les *Mitochondries*, elle repose sur l'action mordançante de la laque d'alizarine et de fer vis-à-vis des couleurs basiques d'aniline ; celles-ci peuvent alors entrer en combinaison avec un certain nombre d'éléments de tissus pour lesquels elles ne possèdent normalement aucune affinité, ou, au contraire, être séparées d'autres éléments sur lesquels, par simple coloration, elle se fixent solidement.

Par le lavage apparaît la laque de l'alizarine de fer, qui a une teinte rouge brun.

Ces préparations réunies présentent des colorations qui contrastent brillamment entre elles : tout le tissu est plus ou moins vivement teint en rouge brun, tandis que les *fibres gliales* seules sont *bleu foncé*. Les noyaux et les fibrilles de la fibrine (comme avec la méthode de *Weigert*) sont colorés en bleu.

898. Huber (1901) (voir *Bibliographie*) a apporté à la méthode de *Benda* de légères modifications dont il se déclare satisfait.

899. Rubaschkin (1904) préconise une **coloration de la névroglie** avec le *violet de méthyle B;* c'est une modification de la méthode de *Weigert*, ou, plus exactement, de la méthode de *Gram* pour les bactéries.

Il emploie ce colorant en solution aqueuse saturée, ou bien encore en solution alcoolique mélangée avec de l'eau anilinée (3 parties de la solution colorante alcoolique et 1 partie d'eau anilinée).

Les solutions anilinées donnent une coloration plus énergique, mais provoquent souvent des précipités; aussi faut-il ajouter au colorant de l'acide oxalique à 5 $^{0}/_{0}$ (quelques gouttes d'acide par 5 centimètres cubes de colorant).

Dans les solutions aqueuses, la coloration dure six à douze heures; dans les solutions anilinées, vingt à trente minutes. Après la coloration, les coupes demandent à être sérieusement lavées à l'eau; puis, elles passent une demi-minute à une minute dans une solution iodo-iodurée (1 — 2 : 300).

Les préparations sont à nouveau lavées à l'eau, déshydratées pendant un quart de minute à une demi-minute dans l'alcool à 95°, et différenciées dans l'*essence de girofle* ou l'huile d'aniline. Dans l'essence, les préparations restent sans inconvénient plusieurs heures. — Xylol, baume.

Les *fibres de la névroglie* prennent une coloration violet foncé; le *protoplasma* présente une teinte plus claire. Dans les cellules nerveuses, les noyaux et les granulations de Nissl se colorent. Les fibres nerveuses restent incolores;

la *Pia mater* et le tissu conjonctif ne se colorent pas.

Cette méthode, déclare Rubaschkin, ne donne toutefois de bons résultats ni avec l'écorce cérébrale, ni avec l'écorce cérébelleuse. « Peut-être cela est-il dû à la différenciation incomplète des fibres de la névroglie dans ces territoires. »

900. Sand (1907) emploie du matériel aussi frais que possible ; les morceaux, qui ne doivent pas dépasser 5 millimètres d'épaisseur, sont soumis à un mélange de 90 centimètres cubes d'acétone anhydre pure et de 10 centimètres cubes d'acide nitrique pur concentré. Renouvellement du liquide à trois reprises différentes : après une heure, quatre heures et vingt-quatre heures. Durcissement : quarante-huit heures.

Les morceaux séjournent alors de six à huit heures dans l'acétone pure (qui doit être renouvelée au bout d'une heure et demie, d'une heure et de trois heures) ; puis, dans la paraffine fondue à 50° (également renouvelable au bout d'une demi-heure et d'une heure). Pénétration terminée en deux heures.

Pour la coloration de la névroglie, les coupes sont collées, déparaffinées, mises à mordancer pendant cinq jours à l'étuve dans le mélange de Weigert (§ 892 ; 2°), pour être lavées ensuite à l'eau, traitées par le permanganate de potassium, etc.

CHAPITRE IX

CŒUR. — VAISSEAUX SANGUINS ; LEUR DISTRIBUTION ; VAISSEAUX LYMPHATIQUES ; CAPILLAIRES LYMPHATIQUES.

901. La connaissance de la disposition et de la situation respective des différentes parties des tissus qui constituent la **paroi cardiaque** s'acquiert au moyen de coupes, pratiquées dans cette paroi, que l'on fixe à sa guise (avec le liquide de Müller, l'acide chromique, l'alcool, etc.), et qu'on traite ensuite. **On isole les cellules des filaments de Purkinje, celles du tissu musculaire lisse et les cellules musculaires du cœur** de la manière indiquée aux paragraphes 756 et suivants.

902. L'endocarde et le **péricarde** peuvent (voir § 546) être traités par la méthode de l'argent, puis, être enlevés au moyen d'une pince, ou détachés, par *sections plates*, en minces lamelles, à l'aide d'un rasoir, et enfin inclus dans la glycérine.

903. On fixe, à sa fantaisie, les **vaisseaux très gros,** ceux de dimension moyenne, et on les coupe dans la celloïdine ou le collodion. Coloration des fibres élastiques par la méthode de l'orcéine (voir § 623) et celle de Weigert (voir § 620); coloration du tissu conjonctif d'après *Hansen* (voir § 611).

904. On traite **les tuniques moyennes de ces vaisseaux** par une solution de potasse ou de soude caustique ou par l'alcool au tiers, durant vingt-quatre heures et plus; ou bien, par l'acide tartrique à 1 % pendant quelques heures seulement. On peut alors, par des fractionnements et des dissociations pratiqués avec soin, isoler par places les éléments **élastiques (plaques, réseaux et fibres).**

905. « Les **artères** et les **veines de moyen calibre** peuvent être fixées à l'aide de n'importe quel fixateur. Le mieux est de les prendre sur un animal très frais, de les ouvrir par une section longitudinale et de les tendre à l'aide d'épingles sur un cadre de liège. Une fois la fixation faite, on les inclura dans la celloïdine ou dans la paraffine, en se rappelant toutefois que les grosses artères sont difficiles à pénétrer par ce réactif, et on colorera les coupes comme on le voudra, en tenant compte du fixateur choisi.

« Le procédé classique pour la confection des coupes d'artères est beaucoup plus simple : nous le donnons en détail d'après *Ranvier*. Une artère ouverte et tendue sur un cadre de liège est mise à sécher, suspendue au-dessus d'une étuve ou à l'air libre. Au bout de quelques heures, la dessiccation est suffisante et l'artère détachée de son cadre est devenue rigide. On l'insère alors dans une fente pratiquée sur un bouchon de liège très fin et sans défauts, en les plaçant de la manière convenable pour que le rasoir en fasse des coupes bien orientées en long ou en travers. Le bouchon étant tenu de la main gauche, on pratique une première coupe à l'aide d'un rasoir à trempe dure, sec. Cette première coupe a pour but de faire une surface de section nette. Appuyant alors le plat de la lame du rasoir sur l'une des moitiés du bouchon, on déprime un peu sa surface et, glissant sur elle comme point d'appui, on fait une coupe de l'artère aussi mince que possible. On fait de suite deux ou trois coupes minces, puis on fait une nouvelle surface de section, après laquelle on recommence des coupes et ainsi de suite.

« Les coupes reçues sur le rasoir sec sont portées sur une feuille de papier. On choisit les meilleures et on les met dans l'eau où elles se gonflent et deviennent plus épaisses. On les colore au picro-carminate et on les monte dans la glycérine formiquée à 1 $^o/_o$. Le tissu musculaire est rouge sang, le tissu connectif rose et les fibres élastiques sont d'un jaune vif. » (In *Vialleton*.)

906. Les vaisseaux de **petite** et ceux de **très petite dimension** (dénués de vasa vasorum), à parois minces formées d'une seule rangée d'éléments musculaires, à direction circulaire dans les artères, longitudinale dans les veines, s'étudient fort aisément dans les préparations de la substance blanche ou de la substance grise du système nerveux, obtenues par la dissociation. Ces mêmes vaisseaux, et aussi les plus petits d'entre ceux de moyenne grosseur, s'étudient au moyen des coupes faites dans différents organes, et, de préférence, dans le poumon, dans la région voisine du hile.

907. Capillaires de l'épiploon, fixation à l'acide osmique. — « On tue un lapin (un animal maigre est nécessaire), on ouvre le ventre avec précaution de façon à ne pas répandre de sang qui souillerait la masse intestinale et l'épiploon. On tire l'épiploon au dehors et l'on en tend quelques portions renfermant des vaisseaux, sur les anneaux d'*Eternod* (§ 520).

« Il faut avoir bien soin de ne couper l'épiploon que lorsque les anneaux sont en place et le maintiennent tendu. On porte alors rapidement les anneaux et la membrane qu'ils tendent dans une boîte de verre contenant quelques centimètres cubes d'acide osmique. La membrane doit être en contact avec ce dernier par ses deux faces. Au bout de vingt minutes, on retire le couple d'anneaux de l'acide osmique, et, sans les séparer l'un de l'autre, on lave complètement la membrane à l'eau distillée. Ceci fait, on porte le tout dans de l'alcool à 90° qui rend la membrane entièrement rigide. Au bout de quelques heures on peut séparer les anneaux l'un de l'autre : l'épiploon abandonné à lui-même reste plan et tendu. On sépare ses deux feuillets, et l'on a ainsi de grandes lames minces, dans lesquelles on voit aisément à un faible grossissement les vaisseaux avec leurs boucles terminales telles que les a décrites *Ranvier*.

On choisit un point où se trouvent ces dernières, puis on hydrate la préparation, on la colore à l'hématéine et à l'éosine alcoolique et on la monte dans la résine dammar. » (In *Vialleton*.)

908. Imprégnation des capillaires au nitrate d'argent. — « On anesthésie profondément une grenouille. On découvre son cœur en évitant de produire des hémorragies, on attire la pointe du cœur en dehors, et on la tranche d'un coup de ciseau.

« Le cœur continue à battre et le système vasculaire se vide. On place alors une canule dans le ventricule en dirigeant son extrémité vers l'aorte, dans laquelle il n'est pas difficile de la faire pénétrer. On lie le tronçon du cœur sur la canule, et on pousse une certaine quantité de *liquide de Renaut*. Voici sa composition : On fait d'abord une solution A composée de :

$$\text{Solution A} \begin{cases} \text{Solution aqueuse saturée d'acide pi-} \\ \quad \text{crique dans l'eau distillée} \dots \dots \quad 80 \text{ cm}^3 \\ \text{Sol. aq. d'acide osmique à } 1\,^0/_0 \dots \quad 20 \ — \end{cases}$$

« Cette solution peut être conservée pendant quelque temps à l'abri de la lumière. Lorsqu'on veut faire l'imprégnation, on y ajoute, au moment de s'en servir, le nitrate dans les proportions suivantes :

$$\begin{aligned} &\text{Solution A} \dots \dots \dots \dots \dots \quad 4 \text{ parties} \\ &\text{Nitrate d'argent à } 1\,^0/_0 \dots \dots \dots \quad 1 \ — \end{aligned}$$

« L'animal est ensuite plongé en entier dans l'alcool à 90°.

« Au bout de vingt-quatre heures, on prend le mésentère, ou bien l'enveloppe fibreuse du rein, ou tout autre partie mince, on la monte dans la résine dammar et l'on observe les vaisseaux qu'elle contient. On voit ceux-ci admirablement nets se détacher en brun plus ou moins foncé sur le fond jaune pâle de la préparation. On distingue à un fort grossissement les contours des cellules endothéliales des capillaires imprégnés en noir par l'argent. Les capillaires devront avoir été distendus par l'injection et ne pas être placés dans une membrane chiffonnée et revenue sur elle-même, mais bien tendue de la manière naturelle. » (In *Vialleton*.)

909. Artérioles et veinules. — « Dans ces mêmes préparations, on peut observer des artérioles et des veinules... Il ne faut pas colorer à l'hématéine ou au carmin les lames minces contenant des vaisseaux et préparées comme il vient d'être dit, parce que les nombreux noyaux du stroma ou de l'endothélium de revêtement, s'il y en a un, mis en évidence par la coloration, compliqueraient la préparation et en rendraient l'observation difficile. Il faut se contenter de colorer les coupes minces faites dans les organes après l'injection sus-indiquée. On rencontre alors dans certaines coupes des artérioles dont la paroi musculaire est très facile à étudier, les fibres lisses ayant à la fois leurs contours marqués par l'imprégnation et leurs noyaux colorés. » (In *Vialleton*.)

910. Les capillaires qui n'ont pas été injectés s'affaissent de telle sorte qu'ils ne sont plus reconnaissables ; leur distribution ne deviendra visible que par l'injection des vaisseaux.

La technique des injections a pris un grand développement et est devenue l'une des branches les plus importantes de la technique microscopique ; cette importance même nous dispense d'avoir à décrire les appareils d'injection et les procédés pour introduire et fixer la canule ; nous nous contenterons de citer trois masses à injection qui ont déjà fait leurs preuves : une rouge, une bleue et une jaune.

911. Si l'on fixe des vaisseaux, par exemple l'artère tibiale, dans le mélange d'*Orth* (§ 114), ou seulement dans le formol, puis, si l'on mordance les coupes avec de l'acétate de cuivre et de l'acide chromique (§ 881), pour les colorer ensuite avec l'hématoxyline de *Weigert* (§ 874) et les différencier avec précaution, en contrôlant sous le microscope, avec le mélange de borax et de ferricyanure de potassium (§ 874), on voit se colorer dans la tunique moyenne de ces vaisseaux des **fibres** « qui se distinguent par leur cours **rectiligne** et leur raideur rappelant celle de soies de porc ».

On rencontre de semblables fibres disséminées dans le tissu conjonctif [*Dürck* (1907)].

912. C'est, en premier lieu, la masse au **carmin** et à la **gélatine**. Voici comment on la fabrique : on prépare une bouillie de carmin (environ 4 grammes de carmin et 8 centimètres cubes d'eau). On ajoute à cette bouillie assez d'ammoniaque pour dissoudre le carmin, ce que l'on reconnaît à ce que le tout devient couleur de laque. D'autre part, on met 50 grammes de gélatine dans l'eau distillée et on l'y laisse se gonfler pendant environ vingt-quatre heures. (Il est essentiel, avant de se servir de la gélatine sèche en plaque, d'en enlever, au préalable, les rognures ou bords irréguliers qui renferment toujours des impuretés.) Une fois ce résultat obtenu, on chauffe la gélatine au bain-marie, à une température de 40° C., après en avoir exprimé l'eau avec les mains. Il faut avoir soin que la gélatine ne soit pas surchauffée ; quand elle est fondue, on y verse, en agitant constamment la masse, la quantité de bouillie de carmin nécessaire pour produire une coloration d'intensité déterminée. On mélange avec soin le liquide au moyen d'une baguette de verre, jusqu'à ce que le carmin se soit uniformément réparti dans la masse de gélatine. On verse alors, goutte à goutte, dans cette liqueur, en l'agitant continuellement, une solution d'acide acétique à 25 °/₀ ; on s'arrêtera lorsque l'on verra la teinte de laque commencer à passer du rouge foncé de cerise au rouge brique ; à ce moment la masse sera neutre, et on la filtrera sur de la flanelle neuve.

La masse est injectée à chaud dans un animal que l'on a préalablement chauffé dans une eau de 37° à 38° C., et privé par le massage, le plus complètement possible, de son sang, avant qu'on ait lié la canule. (Pour les Amphibiens, il suffit d'une température de 30° C., environ.) Les fragments ainsi injectés sont fixés dans l'alcool.

Si l'on veut injecter un animal entier, il faut introduire la canule de la seringue dans le cœur gauche, dans l'aorte, et faire la ligature de telle sorte que l'écoulement du sang, dû à son retour à travers le cœur droit, soit possible. On injecte lentement en exerçant une pression modérée.

913. *Friedenthal* (1899) recommande la masse à injection suivante :

Gélatine colorée à 10 %........................... 1 vol.
Formol à 4 %..................................... 1 —

Cette masse sert en même temps à injecter et à durcir les tissus.

914. Le **Bleu de Prusse** soluble dans l'eau versé en solution aqueuse saturée, à chaud, sur la **gélatine** préparée d'après les instructions du paragraphe 912, donne une masse d'injection bleue (Ranvier) (1889) ; s'il fait défaut, on peut le faire de toutes pièces en suivant le procédé de Ranvier. On mêle ensemble deux solutions concentrées de ferrocyanure de potassium et de sulfate ferrique en proportions déterminées ; il se forme alors un précipité bleu de Prusse insoluble. On filtre le liquide, et la masse bleue reste naturellement sur le filtre. On lave alors à l'eau cette masse, jusqu'à ce qu'il sorte du filtre une liqueur bleue ; cela dure, suivant les circonstances, vingt quatre heures et plus encore. Le bleu de Prusse insoluble est alors devenu soluble, et la bouillie restée dans le filtre peut être desséchée et servir comme bleu de Prusse soluble.

Les pièces injectées avec ce bleu permettent une fixation ultérieure avec l'acide chromique, les sels de chrome, etc.

Les morceaux (ou les coupes) devenus pâles recouvrent leur teinte bleue dans l'essence de girofle.

Si l'on traite par une solution de *chlorure de palladium* les morceaux (ou les coupes) injectés avec le bleu de Prusse, la teinte bleue tourne au brun foncé, et cette dernière couleur se maintient indéfiniment (*Kupffer*).

On peut se procurer des masses à injection toutes prêtes chez *Grübler et C*[ie].

915. Si l'on traite par l'acide osmique des petits morceaux d'organes injectés avec des masses à la gélatine, ces derniers ne se gonflent plus dans l'eau froide et ne se dissolvent plus dans l'eau chaude. [*Ranvier* (1885).]

916. Pour que la *gélatine se conserve liquide, à la température du laboratoire, Tandler* (1904) fait dissoudre 5 grammes de gélatine dans 100 d'eau, en chauffant légèrement : il ajoute du bleu de Berlin et, en agitant lentement, 5 grammes d'iodure de potassium. La masse ainsi obtenue est liquide à la température de 17° C. Si l'on ajoute encore plus d'iodure de potassium, cette masse peut rester liquide à des températures encore plus basses.

917. Une excellente masse à injection est la masse jaune au **chromate de plomb** (*Hoyer*, 1857).

« On prend :

Solution de 1 partie de gélatine dans 4 parties d'eau.	1 vol.
— saturée de bichromate de potassium......	1 —
— saturée d'acétate neutre de plomb........	1 —

« On ajoute la solution de bichromate à la solution de gélatine. On chauffe presque à ébullition, et l'on ajoute la solution d'acétate de plomb préalablement chauffée. On laisse refroidir à la température du sang et on injecte de suite.

« On peut varier la préparation de la manière suivante : on mêle la solution de plomb à 1 partie de la solution de gélatine, et la solution de bichromate à 1 autre partie ; on chauffe ce dernier mélange et l'on y ajoute graduellement le premier en remuant constamment.

« Il ne faut jamais mêler les solutions à une température basse, parce qu'il se forme alors un précipité à granulations grumeleuses. De plus, en ce cas, on obtient un précipité jaune vif ; tandis qu'en mêlant l'acétate à une solution chaude de bichromate, on obtient un précipité d'une belle couleur rouge orange.

« On peut garder en provision les solutions d'acétate et de bichromate, ce qui permet de préparer très rapidement la masse au moment de s'en servir.

« Cette masse est presque transparente, pénètre bien, même dans les lymphatiques les plus fins, et ayant une couleur beaucoup plus intense que la masse de Thiersch, rend les vaisseaux beaucoup plus distincts. Elle est aussi plus facile à manier que la masse de Thiersch, parce qu'elle se solidifie moins rapidement. Elle donne de bonnes images soit à la lumière transmise, soit à l'éclairage direct. » (In *Henneguy*.)

918. *Grosser* recommande, comme masse à injection froide, une combinaison de **blanc d'œuf** filtré et d'encre de Chine (bien broyée sur une pierre à aiguiser fine).

919. O. *Duboscq* (1898) a trouvé que le *rouge Congo en* **injection vitale** colorait avec élection les vaisseaux des Arthropodes, — il a obtenu des résultats très beaux, surtout avec les *crustacés*, mais néanmoins il préfère les injections **d'encre de Chine.** C'est une méthode constante qui ne réclame aucune habileté.

On peut injecter aux Chilopodes d'assez grandes quantités d'encre [encre de Chine liquide du commerce (marque Bourgeois), étendue de moitié d'eau]. Une grosse *Scolopendra cingulata* en supporte jusqu'à trois quarts de centimètre cube. — L'animal était tué de deux à cinq heures après. Pour constater la phagocytose, on ne doit injecter que de très petites quantités.)

920. Altmann proposa, en 1879, le procédé que voici :
On injecte avec un peu d'**huile d'olive** des vaisseaux comme ceux de la cornée, des reins, de l'iris, de la choroïde, de la peau ou de la rétine ; les membranes ainsi injectées sont traitées par l'acide osmique (voir § 122), qui colore en noir les vaisseaux. Les organes trop épais pour être transparents, peuvent être découpés

en lamelles minces au moyen du microtome réfrigérant, et, après cela, ils sont pareillement soumis à l'action de l'acide osmique à 1 $^0/_0$ pendant vingt-quatre heures ; cet acide rend noir les vaisseaux remplis d'huile et leur donne, en même temps, la résistance de la corde, de sorte que l'on peut, avec beaucoup de précaution il est vrai, traiter les coupes sur le porte-objet avec l'eau de Javel ; cette dernière dissout toutes les parties du tissu.

De cette façon, on est à même d'obtenir de très nettes préparations microscopiques, par corrosion, des vaisseaux les plus fins et des capillaires.

On peut aussi transporter ces préparations dans la glycérine, après les avoir fait passer par l'eau, ou bien dans le baume de Canada, après un séjour dans l'alcool ; mais on doit y procéder avec un soin tout particulier, vu que les préparations deviennent, dans ce cas, extraordinairement cassantes.

921. Une autre méthode, celle de l'imprégnation des voies lymphatiques par les corps gras, est encore due à Altmann.

On prépare à cet effet, soit :

1. Huile d'olive	1 vol.
Alcool absolu	1/2 —
Ether sulfurique	1/2 —

La solution doit être claire ; ou bien encore :

2. Huile de ricin	2 vol.
Alcool absolu	1 —

On place des fragments d'un tissu frais, par exemple une cornée, dans une assez grande quantité de la première et de la deuxième solution. Au bout de cinq à huit jours, on porte les petits morceaux en question, directement, de l'un ou de l'autre de ces mélanges, dans l'eau où ils séjournent quelques heures ; ce lavage a pour effet de nettoyer les particules graisseuses superficielles adhérentes et d'amener la précipitation de celles qui se trouvent dans les canaux. On plonge alors les fragments de tissus pendant vingt-quatre heures dans l'acide osmique à 1 $^0/_0$, et, comme les vaisseaux, on les soumet à l'action corrosive de l'eau de Javel, soit directement, soit seulement, si le cas l'exige, après les avoir coupés avec le microtome réfrigérant.

Si l'on veut effectuer la corrosion dans les conditions les meilleures, et en prolonger longtemps l'action, on devra diluer l'eau de Javel avec 1 ou 2 volumes d'eau ordinaire.

922. Pour étudier le **développement des vaisseaux sanguins,** *Vialleton* préconise les deux exemples suivants:

A. *Développement des vaisseaux dans la queue des larves des Batraciens.* — « On prend des larves de triton jeunes et peu pigmentées, on les fixe en entier dans la liqueur de Kleinenberg (§ 155), on les lave à l'alcool à 70°; puis, lorsqu'elles sont bien débarrassées de leur couleur jaune due à l'acide picrique, on coupe la queue à sa racine. Si la queue est épaisse on peut, à l'aide de deux traits de ciseaux convergeant en arrière, enlever la masse musculo-squelettique en ne conservant que la lame mince qui prolonge celle-ci en dessus et en dessous.

« Sur ces queues ainsi préparées, il est facile de voir les *pointes d'accroissement* et de suivre à des âges successifs le développement des vaisseaux. Si l'on veut se débarrasser de l'épithélium cutané qui gêne un peu l'observation, on fixera les larves dans de l'alcool au tiers salé : alcool à 90°, 1 volume; eau salée à 1 °/₀, 2 volumes (*Ranvier*). Ce réactif permet de balayer l'épithélium et il conserve en même temps l'intégrité des globules rouges, ce que ne fait pas l'alcool au tiers ordinaire, lequel dissout l'hémoglobine et fait même disparaître le stroma des globules rouges (*Ranvier*). On colore ensuite au picro-carminate ou à l'hématéine et l'éosine, et l'on monte à la glycérine ou au baume. »

B. *Développement des vaisseaux dans l'embryon de poulet.* — « Ce développement peut se suivre très aisément sur des blastodermes de vingt-quatre à quarante-huit heures fixés par la liqueur de Kleinenberg (§ 155), colorés au carmin boracique et montés entiers dans la résine dammar (1892). »

923. Pour préparer les « **capillaires lymphatiques** », *Vialleton* analyse ainsi les deux méthodes principales en honneur :

A. *Injections au nitrate d'argent.* — « On emploiera la solution picro-osmio-argentique de Renaut (voir § 908). Celle-ci étant placée dans une seringue de Pravaz munie de son aiguille, on piquera le point dans lequel on voudra injecter les lymphatiques — par exemple le péricarde, le péritoine ou une capsule d'organe quelconque — en tenant la seringue très obliquement de façon à ne pas pénétrer dans la profondeur des parties, mais à rester bien dans l'épaisseur de la séreuse ou de la capsule. On pousse alors doucement l'injection, il se fait une boule d'œdème de laquelle on voit partir des traînées de liquide jaune qui filent en divers sens : ce sont les lymphatiques qui s'injectent. On place l'organe ou la portion d'organe injecté dans l'alcool à 90°, que l'on renouvelle souvent pour enlever l'acide picrique ; on enlève ensuite la membrane dans laquelle on suppose l'injection faite, on la déshydrate complètement par l'alcool, on l'éclaircit à l'essence de girofle et on la monte au baume.

« Ce procédé d'injection au nitrate d'argent, très bon pour donner une idée histologique des capillaires lymphatiques, est quelquefois insuffisant pour étudier ces vaisseaux sur de grandes surfaces, comme on doit le faire pour reconnaître leur disposition dans un organe. On emploie alors les injections au bleu de Prusse. »

B. *Injections au bleu de Prusse*. — On utilise la masse au bleu indiquée à propos des vaisseaux sanguins (voir § 914), ou même simplement la solution aqueuse du bleu, sans gélatine. On pique comme nous l'avons dit à propos de l'injection à l'argent, et l'on remplit les lymphatiques par l'intermédiaire d'une boule d'œdème.

« Lorsque l'injection est faite, on porte les pièces dans le liquide de Müller où elles se durcissent et où le bleu se fonce un peu. On y fait ensuite des coupes, ou bien on enlève des lambeaux minces que l'on éclaircit à l'essence de girofle et l'on monte dans le baume.

« Les *capillaires lymphatiques des Batraciens* ont une forme particulière ; ils sont constitués par des tubes de calibre régulier, munis de pointes latérales.

« On les observe aisément dans la queue des têtards.

Une queue de têtard étant fixée par du liquide de Flemming faible de la formule suivante :

Acide osmique à 1 %............................	10 cm³
— chromique à 1 %............................	10 —
— acétique à 1 %............................	10 —
Eau distillée................................	70 —

puis lavée soigneusement à l'eau, on enlève l'épiderme sur une de ses faces, on colore à l'hématéine (la coloration est assez longue à se produire) et à l'éosine ; puis, on monte dans le baume. »

(Pour les *lymphatiques du testicule*, consulter § 1099.)

924. Pour injecter les capillaires et les fentes lymphatiques, on a recours à la **méthode de l'injection par piqûre** : soit avec le bleu de Berlin (§ 914), ou avec une solution aqueuse de nitrate d'argent à 1 %₀₀, ou encore avec le nitrate d'argent dissous dans la gélatine (1/4 %) (*Ranvier*, 1889).

On fait gonfler pendant douze heures de la gélatine dans une grande quantité d'eau ; puis, on la presse fortement avec les mains pour en exprimer l'eau et on la liquéfie en la chauffant au bain-marie ; après quoi, on ajoute le nitrate d'argent.

CHAPITRE X

GANGLIONS LYMPHATIQUES, RATE
ET MOELLE OSSEUSE

925. Pour s'orienter en gros dans la structure des **ganglions lymphatiques,** il suffira d'opérer des coupes dans de petits ganglions empruntés au mésentère d'un chat, par exemple, et de fixer, avec l'alcool, la liqueur de Flemming, le sublimé ou l'acide picrique.

Les coupes colorées avec l'hématoxyline et l'éosine permettent de s'orienter facilement dans la distribution des substances médullaire et corticale. Les trabécules et les capsules sont mis en évidence par l'éosine; pour le tissu conjonctif, on colore d'après les instructions des paragraphes 389, 391, 611 et 615.

On fait apparaître l'endothélium des trabécules, en injectant une solution faible de nitrate d'argent à 1/10 $^0/_0$ dans un vaisseau afférent, ou, ce qui est plus simple, dans le ganglion lymphatique par une piqûre; on fixe alors le ganglion par l'alcool.

Les coupes, dont le minimum d'épaisseur doit être de 15 μ, montrent dans les trabécules tous les traits bien connus de la structure endothéliale.

On étudie les éléments cellulaires de la rate sur des préparations obtenues en raclant une rate fraîche; on traite ces préparations comme celle du sang.

926. Dans son « Étude du *système lymphatique de l'Oie* », S. *Fleury* (1902) préconise la méthode suivante (appliquable également aux *Mammifères*) :

1° *Injection d'un liquide fixateur destiné à montrer la structure des voies lymphatiques au sein du ganglion.* — On choisit dans ce but le liquide de *Renaut*, mélange qui est ainsi constitué :

Solution *A* :

Solution aqueuse d'acide picrique dans l'eau distillée.	80 cm³
Solution aqueuse d'acide osmique à 1 %	20 —

Cette première solution peut être préparée d'avance; on y ajoute, au moment de s'en servir, l'azotate d'argent dans les proportions suivantes :

Solution *B* :

Solution *A*.	4 parties
Azotate d'argent à 1 %	1 —

On peut également se servir, pour l'imprégnation, d'une simple solution aqueuse d'azotate d'argent à 1 pour 300.

Les lymphatiques étant ponctionnés à quelques centimètres en avant du ganglion, on pousse l'injection qui les remplit, gonfle le ganglion et passe dans la jugulaire. On maintient la pression pendant quelques minutes en continuant à pousser modérément le piston de la seringue; puis, on détache le ganglion à l'aide de ciseaux fins, sans excercer sur lui de tiraillements ni de compression, et on le porte dans l'alcool à 90°. Au bout de deux ou trois jours, pendant lesquels on a pris soin de renouveler une fois ou deux l'alcool dans lequel est conservée la pièce, on coupe celle-ci, à main levée, ou en s'aidant du petit microtome de *Ranvier*, sans inclusion préalable, ou, si l'on préfère, après un simple durcissement dans la gomme arabique et l'alcool. Il faut soigneusement éviter, en tout cas, d'inclure la pièce dans la paraffine, parce que le mode de fixation employé ne lui permet pas de supporter sans dommage cette inclusion. Les coupes ainsi obtenues sont montées dans le baume, sans coloration préalable, ou bien après coloration à l'hématéine et à l'éosine.

Cette méthode, en débarrassant les voies lymphatiques ganglionnaires de leur contenu et en les fixant en quelques sortes déployées, permet de bien voir leur disposition. Elle montre aussi, très facilement, l'endothélium qui les tapisse.

2° *Injection des voies lymphatiques par la gélatine colorée.* — On peut aussi faire une injection d'une masse au bleu de Prusse contenant de 2 à 7 % de gélatine, suivant la saison froide ou chaude dans laquelle on opère. Cette masse est soluble à chaud, mais, en opérant *rapidement* après la mort, il n'est pas besoin de réchauffer l'animal.

On opère comme pour une injection de liquide fixateur, et dès que le ganglion et les vaisseaux lymphatiques sont bien remplis, on porte l'animal sous un courant d'eau froide. La gélatine se coagule ; on la laisse se solidifier bien entièrement, et, au bout d'une heure environ, ayant soigneusement détaché le ganglion et ses vaisseaux, on les porte dans le liquide de Müller, où ils doivent séjourner pendant plusieurs jours. Au bout d'une semaine environ, il est possible de faire des coupes, soit sans inclusion préalable en se servant du microtome de Ranvier, soit après inclusion à la celloïdine. Les plus fines de ces coupes sont avantageusement colorées au picro-carminate et montées à la glycérine. Dans ces préparations, les voies lymphatiques, distendues par la masse à la gélatine, se distinguent aisément, et peuvent être suivies dans toute l'épaisseur de l'organe.

3° *Injections des vaisseaux sanguins.* — Pour injecter les vaisseaux sanguins des ganglions de la base du cou, il suffit d'injecter ceux de la partie antérieure du corps. Dans ce but, après avoir tué l'animal au chloroforme, on enlèvera le plastron sternal avec beaucoup de précaution, surtout à l'approche de sa portion antérieure, au voisinage des gros vaisseaux des ailes ; on lie à droite la crosse de l'aorte, on introduit une canule dans le tronc brachio-céphalique du même côté, et l'on pousse l'injection à l'aide d'un appareil à pression continue. L'injection est achevée lorsque la matière colorante revient par les veines jugulaires. On pose sur celle-ci une ligature, on continue encore l'injection pendant quelques secondes ; puis, on porte sous un robinet d'eau froide ; après quoi, on fixe les pièces par l'immersion dans le liquide de *Müller.*

4° *Fixation par immersion dans les liquides appropriés.* — Quand il s'agit d'étudier le ganglion intact avec le contenu de ses voies lymphatiques, il faut, après l'avoir enlevé avec précaution, le transporter dans un liquide fixateur. *Fleury* a employé comme tel le liquide de *Flemming*, le liquide de *Zenker* et le liquide de *Bouin*. Après le traitement par ces différents réactifs, la pièce était incluse à la paraffine et débitée en coupes minces. Le liquide de Zenker donne, pour les ganglions lymphatiques, d'excellents résultats. Le liquide de *Flemming* a le fâcheux inconvénient de coaguler par place le plasma contenu dans les voies lymphatiques, et de fournir, par suite, des préparations moins nettes.

Les coupes ont été colorées par diverses substances, par l'hématéine et l'éosine, par la safranine, le violet de gentiane et l'orange, et enfin par la méthode de *Benda ;* elles permettent d'étudier, en plus de la structure de la substance propre, le contenu des sinus lymphatiques.

927. Une excellente méthode pour l'étude des *ganglions lymphatiques* est recommandée par *Retterer* (1901) :

Il est important de fixer d'une façon précise et identique les ganglions qui proviennent d'animaux normaux et de ceux dont on a modifié, par l'anémie, les tissus et les éléments libres. Il faut employer des solutions qui, tout en conservant la structure et les images karyokinétiques, préviennent et empêchent l'extraction et la diffusion de l'hémoglobine. Le liquide de Zenker (liquide de Müller saturé de bichlorure de mercure) satisfait à ce double désidératum. Voici comment Retterer procède pour avoir une fixation convenable : Il plonge les organes frais dans 200 ou 300 centimètres cubes du liquide de Zenker auquel il ajoute 3 °/₀ d'acide acétique. Il met le bocal dans l'étuve chauffée à 30° ou 36°. Au bout de trois heures, il jette la moitié de sa solution aqueuse concentrée de bichlorure de mercure. Ces manipulations ont pour but d'empêcher l'action prolongée de l'acide acétique et du liquide de Müller. Il est bien entendu que, sur les organes volumineux, il convient de pratiquer au rasoir une série d'incisions pour permettre la pénétration du liquide.

Après lavage et durcissement dans l'alcool, additionné de teinture d'iode, les ganglions ou les troncs lymphatiques sont inclus dans la paraffine, débités tout entiers ou par portions en coupes non interrompues. Après les avoir collées à l'eau albumineuse, il les colorait au début de ses recherches à l'hématoxyline, à l'éosine et à l'orange.

Depuis quelque temps, il procède autrement en employant une solution éosine-orange-aurantia. C'est une solution dont nous devons le mode de préparation à Israël et Pappenheim (*Archives de Virchow*, vol. CXLIII, p. 433), qui la préparent de la façon suivante; on mélange :

Eosine..	6 gr.
Orange G	2 —
Aurantia.......................................	1 —

Retterer a trouvé avantage à augmenter la proportion d'orange. On ajoute à cette poudre la solution suivante qu'on verse lentement, en chauffant doucement le mélange et en l'agitant constamment :

Eau distillée..................................	10 vol.
Glycérine......................................	āā 1 —
Alcool..	

On cesse de chauffer dès que la solution devient claire.

Voici comment l'auteur emploie cette solution colorante : il l'allonge de 500 centimètres cubes d'eau distillée, et il y fait séjourner les coupes douze ou vingt-quatre heures. Après lavage à l'eau, il colore ces mêmes coupes à l'hématoxyline ou à la thionine, ou successivement avec l'une ou l'autre.

L'hématoxyline et la thionine se fixent sur la chromatine ou la substance chromophile du protoplasma qui prennent une teinte foncé violet, tandis que l'éosine, l'orange et l'aurantia donnent une couleur jaune orange aux hématies adultes, et communiquent aux substances en voie de se transformer en hémoglobine une teinte dont la nuance est intermédiaire au rose violacé et au rose orange.

Pour l'étude du réseau *élastique*, Retterer a employé comparativement le procédé d'Unna (voir § 623) et celui de Weigert (voir § 620).

928. *J. Jolly* injecte les **ganglions lymphatiques** *des Oiseaux*, par piqûre directe dans l'afférent, avec une solution saturée de bleu de Prusse dans l'eau distillée et aussi avec des masses chaudes au bleu de Prusse à la gélatine, suivant la technique de *Ranvier*.

Les ganglions injectés sont fixés en entier dans le liquide de Müller pendant quelques jours, lavés, inclus dans la celloïdine et sectionnés ; on peut ainsi avoir des coupes suivant une même orientation, colorées au *picro-carmin* et montées dans la glycérine.

Si l'on veut étudier de plus près sur un ganglion injecté les rapports du sinus et de la substance lymphoïde, on peut fixer le ganglion par le formol à 10 % ou par le liquide de Zenker et faire des coupes minces après inclusion à la celloïdine ; on colore par exemple par l'*hématéine* et le *mélange fuchsine-acide picrique* de Van Gieson. On obtient ainsi des détails de structure colorés en même temps que la masse injectée est conservée dans les vaisseaux; mais, pour l'étude de la disposition générale des sinus lymphatiques, ces préparations ne valent pas les précédentes.

On peut aussi mettre en évidence les ganglions en injectant de la même manière un liquide fixateur, par lui-même coloré, comme ceux qui contiennent des sels de chrome, *liquide de Zenker, liquide de Flemming, Zenker modifié par Helly* (1903). Les ganglions reconnus sont enlevés et fixés en entier dans le fixateur qui a servi à l'injection, puis traités ultérieurement suivant la technique usuelle. C'est aussi par piqûre directe dans l'afférent qu'on pourra injecter dans le ganglion, pour observer l'endothélium des lymphatiques et des sinus, des solutions de nitrate d'argent, des masses à la gélatine au nitrate d'argent suivant la technique de *Ranvier*, ou encore le mélange picro-osmio-argentique de *Renaut*.

Avec un peu d'habitude, on arrive assez facilement à retrouver les ganglions cerviaux de l'oie ou du canard sans le secours d'une injection. On peut alors les immerger directement dans le fixateur qui conserve leur disposition normale; on peut, lorsque le ganglion est découvert, ne l'enlever qu'après avoir lié l'afférent, ce qui conserve aux sinus leur état de distension. *Pour la fixation des ganglions non injectés, Jolly* a surtout utilisé le *liquide de Zenker, le sublimé acétique* et le *Flemming fort*.

929. L'étude des **centres germinatifs** (*Keimcentren*) de *Flemming* trouve de précieux éléments non seulement dans les ganglions lymphatiques, mais encore dans les follicules solitaires de l'intestin. Ganglions lymphatiques et morceaux d'intestin sont au mieux fixés par la liqueur de *Flemming* et colorés avec la safranine.

930. Le tissu **adénoïde** ou **réticulé** peu ou point observable sur des préparations en coupes intactes, est toutefois bien visible sur des coupes très minces (1-3 µ). Sur des coupes épaisses, il n'apparaît que lorsque, d'une manière ou d'une autre, on a chassé les cellules.

Les coupes au travers des ganglions lymphatiques, pratiquées soit sur le tissu frais, soit au moyen d'un microtome réfrigérant, sont étendues sur un porte-objet dans une petite quantité de liquide, et touchées délicatement avec un pinceau fin ; les leucocytes adhèrent, en partie, au pinceau, et on peut plus tard procéder à la coloration avec l'hématoxyline, par exemple, qui communique aux réseaux adénoïdes une teinte bleue. C'est la **méthode du pinceau** (*His* 1861).

On peut encore, pour des préparations préalablement fixées, puis coupées et placées pendant un certain temps dans l'eau, employer la méthode du pinceau ou faire usage d'une autre, également donnée par *His*, et qui consiste à **secouer** quelque temps les coupes dans un verre à expérience rempli à moitié d'eau. L'addition de bile de grenouille à de l'eau nous a paru donner des résultats meilleurs et plus rapides ; il n'est pas impossible qu'une partie des éléments qui se trouvent dans les mailles du réticulum se dissolve dans la bile.

Ce procédé éloigne le plus grand nombre des leucocytes, et, une fois les coupes étendues et colorées, le tissu conjonctif réticulé apparaît nettement à l'œil de l'observateur.

931. Après une longue exposition d'animaux vivants aux **Rayons de Rœntgen**, les ganglions lymphatiques sont presque complètement détruits et le tissu cytogène réticulé des organes hématopoïétiques reste intact. On dirait que ces préparations ont été usées au pinceau (*H. Heineke, Erich Meyer*). *Thies* a attiré l'attention sur ce fait que le tissu conjonctif cytogène se laisse également isoler sous l'action du **radium**.

932. On obtient le même résultat en faisant digérer les coupes dans la **trypsine** (voir §636).

933. *J. M. Flint* soumet les morceaux à la digestion pour isoler le tissu réticulé dans les organes. Ces morceaux, dont l'épaisseur ne doit pas dépasser 3 millimètres, sont durcis, par exemple, dans le liquide de *Carnoy* (§ 162). On ne doit se servir dans ce cas ni de formol, ni d'acide chromique, ni de sels chromiques, ni enfin d'acide osmique. On déshydrate complètement et on place les préparations dans l'éther (appareil de *Soxhlet*). Après l'extraction des graisses, les morceaux sont soumis à la série ascendante des alcools, puis lavés pendant vingt-quatre heures et portés dans la pancréatine de *Grübler*, dont on n'emploiera que de très petites quantités. On renouvellera celle-ci toutes les quarante-huit heures. La digestion peut exiger parfois un mois entier ; on l'interrompra lorsque toutes les cellules auront été détruites.

934. *G. Dubreuil* (1904) a appliqué avec succès son procédé du « *Picro-bleu* » (voir § 631) à l'étude du *tissu réticulé* des ganglions lymphatiques de chiens adultes et de fœtus humain de sept mois. Ses pièces ont été colorées au picro-bleu n° 1, associé ou non à la safranine et au rouge d'acridine.

De l'application du picro-bleu au ganglion lymphatique de l'homme et du chien, *Dubreuil* conclut :

1° Pour le tissu réticulé des voies caverneuses, à l'existence d'une charpente de tissu conjonctif dont les éléments soit fasciculaires, soit tramulaires, dessinent les mailles du tissu. A leur surface prend place un revêtement continu de cellules toutes endothéliales exactement comme dans le méso-péricarde du chien et du cheval ;

2° Pour le tissu réticulé des follicules et des cordons folliculaires, à l'existence d'une dentelle connective très fine parcourant la masse entière, et dont les relations avec des cellules fixes rameuses restent jusqu'à nouvel ordre indéterminées.

935. Le tissu réticulé se présente d'après *Mall* (1891). dans les ganglions lymphatiques, la rate, les muqueuses, le foie, les reins, les poumons ; pour le mettre en évidence, on commence par faire digérer les coupes dans la pancréatine ; puis on y ajoute de l'eau, et on leur imprime des secousses ; on les étend ensuite sur un porte-objet et on les fait sécher. On humecte alors avec une goutte d'une solution où entrent 10 grammes d'acide picrique, 150 centimètres cubes d'alcool absolu et 300 centimètres cubes d'eau. On fait de nouveau sécher : après quoi, on place sur la coupe quelques gouttes de fuchsine acide qu'on y laisse pendant environ une demi-heure (fuchsine acide, 10 grammes ; alcool absolu, 33 centimètres cubes ;

eau, 66 centimètres cubes). On verse l'excès de fuchsine et on plonge très peu de temps le porte-objet dans la solution d'acide picrique ; puis dans l'alcool absolu. — Xylol, baume de Canada (c'est, au fond, la méthode d'Altmann exposée § 473). (voir aussi §§ 638 640.)

936. La méthode de *Bielschowsky* (§ 617) permet de mettre très bien en évidence le tissu réticulé dans les ganglions lymphatiques. Si l'on colore après coup de minces coupes avec l'*hématoxyline*, on aperçoit en même temps le réticulum sans noyaux et le syncytium cytogène caractéristique.

937. Pour mettre nettement en évidence le **tissu conjonctif de la rate,** *Woronin* injecte tout d'abord une solution physiologique de sel dans l'artère ou dans la veine splénique afin de se débarrasser du sang, puis, par la même voie, un liquide fixateur convenablement choisi (liquide de Renaut, § 908). Il lie, pour cela, avec soin les vaisseaux qui, naturellement, ont été ouverts pendant l'enlèvement de la rate, et pousse l'injection jusqu'à ce que l'organe ait acquis un volume 3-4 fois plus grand que son volume primitif.

La canule est alors retirée, et l'organe porté dans la même liqueur fixatrice. Au bout de quelque temps, il est débité en morceaux et soumis aux traitements ultérieurs.

Sur une rate ainsi préparée, le *tissu conjonctif réticulé* et les *cellules fixes* ne sont plus recouverts par le sang, et apparaissent avec une grande netteté.

Un procédé analogue rend de bons services dans l'étude de la muqueuse intestinale par injection des vaisseaux du territoire que l'on veut examiner, ainsi que dans l'étude des ganglions lymphatiques par injection forcée poussée dans les sinus.

On obtient ainsi des images très nettes, mais pas très exactes, à cause des changements de volume auxquels tous ces organes ont pu s'adapter. — La coloration, d'après le paragraphe 531, est couronnée de succès.

938. Ces figures, différant sur certains points de celles que donne la méthode précédente, s'obtiennent par l'emploi du procédé dit de l'argent, décrit au paragraphe 1.026, appliqué à des fragments de rate et à des ganglions lymphatiques fixés dans l'alcool. Avant l'opération, on sépare, en les coupant, les capsules des fragments ; dans la rate, on voit se colorer les *fibres* dans la pulpe, comme dans le corpuscule de Malpighi, et aussi une couche corticale particulière de ce même corpuscule qui revêt les vaisseaux (*Oppel*, 1891). *Enderlen*, en ayant recours à la même méthode, a, lui aussi, obtenu des fibres semblables dans la moelle des os.

939. L'examen des cellules demanderait l'emploi des différents colorants en usage pour l'étude de la lymphe (voir § 534 et suiv.); on les fait agir sur des coupes ; ou bien en raclant une surface de coupe fraîche, on obtient un élément d'étude que l'on traite absolument comme il a été dit pour le sang.

940. La méthode à suivre pour l'examen de la *rate* est identique à celle que nous avons appliquée à l'étude des ganglions lymphatiques. On colore les fibres élastiques (?) des capillaires veineux avec l'*Orcéine* (*von Ebner*, 1899 : *Anat. Anz.*, t. XV, p. 482 et suiv.) (voir § 623) ou par le procédé de *Weigert* (voir § 620), mais mieux avec le bleu de Lyon ; les fibrilles conjonctives seront colorées par la méthode de *Hansen* (voir § 611).

Comme nous l'avons observé, les « réseaux de fibres » (*Fadennetze*) de *Henle* des **capillaires** veineux de *Billroth*, dans la **rate**, ne se laissent pas seulement colorer par l'orcéine, ou par le procédé de *Weigert* (voir § 620), mais aussi par la méthode de *Hansen* (voir § 611).

L'injection des vaisseaux de la rate constitue une opération des plus délicates.

941. Pour bien mettre en évidence la **structure de la rate** (*corpuscules de Malpighi* et *cordons pulpaires*), *Vialleton* pousse dans le tissu splénique une injection du liquide de Renaut qui, circulant dans les capillaires veineux, les débarrasse de leur contenu, et isole les cordons pulpaires en même temps qu'il fixe leurs éléments. On traite ensuite par l'alcool à 90°, on fait les coupes après la gomme et l'alcool, ou bien après inclusion à la paraffine ; on colore à l'hématéine et à l'éosine, et l'on monte dans la résine dammar.

On peut essayer d'imprégner les *nerfs de la rate* par la méthode de Golgi. On laisse les morceaux pendant trois jours dans le liquide osmio-bichromique, et autant dans le nitrate d'argent.

942. On révèle sur des coupes de la rate (ou d'autres organes) la présence de **fer** non organiquement combiné, en ayant recours à la réaction du bleu de Berlin (d'après le procédé de *Wicklein*, 1889). Les coupes, de préférence non collées, de préparations fixées dans l'alcool, sont portées dans une petite coupe en verre contenant 25 centimètres cubes d'acide chlorhydrique à $1°/_0$; immédiatement après, on ajoute, avec une pipette, 3 gouttes d'une solution aqueuse saturée à froid et fraîche de ferrocyanure de potassium ; on agite et on attend cinq minutes.

On place alors les coupes dans une grande quantité d'eau distillée plusieurs fois renouvelée où elles séjournent un quart d'heure. On pourra les colorer après coup avec le carmin aluné et les monter dans le baume.

Dans de semblables coupes, tout pigment contenant de l'oxyde de fer devient bleu.

943. *Tartahowsky* (1903) préconise, pour la **mise en évidence du fer** dans les tissus, une méthode combinée. De *petits* morceaux d'organes, aussi privés de sang que possible, séjournent vingt-quatre heures dans la **liqueur de Hall** (95 centimètres cubes d'alcool à 75° et 5 centimètres cubes de sulfure d'ammonium) ; puis, encore vingt-quatre heures, dans l'alcool absolu additionné de quelques gouttes de sulfure d'ammonium (*Saleski*).

Un durcissement suffisant est ainsi obtenu et, par suite de la présence du fer, les morceaux prennent une coloration allant du vert foncé au noir.

On les lave alors rapidement à l'eau distillée, et on les transporte dans une solution à 1,5 $^0/_0$ de ferrocyanure de potassium, où ils séjournent, suivant leur grosseur, de quinze à trente minutes; enfin, ils passent cinq à dix minutes dans une solution à 0,45 $^0/_0$ d'acide chlorhydrique. Après un lavage de plusieurs heures à l'eau distillée, la coloration bleue apparaît nettement.

On fixe dans un réactif quelconque (le formol excepté); on inclut dans la paraffine et l'on coupe, etc.

944. Une méthode qui permet de colorer à côté du **fer** les noyaux et la graisse est due à *Wallart*.

A. Faire bouillir 2 grammes de carmin avec une solution de 10 centimètres cubes d'eau et de 8 gouttes d'acide chlorhydrique pur; une fois le colorant dissous, on ajoute 40 centimètres cubes d'alcool absolu et on agite vigoureusement; le tout est à nouveau chauffé et filtré; enfin on complète le volume de la solution filtrée à 50 centimètres cubes.

B. Solution saturée de Soudan III ou d'Ecarlate R (Pinceau des graisses) dans l'alcool à 80-90°.

C. 1 gramme de ferrocyanure de potassium est dissous sur la flamme dans 20 centimètres cubes d'eau distillée (solution à 5 $^0/_0$).

On mélange alors 2 centimètres cubes de la solution *A* avec 2 centimètres cubes de la solution *B* et 2-3 gouttes d'acide chlorhydrique pur; enfin, l'on ajoute 2 centimètres cubes de la solution *C*. — Si la liqueur est trouble, on la filtrera.

Les objets fixés comme d'ordinaire dans le formol sont coupés avec le microtome à congélation; les coupes sont recueillies dans l'eau; elles passent alors rapidement dans l'alcool à 50-70° avec ou sans addition d'acide chlorhydrique à 1 $^0/_0$, et séjournent ensuite treize à quinze minutes dans le mélange colorant. Puis, on les lave jusqu'à une demi-minute dans une solution alcoolique à 1 $^0/_0$ (alcool à 50-70°) d'acide chlorhydrique. Enfin : lavage à l'eau et montage dans la glycérine. — Méthode simple et rapide.

945. Le traitement des coupes avec le **sulfure d'ammonium** qui colore le fer en noir servira de contrôle.

Pour l'étude de la **moelle osseuse,** voir §§ 702, 704, 706 et 938,

946. *H. Heineke* a démontré que, après une exposition de plusieurs heures aux rayons de *Röntgen*, les cellules spécifiques de la moelle osseuse sont détruites suivant un certain ordre, tandis que résistent, au contraire, les éléments de soutien constitués par le tissu cytogène.

CHAPITRE XI

LE TUBE DIGESTIF ET SES GLANDES

947. La muqueuse de la cavité buccale est soumise à l'action des fixateurs ordinaires : l'alcool, l'acide chromique, la liqueur de Flemming ; des préparations colorées au carmin fournissent des éléments tout à fait précieux d'orientation.

Si on a en vue une étude spéciale ; si l'on veut, par exemple, faire un examen minutieux de l'épithélium ou des glandes, etc., on devra, dans ce cas, faire subir des modifications aux méthodes.

948. Les corpuscules salivaires montrent un mouvement moléculaire qui, d'ailleurs, n'a de rapport avec aucune fonction vitale ; celui-ci, en effet, n'est nullement influencé par les narcotiques.

De même ordre sont les mouvements moléculaires que l'on observe chez les leucocytes (*Hagen Clara*).

949. Les *papilles caliciformes et foliées* (rarement fongiformes) portent les **bourgeons du goût,** qui sont composés de cellules de soutien et de cellules sensitives ; c'est la liqueur de *Flemming* qui est, de beaucoup, la meilleure pour fixer ces cellules. Le liquide de *Müller* et l'acide chromique ne donnent que des images inutilisables.

Des coupes minces, pratiquées dans le calice, dans le sens longitudinal ou transversal (une orientation minutieuse est nécessaire), sont colorées soit avec l'hématoxyline de *R. Heidenhain,* soit avec la safranine, et le violet de gentiane (§ 1098).

950. S'il s'agit de suivre les **nerfs** jusque dans les **bulbes gustatifs** ou jusque dans les épithéliums, on emploiera la méthode de Golgi (voir § 852 et suiv.) ou la coloration vitale au bleu de méthylène (voir § 814 et suiv.), d'après *R. y Cajal* (voir § 870); on pourra encore opérer de la manière suivante :

On fait avec le rasoir une coupe plane d'une **papille foliée** d'un lapin ; on la trempe pendant dix minutes dans le jus de citron, filtré au préalable ; puis, on la porte dans du chlorure d'or où elle séjourne de quarante à soixante minutes. Si maintenant on place la papille dans de l'eau faiblement acidulée par l'acide acétique, la réduction s'accomplit à la lumière (*Ranvier*), et l'objet peut être traité par l'alcool et coupé suivant une direction perpendiculaire aux plis de la papille.

Après un traitement assez court par l'acide formique, qui provoque un léger gonflement de la préparation, on l'inclut dans la glycérine.

951. Pour toutes les **glandes,** il faut bien prendre garde qu'on n'a pas affaire ici à des organes présentant un état stable. La cellule glandulaire est tout autre pendant ou après la sécrétion et dans le repos : elle n'est jamais dans le même état : il importe donc de distinguer des temps et de les examiner chacun, en particulier ; par exemple, pour l'estomac, le 1er, le 2e et le 3e temps de la digestion (voir les Traités de physiologie), et d'étudier chacun des états correspondants.

952. A cette fin, une pratique excellente consiste à faire tout d'abord jeûner des animaux ; puis, à leur donner à manger et à les tuer au bout d'un temps déterminé. L'animal qui se prête le mieux aux expériences de cet ordre est le chien. Il est plus difficile d'obtenir chez les lapins ou les souris un estomac absolument vide ; les grenouilles peuvent être nourries artificiellement avec du sang défibriné au moyen d'un entonnoir en verre.

On peut aussi provoquer les différents temps de la digestion par l'action d'excitants déterminés : par exemple une **excitation nerveuse** ou certains poisons.

953. Les réactifs les plus importants, au point de vue pratique, pour les recherches histologiques sont, sans contredit, la **pilocarpine** et l'**atropine** : la sécrétion est en effet ralentie dans l'intoxication par l'atropine ; elle est, au contraire, accélérée dans l'intoxication par la pilocarpine ; grâce à ce fait, on peut obtenir à volonté des cellules glandulaires soit en activité, et gonflées, soit au repos, et épuisées. Chez le lapin on les emploie aux doses suivantes : chlorhydrate de pilocarpine, 1 centimètre cube d'une solutions à 5 %; sulfate d'atropine, 1 centimètre cube d'une solution à 0,5 %.

954. Les **glandes** peuvent s'étudier **à l'état frais** sur des objets qui s'y prêtent, par exemple les *glandes muqueuses*, sur la membrane clignotante de la grenouille (voir aussi § 995).

955. Pour **fixer** de petits fragments de glandes salivaires, on emploie la liqueur de Flemming ou le sublimé.

956. *Solger* (1896) se trouve bien pour l'étude de **glandes** *à l'état frais*, de **coupes faites dans l'organe congelé** (d'après le procédé de *Kœlliker*) et examinées *sans* liquide additionnel ; on *borde* le couvre-objet pour prévenir l'évaporation. Les grains de sécrétion qui apparaissent dans les glandes séreuses s'obtiennent après fixation dans une solution à 10 % de formaline (trois jours). On peut aussi s'adresser au sublimé et au mélange de bichromate et d'acide osmique d'*Altmann* (voir § 473).

957. Pour la mise en évidence des **capillaires de sécrétion** dans les cellules glandulaires séreuses, et dans les croissants de **Giannuzzi**, on suit la méthode rapide de Golgi (voir § 853) et le procédé de coloration à l'hématoxyline à l'alun de fer de *Heidenhain* (voir § 344) : le protoplasme sera préalablement ou ultérieurement coloré avec la rubine. Le mélange triacide d'Ehrlich-Biondi (voir § 405) permet d'atteindre le même but.

Pour colorer les *croissants de Giannuzzi*, il convient d'avoir recours à la double coloration, par l'hématoxyline et l'éosine, de morceaux fixés avec l'alcool, le sublimé, etc. Les croissants apparaissent alors colorés en bleu.

958. Les cellules des **pièces intercalaires** d'*Ebner* prennent, avec le carmin et l'hématoxyline, une coloration plus intense que le reste de la glande.

959. La striation des parties basales des **conduits salivaires,** des glandes salivaires et du pancréas ne se saisit nulle part mieux que dans les préparations non colorées, traitées par l'acide osmique et par des mélanges de cet acide, et incluses dans la glycérine : celles que l'on a colorées et incluses dans le baume de Canada donnent des images moins nettes.

L'épithélium strié des *conduits salivaires* se colore, avec l'hématoxyline associée au rouge Congo, en rouge brun.

960. Dans la plupart des glandes salivaires (à l'exception toutefois de la parotide du lapin ou de la sublinguale du chien, par exemple), les conduits salivaires se colorent en brun foncé quand on les soumet en petits fragments à l'action de l'acide pyrogallique, et qu'on a soin de remuer, de manière à laisser pénétrer l'air. La coloration se maintient intacte dans l'alcool (*Merkel*, 1883).

961. Œsophage. — Pour une simple vue d'ensemble, on choisira l'œsophage de petits animaux. Chez les gros mammifères, il faut soit préparer à part la muqueuse et ne couper qu'elle, soit opérer l'inclusion dans la celloïdine, vu que ce n'est qu'avec grande difficulté qu'on parvient à inclure dans la paraffine des fragments coupés dans un segment d'œsophage humain.

962. L'étude de l'**estomac** et de l'**intestin** (voir § 520) se fait par les méthodes ordinaires de fixation, mais de préférence, par celle du sublimé. On a toujours soin de mettre quelques pièces de contrôle dans l'alcool. On prend des fragments aussi frais que possible, chez lesquels ne s'est opérée aucune autodigestion. On fixe en leur entier des morceaux de petite dimension, ou bien on coupe l'intestin. Il peut être nuisible de laver à l'eau.

S'il s'agit de fixer en masse de gros morceaux d'intestin, on injecte dans ce dernier un liquide fixateur, par exemple de l'acide chromique; l'injection est faite par une des extrémités, l'autre étant liée. Quand l'intestin est modérément rempli, on fait une seconde ligature au-devant de la seringue, et on plonge l'intestin dans une grande quantité du même liquide fixateur. Pendant la macération, on coupe les deux extrémités liées.

C'est avec le sublimé que l'on obtient les plus jolies préparations montrant la répartition des régions glandulaires de l'estomac; on conserve aussi, dans ce cas, l'épithélium superficiel (on se sert d'une seringue en verre). Si l'on veut opérer des coupes longitudinales totales dans l'estomac (et l'on choisira au début de très petits animaux) il est bon de ménager des petites fentes dans l'estomac fixé, afin de faciliter la pénétration des liquides dont on se sert pour l'inclusion.

963. *Müller* (1898) fixe la *muqueuse* de l'estomac avec le mélange de *Kopsch* (voir § 856) pendant vingt-quatre heures; il la durcit, plusieurs jours durant, dans le mélange de Müller et colore les coupes avec l'hématoxyline au fer et la rubine.

Cet auteur apprécie hautement la méthode de *Golgi* pour l'étude des glandes.

964. Pour examiner spécialement la muqueuse, il convient de la détacher avec un couteau tranchant, et de la tendre avec des aiguilles sur une plaque de liège. On laisse alors cette plaque flotter dans le liquide fixateur, la face portant la préparation tournée en bas.

965. A. *Laffont* (1909), dans ses recherches sur l'origine des *grains de kératohyaline* dans la muqueuse de la portion cardiaque de l'estomac du rat, a obtenu des résultats vraiment intéressants et nouveaux grâce à la méthode de coloration préconisée par *Regaud*. Il a fait mordancer ses coupes pendant vingt-quatre heures à l'étuve à 38° dans une solution d'alun ferrique à 4 °/₀ additionnée de 1 °/₀ d'acide sulfurique concentré ; il a coloré à l'hématoxyline à 0,5 °/₀ pendant vingt-quatre heures et a enfin différencié par l'alun ferrique à 2 °/₀.

966. Cellules glandulaires de l'estomac. — La double coloration hématoxyline-éosine se recommande surtout pour les coupes d'objets fixés au sublimé. Chez les vertébrés inférieurs, l'éosine colore les cellules granuleuses situées dans le fond des glandes, tandis que les cellules du col de ces glandes restent claires ; chez les mammifères, l'éosine colore les cellules bordantes (Belegzellen).

Les couleurs d'aniline acides semblent généralement colorer les cellules bordantes ; aussi peut-on combiner les couleurs d'aniline rouges avec l'hématoxyline et les bleues avec le carmin.

967. Quand l'estomac de l'animal est vide, les *cellules bordantes* sont petites ; les *cellules principales* moyennes, avec le noyau occupant leur base et un petit nombre de granulations dans le protoplasma (clair). A la cinquième heure de la digestion, les cellules bordantes grossissent légèrement et s'arrondissent, et les cellules principales grossissent également ; treize heures après le repas, ces deux espèces de cellules se rapetissent un peu, mais les principales apparaissent granuleuses et sombres (*R. Heidenhain*).

Après l'injection d'une faible dose de pilocarpine, les cellules principales deviennent grosses et claires ; s'il s'agit d'une forte dose, elles deviennent, au contraire, petites et granuleuses ; quant aux cellules bordantes, elles ne subissent aucune modification.

Le chloroforme provoque la formation de granulations dans les cellules bordantes (*Fichera*).

Pendant l'activité de l'organe, les granulations des cellules principales diminuent : elles augmentent dans la cellule au repos ; s'agit-il ici du nombre des granulations (*Langley* et *Lewall*) ou est-ce seulement leur volume qui se modifie (*Goll* et *Sokoloff*)? c'est là une autre question.

968. Il est essentiel d'étudier les **cellules glandulaires de l'estomac** dans des solutions isotoniques ; ces cellules, en effet, s'altèrent plus que d'autres dans les liqueurs fixatrices ; les granulations des cellules bordantes sont tout spécialement sensibles à leur action.

969. Les capillaires de sécrétion en forme de paniers (*Korbfœrmige Sekretkapillaren*) sont rendus visibles dans les **cellules bordantes** par la méthode de *Golgi* (*E. Müller*, 1892). *Zimmermann* (1898) les fixe avec la solution de sel. Les coupes séjournent de dix à quinze minutes dans un mélange composé de 100 parties de la solution physiologique de sel et de 200 d'alcool à 96°, et qu'on a le soin d'agiter constamment. Le chromate d'argent se transforme en chlorure d'argent.

On place alors les coupes pendant une demi-journée dans l'alcool à 75-96°, en les exposant à la lumière.

Coloration à l'hématoxyline et à l'éosine, ou à la fuchsine acide.

970. Les acides minéraux (acides nitrique, sulfurique, chlorhydrique à 0,5-5 %) troublent et ratatinent aussi bien les cellules bordantes que les cellules principales (l'acide nitrique *de moins de* 0,5 %, et l'acide acétique de 0,5 à 5 % provoquent le gonflement et l'éclatement des *cellules bordantes*); ce ratatinement est d'autant plus accentué que la concentration de ces acides est elle-même plus forte.

Si l'on vient à enlever l'acide avec de l'eau, les cellules bordantes s'éclaircissent, les cellules principales restent troubles et semblent se ratatiner encore davantage (*R. Heidenhain*, 1870).

971. L'acide osmique et le bichromate de potassium jouissent tous les deux de la propriété de faire apparaître les cellules bordantes granuleuses et les cellules principales plus homogènes.

Peut-être cette apparence granuleuse des cellules bordantes est-elle due à la présence d'un acide libre (voir § 95).

972. *Hématoxyline. — Rouge Congo.* — Des coupes de la muqueuse de la grande courbure de l'estomac, fixée dans l'alcool ou le sublimé, sont portées pendant une minute ou une minute et demie dans l'hématoxyline de *Bœhmer;* de là, quelques secondes, dans une solution aqueuse d'acide chlorhydrique à 1 $^0/_{00}$, et enfin, plusieurs minutes dans l'eau ; ou bien, si l'on veut obtenir une coloration bleue plus intense des noyaux et des cellules capitales (*Hauptzellen*), on les lave directement dans l'eau.

Après ces divers traitements, les coupes séjournent de deux à cinq minutes dans un verre de montre contenant une solution aqueuse diluée de *rouge Congo* d'un rouge foncé, mais très transparente. Elles sont ensuite lavées pendant un temps égal dans l'eau ou dans l'alcool dilué, jusqu'à ce que la préparation, chargée, tout d'abord, d'un excès de couleur, paraisse suffisamment dépouillée de cet excès de colorant.

L'alcool absolu opère ce dépouillement avec beaucoup de lenteur. Les cellules bordantes (*Belegzellen*) présentent alors une teinte rouge, et les cellules capitales (*Haupt-zellen*), une teinte bleuâtre.

Les cellules éosinophiles peuvent aussi être mises en évidence avec le rouge Congo (*Stintzing*, 1899).

973. *Loisel* (1898) insiste sur ce fait que le « *rouge Congo*, qui est un réactif très sensible, doit être employé avec beaucoup de circonspection. En effet, avec les composés du chlore, il se colore en bleu comme avec les acides ; d'un autre côté, en présence d'une liqueur ammoniacale, il ne change pas de couleur, avec l'acide carbonique, avec l'acide acétique ni avec l'acide lactique ».

974. Les épithéliums de l'estomac et de l'intestin peuvent s'étudier par les **méthodes de dissociation** indiquées aux paragraphes 504 et suivants ; l'acide osmique à 1 $^0/_{00}$ se recommande tout spécialement dans ce cas.

Les épithéliums de l'*estomac* se trouvent particulièrement bien du traitement du sublimé ; ceux de l'*intestin* réclament spécialement la fixation de la liqueur de *Flemming*.

975. On obtient des préparations intéressantes sous le

point de vue de l'**absorption de la graisse** avec des fragments d'intestin traités par la liqueur de Flemming; on s'inspirera toutefois avec fruit des instructions contenues dans le paragraphe 647.

La méthode de dissociation d'*Ewald* (voir § 510) convient très bien pour la mise en évidence de la graisse dans l'épithélium intestinal, chez un lapin qu'on aura nourri avec des aliments gras.

976. Dans l'étude de l'absorption de la graisse, il faut se rappeler les expériences faites par *Biedermann* (1898) sur des animaux qu'il nourrissait avec de la graisse colorée par l'alkanna. Cette substance, avant de pénétrer dans les épithéliums cylindriques, est décomposée en ses éléments (combinaisons solubles dans l'eau).

Il faut penser que la cellule de l'épithélium intestinal livre à son tour la graisse dans l'état même où elle l'a reçue. Aussi les gouttelettes graisseuses que l'on trouve dans les cellules de cet épithélium et dans presque tous les tissus de l'intestin, et qui ne sont évidemment, elles aussi, que des produits de décomposition de la graisse, auraient-elles une signification bien éloignée de la véritable « absorption de la graisse », telle qu'on l'entend en général. La synthèse des graisses neutres s'opère dans les cellules intestinales, dans des formations semblables aux *Trophoplastes* (*Altmann, Frank*).

977. On peut colorer vitalement, d'après les instructions de *G. Schmidt*, ces mêmes *granulations* qui président à la synthèse des graisses.

On fait avaler à une grenouille une solution à 0,1-1 $^0/_0$ de bleu de méthylène ; on la tue au bout de quatre heures ; puis on enlève et l'on incise son intestin qu'on lave dans la **liqueur de Ringer** :

Chlorure de sodium	8 parties
Bicarbonate de sodium	1 —
Chlorure de calcium	1 —
Chlorure de potassium	0,075
Eau	1.000

Les granulations se colorent alors énergiquement. Pour les fixer, on doit : 1° placer l'organe pendant vingt-quatre heures dans un mélange de picrate d'ammoniaque et d'acide osmique à 2 °/₀ (4 : 2) ; 2° six heures dans le molybdate d'ammoniaque à 10 °/₀ ; 3° laver deux heures à l'eau courante ; 4° faire passer de *très petits* morceaux successivement pendant cinq minutes dans les alcools à 70° 90°, 100°, préalablement saturés de picrate d'ammoniaque ; 5° exposer vingt-quatre heures les pièces dans l'huile de cèdre que l'on renouvellera souvent ; 6° les placer vingt-quatre heures à l'étuve dans de l'huile de cèdre saturée de paraffine ; 7° puis, les transporter dans la paraffine et enfin les y inclure.

Ce sont les mêmes granulations qui, actives pendant l'absorption de la graisse, mettent en réserve le bleu de méthylène : les Elaioblastes, formations que l'on peut rapprocher des Chromophores et des Trophoplastes.

978. Les **villosités** peuvent s'examiner à l'**état frais** (voir § 81 et suiv.) dans les liquides indifférents ; les villosités de souris et de chèvre, en particulier, se prêtent fort bien à cet ordre d'étude.

Avec toutes les méthodes de fixation en usage, on a à craindre la contraction des muscles qui occupent l'axe des villosités ; celle-ci peut avoir, par exemple, pour effet le détachement de l'épithélium, ou la production d'**artefacts**.

Dans ce cas, l'acide osmique donne des résultats assez satisfaisants.

979. Si l'on n'a pas incisé l'intestin, l'épithélium ne se détache presque pas, ou même pas du tout, car, dans ce cas, la musculature a perdu toute activité avant même que la liqueur fixatrice ait atteint les villosités. Si l'on a, au contraire, incisé l'intestin, on ne doit pas le fixer immédiatement, mais on le conserve quelque temps en le protégeant contre la dessiccation. Au bout d'une demi-heure, d'ailleurs, toute contraction a généralement disparu. Dans es cas difficiles, il faudra avoir l'attention attirée sur les poisons musculaires que l'on aura, avant la fixation, employés pour tuer l'animal.

980. La mucine (voir § 403) des *glandes mucipares* et des *cellules caliciformes* de l'intestin de différents animaux, se colore d'une manière plus ou moins intense par les colorants basiques dérivés du goudron de houille (dans le sens d'*Ehrlich*, voir § 352), par exemple par le bleu de méthylène et la thionine (consulter *Hoyer*, 1890).

981. D'après *Langley* (*Proc. Physiol. Soc.*, 2, 1889), les **granulations du mucus** subissent, à l'état frais, un gonflement très accentué dans la série des alcools (jusqu'à 70°); dans l'alcool d'un degré supérieur à 70, ces granulations dégénèrent en revêtant des formes irrégulières.

L'acide osmique à 0,5-2 % jouit de la même propriété. Le xylol lui-même, que l'on emploie dans l'inclusion à la paraffine, ne doit pas être indifférent.

Voici quelques solutions colorantes précieuses pour le mucus, que nous devons à *Paul Mayer* (1896).

982. **Mucicarmin** (carmin pour mucus) : carmin, 1 gramme ; chlorure d'aluminium, 0ᵍʳ,5 ; eau distillée, 2 centimètres cubes. — Chauffer deux minutes environ sur une petite flamme, jusqu'à ce que le mélange devienne tout à fait foncé. — Ajouter 100 centimètres cubes d'alcool à 50°. On peut se servir de cette solution mère : 1° directement ; 2° en l'étendant (5 ou 10 volumes d'alcool à 50° ou 60° pour 1 volume de la solution mère); mais il ne faut recourir qu'exceptionnellement à ces deux sortes de procédés. Dans la règle, il faut étendre la solution mère d'eau distillée ou ordinaire à raison de 10 volumes d'eau pour 1 volume de solution carminique, ce qui donne une solution finale de 1 de carmin pour 1.000 de liquide; ce colorant doit colorer en rouge uniquement le mucus dans les coupes ou les membranes minces. On peut colorer ensuite avec l'hémalun pour faire ressortir les noyaux.

983. Si les noyaux aussi se trouvent colorés, cela est dû à ce que le mucicarmin contient de l'acide libre; on le neutralisera en l'additionnant, goutte à goutte, d'une solution à 1 % de bicarbonate de sodium.

984. Muchématéine (hématéine pour mucus). On pulvérise 0gr,2 d'hématéine dans quelques gouttes de glycérine ; on y ajoute 0gr,1 de chlorure d'aluminium, 40 centimètres cubes de glycérine, et 60 centimètres cubes d'eau distillée.

Solut'on alcoolique : hématéine, 0gr,2 ; chlorure d'aluminium, 0gr,1 ; alcool à 70°, 100 centimètres cubes ; acide nitrique, 1 à 2 gouttes. On emploie les deux solutions pour la coloration du mucus sur les coupes ou les membranes minces.

985. *Hari* (1902) préconise, pour la « *coloration de la mucine* », une méthode qui est une modification de celle de Hoyer.

L'auteur est arrivé à colorer en rouge *toutes* les cellules contenant du mucus, y compris les cellules de l'épithélium de revêtement de la surface interne de l'estomac. Quoiqu'un peu compliqué, le procédé en question donne toujours d'heureux résultats.

On soumet aux manipulations suivantes les coupes de tissus inclus dans la celloïdine :

1° On se débarrasse des dernières traces de celloïdine par l'éther et un mélange d'éther et d'alcool ;

2° Il est nécessaire de faire complètement disparaître l'éther par l'alcool (cinq minutes) ;

3° On lave à l'eau (trois minutes).

4° On fait séjourner les coupes pendant dix à douze minutes dans une solution de chlorure de mercure (eau, 100 ; chlorure mercurique, 7 ; chlorate de potassium, 0,5) ;

5° On colore dans une solution aqueuse à 1 % de thionine pendant trois à quatre minutes ;

6° Première décoloration à l'eau pendant deux à trois minutes, jusqu'à ce que l'on voie se dégager la thionine en grande quantité ;

7° Seconde décoloration à l'alcool absolu pendant une ou deux minutes jusqu'à l'apparition de petites stries bleues ;

8° Dernière décoloration dans un mélange à parties égales d'essence de girofle et de xylol phéniqué (acide phénique, 1 ; xylol, 2), pendant une minute. On répétera cette opération plusieurs fois et on s'arrêtera lorsque les cellules contenant du mucus apparaîtront *rouges*, les autres cellules étant colorées en *bleu* ;

9° On se débarrassera des dernières traces d'acide phénique en laissant les coupes dans le xylol pendant une heure au moins et en changeant plusieurs fois ce liquide ;

10° Pour bien observer le contraste qui existe entre les cellules *rouges*, contenant du mucus et les autres cellules restées *bleues*, il faut se servir d'une lampe à incandescence. Ce contraste passe presque inaperçu, si l'on a recours à la lumière du soleil et à l'arc électrique.

986. *G. Delamare* (1893) recommande pour l'étude du *mucus* du tractus gastro intestinal, de la glande de Bartholin, etc., l'emploi d'une solution hydroalcoolique concentrée de rouge neutre (Grübler). Les noyaux sont teints en rouge plus ou moins vif, les hématies en jaune, les fibres conjonctives en jaune chamois, le mucus en *brun*.

La coloration est rapide (quinze minutes suffisent pour le matériel fixé à l'alcool, au sublimé ou au formol) et progressive. Pour éviter les mécomptes d'une décoloration ultérieure, il suffit de bien enlever l'alcool nécessaire à la déshydratation.

987. La *mucine* est soluble dans les alcalis faibles, par exemple dans l'eau de chaux, et peut y être précipitée par l'acide acétique. Le précipité ne se dissout pas dans un excédent d'acide acétique. Elle se précipite par l'alcool, mais ne se précipite pas à l'ébullition. Le mucinogène n'est pas coloré par l'hématoxyline, qui colore seulement la mucine. On peut, grâce à cette méthode, distinguer une glande en activité d'une glande au repos (*R. Heidenhain*, 1880).

Il ne faut pas perdre de vue, dans l'étude du mucus, que les mucines que l'on a pu jusqu'ici isoler (mucine de la sous-maxillaire du bœuf; mucine des gaines tendineuses et du cordon ombilical; mucine de l'helix pomatia), possèdent bien toutes en commun les propriétés les plus essentielles, mais que toutefois elles se distinguent les unes des autres par le degré de solubilité et par la plus ou moins grande facilité avec laquelle elles se précipitent.

988. Pour l'étude de la *Tunica propria*, voir § 930-§ 937 et § 992.

989. Les cellules de Paneth existent dans tout le territoire de l'intestin grêle, dans le cœcum et dans l'appendice, mais non dans le côlon. On ne les a observées ni chez le porc, ni chez le chien, ni chez le chat, mais bien chez l'homme, le lapin, la souris, le bœuf, le mouton. Les granulations des cellules de *Paneth* ne se colorent pas dans les colorants de la mucine ; elles sont sensibles à l'hématoxyline au fer, à la Rubine S, etc. La partie inférieure de ces cellules est basophile et se colore, par exemple, avec le bleu de toluidine. [*Klein* (1906).]

990. Tissu de soutien de l'intestin. — Pour l'étude de la distribution des fibres élastiques, on aura recours à la coloration par l'orcéine (voir § 623), ou bien au procédé de *Weigert* (voir § 620); — quant à l'ordonnance des fibrilles conjonctives, elle sera mise en évidence par la méthode de *Hansen* (voir § 611).

991. *Maas* (1899) colore tout d'abord *in toto* l'intestin (myxine) par le carmin boraté ; puis, il en colore les coupes dans une solution à $2\,^0/_{00}$ d'induline, pendant quatre heures : les noyaux deviennent rouges ; les cellules plasmatiques (*Plasmazellen*), et les muscles, roses ; le tissu conjonctif, bleu foncé.

Le même auteur (1899) obtient une différenciation du tissu conjonctif en soumettant l'organe aux manipulations suivantes : *a*) coloration en masse pendant deux à trois heures dans une solution de rouge Congo à environ $2\,^0/_0$ (rouge Scherry); *b*) lavage ; *c*) passage rapide à travers l'alcool faible dans l'alcool absolu ; *d*) coloration des coupes, pendant cinq à dix minutes dans une solution très faible (transparente) d'hématoxyline de Bœhmer. Le tissu conjonctif prend une teinte rouge particulière.

992. Pour l'étude du tissu de soutien de l'intestin, *Maas* (1899) recommande le procédé suivant : d'après la méthode décrite au paragraphe 636, il a recours à l'action digestive de la trypsine : à l'extrait de pancréas (de porc) il ajoute du rouge Congo, de telle façon que, à la fin de l'expérience, le tissu conjonctif non digéré se trouve déjà coloré. Si, au lieu d'opérer à la température ordinaire, on opère à 37-42°, un phénomène inverse se produit : au bout de deux heures, tout le tissu conjonctif est dissous ; tous les éléments cellulaires sont encore intacts (au bout de quatre à cinq heures, ils disparaissent à leur tour).

On a donc, d'après *Maas* (1899), avec le suc pancréatique, un moyen d'obtenir bien distincts entre eux tissu conjonctif et éléments cellulaires, mais aussi de mettre ces derniers en évidence, en les isolant du tissu conjonctif (matériel fixé).

993. Matériaux pour l'**étude des follicules** (voir aussi §§ 929 et suivants).

Parmi les meilleurs sont les plaques de *Peyer* qu'on soumet à l'examen microscopique, qu'on coupe ensuite et qu'on traite, par exemple, par la liqueur de Flemming. On opère sur l'intestin grêle et le cœcum de cobayes et de lapins; l'appendice vermiculaire contient une série continue de follicules.

Les follicules, ainsi traités, peuvent être coupés et colorés; il est alors possible de saisir les rapports qui existent entre les extrémités basales de l'épithélium et le tissu sous-jacent (notamment sur des préparations au baume de Canada).

994. La muqueuse intestinale des jeunes animaux est plus riche en tissu cytogène que celle des animaux âgés; ce tissu est très développé chez le porc, l'homme et le singe et, au contraire, peu abondant chez les solipèdes, les ruminants et les carnivores. [*Ellenberger* (1906).]

995. De petits morceaux frais de *pancréas* étendus avec précaution dans la solution physiologique de sel permettent de discerner les granulations de la zone interne (*Kühne* et *Lea*, 1874).

996. *Grand-Moursel* et *Tribondeau* (1901) recommandent pour la reconnaissance des îlots de Langerhans dans le *Pancréas* la *thionine de Nicolle* (solution concentrée de thionine dans l'alcool à 50°, 1 partie; solution aqueuse d'acide phénique à 2 %, 5 parties : on ne se sert de ce mélange qu'au bout de quelques jours). Cette thionine ne colore presque pas les îlots, et, en revanche, colore très vivement le reste du pancréas.

997. Pour rendre visibles par la coloration la **zone interne et la zone externe des cellules glandulaires du pancréas,** il existe deux procédés : la coloration de la zone interne, ou celle de la zone externe.

Pour colorer la zone externe, Heidenhain a proposé de faire agir comme colorant le carmin ammoniacal, sur des fragments fixés avec l'alcool (le carmin boraté donne, également, de bons résultats).

Pour colorer les granulations de la zone interne, on se trouve bien de faire usage, pour les préparations au sublimé, du mélange de vert de méthyle et d'éosine (voir § 401), ou de celui de vert de méthyle et de fuchsine acide (voir § 402), ou encore du mélange triacide d'Ehrlich-Biondi (voir § 403).

Dans les trois cas, les granulations deviennent rouges, la zone externe restant claire ; ces recherches se font particulièrement bien chez les Amphibiens (salamandre), et, aussi, mais moins bien cependant, chez les Mammifères, surtout en état de jeûne.

Le traitement par la liqueur de Flemming, la coloration par la safranine, le lavage dans l'acide picrique, ont pour résultat la coloration en rouge des granulations de la zone interne.

998. *Launoy* a spécialement étudié les granulations que l'on observe dans les *cellules* à enzyme (cellules gastriques, pancréatiques) et dans les cellules à venin (*grains de vénogène*) ; il les a désignées sous le nom de *caryozymogène*.

« Ces granulations, qui occupent toujours la région périnucléaire, sont destinées à fournir au cytoplasma un élément d'élaboration. Elles représentent l'apport figuré du noyau au cytoplasma. On les met en évidence de la façon suivante : triple coloration *hématéine-magenta-lichtgrün.*

« Les coupes sont fixées au liquide de Bouin, au liquide de Lindsay (bichromate de potassium à 2,5 % : 70 centimètres cubes ; acide osmique à 1 % : 10 centimètres cubes ;

bichlorure de platine à 1 %/o : 15 centimètres cubes ; acide acétique cristallisé : 5 centimètres cubes), ou au liquide de Tellyesniczky ; *de préférence dans ce dernier liquide*, dans lequel elles séjournent vingt-quatre heures. Le lavage à l'eau doit être rigoureusement effectué.

« 1° Coloration des coupes dans :

Hématéine...	1 gr. 50
Sulfate d'aluminium et de potassium............	0 — 50
Eau distillée...	100 cm³

« Les coupes séjournent dans ce liquide de quinze à vingt minutes ; on les lave à l'eau pendant une demi-heure à une heure, en surveillant la coloration ;

« 2° Différenciation dans l'alcool chlorhydrique (alcool à 70°, 1.000 centimètres cubes ; HCl pur, 33 gouttes) ; on différencie sous le microscope jusqu'à décoloration de la partie centrale des nucléoles ; les coupes sont encore lavées à l'eau pendant une demi-heure à une heure ;

« 3° Surcoloration dans :

Magenta..	Q. S.
Eau phéniquée à 5 %/o d'acide....................	100 cm³

« La surcoloration peut être *lente* : les coupes séjournent dans la liqueur pendant vingt-quatre heures, ou, au contraire, *rapide* : on inonde la lame de solution colorante et on la porte sur la platine chauffante à basse température, jusqu'à obtention de vapeurs ; on laisse pendant cinq minutes ou dix minutes ;

« 4° Lavage à l'eau, jusqu'à ce que celle-ci n'entraîne plus de colorant ;

« 5° Passage rapide dans :

Lichtgrün (de Grübler).............................	0 gr. 10
Alcool à 70°...	100 cm³

« 6° Différenciation dans :

Alcool à 100°...	100 cm³
HCl..	1 goutte

« Alcool pur, xylol, baume.

« Les coupes bien préparées ont une teinte bleu pâle par transparence.

« Dans ces conditions, dans le cytoplasma, les *grains de caryozymogène ou de vénogène* ont une couleur rouge rubis intense, les grains de prozymase ou de venin sont verts, les filaments d'ergastoplasma (caryozymogène ergastoplasmique) sont bleu noir, quelquefois brun marron (après fixation au sublimé).

« Dans le noyau, la chromatine quiescente est bleu foncé, bleu noir ; les nucléoles présentent un centre rouge vif, une périphérie formée par un anneau plus ou moins épais de même coloration que la chromatine. La chromatine différenciée (caryozymogène intra-nucléaire) est en granulations rouge rubis.

« Au lieu de magenta, on peut employer, en suivant la même technique, une solution de *safranine* suivant la formule de Zwaardemaker (safranine en solution alcoolique à saturation : 100 centimètres cubes ; eau anilinée à saturation : 100 centimètres cubes).

« Si l'on désire différencier dans le noyau la *pyrénine* de la *chromatine différenciée*, on emploiera la triple coloration *hématéine-safranine-orange* G, ou *hématéine-safranine-éosine.*

« On colore par l'hématéine et la safranine comme précédemment ; après lavage à l'eau, on passe rapidement les coupes dans :

Orange G	Q. S. pour saturer
Eau distillée	100 cm³

« Lavage à l'alcool, différenciation par l'alcool chlorhydrique, alcool à 100°, xylol, baume.

« Dans ces conditions, dans le cytoplasma, les grains de prozymase ou de venin sont jaune orange, les grains de caryozymogène, rouge safran intense ; les filaments basaux bleu foncé, quelquefois brun marron.

« Dans le noyau, la chromatine quiescente est bleue, ainsi que la zone nucléolaire périphérique ; la pyrénine est colorée en orange. Quelquefois aussi un certain nombre de granulations d'origine nucléolaire présentent cette teinte. La chromatine différenciée est rouge safran, comme les grains de caryozymogène ou de vénogène. »

999. D'après *Michaëlis*, le *Vert Janus* met en relief, dans le *pancréas* (et dans la parotide), non les granulations zymogènes, à la façon du rouge neutre, mais de nombreux petits filaments on bâtonnets droits ou courbés qu'elle colore, et colore seuls, en vert foncé. Cet auteur les croit, d'ailleurs, différents des filaments basaux de Solger. Cette coloration vitale, bien qu'un peu inconstante, a permis à *Laguesse* de retrouver ces mêmes corpuscules, avec les mêmes formes et les mêmes dispositions; mais l'élection étant très vive, sur un fond absolument incolore, ces corpuscules apparaissent encore plus distincts. (On dirait, déclare Laguesse, un Gram où le semis de bacilles seul serait resté coloré. Solution au 40.000e dans l'eau salée à 7 ou 8 °/oo, en couche mince dans un verre de montre. Une mince frange pancréatique isolée sur le vivant, s'y colore en trente-cinq minutes.)

Pour fixer les *grains de sécrétion* dans le pancréas (et les glandes séreuses, en général), *Laguesse* (1901) recommande la méthode suivante :

Liquide chromo-acéto-osmique (formule J) :

Acide chromique à 1 °/₀	8 cm³
— osmique à 2 °/₀	4 —
— acétique glacial	1 goutte

Ce liquide fixe en général les grains, alors que le liquide de Flemming ne les fixe pas.

On fixe vingt-quatre heures à la température du laboratoire (le mélange précipite à l'étuve); on lave à l'eau courante et on passe à la série des alcools. Ces fragments ayant une tendance à devenir durs et friables, il faut inclure et couper en quelques jours. De belles colorations sont possibles ensuite à l'hématoxyline au fer et au mélange : safranine-gentiane-orange.

1000. La *méthode de Golgi* (voir § 854) met en évidence les lumières et les conduits excréteurs des diverses glandes ; par exemple du pancréas et des glandes salivaires.

1001. *Plexus d'Auerbach et de Meissner.* — Ces deux plexus deviennent visibles sur des fragments d'intestin bien tendus, quand on les traite par la méthode de l'or (voir § 796). Ils se montrent encore, quelquefois, avec la coloration bleue, sur des fragments d'intestin fixés dans l'alcool et tendus, que l'on a colorés avec des solutions faibles d'hématoxyline (celle d'Ehrlich, par exemple ; voir § 335). (Le vinaigre de bois et l'acide acétique étendu, d'un usage ancien, permettent, eux aussi, d'atteindre ce but.) Sur des coupes, on a recours à la méthode de *Bielschowsky* pour l'étude des organes terminaux périphériques (§ 898).

CHAPITRE XII

FOIE

1002. Pour les besoins d'une simple **vue d'ensemble,** on s'adressera, tout d'abord, au foie du porc, que l'on se procure facilement. Cet organe montre des lobules polygonaux reliés entre eux par une grande quantité de tissu conjonctif interlobulaire.

Le foie de l'homme (comme celui du bœuf, du lapin, du cobaye, etc.) est loin de présenter des lobules aussi bien limités ; ils confluent très souvent de manière à former un lobule double et même triple, le tout enveloppé dans du tissu conjonctif interlobulaire, lequel peut, dans certaines circonstances, n'être que très faiblement développé.

L'examen du foie d'embryons et de fœtus offre d'autant plus d'intérêt que nous apprenons, grâce à lui, que la division en lobules n'y est pas du tout accentuée, ou l'est, en tous cas, moins que dans le foie de l'adulte ; en outre, le tissu cytogène est bien plus abondant que dans ce dernier.

1003. Le choix des méthodes dépend de l'objet que l'on a sous les yeux : *cellules hépatiques, vaisseaux sanguins, capillaires biliaires, tissu conjonctif* hépatique. Presque tous les procédés de fixation, mis en usage dans les recherches générales, fournissent des images favorables à une étude en gros ; toutefois, il faut s'abstenir des sels chromiques, parce que les noyaux des cellules hépatiques contiennent une quantité extrêmement faible de chromatine, et que cette substance est soluble dans les sels de chrome. Les colorations avec l'hématoxyline donnent les meilleures images. La différenciation dans les cellules hépatiques (grenouille) en protoplasma et paraplasma de *Kupffer*, s'obtient par l'acide osmique et la liqueur chromo-acéto-osmique de Flemming.

1004. Lorsque l'on colle le foie avec l'eau ou l'albumine, les coupes se détachent souvent de la lame, et cela pour des raisons inconnues. S'il s'agit d'objets précieux, on suivrait les instructions du paragraphe 278.

1005. On dissocie les **cellules hépatiques et les cordons hépatiques** en suivant les instructions de *Heidenhain* (1903) : avec un scalpel, on gratte la surface d'un foie pauvre en tissu adipeux et bien frais, et l'on traite pendant vingt-quatre heures les petites particules ainsi obtenues avec l'alcool au 1/3 ; puis on les dissocie sur le centrifugeur (§ 513). Les lapins ont, d'après Levi, de très grandes cellules hépatiques (24 μ).

1006. Les cellules hépatiques d'un foie emprunté, vingt-quatre heures après la mort, à un animal non ouvert, se laissent bien plus aisément dilacérer avec des aiguilles montées que celles d'un foie étudié immédiatement après la mort.

1007. L. *Launoy* (1910) a démontré la présence dans la cellule hépatique du lapin normal de **nombreuses granulations (corps lipoïdes)**.

Sur des dissociations *fraîches*, elles se colorent électivement en bleu par les solutions diluées (1/10.000) de bleu crésyl brillant ; dans les mêmes conditions, les solutions de sulfate de bleu de Nil au $^1/_{10.000}$ les colorent en vert clair ; les solutions au $^1/_{100}$ les colorent en bleu franc, donc sans métachromasie.

Dans le cas de cellules en dégénérescence ou en surcharge graisseuse, l'auteur a obtenu d'excellents résultats avec le procédé suivant : *Fixation* pendant vingt-quatre ou quarante-huit heures dans un grand excès de bichromate de potassium (2,5 %), acétifié (1 %); lavage soigneux à l'eau courante pendant vingt-quatre heures; déshydratation, inclusion par les procédés habituels. Coloration des coupes (5 μ) pendant vingt-quatre heures par la solution de Giemsa à 10 %, décoloration à fond par l'alcool absolu, toluène, baume.

Dans les cellules hépatiques traitées par ce procédé, ces mêmes granulations apparaissent d'un vert brillant ; elles tranchent sur le fond rose ou violacé du protoplasma (ces granulations seraient indépendantes des formations mitochondriales). La coloration est élective.

1008. Les **vaisseaux sanguins** du foie s'injectent généralement par la veine porte (voir § 910), après ligature de la veine cave inférieure. On peut aussi injecter par l'artère et par les veines.

1009. Les **voies biliaires** peuvent aussi être mises en évidence par la *méthode de l'injection ;* le procédé le meilleur consiste dans l'emploi du bleu de Prusse dans l'eau, employé en solution concentrée ; on injecte soit par le canal hépatique, soit par le canal cholédoque. Dans ce dernier cas, la masse d'injection se dirige tout d'abord vers la vésicule biliaire, et ce n'est qu'après qu'elle l'a remplie et distendue qu'elle se répand par le canal hépatique dans le foie. De cette manière on évitera toute pression exagérée, car la vésicule biliaire se charge de la régulariser. Trop souvent cette injection ne donne que des résultats peu satisfaisants. On a à se garder des extravasations, et, dans les cas les plus heureux, on ne parvient à injecter, dans des portions tout à fait limitées du foie, que des régions restreintes du lobule, généralement celles de la périphérie. *Ranvier* injecte chez les petits animaux les capillaires biliaires par la vésicule.

1010. On met en évidence les capillaires biliaires par le procédé de coloration de *Heilmeyer*, qui a suivi les instructions du paragraphe 877 (deuxième moitié).

1011. Une autre méthode, historiquement plus ancienne,

est celle de l'**auto-injection physiologique vitale** de *Chrzonszczewsky* (1864 et 1866) :

On injecte dans la veine jugulaire externe une solution aqueuse saturée de carmin d'indigo, en trois fois dans l'espace de une heure et demie (la dose employée chaque fois sera, pour le chien, de 50 centimètres cubes ; pour le chat, de 30 centimètres cubes et, pour un lapin adulte, de 20 centimètres cubes). Au bout de ce temps, on tue l'animal, et on fixe de petits fragments de foie soit avec l'alcool absolu, soit avec le chlorure de potassium, soit enfin, en injectant par la veine porte les vaisseaux sanguins avec une solution aqueuse saturée de ce dernier sel.

On peut aussi injecter, après coup, les vaisseaux avec la gélatine carminée et faire durcir alors dans l'alcool ; on obtient, dans ce cas, à côté les uns des autres les capillaires biliaires, injectés naturellement avec le carmin d'indigo, et les vaisseaux sanguins injectés avec la gélatine carminée.

Vient-on à couper le foie ainsi fixé, on trouve, si on a tué l'animal au bon moment, les capillaires biliaires tout remplis par le carmin d'indigo qui s'y est introduit après être sorti des vaisseaux sanguins et lymphatiques, et avoir traversé les cellules hépatiques.

1012. Chez la grenouille, la marche est plus simple : on injecte dans le cœur lymphatique de l'animal 2 centimètres cubes environ d'une solution aqueuse de carmin d'indigo ; au bout de deux heures, on tue l'animal ; après quoi, on fixe le foie d'après la méthode précédente, et on procède aux manipulations ultérieures.

1013. Mise en évidence des **capillaires biliaires** par le **bichromate d'argent** (*Bœhm A., v. Kupffer*, 1889).

Des fragments de foie bien frais, dont la dimension ne doit pas dépasser 1 centimètre cube, sont plongés, durant trois fois vingt-quatre heures, dans la liqueur suivante, recommandée par Ramon y Cajal pour d'autres usages :

4 volumes d'une solution à 3 % de bichromate de potassium ;

1 volume d'une solution à 1 °/₀ d'acide osmique.

De là ils passent et séjournent de vingt-quatre à quarante-huit heures dans une solution aqueuse à 3 4 °/₀ de nitrate d'argent ; après quoi, on les lave dans l'eau distillée, on les fait durcir, après coup, dans l'alcool, et on les coupe. Les *capillaires biliaires* apparaissent d'une façon très nette.

1014. Un morceau de foie d'un animal tout récemment tué est fixé, au moyen de bichromate de potassium en solution, dont la concentration s'élève rapidement de 2 °/₀ à 5 °/₀. Au bout de trois semaines, on le porte dans une solution à 3,4 °/₀ de nitrate d'argent, on l'y étend fortement durant quelques jours, une semaine, et on voit encore se colorer les **capillaires biliaires**. (*Oppel*, 1890.)

1015. *Brans* (1896) traite les capillaires biliaires par le nitrate d'argent (méthode rapide de Golgi, § 532) après les avoir fixés dans un mélange de 1 partie de formol avec 3 de liquide de Müller (pour les foies riches en graisse) ou d'acide chromique à 1/3 °/₀.

On peut souvent obtenir un succès en transportant à nouveau, après des semaines, les petits morceaux de la solution chromique dans l'argent.

Voir à ce sujet le procédé de Kopsch 1856, § 856.

1016. Le *foie d'Acanthias*, qui est très riche en graisse, est fixé avec succès par *Holm* 1897 dans le mélange : alcool, 3; chloroforme, 1. Inclusion dans la paraffine.

1017. Il est possible de colorer les capillaires biliaires soit par la méthode à l'hématoxyline à l'alun de fer de M. Heidenhain (voir § 344), soit par le mélange triacide d'Ehrlich-Biondi (voir § 405). Voir aussi R. *Krause* 1893, E. *Müller* 1895.

1018. *F. Behrens* 1898 recommande, pour la mise en évidence des *capillaires biliaires*, de faire macérer pendant quatre à cinq jours des coupes de tissus fixés au formol dans le liquide suivant, dû à *Merkel* : 100 parties d'eau qu'on fait bouillir avec 2,5 parties d'alun de chrome, et auxquelles on ajoute 5 parties d'acide acétique et 5 parties d'acétate de cuivre; on oxyde alors avec le permanganate de potassium; on réduit avec le sulfite de sodium et l'acide formique; on lave à l'eau, et on colore au violet de méthyle. On rend, par le formol, le contenu des capillaires biliaires difficilement soluble par l'eau et l'alcool. Ainsi, il est possible de conserver ces capillaires avec leur contenu.

1019. Mise en évidence du tissu conjonctif du foie (*Kupffer*, 1876) (procédé qui n'a qu'un intérêt historique).

On fait, au moyen du double couteau, des coupes dans un foie bien frais, et on les lave dans une solution de chlorure de sodium à 0,6 %; on peut encore, ce qui est préférable, les traiter pendant un quart d'heure par une solution diluée d'acide chromique (0,05 %) et, de là, les porter dans une solution très étendue de chlorure d'or, suivant la formule de Gerlach :

Chlorure d'or............................	1 partie
Acide chlorhydrique......................	1 —
Eau.....................................	10.000 —

où on les laisse séjourner, à l'abri de la lumière, jusqu'à ce qu'elles aient pris une teinte rouge ou rouge violet. Dès cette coloration obtenue, au bout de quarante-huit heures ou plus, les coupes sont susceptibles d'être soumises à l'examen.

Il n'est pas bon, pour le but que l'on poursuit, de faire usage de solutions fortes, de 1/4 à 1/2 % par exemple, du sel d'or, et de hâter, par suite, le traitement de la coupe. Le lavage préalable avec l'acide chromique dilué n'est certes pas une condition *sine quâ non* de succès; mais il y contribue essentiellement. L'examen des coupes se fait dans la glycérine acidulée par l'acide chlorhydrique sur le porte-objet.

1020. Cette méthode, qui permet l'emploi d'un microtome à congélation (P. *Rothe*) a aussi, dans certaines circonstances, pour résultat, la mise en évidence des *cellules étoilées de Kupffer* (voir § 1022).

1021. Des fragments du tissu conjonctif du foie apparaissent aussi, si l'on fait séjourner des morceaux de foie bien frais, d'un volume de 1 centimètre cube, mais pas au-dessus, pendant deux à trois fois vingt-quatre heures dans une solution à 1/2 % d'acide chromique, pour les porter ensuite pendant un à deux jours dans une solution à 1/2 % de nitrate d'argent. Ces morceaux, après avoir été lavés quelques minutes à l'eau distillée, peuvent être durcis dans l'alcool et être coupés. Ce réseau intralobulaire apparaît, à la lumière transmise, d'un noir se détachant sur le fond qui est incolore [*Bœhm A.*, *v. Kupffer* (1889) (voir § 1026].

1022. Nouvelle méthode de *Kupffer* (1899) pour les cellules étoilées :

On fait dissoudre dans 10.000 parties d'eau distillée 1 partie de

chlorure d'or et 1 partie de formol (contenant 40 °/₀ de formaldéhyde); ce formol doit être frais.

Des coupes de foie faites au double couteau sont placées tout
d'abord pendant dix minutes dans une solution très faible d'acide
chromique (1 pour 10.000); puis, on les transporte dans la solution précédente.

Les coupes y sont disposées et étendues en une couche unique
dans de petits bocaux de verre plats où le liquide atteint une
hauteur de 3 centimètres. Au bout de trente-six heures, ou plus
tard, la coloration survient; les cellules étoilées apparaissent
noires.

Les coupes peuvent être portées à travers l'alcool et le toluène
dans le baume; mais, généralement, leur teinte foncée s'accen-
tue.

Il ne faut pas opérer sur des foies contenant du tissu adipeux,
car les gouttes de graisse se colorent également en noir.

Cette méthode est beaucoup plus sûre que celle décrite au
paragraphe 1020.

1023. Voici un autre procédé qui permet de mettre en
évidence ces cellules étoilées. On injecte dans la veine
jugulaire d'un lapin environ 1/5 de gramme d'encre
de Chine bien broyée dans 10 centimètres cubes de la
solution physiologique de sel ; on tue l'animal au bout de
vingt-quatre à trente-six heures ; on fixe convenablement
le foie et on coupe : on trouve alors les cellules étoilées
remplies d'encre de Chine.

On obtient le même résultat en injectant cette même
substance dans un sac lymphatique de la grenouille ou
dans la cavité abdominale d'une souris. Le cinabre ne peut
pas remplacer avantageusement l'encre de Chine (voir
Kupffer, 1899).

1024. *Cohn* injecte à un lapin, dans la veine marginale
de l'oreille, 1 gramme d'argent colloïdal Credé, dissous
dans 5 centimètres cubes d'eau. Déjà, au bout de trois
minutes, on trouve dans beaucoup de cellules étoilées de
petits granules noirs d'argent déposé. On saigne l'animal
au bout d'une heure ; on fixe le foie dans l'alcool et l'on
coupe. Coloration possible.

Ribbert injecte, pour mettre en évidence les cellules étoilées, une solution aussi concentrée que possible de carmin
au lithium (§ 621) (un lapin reçoit, en neuf jours, 27 centimètres cubes de la solution).

1025. *Heilmeyer* a montré que dans certaines conditions
le tissu conjonctif intralobulaire est colorable avec la méthode de *Pal*. Son procédé réussit plus souvent que celui
de *Kupffer*.

1026. Mise en évidence du tissu conjonctif *intralobulaire* d'après *Oppel* (1890 et 1891) (plus sûre que par la méthode du paragraphe 1021).

Plonger pendant vingt-quatre heures des fragments de
foie fixés par l'alcool dans une solution aqueuse à 5 $^0/_0$ de
chromate jaune de potassium ; les laver dans une solution
très faible de nitrate d'argent, dans laquelle quelques
gouttes seulement d'une solution à 3/4 $^0/_0$ sont mélangées
dans 36 centimètres cubes d'eau distillée ; les plonger avec
une seconde solution à 3/4 $^0/_0$ de ce même sel. Au bout de
vingt-quatre heures, les réseaux fibreux intralobulaires
(**fibres grillagées**), qui enveloppent les capillaires se sont
colorés dans le foie. On fait séjourner les morceaux, quelques
heures, dans l'eau distillée, puis dans l'alcool. Il est loisible
d'opérer l'inclusion dans la paraffine ; mais il vaut mieux
faire les coupes à main levée. Ces dernières, même relativement épaisses (30-40 μ), peuvent être utilisées pour l'étude
des réseaux fibreux intralobulaires. Un fait constant est
que les *bords* seuls se colorent ; c'est là le défaut de la
méthode. Aussi faut-il opérer les coupes parallèlement
à un des bords du morceau dans le voisinage de sa
surface.

1027. Les **fibres grillagées** d'Oppel (tissu conjonctif
intralobulaire) sont très sûrement et nettement mises en
évidence par la méthode *Bielschowsky-Maresch* (§ 617).
Voir aussi la méthode de *Mall*; voir aussi § 640.

1028. La méthode des coupes au pinceau, ou la méthode
des secousses dont nous avons parlé à propos des ganglions

lymphatiques, permet de mettre en évidence le tissu conjonctif interlobulaire.

1029. Voici comment *Ranvier* procède à l'étude du **glycogène** du foie ; il nourrit un chien pendant deux jours avec des pommes de terre bouillies, qu'une addition de graisse rend savoureuses ; puis, il le tue, et coupe avec un microtome à congélation de petits fragments de son foie. Il plonge les coupes dans le sérum iodé (voir § 84) et les y examine. Le glycogène s'y montre tout d'abord à l'état de diffusion dans la cellule hépatique ; mais il se pelotonne plus tard en masse irrégulière. Plus tard encore, il se présente à la surface des cellules hépatiques.

Ces coupes offrent la réaction du glycogène sur l'iode que trahit sa teinte rouge de vin ; on peut alors les enfumer dans les vapeurs de l'acide osmique, et les fixer ainsi au bout de vingt-quatre à quarante-huit heures. La coloration rouge de vin disparaît totalement plus tard.

1030. Le glycogène fixé avec l'alcool s'unit avec l'acide tannique ; cette combinaison est soluble dans l'eau, mais peut devenir insoluble après le traitement par le bichromate de potassium. C'est sur ce principe qu'est basée la méthode suivante de *A. Fischer* (1905) : Fixation dans l'alcool. Les objets inclus dans la paraffine sont coupés, puis collés avec de l'albumine sur le porte-objet ; ils passent ensuite dans le toluène et l'alcool et, de ce dernier, directement dans une solution à 10 % de tanin où ils séjournent dix à quinze minutes ; on lave très rapidement avec une solution à 1 % de bichromate de potassium et l'on transporte les coupes de dix à quinze minutes dans une solution à 10 % de bichromate.

Le glycogène est ainsi devenu insoluble et l'on peut alors le traiter avec des solutions aqueuses. — Coloration avec des colorants basiques, par exemple la safranine, dissoute dans l'eau d'aniline. — Voir aussi *Diessen*.

1031. Pour mettre en évidence les **nerfs** dans le *foie*, *Berkley* (1893) recommande la méthode suivante :

Des bandes de 1/2 à 1 millimètre de largeur de l'organe frais séjournent de quinze à trente minutes dans une solution aqueuse d'acide picrique allongée de son volume d'eau très chaude, puis elles passent dans une solution de bichromate de potassium et d'acide osmique à 2 % (100 : 16) et y restent, à l'obscurité, pendant quarante-huit heures à une température de 25°C. (Cette solution doit être exposée quelques jours au soleil *avant* d'être employée.) — Les objets sont alors traités pendant cinq à six jours par une solution aqueuse à 1/4-3/4 % de nitrate d'argent, puis lavés et coupés (inclusion rapide dans la celloïdine). On les soumet enfin à l'essence de bergamote et au xylol-baume de Canada.

CHAPITRE XIII

ORGANES DE LA RESPIRATION
GLANDE THYROÏDE ET THYMUS

1032. **Le larynx** et la **trachée** (voir § 816), pris sur des animaux jeunes et aussi sains que possible, sont excellemment fixés par la liqueur de *Flemming* ; mais celle-ci n'est pas la seule : le sublimé, l'acide chromique et l'alcool, par exemple, donnent, eux aussi, des images tout à fait satisfaisantes.

Les cartilages du larynx et ceux de la trachée d'animaux âgés sont souvent calcifiés, et, partant, difficiles à couper en entier. Dans ce cas, on commence par fixer la muqueuse ; puis on l'enlève avec précaution, on l'inclut et on la coupe isolément ; ou bien encore on commence par inclure en masse le larynx dans la paraffine (molle) et on coupe ensuite avec un couteau les parties cartilagineuses dures. Ce dernier procédé est préférable. Si l'on a affaire à de gros larynx, on devra effectuer les coupes (totales) dans la celloïdine.

Les fragments préparés avec la liqueur de *Flemming* (voir § 128) sont coupés et colorés par la safranine. Indépendamment de la coloration des noyaux par la safranine, on obtient celle en brun des cellules caliciformes, et celle en rouge brun des réseaux élastiques du stratum proprium de la muqueuse et de la sous-muqueuse.

Après le sublimé, l'acide chromique et l'alcool, on peut, avec succès, employer la coloration en masse avec le carmin boraté.

1033. On peut, en examinant à la loupe la surface de l'épithélium (§ 659), se rendre compte de la distribution des épithéliums vibratile et pavimenteux.

1034. *A. Branca* (1899), dans son étude sur la *Trachée* du cobaye, s'est fort bien trouvé de la méthode suivante : il verse une solution de sublimé, saturée à chaud, sur un excès d'acide picrique cristallisé. A 300 centimètres cubes d'une pareille liqueur il ajoute, au moment de l'emploi, 50 centimètres cubes de formol à 40 % et 5 centimètres cubes d'acide acétique cristallisable. Les pièces séjournent dans cette solution pendant vingt-quatre heures ; elles sont lavées à l'eau courante, puis durcies dans des alcools de degré progressivement croissant.

Lorsqu'on doit fixer des pièces de taille relativement volumineuse dans un tel réactif, il est bon de les laver successivement dans des alcools chargés, les uns de teinture d'iode, les autres de carbonate de lithine. L'iode enlève les cristaux de sublimé ; le carbonate de lithine facilite l'extraction de l'acide picrique, mais de telles précautions sont tout à fait inutiles quand on prend soin de fixer des tissus réduits en menus fragments.

1035. Si l'on a spécialement en vue l'étude des **glandes**, on fixe soigneusement, par exemple, avec la liqueur de *Flemming* ; on isole la muqueuse à l'aide du rasoir, on procède à l'inclusion, on coupe et on colore avec l'hématoxyline, dont on peut combiner l'action avec celle de l'éosine (voir § 383).

1036. Il va de soi que l'épithélium vibratile et l'épithélium pavimenteux des voies respiratoires peuvent être examinés aussi bien à l'état frais qu'après macération (voir §§ 504 et suivants) (l'alcool au tiers de Ranvier doit être préféré).

1037. Le choix de matériaux pour l'étude du **poumon** est assez délicat, les pièces pathologiques étant très nombreuses.

1038. Pour saisir les relations des plus petites bronches du conduit alvéolaire avec l'infundibule, on doit pratiquer des coupes perpendiculaires à la surface du poumon.

1039. On réussit à rendre visible **l'épithélium respira-**

toire si difficilement observable d'ordinaire, en injectant le poumon avec une solution de nitrate d'argent que l'on introduit par les bronches. Voici comment on s'y prend (*F.-E. Schulze*, 1871, et *Kœlliker* 1881): On injecte une solution à 0,05 % de nitrate d'argent par la trachée ou par une grosse bronche dans le poumon que l'on a, sans le blesser, enlevé à l'animal. Cela fait, on lie la trachée au niveau de la pointe de la canule, et on plonge ensuite le poumon ainsi injecté dans une solution à 1/2 % du même sel. Au bout d'une heure à peu près, on fait des coupes de cet organe et on les conserve dans l'alcool à 80 % environ. On peut aussi déposer le poumon tout entier dans l'alcool et ne le couper que plus tard. On inclut dans la paraffine de petits fragments de poumon, et on les coupe ; on évitera le collage à l'albumine à cause de la propriété qu'a cette substance de s'obscurcir avec le temps. On expose les coupes à la lumière, et elles ne tardent pas à montrer, sous l'aspect de lignes noires dues à la réduction du sel d'argent, les épithéliums des alvéoles, aussi bien que les conduits alvéolaires. On pourra colorer les noyaux (hématoxyline ou safranine).

1040. *Kopsch* (1906) recommande le procédé suivant : Un petit animal est décapité ; ses poumons sont enlevés et injectés par la trachée avec une solution à 0,25 % de nitrate d'argent ; on les maintient, dans l'obscurité, plongés vingt-quatre heures, dans une semblable solution de nitrate, puis on les transporte dans une solution faible de formol (3-4 centimètres cubes de formol pour 100 centimètres d'eau). Le formol se trouble, ce qui nécessite le renouvellement de la solution au bout d'une heure. Après un séjour de douze à vingt-quatre heures dans ce dernier bain, on effectue facilement les coupes avec le microtome à congélation. Celles-ci sont alors exposées, à la lumière, dans l'eau, afin d'obtenir une réduction définitive de l'albuminate d'argent. Les coupes sont déshydratées, etc.

1041. Les **fibres élastiques** des alvéoles pulmonaires s'étudient sur des préparations fraîches et traitées par la lessive de potasse (voir § 619) ; mais on obtient aussi de bons résultats de la macération d'alvéoles pulmonaires dans l'alcool au tiers, que l'on peut colorer après coup, sur le porte-objet, par le picrocarmin.

1042. Sur des coupes, on peut colorer les fibres élastiques (larynx, trachée, bronches, poumon) soit par la méthode de l'orcéine (voir § 623), soit par le procédé de Weigert (voir § 620).

1043. *Orsós* injecte le poumon avec une solution alcoolique de formol :

Solution de formol à 8 %..................... 70 parties
Alcool à 96°......................... 30   —

Après une fixation de deux à trois jours, le poumon est porté dans l'alcool à 96° qui doit être souvent renouvelé ; puis, on le débite en morceaux qui ne doivent pas être trop épais et que l'on colore pendant trois heures dans le réactif de Weigert (coloration de l'*élastine*). — On différencie une demi-heure à 1 heure avec l'alcool acidulé, avec l'acide chlorhydrique et ensuite une demi-heure à une heure avec une solution à 0,5 % d'acide chromique ; après quoi, les morceaux, lavés et déshydratés, sont inclus dans la paraffine et coupés.

1044. Les **vaisseaux du poumon** se laissent injecter avec une facilité relative par un mélange composé de gélatine et de carmin, ou de bleu de prusse (voir § 910 et suivants) ; mais, chez les Amphibiens, par exemple, on peut observer sur le vif les vaisseaux sanguins remplis de leur liquide (voir *Circulation du sang*, §§ 597 et suivants).

1045. *A. Juillet* (1912) fixe sur place le poumon des oiseaux par les trois procédés suivants :

1° *Injection de nitrate d'argent.* — On injecte dans un oiseau une solution de nitrate d'argent en se servant de l'appareil à pression continu (c'est une soufflerie de thermo-cautère produisant dans un flacon rempli d'alcool une pression susceptible d'être réglée à volonté et que l'on peut évaluer avec un manomètre à mercure. Les pressions extrêmes employées évoluaient entre 8 et 10 centimètres de mercure). On maintient la pression pendant quelques minutes, puis on enfonce une canule piquante dans les sacs diaphragmatiques postérieurs ou abdominaux : le nitrate d'argent s'échappe par la canule. On fait alors passer à sa place un courant d'eau distillée, puis un courant d'alcool, et sans attendre davantage, on coupe l'animal en arrière de la dernière côte : on enlève le thorax, les ailes, les jambes et le cou, et on plonge la pièce dans l'alcool où elle achève de se durcir. On procéderait de même avec le liquide de Renaut (voir § 1099), mais sans faire de lavage à l'eau.

2° *Fixation au liquide de Zenker.* — On pousse le liquide de Zenker (voir § 150) dans la trachée, et on lie cette dernière. S'il s'agit d'un petit oiseau, on le plonge en entier dans ce fixateur en se contentant d'enlever les jambes et les ailes. Douze heures après, on porte dans l'eau comme d'habitude, on passe dans l'alcool iodé, puis dans les alcools successifs, et on dégage le poumon que l'on conserve seul.

3° *Fixation au liquide de Flemming.* — L'injection est faite avec du liquide de Flemming (voir § 128) ; puis l'animal, s'il est petit, étant rapidement débarrassé des ailes et des pattes, sectionné en arrière de la dernière côte, est plongé dans le fixateur précité. On l'y laisse pendant plusieurs jours de façon à obtenir la décalcification du squelette ; puis on lave à l'eau, on déshydrate par l'alcool et on peut faire des coupes totales des poumons en place.

1046. On fixe de tout petits fragments de la **glande thyroïde** dans la solution de Flemming (voir § 128) : on les y laisse de une à trois heures (*sic*) ; puis, on les lave pendant vingt-quatre heures dans de l'eau distillée souvent renouvelée, et on les traite par l'alcool graduellement concentré (70 %, 90 % 96 %).

On coupe et on colore soit en masse avec l'hématoxyline de *R. Heidenhain* (voir § 341), soit, et cela avec grand succès, avec la liqueur d'Ehrlich-Biondi (Voir § 405) (*Langendorff*, 1889).

1047. La substance colloïde a un aspect homogène; elle ne se trouble pas sous l'action de l'alcool et de l'acide chromique; contrairement au mucus, elle ne se coagule pas par l'acide acétique; enfin, elle se laisse colorer par beaucoup de colorants, par exemple par l'hématoxyline.

La substance colloïde se gonfle dans l'*acide acétique*, et revient à son volume primitif par un lavage dans la solution physiologique de sel. Elle se gonfle aussi dans l'acide chlorhydrique à 1/5 $^0/_0$, mais à un degré moindre.

La lessive à 33 $^0/_0$ de potasse caustique, ou bien une lessive contentrée de soude amène dans la colloïde un gonflement moins sensible; mais une simple addition d'eau la fait se décomposer, *avant* même que le tissu conjonctif ne soit dissous; elle se dissout lentement dans la lessive à 10 $^0/_0$ de potasse caustique, et se ratatine légèrement sous l'action de l'acide nitrique.

1048. La technique du **thymus** se relie étroitement à celle des ganglions lymphatiques. Comme matériaux d'étude, on choisira particulièrement des thymus de fœtus. Les corpuscules de *Hassal* sont visibles chez le cobaye, à tout âge de cet animal (*Renaut*, 1899).

1049. *Max Cheval* (1908) traite ainsi le thymus de chiens relativement âgés : il prend dans le thymus des fragments aux parties supérieure, moyenne et inférieure de l'organe et les fixe au liquide de Bouin. Les coupes sont colorées tantôt par l'hémalun-éosine, tantôt par l'hémalun -- picrate d'ammonium (remplaçant l'acide picrique), — fuchsine; tantôt par la méthode à l'alun ferrique de Heidenhain.

1050. *R. Crémieu* (1912), grâce aux derniers perfectionnements de la *technique radiologique*, a pu provoquer dans le **thymus**, par la rœntgénisation, des modifications dont l'étude éclaire d'un jour nouveau l'*histologie* et l'*histophysio-*

logie de cet organe, et qui avaient échappé en partie à ses prédécesseurs, ou avaient été inexactement interprétés par eux. (Pour tous les détails, consulter la *Thèse de R. Crémieu;* voir notre *Bibliographie.*)

CHAPITRE XIV

REINS ET VOIES URINAIRES. CAPSULES SURRÉNALES

1051. *Policard* et *Garnier* (1905) ont publié des observations très précieuses sur les **altérations cadavériques** que subit la **substance du rein** chez le rat.

Les corpuscules de *Malpighi* s'altèrent tout d'abord, deux à quatre heures après la mort, les épithéliums du glomérule et de l'ampoule devenant troubles. Déjà, au bout de vingt à trente minutes, les bâtonnets basaux de *Heidenhain* montrent des granulations grossières; le protoplasma des cellules des tubes contournés est basophile, et leur noyau, acidophile. La bordure en brosse, contrairement à l'opinion de beaucoup d'histologistes, n'est que peu éprouvée; elle disparaît très tard et, quatre heures après la mort, elle apparaît plus nettement encore. A partir d'un quart d'heure, on distingue dans la lumière des tubes urinifères de petites sphères hyalines, tout d'abord dans les tubes contournés et plus tard dans la région distale. Les anses de *Henle* s'altèrent moins rapidement; le segment intermédiaire de *Schweigger-Seidel* est beaucoup moins altéré que les tubes contournés. Ceux-ci seraient donc les éléments les plus délicats du rein, et ils exigent, pour être convenablement fixés, l'emploi des vapeurs d'acide osmique.

1052. Des reins durcis par un procédé quelconque, et coupés au microtome, ou simplement à la main, suivant une direction convenable, donnent des images très suggestives au point de vue de la distribution de la **substance médullaire** et de la **substance corticale**.

1053. *A. Mayer* et *F. Rathery* (1908) prélèvent les **reins** sur l'animal vivant encore, sous forme de petits cubes de 1 à 2 millimètres d'arête récueillis au moyen d'un rasoir coupant très bien. Les organes sont jetés dans le fixateur sans être mis en contact avec les mains, puis traités par deux techniques différentes qui se complètent utilement.

PREMIÈRE MÉTHODE. *Fixation.* — 1° Les pièces sont mises durant trois heures dans le liquide suivant :

Alcool absolu...	60
Chloroforme pur...	30
Acide acétique glacial....................................	10

2° Puis, dans l'alcool absolu pendant douze heures ;
3° Puis, incluses.

Alcool absolu ⎱ parties égales.................	3 heures.
Xylol........ ⎰	
Xylol pur..	2 —
Xylol paraffiné éliminé à 37°...................	2 —
Paraffine à 54° (changée 3 fois)...............	3 —

La *coloration* est la suivante :
1° Passage des coupes à l'eau distillée ;
2° Passage dans une solution d'alun de fer à 1,5 % : une à deux heures ;
3° Lavage à l'eau distillée ;
4° Immersion pendant trois heures dans :

Sol. aq. hématoxyline à 0,5 %..................	100 cm³
Sol. aq. permanganate de potasse à 1 %........	5 —

5° Lavage à l'eau distillée, douze à vingt-quatre heures ;
6° Décoloration sous le microscope par une solution d'alun de fer à 0,50 % ;
7° Lavage à l'eau distillée ;
8° Rapide passage dans l'alcool à 90° ;
9° Coloration rapide par :

Alcool absolu..................................	15 cm³
Sol. sat. fuchsine acide dans eau distillée....	1 à 2 gouttes.

Passage dans l'alcool absolu. Xylol. Montage au baume.

DEUXIEME MÉTHODE. — *Fixation*. —1° Les pièces sont mises pendant vingt-quatre heures dans le liquide J. de Laguesse :

Acide chromique à 1 $^0/_0$.....................	8 cm³
— osmique à 2 $^0/_0$.....................	4 —
— acétique glacial	1 goutte.

2° Puis, lavées à l'eau courante durant vingt-quatre heures ;

3° Passages successifs de six heures en six heures dans alcool à 30, 40, 50, 60, 70, 80, 90 ;

4° Passage durant douze heures dans l'alcool absolu ;

5° Inclusion comme plus haut.

Coloration. — 1° Les pièces sont immergées durant dix minutes dans une solution saturée de fuchsine acide dans l'eau d'aniline maintenue à la température de 60° ;

2° Lavage à l'eau courante ;

3° Durant quarante secondes, immersion dans la solution suivante :

Acide picrique en sol. sat. dans alcool absolu..	2 parties.
Eau distillée...............................	1 partie.

4° Grand lavage à l'eau courante ;

5° Immersion durant deux minutes dans la solution suivante :

Vert de méthyle = sol. à 0,50 $^0/_0$ dans alcool à 90°..	) parties
Eau distillée...............................	) égales.

6° Grand lavage à l'eau courante ;

7° Passages répétés à l'alcool absolu jusqu'à ce que celui-ci reste incolore ;

8° Xylol. Baume.

1054. Si l'on n'a pour objectif que les **vaisseaux sanguins** des reins, l'injection et la fixation du rein devront précéder tout examen. Chez les animaux de petite taille, l'injection se pratique par l'aorte descendante ; chez les sujets plus gros, par l'artère rénale; la masse à injection est un mélange de gélatine et de carmin ou de bleu de Prusse (voir §§ 910 et suivants). Une fois injectés, les reins sont fixés dans l'alcool, et ensuite coupés. Les coupes non colorées et éclaircies dans le baume de Canada ne montrent que le trajet des vaisseaux. La coloration permettra de voir en outre les canalicules urinifères dans un état de conservation qui, d'ailleurs, laisse à désirer.

1055. Pour isoler les **canalicules urinifères,** on emploie l'acide chlorhydrique pur dont le poids spécifique est de 1,12, qu'on laisse agir pendant quinze à vingt heures et, dans certaines circonstances, durant quatre à six heures seulement, sur de petits fragments de rein mesurant environ 0^{cm},5 de côté. Nous avons ici en vue un rein qui n'est pas de première fraîcheur, que l'on a, par exemple, enlevé vingt-quatre heures après la mort de l'animal.

Au bout du délai indiqué, les fragments sont lavés à l'eau distillée, dissociés sur le porte-objet, et examinés dans la glycérine diluée (*Schweigger-Seidel* 1865). Il importe de verser, avec beaucoup de précaution, la glycérine sur les morceaux ainsi isolés, pour les empêcher de s'emmêler, ou de se rompre sous un courant trop rapide.

1056. C'est toujours avec succès que nous avons, pour obtenir isolément les canalicules urinifères, plongé durant deux à quatre heures de petits morceaux frais de rein dans une solution forte d'acide azotique fumant (pouvant atteindre 40 %); nous les lavions ensuite à l'eau distillée.

De légères secousses imprimées à un verre de montre suffisent, dans certaines circonstances, pour isoler des fragments très longs.

L'application de cette méthode paraîtrait devoir se faire très bien au rein de la tortue, comme aussi, d'ailleurs, à celui de la souris; en effet, il y a plusieurs années, nous avons vu, dans bien des cas, et sans difficulté aucune, dans leurs rapports normaux, les glomérules, les canalicules contournés, les tubes de *Henle,* les canaux de communication, et le tube collecteur jusqu'à son point de réunion avec son homologue le plus voisin. Une fois les préparations bien lavées, il convient de colorer, après coup, par la fuchsine acide, dont on verse quelques gouttes dans l'eau qui sert à laver les fragments en macération. On examine et on inclut les préparations dissociées dans de la glycérine diluée dans de l'eau, et on substitue la glycérine à cette eau, avec précaution.

1057. Une méthode plus rapide, mais moins bonne que les deux précédentes, consiste dans l'emploi de la potasse caustique concentrée. On plonge de petits fragments d'un rein bien frais, pendant une heure à une heure et demie, dans la potasse caustique concentrée; après ce traitement, on les dissocie et on les examine dans ce liquide. On doit bien se garder d'y ajouter de l'eau.

1058. Comme dans le foie, les capillaires biliaires, ainsi dans le rein, les canalicules urinifères peuvent être mis en lumière sur des coupes au moyen du carmin d'indigo (*Chrzonsczewsky*, voir § 1011).

1059. Si l'on veut étudier de plus près les **épithéliums** des canalicules urinifères, on fixe de très petits fragments de rein dans le sublimé ou dans la liqueur de *Flemming*.

On dirige les coupes, soit parallèlement à l'axe longitudinal de ces canalicules, soit aussi en certaines de leurs régions, perpendiculairement à cet axe.

Le rein de la souris se prête fort bien, d'après *Benda* (1887 *a*) à l'examen de l'épithélium des capsules de *Bowman*, et permet de se rendre compte de leur passage dans le canalicule contourné.

1060. Pour **dissocier les épithéliums**, il convient de faire macérer de petits fragments dans l'alcool de *Ranvier* (voir § 504), ou suivant *R. Heidenhain* (1880), dans une solution à 5 $^0/_0$ de chromate neutre d'ammonium; ces liquides mettent en parfaite lumière les structures en bâtonnets des cellules de certaines régions des canalicules urinifères.

1061. Les imprégnations par le nitrate d'argent (méthode de *Golgi* ou de *Cox*, voir §§ 851 et 854) permettent de se rendre compte des rapports qui existent entre les cellules de l'épithélium des canalicules urinifères [*Bœhm* et *v. Davi-doff* (1895)].

1062. Pour mettre en évidence la striation fibrillaire des épithéliums, *Sauer* (1895) recommande le mélange suivant de *Carnoy* :

Alcool absolu	60
Chloroforme	30
Acide acétique	10

ou bien le liquide de Perényi, trois à cinq heures; puis, alcool absolu; passage progressif dans la paraffine (par le mélange intermédiaire de xylol et de paraffine; voir § 183). Colorer pendant une heure à deux heures dans une solution à 1,5 % d'alun de fer; laver à l'eau; hématoxyline (100 parties d'hématoxyline à 0,5 % + 5 centimètres cubes d'une solution à 1 % de permanganate de potassium) pendant trois heures; solution d'alun de fer; eau; alcool à 90°. Rubine S (2 à 3 gouttes pour 15 centimètres cubes d'alcool à 90°) pendant quelques minutes. (Membranes propres et bordures en brosse sont colorées en rouge intense.)

1063. Le **tissu conjonctif** des **reins** est remarquablement mis en évidence par la méthode de *Bielschosvky-Maresch* (§ 617).

1064. On consacrera quelque temps à l'examen de **l'uretère** et de la **vessie,** notamment pour l'étude de l'épithélium; on examine, en effet, ces organes, d'abord à l'état de contraction, puis à l'état de dilatation. On provoque ce dernier en injectant fortement, dans l'urèthre ou la vessie, le liquide dans lequel on se propose, après ligature, de les fixer. Dans ce dernier cas, l'épithélium apparaît extraordinairement bas; il est sensiblement étiré, mais continu. (On peut observer ce même allongement des épithéliums dans tous les tubes épithéliaux.) [*London* (1881) et *Kann* (1889).

1065. Capsules surrénales. — L'acide chromique, les chromates et leurs mélanges, employés à la manière ordi-

naire, colorent la substance médullaire des capsules surrénales en un brun caractéristique. Le même effet se produit
aussi chez les animaux chez lesquels la substance médullaire et la substance corticale sont séparées l'une de l'autre
(*Eberth*, 1871-1872; voir aussi, *Rabl H.*, 1891). Il est difficile d'obtenir une fixation parfaite des capsules surrénales ;
on devra toujours employer du matériel frais et de tout petits
morceaux.

1066. Les capsules surrénales fixées avec le formol, le
sublimé ou le liquide de *Carnoy* montrent sur des préparations colorées à l'hématoxyline (par exemple, de Bœhmer),
le protoplasma des cellules de la substance médullaire teint
en bleu (*Srdinko*).

1067. La graisse contenue dans les cellules de l'écorce des
capsules surrénales n'est pas identique avec la graisse ordinaire
que l'on trouve dans les autres organes. Après avoir subi l'action
de l'acide osmique, elle se dissout dans le chloroforme et l'essence de bergamote (*H. Rabl*, 1891).

1068. A. *Guicysse* (1901) recommande la méthode suivante
pour l'étude histologique de la *capsule surrénale*.

La plupart des pièces ont été fixées par le liquide de Zenker
(voir § 150) suivant le procédé de Retterer ; les pièces prises
immédiatement après la mort de l'animal sont coupées transversalement au rasoir et mises dans une grande quantité de liquide
de Zenker, additionné d'acide acétique dans la proportion
de 3 $^0/_0$; elles y séjournent pendant trois à quatre heures, puis
sont portées dans une solution aqueuse de bichlorure de mercure à saturation sans acide acétique pendant douze heures ;
elles sont alors lavées à l'eau courante pendant cinq à six heures
environ ; puis mises dans l'alcool à 70°, additionné de quelques
gouttes d'iode ; tant que l'alcool se décolore, on rajoute de l'iode
jusqu'à ce que le liquide garde une teinte légèrement jaune, ce
qui indique que tout le bichlorure en excès a disparu. Les pièces
sont ensuite passées dans les alcools de plus en plus forts, jusqu'à l'absolu ; puis, dans le xylol ; lorsqu'elles sont bien transparentes, elles sont portées dans un mélange à parties égales de
xylol et de paraffine à l'étuve à 45° ; après un séjour de deux
à trois heures dans ce mélange, elles sont mises dans de la
paraffine pure, fondant à 42° ; elles sont ensuite montées dans
la paraffine dure de Dumaige, fondant à 48 ou 52°, et coupées

au microtome de Minot ou de Cambridge..... On peut ensuite se servir de presque tous les colorants, et en particulier de l'hématoxyline au fer, suivant la méthode de Heidenhain (voir § 344).

Toutes les pièces ont été colorées par l'auteur *en coupes* et non en masse.

Le colorant qui lui a donné les meilleurs résultats est l'hématoxyline au fer de Heidenhain. Les coupes sont mises dans une solution d'alun de fer à 2 $^0/_0$, pendant cinq à dix heures; après ce mordançage, elles sont lavées à l'eau, et mises dans une solution d'hématoxyline à l'eau à 1 $^0/_0$ pendant douze à quinze heures; après lavage abondant, elles sont décolorées dans la première solution d'alun de fer. Il est bon, après décoloration, de recolorer le protoplasme par une solution d'éosine à l'eau; les détails ressortent mieux; la coupe est ensuite montée au baume. Pour les pièces fixées par le liquide de Flemming, Guieysse s'est adressé à la coloration par le rouge Magenta et le carmin d'indigo picrique, avec décoloration par l'essence de girofle. Ce procédé lui a donné de très bons résultats; les noyaux sont remarquablement bien colorés par le Rouge, et le protoplasme par le carmin d'indigo en vert; le rouge Magenta colore de plus certaines parties différenciées du protoplasme qui auraient échappé à l'auteur, s'il ne s'était servi de cette méthode.

1069. Sous l'influence de l'acide osmique en vapeurs ou en solution, *Mulon* a observé que l'adrénaline prend une teinte rouge qui vire bientôt au noir. Il applique cette réaction sur les tissus (médullaire surrénale, glande carotide, corps surrénaux des plagiostomes) en faisant agir sous le microscope les *vapeurs* d'OsO^4 sur des coupes (congélation) d'organes frais. Il considère l'apparition du ton *rouge* (ou rosé) et le *virage au noir* comme une double réaction spécifique de la présence de l'adrénaline dans un tissu.

Mulon a pu fixer au niveau des *granulations chromaffines* la coloration *verte* macroscopique, spécifique, produite par le contact du perchlorure de fer sur la médullaire surrénale (réaction de Vulpian); fixer par des vapeurs de formol du commerce des coupes fraîches (congélation; corps surrénaux de préférence, à cause de la taille des granulations) et les toucher avec une goutte de solution saturée de perchlorure de fer dans l'alcool absolu.

CHAPITRE XV

ORGANES REPRODUCTEURS

Pour l'étude histologique des **glandes génitales embryonnaires**, on devra s'inspirer des méthodes analysées dans le chapitre de *la cellule*.

1070. Les matériaux pour l'étude des **ovaires** varient suivant que l'on veut examiner des follicules et des œufs mûrs en voie de développement.

On aura égard, pour se guider, à l'époque du rut, de la ponte, etc.

1071. Si l'on veut étudier le développement des follicules et des œufs, on s'adressera à des embryons ou à de jeunes animaux.

1072. Le *picro-bleu* de méthyle acide (méthode de Dubreuil, § 631) est un excellent colorant de la zone pellucide, ainsi que des formations extracellulaires du follicule de Graaf.

1073. Pour faire des préparations d'œufs à l'état frais, on a recours aux œufs non encore mûrs des Vertébrés inférieurs : poissons, grenouilles, reptiles et oiseaux. Il suffit de chercher les parties de l'ovaire non mûres, d'une teinte parfaitement claire, situées généralement sur la partie dorsale de l'ovaire; on les détache avec des ciseaux, et on n'a plus qu'à les étendre sur le porte-objet dans un liquide indifférent, et à les examiner sous un faible grossissement.

Un grossissement plus fort exigera qu'on isole les œufs avec précaution, qu'on les recouvre d'un couvre-objet muni d'un cadre de protection, ou porté sur de petits pieds de cire ; après quoi on n'a plus qu'à observer.

S'il s'agit de gros œufs, on les fixe dans le sublimé ou le sublimé acétique et on les colore avec excès par le carmin boraté ; puis, pendant deux jours, on les lave prudemment avec une solution de 1/2 °/₀ d'acide chlorhydrique dans l'alcool à 70° jusqu'à ce que la chromatine seule apparaisse exactement colorée. Alors il est possible, en dilacérant ces œufs avec des aiguilles montées, d'isoler sous la loupe les **vésicules germinatives** relativement grandes et de les monter dans le baume de Canada (*Rückert*, 1892).

1074. Mais on réussit aussi à isoler sans difficulté les **œufs** beaucoup plus petits des *Mammifères* ; pour cela, on pratique, avec un rasoir tranchant, une coupe dans un ovaire frais ; on en humecte la surface avec un peu de liquide indifférent, et on la râpe avec un scalpel ou avec la lame même du rasoir. La légère pression qu'on exerce de cette manière sur les follicules non mûrs, provoque la sortie des œufs et leur chute dans le liquide : si, alors, on transporte ces derniers sur le porte-objet, et qu'on les observe sous un faible grossissement, on trouve de nombreux exemplaires de ce que l'on désire.

On jettera les yeux sur quelques-uns de ces œufs, et on placera les autres, avec le liquide, sur un second porte-objet, pour les étudier plus tard, ou bien on mettra à part œufs et liquide. On recouvrira avec précaution la préparation d'un couvre-objet, qu'on pourra munir d'un cadre de protection ; l'observation avec un fort grossissement est alors rendue possible.

1075. On peut fixer sur le porte-objet les œufs que l'on a ainsi isolés, en employant, par exemple, l'acide osmique en vapeur ou à l'état liquide, et, dans ce dernier cas, on en verse quelques gouttes sous le couvre-objet, mais on est tenu à des précautions *extraordinaires* pour le transport de ces œufs ainsi fixés dans la glycérine ou l'alcool ; on devra commencer par les solutions les moins concentrées de ces liquides, pour les élever très graduellement jusqu'au degré voulu.

1076. Les **œufs mûrs** qui, chez les *Poissons*, les *Amphibiens* et les *Reptiles*, sont relativement volumineux et opaques, peuvent être examinés directement par réfraction; maints détails sont aussi nettement perceptibles à la lumière incidente, et, par conséquent, observables, soit à la loupe, soit au moyen des plus faibles objectifs du microscope composé; toutefois, pour les observations minutieuses, il est essentiel de débiter les disques germinatifs en coupes.

1077. Les œufs mûrs des **Mammifères** se prêtent bien mieux à cet ordre de recherches; on les trouve dans les ovaires des animaux adultes, immédiatement avant, ou pendant l'époque du rut.

On pique avec une aiguille pointue les plus grands **follicules mûrs,** qui paraissent très tendus au toucher; il en sort un liquide dans lequel l'œuf, avec la zone radiée, se trouve renfermé; ce liquide ne devra pas jaillir sous forme de jet (*O. Schultze*, 1897), mais on devra, au contraire, le recueillir dans un verre de montre. On examine le contenu à la loupe, avec précaution, et on ne tarde pas, le plus souvent, à y découvrir l'œuf avec la zone radiée; on le porte, avec grand soin, au moyen d'une spatule mince, sur le porte-objet, et on le recouvre d'un couvre-objet muni, dans ce cas, de toute nécessité, d'un cadre de protection. On observe alors.

L'absence de cadre de protection aurait pour conséquence une pression exercée par le couvre-objet sur les œufs, dont le volume est toujours assez considérable, et déterminerait, ainsi, dans le champ optique de la zone pellucide, la production d'une fente linéaire (micropyle artificiel !); celle-ci s'accroîtrait insensiblement sous l'action de la pression croissante, en raison même de la direction suivant laquelle elle s'exercerait.

1078. Dans ces conditions, les œufs peuvent, aussi bien que ceux qui ne sont pas mûrs (voir § 1075), être fixés sur le couvre-objet; mais le cas exige plus de patience et de pratique pour aboutir à des préparations de quelque profit.

1079. Les images d'ensemble d'**ovaire** s'obtiennent par l'une quelconque des méthodes indiquées dans la partie générale de ce traité; mais la préférence est due à la liqueur de Flemming qui, entre autres avantages, présente celui de conserver tout particulièrement la zone pellucide, ainsi que les structures complexes du protoplasma.

La safranine, comme colorant, donne ici de très bons résultats.

Le sublimé et le liquide de *Zenker* donnent également des images très instructives : on colore, de préférence, avec le carmin ou l'hématoxyline; cette dernière fournit, par sa combinaison avec l'éosine, des images démonstratives.

1080. Il y a grande commodité à choisir, comme objets d'étude, des ovaires de petits animaux tels que souris, chauves-souris, rats, etc.; ils se laissent fixer beaucoup plus facilement et sont bien plus aisés à se procurer.

Les gros ovaires, comme ceux de la vache ou de la femme, ne se laissent pas fixer uniformément dans le liquide précédent. Si l'on tient, pourtant, à les étudier eux aussi, on devra les fixer en petits fragments comme nous venons de le voir, ou bien recourir aux sels chromiques (voir §§ 109 et suivants).

1081. **L'épithélium germinatif,** très visible sur la coupe, peut aussi être mis de face en évidence par la méthode de l'argent (voir § 516). L'ovaire est traité après coup par l'alcool, et une coupe mince et tangentielle montre les lignes argentées de l'épithélium ovarique.

De tout petits ovaires de jeunes souris, chauves-souris, etc., peuvent, après avoir subi l'action de l'argent, s'inclure en masse et les lignes argentées sont alors suffisamment mises en lumière pour être observées.

1082. Les **oviductes** (trompes) sont soumis au même traitement que l'intestin. Toutefois, comme l'oviducte est très fortement et plusieurs fois replié sur lui-même, il est nécessaire, au cas où il est question de coupes exactement transversales, de commencer par l'étendre avant de le fixer. Pour cela, on écarte, avec des ciseaux courbes, l'enveloppe péritonéale, le plus près possible du point d'attache de cet organe; cette opération sur de petits oviductes tels que ceux de la chauve-souris, réclame une certaine habitude.

On fera bien aussi d'injecter l'oviducte avec le liquide fixateur et de le plonger ensuite dans ce même liquide; on voit alors de très nombreux plis s'effacer.

1083. *Moreaux* (1910), fixe de petits segments de *trompe* (porc et lapin) dans le liquide de Bouin et dans le liquide de Flemming. Il emploie aussi comme agent fixateur un liquide particulier, « formol picro-trichloracétique », composé suivant la formule : formol, 15 centimètres cubes; acide trichloracétique, solution aqueuse à 3 $^0/_0$, 85 centimètres cubes; acide picrique, à saturation. C'est un bon fixateur qui permet de plus la coloration élective par l'hématoxyline ferrique des corpuscules basaux et des diplosomes; il permet aussi la coloration du mucigène par le vert lumière.

Les coupes de 5 μ environ étaient colorées suivant la méthode de Prenant et suivant la méthode de Flemming.

1084. On traite aussi l'**utérus** par la méthode indiquée au chapitre de l'*Intestin*. On peut, également, commencer par injecter avec le liquide fixateur les utérus d'animaux jeunes et de petite taille, tels que les souris et les chats, chiens, moutons; on les plonge ensuite dans ce même liquide; par ce moyen, on peut, si l'on veut, traiter simultanément les trompes. Le traitement ultérieur se fait à la manière ordinaire.

L'épithélium vibratile de l'oviducte et de l'utérus peut être, après excision de l'organe, enlevé par raclage et examiné à l'état frais; on peut aussi en détacher de petits lambeaux, les fixer et les couper (voir §§ 502 et suivants).

1085. Pour les **nerfs** de l'utérus, consulter *Lebhardt*, qui a eu recours au Bleu de méthylène.

1086. Le *vagin* subit le même traitement que l'œsophage ou la *peau*.

1087. Le tissu conjonctif des organes génitaux femelles

a été étudié par K. *Hœrmann* avec la méthode de *Biels-chowsky-Maresch* (§ 617).

1088. Les **spermatozoïdes** et leurs mouvements sont susceptibles d'être examinés à l'état frais. On retire une petite quantité de liqueur séminale soit des canalicules séminifères, soit, au moyen d'une incision, de l'épididyme ; on l'additionne d'une goutte de la solution physiologique de sel, et on l'examine directement, par exemple sur la platine chauffante.

Les spermatozoïdes de la *Salamandra atra* et de la *Salamandra maculosa* montrent nettement, à un grossissement moyen, toutes leurs parties décrites jusqu'à ce jour (la coiffe, la tête, le segment moyen, la queue, la membrane ondulante, le filament marginal, etc.). Il ne faut pas oublier d'ajouter de l'eau ; ce liquide met bientôt fin aux mouvements ; les acides et les alcalis faibles exercent sur les spermatozoïdes la même action que sur le mouvement des cils vibratiles.

1089. Pour obtenir des préparations. que l'on puisse conserver, *Ewald* (1897) opère comme pour le sang et les épithéliums dissociés (voir § 510).

1090. Dans les spermatozoïdes, on obtient, par les colorants du noyau, la *tête*, et, par le réactif des centrosomes (hématoxyline à l'alun de fer), le *segment moyen* colorés en noir. Cette coloration réussit avec d'autres sels de fer que le sulfate double de fer et d'ammonium : avec des sels ferreux comme avec des sels ferriques ; on peut aussi employer des sulfates, des chlorures, ou même d'autres sels métalliques, tels que les sels de cuivre, etc. [*R. Ficks* (1893 *a.*)] Consulter § 1075.

1091. Chez les **spermatozoïdes qu'on a fait macérer** dans l'acide chromique très étendu, mais aussi chez ceux qu'on abandonne pendant longtemps avec le sperme qui les contient, dans une chambre humide, il n'est pas rare qu'on distingue la structure fibrillaire du *filament marginal* et du *filament axile*, notamment si l'on ajoute une solution aqueuse très étendue de violet de gentiane [*Ballowitz, E.* (1888)].

Les *spermatozoïdes* peuvent aussi être conservés, si on les fait sécher suivant le procédé indiqué pour les globules du sang (§ 560); ils seront ultérieurement colorés avec la safranine, par exemple. L'acide osmique employé en vapeur ou bien comme un des éléments d'un mélange fixateur, conserve très bien les spermatozoïdes. Maintes structures apparaissent alors bien mieux que sur des préparations obtenues par dessiccation.

1092. *Meves* (1897) s'est bien trouvé de la méthode suivante dans son étude de « la structure et de l'histogénèse des *spermatozoïdes* de Salamandra maculosa » :

Fixation des testicules avec la liqueur de *Hermann* (§ 133), dans laquelle ils séjournent de un à deux mois. — Lavage à l'eau courante. — Traitement ultérieur *in toto* avec l'acide pyroligneux ordinaire. — Inclusion dans la paraffine. — Collage des coupes (de 6 à 10 µ d'épaisseur) avec l'albumine, combinée avec l'eau. — Coloration par l'hématoxyline à l'alun de fer de M. *Heidenhain* (§ 344); les coupes séjournent pendant vingt-quatre heures aussi bien dans la solution aqueuse d'alun ferrique (sulfate double d'ammonium et de sesquioxyde de fer) que dans la solution aqueuse d'hématoxyline. — Dans certains cas, il est bon de colorer ultérieurement avec la fuchsine.

Pour l'étude du sperme mûr (recueilli dans le canal déférent) *Meves* a eu aussi recours à des préparations par raclage qu'il fixait dans l'acide osmique à 1 % et colorait pendant vingt-quatre heures dans la fuchsine alunée ou la gentiane. Il a obtenu la gaine protoplasmique de la *queue* du spermatozoïde, tantôt incolore, tantôt colorée.

1093. Les spermatozoïdes nagent toujours contre le courant. Si l'on porte du sperme sous la lamelle et si l'on établit un courant avec un morceau de papier buvard placé tout contre celle-ci, on observera facilement ce phénomène. — **Rheotaxis.** *Roth.*

1094. Testicules. — Si l'on désire étudier la spermatogénèse, on doit se préoccuper beaucoup du choix des
matériaux. Il faut tenir compte de l'âge et de la grosseur
des éléments sans négliger la question de la saison. Les
testicules ne doivent pas être réduits en fragments avant
d'être fixés ; cela pourrait avoir des inconvénients sérieux,
et amener une véritable dislocation dans leur structure
[*Hermann* (1893)].

1095. *A. Policard* (1902), dans ses études sur la constitution
lympho-myéloïde du stroma conjonctif du *testicule* des jeunes
Rajidés, fixe l'organe par le liquide de *Tellyesniczky* (voir § 115).
Il colore par l'hématéine-éosine, l'hématoxyline cuprique de
Weigert, l'hématéine-safranine (méthode de Rabl modifiée, dans
laquelle la safranine joue le rôle de colorant nucléaire). Les granulations éosinophiles prennent une coloration rouge.

1096. On se procurera des préparations qui permettent
de s'orienter dans la structure de l'organe, en fixant, suivant le procédé ordinaire, dans le sublimé ou l'acide
picrique, de petits testicules. Les détails d'histogénie plus
intimes réclament l'emploi de la liqueur de *Flemming* sous
la forme indiquée au § 128. On colore après coup sur le
porte-objet avec la safranine.

1097. Voici la méthode adoptée par *G. Felizet* et *A. Branca*
(1898), dans leur étude sur l'*histologie du testicule ectopique* : Les
pièces fixées dans le bichlorure ou dans le Zenker ont été lavées
dans l'eau, et sont demeurées dans l'alcool iodé tant que cet alcool se décolorait.
Les coupes ont été teintes dans la *thionine* phéniquée ou anilinée. Les pièces traitées de cette façon sont souvent fort instructives. Elles ont le grave inconvénient de se décolorer en quelques
semaines, alors même qu'on prend la précaution de les conserver
à l'obscurité. On a bien la ressource dangereuse de les démonter
et de les passer à nouveau dans la teinture, mais c'est là un
procédé peu recommandable, on le conçoit sans peine. Les auteurs se sont bien trouvés de conserver de telles coupes dans le
baume, sans addition de lamelle, ainsi que cela se pratique dans
la méthode de Golgi; depuis trois ans, ils gardent des prépara-

tions de ce genre, alors que les témoins, montées entre lame et lamelle, ont perdu toute trace de coloration.

Les auteurs recommandent aussi, pour les pièces fixées dans la liqueur de Flemming (solution forte) ou dans la solution d'Hermann, et incluses dans la paraffine suivant les méthodes connues, le mode de *coloration* suivant : On traite [d'après une technique très commode exposée dans la thèse de *Landet* (thèse de Paris, 1897)] la coupe à chaud, jusqu'à dégagement de vapeurs, dans la fuchsine acide (rubine S) (solution saturée dans l'eau d'aniline) ; on lave à l'eau et on plonge quelques instants dans une solution picriquée :

Acide picrique en solution aqueuse saturée............ $\Big\}$ $\bar{a}\bar{a}$
— — — alcoolique saturée........

On n'a plus qu'à décolorer dans l'alcool absolu et à monter dans le baume. On obtient les meilleurs résultats en décolorant lentement, pendant vingt-quatre heures.

1098. On obtient de très bons résultats avec la **liqueur** suivante due à **Hermann** (1893) :

Pour les mammifères :

Chlorure de platine à 1 % .... 75 cm³
Acide osmique à 2 % .... 20 —
— acétique .... 5 —

Pour la salamandre :

Chlorure de platine à 1 % .... 74 cm³
Acide osmique à 2 % .... 10 —
— acétique................................ 5 —

On soumet à l'action de ce liquide, pendant vingt-quatre heures, et mieux plus longtemps encore (comme avec la liqueur de Flemming), des fragments de dimension moyenne. On lave dans l'eau et on déflegme dans l'alcool de plus en plus concentré (50°, 70°, 90°).

Les coupes à la paraffine ainsi fixées sont collées sur le porte-objet, et colorées ensuite en vingt-quatre ou quarante-huit heures dans la safranine anilinée seule, dont voici la formule :

Safranine...................................   1 gr.
Alcool absolu...............................   10 cm³
Eau d'aniline...............................   90 —

On les lave dans l'eau et on les traite par l'alcool acidulé
et l'alcool absolu (voir § 356).

On peut aussi les colorer de nouveau, après cette première coloration par la safranine, d'après la méthode de
Gram; on les plonge pendant trois à cinq minutes dans une
solution de violet de gentiane formée de 5 parties d'une
solution alcoolique saturée pour 100 d'eau d'aniline ; cette
eau d'aniline se prépare en ajoutant 4 parties d'aniline dans
100 centimètres cubes d'eau distillée ; on agite le tout et on
filtre. On lave ensuite légèrement les coupes dans l'alcool,
et on les traite pendant une à trois heures par une solution
double d'iodure de potassium, composée de 1 partie d'iode,
de 2 parties d'iodure de potassium et de 300 parties d'eau
jusqu'à ce qu'elles soient devenues complètement noires.
A ce moment, on les plonge dans l'alcool où elles séjournent
tant qu'elles ne présentent pas une teinte violette tirant
sur le brunâtre. Le réseau de chromatine des noyaux au
repos, ou même des noyaux au stade de spirème et de dis-
pirème, apparaissent en bleu violet ; les vrais nucléoles sont
teints en rouge.

Dans les stades d'aster et de diaster, au contraire, la
chromatine se colore en rouge, etc. (voir *Hermann*, 1893).

Les éléments d'origine protoplasmique se montrent égi-
lement avec une grande netteté ; ils sont colorés en jaune
brun. Les têtes, les segments moyens, les queues, les filaments spiralés, etc., apparaissent clairement, et sont diversement colorés : rouge bleu, violet bleu, etc.

Hermann (1891) opère de la manière suivante sur de petits
testicules, comme par exemple des testicules de Proteus :
il les met dans un mélange de 1 gramme d'hématoxyline,
70 parties d'alcool absolu et 30 parties d'eau pendant douze
à dix huit heures dans l'obscurité. Il lave dans l'alcool
à 70° dans l'obscurité. Puis il fait les coupes dans la paraf-

fine et les lave dans le permanganate de potassium rose clair jusqu'à ce qu'elles deviennent couleur d'ocre. Il continue à décolorer avec le mélange de *Pal* (voir § 880) allongé 5-10 fois, et terminé par la safranine pendant trois à cinq minutes.

Ce procédé se recommande surtout pour mettre en évidence les éléments achromatiques, les centrosomes, etc.

1099. La méthode employée par *Regaud* (1897) pour mettre en évidence les vaisseaux lymphatiques du testicule est un procédé d'argentation et de fixation combinées dû au professeur *Renaut*.

Le *testicule*, aussi frais que possible, est injecté interstitiellement en plein parenchyme et tangentiellement dans l'albuginée par des piqûres multiples avec une solution picro-osmio-argentique dont la formule est :

Acide osmique à 1 °/₀ .... 20 vol. ⎫
Eau saturée d'acide picrique .... 80 — ⎬ 3 vol.
Nitrate d'argent à 1 °/₀ .... 1 —

(Toutes les solutions doivent être faites à l'eau distillée.)

On a quelque avantage à faire précéder l'injection de ce mélange d'une injection d'eau distillée pour balayer les vaisseaux lymphatiques de leur contenu albuminoïde. [La seringue toute en cristal, y compris le piston, construite par *Luer* (de Paris) sur les indications de *Malassez*, est un instrument parfait pour faire ces injections.]

L'injection étant faite, la pièce est plongée dans une quantité suffisante d'alcool fort. Il est préférable de ne l'y laisser que deux ou trois jours et de pratiquer les coupes à ce moment.

Les coupes, faites sans enrobage ni infiltration, les unes assez épaisses, les autres minces, sont montées soit dans l'essence de girofle [il faut les luter avec une matière insoluble dans cette substance, par exemple avec la siccoline (Renaut)], soit dans le baume de Canada, puis exposées à la lumière diffuse jusqu'à ce que la réduction de l'argent ait atteint l'intensité que l'on désire; enfin, elles sont conservées dans l'obscurité.

Les avantages de cette technique sur les autres procédés d'argentation sont : une imprégnation pure des contours cellulaires et une fixation excellente des divers éléments anatomiques des tissus. Son seul inconvénient est que la pénétration du liquide autour du centre de piqûre est assez limitée; on y remédie en pratiquant des injections multiples, et en soutenant plus longtemps chaque injection.

Les investigations de *Regaud* ont porté sur les testicules du chien, du chat, du lapin, du cobaye, du rat, du taureau et du bélier.

1100. Voici le procédé que *Benda* (1887 *b*) recommande pour l'étude de la **spermatogénèse** : on coupe des morceaux de testicules conservés dans la liqueur de Flemming ; puis, on les colle et on les soumet pendant vingt quatre heures à l'action d'une solution très forte d'oxyde de cuivre dans l'étuve chauffée à 38-40°. On lave avec soin ces coupes dans l'eau, et on les plonge dans une solution aqueuse à 1 °/₀ d'hématoxyline, jusqu'à ce qu'elles deviennent d'un noir intense ; l'opération exige environ cinq minutes. Elles séjournent ensuite dans une solution aqueuse d'acide chlorhydrique au tiers, d'où on les retire quand elles ont pris une teinte jaune ; on les plonge à nouveau dans la solution de cuivre, et on les y laisse jusqu'à ce qu'elles aient acquis une couleur bleu violet.

Alors, on les lave dans l'eau distillée, on les traite par l'alcool, et on les porte dans le baume de Canada.

1101. Dans une note sur l'épithélium des *vésicules séminales* et de *l'ampoule des canaux déférents* du *Taureau*, *Limon* (1901) dit que les meilleurs résultats lui ont été donnés par la triple coloration de Flemming, ou par la safranine-Lichtgrün après fixation au mélange chromo acéto-osmique, solution forte) et par l'hématoxyline ferrique de Heidenhain (après fixation au formol picroacétique de *Bouin* (voir § 167)].

CHAPITRE XVI

TECHNIQUE EMBRYOLOGIQUE

1102. « Pour un assez grand nombre d'*œufs* d'animaux, surtout parmi les **invertébrés**, on peut suivre, à l'état vivant, le *développement* sous le champ même du microscope, en examinant les œufs par transparence ou à la lumière directe. Tels sont, par exemple, les œufs de certains poissons osseux, de l'épinoche, de la perche, du macropode et de plusieurs espèces pélagiques, les œufs du Chironomus, de l'Asellus aquaticus, des ascidies, du planorbe, de beaucoup de Cœlentérés, etc.

« On devra autant que possible suivre les *phases du développement* sur les œufs vivants et dessiner les différents stades, afin d'avoir des points de repère lorsqu'on étudiera les œufs par la méthode des coupes.

« Pour examiner les œufs des animaux aquatiques, il suffit de les placer sur une lame de verre dans une goutte d'eau douce ou d'eau de mer, suivant l'habitat de l'animal, et de les recouvrir d'une lamelle munie à ses angles de petites boulettes de cire à modeler, ce qui permet d'exercer une pression modérée comprimant légèrement les œufs et les maintenant en place. Souvent de simples petits morceaux de papier, d'épaisseur variable, interposés entre le porte-objet et la lamelle, suffisent pour empêcher les œufs d'être écrasés. Ce dispositif permet de faire tourner les œufs et d'examiner leurs différentes faces, en imprimant de légers mouvements à la lamelle, Il a aussi le grand avantage de pouvoir faire arriver au contact des œufs différents réactifs dont on règle l'action à l'aide d'une petite bande de papier à filtrer placée sur le bord de la lamelle, du côté opposé à celui par lequel on fait arriver le réactif. On peut, de cette manière, obtenir des préparations permanentes d'objets délicats en les soumettant successivement aux réactifs durcissants, colorants, etc.

« Lorsque les œufs sont un peu volumineux, on les placera sur une lame portant une excavation ; s'ils sont très résistants, l'emploi des compresseurs pourra rendre de grands services.

« Certains œufs d'Insectes et d'Arachnides, qui sont complètement opaques quand on les examine, soit à la lumière transmise, soit à la lumière directe, deviennent transparents si on les place dans une goutte d'huile ; en ayant soin de laisser leur surface simplement imprégnée d'huile, ils continuent à se développer normalement (Balbiani) » (In *Lee* et *Henneguy*).

1103. Fécondations artificielles. — « On éprouve souvent de grandes difficultés à se procurer les premières phases du *développement* de certains animaux ; aussi chaque fois qu'on étudie l'embryogénie d'animaux à fécondation extérieure, est-il avantageux de pratiquer la *fécondation artificielle*. Cette opération se réalise aisément pour les amphibiens anoures (voir § 1126), les poissons osseux (voir 1113), les cyclostomes, les échinodermes, beaucoup de vers et de cœlentérés.

« La fécondation artificielle chez les Invertébrés ne présente aucune difficulté lorsqu'on a à sa disposition des animaux renfermant des produits sexuels arrivés à maturité. Il suffit de dilacérer dans un peu d'eau (eau douce ou eau de mer) un fragment de testicule et d'ovaire, et de mélanger les deux liquides. L'opération peut se faire sur la platine du microscope, et on peut suivre la pénétration du spermatozoïde dans l'œuf, comme l'ont fait Fol, Hertwig,

Selenka et d'autres chez les Echinodermes » (*In Lee* et *Henneguy*).

1104. Dans ses études sur la *Fécondation chez les Serpules*, *Soulier* préconise, comme *fixateurs* **des œufs,** les trois liquides suivants :

1. Liqueur de Gilson :

Acide nitrique......................................	18 cm³
Acide acétique cristallisable.....................	22 —
Solution aqueuse saturée de sublimé..........	100 —
Alcool à 60°.....................................	500 —
Eau distillée.....................................	4.400 —

2. Liquide de Roule :

Solution saturée de sublimé..................	80 cm³
Acide acétique cristallisable..................	20 —

3. Liqueur de Ripart et Petit :

Eau distillée.....................................	150 gr.
Acide acétique cristallisable..................	1 —
Acétate de cuivre................................	0gr,30
Chlorure de cuivre..............................	0gr,30

Employer 1/4 de ce dernier liquide fixateur pour 3/4 d'eau de mer contenant les ovules.

1105. Il nous paraît utile de dire un mot du problème si intéressant de la *Mérogonie*, question toujours actuelle.

Dans une séance de la *Société de Biologie* (19 octobre 1901), *Giard* rappelait le nom du véritable auteur de cette « découverte capitale en embryologie ».

Le professeur *J. Rostafinski* posait, en effet, dès 1877, et de la façon la plus nette, le problème de la mérogonie, et « les diverses techniques mises en usage par lui sont celles qui ont été suivies depuis par les embryologistes pour sectionner l'œuf animal ».

Cet auteur s'est demandé si « l'œuf mûr et prêt à être fécondé forme un ensemble indivisible, ou s'il est possible de le diviser par des moyens mécaniques en plusieurs parties dont chacune pourrait être fécondée ».

Il a opéré sur l'œuf de *Fucus vesiculosus*, en ayant recours aux deux procédés suivants :

1° On peut couper l'œuf avec un instrument tranchant, bien

aiguisé, et obtenir ainsi de petits morceaux qui reprennent sur-
le-champ la forme sphérique ;

2° On peut aussi diviser l'œuf par simple pression.

Voici la conclusion à laquelle il arrive : « L'œuf n'est pas un
ensemble indivisible ; une fraction d'œuf, convenablement séparée de l'ensemble, peut être fécondée et donner un individu
nouveau », et il ajoutait : « Je suis convaincu que ce premier
essai préparera le terrain pour de nouvelles tentatives, et que
des résultats analogues pourront être obtenus non seulement
chez diverses Algues, mais encore *parmi les animaux.*

Rostafinski avait vu juste, comme l'ont prouvé, depuis, les expériences de Boveri (1889), de Ziegler et autres.

H. E. *Ziegler* a opéré sur l'œuf de *l'Oursin* (*Experimentelle Studien ueber die Zelltheilung, in Archiv für Entwickelungsmechanick
der Organismen. « Die Zerschnürung der Seeigeleier ».* VI Band.
2 Heft, 1889, p. 264 à 281).

Cet auteur a bien voulu nous donner lui-même un court
aperçu de la technique qu'il a suivie :

L'expérience se fait à l'aide d'un appareil spécial, le *compresseur
à courant d'eau continu* (décrit et figuré en 1894 dans le *Zoolo-
gischer Anzeiger*, nᵒˢ 456 et 457; et en 1897 dans la *Zeits. f. wiss.
Mikr.*, vol. XIV, p. 145-147).

On emploie des œufs d'*Echinus microtuberculatus*. On met sur
le porte-objet de l'appareil quelques fils de coton (un peu de
ouate ordinaire), et on verse les œufs dessus en faisant usage
d'une pipette. Puis, on mêle de l'eau avec les spermatozoïdes de
la même espèce et on en transporte une goutte sur la face inférieure du couvercle. Ayant posé ce dernier sur l'appareil, on
comprime les œufs légèrement en tournant les trois vis.

On réunit les tuyaux avec le tube d'entrée de l'eau et le tube
de sortie. Alors, on ouvre très lentement le robinet du tuyau
d'entrée, et on contrôle l'effet sous le microscope. L'eau courante
transporte les œufs vers les fils de coton; quelques-uns des œufs
se mettent sur les fils et sont divisés par ceux-ci : le noyau
femelle étant souvent d'un côté, le noyau mâle se trouvant de
l'autre.

1106. *Maupas* (1888-1889) préconise les méthodes suivantes
dans ses belles études sur les *phénomènes de la fécondation chez les
Ciliés.* Vu leur importance, nous croyons devoir les exposer en
détails :

« Il faut avant tout se pourvoir de chambres humides, convenablement disposées. Les chambres humides, composées d'une
cloche renversée sur l'eau, ne valent rien. L'espace d'air y est
beaucoup trop grand et l'eau des préparations, qu'on y enferme

s'y évapore toujours beaucoup trop. Il faut des chambres humides dans lesquelles cette évaporation soit réduite au minimum possible. Pour arriver à ce résultat, je me sers de vases larges et plats (grandes assiettes creuses sans rebords, de 20 centimètres de diamètre, cuvettes de photographes, etc.), dont je garnis le fond de sable fin bien lavé. Dans ce sable je plante longitudinalement et de champ deux lames de verre, dont la hauteur a été mesurée de façon à ce que leur bord supérieur soit de 4 à 5 millimètres au-dessous du niveau du bord du vase. Ces deux lames, debout, en portent trois autres placées perpendiculairement et à plat, celle du milieu ayant une largeur de 4 à 5 centimètres, les deux autres de 2 centimètres seulement. C'est sur ces lames plates que je dépose les porte-objet ordinaires, sur lesquels sont disposés les infusoires mis en culture. Le tout est recouvert d'une lame de verre s'appliquant sur les bords du vase le plus hermétiquement possible. On remplit d'eau les vases jusqu'à ce qu'elle affleure au-dessous des grandes lames posées à plat. De cette façon l'espace à air est réduit à une simple couche de 4 à 5 millimètres d'épaisseur. Cette couche d'air est toujours sursaturée d'humidité, et les préparations qu'on y dépose n'y subissent qu'une très faible évaporation. On doit toujours avoir une provision d'eau de pluie pour compenser cette évaporation quand il est nécessaire.

« Pour le *triage* et le *transport* des infusoires à isoler, j'emploie des pipettes de verre de 10 centimètres de longueur environ. L'ouverture de l'extrémité effilée ne doit pas dépasser 1 millimètre de diamètre, et il est nécessaire que ses rebords soient minces.

« Voici comment on doit opérer pour *isoler* un infusoire avec ces pipettes.

« Les infusoires sont d'abord placés en masse non triée dans une large goutte d'eau sur un porte-objet et observés avec un grossissement très faible. On amorce la pipette en y aspirant de l'eau pour humecter ses parois internes et en rejetant cette eau immédiatement. Un infusoire étant choisi sous le microscope, on approche la pipette du point de la goutte d'eau où se trouve cet infusoire. Dès que l'extrémité de la pipette entre en contact avec l'eau, celle-ci et avec elle les infusoires y sont aspirés par l'attraction capillaire. La gouttelette d'eau entraînée dans la pipette est ensuite refoulée sur un second porte-objet. Si elle contient plusieurs infusoires, on y ajoute une goutte d'eau de pluie pour l'étendre et on recommence la manœuvre de la pipette. On arrive ainsi très sûrement et rapidement à isoler l'infusoire choisi. Quand les infusoires sont réduits au nombre de quelques individus, on peut encore écarter et tuer avec une aiguille emmanchée

ceux qui doivent être éliminés. Après chaque opération de la pipette, on devra la nettoyer avec soin en y soufflant un courant
énergique d'eau fraîche.

« *L'isolement* et la *mise en culture* se fait sur des porte-objet et
sur des couvre-objet ordinaires.

« J'emploie de préférence des couvre-objet carrés, de 18 millimètres de côté. Ils doivent être soutenus au moyen de petites
cales, faites de fragments de gros poils de brosses à dents. Ces
poils ayant une épaisseur moyenne d'environ 0,3 de millimètre,
il en résulte que la totalité de l'espace libre compris entre les
deux lamelles représente un volume d'environ 100 millimètres
cubes. Tout cet espace doit toujours être rempli de liquide, ce
qui donne pour chaque préparation une quantité d'eau égale à
10 centigrammes, ou environ 5 gouttes. Lorsque la gouttelette,
dans laquelle on a d'abord isolé un infusoire, ne suffit pas à
remplir cet espace, on y ajoute de l'eau de pluie. *Une recommandation essentielle :* c'est de n'employer à ces cultures que des
lamelles d'une propreté rigoureuse. Les mêmes soins de propreté
doivent être observés avec les pipettes.

« Les infusoires ainsi disposés dans ces milieux étroits, y
peuvent vivre indéfiniment dans les meilleures conditions de
santé. Il suffit de les y pourvoir d'une nourriture convenable
pour les y voir se développer et *se multiplier* avec toute l'énergie
de leur plus haute puissance de reproduction.

« Les uns sont carnassiers, se nourrissant d'autres espèces (du
Cryptochilum nigricans, par exemple, qui se laisse facilement
élever en grandes cultures); les autres, herbivores, se nour-
rissent de Schizomycètes (se contentant, comme aliment, de
farine de blé cuite). Lorsqu'on veut donner les cryptochilums
en pâture aux espèces carnassières mises en culture, on ne doit
pas les puiser directement dans les aquariums à infusoires. Il faut
d'abord en faire des préparations sur porte-objet disposées
comme je l'ai décrit plus haut. Les cryptochilums viennent tous
se rassembler au pourtour de la préparation sous le bord du
couvre-objet, d'où on les aspire avec les pipettes, pour les donner ensuite aux infusoires carnassiers...

« Si l'on veut étudier une *conjugaison de Ciliés,* il faut avant
tout se préoccuper de se procurer des accouplements à volonté
et en très grand nombre. Voici comment il faut procéder.

« On recueille dans les eaux stagnantes, des algues, des con-
ferves, mélangées de débris de feuilles mortes et autres détritus
végétaux. Ces matières sont déposées dans des cuvettes, avec une
quantité d'eau proportionnée de façon qu'elles forment macération, et qu'une fermentation putride s'y déclare. Il faut avoir

soin de recouvrir les cuvettes d'une lame de verre, pour éviter l'évaporation et les poussières. Les quelques Ciliés contenus dans cette eau, trouvant alors une abondante nourriture de bactériacées, se multiplient en très grand nombre.

« Lorsqu'ils pullulent ainsi, on les enlève avec une goutte d'eau et les dispose en préparations sur porte-objet telles que je viens de les décrire plus haut. Ces préparations sont mises en chambre humide. Les infusoires continuent à s'y accroître et à s'y multiplier; mais, vu leur grand nombre, ils ne tardent pas à épuiser la nourriture transportée avec eux dans la goutte d'eau. Quand les derniers restes d'aliments ont disparu, on les voit alors, la plupart du temps, se rechercher et *s'accoupler*...

« Cette méthode est, on le voit, basée sur un fait d'observation, qui peut se formuler ainsi : les Ciliés, le plus ordinairement, s'accouplent après une abondante multiplication, suivie d'un épuisement de leurs aliments.

« C'est la disette de nourriture qui excite, chez eux, les appétits conjugaux... L'isolement de groupes d'infusoires, en préparations sur porte-objet, offre un précieux avantage. On peut, en effet, les examiner fréquemment au microscope et saisir les *premiers accouplements dès leur début*. Un premier fait important qu'on y remarque, c'est que, chez beaucoup d'espèces, les unions s'effectuent surtout vers la fin de la nuit et pendant les premières heures de la matinée..... L'isolement de couples et d'individus est indispensable dans ces recherches, surtout pour l'étude des phénomènes postérieurs à la disjonction... Pour l'étude de la *conjugaison*, chaque couple doit être isolé à part. Cet isolement absolu seul permet d'obtenir des résultats et des observations d'une certitude parfaite. On peut, par exemple, tuer les deux ex-conjugués d'un même couple à des moments différents et suivre ainsi, avec une précision rigoureuse, l'évolution successive des phénomènes. On devra aussi, pour la solution de certains problèmes, isoler à part les deux ex-conjugués d'un même couple. L'isolement et la culture des isolés constituent donc des pratiques indispensables à l'observateur qui veut étudier les phénomènes de la fécondation chez les Ciliés...

« L'étude des phénomènes internes doit être faite sur des couples tués et *fixés* à l'aide de réactifs convenables : par exemple le sublimé dilué à 1 $^0/_0$... Pour obtenir de bonnes images, il est nécessaire que le réactif agisse le plus rapidement possible et que les infusoires, une fois tués, n'aient plus à subir aucun changement dans leur position et l'état de compression où ils ont été saisis. Ces deux conditions, quel que soit le réactif fixateur employé, sont rigoureusement nécessaires.

Voici comment je procède pour faire mes préparations : Les infusoires, enlevés à l'aide d'une pipette, sont déposés dans leur goutte d'eau au milieu d'un porte-objet. La goutte est un peu étalée, et, sur son pourtour, je dispose de petites cales formées de poils fins, d'une épaisseur en rapport avec le volume de l'espèce étudiée. Les infusoires doivent être, en effet, assez comprimés, mais pas écrasés. A l'aide d'une pince fine, je laisse tomber doucement le couvre-objet, sur la goutte d'eau, et le plus rapidement possible, je dépose le réactif sur un des côtés de la préparation ; puis, je l'aspire par le côté opposé à l'aide d'un morceau de papier buvard. Dans cette dernière manœuvre, il faut avoir bien soin de ne causer aucun ébranlement ou déplacement au couvre-objet. Je colore avec le vert de méthyle dans l'acide acétique à 2 % employé, bien entendu, après fixation par le sublimé, et j'éclaircis mes préparations avec la glycérine, qui est bien supérieure au baume, et qu'il faut laisser pénétrer le plus lentement possible.

« On y réussit facilement en bordant à la paraffine le couvre-objet sur tout son pourtour, sauf à un des angles, où on laisse une ouverture étroite. La glycérine est déposée en goutte à cet orifice et se dilue lentement dans la préparation.

« Une dernière recommandation : Il est parfaitement inutile d'essayer l'étude d'une conjugaison si l'on ne possède pas un puissant objectif à immersion homogène. Il faut encore illuminer son microscope avec un bon appareil d'éclairage. Celui de Dujardin perfectionné, tel que les constructeurs parisiens le vendent depuis de longues années déjà, est très suffisant. »

1107. L'**Ascaris** *megalocephala*, parasite que l'on trouve principalement en hiver, dans l'intestin du cheval, offre à bon marché un élément très précieux d'étude pour les phénomènes de fécondation, et pour ceux de la division des œufs en voie de segmentation. Les différentes régions de son oviducte présentent, en grand nombre, les stades les plus variés de pénétration du spermatozoïde, formation du noyau mâle, genèse des globules polaires, etc., jusqu'à celui de la segmentation. Il existe deux variétés de l'ascaris du cheval : les cellules somatiques possédant dans l'une 4 chromosomes (var. *bivalens*), et dans l'autre (plus rare) seulement 2 (var *univalens*). (*Boveri.*)

1108. On procède d'après *Häcker* de la manière suivante :

On incise les téguments de vers empruntés à un cheval que l'on vient de tuer; on enlève leurs oviductes (sans les tirailler!), et on les plonge immédiatement dans le liquide fixateur. Si l'on n'a pas ce liquide à sa disposition, on conserve les vers dans l'intestin du cheval après lui avoir placé deux ligatures (*Herla*).

Boveri (1887), pour mettre en évidence les structures achromatiques, a employé l'acide picro-acétique. Une solution aqueuse saturée d'acide picrique allongée de 2 volumes d'eau et additionnée de 1 % d'acide acétique.

Les oviductes séjournent vingt-quatre heures dans cette solution; puis, sont lavés avec très grand soin dns l'alcool à 70°. On les colore, durant vingt-quatre heures, par le carmin au borax alcoolique de *Grenacher* (§ 316); on les traite, pendant un temps égal, par l'alcool acidulé (1 partie d'acide chlorhydrique pour 100 centimètres cubes d'alcool à 70°) et ensuite par l'alcool pur.

On obtient des œufs qui ne présentent aucun ratatinement en transportant les oviductes de l'alcool dans un mélange composé de : 1 partie de glycérine pour 3 parties d'alcool absolu ; on laisse l'alcool s'évaporer, et les œufs se trouvent ainsi graduellement dans la glycérine pure.

1109. *Kostanecki* et *Siedlecki* préconisent la méthode suivante qui leur a permis d'opérer des **coupes** avec succès : Ils ont eu recours : *a*) au mélange d'une solution de sublimé (sublimé qu'on fait bouillir, jusqu'à saturation, dans la solution physiologique de sel et qu'on laisse ensuite refroidir), et d'acide nitrique à 3 % ; et *b*) à un mélange à parties égales d'une solution aqueuse saturée de sublimé, d'acide acétique cristallisable et d'alcool absolu. Après avoir séjourné vingt-quatre heures dans un de ces liquides, les oviductes entiers sont portés dans l'alcool faible additionné d'un peu de teinture d'iode; puis, pendant vingt-quatre heures, dans chacun des alcools à 50, 70, 90, 100 %. Ils passent ensuite successivement dans les mélanges : chloroforme + alcool absolu (1 : 2), et chloroforme +

alcool absolu (2 : 1), et enfin dans le chloroforme pur.

Le traitement ultérieur demande des précautions particulières, *à cause de la résistance et de l'épaisseur de la coque de l'œuf des Ascaris.* De petits morceaux de paraffine (se fondant à 48° C.) sont dissous dans le chloroforme *à la température du laboratoire,* jusqu'à ce qu'il se produise une solution saturée à froid de chloroforme-paraffine, et l'on renouvelle cette opération jusqu'à saturation à la température de 30° C. (étage supérieur de l'étuve). « Nous laissions alors s'élever graduellement la température jusqu'à 40° C. et transportions les objets dans le mélange, à parties égales de chloroforme et de paraffine; puis, au bout de quelques heures, la température s'élevant, dans le mélange paraffine chloroforme (3 : 1), ensuite dans la paraffine de 48° C,, et enfin dans un mélange de deux sortes de paraffine (l'une ayant son point de fusion à 48° C., l'autre à 52° C.); c'est dans ce dernier bain que se faisait l'inclusion.

Dans cette manipulation, il faut bien avoir soin de ne pas laisser les œufs exposés plus de huit heures au maximum à une température supérieure à 35° C. ; sinon, apparaissent dans ces œufs des ratatinements très accentués.

Les coupes de 5-10 μ d'épaisseur sont collées à l'eau colorée préalablement avec le bordeaux, et ensuite avec l'hématoxyline à l'alun de fer de Heidenhain. »

1110. *Maupas* recommande les œufs des *Nématodes libres*, et plus particulièrement des *Rhabditidés*, pour l'étude de l'**évolution des œufs.**

« Avec un peu d'humus gras, de terreau pris sur le bord d'une fosse à fumier, on constitue un terrarium sur lequel on dissémine quelques petits morceaux de viande de bœuf, dont la taille ne doit pas dépasser celle de l'extrémité du petit doigt.

Quelques jours plus tard, les Rhabditis, toujours présents dans ce terreau, sont rassemblés sur les morceaux de viande; d'où il est facile de les transporter dans une goutte d'eau. Au moment de mettre des œufs en observation, on isole une femelle adulte sur un porte-objet et on la coupe en deux avec une aiguille à dissection. Les œufs contenus dans ses utérus se répandent dans la goutte d'eau. Il n'y a plus qu'à recouvrir avec son couvre-objet calé convenablement, et à observer.

Les œufs continuent à évoluer comme dans le corps de leur mère.

1111. Moment de la reproduction de quelques Invertébrés marins (Observations personnelles de *Calvet* sur la région de Cette).

Cnidaires : Chez les *Hydraires*, le bourgeonnement s'effectue d'une façon à peu près continue pendant toute l'année, mais avec un grand ralentissement, une sorte d'hibernation, pendant la saison froide, de novembre à février et même à mars, suivant la température.

La reproduction sexuée se constate, suivant les différentes espèces, d'avril à juillet (*Tubularia*, *Plumularia*, *Podocoryne*, *Aglaophenia*, etc.).

Chez les *Scyphoméduses* (Aurelia, Rhizostoma), la reproduction sexuée débute en mai et se poursuit jusqu'en octobre.

Chez quelques Actinozoaires (Anemone sulcata, Adamsia palliata), on trouve des embryons dans la cavité gastrovasculaire en juin et en juillet.

Vers : Parmi les *Plathelminthes,* on rencontre des *Planaires* qui, en mai et en juin, sont bourrées de produits génitaux à maturité.

Chez les *Némertines* (*Tetrastemma*), on trouve des individus bourrés de gros œufs depuis avril jusqu'en octobre.

Chez les *Annélides,* les *Serpules* (*Soulier*) présentent dans leurs glandes génitales, des éléments reproducteurs à l'état de maturité, *en toute saison :* peu en hiver, en très grand nombre à partir du printemps. — La fécondation artificielle s'effectue, chez elles, avec facilité et constance : elle réussit à toutes les époques de l'année. Il suffit de mettre en présence, dans une coupelle, les produits génitaux mâles et femelles; aussitôt la fécondation s'opère et le développement suit son cours normal.

On recueille, à l'aide d'un pinceau, les ovules à divers stades de l'évolution (cinq minutes, dix minutes, quinze minutes, etc., etc., après la mise en présence des éléments génitaux); puis on les soumet à l'action d'un fixateur.

Les ovules évoluent avec une rapidité plus ou moins grande suivant la saison pendant laquelle sont faites les observations. La température la plus favorable paraît être de 12° à 15°.

Si la température est supérieure à 18°, la segmentation s'effectue très promptement et les premiers stades du développement se succèdent avec rapidité. Mais les anomalies sont très nombreuses, et la plupart des larves ne tardent pas à mourir. Si la température est inférieure à 15°, l'évolution suit un cours régulier, mais d'autant plus lent que la température est plus faible.

Chez *Spirographis Spallanzani*, la période de reproduction s'étendrait de mars à novembre.

Brunotte dit que chez *Branchiomma* on trouve *toujours* dans la cavité générale des produits génitaux, spermatozoïdes ou œufs, en suspension dans le liquide cavitaire.

Chez les **Phoronidiens,** c'est surtout en avril que les tentacules de *Phoronis* se montrent porteurs des amas d'œufs fécondés; on en trouve encore en mai, et presque plus en juin, toutes les larves ayant acquis leur liberté.

Comme pour les Hydraires, le bourgeonnement est continu chez les **Bryozoaires,** mais avec une phase de ralentissement pendant l'hiver.

A toute époque de l'année, on peut constater l'activité génitale, mais elle est surtout importante de mars à septembre. Un petit nombre d'espèces (*Membranipora pilosa, Alcyonidium* plur. sp.) ont un développement libre, et pondent des œufs qui évoluent dans le milieu extérieur. Dans les autres, l'œuf reste plus ou moins en relation avec l'individu protecteur, et les embryons, à divers états, sont portés par la colonie où on en trouve à toute époque de l'année.

Parmi les **Chitinophores** : *A*. Chez les *Nématodes libres*, on trouve des femelles adultes à l'état de gestation pendant tout le cours de l'année, mais principalement dans les derniers jours de l'hiver et au printemps. — *B*. Chez les *Crustacés*, les *Crabes* sont « pleins » de fin octobre à fin novembre ; ils portent leurs œufs sous l'abdomen de novembre à fin janvier. — La *Caramotte d'été* (*Palœmon serratus* Fabr.) porte ses œufs *sous l'abdomen* de mars à fin août ; la *Caramotte d'hiver* (*Palœmon tenuirostris*), de novembre à février ; la *Cigale de mer* (*Scyllarus arctus* = *Arctus ursus*), de mai à août ; le *Pagurus striatus*, de mai à août.

Parmi les **Mollusques,** les *Lamellibranches* (*huître, moule, clovisse, cardium*) montrent leurs produits génitaux à maturité d'avril à septembre ; les *Opisthobranches* pondent de mai à juillet (*Doris*), de septembre à décembre (*Aplysie*), de mars à novembre (*Eolidiens*). — Les *Prosobranches* pondent de mai à juillet [*Natica, Tritonium, Murex* (plur. sp.)]. — Les **Céphalophodes** (*Sepia, Loligo, Sepiola*) pondent de mai à juillet. Une *Sepia officinalis* a pondu dans l'aquarium en juin.

Parmi les **Echinodermes,** le *Strongylocentrotus lividus* a ses produits génitaux à maturité depuis la fin de l'été jusqu'au commencement du printemps. On trouve dans le plankton des *Auricularia, Bipinnaria* et *Pluteus* depuis mai jusqu'en octobre.

Des formes larvaires de **Tuniciers** se rencontrent dans le plankton, déjà en avril et jusqu'en juillet.

1112. On a l'occasion de se procurer des **œufs de poissons** tout le courant de l'année. Chez la plupart, le germe peut s'observer et s'examiner à l'état frais par la surface. Voici à quelle époque de l'année correspond la *saison du frai* de quelques poissons : l'*Ombre* : mars, avril ; le *Barbeau* : mai, juin ; la *Perche* : mars, avril, mai ; la *Loche franche* :

mars, avril ; la *Vandoise* : mai, juin ; le *Corégone* (*Coregonus Wartmanni*) : novembre, décembre ; le *Corégone* (*Coregonus hiemalis*) : novembre, décembre ; la *Truite* : octobre, novembre, décembre ; le *Carassin* : juin ; le *Goujon* : mai, juin ; le *Brochet* : avril, mai ; le *Huch* (*Salmo hucho*) : avril, la *Carpe* : mai, juin ; la *petite Perche de rivière* : avril, mai, le *Saumon* : septembre, octobre, novembre ; la *petite Lamproie de rivière* : avril ; la *Lotte* : janvier ; le *Salvelin* (*Salmo salvelinus*) : juin, octobre ; le *Gardon* : avril, mai ; la *Tanche* : mai, juin ; le *Silure* : juin, juillet.

1113. Il est très facile d'opérer chez les Poissons, ce que l'on appelle la **fécondation artificielle** des œufs ; pour cela, on choisit l'époque où les produits sexuels sont mûrs, ce qu'on reconnaît à ce qu'il suffit d'une pression légère de la main sur la face ventrale, pour faire écouler dehors ces produits : œufs et sperme (laitance) ; on opère de la façon suivante : On recueille dans un plat bien propre les œufs d'un poisson œuvé que l'on fait sortir en comprimant le corps, de la tête à l'ouverture anale, légèrement et à plusieurs reprises ; on s'arrête à la première goutte de sang aperçue à l'anus.

On obtient ensuite, de la même façon, un peu de laitance et on la répand, aussi uniformément que possible, sur les œufs ; on n'a plus qu'à agiter le tout, avec la barbe d'une plume d'oie, par exemple (méthode russe) ; on ajoute alors de l'eau pure, c'est-à-dire de l'eau dans laquelle fraient les animaux en liberté, et autant que possible, à la même température ou, ce qui est préférable, à une température plus basse de deux degrés ; l'eau devra recouvrir amplement les œufs. On attend de nouveau quelques minutes, dix environ ; puis, on verse l'eau troublée par la laitance d'aspect blanchâtre, et on la remplace par de l'eau fraîche, jusqu'à ce que le trouble ne soit pas visible, même à l'œil nu. L'ensemencement est alors terminé, et l'on peut porter les œufs dans un courant d'eau fraîche pour qu'ils continuent à s'y développer. Le développèment ultérieur se fera dans des appareils tout spéciaux.

1114. Les **lamproies,** Petromyzon fluviatilis et Petromyzon Planeri, se prêtent très bien à l'étude de la *fécondation artificielle :* leurs œufs sont obtenus et fécondés suivant le procédé décrit dans le paragraphe précédent.

Elles fraient en automne et au printemps [on se les procure facilement dans les établissements de pisciculture (Memel, Dantzig, Elbing, Stettin, Kiel et Brême)].

Sur des œufs de lamproie qui viennent d'être fécondés, on peut aisément observer les phénomènes de la *fécondation ;* les œufs se tiennent d'eux-mêmes avec le pôle animal dirigé en haut, et l'on assiste à l'entrée des spermatozoïdes, accompagnée de mouvements protoplasmiques variés du côté de l'œuf.

Le phénomène complet ne dure que quelques minutes, mais peut être souvent renouvelé à volonté (*Kupffer* et *Benecke*).

1115. Les **œufs de truite,** fécondés artificiellement, peuvent être fixés, suivant les indications du paragraphe 1121 soit immédiatement après l'ensemencement, soit toutes les cinq minutes, jusqu'au moment où l'on voit survenir la première segmentation ; il ne faut pas chercher à enlever l'enveloppe de l'œuf. Ces œufs ainsi fixés, coupés dans la paraffine, et colorés par l'hématoxyline de Delafield, par exemple, offrent la matière la plus favorable pour l'étude, chez les Vertébrés, et plus particulièrement chez la truite, des phénomènes de la fécondation : entrée du spermatozoïde, formation des globules polaires du noyau œuf, du noyau de segmentation, etc.,

Nous recommandons tout spécialement cette « *fécondation artificielle* » aussi bien pour les démonstrations que pour l'étude.

H. Blanc se trouve bien de la méthode suivante : Des œufs de truite, fécondés par la méthode russe (ou par voie sèche) sont fixés dans l'acide picro-sulfurique et l'acide acétique (600 volumes d'eau ; 2 volumes d'acide sulfurique ; 100 volumes d'acide picrique concentré et 8 volumes d'acide acétique). Ces œufs restent pendant quelques heures dans ce liquide : un séjour plus long ne nuirait d'ailleurs nullement.

On les ouvre, alors, dans l'acide acétique à 10 $^0/_0$; cet acide dissout le vitellus et permet l'extraction du germe à l'aide d'une lancette et d'un pinceau.

Les disques germinatifs sont traités par l'alcool à 80-90 $^0/_0$, puis par l'alcool absolu; on les colore avec le carmin boraté, et on les monte en masse dans le baume de Canada ou la glycérine.

Dans les stades peu avancés, on peut détacher, en le coupant, le pôle animal de l'œuf, de manière à obtenir le disque germinatif de la membrane enveloppante.

1116. La méthode la plus simple, pour obtenir des images d'ensemble des germes et des embryons, consiste à fixer pendant douze à vingt-quatre heures les œufs frais dans l'acide chromique au tiers, et à les porter ensuite dans un courant d'eau. Au bout de quelques heures, la coque de l'œuf se détache, ce qu'on peut toujours provoquer en exerçant une pression faible sur l'œuf. Lorsque cette enveloppe s'est complètement détachée, on peut, en tenant l'œuf avec la main gauche, enlever, au moyen d'un rasoir bien tranchant, la région de cet œuf qui contient le disque germinatif. Les segments ainsi enlevés sont de nouveau lavés dans l'eau jusqu'à ce que la teinte jaune ait complètement abandonné embryons et germes (le vitellus reste toujours un peu coloré).

1117. *Bataillon* emploie avec succès la méthode suivante pour l'étude de la mitose sur les blastodermes de *Poissons* d'eau douce et les œufs d'*Amphibiens* :

Fixation par les liqueurs chromiques (mélange de Flemming ou liquide de Schultze sans acide osmique), vingt-quatre heures. Lavage à l'eau acétique (10 $^0/_0$). Conservation dans l'alcool acétique (90 $^0/_0$ d'alcool absolu, 10 $^0/_0$ d'acide acétique).

Coloration **double.** *Bleu de méthylène* boracique :
Solution aqueuse saturée de *Borax*.

——   ——   — · *Bleu.*

Eosine dans l'alcool à 50 %.

Bataillon applique pendant quelques secondes la teinture bleue chauffée jusqu'à émission de vapeurs.

Il lave rapidement à l'eau et nettoie la lame à l'éosine. Quelques secondes suffisent pour conduire les coupes à une teinte rouge violacé. — Alcool absolu. — Essence. — Baume.

La chromatine en mouvement est *merveilleusement* marquée en bleu sur fond rose ; les noyaux au repos sont beaucoup moins colorés : les mitoses sautent aux yeux, même à des grossissements faibles (voir § 838).

1118. Pour l'observation de **jeunes disques germinatifs de truites,** *H. Virchow* (*Kopsch,* 1898) recommande le traitement préalable des œufs entiers par 2 parties d'acide chromique, 900 d'eau distillée, 100 d'acide acétique, et cela pendant dix minutes environ ; s'il s'agit d'embryons dont le vitellus est déjà très réduit, le séjour dans ce liquide ne dépassera pas cinq minutes.

Les œufs sont alors portés dans une solution aqueuse d'acide chromique à 2 %% ; puis on les isole, et on les soumet aussi rapidement que possible, au traitement ultérieur suivant : l'œuf, placé dans la solution physiologique de sel, est ouvert avec précaution ; on enlève son enveloppe et en soufflant dessus avec un petit tube bien effilé, qu'on a rempli avec la solution de sel, on sépare le vitellus non coagulé du disque germinatif. Ce dernier, bien débarrassé de toute trace de vitellus, est fixé dans le sublimé (deux heures), dans la liqueur de Flemming (lavage minutieux!) ou dans d'autres réactifs.

Ces disques ainsi traités se prêtent à un très instructif « examen de surface » et se laissent parfaitement couper dans la paraffine.

1119. *Bouin* a récemment publié le procédé de technique suivant, bien commode pour étudier *la fécondation et la segmentation des œufs volumineux des Poissons* comme ceux de la truite par exemple :

On fixe les œufs de Poissons : Brochet, Truite, etc., dans une assez grande quantité de formol picro-acétique. On les fixe entiers, et l'on peut en fixer un grand nombre à la fois à intervalles différents après la fécondation. On les laisse vingt-quatre à quarante-huit heures dans le liquide fixateur, et on les lave à l'eau courante pendant quatre à six heures.

« Le formol picro-acétique leur donne une consistance ferme, bien élastique, et permet facilement les manipulations ultérieures.

« On coupe ensuite circulairement, avec un scalpel bien effilé, l'enveloppe choriale des œufs au niveau de l'équateur à peu près, puis avec une pince fine, on enlève cette enveloppe qui se détache facilement.

« Le vitellus et le disque germinatif sont ainsi mis à nu; avec une aiguille, on sépare le disque germinatif du vitellus et on le fait tomber dans l'alcool à 50°. On déshydrate dans les alcools de plus en plus fort, et l'on monte dans la paraffine suivant le procédé classique.

« Les coupes se font très aisément, et tous les détails de structure des blastomères sont bien conservés. — Coloration par l'hématoxyline ferrique, de préférence.

« L'avantage de ce procédé technique sur ceux qui ont été employés jusqu'ici à propos des disques germinatifs des Poissons osseux consiste dans ce fait *qu'on fait subir à ces disques le moins de manipulations possible*, ce qui n'est pas le cas lorsqu'on emploie la méthode de Kopsch et Virchow.

« De plus, les disques se détachent plus facilement du vitellus sous-jacent, et se distinguent beaucoup mieux qu'après les fixations *in toto* des œufs dans le sublimé ou l'acide chromique. »

1120. *Bæke* fixe peu de temps dans le *sublimé-acide acé-*

tique ou dans la liqueur de *Zenker* et durcit dans une solution de formol à 10 %: au bout de quelques heures, il transporte les œufs dans l'alcool à 30° pour les traiter ensuite dans les alcools à 40°, 50°, etc.

Le vitellus des Salmonides est très dur; celui du Gobius capito, par exemple, se laisse au contraire bien couper dans la paraffine.

1121. On obtient de bons résultats, pour l'étude de très jeunes germes de truite, avec le mélange de *sublimé-acide acétique*. On fait agir pendant trente à quarante-cinq minutes, 80 centimètres cubes d'une solution aqueuse concentrée de sublimé et 20 centimètres cubes d'acide acétique. Les œufs ainsi fixés sont plongés dans l'alcool à 70°, et au bout d'une heure, on coupe les germes avec le rasoir, comme il a été déjà dit au paragraphe 1116. Le traitement ultérieur s'effectue comme pour les préparations faites au sublimé (voir § 140); il faut, toutefois, comme liquide conservateur, ne jamais faire usage d'alcool au-dessus de 85°.

Voici une méthode qui donne encore de meilleurs résultats : les œufs sont portés dans une solution de sublimé et d'acide acétique plus forte (20 %); en moins de trente secondes, le germe est déjà trouble, c'est-à-dire tué. On plonge alors les œufs dans une solution de sublimé et d'acide acétique plus faible (5 %), et cela en versant dans la précédente la quantité voulue d'une solution pure de sublimé. Au bout de trois quarts d'heure environ, les œufs passent dans l'alcool à 70° additionné de deux gouttes de teinture d'iode, et de nouveau, au bout de trois quarts d'heure, la calotte sphérique contenant le germe est enlevée avec soin, à l'aide d'un rasoir tranchant, et débarrassée autant que possible de tout vitellus.

Les germes ne doivent pas être mis en contact avec de l'alcool supérieur à 80°.

Ainsi conservés, les œufs se laisseront facilement couper en séries ininterrompues, après avoir été simplement inclus dans la paraffine ; avec un peu d'habitude, on se trouvera très bien de ce procédé, et l'on n'aura pas besoin d'avoir recours à la méthode combinée de la celloïdine et de la paraffine (*A. Bœhm*, 1891).

1122. Si l'on a affaire à un vitellus dur se coupant mal, on inclut dans la paraffine à travers l'acétone : alcool à 70°-80°, acétone, xylol, etc. En d'autres termes, on évite l'emploi de l'alcool absolu.

1123. On doit prendre pour règle générale d'**activer le plus possible le traitement de tous matériaux empruntés aux Poissons;** quand, en effet, les œufs séjournent trop longtemps dans l'alcool, si faible qu'on ait choisi ce dernier, le vitellus devient si dur et si cassant qu'il n'est guère plus susceptible d'être coupé, du moins après l'opération habituelle de l'inclusion dans la paraffine. L'inclusion dans la celloïdine ou le collodion ne permet pas, à elle seule, d'atteindre la finesse de coupe voulue pour les études d'embryologie ; on l'obtient quelquefois en combinant la méthode de la celloïdine et celle de la paraffine.

Mais, si les œufs restent durant deux ans dans l'alcool, une main très experte pourra détacher, à l'aide d'aiguilles à cataracte et de pointes de scalpel, les germes et les embryons, et les couper ensuite ; mais il sera trop tard pour le vitellus.

On peut aussi inclure, à la façon ordinaire, de pareils objets dans la paraffine, et les y conserver aussi longtemps qu'on le désirera.

Cette méthode se recommande tout spécialement pour les œufs d'Amphibiens.

1124. Amphibiens. — De la fin de mars au milieu d'avril, on trouve dans les étangs, les flaques d'eau et les ruisseaux, des frais de grenouille et de crapaud; les premiers ont la forme de pelote ; les seconds présentent l'aspect de cordons.

Ces œufs peuvent, sans autre préparation, être examinés à l'état frais ; on peut aussi, à la lumière incidente, par exemple, étudier chez eux le phénomène de la segmentation.

Voici une liste des **saisons d'accouplement** de quelques Amphibiens : le *Triton alpestris* de mars à mai ; le *Triton cristatus* d'avril à juin ; le *Triton tœniatus* en mai ; *Rana esculenta*, mai et commencement de juin ; *Rana temporaria*, mars ; *Pelobates fuscus*, commencement d'avril ; *Bombinator igneus*, mai, juin ; *Alytes obstetricans*, deux fois par an (au printemps et en automne) ; *Bufo vulgaris* et *variabilis*, en avril ; *Bufo calamita* au printemps, mais plus tard (voir aussi *A. Franke*, 1881).

1125. *Adler* (1904) se sert, pour fixer les œufs de *crapaud*, d'un mélange à parties égales d'une solution concentrée de sublimé et d'acide chromique à 1/2 $^0/_0$; il se débarrasse de leur épaisse couche d'albumine par l'eau de Javel, et les colore avec la cochenille alunée pour les porter enfin dans la paraffine. Ces œufs peuvent rester des jours entiers dans l'alcool, le chloroforme et dans le mélange chloroforme-paraffine, sans devenir cassants ; mais, en revanche, ils ne doivent rester que quinze à trente minutes dans le dernier bain de paraffine fondue.

1126. Chez différents *Amphibiens*, la **fécondation artificielle** est possible.

On procède ainsi avec la grenouille : On retire les œufs de l'utérus, de l'oviducte ou de la cavité générale, pour les porter, à sec, dans un verre de montre ou dans un cristallisoir ; on les arrose avec un peu d'eau dans laquelle on a dilacéré le testicule, ou mieux les canaux déférents. Au bout de cinq à dix minutes, on jette l'eau qui contient en suspension la liqueur séminale, et on la remplace par de l'eau ordinaire que l'on doit souvent renouveler — les œufs poursuivent leur développement ; toutefois, la couche d'eau qui les recouvre ne doit pas être trop haute ; elle doit au maximum, atteindre 1 centimètre.

1127. *O. Schultze* (1899) qui a consacré de nombreuses années à l'étude des œufs de grenouille, est l'auteur d'une méthode qui lui a donné de très heureux résultats.

Il **enlève** avec des ciseaux l'**albumine** jusqu'à la couche qui entoure immédiatement la membrane vitelline ; puis, il porte les œufs pendant cinq minutes dans une solution aqueuse de formol à 2 $^0/_0$ (allongée 20 fois) qu'il chauffe à 75° ou 80° C.

Ces œufs meurent instantanément ; leur membrane se soulève, et l'on peut alors facilement les extraire avec des aiguilles. Ils prennent une consistance élastique, rappelant un peu celle du cuir, et se laissent admirablement couper. *On peut les conserver intacts pendant des mois entiers dans la solution de formol à 2 $^0/_0$, protégés par leur enveloppe.*

O. *Schultze* (1899) recommande le procédé suivant pour l'inclusion dans la paraffine : Les œufs dépouillés de leur enveloppe, à leur sortie de la solution de formol, passent successivement dans les alcools à 70° et à 95° ; puis, dans l'essence de bergamote (deux heures au moins dans chacun de ces liquides) ; de là, pendant dix minutes, dans la paraffine que l'on renouvelle une fois, pour y être enfin inclus.

O. *Schultze* n'a pas expérimenté cette méthode avec d'autres œufs « riches en vitellus ».

1128. O. *Hertwig* (1883) soumet les œufs, pendant environ 5 minutes, à l'action de l'eau chauffée à 90° C. On les refroidit alors rapidement en versant de l'eau froide dans l'eau chaude ; puis, on en saisit l'enveloppe glaireuse avec une pince, et on la coupe au ras de l'œuf avec de bons ciseaux.

Avec une certaine habitude, on réussit souvent, dès la première ou la seconde incision, à ouvrir la *cavité où est l'œuf ;* celui-ci tombe alors, de lui-même, au dehors. L'œuf ainsi préparé, est alors successivement traité par une série d'alcools, graduellement de plus en plus concentrés.

1129. Pour se débarrasser de la couche d'albumine, *Whitman* (1888) procède ainsi :

Une solution à 10 $^0/_0$ d'hypochlorite de sodium est additionnée de 5-6 parties d'eau. Les œufs tués par la chaleur ou tout autre moyen y séjournent jusqu'à ce qu'ils tombent hors de leur enveloppe,

1130. *Witmann* (1888) procède à l'enlèvement de l'enveloppe au moyen d'une solution à 10 °/₀ d'hypochlorite de sodium additionnée de 5 à 6 parties d'eau, dans laquelle on fait séjourner les œufs, tués par la chaleur ou autrement, jusqu'à ce qu'ils se mettent d'eux-mêmes à nu.

1131. Les œufs fixés, par exemple avec les acides chromique, osmique, acétique, peuvent aussi, après avoir été bien lavés dans l'eau, être plongés dans une solution d'eau de Javel délayée dans 3 à 4 fois son volume d'eau ; on les y laisse de quinze à trente minutes, en ayant soin de secouer quelquefois le vase ; les œufs, délivrés de leur couche de gélatine, tombent au fond ; on les lave avec précaution dans l'eau, et on les porte dans des alcools graduellement de plus en plus concentrés (*Blochmann*, 1889).

On peut, avec succès, fixer et traiter aussi de la même manière les œufs de tritons que l'on rencontre isolés sur les brins d'herbe, etc.

La fixation des œufs d'Amphibiens mis à nu se fait très bien avec le mélange de sublimé et d'acide chromique (voir § 149).

1132. *R. Fick* (1893 *b*) indique la manière suivante d'opérer : on fixe pendant vingt-quatre heures les œufs avec leur enveloppe dans un mélange chromo-acétique (25 centimètres cubes d'acide chromique à 1 °/₀ + 75 centimètres cubes d'eau + 0,4 d'acide acétique) ; on les débarrasse de leur enveloppe glaireuse pour les faire séjourner vingt-quatre heures dans l'eau courante, et les déshydrater au moyen des alcools à 60° et à 80°, dans chacun desquels ils restent aussi vingt-quatre heures. On les colore pendant le même temps dans une solution alcoolique de carmin boraté ; on les lave dans l'alcool à 70° acidulé par l'acide chlorhydrique ; puis, on les traite successivement par l'alcool à 90°, l'essence de bergamote (de deux à quatre heures, mais pas plus longtemps), la paraffine (ayant son point de fusion à 50°) pendant une demi-heure à une heure pas davantage, car les œufs deviendraient alors durs et cassants. Opérer les coupes à 10, 15 μ d'épaisseur (voir O. *Schultze*, 1889).

1133. *Barfurth* (1893) recommande le séjour des œufs, pendant quelques minutes, dans une eau portée à 80° C. ou dans un mélange chromo-acétique (*Flemming*) d'égale température. Avec la dernière méthode, on lave pendant vingt-quatre heures les œufs fixés dans l'eau et on les secoue de manière à les débarrasser de leur couche de gélatine. On peut aussi les traiter par l'eau de Javel que l'on étend de trois fois son volume d'eau; l'opération marche plus vite dans l'étuve qu'à la température du laboratoire. En agitant *avec beaucoup de précaution* le verre, on voit l'enveloppe glaireuse se séparer complètement. Le traitement ultérieur est le même que celui que font subir aux œufs Fick et Schultze (voir § 1132).

Le liquide suivant : alcool, 125; glycérine, 25; eau, 350, permet de conserver les œufs dans leur enveloppe après les avoir tués dans l'eau à 80° C. Ainsi conservés, les œufs se prêtent merveilleusement aux dessins et aux démonstrations pour les travaux pratiques.

1134. S'il s'agit de gros œufs d'Amphibiens (*Salamandra mac.*, par exemple), on colore avant de couper dans la paraffine molle, fondant à 45-50°, et on effectue le collage sur le porte-objet soit avec de la glycérine albuminée (voir § 274), soit par le procédé suivant recommandé par *Born* : On mélange 2 volumes de collodion, 2 volumes d'éther et 3 volumes d'huile de ricin (masse due à *Strasser*), et on répand une mince couche de cette solution, avec un bâton de verre, sur le porte-objet. On dispose alors les coupes sur ce dernier que l'on chauffe légèrement de telle façon que la paraffine ne fonde pas; les coupes peuvent alors s'étendre et se dérider (Table chauffante de *Born*, § 267). A ce moment, au moyen d'un pinceau flexible, on passe une faible couche du mélange collodion-huile de ricin sur la surface occupée par les coupes. Les porte-objet sont alors transportés, soit directement dans le xylol, soit après collage avec l'albumine, à travers l'alcool, etc., dans le baume de Canada.

On évitera l'usage de l'alcool absolu. — Coloration en masse (*R. Semon*).

1135. Carnoy et **Lebrun** (1897) attirent avec raison l'attention sur ce fait que des œufs d'Amphibiens, fixés suivant les procédés ordinaires, se laissent couper difficilement (les œufs de gros volume étant même impossibles à couper) parce qu'ils sont cassants.

Carnoy et *Lebrun* préconisent la **méthode** suivante pour les **œufs ovariens** et les **ovaires entiers**. De jeunes œufs séjournent un quart d'heure, des œufs plus âgés trois quarts d'heure à une heure dans le mélange de *Van Gieson* :

Acide nitrique (p. spéc. 1,456).....................	15 cm³
Acide acétique.................................	4 —
Sublimé.....................................	20 —
Alcool à 60°..................................	100 —
Eau distillée.................................	880 —

On les lave une heure à l'eau et on les porte, à travers la série graduellement ascendante des alcools, dans l'alcool à 80°.

Les objets, pour être inclus dans la paraffine, sont traités environ un quart d'heure, par l'alcool à 95°, puis cinq minutes par l'alcool absolu, et enfin par un mélange à volumes égaux d'alcool et de chloroforme. Placés dans ce liquide, ils tombent au fond ; on remplace alors le mélange par du chloroforme pur et, trois à quinze minutes après, on ajoute de la paraffine (fondant à 52°) jusqu'à ce que le volume ait doublé. On expose le tout dans une étuve chauffée à 37°. Ces objets y passent de deux heures et demie à trois heures ; ils sont ensuite plongés cinq minutes dans de la paraffine liquide pure (fondant à 52°) et cela, à une température aussi basse que possible. C'est dans cette dernière paraffine qu'on les inclut.

Dans ces conditions, les objets les plus délicats et les plus cassants se laissent couper avec un très grand succès.

1136. *Peter* (1904) **colore les éléments du vitellus** chez les Amphibiens avec un mélange cochenille-alun de fer. On fait bouillir 10 grammes de cochenille pulvérisée avec 250 centimètres cubes d'eau distillée et, tout en agitant constamment, on réduit par évaporation jusqu'à 50° environ. On ajoute alors de l'eau distillée de façon à obtenir un volume total de 150 centimètres cubes; on filtre, et l'on verse 3 gouttes d'acide chlorhydrique concentré par 40 centimètres cubes de la solution filtrée. Le fin précipité qui se produit a gagné le fond au bout de un à deux jours, et la claire liqueur rouge orange est prête à être employée, sans qu'on ait besoin de la diluer.

Les coupes collées à l'albumine glycérinée sont débarrassées de la paraffine; à travers les alcools et en sortant de l'eau distillée, elles sont alors soumises à la solution colorante où elles séjournent de dix-huit à vingt-quatre heures dans la couveuse à 40° environ (le lavage des coupes à l'eau distillée peut ne pas être fait). On arrose les coupes avec une solution aqueuse (eau distillée) à 1 °/₀ d'alun de fer qui devra être changée si elle devient noire, et qu'on laisse agir une demi-minute à deux minutes. Lavage à l'eau distillée. — Série ascendante des alcools, de 50 à 100° : — xylol, baume.

1137. Consulter aussi les instructions du paragraphe 1122.

1138. *Grœnroos* (1898) fixe les œufs de *Salamandre* avec un mélange d'une solution concentrée de sublimé et d'acide chromique à 1/2 °/₀ (50 parties de chaque) et de 1 partie d'acide acétique. Ce traitement est surtout recommandé pour l'examen extérieur de ces œufs non coupés.

1139. Méthode de *Wilhelm Roux* (1894). Ce savant est arrivé à produire des demi-embryons de grenouilles et cela, en piquant, après la première segmentation, l'un des deux blastomères avec une aiguille fortement chauffée. Le blastomère piqué était tué : l'autre demeurait sain et sauf. Voir pour de plus amples détails *Roux* (1894).

1140. Méthode de *L. Chabry* (1887). Ce savant est l'auteur d'une méthode très ingénieuse qui lui a permis d'obtenir des demi-embryons avec des œufs bien *plus petits* que ceux des Batraciens (Ascidies, Echinodermes, etc).

Il provoque la *ponte artificielle* de l'*Ascidiella aspersa :* il opère la *décortication* de l'œuf, fait l'*élevage* des œufs fécondés, puis leur *triage.*

A ce moment, a lieu l'*aspiration immédiate dans le capillaire porte-objet,* dans lequel il fait toutes les observations de la segmentation des œufs.

Ce capillaire porte-objet est formé d'un tube de verre étiré au chalumeau et *choisi au préalable dans un tube absolument exempt de bulles d'air et bien nettoyé.*

Une légère modification a été apportée à cet appareil par *Chabry* lui-même, qui a imaginé l'emploi d'un *perforateur* lui permettant d'arriver à tuer certains blastomères de l'œuf en voie de segmentation. Ce perforateur comprend :

1° L'*aiguillon* ; un fil de verre filé très mince, et terminé par une pointe;

2° Un *porte-capillaire à levier,* dans lequel est introduit l'aiguillon ;

3° *Une gaine protectrice* destinée à protéger la pointe de l'aiguillon *hors le temps d'action,* et à assurer sa pénétration *sans brisure* dans le tourne-objets. L'auteur décrit la *mise en place de l'aiguillon,* celle du *tourne-objets,* le boutoir et le ressort.

Chabry déclare, d'ailleurs, que l'on peut imaginer et construire un grand nombre d'instruments analogues au précédent. Le principe sur lequel tous ces appareils reposent est toujours l'*immobilisation de l'œuf dans un tube et l'emploi d'un aiguillon glissant dans une gaine.*

Chabry se préoccupe, enfin, de la *Notation* des cellules de segmentation : « Une bonne notation doit accorder un signe propre à chaque cellule, et je vais montrer qu'on peut choisir ce signe, de telle sorte qu'il rappelle la généalogie tout entière de la cellule et, en outre, la place morphologique qu'elle occupe dans l'œuf... »

1141. Reptiles. — Dans les mois de mai, de juin et même plus tard, on trouve des femelles de lézards et de serpents qui sont pleines. Leurs œufs sont pondus à un stade encore peu avancé ; ceux du lézard des murailles, notamment, présentent fort souvent des stades très jeunes.

	ACCOUPLEMENT	SAISON DE L'ACCOUCHEMENT ET DE LA PONTE
Lacerta agilis......	Mai à Juin	
— muralis.. .	Avril	Juillet
— vivipara...	Fin Avril	Milieu de Juillet
Anguis fragilis.. ..	Mai	Août (et Octobre)
Pelias berus.......	Commencement d'Avril à Mai	Fin Août au commencement de Septembre
Coronella austriaca	Milieu d'Avril	Fin Août au commencement de Septembre
Tropidonotus natrix	Milieu de Mai	Milieu de Juillet à fin Août

(Voir à ce sujet *A. Franke*, 1881. — Il faut naturellement tenir compte de la région d'où l'on a reçu ces animaux.)

1142. On obtient les meilleurs résultats en enlevant à l'état frais la membrane coquillière dans la solution physiologique de sel ; cette opération s'effectue sans trop de difficulté, en saisissant l'œuf avec une pince pointue, de façon à produire un pli profond. On le détache au moyen d'une incision aussi *longue* que possible. Si l'ouverture pratiquée est trop petite, une partie de l'œuf fait saillie : la membrane vitelline se crève alors d'ordinaire, et le vitellus s'écoule au dehors ; l'œuf est, par suite, perdu. Pour prévenir cet accident, on produit, avec une pince pointue, un nouveau pli, et l'on pratique dans cette région une incision circulaire jusqu'à ce que l'œuf tombe hors de sa coque.

1143. Une fois que l'on a ainsi convenablement dégagé

l'œuf de sa membrane, on le transporte avec une cuiller en corne appropriée dans le liquide fixateur; comme liquides d'un emploi avantageux, se présentent : l'acide picro-sulfurique (§ 155) dont l'action exige cinq heures, ou bien le mélange de sublimé et d'acide acétique (§ 148), qui agira en une heure ou une heure et demie (avec traitement ultérieur par le sublimé pur), ou bien enfin le mélange de sublimé et d'acide chromique (§ 149) exigeant un séjour de vingt-quatre heures. Après ces délais, les œufs sont portés dans l'eau distillée, et si l'on ne poursuit aucun but particulier, l'**aire embryonnaire** et l'aire vasculaire sont **coupées et détachées**, au moyen de ciseaux pointus et bien aiguisés, pour être ensuite portées, avec une cuiller en corne, dans l'alcool (après le sublimé, on devra ajouter de la teinture d'iode à l'eau et à l'alcool de lavage).

1144. *Dans les stades ultérieurs du développement*, alors que les feuillets blastodermiques sont déjà différenciés, le germe se détache de lui-même après qu'on a enlevé l'enveloppe de l'œuf, opération qui se fait d'ordinaire aisément.

1145. Dans les **stades plus jeunes**, on enlève le germe en même temps qu'une couche de vitellus qui se trouve placée au-dessous de lui; on fait subir au tout les traitements ultérieurs.

1146. Voici une méthode très commode (notamment pour les débutants), et qui, d'ailleurs, ne donne pas de mauvais résultats :

On porte les œufs, pourvus de leur coque, dans l'acide picro-sulfurique, où ils restent de cinq à six heures : on peut encore les mettre pendant vingt-quatre heures, dans l'acide picro-acétique ; on emploie une solution aqueuse saturée d'acide picrique que l'on allonge de 2 parties d'eau : à cette solution, on ajoute une quantité d'acide acétique à $1^0/_0$, égale au volume total du mélange précédent.

Les œufs sont ensuite plongés dans l'eau distillée, et on

enlève leur coque très facilement, au moyen d'une pince et de ciseaux. On enlève la coque, et on extrait à l'aide d'une incision l'embryon ou le germe, que l'on traite après comme il a été dit plus haut.

1147. On trouve quelquefois réunis en tas des œufs pondus par des *lézards* et des **serpents.** L'œuf du serpent possède toujours des stades plus avancés de développement : on y trouve, en effet, des embryons repliés en tire-bouchon, chez lesquels on perçoit les battements du cœur, etc.

Les œufs sont généralement contractés quand ils ont subi une faible dessiccation ; mais il ne s'ensuit pas, pour cela, que leurs embryons soient morts ; replacés dans la mousse humide ou dans tout autre milieu analogue, les coques reprennent leur tension primitive.

1148. On trouve parfois, dans l'oviducte des **Reptiles,** de **jeunes œufs** aux premiers stades de la fécondation ou de la segmentation, reconnaissables à ce que leurs enveloppes minces se laissent aisément enlever avec deux pinces ; on les fixe comme précédemment après les avoir dépouillés de leur coque, et on plonge ensuite le tout dans l'alcool à 70 $^0/_0$. Au bout de vingt-quatre heures, on place les œufs dans l'alcool à 80 $^0/_0$, où ils séjournent de deux à quatre heures ; après quoi, on détache avec le rasoir le disque germinatif du vitellus, en saisissant avec précaution les œufs avec les doigts. Ces disques peuvent être ensuite soumis aux traitements ultérieurs, être inclus dans la paraffine, coupés, et enfin colorés en masse ou en coupes.

1149. Voici une méthode qui nous a donné de très bons résultats : nous avons expérimenté sur des **orvets** et des lézards : séjour des œufs durant deux à trois heures dans le mélange sublimé-acide acétique (5 $^0/_0$) ; puis, pendant huit, douze, vingt-quatre heures, dans une solution aqueuse saturée à froid d'acide picrique : on les dépouille ensuite de leur membrane dans l'eau et on transporte alors dans l'alcool à 70° soit l'œuf en totalité, soit les embryons isolés.

On leur fait enfin subir le traitement ordinaire. Avec un peu d'habitude, on réussit presque à coup sûr ; la coloration en masse s'effectue toujours avec succès dans le carmin boraté et l'hémalun ; la conservation est parfaite.

Ajoutons que l'on peut traiter de la même façon de très jeunes stades (*Oppel.*)

1150. L'étude des **œufs des Oiseaux** ne saurait se faire ailleurs plus commodément que dans les **œufs de poule.** La segmentation s'y effectue parallèlement à la formation de l'albumine et des enveloppes de l'œuf (et des coques), dans la section inférieure de l'oviducte et dans l'utérus, etc. L'œuf, au moment de la ponte, se trouve arrivé au stade du premier sillon vertical, stade dans lequel les feuillets blastodermiques commencent également à se former (quelques oiseaux, par exemple les canaris, pondent leurs œufs arrrivés à des stades beaucoup plus jeunes (*Rauber*, 1876). Le développement ultérieur normal se fait en dehors du ventre de la mère, au moment de la ponte, à une température élevée (37-40°, température de l'incubation). Cette incubation peut indifféremment être confiée à la poule ou s'effectuer dans une chambre chauffée. On peut, pour cette fin spéciale, employer en guise de couveuse une étuve quelconque (voir § 195), chauffée à la température voulue ; de cette manière, on obtient très facilement tous les stades possibles du développement. La durée de l'incubation est de 17 à 19 jours chez le pigeon, de 21 jours chez la poule et le canard, de 29 jours chez l'oie, de 31 jours chez le paon.

1151. Nous devons à *J. Tur* (1902) *l'application d'une méthode graphique aux recherches embryologiques.* La voici, telle qu'elle est décrite par l'auteur : « Dans différentes recherches embryologiques, il est souvent indispensable de préciser les dimensions absolues et relatives des embryons étudiés, de comparer les embryons d'âges différents, pour déterminer le degré et la direction de la croissance de leurs parties, et aussi de comparer les embryons du même âge, afin d'élucider les variations individuelles.

« Ordinairement on compare, dans ce but, les chiffres exprimant les dimensions prises auparavant ; mais très souvent on peut seulement comparer les dessins. Ce procédé est très difficile, surtout dans les analyses critiques de dessins présentés par divers auteurs, faits habituellement selon des échelles différentes, et, ce qui est bien à regretter, très souvent, sans indication précise des dimensions. On aboutit par conséquent à de sérieux malentendus théoriques, qui peuvent être prévenus par des procédés techniques plus précis et déterminés.

« Je me propose de signaler dans cette petite note une méthode très simple et facile, que j'applique dans mes études comparatives sur l'embryogénie normale et tératologique des *Oiseaux*, faites au laboratoire zootomique de l'Université de Varsovie, et dont on peut se servir aussi pour l'étude d'autres objets, par exemple pour des embryons de *Reptiles*, de *Mammifères*, etc.

« Pour comparer deux ou plusieurs blastodermes d'oiseaux, je prends leur dessin, fait à l'aide d'une chambre claire dans des conditions identiques (même objectif et même oculaire ; même niveau de la table de l'appareil à dessiner) ou les images photographiques avec le même agrandissement (mêmes verres microscopiques, même distance de la plaque sensible à l'oculaire) et je *calque* sur du papier transparent les contours exacts des préparations et de leurs détails les plus importants. Cela fait, je transporte *sur le même papier* toutes ces images, en les superposant de sorte qu'on obtient un *dessin composé*, où se trouvent tous les objets étudiés *ensemble*, ce qui facilite bien leur étude comparative... En dessinant toujours à la même échelle, on peut préciser très facilement les dimensions absolues des embryons en question, tandis que leurs dimensions relatives se définissent par elles-mêmes.

« Il est évident qu'en superposant les images, il faut toujours les orienter sur un point fixe, qui doit être commun à tous les dessins qu'on veut comparer. Naturellement, pour les objets embryologiques, il faut choisir la région la plus importante et qui subit le moins possible de déplacement pendant l'évolution ultérieure. En ce qui concerne l'embryogénie des oiseaux, c'est le *nœud primitif*, c'est-à-dire le bout antérieur de la ligne primitive ou du sillon primitif, qui présente un point constant pour cette comparaison. Cette région, qui correspond au centre du blastoderme non incubé, présente un point de départ pour l'évolution ultérieure, et détermine la « zone d'accroissement », comme l'a indiqué récemment le professeur P.-J. Mitrophanow.

« Pour tous les autres objets, il faut chaque fois fixer de pareils points d'évolution, qui doivent servir pour l'orientation des dessins.

« En employant pour la composition d'un dessin compliqué de l'encre de diverses couleurs, ou des lignes ponctuées et continues de différents genres, nous pouvons combiner sur un seul dessin plusieurs images dont l'ensemble représente une *série* complète d'évolutions, qui illustre le texte, et rend plus facile l'étude des dessins séparés exprimant à leur tour les détails des préparations... Cette méthode est encore très commode pour représenter les images de l'évolution régressive de certaines régions embryonnaires, comme, par exemple, celles de la disparition du sillon primitif des oiseaux aux stades ultérieurs. »

1152. Novak recommande la **méthode** suivante pour le traitement de jeunes disques germinatifs de poule qu'on laisse en relation avec le vitellus sous-jacent :

On se débarrasse tout d'abord de l'albumine dans une solution à 0, 6 $^0/_0$ de sel marin, chauffée à 37° ; puis, on enlève cette solution avec une pipette et on lui substitue le liquide fixateur suivant :

Acide chromique à 0,5 %	30 cm³
Solution aqueuse, saturée de sublimé	30 —
Acide acétique	3 —
Eau distillée	37 —

Au bout de vingt-quatre heures, on renouvelle le liquide et, au bout de quarante-huit heures, on le remplace par de l'alcool à 55 %. On passe ensuite aux alcools à 70 % et à 80 %, ce dernier, additionné d'une solution d'iodure de potassium ioduré. C'est dans le dernier alcool qu'on enlève la membrane vitelline, opération d'ailleurs très facile. — Traitement ultérieur ordinaire.

1153. Les disques germinatifs correspondant au troisième jour d'incubation sont les plus faciles à préparer. Tout d'abord on casse la coque de l'œuf par le gros bout, où se trouve la chambre à air ; on incise la membrane coquillière avec une pince, et l'on fait écouler l'albumine tandis que l'on enlève la coque au moyen de forts ciseaux. On doit faire attention aux chalazes, les couper d'abord d'un côté, ensuite de l'autre et les faire sortir avec l'albumine en inclinant et faisant tourner l'œuf d'une manière convenable.

On a soin d'enlever la coque assez profondément pour arriver tout près de la membrane vitelline. Il ne reste à ce moment presque plus d'albumine ; alors, avec beaucoup de précaution, on verse le vitellus, soit dans un liquide indifférent, par exemple dans une solution à 1/2 % de sel chauffé à la température de l'incubation, soit directement dans le liquide fixateur.

Dans le premier cas, on enlève avec grande attention, à l'aide d'une pince, le reste de l'albumine dans la région du disque germinatif ; on examine, à ce moment, à l'œil nu, ce qui est susceptible d'être observé : la pulsation du cœur, etc., et l'on coupe le germe, avec de forts ciseaux, autour du sinus terminal.

Si la membrane vitelline ne s'est pas détachée d'elle-même, on la saisit délicatement avec la pince, et on l'écarte ; on étale le germe sur une spatule ou dans un verre de montre ; on fait le plus possible écouler la solution du sel, et l'on verse enfin, goutte à goutte, le liquide fixateur sur l'embryon même.

Comme liquides fixateurs, on peut, avec les embryons d'oiseaux, employer avec succès l'acide nitrique, l'acide picro-sulfuriqne, etc., s'il s'agit de préparations permettant de s'orienter dans leur anatomie ; ou bien, la liqueur de Flemming et le liquide de Zenker, si l'on désire en faire une étude sérieuse.

1154. Toutefois, il est une autre méthode que l'on peut suivre : on plonge le vitellus avec le moins d'**albumine** possible dans le liquide fixateur ; ce qui en reste s'y coagule peu à peu ; on l'**enlève** avec une pince ou un pinceau, de manière à laisser absolument à nu, dans la région de l'embryon, la membrane vitelline lisse et brillante.

Le temps que devra y séjourner l'œuf dépendra de la nature du fixateur ; son séjour sera, par exemple, de vingt-quatre heures dans l'acide chromique, de deux à trois heures dans l'acide nitrique de 3 à 5 $^0/_0$, de trois à quatre heures dans l'acide picro-sulfurique, de deux heures dans le mélange de sublimé et d'acide acétique et de vingt-quatre heures dans la solution de sublimé, etc.

Au bout de ce temps, on découpe les germes dans leur totalité, ou bien, dans le cas de stades plus avancés, tout autour du sinus terminal, et on enlève la membrane vitelline, soit en imprimant des secousses au germe dans un verre de montre, soit en la tirant légèrement avec la pince ; à leur sortie de l'acide nitrique et de l'acide picro-sulfurique, les germes passent dans l'alcool à 70°, etc., et sont soumis aux traitements ultérieurs ordinaires.

Il va sans dire que, pour des cas spéciaux, on pourra avoir recours à d'autres liquides fixateurs.

1155. La membrane vitelline et le vitellus se laissent enlever avec une grande facilité dans l'acide nitrique ; aussi sera-t-il bon de combiner le traitement par cet acide qu'on laisse agir, environ une demi-heure, et sous lequel on se débarrasse de la membrane vitelline et du vitellus, avec l'emploi d'autres fixateurs auxquels on aura recours ensuite (liquides de *Tellyesniczky* ou de *Zenker*).

1156. Les germes peuvent être d'abord colorés, puis coupés ; on peut, aussi, commencer par les couper pour les coller ou les colorer ensuite.

1157. On peut toutefois, quand ces germes ont été préalablement colorés, les inclure aussi en entier comme **préparations d'ensemble** : on commence par déshydrater ces disques germinatifs colorés ; puis, on les porte dans le baume en les faisant passer par le xylol. Il ne faut jamais manquer d'employer des cadres de protection dont l'épaisseur réponde à celle du germe ; sans cette précaution, les disques germinatifs sont fortement pressés, jusqu'à être même aplatis, et les organes déplacés.

1158. On obtient des images tout à fait instructives en ajoutant, pour un volume de 100 centimètres cubes à l'acide nitrique employé en concentration de 3 à 5 $^0/_0$ comme précédemment, 5 à 10 centimètres cubes d'une solution aqueuse à 1 $^0/_0$ de nitrate d'argent. On fait ainsi apparaître des bordures argentées très nettes.

1159. Les procédés cités plus haut doivent subir quelques modifications, quand il s'agit d'embryons plus gros ou de stades tout à fait jeunes.

Pour ces derniers, on ne peut éviter l'emploi du sublimé. On débarrasse autant que possible les vitellus de l'albumine, et on les plonge ensuite, pendant environ deux heures, dans une solution concentrée de sublimé ; on coupe rapidement le disque germinatif et la partie du vitellus située au-dessous de lui, et on les enlève avec précaution dans une cuiller. Le traitement ultérieur est celui des préparations au sublimé.

On ne saurait trop, dans ce dernier cas, recommander la coloration en masse par le carmin boraté.

1160. Il est facile de se procurer des œufs d'autres

oiseaux, etc. Il en est certains qui sont, par contre, très difficiles à préparer, à cause de la nature particulièrement visqueuse et filante de leur albumine ; c'est, par exemple, le cas du vanneau, dont les œufs partagent cette propriété avec ceux des tortues.

Mammifères. — Les embryons que l'on se procure le plus aisément pour une étude systématique sont ceux du lapin et du cobaye.

1161. La **durée de la gestation** est de 3 *semaines* chez la souris et le cobaye. de 5 chez le lapin et le rat, de 7 chez le hérisson, de 7-8 chez le chat. de 8-9 chez le chien, de 17-18 chez le porc, de 20-21 chez le mouton et la chèvre, de 24 chez le chevreuil, de 40 chez la vache, de 48 chez le cheval.

1162. Les **œufs** qui exigent pour être fixés le plus d'habitude et de précaution sont ceux qui sont encore **en liberté dans l'utérus.** On prend ce dernier organe chez une femelle pleine ; on l'incise délicatement, plongé dans un liquide indifférent ou fixateur, et on l'étend, avec des épingles, sur le fond d'une soucoupe contenant de la cire ; quand on a affaire à des stades peu avancés ou à des œufs de faible dimension, on examine avec le plus de soin possible à la loupe la surface de l'épithélium.

Une fois les œufs ainsi découverts, on soutire avec une pipette le liquide indifférent, et on le remplace par un fixateur ; ou bien encore on retire avec une cuiller les petits œufs eux-mêmes et on les plonge dans le liquide fixateur.

1163. Comme solution fixatrice, on emploie l'acide picro-sulfurique ou le liquide de *Zenker* pour les **stades jeunes** (lignes primitives ; quelques protovertèbres) ; après quoi les œufs, à l'instar d'autres objets, subissent les traitements ultérieurs. Mais comme la vésicule germinative se ratatine d'ordinaire, il convient, dès après l'apparition du trouble, d'enlever la zone embryonnaire avec des ciseaux pointus et bien aiguisés.

1164. L'acide osmique faible, employé environ au tiers,

ou le mélange d'acide osmique (voir § 128) satisfait au même besoin.

Les stades plus avancés, alors que l'embryon est nettement visible à l'œil nu, sont d'un traitement plus facile, étant supposé que l'on connaît les rapports anatomiques qui existent entre la position de l'embryon et ses enveloppes. On doit seulement s'habituer à les préparer toujours dans un liquide indifférent ou dans un liquide fixateur.

1165. *O. Schultze* (1897) trouve pratique de ne pas opérer, immédiatement après la mort de l'animal, l'ouverture des enveloppes fœtales ; il préfère, après avoir incisé l'utérus, isoler ces enveloppes et les soumettre pendant quinze à trente minutes à l'action de la solution forte de Flemming. Elles se *durcissent* superficiellement et très vite, ne se contractant pas lorsqu'on les ouvre ; aussi est-il plus facile, alors, de détacher l'ébauche embryonnaire de la muqueuse pour la transporter dans le liquide fixateur.

1166. De **petits utérus** de femelles pleines, telles que : souris, chauves-souris, etc., sont, avec leur contenu, fixés de préférence dans le liquide de *Carnoy* (§ 162), et aussi, dans le sublimé, d'après les règles connues. On procède à l'inclusion en masse des protubérances de l'utérus correspondant aux embryons, et on fait des coupes ; celles qui conviennent ici le mieux sont les coupes perpendiculaires à l'axe longitudinal de l'utérus.

La musculature de ce dernier organe étant très résistante, on pourra l'enlever avec un scalpel ou un rasoir bien tranchant, immédiatement avant de couper le bloc de paraffine.

1167. L'oviducte (trompe) des souris, et surtout celui des chauves-souris, est doué d'une grande transparence ; quand on vient à observer un corps jaune bien frais, et qu'on ne trouve rien de suspect à l'utérus, on ne doit pas négliger d'aplanir les petits plis de l'oviducte d'après le procédé connu (voir § 1082), et de les examiner avec soin dans un liquide indifférent sous un grossissement moyen (environ 70 fois).

Si on a la bonne chance de rencontrer un **œuf très jeune,** vers son stade de segmentation, on fait en sorte de le retirer de l'oviducte et, pour cela, on coupe ce dernier en petits fragments.

Déjà les muscles, en se contractant, suffisent à les rejeter au dehors, sans lésion aucune, mais on peut aussi y aider en exerçant sur chacun des petits fragments de l'oviducte une pression, d'une extrémité à l'autre ; de cette manière les œufs sont mis en liberté. On peut alors, mais l'opération n'est pas facile, les soumettre au traitement des œufs mûrs du follicule et les inclure ensuite définitivement.

1168. Des **œufs de Mammifères en segmentation** s'obtiennent très facilement d'après *O. Schultze* (1897) dans la trompe du lapin, pendant le deuxième jour qui suit l'accouplement.

Pour cela, on isole avec soin toute la trompe et 5 centimètres d'utérus et, par ce dernier, on injecte une solution aqueuse de sel à 0,6 $^0/_0$. On pousse quatre injections et on recueille le liquide, à sa sortie de la trompe, dans quatre petites coupes de 3 à 4 centimètres de diamètre chacune.

On trouvera le plus souvent les œufs dans les premières coupes, et on les découvrira sous l'objectif du microscope, à un faible grossissement.

1169. Pour étudier les différents **stades de la fécondation chez la souris,** *Sobotta* (1895) fixe les trompes avec les œufs qui viennent d'être fécondés dans la solution faible de Flemming, pendant vingt-quatre heures ou même un peu plus longtemps. Lavage à l'eau, puis à l'alcool à 60°-70° ; le dernier jour, alcool à 90°. Coloration des coupes avec l'hématoxyline au fer.

L'accouplement a lieu chez le cobaye immédiatement après la délivrance ; il en est quelquefois de même chez le lapin et la souris. Mais si l'on doit tuer la souris dès qu'elle a mis bas, on perd ainsi les jeunes : *Sobotta* nous avertit avec raison que, chez ce petit Mammifère, vingt et un jours après la délivrance, une nouvelle ovulation se produit.

1170. Très aisé est le traitement des **embryons de cobayes** de dix à quinze jours. On tend, au moyen d'aiguilles, le renflement de l'utérus dans lequel se trouve l'embryon ; on incise longitudinalement les muscles sur le côté opposé au mesometrium ; on sépare alors avec précaution, par une section longitudinale, la caduque molle dans le liquide fixateur ; on réussit ainsi à en faire sortir intacts l'embryon et ses annexes ; après quoi, on peut fixer immédiatement. Il est bon d'ouvrir sous la liqueur fixatrice.

Les renflements plus jeunes et plus petits de l'utérus peuvent être, en même temps que les œufs, traités comme ceux des souris.

1171. Il n'est pas difficile de se procurer dans les abattoirs différents stades d'**embryons du mouton ;** il faut toutefois les prendre tout de suite après la mort de l'animal, car, au bout de quelques heures déjà, ils s'altèrent très fortement ; il y a plus, les stades plus jeunes sont détruits et ne peuvent plus servir.

1172. On mettra plus facilement la main sur de petits œufs libres qui, à l'état frais, sont très peu résistants et ont absolument la transparence de l'eau, en procédant ainsi : avant d'inciser l'utérus, on y injecte du liquide de *Müller ;* une fois que les œufs auront été fixés et seront devenus opaques, on coupera avec précaution l'utérus dans la même solution, et on fera subir aux œufs les traitements ultérieurs (*Hensen*, 1876).

1173. Ce que nous avons dit à propos des poissons, nous le répétons à propos des autres classes d'animaux. Quand on n'a pas le temps d'examiner, sur-le-champ, œufs, disques germinatifs et embryons, il est de la dernière importance de les colorer au plus tôt, et, après les avoir convenablement orientés, de les inclure dans la paraffine. Sinon on risque de voir les objets devenir cassants au point de n'être plus utilisables, et, en outre, de n'être plus susceptibles de se colorer.

1174. Pour ce qui est de la **coloration des matériaux embryologiques,** on a recours, avec succès, aux colorations « en masse »; on emploie, par exemple, l'hématoxyline et le carmin (carmin boraté et aluné, et paracarmin); on peut aussi se conformer aux instructions des paragraphes 325, 327, 343; les couleurs d'aniline ne donnent pas ici de bons résultats. On se trouve aussi très bien de la double coloration par l'hématoxyline et l'éosine ou l'acide picrique, et par les carmins et ce dernier acide; pour les stades de la fécondation, on essaie la double coloration par le carmin (en masse) et par l'hématoxyline (en coupes); si on a fixé les objets avec la liqueur de *Flemming*, on fait usage de la safranine pour les coupes. D'ailleurs, avec les carmins seuls, on obtient d'excellents résultats, s'il s'agit d'embryons de moyenne grosseur à colorer en masse.

Consultez aussi *Ballowitz* (E.), 1903, *Röthig, Schultze* (O.), 1897, *Ziegler* (H. E.).

CHAPITRE XVII

PEAU, POILS, ONGLES ET TERMINAISONS DES NERFS SENSITIFS DANS LA PEAU

1175. La **peau** de l'homme et du singe doit être, pour l'étude, préférée à celle des autres Mammifères. Comme on attend généralement plusieurs heures après la mort de l'individu pour procéder à l'examen, on a peu à se préoccuper du procédé de fixation ; on emploiera, si l'on veut, le liquide de *Müller* ou l'alcool à degré croissant de concentration. Si l'on se procure des fragments frais de peau humaine dans les cliniques chirurgicales, par exemple, on peut fixer dans le sublimé, la liqueur de Flemming ou l'acide osmique (voir § 816).

Il est très difficile d'effectuer des coupes dans la peau, et on doit avoir recours à la celloïdine ou au collodion s'il s'agit de gros fragments ; les petits morceaux se laissent couper dans la paraffine, mais encore faut-il avoir toujours en vue les précautions suivantes : la peau doit être aussi rapidement que possible incluse dans la paraffine, c'est-à-dire ne séjourner que très peu de temps dans le xylol, l'alcool, etc. On emploie pour les coupes une paraffine fondant à 50° environ.

La peau, les poils (et les muscles lisses) durcissent dans l'alcool au bout d'un certain temps ; si l'on ne peut pas les utiliser immédiatement, on fera bien de les transporter dans le *Paraffinum liquidum* (voir § 174) pour les y conserver.

1176. L'inclusion à la paraffine à travers l'acétone est recommandée : il faut, en effet, éviter l'alcool fort.

1177. Pour obtenir de bonnes **coupes à la paraffine de la peau,** *Barlow* (1895) opère de la manière suivante : les fragments fixés dans l'acide osmique ou la liqueur de *Flemming* sont conservés dans l'alcool à 96° ; puis, pendant vingt-quatre heures au maximum, dans l'alcool absolu, et ils sont enfin transportés dans la paraffine après avoir été traités par le chloroforme : ils restent dans ce dernier pendant une heure, ainsi d'ailleurs que dans le mélange chloroforme-paraffine et que dans la paraffine pure. On fera bien de mélanger 2/3 de paraffine à 42-45° avec 1/3 de paraffine à 45-50°. On élève à 50° la température de l'étuve.

On colle sur le porte-objet les coupes, non pas avec l'albumine, mais avec l'eau, car, si l'on chauffe ou si l'on traite par les acides, les coupes débarrassées de la paraffine se plissent très souvent.

1178. Avant d'effectuer les coupes, on peut, en les raclant, se débarrasser de la couche cornée ; celle-ci, en effet, se laisse excessivement mal couper dans la paraffine.

1179. *Hollande* (1911), pour fixer *in toto des pièces riches en* **chitine** (*larves*, etc.), emploie, de préférence au liquide de Sauer (chloroforme, 30 ; alcool absolu, 60 ; acide acétique, 10), un mélange fixateur voisin de celui de von Leeuwen (1907), (acide picrique, alcool, chloroforme, acide acétique) ainsi établi :

Formol à 40 %, saturé d'acide picrique.........	12 parties
Alcool à 100°...................................	54 —
Benzène.......................................	3 —
Acide azotique................................	1 partie

(Dans ce mélange, le benzène a pour effet d'inhiber l'action musculaire de l'insecte, et par suite d'empêcher les organes internes de faire hernie à l'endroit du corps incisé, pour permettre la pénétration du liquide fixateur.)

La pièce fixée (de deux à huit heures) est ensuite lavée à l'alcool à 96°, mise à séjourner d'abord dans l'essence de térébenthine rectifiée, puis dans l'essence de térébenthine saturée de cire d'abeilles, et enfin à l'étuve dans la paraffine à 52° dans laquelle elle était incluse.

Pour la coloration, Hollande a employé la méthode de Mann ainsi modifiée :

Dans un bain colorant composé de :

Solution aqueuse d'éosine w. 1. Grübler à 0ᵍʳ,80 %.   33 parties
      —   de Méthylblau Grübler à   1 %.   19   —
      —   de Lichtgrün Grübler à   1 %.   8   —

les préparations sont plongées et demeurent de vingt-deux à vingt-quatre heures; lavées ensuite rapidement à l'eau ordinaire, elles sont traitées directement par de l'alcool à 85° pyridinique (alcool à 85°, 100 centimètres cubes ; pyridine, 12 centimètres cubes); dans cet alcool se produit la différenciation qui demande à être surveillée de très près, car elle est très rapide; on peut dès lors monter directement la préparation au baume de Canada, après passage à l'alcool absolu, au xylol-alcool et xylol pur ; mais dans le cas où l'on désirerait avoir une coloration de fond différente, après la sortie de l'alcool pyridinique, la préparation rincée à l'alcool à 90° est placée quelques secondes dans le bain suivant :

Orange G. Grübler...   0ᵍʳ,10
Alcool à 90°......... ....   50 cm³
Acide phosphomolybdique.....................   1 gr.

On rince ensuite à l'eau et on remonte très rapidement la série des alcools, xylol, etc.

Cette méthode donne d'excellents résultats pour différencier les différents éléments constituants de la cellule. Les grains de chromatine se colorent en bleu, les filaments de linine en orange, les nucléoles acidophiles et diverses granulations en rouge intense ; le protoplasma est teinté en jaune orange.

Hollande insiste avec raison sur la facilité avec laquelle les *parties chitineuses des coupes collées* sur lame de verre *se détachent* au lavage à l'eau, ce qui nuit grandement à la compréhension de la préparation. Pour obvier à cet inconvénient grave, il induit la lamelle de verre d'une petite quantité de solution d'ail chloroformée récemment préparée [ail pulpé et haché, 50 grammes ; eau chloroformée du codex (A. C.), 80 centimètres cubes. Presser et laisser décanter vingt-quatre heures ; laisser à nouveau décanter le précipité qui se forme ; filtrer une seconde fois. La liqueur obtenue est prête à être employée. La conserver en flacon bouché. Les coupes une fois collées sont séchées à l'étuve à 40°]. Puis il collodionne les coupes débarrassées de leur paraffine par le xylol suivant la méthode de Regaud (voir § 288).

1180. On peut enlever, en les raclant, des *cellules épidermiques cornées* et les examiner suivant les instructions du paragraphe 502.

1181. Dans tout épiderme frais, qui a été fixé par l'acide osmique et ensuite coupé, la **couche cornée** se différencie en trois zones : celle placée à l'extérieur est noire ; la médiane est incolore ; et la plus profonde, également noire.

1182. La zone transparente observée sur des préparations fixées dans l'alcool, l'acide chromique, et bien lavées, ou encore dans le liquide de *Müller*, prend, sous l'action du picrocarmin, une teinte jaunâtre.

1183. Les granulations de la **couche granuleuse** se colorent par le carmin et le picrocarmin, par la safranine, l'hématoxyline, etc. ; ce sont les **granulations de kératohyaline** dont il faut bien distinguer les **gouttes d'Eléidine** que colorent de nombreux réactifs de la graisse (alkanna, acide osmique), ainsi que la nigrosine soluble dans l'alcool, mais qui sont insensibles à l'action des hématoxylines (voir *Buzzi* in *Ledermann* et *Ratkowski*, 1894).

1184. Une solution aqueuse concentrée de *violet de crésyl* teint métachromatiquement les granulations de kératohyaline en rouge. On colore de trois à quatre minutes, on lave à l'eau, puis on différencie dans l'alcool à 95° jusqu'à ce que le tissu conjonctif ne soit plus coloré, et l'on passe rapidement à travers l'alcool absolu et le xylol dans le baume de Canada (*J. Fick*).

1185. Nous empruntons aux recherches de *Walde-yer* (1882) la notion de quelques propriétés que présentent les *granulations de kératohyaline* :

Le carmin et l'hématoxyline les colorent vivement. Dans une solution de 1 à 5 °/₀ de potasse caustique, les granulations se gonflent sous l'action du froid, et deviennent alors claires. Sous l'action de la chaleur, elles se dissolvent en même temps que les cellules en fer à cheval qui les renferment. L'ammoniaque ne les altère pas, et on peut employer ce réactif avec avantage pour établir la présence de kératohyaline, la plupart des tissus devenant transparents dans l'ammoniaque. Les acides nitrique et chlorhydrique agissent comme les alcalis. Dans l'acide acétique ordinaire et dans l'acide acétique cristallisable, les granulations de kératohyaline demeurent longtemps sans la moindre altération.

L'acide acétique provoque rapidement le gonflement des épithéliums qu'il éclaircit en même temps, ce qui fait que l'on peut, avec avantage, faire usage de cet acide, comme on l'a fait de l'ammoniaque, pour établir l'existence de la kératohyaline. Le carbonate de sodium à 1 °/₀ rend transparentes les plus grandes plaques et les fait gonfler. Les grandes granulations sont généralement moins résistantes que les petites. Dans l'alcool et l'éther, les granulations ne s'altèrent pas ; l'extrait de pepsine glycérinée, au contraire, les dissout.

1186. Les rapports réciproques des épines des cellules du réseau (muqueux) de *Malpighi*, demandent, pour être aperçus, des *coupes minces* (voir § 529 et suivants).

1187. Pour mettre plus nettement en évidence les **connexions des cellules** entre elles, *Schuberg* colore les coupes pendant quelques minutes dans un mélange de 0ᵍʳ,3 à 1 gramme de dahlia, 12 à 20 centimètres cubes d'acide acétique cristallisable et de 80-85 centimètres cubes d'eau.

On lave à l'eau, on fixe pendant cinq minutes dans une solution à 10 $^0/_0$ de tanin; on lave à nouveau et on traite les coupes cinq minutes avec une solution à 1 $^0/_0$ de tartre émétique; eau, alcool, xylol, baume de Canada.

1188. Pour *isoler* les cellules de l'épiderme, et notamment celles de *Malpighi*, il est bon de faire subir au tissu un court traitement à la trypsine. On fait macérer un épiderme frais dans une solution aqueuse et saturée à froid de pancréatine sèche préalablement filtrée, qu'on laisse pendant trois ou quatre heures dans une chambre chauffée à 40°. Les fragments ainsi traités peuvent être longtemps conservés dans un mélange à parties égales de glycérine, d'eau et d'alcool ; il est alors possible d'en dissocier des lambeaux qui montrent des images très instructives de cellules épineuses (*Schiefferdecker*, 1886).

1189. Pour mettre en évidence la **fibrillation proto-plasmique des cellules épithéliales** de l'épiderme, on a généralement recours à la méthode de *Herxheimer* (modification de la « méthode de la fibrine » de *Gram-Weigert*). Des fragments d'épiderme fixés dans l'alcool sont débités en coupes minces; ces coupes sont colorées avec une solution saturée de violet de gentiane dans l'eau anilinée, puis traitées pendant une à deux minutes avec une solution de *Lugol* (iode, 1; iodure de potassium ioduré, 2; eau, 100) et décolorées dans le xylol aniliné (huile d'aniline, 1; xylol, 2), dans lequel on contrôle, sous le microscope, le travail de la décoloration.

Kromayer (1892, 1893) suit la même méthode, mais il remplace le violet de gentiane par le violet de méthyle 6B qu'il laisse agir pendant cinq minutes; il traite pendant une seconde seulement avec la solution de *Lugol* (eau, 100 parties; iodure de potassium ioduré, 2; iode, 1). Coloration préalable avec le carmin.

1190. *Richard Fischel* (1905) a apporté la modification suivante à la *méthode de coloration des fibrilles de l'épithélium* de *Kromayer* :

Les coupes (collées à l'eau) aussi minces que possible (-5μ) sont déparaffinées ; puis :

a) Colorées de quinze à vingt minutes par une solution saturée dans l'eau anilinée (§ 1098) de *violet de gentiane* 6B ;

b) Lavées sérieusement à l'eau ;

c) Soumises une à trente secondes à l'action de la solution de *lugol* (§ 1189) et relavées à l'eau ;

d) Séchées avec grande précaution (mais non *complètement*) au moyen d'un papier-filtre très fin : une trace d'un brillant humide doit persister sur elles ;

e) Différenciées avec le xylol aniliné (§ 1189) (1/2, 1/3, 1/1 d'eau suivant l'épaisseur de la coupe) chauffé au bain-marie, ou mieux, à 56°, dans l'étuve à paraffine ;

Quand il ne se dégage plus de nuages :

f) On verse du xylol sur la lame ;

g) On monte dans le baume.

1191. *Golovine* (1907) recommande l'examen des **mélanophores** *à l'état vivant* chez la *Hyla arborea :* « ils sont, chez cet animal, faciles à observer dans les parties de la **peau** où se termine la région d'extension de ces cellules, par exemple dans les parties latérales du tronc et des extrémités postérieures ; de même chez les poissons, dans les fragments de la peau prise dans la région frontale ou operculaire. A ce genre d'observation conviennent également très bien les embryons de certains poissons, par exemple la perche, le brochet ou la truite. Chez les embryons du brochet, trois ou quatre jours après leur éclosion, toute la surface de la vésicule vitelline est recouverte de gros mélanophores. En mettant un pareil embryon dans un tube en verre de diamètre approprié et y laissant passer de l'eau, on peut alors observer, pendant des heures entières, les mouvements des mélanophores. On les voit très distinctement faisant les uns rentrer, les autres sortir leurs expansions, et en même temps s'étendre eux-mêmes dans diverses directions, et changer ainsi constamment leur forme extérieure.

« Pendant ces mouvements, souvent leurs expansions se soudent entre elles ; d'un autre côté, se soudent aussi entre elles les expansions des cellules voisines, formant ainsi un syncytium de deux, trois et même quatre cellules. Dans certains cas, cette liaison est si intime que les cellules soudées peuvent être prises, à première vue, pour un mélanophore géant. Dans les mêmes conditions d'observation, on peut voir que les expansions d'un mélanophore complètement dilaté sont relativement très courtes et que le pigment s'étale très régulièrement dans le corps de la cellule. En fixant le mélanophore dans cet état et en le colorant, il est facile de se convaincre que le corps de la cellule est formé d'un protoplasma continu... En suivant la formation des pseudopodes des mélanophores, il est facile d'observer que la contraction et la dilatation du protoplasma se produisent constamment dans toutes ses parties. Simultanément se produisent la rétraction et l'expansion du pigment... »

1192. Le **derme** et ses papilles s'étudient sur des préparations fixées dans la liqueur de *Flemming*, dans l'acide osmique et dans le sublimé, et colorées ensuite par le carmin boraté (voir § 1207 pour la mise en lumière des terminaisons nerveuses dans les papilles).

Ces mêmes préparations montrent avec netteté les glandes sudoripares (ainsi que leurs muscles lisses !) ; ces glandes sont très volumineuses dans la région du creux de l'aisselle de l'homme. Le **tissu conjonctif du derme** est mis en évidence par la méthode qui a été donnée au paragraphe 634.

Une solution à 10 % de chlorure de sodium permet de détacher l'épiderme du derme.

1193. *Maximoff* dissout le rouge neutre dans la solution physiologique de sel jusqu'à saturation et provoque avec la seringue de *Pravaz* munie d'une canule bien effilée une boule d'œdème dans le derme. Celle-ci est divisée en lambeaux avec les ciseaux et effilochée. Les noyaux, les Mastzellen, les corps des cellules conjonctives, etc., apparaissent plus ou moins colorés.

1194. Pour mettre à jour les **éléments élastiques** du derme sur des coupes, on a recours au procédé de *Weigert* (voir § 620) et à la méthode de l'orcéine de *Taenzer-Unna* (voir § 623); voici, d'ailleurs, encore, d'autres méthodes visant le même but :

1195. *Stœhr* et *O. Schultze* emploient la safranine (suivant la méthode due à Flemming pour la coloration du noyau) pour colorer en rouge les fibres élastiques de la peau et celles des vaisseaux.

Les préparations traitées par l'acide osmique montrent également les fibres élastiques colorées.

1196. *Martinotti* place pendant vingt-quatre heures des fragments de tissus frais de 2 à 3 centimètres cubes dans une solution à 2 $^0/_0$ d'acide arsénique, puis, pendant cinq à quinze minutes, dans le liquide de Müller et, de là, les transporte dans une solution formée de 2 grammes de nitrate d'argent dissous dans 3 centimètres cubes d'eau distillée, additionnée de 15 à 20 centimètres cubes de glycérine pure.

Au bout de vingt-quatre heures, il lave ces fragments dans l'eau distillée; puis les porte dans l'alcool dans lequel il les coupe. Après un très court séjour dans la solution physiologique de sel marin, les coupes passent successivement dans l'alcool, la créosote et le baume de Canada.

Pour obtenir, après la coloration par la méthode de Martinotti, les fibres élastiques absolument noires sur un fond incolore, *Ferria* recommande de traiter rapidement les coupes par une solution de potasse caustique, ou bien de les laisser séjourner jusqu'à vingt-quatre heures dans l'alcool absolu.

1197. Dans la peau d'un jeune animal, on observe normalement des éléments rappelant les fibres élastiques et qui sont sensibles aux colorants basiques : ce sont les fibres d'élacine. On rencontre aussi des fibres qui se colorent comme les fibres élastiques, mais ont l'aspect de fibres collagènes: ce sont les fibres de *collastine*. Enfin des fibres ressemblant aux collagènes, mais qui ont de l'affinité pour les colorants basiques, sont les fibres de *collacine*.

1198. On colore la peau avec une solution acide d'orcéine pendant dix à quinze minutes; on lave avec de l'alcool dilué et de l'eau; on colore deux minutes dans une solution de Bleu polychrome; on lave de nouveau à l'eau, et l'on traite alors les coupes, quelques minutes, avec une solution à 33 % de tanin, additionnée d'une petite quantité d'Orange G.

Ensuite, nouveau lavage à l'eau, mais plus long et sérieux. — Alcool absolu. Xylol. Baume. Dans ces conditions, l'élastine et la collastine sont, d'après *Krzysztalowicz* colorées en brun foncé par l'orcéine; l'élacine et la **collacine**, ainsi que les noyaux cellulaires en bleu; quant à la *substance collagène* ordinaire, l'*Orange* la teint en jaune.

1199. Pour obtenir de fines coupes à travers les poils, *Henle* se rasait à deux reprises très rapprochées et portait sous le microscope les coupes de poils obtenues la seconde fois.

1200. La substance *onychogène* (*Ranvier*) est insoluble dans l'acide acétique, l'acide nitrique, les alcalis, ainsi que dans les liqueurs présidant à la digestion artificielle (W. *Krause, Hertwig*).

1201. Mlle *Marcelle Lambert* (1910) préconise la technique suivante pour l'étude des **poils**.

1. *Prélèvement*. — Qu'il s'agisse de recueillir des poils sur un animal vivant, un animal mort ou empaillé, ou sur une fourrure, on se sert d'une petite pince fine, qui permet, dans la plupart des cas, d'arracher le poil en entier, c'est-à-dire muni de son bulbe.

2. *Déshydratation*. — Si les poils sont frais, on peut les déshydrater par un séjour de quelques minutes dans l'alcool absolu. Cette précaution n'est pas nécessaire lorsqu'on s'occupe de fourrures, ces dernières ayant subi une série de préparations qui ont rendu le poil très sec. S'il s'agit d'animaux en captivité, on est souvent obligé de laver à grande eau, et même au savon, les poils recueillis, pour les débarrasser des parasites et des débris de toutes sortes qui les souillent. On peut ensuite les faire sécher, en les traitant par l'alcool absolu, au besoin.

3. *Décoloration*. — Les poils de certains animaux (poils d'éléphant, de chimpanzé, etc.) sont si foncés, chargés d'une telle quantité de pigment, qu'il n'est pas possible de distinguer au microscope les détails de leur structure; il est donc nécessaire de les décolorer.

L'acide *chlorique* ne donne pas de bons résultats, car il

est difficile de graduer l'effet de ce réactif, dont la préparation est, d'ailleurs, assez délicate.

L'acide *azotique* pur est, au contraire, un assez bon agent de décoloration, à condition, bien entendu, d'en surveiller l'action. On place dans un tube à essai rempli aux trois quarts d'acide azotique les poils à décolorer, et on les examine de temps en temps au microscope pour en étudier le degré de transparence. La durée du séjour dans le réactif, nécessaire pour une bonne décoloration, est très variable. Pour certains poils, elle peut être de dix minutes; pour d'autres, elle peut atteindre une demi-heure, dépendant, en somme, de l'épaisseur du poil et de la quantité de pigment qu'il renferme.

L'*eau oxygénée* fournit les meilleurs résultats, à condition d'employer une solution riche, par exemple une solution mère, à 100 volumes, provenant de chez *Merck*. Il suffit alors d'une demi-heure pour obtenir une coloration suffisante, mais on peut sans inconvénient laisser séjourner les poils plusieurs heures dans la solution, sans qu'ils subissent d'altérations marquées.

Les poils, une fois décolorés, doivent être lavés à grande eau pour enlever l'excès d'acide azotique ou d'eau oxygénée, puis séchés et déshydratés.

4. *Montage.* — On peut alors procéder au montage des poils, soit dans l'eau, soit dans le baume, et même l'emploi successif de ces deux procédés est indispensable, dans bien des cas, pour l'étude d'un même poil.

On disposera les poils sur la lame en lignes parallèles, de façon à pouvoir les étudier dans toute leur longueur; mais souvent les poils sont si longs qu'il est nécessaire de les couper en deux, trois, quatre tronçons, suivant leur longueur, et de placer ces tronçons les uns au-dessus des autres; malgré cela, l'auteur utilise, pour les recouvrir, des lamelles de verre mince, de 50 millimètres de longueur, ce qui permet d'examiner ces poils dans une grande partie de leur étendue.

Pour que les poils ou les parties de poils restent bien séparés les uns des autres, on recouvre la lame de quelques gouttes d'une solution de gélatine très étendue ; puis, après avoir disposé les poils parallèlement les uns aux autres sur la lame, on place la préparation à l'étuve jusqu'à dessiccation. Il ne reste plus ensuite qu'à ajouter une goutte d'eau ou de baume sur la lame et à recouvrir d'une lamelle.

1202. Les **poils** de l'homme et ceux des animaux peuvent être directement portés sous le miscroscope et examinés sous l'eau.

Les Rongeurs possèdent une substance médullaire très développée et une cuticule qui saute à l'œil. Pour isoler les cellules du tissu cortical et celles de la cuticule, il est bon de faire macérer dans la potasse caustique (à 33 % à chaud ou, pendant plusieurs jours, à la température ordinaire), ou bien dans la soude caustique; on obtient, d'ailleurs, de semblables résultats avec l'acide sulfurique concentré ou allongé ; on peut aussi employer l'ammoniaque ; dans ce dernier cas, la macération dure des semaines entières. On chauffe le poil avec l'acide sulfurique dans un verre de montre jusqu'à ce que ce poil commence à se courber, et on examine alors dans l'eau : le tissu cortical et la couche médullaire se décomposent en leurs éléments, ainsi que la cuticule du poil.

1203. L'étude des **poils** et des **gaines** de leurs **racines** se fait sur des objets fixés dans le liquide de Müller ou dans l'alcool, colorés à volonté, et coupés suivant une section du poil exactement transversale ou longitudinale (l'orientation présente souvent quelques difficultés). (Voir aussi le § 1175.)

1204. Mais si l'on veut mettre en évidence différentes parties des poils et des gaines de la racine, au moyen de divers colorants, on emploie le carmin d'indigo-carmalun (voir § 377), ou bien on colore après l'hémalun avec l'éosine, l'orange ou d'autres couleurs d'aniline.

Le violet de méthyle iodé colore particulièrement bien la gaine interne de la racine (Unna).

« Il n'existe vraiment pas de tissu qui se prête mieux au traitement de la riche gamme des couleurs d'aniline que le poil et son follicule. » [*Fr. Merkel, Ergebnisse* B., I, p. 226 (1892).]

1205. Pour l'étude des **ongles** par la méthode des coupes, on s'adresse aux fœtus et aux enfants du premier âge. Des éléments de l'ongle sont dissociés dans la solution de potasse à 40 %, que l'on fait bouillir, puis qu'on laisse refroidir. Des lambeaux de l'ongle devenu mou se laissent isoler sur le porte-objet par pression exercée sur le couvre-objet.

1206. Terminaisons des nerfs sensitifs de la peau. — Nous nous bornons ici à la mise en évidence des terminaisons d'un petit nombre d'appareils nerveux : corpuscules de *Meissner*, de *Herbst*, de *Grandry*, de *Vater* et de *Pacini*, nerfs de l'épiderme et nerfs des disques tactiles. Nous les avons choisis entre tous ceux, en si grand nombre, que nous connaisons aujourd'hui, parce qu'ils sont facilement accessibles, susceptibles d'être mis en évidence sans grande difficulté, et propres à donner une idée de *tous* les types des terminaisons des nerfs sensitifs.

Pour l'étude de ces terminaisons, il faut, en premier lieu, penser aux *méthodes de l'or*, aux méthodes d'*Ehrlich*, de *Golgi-Ramon y Cajal* et de *Bielschowsky*.

1207. Les **corpuscules de Meissner** apparaissent directement sous forme de corps ovalaires, striés transversalement, sur des coupes transversalement pratiquées au travers des papilles de la peau, dans les régions où ils sont en grande quantité, comme dans la pulpe de l'extrémité des doigts ; ces coupes peuvent se fixer et se colorer d'une manière quelconque.

1208. Voici une méthode déjà ancienne :
On fait bouillir pendant quelques minutes (jusqu'à 10) la peau d'une phalangette d'un doigt de la main ou du pied. On laisse refroidir l'eau et le fragment de peau ; après quoi, on le retire. L'épiderme se laisse alors détacher et, sur le derme, on voit,

à la loupe, des papilles intactes que l'on peut enlever avec un rasoir.

Ces papilles sont placées sur un porte-objet, puis traitées par une solution aqueuse à 3 $^0/_0$ environ d'acide acétique glacial, et recouverts avec un couvre-objet.

Au bout d'une heure, on voit déjà, dans beaucoup d'entre elles, des corpuscules de Meissner sous la forme de corps ovales et striés, et, quelquefois aussi, le nerf qui s'y rend.

1209. Si l'on veut se rendre compte de l'étendue de la gaine médullaire des fibres nerveuses qui entrent dans les corpuscules de Meissner, on prend un petit fragment de peau, et on le traite par l'acide osmique (voir § 122); après quoi, on fait des coupes perpendiculaires à la surface de la peau, de manière à rencontrer les papilles suivant leur longueur.

1210. Pour étudier les rapports des fibrilles nerveuses avec les corpuscules de *Meissner*, on traite les fragments de peau par l'or, en suivant la méthode de *Loewit* (§ 796).

1211. Les **corpuscules** de **Herbst** et de **Grandry** se rencontrent dans la membrane ciroïde du bec du canard domestique, et aussi dans la voûte palatine du même oiseau.

Ils se laissent reconnaître pour tels par n'importe quel procédé de fixation et de coloration.

Comme champ admirable d'observation des corpuscules de Herbst, nous recommandons la langue du pic.

1212. Des fragments traités par l'acide osmique permettent de voir le nerf entrer en rapport avec les corpuscules, tout autant du moins que ce nerf contient de la myéline.

1213. Si l'on veut poursuivre encore plus loin le parcours des nerfs, on appliquera la méthode suivante de *Bœhm*, recommandée par *Carrière* (1882) : On détache avec un rasoir, du bec d'un canard, des fragments de membrane ciroïde, bien fraîche, comprenant le derme et s'étendant jusqu'au périoste ; on les plonge pendant vingt minutes dans l'acide formique à 50 $^0/_0$; on les lave superficiellement dans l'eau distillée, et on les fait séjourner pendant le même temps (vingt minutes), dans une petite quantité d'une solution à 1 °/₀ de chlorure d'or.

Ces fragments sont de nouveau lavés, pendant quelques secondes, dans l'eau distillée, et plongés enfin dans une grande quantité (300 centimètres cubes environ) de la solution do *Priohard*, formée de 1 partie d'alcool amylique, de 1 partie d'acide formique, et de 98 parties d'eau distillée. Ils y restent, dans l'obscurité, de vingt-quatre à trente-six heures ; puis on les lave à l'eau ; on les durcit dans l'alcool, et on les coupe.

1214. Les appareils terminaux sensibles les plus gros et les mieux connus sont les **corpuscules de Vater-Pacini ;** ils sont très répandus. Nous signalons le mésentère du chat, comme une vraie mine en cet ordre d'éléments ; on peut les y observer facilement à l'œil nu.

1215. Les corpuscules, portés à l'état frais sous le microscope, livrent à l'œil beaucoup de traits de leur structure. On les examine dans la solution physiologique de sel marin.

1216. On se convaincra que les lamelles sont formées de cellules endothéliales, si on traite les corpuscules par l'argent, suivant les indications du paragraphe 516.

1217. Nerfs de l'épiderme. — L'étude de ces nerfs se fait par la méthode de l'or (voir § 796), ou bien, en procédant ainsi :

1218. On soumet à l'acide arsénique à 0,5 °/₀ de petits fragments de peau ; on les plonge ensuite pendant une demi-heure dans une solution de 1 à 2 °/₀ de chlorure d'or ; on les transporte finalement dans l'acide arsénique à 1 °/₀, où s'opère la réduction (décomposition de l'or). (*Goldscheider*, 1886), (objet : les papilles de la peau.)

1219. Les **disques tactiles** se rencontrent dans le groin du porc. On les étudie par la méthode de Lœwit (voir § 796), ou par celle de *Bonnet* (1878).

Bonnet opère en modifiant une méthode due à Weigert :

il fixe les fragments de peau dans l'acide chromique à 1/3 $^0/_0$; puis il les coupe, les colore en excès par l'hématoxyline, et les traite enfin par une solution alcoolique de sel marin, de ferricyanure de potassium, jusqu'à ce qu'il ait obtenu une différenciation bien tranchée.

1220. On peut aussi traiter la peau, etc., de jeunes animaux par la méthode de Ramon y Cajal (voir §§ 854 et 870).

Consulter au sujet de ce chapitre : *Ledermann* et *Ratkowski* (1894), *Joseph* et *Loewenbach* (1900).

CHAPITRE XVIII

L'ŒIL

1221. Le **globe de l'œil**, bien frais et débarrassé jusqu'à la sclérotique des muscles et du tissu conjonctif lâche, est fixé dans le liquide de Müller (voir § 111).

Un globe de l'œil de la grosseur de celui de l'homme doit y séjourner au moins trois semaines. Le bulbe est alors lavé avec soin dans l'eau courante et passe ensuite à travers les alcools de concentration graduellement croissante ; si l'œil est petit, on peut le colorer *en masse*, et puis le couper. (On peut aussi fixer, pendant un jour, dans le réactif du paragraphe 167.)

1222. Il faut bien se garder d'inclure cet organe dans la paraffine ; car la sclérotique, et notamment le cristallin, y durcissent par trop ; on a, en conséquence, recours à l'inclusion dans la celloïdine. Quand on a affaire à des yeux de grande dimension, on les ouvre sous l'alcool, en y faisant, avec des ciseaux bien tranchants, une section équatoriale. On éloigne le corps vitré, et, par incision, on détache des fragments des différentes régions qui contiennent toutes les couches de l'œil.

Ces fragments sont ensuite soumis aux traitements ultérieurs.

1223. Les liqueurs de *Flemming*, de *Merkel*, de *Zenker*, l'acide nitrique (voir § 153), le mélange sublimé-acide nitrique (solution saturée de sublimé, 100 ; acide nitrique, 5) peuvent, également, être recommandés comme milieux fixateurs pour l'œil entier.

Liqueur de *Merkel* (1870) : volumes égaux d'acide chromique à 1/400 et de chlorure de platine à 1/400, soit :

Acide chromique à 1/400........................ 1 vol.
Chlorure de platine .... 1 —
Eau .... 6 —

Les globes oculaires, coupés en deux, y séjournent de trois à quatre jours.

1224. Les coupes pratiquées à travers toute l'épaisseur de l'œil permettent à l'histologiste de s'orienter en gros dans les rapports de structure; mais elles ne conviennent pas pour l'étude des détails délicats; aussi doit-on recourir, dans ce dernier cas, à des procédés spéciaux.

1225. On peut examiner les **cornées** de petits animaux, fraîchement enlevées, soit dans les liquides indifférents, soit dans l'humeur vitrée obtenue en introduisant, dans le globe de l'œil, un tube capillaire bien effilé et protégé contre l'évaporation.

1226. L'étude de l'**épithélium antérieur** se fait sur des coupes pratiquées dans une cornée que l'on traite par le liquide de Müller ou par la liqueur de Flemming. Comme *liquide macérateur*, on emploie l'alcool au tiers.

1227. L'endothélium de la membrane de Descemet peut être mis en évidence par la méthode de l'argent et la coloration après coup (voir § 516).

1228. Pour l'examen de l'endothélium de la cornée, *Nuel*, dès les premiers moments qui suivent la mort de l'animal (lapin ou oiseau), commence par faire écouler au dehors l'humeur aqueuse et injecte ensuite de l'acide formique à 1-2 $^0/_0$ dans la chambre antérieure de l'œil.

Il pratique ensuite l'énucléation de l'œil, et le place de trois à cinq minutes dans l'acide osmique de 1 $^0/_0$. On peut, à ce moment, détacher la cornée et l'examiner, soit immédiatement, soit après l'avoir colorée par le carmin (*Nuel* et *Cornil*, 1890).

1229. Chez un animal fraîchement tué, on coupe la cornée en suivant son bord; et on la plonge de cinq à dix minutes au maximum dans le mélange de sublimé et d'acide acétique. L'épithélium fixé de la membrane de *Descemet* se laisse facilement détacher en lambeaux au moyen d'un pinceau.

On peut remplacer le sublimé acétique par la liqueur de *Flemming*.

Traitement ultérieur : alcool ; coloration avec l'hématoxyline de M *Heidenhain*.

Un excellent sujet d'étude est fourni par le chat.

Dans les épithéliums, se colorent des formations rappelant les *réseaux de Golgi* des ganglions spinaux (*Ballowitz*, 1900).

1230. Le **tissu propre de la cornée** se décompose en lamelles et en fibrilles, par macération dans l'eau de chaux par exemple, ou encore dans le permanganate de potassium (Collett, 1872).

Les fibres collagènes ordinaires ne se gonflent pas dans l'eau ; il n'en est pas de même des fibres de la substance fondamentale de la cornée. Dans la cornée du cheval, cette substance contient, suivant *Ciaccio*, une grande quantité de fibres élastiques.

1231. L'étude des **corpuscules de la cornée** peut se faire de bien des manières. On cautérise, avec le crayon de nitrate d'argent, chez un animal vivant (grenouille), la cornée qu'on a débarrassée de l'épithélium antérieur ; on la détache ensuite et on la plonge dans l'eau ; aussitôt les corpuscules de la cornée apparaissent, avec leurs prolongements de teinte claire, sur un fond d'un brun foncé (**imprégnations négatives de la cornée** *par le nitrate d'argent*) (*Ranvier*, 1881).

1232. Les cornées plus épaisses de plus gros animaux sont traitées de la même façon ; on doit toutefois les étudier sur des coupes horizontales, faites à la main.

Après un séjour dans l'eau, pendant quarante-huit heures, de ces cornées traitées par le nitrate d'argent, les espaces intercellulaires se décolorent, et les corpuscules deviennent d'un brun foncé (images *positives*) (*Ranvier*, 1881).

1233. *Leber* (1868) traite pendant quelques minutes la cornée d'une grenouille par une solution de 1/2 à 1 $^0/_0$ *d'un sel de fer;* il la trempe un instant dans l'eau distillée et la plonge immédiatement après, dans une solution à 1 $^0/_0$ de ferricyanure de potassium.

. Au bout de quelques minutes, les corpuscules de la cornée, avec leurs prolongements, se colorent quelquefois dans l'épaisseur entière de cette membrane.

1234. Les corpuscules de la cornée peuvent aussi être mis en évidence par la *méthode de l'or*, qui permet également de colorer les **nerfs de la cornée.**

Ranvier (1889) recommande la solution de chlorure double d'or et de potassium à 1 $^0/_0$, pour le cas spécial de la cornée.

On soumet une cornée de grenouille, durant cinq minutes, à l'action du jus de citron (voir § 798); puis, on la porte, pendant un quart d'heure environ, dans la solution d'or précédemment citée; la réduction s'opère en un ou deux jours, à la lumière, dans de l'eau acétifiée (2 gouttes d'acide acétique pour 30 centimètres cubes d'eau).

1235. Les corpuscules de la cornée avec leurs prolongements peuvent aussi être mis en évidence par la méthode d'Altmann (voir § 920).

Voir aussi *Ranvier* (1881).

1236. Lorsque l'on soumet la cornée, dans une chambre humide, aux vapeurs de l'acide osmique, et qu'on l'observe ensuite dans l'eau, on obtient de très jolies images des *corpuscules de la cornée.* Les *fibrilles* de la cornée, contrairement aux fibrilles collagènes ordinaires, se gonflent dans l'eau et, dans ce nouvel état, ont un indice de réfraction *différent* de celui des *cellules* qui se détachent ainsi nettement.

1237. J. *Mawas* (1911) a observé dans les cellules fixes de la *cornée* de différents vertébrés (homme, lapin, chien, cobaye, pigeon, etc...) des *granulations* spéciales, colorables électivement en rouge par le Sudan III, dont la présence est normale et constante; elles sont situées autour du noyau et dans les prolongements protoplasmiques de ces cellules fixes. Il fixe les cornées dans le formol à 10 $^o/_o$, puis les colore en masse dans une solution alcoolique saturée de Sudan III. Les coupes sont faites à main levée, sans inclusion préalable, différenciées par l'alcool à 80° et conservées dans la glycérine ou dans le mélange d'Apathy (gomme arabique, 50 grammes; sucre de canne, 50 grammes; eau distillée, 50 grammes).

1238. La **sclérotique** est traitée suivant les méthodes données pour l'étude du tissu conjonctif (§ 603 et suiv.).

1239. La **choroïde** et l'**iris** s'étudient, au mieux, chez les lapins albinos. On doit avoir le soin de faire des coupes horizontales de l'iris sur des objets très orientés.

1240. *E. Grynfeltt* et *E. Mestrezat* (1906) préconisent un excellent procédé de **dépigmentation** des préparations histologiques :

« Appliquées aux pigments de l'*œil* des Vertébrés, la plupart des substances décolorantes donnent des résultats peu satisfaisants. Les unes, telles que l'anhydride sulfureux obtenu par le procédé de Mönckeberg et Bethe, l'acide chlorhydrique (Grenacher), la créosote (Pouchet), l'acide nitrique (Parker), la soude caustique (Rawitz) restent sans effet sur le pigment. D'autres, comme l'eau de chlore (Gruenhagen), l'eau oxygénée (Pouchet, Solger), le permanganate de potassium et l'acide oxalique (Alfieri Pisa), décolorent assez bien, mais sont peu recommandables, parce qu'elles abîment les tissus et gênent pour les colorations ultérieures.

« Le procédé de P. Mayer (dégagement de chlore dans l'alcool, où sont plongées les pièces, en faisant agir de l'acide chlorhydrique sur du chlorate de potassium) nous a donné de meilleurs résultats tant pour la bonne conservation des tissus que pour la régularité des colorations. Néanmoins, il n'est pas sans présenter quelques inconvénients (dégagement notable de chlore, irrégularité de la dépigmentation, plus rapide et plus marquée au-dessus du lit de chlorate que dans les parties supérieures du bain, décollement des coupes).

« Ces inconvénients n'existent pas avec le procédé que nous proposons ici, et qui est, en outre, d'un emploi beaucoup plus commode. Il consiste à faire agir, sur les coupes plongées dans l'alcool, de l'acide chlorique que nous obtenons par le procédé suivant :

« Dans un ballon de verre on introduit 50 grammes de chlorate de baryum finement pulvérisé, que l'on dissout à la température de 50° environ dans 70 centimètres cubes d'eau distillée. On laisse légèrement refroidir, et on ajoute sur le tout, par petites fractions et en agitant bien, $8^{cm3},50$ d'acide sulfurique pur à 66° Baumé, dilués dans 40 centimètres cubes d'eau distillée. Par double décomposition il se fait du sulfate de baryum insoluble et de l'acide chlorique. Après un repos de quarante-huit heures, le sulfate étant bien déposé, on décante dans un flacon bouché à l'émeri l'acide chlorique resté en solution dans l'eau dans la proportion de 20 % environ. Cette solution, mise à l'abri de la lumière, se conserve bien. Elle peut être le siège des décompositions habituelles de l'acide chlorique; mais sa valeur spéciale, au point de vue des propriétés décolorantes que nous envisageons seules, ne diminue pas avec le temps. Nous utilisons avec succès une solution qui remonte à deux mois, et avec laquelle nous avons fait nos premiers essais.

« Pour dépigmenter les coupes, nous les plongeons, une fois débarrassées de la paraffine, dans un bain d'alcool à 95° auquel nous ajoutons, au moment de l'opération, notre solution d'acide chlorique dans la proportion de 2 centimètres cubes d'alcool, pour 15 centimètres cubes et nous portons le tout sur une étuve à 42°. On peut sans inconvénients augmenter la dose d'acide chlorique. La proportion de 2 pour 15 indiquée ici suffit cependant dans la plupart des cas, et, avec des coupes de 3 à 7 μ, la dépigmentation est complète au bout de dix heures. En pratique, nous laissons les préparations toute la nuit sur l'étuve, dans la solution décolorante.

« De nombreux facteurs influent d'ailleurs sur la durée de l'opération, notamment la température, la nature du fixateur employé et aussi la durée de la fixation. Les données mentionnées ci-dessus résultent de nombreux essais faits avec les pièces fixées par le liquide de Zenker. La décoloration marche plus vite avec certains réactifs (vapeurs osmiques, mélange platino-acéto-osmique de Hermann, formol picrique de Bouin, liquide de Flemming, sublimé acétique de Carnoy), tandis que d'autres, au contraire, paraissent retarder sa marche (liquide de Müller, bichromate acétique de Tellyesniczky, liqueur chromonitrique de Pérényi, mélange de bichromate de potassium et sulfate de cuivre d'Erlicki). Néanmoins, quel que soit le fixateur employé, en prolongeant le séjour des coupes dans le bain décolorant placé sur l'étuve, nous sommes arrivés à obtenir une dépigmentation régulière et totale des éléments anatomiques.

« Après la dépigmentation, les coupes sont passées successivement dans l'alcool à 90°, à 70°, puis, si l'on veut, pour plus de précautions, dans des alcools plus faibles, et finalement lavées à l'eau courante pendant un quart d'heure environ. On peut ensuite les colorer par les diverses méthodes en usage dans la technique actuelle (hématéine-éosine, hématoxyline ferrique, safranine, etc.).

« Le procédé que nous proposons nous paraît devoir rendre des services à cause de la facilité de son emploi, de la régularité de son action dont on peut modifier à son gré l'énergie en faisant varier les proportions d'acide chlorique. En tout cas, les doses utiles pour produire la dépigmentation complète n'entraînent ni détériorations notables des tissus, ni difficultés dans les colorations. »

1241. Les vaisseaux lymphatiques de la choroïde peuvent être observés au moyen de la méthode d'*Altmann* (1879) (voir §§ 920 et suivants).

1242. Les yeux pigmentés déjà fixés demandent à être débarrassés de leurs pigments; il faut employer pour cela l'*eau oxygénée* (voir aussi §§ 480 et suivants).

Ce réactif donne d'après *Unna*, des résultats multiples, le blanchiment de *tous les pigments*, la décoloration des préparations à l'acide chromique et à l'acide osmique, et de celles qui ont été colorées avec excès par l'hématoxyline. Il n'a aucune action sur les précipités d'or ou d'argent, mais il réduit immédiatement, et d'une manière absolue, les préparations fraîches au chlorure d'or; employé en solutions faibles ou fortes, il agit de la même manière, à la différence de temps près.

Solger (1883) est arrivé aux mêmes résultats; il emploie une solution d'eau oxygénée à 3 $^0/_0$. [*Duval* (1878) a mentionné une méthode analogue de blanchiment comme étant déjà ancienne et indiquée par *Pouchet*.]

1243. Le blanchiment des pigments et des préparations à l'acide osmique devenues trop foncées, peut s'obtenir au moyen du *chlore naissant* [*P. Mayer*, 1881 (voir § 1240)]. Les objets à blanchir sont placés dans un verre plein d'alcool, au fond duquel se trouvent des cristaux de chlorate de potassium. On ajoute alors de l'acide chlorhydrique (jusqu'à 1 $^0/_0$), et on couvre le verre.

1244. Le blanchiment des pigments (*en général*) est également obtenu avec l'*acide sulfureux* :

Gilson fait observer que l'anhydride sulfureux (SO_2) en solution alcoolique est très commode pour décolorer les pièces fixées par le bichromate. Il suffit de quelques gouttes.

Mœnckeberg et *Bethe* (1899) préparent l'acide en ajoutant à 10 centimètres cubes d'une solution à 2 $^0/_0$ de bisulfite de sodium 2 à 4 gouttes d'acide chlorhydrique. Ils mettent des objets dans cette solution, fraîchement préparée, pendant six à huit heures.

Rawitz dissout le pigment du manteau des Lamellibranches au moyen de 15 à 20 centimètres cubes d'alcool additionné de 3 à 9 gouttes de solution officinale de soude caustique (In *Lee* et *Henneguy*).

1245. Le **cristallin** des animaux adultes, à quelque traitement qu'on l'ait soumis antérieurement, se laisse mal couper; on peut avoir recours à la paraffine à la condition de passer rapidement, après chaque coupe, avec un pinceau fin, une légère couche de paraffine très chaude sur la surface du bloc intéressée par le rasoir. On réussit mieux dans la celloïdine. S'il s'agit de cristallins appartenant à des animaux âgés, on les débarrasse de leur noyau. Cette méthode est surtout recommandable dans le cas d'objets durs et cassants (*C. Rabl.*, 1894 et 1900).

1246. Les **fibres du cristallin** se laissent aisément isoler sur des cristallins macérés dans l'acide nitrique fort (jusqu'à 30 %).

1247. *Lévi* (1904) dissocie les fibres du cristallin dans une solution à 1-2 % de fluorure de sodium.

1248. *Dissociation des fibres du cristallin par l'alcool au tiers.* — On place, pendant deux heures, des cristallins frais dans l'alcool au tiers; puis on pique la capsule cristalline et on l'ouvre; on laisse les cristallins séjourner encore vingt-quatre heures dans l'alcool au tiers; après quoi on opère la dissociation sur le porte-objet dans la glycérine, on ajoute du picrocarmin, on les inclut et on les borde.

C'est chez les Poissons et chez les Mammifères, de préférence, que l'on étudiera les différentes formes des fibres du cristallin.

1249. Pour mettre en évidence les *fibres du cristallin, Lœwenthal* (1893) recommande le procédé suivant : Le cristallin est, chez plusieurs grenouilles, isolé de l'œil avec précaution, et placé pendant dix-huit à vingt-quatre heures dans l'alcool à 70°. On y pratique alors une incision équatoriale, et, avec une fine pincette, on détache des bandes de fibres suivant les méridiens. Ces dernières sont lavées dans l'eau distillée, puis soigneusement dissociées sur le porte-objet, et colorées par l'addition de 2 gouttes de picrocarmin sodique. (On évitera naturellement, de les émietter, en les dissociant.) La zone du noyau apparaît alors très nettement.

1250. Les **rétines** de gros animaux ne sont d'ordinaire qu'imparfaitement fixées quand les yeux ont été traités en masse; cela tient probablement à ce qu'elles ont le temps de s'altérer, pendant que le liquide fixateur traverse la sclérotique. En pareil cas, on doit *rapidement* isoler cette membrane avec la choroïde sous une solution de sel, d'après les règles connues, et les fixer ensuite; ou bien encore on coupera l'œil en deux parties par une coupe équatoriale; on enlèvera l'humeur vitrée, et on traitera l'organe par un liquide fixateur.

1251. *Rochon-Duvigneaud* (1907) préconise une technique spéciale pour fixer par les vapeurs osmiques des *yeux de grande dimension, à sclérotique épaisse.*

Il les fixe dans un morceau de liège préalablement creusé, fait une section équatoriale et permet ainsi à l'agent fixateur d'entrer en contact direct avec la rétine, après avoir enlevé délicatement le vitré à l'aide d'une pince. Par ce procédé les éléments constituants de la **rétine** souffrent le moins des manipulations et conservent fort bien leurs rapports entre eux.

1252. A ce titre on recommande : le liquide de Müller (dont l'action dure une à deux semaines), *l'acide nitrique* à 3 % (laver pendant vingt-quatre heures et passer ensuite dans l'alcool à 70°), la liqueur de Flemming et, avant tout, l'acide osmique.

1253. Voici comment *Ranvier* (1889) emploie l'acide osmique : il enlève les yeux de petits animaux, tels que souris, triton, grenouille, etc., avec précaution et sans exercer de pression sur le bulbe; il les débarrasse de leurs muscles au moyen de ciseaux, et les expose, pendant un quart d'heure à une demi-heure, aux vapeurs **d'acide osmique** (voir § 124).

S'il s'agit de gros bulbes, il faut commencer par les ouvrir avant de les exposer aux **vapeurs** de l'acide, et l'on soumet alors à leur action l'humeur vitrée et la rétine.

Ainsi traitée, la rétine se trouve suffisamment fixée; on peut alors, sous l'alcool au tiers, inciser l'œil, suivant une coupe équatoriale, et le laisser de trois à quatre heures dans ce liquide. On colore, pendant quelques heures, par le picrocarmin, la moitié postérieure de l'œil (avec le nerf optique) ; on la plonge ensuite dans une solution à 1 $^o/_0$ d'acide osmique, où elle séjourne douze heures, et où s'effectue la fixation définitive des éléments. On lave à l'eau, puis on traite par l'alcool, et on coupe dans la paraffine.

1254. *Zürn* recommande une solution de sublimé saturée à chaud dans la solution physiologique de sel et additionnée de 1 à 1,5 $^o/_0$ d'acide acétique, comme le meilleur fixateur pour la **rétine**.

On doit se préoccuper du mode d'existence des animaux dont on étudie la rétine. Chez les animaux *cavernicoles*, la distribution du pigment dans la rétine et la longueur des segments internes des cônes ne seront pas les mêmes que chez les animaux *vivant à la lumière* ; d'après *Engelmann* (1885), chez ces derniers les segments en question seraient plus courts.

L'acide osmique noircit les bâtonnets de divers animaux, par exemple ceux de la grenouille (*Ranvier*).

Pour mettre en évidence le **pourpre rétinien** sur des coupes de rétines, *Stern* (1905) préconise la méthode suivante : Une grenouille est maintenue deux heures dans l'obscurité (formation maxima de pourpre d'après Kühne) ; puis elle est décapitée tout en étant exposée à la lumière rouge. La moitié antérieure du globe, y compris le cristallin, est sectionnée en même temps que les os de l'orbite et plongée douze à quatorze heures dans une solution à 2,5 $^o/_0$ de chlorure de platine (on obtient à peu près les mêmes résultats avec une solution de 0,5-10 $^o/_0$). On se débarrasse alors de la partie osseuse ; on déshydrate dans l'alcool ; on inclut à travers le xylol dans la paraffine et, enfin, on effectue les coupes (10-12 μ).

Les segments externes des bâtonnets présentent une coloration orange intense. Le sublimé fixe également le pourpre en le colorant en jaune, mais cette teinte s'évanouit quand on passe à travers l'alcool, le xylol, etc.

Cette méthode réussit aussi très bien avec le lapin et le chat.

1255. *G. Leboucq* (1909) recommande comme fixateur de la **rétine** l'acide osmique, surtout sous forme de *liqueurs de Flemming et de Benda*. Les cônes et bâtonnets dans les pièces fixées par ces liquides ne se déforment pas et se colorent très facilement. La liqueur de Lindsay-Johnson vaut à peu près les deux premières. Le réactif de Hermann, dans l'espèce, est très inférieur aux précédents. Les cônes et bâtonnets ont surtout à souffrir de cette fixation qui les déforme presque toujours. Les vapeurs osmiques, soit à chaud, soit à la température ordinaire, présentent de grands inconvénients ; elles provoquent trop souvent des rétractions. Un grief à faire aux fixateurs osmiques, en général, c'est de colorer d'une façon trop uniforme des éléments qui, fixés par d'autres réactifs, décèlent une structure plus compliquée.

Aux yeux de l'auteur, un réactif de tout premier ordre est la liqueur de Bouin : c'est elle qui permet de mettre en lumière les plus fins détails de structure des cônes et bâtonnets et qui donne les résultats les plus constants. L'hématoxline ferrique colore particulièrement bien les pièces qui ont séjourné longtemps dans l'alcool iodé. Le réactif de Perenyi est encore un des bons fixateurs ; on l'emploie avec succès pour mettre en évidence les corpuscules centraux.

Il a l'inconvénient de ne permettre qu'une coloration très faible du cytoplasme.

Coloration. — Leboucq s'est borné presque exclusivement à la coloration par l'hématoxyline ferrique de M. Heidenhain en y combinant souvent la coloration rose cytoplasmique du chromotrope. Il s'est aussi servi, le cas échéant, de la méthode de coloration de Benda (sulfalizarinate de sodium et violet cristal), qui colore spécialement bien les cônes et les bâtonnets.

1256. Si la sclérotique est trop résistante, on peut, suivant le besoin, l'enlever avec un couteau tranchant sur des fragments inclus dans la paraffine.

1257. Dans l'étude de la rétine, il ne faut *jamais* se contenter de coupes transversales ; on doit faire aussi des *coupes horizontales* bien orientées.

W. Krause insiste avec raison sur cette recommandation et fait remarquer que les coupes transversales ne permettent *absolument pas* de mettre convenablement en évidence la structure de la couche granuleuse intermédiaire, par exemple.

1258. Un autre fixateur à signaler, très propre à conserver les segments externes, très précieux aussi pour la dissociation des cellules de soutènement (fibres de Müller) est la solution à 10 $^0/_0$ d'hydrate de chloral [*Krause* (1884].

1259. Les rétines se laissent généralement bien colorer, et les colorations combinées donnent des images très riches en teintes variées ; les préparations à l'acide osmique font toutefois exception.

1260. *Dogiel* précise ainsi les détails de sa méthode de la *coloration de la rétine* : « Un œil d'un animal à sang chaud est énucléé ; on le coupe immédiatement en deux ou en plusieurs morceaux ; on enlève avec précaution la rétine en lambeaux avec la couche pigmentée et le reste de l'humeur vitrée, et on la porte, sa face externe tournée en haut, sur de larges porte-objet.

« On dépose alors sur la rétine ou bien sur les porte-objet, au bord de la préparation, quelques gouttes d'une solution de bleu de méthylène à 1/6-1/8 $^0/_0$. Au bout de cinq minutes, on transporte sur une lame tout à fait propre chacun des morceaux, mais, cette fois, avec la couche des fibres nerveuses tournées en haut ; on se débarrasse prudemment, en partie, du corps vitré avec les ciseaux et on humecte les objets en déposant sur eux ou bien sur le porte-objet, au bord de la préparation, 2-3 gouttes d'une solution de bleu de méthylène. Les lames de verre sont ensuite disposées dans une coupe à fond plat ; on expose le tout à l'étuve.

« De temps en temps il faut contrôler sous le microscope la coloration des éléments nerveux ; celle-ci demande en général de trente à quarante minutes.

« Les préparations peuvent être directement fixées sur le porte-objet ; on peut aussi les enlever et les porter dans le liquide fixateur.

« S'il s'agit d'animaux à sang chaud de petite taille, il est bon de séparer toute la rétine en une fois ; c'est aussi le cas des petits animaux à sang froid (grenouille) chez lesquels, toutefois, la coloration s'opère à la température du laboratoire.

1261. En enlevant le corps vitré, et en soumettant la face interne de la rétine à l'action du sel d'argent, on obtient les images argentées très nettes des limites des pieds des **cellules de soutènement** ou de **Müller.**

Ramon y Cajal (1894 a ; voir aussi § 870) recommande pour la rétine la méthode suivante (c'est la méthode de Golgi modifiée).

1° Après avoir enlevé le cristallin, on fait tremper la région interne du bulbe dans :

Bichromate de potassium 3 $^0/_0$.................. 20 cm³
Acide osmique 1 $^0/_0$........................... 5-6 —

pendant un à deux jours ;

2° On égoutte avec soin et on fait sécher les fragments de rétine au moyen de papier-filtre ; puis on le met pendant vingt-quatre heures dans le nitrate d'argent (0,75 à 1 $^0/_0$) ;

3° Sans lavage préalable, les morceaux sont portés dans le premier mélange osmio-bichromique. Ce mélange doit être un peu modifié (bichromate de potassium à 3 $^0/_0$: 20 centimètres cubes + acide osmique à 1 $^0/_0$: 2-3 centimètres cubes seulement, environ), vingt-quatre à trente-six heures ;

3° Second séjour dans le bain de nitrate à 0,75 $^0/_0$ pendant un jour au moins ;

5° Alcool, quelques minutes ; enrobage superficiel à la paraffine ; coupes.

Pour empêcher le précipité de se former, il est bon d'enrouler les rétines isolées avant de leur faire subir tout traitement. Pour prévenir tout déroulement, on verse dans le rouleau ainsi formé du collodion ou de la celloïdine peu épaisse.

1262. Pour la mise en évidence des **neurofibrilles de la rétine**, Ramon y Cajal (1904) recommande deux méthodes.

A. Des morceaux de rétine fraîche empruntées à un lapin adulte sont, avec la sclérotique, laissés trois jours (étuve à 30-35°) dans une solution à 1,5 % de nitrate d'argent, puis lavés quelques secondes à l'eau distillée et placés pendant vingt-quatre heures dans :

```
Hydroquinone (ou acide pyrogallique)...........  1 gr.
Formol ........................................  5 à 10 cm³
Eau distillée..................................  100  —
```

Au bout de quelques minutes, on lave à l'eau distillée, on durcit en parcourant la série ascendante des alcools, et l'on coupe dans la celloïdine.

B. On fixe vingt quatre heures dans 50 centimètres d'alcool à 96° additionné de 5 gouttes d'ammoniaque ; après avoir lavé quelques secondes dans l'eau distillée, on porte la préparation dans une solution à 1 % de nitrate d'argent à 30° où elle reste quatre jours. On continue alors suivant les instructions de *A.*

Si l'on ajoute à la liqueur réductrice 1/5 d'alcool à 96°, les fibrilles se détachent mieux de la substance fondamentale.

Dans ce Mémoire, Ramon y Cajal expose un essai de la théorie de sa coloration.

1263. La bile a une action spéciale sur les segments externes des cônes et des bâtonnets ; elle les dissout (*Kühne, Dreser*, 1886).

Pour faire apparaître les cellules ramifiées qui existent sur la paroi des alvéoles glandulaires, *Renaut* conseille de traiter par le pinceau des coupes minces de *la glande lacrymale*, faites après fixation par l'acide osmique. — Après balayage au pinceau, on dissocie un peu la préparation avec des aiguilles. On colore à l'hématéine et à l'éosine, et l'on monte dans le baume. — On trouve toujours quelques points dans lesquels, toutes les cellules glandulaires ayant été enlevées par le pinceau, la paroi des acini montre les *cellules ramifiées* étalées à sa face interne (in *Vialleton*).

Consulter aussi : *Greef* (1898), *Seligmann* (1899).

CHAPITRE XIX

L'OREILLE

1264. Le débutant qui entreprend l'étude des organes de l'appareil de l'ouïe n'en connaît généralement pas, d'une manière bien précise, la situation dans l'intérieur du rocher, chez les différents groupes d'animaux. Aussi doit-il de préférence commencer par des objets, qui, n'exigeant pas une dissection minutieuse, peuvent être traités avec le rocher une fois dégagé de toute partie molle.

Les **limaçons** offrent **chez les rongeurs** des saillies très nettement indiquées dans la caisse du tympan, ce qui permet de s'orienter exactement avant de procéder à la coupe.

Chez les Rongeurs de grande taille, il est possible, avant ou après la fixation, de couper le limaçon avec des ciseaux ou de l'enlever avec des pinces, et de ne le soumettre qu'alors aux traitements ultérieurs.

1265. Dans ces conditions, on fixe le rocher dans le liquide de *Müller* ou dans la liqueur de *Flemming* ; après quoi, on peut le décalcifier.

1266. *Retzius* (1884) recommande d'ouvrir le limaçon, de le fixer pendant une demi-heure dans une solution à $1/2\,^0/_0$ d'acide osmique, et le maintenir, pendant le même temps, dans une solution à $1\,'2\,^0/_0$ de chlorure d'or. On ne décalcifie pas davantage, mais on extrait l'organe de *Corti*, on le prépare et on l'examine ; on peut aussi l'extraire de l'os et le couper.

1267. *Ranvier* (1889) ouvre le limaçon avec un scalpel

sous un mélange d'acide osmique (2 %/₀ de cet acide dissous dans la solution physiologique de sel); il l'abandonne à son action pendant douze heures et le décalcifie ensuite avec de l'acide chromique à 2 %/₀ souvent renouvelé.

La décalcification dans le cas du cobaye n'exige pas moins d'une semaine.

1268. On peut aussi traiter l'organe de Corti d'après le procédé cité au paragraphe 1276 (alcool au tiers; puis, acide osmique et vapeurs de cet acide, § 124).

1269. Comme **liquide décalcifiant**, on donnera la préférence à l'acide sulfureux ; s'il s'agit de petits limaçons (comme ceux du cobaye), on aura recours à l'acide nitrique à 3 %/₀, ou à une solution saturée d'acide picrique.

Les limaçons de grands animaux seront ouverts sous le liquide fixateur ; ils seront alors fixés et ensuite décalcifiés.

Les coupes se pratiquent dans la celloïdine ou dans la photoxyline (cette dernière étant transparente, l'orientation y est rendue très facile).

1270. **Labyrinthe de l'homme adulte.** — Nous donnons ici deux procédés qui ont fourni des résultats très satisfaisants, en ce qui concerne aussi la conservation de l'épithélium (*A. Scheibe*).

On sépare la pyramide du rocher d'après les règles usuelles ; puis on ouvre le limaçon et le canal semi-circulaire supérieur. On les soumet pendant trois semaines à l'action du liquide de Müller, que l'on renouvelle tous les jours : une fois, pendant la première semaine, et ensuite tous les deux jours. On les lave alors pendant vingt-quatre heures dans l'eau courante; on les place pendant quinze jours dans l'alcool à 80°, puis, pendant deux jours, dans l'alcool à 96°, et on les porte alors dans le liquide décalcifiant (acide nitrique à 5 %/₀, que l'on doit changer chaque jour. Ils y séjournent de dix à quinze jours. Après quoi, on les lave encore pendant deux jours dans un courant d'eau de conduite, et on les place pendant vingt-quatre heures dans l'alcool à 80° et, de là, dans celui à 96° ; ils restent dans ce dernier de six à huit jours et sont enfin inclus dans la celloïdine et coupés.

La méthode suivante n'a pas donné de moins bons résultats.

On enlève la pyramide avec le limaçon et le canal semi-circulaire supérieur qui ont été ouverts, et on traite le tout pendant deux jours par le liquide de Müller à la température du laboratoire. On l'enferme alors dans une étuve à 33° C., on le plonge et on le maintient pendant trois semaines, dans le même liquide, qu'on a soin de changer à plusieurs reprises ; au bout de ce temps on le lave pendant quarante-huit heures dans l'eau courante, et après un séjour de quinze jours dans l'alcool à 80°, et de huit jours à 96°, on le décalcifie, etc.; on l'inclut enfin dans la celloïdine, et on le coupe (Voir § 178 et suivants).

1271. *G. Alexander* emploie, comme décalcifiant le mélange suivant :

Formol..	5 parties
Acide nitrique (p. spéc. 1,40).................	5 —
Eau	100 —

Les organes de l'ouïe, extraits des rochers, sont aussi rapidement que possible après la mort de l'animal fixés dans le formol à 10 %, puis, durcis dans l'alcool et inclus **dans la celloïdine** ; ils sont alors décalcifiés tout en restant inclus.

On devra renouveler chaque jour le liquide décalcifiant (pour un matériel humain, la durée de la décalcification est de quinze jours environ).

Après la **décalcification** qui réussit merveilleusement avec les objets inclus dans la celloïdine, la préparation est décalcifiée, durcie et soumise deux heures à un mélange à parties égales d'alcool absolu et d'éther; elle passe ensuite deux heures dans une solution épaisse de celloïdine avant d'être incluse, et est enfin placée dans l'alcool à 80°. L'objet peut alors être débité en coupes.

1272. *A. Pray* fixe les rochers et les inclut **dans la paraffine**, qui, une fois refroidie, est enlevée au moyen d'un scalpel jusqu'au niveau de l'os ; la pièce est alors **décalcifiée**. Après le lavage et le durcissement avec l'alcool, on inclut à nouveau dans la paraffine et l'on coupe. Le labyrinthe membraneux est ainsi bien obtenu et ne présente que très peu de dislocations.

Voir aussi pour ce chapitre : *Politzer* A. (1889).

CHAPITRE XX

LE NEZ

1273. On obtient des préparations permettant de s'orienter dans la structure de la **muqueuse nasale**, en pratiquant des coupes transversales de fragments empruntés, naturellement, à la région respiratoire aussi bien qu'à la région olfactive et en les fixant dans la liqueur de Flemming.

C'est dans l'acide osmique pur (1 %; voir § 122), qu'il convient de fixer les fragments de la muqueuse de cette dernière région, parce que les fibrilles du nerf olfactif y brunissent, se distinguant ainsi des fibres de Remak (voir § 790).

1274. On dissocie les épithéliums de la région respiratoire dans l'alcool au tiers (voir § 504).

1275. Les épithéliums de la région olfactive se laissent également macérer dans l'alcool au tiers, mais les cellules qui sont très longues, une fois isolées, s'y déforment et y subissent toutes sortes d'altérations.

1276. Pour remédier à ces inconvénients, *Ranvier* recommande un procédé tout ensemble simple et excellent. Il consiste à faire macérer des lambeaux d'épithélium pendant une à deux heures dans l'alcool au tiers et à les traiter ensuite, pendant cinq minutes et même un quart d'heure, par l'acide osmique. Dans ces conditions, on peut les dissocier dans l'eau : les cellules conservent leur forme et peuvent être incluses dans la glycérine.

1277. La méthode de *Golgi*, appliquée à l'étude de la muqueuse nasale des animaux jeunes et des fœtus, a permis de démontrer ce fait intéressant, à savoir que les **cellules nerveuses de la région olfactive** sont des cellules ganglionnaires périphériques (Ramon y Cajal, 1894 *b*).

BIBLIOGRAPHIE

———

Ceux qui voudraient entrer plus avant dans l'étude de l'anatomie microscopique et de la technique, aimeront à trouver ici une liste des principaux traités et mémoires parus pendant ces dernières années.

Abbe (E.). **1878.** Ueber Blutkörper-Zählung (*Sitzungsber. d. Jen. Ges. f. Med. u. Naturw.*).

Achard (C.) et **Aynaud** (M.), **1906.** Sur le rôle du chlorure de sodium dans l'imprégnation des tissus par l'argent (*C. R. Ac. Sc. Paris*).

— — **1906.** Sur l'imprégnation histologique par les précipités colorés (*C. R. Ac. Sc. Paris*).

Achard (C.) et **Lœper** (M.) **1908.** Anatomie pathologique (Biblioth. Gilbert et Fournier). J. B. Baillière et fils, Paris.

Afanassiew (M.), **1884.** Ueber den dritten Formbestandteil des Blutes im normalen und pathologischen Zustand, etc. (*Arb. Med. Klin. Just. Univers München*, Bd. 1,2, — Heft, p. 556-592, pl. 15).

Aimé (P.) et **Bobeau** (G.), **1912.** Guide de l'étudiant en médecine aux travaux pratiques d'histologie. Un vol. in-8°; 172 p. et 77 fig. J. B. Baillière et fils, Paris.

Albrecht (E.), **1907.** Die Schicksale der roten Blutkörperchen (Süddeutsche *Monatshefte*, 4° année).

Alexander (G.), **1905.** Die Anatomie der Taubstummheit. Wiesbaden.

Altmann (R.), **1879.** Ueber die Verwertbarkeit der Corrosion in der mikroskopischen Anatomie (*Archiv f. mikr. Anat.*, 16. Bd., p. 474-507, pl. 24-23).

— **1892.** Ein Beitrag zur Granulalehre (*Verh. anat. Ges.*, 6 Vers., p. 220-223).

— **1894.** Die Elementarorganismen und ihre Beziehungen zu den Zellen. p. 1-160, 9 fig. et 35 pl., 2° édit., Leipzig.

Ambronn (H.), **1892.** Anleitung zur Benutzung des Polarisationsmikroskops bei histologischen Untersuchungen, Leipzig.

Apáthy (S.), **1887.** Methode für Verfertigung längerer Schnittserien mit Celloïdin-Mitteilg. aus. d. zool. Station zu Neapel. Bd. 7.

— **1888.** Nachträge zur Celloïdintechnik (*Zeitschrift. f. wiss. Mikrosk.*, Bd. 5).

— **1889.** Mikrotechnische Mitteilungen (*Zeitschrift f. wiss. Mikrosk.*, Bd. 6).

— **1896** et **1901.** Die Mikrotechnik der tierischen Morphologie, 1ʳᵉ partie, Braunschweig. 2° partie, Leipzig.

— **1897.** Ein neuer Messerhalter mit Nachtrag (*Zeitschr. f. wiss. Mikroskopie*, t. 14).

Apáthy (S.), **1897**. *a*. Das leitende Element des Nervensystems (*Mitt. zool Stat. Neapel*, t. 12).

— **1898**. Ueber die Bedeutung des Messerhalters in der Mikrotomie (*Ertesitö*. t. 19).

Argutinsky (P.), **1900**. Eine einfache und zuverlæssige Methode, Celloïdinserien mit Wasser und Eiweiss aufzukleben (*Arch. f. mikr. Anat.*, Bd. 55, p. 415-419).

Arneth (J.), **1904**. Die neutrophilen weissen Blutkörperchen bei Infektions-Krankheiten. Iena, Verlag v. G. Fischer.

Arnold (J.), **1896**. Zur Technik der Blutuntersuchung (*Zentralbl. f. allg. Path. u. Pathol. Anat.*, Bd. 7).

Arnstein (C.), **1887**. Die Methylenblaufärbung als histologische Methode Anat. Anz. Bd. 2.

Askanazy (M.), **1902**. Ueber das basophile Protoplasma der Osteoblasten, Osteoklasten und andere Gewebezellen (*Zentralbl. für allg. Pathol. und. patholog. Anatomie*, t. 13).

Assmann (G.), **1906**. Ueber eine neue Methode der Blut — und gewebsfärbung mit dem eosinsauren Methylenblau (*Münch. med. Woch.*).

Azoulay (L.), **1894**. Coloration de la myéline des tissus nerveux et de la graisse par l'acide osmique et le tanin ou ses analogues (*Anat. Anz.*, Bd. 10, p. 25-28).

Balbiani (E.-G.), **1833**. Le noyau vitellin (*Zool. Anz.*, VI, p. 659).

Balbiani et **Henneguy, 1881**. Sur l'emploi et les propriétés du vert de méthyle en histologie (*C. R. Soc. de Biologie*, 1881, p. 431).

Ballowitz (E.), **1883**. Untersuchungen über die Struktur der Spermatozoen (*Arch. f. mikr. Anat.*, Bd. 32).

— **1900**. Ueber das Epithel der membrana elastica posterior der Hornhaut (*Arch. f. mikr. Anat.*, t. 56).

— **1903**. Artikel « Embryologische Technik » in der *Encyklopädie der Mikrosk. Technik*.

Barfurth (D.), **1891**. Ueber Zellbrücken glatter Muskelfarsern (*Arch. f. mikr. Anat.*, Bd. 38).

— **1893**. Die experimentelle Untersuchung über die Regeneration der Keimblætter bei den Amphibien. Anatomische Hefte 1, Abt. II. 9 (3 Bd., II. 2).

Barlow (R.), **1895**. Mitteilungen über Reduktion der Ueberosmiumsäure durch das Pigment der menschlichen Haut D., Heft 5 (*Bibliotheca medica*, Abt. D²).

Bartel (J.), **1904**. Zur Technik der Gliafärbung (*Zeitschr. f. wiss. Mikroskopie*, Bd. 21 ; — *Anat. Anz. Ergänzungsheft* zu Bd. 19).

Bayerischer Kœnigskalender, 1883. Gebr. Reichel in Augsburg.

Behrens (F.), **1898**. Die Herstellung gefärbter Leberpræparate (*Zeitschrift f. angewandte Mikroskopie*. 3 Bd., p. 76-77).

— (W.), **Kossel** (A.). **Schiefferdecker** (P.), **1889**. Das Mikroskop und die Methoden der mikroskopischen Untersuchung. Braunschweig. H. Bruhn.

Benda (C.), **1887** *a*. Ein interessantes Strukturverhältnis der Mäuseniere (*Anat. Anz.*, Bd. 2).

— **1887** *b*. Untersuchungen über den Bau des funktionierenden Sa-

menkanälchens einiger Säugetiere und Folgerungen für die Sper-
matogenese dieser Wirbeltierklasse (*Arch. f. mikr. Anat.*, Bd. 30).

Benda (C.), 1900. Erfahrungen über Neurogliafärbungen und eine neue
Färbungsmethode (*Neurolog. Zentralbl.*, 19ᵉ année).

— **1901.** Die Mitochondriafärbung und andere Methoden zur Untersuchung der Zellsubstanzen (*Verhandl. d. Anat. Gesellsch.*).

Beneke, 1893. Ueber eine Modifikation der *Weigertschen* Fibrinfärbung
(*Ergänzungsh. z. 8ᵉ année d. Anat. Anz.*).

Berg (W.), 1903. Beiträge zur Theorie der Fixation mit besonderer
Berücksichtigung des Zellkernes und seiner Eiweisskörper (*Arch. f.
m. Anat.*, t. 62).

Berkley (H.-J.), 1893. Studies in the Histology of the Liver (*Anat. Anzeiger*, 8, Jahrg., p. 769-792, 22 fig.).

Bethe (A.), 1895. Angaben über ein neues Verfahren der Methylenblaufixation (*Arch. f. mikr. Anat.*, B. 44).

— **1896.** Eine neue Methode der Methylenblaufixation (*Anat. Anz.*,
Bd. 12, p. 438-446).

— **1900.** Das Molybdänverfahren zur Darstellung der Neurofibrillen
und Golginetze im Zentralnervensystem (*Zeitschr. f. wiss. Mikroskopie*, t. 17).

— **1903** *a.* Allgemeine Anat. und Physiol. des Nervensystems. Leipzig.

— **1903** *b.* Artikel « Nervenfasern und Zellen » in der *Enzykl. der
mikr. Technik*.

— **1905.** Die Einwirkung von Säuren und Alkalien auf die Färbung
und Färbbarkeit tierischer Gewebe (*Hofmeisters* Beiträge, t. 6).

Biedermann (W.), 1898. Beiträge zur vergleichenden Physiologie der
Verdauung (*Arch. f. d. ges. Physiol.*, Bd. 72, p. 105-162).

Bielschowsky Max, 1904. Die Silberimprägnation der Neurofibrillen
(*Journal of Psychologie und Neurologie*, t. 3).

— **1905.** Die Darstellung der Achsenzylinder peripherischer Nervenfasern und der Achsenzylinder zentraler markhaltiger Nervenfasern.
Ein Nachtrag zu der von mir angegebenen Imprägnations Methode
der Neurofibrillen (*Ibid.*, t. 4).

Bielschowsky (M.) und Pollack (B.), 1904. Zur Kenntnis der Innervation
des Säugestierauges (*Neurolog. Zentralbl.*, t. 23).

Björkenheim (E.-A.), 1907. Zur Kenntnis der Schleimhaut im Uterova-
ginalkanal des Weibes in den verschiedenen Altersperioden (*Anat.
Hefte*, 105 Heft).

Blochmann F., 1884. Ueber Einbettungsmethoden (*Zeitschr. f. wiss.
Mikr.*, Bd 1).

— **1889.** Eine einfache Methode zur Entfernung der Gallerte und
Eischale bei Froscheiern (*Zool. Anz.*).

Blum (F.), 1893. Der Formaldehyd als Härtungsmittel. *Zeitschr. f.
wiss. Mikr.*, Bd. X).

— **1896.** Ueber Wesen und Wert der Formolhärtung (*Anat. Anz.*, Bd. 11).

— **1910.** Article « Formol » in Enzyklopädie der mikroskopischen
Technik. 2ᵉ édition, p. 478-492.

Bœhm (A.), 1891. Die Befruchtung des Forelleneies (*Sitzungsber d. Ges.
f. Morph. und Physiol. zu München*).

Bœhm (A.-A.) und **v. Davidoff** (M.), **1895** et **1903**. Lehrbuch der Histologie des Menschen einschliesslich der mikroskopischen Technik, 246 fig., XV, 404 p., Wiesbaden, 1895; 3ᵉ édition, 278 fig., XIV, 417 p., Wiesbaden, 1903.

Bœhmer (F.), **1865**. Zur pathologischen Anatomie der Meningitis cerebromedullaris epidemica. Ærztl. Intelligenzbl. f. Bayern. 12 Jahrg.

Bœke (J.), **1903**. Beiträge zur Entwickelungsgeschichte der Teleostier (*Petrus Camper*., t. II).

Bonnet (R.) **1878**. Studien über die Innervation der Haarbälge der Haustiere (*Morph. Jahrb.*, Bd. 4, p. 4, p. 329-398, pl. 17-19).

Bonney (Victor), **1906**. Eine neue und leichte ausführbare dreifache Färbung für Zellen und Schnitte (*Virch. Arch.*, t. 185).

Borchert (Max), **1904**. Ueber Markscheidenfärbung bei niederen Wirbeltieren (*Arch. f. Anat und Physiol.*, *Physiol. Abtlg.*, *Verhandlungen d. Berl. Physiol. Gesellschaft*).

Forn (G.), **1883**. Die Plattenmodelliermethode (*Arch. f. mikr. Anat.*, Bd. 22).

— **1888**. Noch einmal die Plattenmodelliermethode (*Zeitschr. f. wiss. Mikr.*, Bd. 5).

— **1893**. Ein neuer Schnittstrecker (*Zeitschr. f. wiss. Mikr.*, Bd. 10).

Born (G.) und **Peter** (K.), **1898**. Zur Herstellung von Richtebenen und Richtlinien (*Zeitschr. f. wiss. Mikr.*, Bd. XV).

Bouin (P.), **1904** et **1911**. Voir **Prenant**.

Boveri (Th.), **1887**. Zellen-Studien, Heft 1, Jena.

Bovier-Lapierre (E.), **1888**. D'un nouveau mode de dissociation des éléments anatomiques (*C. R. Soc. Biol.*, t. V, 8ᵉ série, p. 797).

Branca (A.). **1910**. Précis d'Histologie, 2ᵉ édition (Biblioth. du doctorat de médecine). Paris, J.-B. Baillière et Fils.

Braus (H.), **1896**. Untersuchungen zur vergleichenden Histologie der Leber der Wirbeltiere (*Semons zool. Forschungsreisen.* Bd. 2).

Bremer (L.), **1882**. Ueber die Endigungen der markhaltigen und marklosen Nerven im quergestreiften Muskel (*Arch. f. mikr. Anat.*, Bd. 21).

Browicz, **1900**. Ueber die Einwirkung des Formalins auf das in den Geweben vorfindbare Hämoglobin (*Virch. Arch.*, t. 162).

Brücke v. (E.-Th.), **1906**. Ueber eine neue optische Täuschung (*Zentralbl. f. Physiol.*, t. 20).

Bruckner (J.). Une modification pratique du procédé de Romanowsky pour le sang et le tréponème (*C. R. S. Biol.*, 1908, vol. 64, t. 1).

Brunk (A.), **1905**. Ueber die Acetonanwendung zur Paraffineinbettung, besonders zu einer einfachen Schnelleinbettungsmethode (*Münch, Med. Wochenschrift*).

Bürker (K.), **1903**. Eine einfache Methode zur Gewinnung von Blutplättchen (*Zentralbl. f. Physiologie*, t. 17).

Burchardt (E.), **1897**. Bichromate und Zellkern (*la Cellule*, t. 12).

Bütschli (O.), **1892**. Untersuchungen über mikroskopische Schäume und das Protoplasma. 234 p., 23 fig., 6 pl. Separat-Atlas de 19 microphotographies. Leipzig.

Cajal Ramon y (S.), **1894**. *a*. Die Retina der Wirbeltiere. Untersuchun-

gen mit der Golgi-Cajalschen Chromsilbermethode und der Ehr-
lischen Methylenblaufärbung. Uebersetzt von R. Greeff-Wiesbaden.
Cajal Ramon y (S.), 1894. *b.* Les nouvelles idées sur la structure du
système nerveux chez les Vertébrés, Paris.
— **1897.** Manual de histologia normal y técnica micrográfica. Valen-
cia.
— **1903.** Méthode nouvelle pour la coloration des neurofibrilles. *Comptes
Rendus de la Soc. Biol. Paris,* t. 55).
— **1904.** Ueber einige Methoden der Silberimprägnierung zur Unterru
chung der Neurofibrillen der Achsenzylinder und der Endverzwei-
gungen (*Zeitschr. f. wissensch. Mikroskopie,* Bd. 20).
— **1904.** Trois modifications des usages différents de ma méthode de
coloration des neurofibrilles par l'argent réduit (*C. R. de la Soc. Biol.
Paris,* t. 56).
— **1904.** Das Neurofibrillennetz der Retina(*Intern. Monatsschr. für Anat.
und Physiol.,* t. 21),
— **1904.** La méthode à l'argent réduit associée à la méthode embryonnaire pour l'étude de noyaux moteurs et sensitifs (*Bibliogr. anat.,*
t. 13).
— **1905.** Une méthode simple pour la coloration élective du réticulum
protoplasmatique et ses résultats dans les divers centres nerveux.
Traduit de l'espagnol par L. Azoulay (*Bibliogr. anat.,* t. 14).
Carnoy (J.-B.) et Lebrun (H.), 1897. La vésicule germinative et les globules polaires (*la Cellule,* t. 12).
Carrière (J.), 1882. Kurze Mitteilungen zur Kenntniss der Herbstchen
und Grandryschen Körperchen in dem Schnabel der Ente (*Arch. f.
mikr. Anat.,* 21 Bd., p. 146-164, pl. 6).
Caullery et Chappelier, 1905. Un procédé pour inclure dans la paraffine
des objets microscopiques (*C. R. Soc. Biol.*).
Chabry, 1887. Embryologie normale et tératologique des Ascidies. Thèse
de Paris, 1887.
Chilessotti (Ermans), 1902. Eine Karminfärbung der Achsenzylinder,
welche bei jeder Behandlungsmethode gelingt. (Urankarminfärbung
nach *Schmaus* modifiziert.) (*Zentralbl. f. allg. Path. u. path. Anat.,*
Bd. 13.)
Chrzonszczewsky (N,), 1864. Zur Anatomie der Niere (*Virchow's Arch.,*
Bd. 31).
— **1866.** Zur Anat. u. Physiol. d. Leber (*Virchow's Arch.,* Bd. 35).
Ciaccio (G.-V.), 1892. Sur une particularité de structure dans la cornée
d'un cheval (*Journ. de Micrographie,* t. 16).
Cohn (Ernst). 1904. Die v. Kupfferschen Sternzellen der Säugetierleber
und ihre Darstellung (*Beiträge z. patholog. Anat. und zur allgemei-
nen Pathologie,* t. 36).
Cohnheim, 1867. *a.* Ueber die Endigungen der sensiblen Nerven in der
Hornhaut (*Virchow's Arch.,* Bd. 34, p. 606-622, pl. 14).
— **J., 1867.** *b.* Ueber Entzündung und Eiterung (*Virchow's Arch.,* Bd. 40,
p. 1-79).
Cohnstein (W.), 1896. Physiol. Permeabilität tierischer Membranen
(Aus. : *Naturw. Rundschau,* Jahrg. XI, n° 42, 17/10 1896).

Corning (H.-K.), **1900.** Ueber die Methode von P. Kronthal zur Färbung des Nervensystems (*Anat. Anz.*, 17 Bd., p. 108-111).

Corti (A.) et **Ferrata** (A.), **1906.** Sur une inversion totale de l'affinité colorante avec le changement de liquide fixateur (*Monitore zool. ital.*, ann. 16).

Gourmont (J.) et **Montagard** (V.), **1902.** Les leucocytes. Technique. (Hématologie, Cytologie.) *L'œuvre médico-chirurgicale*, Dr Critzman. Monographies cliniques, n° 34. Masson, Paris.

Cox (W.-H.), **1890.** Nederlandsch Tijdschrift for Geneeskunde. D. 12.

— **1891.** Imprägnation des centralen Nervensystems mit Quecksilbersalzen (*Arch. f. mikr. Anat.*, 37 Bd., p. 16-21, t. 2).

— **1898.** Der feinere Bau der Spinalganglienzellen des Kaninchens. Anat. Hefte, 31 Heft, p. 73-104, Taf. 1-6.

Crémieu (R.), **1912.** Étude des effets produits sur le Thymus par les rayons X. Thèse, Lyon.

Curtis (F.), **1905.** Nos méthodes de coloration élective du tissu conjonctif (*Arch. de Méd. expér.*, t. 17, p. 603-636).

— **1907.** Comment faut-il inclure à la paraffine des pièces à tissu conjonctif ? (*Écho méd. du Nord.*)

Czapski (S.), **1893.** Theorie der optischen Instrumente nach Abbé Breslau, E. Trewendt.

Czokor (J.), **1880.** Die Cochenille-Karminlösung (*Arch. f. mikr. Anat.*, Bd. 18).

Daddi (L.), **1896.** Nouvelle méthode pour colorer la graisse dans les tissus (*Arch. ital. Biol.*, 26 Bd., p. 112-146).

Deetjen (H.), **1904.** Die Einwirkung verschiedener Ionen auf die Zellsubstanz (*Berl. klin. Wochenschrift*, t. 41).

— **1906.** Teilungen der Leucocyten des Menschen ausserhalb des Körpers. Bewegungen der Lymphocyten (*Arch. für Anat. und Physiol.*, physiol. Abt.).

Déjerine (J.), **1895.** Anatomie des centres nerveux, t. I, Paris.

Delamare (G.), **1905.** Mélange tétrachrome (coloration élective et simultanée des noyaux cellulaires, des fibres conjonctives, élastiques et musculaires (*C. R. Soc. Biol.*).

Denker (A.). Voir **Alexander** (G.).

Diessen (L.-F.), **1 05.** Zur Glycogenfärbung (*Zentralbl. für allg. Pathol. und pathol. Anat.*, t. 16).

Dippel (L.), **1882** et **1898.** Das Mikroskop und seine Anwendung, I. Theil. Handb. d. allgemeinen Mikroskopie. 2e édit., Braunschweig. 1882 : II Theil, 2e édit., 1898.

Dogiel (A.-S.), **1890.** Methylenblautinktion der motorischen Nervenendigungen in den Muskeln der Amphibien und Reptilien (*Arch. f. mikr. Anat.*, Bd. 35).

— **1902.** Technik der Färbung des Zentralnervensystems mit Methylenblau, Russisch. Ricker.

— **1903.** Artikel « Methylenblau zur Nervenfärbung » in der *Encyclopädie der mikrosk. Technik*.

Dreser, 1886. Zur Chemie der Netzhautstäbchen (*Zeitschrift für Biologie*, Bd. 22).

Duboscq (O.), **1898.** Recherches sur les Chilopodes (*Arch. Zool. exp. et gén.*, t. 6, p. 481-650).

Duesberg (J.) **1910.** Nouvelles recherches sur l'appareil mitochondrial des cellules séminales (*Arch. f. Zellf.*, t. 6, fasc. 1, p. 40-139).

Dürck (H.), **1907.** Ueber eine neue Art der Fasern im Bindegewebe und in der Blatgefässwand (*Virch. Arch.*, t. 189).

Duval (M.), **1878.** Précis de technique microscopique et histologique, Paris.

— **1879.** Méthode du Collodion, in *Journal de l'Anatomie et de la Physiologie*, Paris.

Eberth (C.-J.), **1871-72.** Die Nebennieren (In Strikers : *Handbuch der Lehre von den Geweben. Leipzig*).

— **1882.** Untersuchungen über die Ursache der Anisotropie organischer Substanzen. Leipzig.

Ebner (V. v.), **1875.** Ueber den feineren Bau der Knochensubstanz (*Sitz. Ber. Akad. Wien.*, Bd. 72, 3 Abt., p. 1-90, pl. 1-4).

— **1891.** Histologie der Zähne mit Einschluss der Histogenese (In : *Handb. d. Zahnheilkunde* von *J. Scheff* jr., 1 Bd. Wien).

— **1899.** Ueber die Wand der Kapillaren Milzvenen (*Anat. Anz.*, Bd. 15).

— **1905.** Ueber die histologische Veränderung des Zahnschmelzes während der Erhärtung, insbesondere beim Menschen (*Arch. f. mikrosk. Anat.*, t. 67).

— **1906.** Diskussion in den Verhandl-d-anat. Gesellschaft zu Rostock.

Ehrlich (P.), **1876.** Beiträge zur Kenntniss der Anilinfärbungen und ihrer Verwendung in der mikroskopischen Technik (*Arch. f. mikr. Anat.*, 13 Bd.).

— **1885.** Das Sauerstoffbedürfnis des Organismus. Eine farbenanalytische Studie. Berlin.

— **1891.** Farbenanalytische Untersuchungen zur Histologie und Klinik des Blutes 1 Theil (Dans ce mémoire sont contenus ses recherches personnelles et les travaux de ses élèves (*Westphal. Spilling, Schwarze*).

— **1893.** Ueber Neutralrot (*Allg. med. Zentralzeitun*, 104).

Ehrmann und **Fick, 1905.** Einführung in die mikroskopische Technik der normalen und kranken Haut. Wien.

Ellenberger (W.), **1906.** Beiträge zur Frage des Vorkommens, des anatomischen Verhältnisses und der physiologischen Bedeutung des Cœcums, des Processus vermiformis, und des cytoblastischen Gewebes in der Darmschleimhaut (*Arch. f. Anat. u. Physiol.*).

Encyklopädie der mikroskopischen Technik : 2ᵉ Edition, 1910. Herausgeg. von *P. Ehrlich, R. Krause, Max Mosse, H. Rosin* und *Karl Weigert*. Berlin und Wien.

Enderlen (E.), **1891.** Fasern im Knochenmarke (*Anat. Anz.*).

Engel (C. S.), **1898.** Leitfaden zur Untersuchung des Blutes. Berlin.

Ewald A., **1890.** Zur Histologie und Chemie der elastischen Fasern und des Bindegewebes (*Zeitschr. f. Biologie*, t. 26).

— **1897.** Beiträge zur histologischen Technik (*Zeitschr. für Biologie*. Jubelband für Kühne, 1896, N. F. 16 Bd. der ganzen Reihe, 34 Bd.).

p. 246-267 (à la page 254 de ce travail, lire Dr Mays au lieu de Dr Mags).

Ewald (A. et W.),**Kühne, 1874.** Die Verdauung als histologische Methode (*Verh. Naturhist. Ver.*, Heidelberg (N. F.). Bd. 1, p. 431-456).

Falk (Fr.), **1867.** Histologie verwesender Organe (*Zentrlbl. für med. Wiss.*).

Fauré-Fremiet (E.), **Mayer** (A.), **Schaeffer** (G.), **1910.** La Microchimie des corps gras. Application à l'étude des Mitochondries (*Arch. d'Anat. micr.*, t. 12, p. 19-102).

Favorski (A.), **1906.** Ein Beitrag zum Bau des Bulbus olfactorius (*Journ. f. Physiol. u. Neurolog.*, t. 6.).

Ferrara (Ad.), **1907.** Ueber die plasmosomischen Körper und über eine metachromatische Fäbung des Protoplasmas der uninukleären Leucocyten im Blut und in den blutbildenden Organen (*Virchows Arch.*, t. 187).

Fichera (G.), **1904.** Contribution expérimentale à l'étude de la physiopathologie de la muqueuse gastrique (*Arch. ital. de Biologie*, t. 42).

Fick (R.), **1893.** *a.* Ueber die Reifung und Befruchtung des Axoloteleies (*Verhandl. d. anat. Gesellsch.*).

— **1893.** *b.* Ueber die Reifung und Befruchtung des Axoloteleies. (*Zeitschr. f. wiss. Zoologie*, Bd. 56).

Fischel (Richard), **1905.** Technik der *Kromayerschen*, Epithelfaserfärbung (*Zentralbl. f. allg. und path. Anat.*, t. 16).

Fischer (A.), **1893.** Zur Kritik der Fixierungsmethoden und der Granula (*Anat. Anz.*, 9. Bd.).

— **1899.** Fixierung und Bau des Protoplasmas. Jena. G. Fischer.

Fischer (B.), **1902.** Ueber die Fettfärbung mit Sudan III und Scharlach R. (*Zentralbl. f. allg. und pathol. Anat.*, t. 13).

Fischer (E.), **1875.** Eosin als Tinktionsmittel für mikroskopische Præparate (*Arch f. mikr. Anat.*, Bd. 12).

— **1876.** Ueber die Endigungen der Nerven im quergestreiften Muskel der Wirbeltiere (*Arch. f. mikr. Anat.*, Bd. 13).

— **1905.** Eine neue Glycogenfärbung (*Anat. Anz.*, t. 26).

Flechsig (P.), **1876.** Die Leitungsbahnen im Gehirn und Rückenmark des Menschen. Leipzig.

Fleischl (E.), **1874.** Ueber die Beschaffenheit des Axencylinders. Beiträge Anat. Phys. Festgabe f. *Karl. Ludwig*, p. 51-55, 1 Pl. Leipzig.

Flemming (W.), **1868.** Ueber den Ciliarmuskel der Haussäugetiere (*Arch. f. mikr. Anat.*, t. 4).

— **1882.** Zellsubstanz, Kern und Zellteilung. p. VIII et 1-424. 24 fig. et 8 pl. Leipzig.

— **1886.** Surrogate f. Knochenschliffe (*Zeitschr. f. wiss. Mikr.*, Bd. 3).

— **1889.** *a.* Ueber die Löslichkeit osmierten Fettes und Myelins in Terpentinöl (*Zeitschr. f. wiss. Mikr.*, 6 Bd., p. 39-40).

— **1889.** *b.* Weiteres über die Entfærbung osmierten Fettes in Terpentin und anderen Substanzen (*Ibidem*, P. 178-181).

— **1891.** *a.* Ueber Teilung und Kernformen bei Leukocyten, und über deren Attraktionsphaeren (*Archiv. f. mikrosk. Anat.*, Bd. XXXVII, p. 249-298).

Flemming (W.), **1891.** *b.* Neue Beiträge zur Kenntniss der Zelle (*Arch. f. mikr. Anat.*, Bd. XXXVII, p. 685-751).

— **1895.** *a.* Ueber die Wirkung von Chromosmiumessigsæure auf Zellkerne (*Arch. f. mikr. Anat.*, Bd. 45).

— **1895.** *b.* Ueber den Bau der Spinalganglien bei Säugetieren, und Bemerkungen über den der zentralen Zellen (*Arch. f. mikr. Anat.*, Bd. 46).

Flesch (M.), **1880.** Untersuchungen über die Grundsubstanz des hyalinen Knorpels. p. 1-102, 5 Pl. Würzburg.

Fleury (S.). **1902.** Contribution à l'étude du système lymphatique de l'Oie. Thèse méd. Montpellier.

Flint (Jos.-M.), **1902.** A new method for the Demonstration of the Frame-Work of organs (*Johns Hopkins Hospital Bulletin*, vol. 13).

Fol (H.), **1884** et **1896.** Lehrbuch der vergleichenden mikroskopischen Anatomie, etc. P. 1-452, 220 fig. Leipzig.

Forel (A.), **1877.** Untersuchungen über die Haubenregion und ihre oberen Verknüpfungen im Gehirne des Menschen und einiger Säugetiere mit Beiträgen zu den Methoden der Gehirnuntersuchung (*Arch. f. Psychiatrie u. Nervenkrankheiten*, Bd. 7).

Foster and **Balfour**, traduit par **Kleinenberg**, N. **1876.** Grundzüge der Entwickelungsgeschichte der Tiere, p. XX und 1-267, 71 fig. Leipzig.

Franke (Ad,), **1881.** Die Reptilien u. Amphibien Deutschlands. Leipzig.

Frey (H.), **1868.** Die Hæmatoxylinfærbung (*Arch. f. mikr. Anat.*, Bd. 4).

Friedenthal (H.), und **Poll** (H.), **1908.** Ueber Fixationsgemische mit Trichloressigsäure und Uronylazetat (*Sitzber. d. ges. naturf. Freunde zu Berlin*, 1907) (nach einem Referat).

Friedlænder, 1882. Mikroskopische Technik. Berlin.

Frommann (C.), **1864.** *a.* Ueber Færbung der Binde und Nervensubstanz des Rückenmarkes durch arg. nitr. und über die Struktur der Nervenzellen (*Virchows's Archiv.* Bd. 31).

— **1864.** *b.* Zur Silberfærbung d. Axencylinder (*Virchow's Archi.* Bd. 31).

Froriep (A.), **1878.** Ueber das Sarcolemm und die Muskelkerne (*Arch. f. Anat. und Physiol. Anat., Abt.*).

Fusari (R.), **1906.** Un metodo semplice di colorazione elettiva dei granuli delle cellule del *Paneth* vell' intestino umano (*Giorn. d. R. Acc. Med. di Torino*).

Gad (J.) (Méthode de *Chr. Sihler*), **1895.** Ueber eine leichte und sichere Methode, die Nervenendigung an Muskelfasern und Gefässen nachzuweisen (*Verhandl. der Berliner Physiol. Gesellsch.* in : *Arch. f. Anat. und Physiol., Physiol. Abt.*).

Gage (S.-H. et S.-P.), **1891.** Coloration et conservation permanentes des éléments histologiques par la potasse caustique ou l'acide nitrique (*Journal de Micrographie*, t. 15).

Gasser, 1878. Der Primitivstreif bei Vogelembryonen. Cassel.

Gaule, 1881. Das Flimmerepithel der Aricia fœtida (*Arch. f. Anat. und Physiol., Physiol. Abt.*, p. 153-159, 1 Taf.

Gerlach (J.), **1858.** Mikroskopische Studien aus dem Gebiete der menschlichen Morphologie, p. VI et 1-72, 8 Pl., Erlangen.

Gerlach (J.), **1867**. Zur Anatomie des menschlichen Rückenmarkes (*Zentralbl. f. med. Wiss.*).

— **71-72**. Von dem Rückenmark. Strickers Handbuch der Lehre von den Geweben, p. 665-693, fig. 217-229, Leipzig.

Gierke (H.), **1884, 1885**. Færberei zu mikroskopischen Zwecken (*Zeitschr. f. wiss. Mikr.*, Bd. 1 et 2).

Giesbrecht (W.), **1881**. Zur Schneide-Technik (*Zool. Anz.*, 4 Jahrg).

Goetsch (Wilh.), **1906**. Ueber den Einfluss von Karcinommetastasen auf das Knochengewebe (*Zieglers Beiträge*, t. 39).

Gött (Th.), **1906**. Die Speichelkörperchen (*Internationale Monatsschr. f. Anat. und Physiol.*, t. 23).

Goldscheider, **1886**. Demonstration von Præparaten, betreffend die Endigung der Temperatur und Drucknerven in der menschlichen Haut (*Verhandl. der Physiol. Ges. zu Berlin*, 1885; *Arch. f. Anat. und Physiol.*, *Physiol. Abt.*).

Golgi (C.), **1894**. Untersuchungen über den feineren Bau des centralen und peripherischen Nervensystems, p. 1-272, 30 pl. — (Dans ce mémoire se trouvent réunies toutes les recherches de Golgi concernant ce sujet depuis 1871).

Golovine (E.), **1907**. Études sur les cellules pigmentaires des Vertébrés (*Annales de l'Institut Pasteur*, t. 21, p. 858-881, 1 pl.).

Grawitz (E.), **1902**. Methodik d. Klinisch. Blut-Untersuch. 2 Aufl. Berlin.

Greef. (R.). **1901**. Anleitung zur mikroskopischen Untersuchung des Auges, 2e édit.

Grenacher (A.), **1879**. Einige Notizen zur Tinktionstechnik, besonders zur Kernfærbung (*Arch. f. mik. Anat.*, 16 Bd,, p. 463-471).

Grosser (O.), **1900**. Injektion mit Eiweisstusche (*Zeitsch. f. wiss. mikrosk.*, Bd. 17).

Grynfellt (E.) et **Mestrezat** (E.), **1906**. Sur un nouveau procédé de dépigmentation des préparations histologiques (*C. R. Soc. Biol.*, t. LXI, p. 87).

Gryns (G.), **1905**. Kritisches über Hans *Köppes* Hypothese der Beschaffenheit der Blutkörperchenwände, t. 109.

Gscheidlen (R.), **1876**. Physiologische Methodik. Braunschweig.

Gudden (H.), **1897**. Ueber die Anwendung electiver Färbemethoden am in Formol gehärteten Zentralnervensystem (*Neurolog. Zentralblatt*, 16, Jahrg).

— **1901**. Ueber eine neue Modification der Golgischen Silberimprägnationsmethode (*Neurolog. Zentralblatt*, 20 Jahgr).

Guilliermond (A.), **1908-1909**. Recherches cytologiques sur la germination des graines de quelques graminées (*Arch. d'Anat. micr.*, t. 10, p. 141-226).

Gulland (G. Lovell), **1891**. A simple method of fixing paraffin sections to the slide (*Journ. of anat. and physiol.*, vol. XXVI, p. 56-59).

Günther (G.), **1907**. Ueber Spermiengifte (*Pflügers Arch.*, t. 118).

Gurwitsch (A.), **1901**. Ein schnelles Verfahren der Eisenhämatoxylinfärbung (*Zeitschr. f. wiss. Mikroskopie*, Bd. 18).

Hæcker (V.), **1899**. Praxis und Theorie der Zellen- und Befruchtungslehre. 137 Abb, 260 p., G. Fischer, Iena.

Hællsten, 1886. Ein Compressorium für mikroskopische Zwecke (*Zeitschr. f. Biologie*, Bd. 22).

Hagen (Clara), **1906.** Die Molekularbewegung in den menschlichen Speichelkörperchen und Blutzellen (*Pflügers Arch.*, t. 115).

Halliburton (W.-D.), **1895.** Lehrbuch der chemischen Physiologie und Pathologie.

Hammer (Bernh.), **1891.** Ueber das Verhalten von Kernteilungsfiguren in der menschlichen Leiche. Dissert. Berlin, 39 p.

Handbuch der pathogenen Protozoen (Voir **Prowazek**).

Hannover, 1840. Die Chromsæure, ein vorzügliches Mittel bei mikroskopischen Untersuchungen (*Joh. Müller's Archiv*).

Hansen (Fr. C.-C.), **1895.** Eine schnelle Methode zur Herstellung des Bœhmerschen Hæmatoxylins (*Zool. Anz.*, Nr. 473).

— **98.** *a.* Eine zuverlæssige Bindegewebsfærbung (*Anat. Anz.*, 15 B, p. 151-153).

— **98.** *b.* Ueber die Genese einiger Bindegewebsgrundsubstanzen (*Anat. Anz.*, Bd. 16, p. 417-438).

— **1905.** Untersuchungen über die Gruppe der Bindesubstanzen. I. Der Hyalinknorpel. (*Anat. Hefte*, t. 27).

Haug (R.), **1891.** *a.* Die gebræuchlichsten Entkalkungsmethoden. Eine technisch-histologische Studie (*Zeitschr. f. wiss. Mikr.*, Bd. 8).

— **91.** *b.* Ueber eine neue Modifikation der Phloroglucin-Entkalkungsmethode (*Centralblatt f. allg. Path. und path. Anat.*, Bd. 2).

Heidenhain (M.), **1892.** Ueber Kern und Protoplasma (*Festschr. f. Kölliker. Leipzig*, p. 109-166, pl. 9-11)

— **1894.** Neue Untersuchungen über die Zentral-Kœrper und ihre Beziehungen zum Kern und Zellprotoplasma (*Arch. f. mikr. Anat.*, 43 Bd., p. 423-758, pl. 25-31).

— **96.** Noch einmal über die Darstellung der Centralkœrper durch Eisenhæmatoxylin nebst einigen allgemeinen Bemerkungen über die Hæmatoxylinfarben (*Zeitschr. f. wiss. Mikr.*, B. 13, p. 186-199).

— **1902.** Ueber chemische Umsetzungen zwischen Eiweisskörpern und Anilinfarben (*Pflügers Arch.*, t. 90).

— **1903.** Artikel *Färbungen* in der *Encyklopädie der mikrosk. Technik*.

— **1903.** *a.* Ueber die Verwertung der Zentrifuge bei Gelegenheit der Herstellung von Präparaten isolierter Zellen zu Kurszwecken (*Zeitschr. f. wiss. Mikrosk.*, Bd. 20).

— **1903.** *b.* Ueber die zweckmässige Verwendung des Kongo und anderer Amidoazokörper, sowie über neue Neutralfarben.

— **1903.** *c.* Neue Versuche über die chemischen Umsetzungen zwischen Eiweisskörpern und Anilinfarben, insbesondere unter Benutzung der Dialyse (*Pflügers Arch.*, t. 96).

— **1905.** Ueber die Massenfärbung mikroskopischer Schnitte auf Glimmerplättchen (*Zeitschr. f. wiss. Mikrosk.*, t. 22).

— **1905.** Trichloressigsäure als Fixierungsmittel (*Zeitschr. f. wiss. Mikr.*, t. 22).

— **1905.** Ueber Färbung von Knochenknorpel für Kurszwecke (*Zeitschr. f. wiss. Mikrosk.*, t. 22).

— **1907.** Plasma und Zelle. 1° p. 1 fasc. Iena.

Heidenhain (R.), **1870.** Untersuchungen über den Bau der Labdrüsen (*Arch. f. mikr. Anat.*, Bd. 6, p. 368-406, 2 Taf).

— **1880.** Physiologie der Absonderungsvorgænge (*Handbuch der Physiol.* von L. Hermann, Bd. V, p. 1-420).

— **86.** Eine Abænderung der Færbung mit Hæmatoxylin und chromsauren Salzen (*Arch. f. mikr. Anat.*, Bd. 27).

— **88.** Beitræge zur Histologie und Physiologie der Dünndarmschleimhaut (*Arch. f. d. ges. Physiol. Pflüger.* 43 Bd. Suppl).

Heine (L.), **1895.** Die Mikrochemie der Mitose, zugleich eine Kritik mikrochemischen Methoden *Hoppe-Seylers* (*Zeitschr. f. physiolog. Chemie*, t. 21).

Heineke (H.), **1905.** Experimentelle Untersuchungen über die Einwirkung der *Röntgen* strahlen auf das Knochenmark nebst einigen Bemerkungen über die *Röntgen* stherapie der Leukämie und Pseudoleukämie und des Sarkoms (*Deutsche Zeitschrift für Chirurgie,*, t. 78).

Helly (K.), **1904.** Eine Modifikation der Zenkerschen Fixierungsflüssigkeit (*Zeitschr. f. wissensch. Mikroskopie*, Bd 20).

Henle (J.), **1841.** Allgemeine Anatomie. Leipzig, t. 6 des *Sömmeringschen Handbuches :* « Vom Bau des menschlichen Körpers ».

— **1871.** Handbuch der systematischen Anatomie des Menschen. Bd. 3. Abt. 2 (préface).

Henneguy (F.) **1888.** Recherches sur le développement des Poissons osseux (Embryógénie de la truite). (*Journal de l'An. et de la Phys.*, 24ᵉ année, p. 416 et s.).

— **96.** Leçons sur la cellule. Georges Carré, Paris.

— **1896.** Nouvelle méthode de coloration à la safranine (*C. R. sommaire des séances de la Soc. philomat. de Paris*, nᵒ 2, p. 4-5).

Hensen (W.), **1876.** Beobachtungen über die Befruchtung und Entwicklung des Kaninchens und Meerschweinchens (*Zeitschr. f. Anat. und Entw*, Bd. 1 p. 213 et 353).

Hermann, 1893. Technich. Methoden zum Studium des Archiplasmas und Centrosomen tierischer und pflanzlicher Zellen (*Ergebnisse der Anat. und Entwicklungsgeschichte*). Voir F. Merkel und R. Bonnet. Bd, 2 ; Abt. 2.

— **1894.** Notiz über die Anwendung des Formalins als Härtungs und Konservierungsmittel (*Anat. Anz.*, Bd. 9).

Hertwig (O.), **1883.** Die Entwicklung des mittleren Keimblattes der Wirbeltiere. Jena.

Herxheimer (K.), **1889.** Ueber eigentümliche Fasern in der Epidermis und im Epithel gewisser Schleimhäute des Menschen (*Arch. f. Dermat. u. Syphil.*, Bd. 21).

His (W.), **1861.** Untersuchungen über den Bau der Lymphdrüsen (*Zeitschr. f. wiss. Zoologie*, 11 Bd., 24. p., pl. 8, 9).

— **68.** Untersuchungen über die erste Anlage des Wirbeltierleibes, Leipzig.

— **87.** Ueber die Methoden der plastichen Rekonstruktion und über deren Bedeutung für Anatomie und Entwicklungsgeschichte (*Anat. Anz.*, 2 Jahrg).

Hœhl (E.), **1897.** Zur Histologie des adenoïden Gewebes mit 2 Taf (*Arch. f. Anat. und physiol. Anat.*, Abt. 1897, p. 133-152).

Hörmann (K), **1907, 1908.** Ueber das Bindegewebe der weiblichen Geschlechtsorgame (*Arch. f. Gynäkologie*).

Hollande (A. Ch.), **1911.** L'autohémorrhée, ou le rejet du sang chez les Insectes (toxicologie du sang). Thèse de la Faculté des Sciences de Paris, Masson et Cⁱᵉ, Paris.

Holmgren (E.), **1899.** Weitere Mitteilungen über den Bau der Nervenzellen (*Anat. Anz.*, Bd. 16, p. 388-397).

— **1901.** Beiträge zur Morphologie der Zelle, 1. Nervenzellen (*Anat. Hefte*. 1 Abt. Heft. 59. 18 Bd., II. 2).

Holmgren (F.), **1874.** Methode zur Beobachtung des Kreislaufs in der Froschlunge (*Beitræge zur Anatomie und Physiologie*. Festgabe für Ludwig. Leipzig).

Hoppe (F.), **1906.** Zur Technik der Weigertschen Gliafärbung (*Neurolog. Zentralbl.*, 25ᵉ année).

Hoppe-Seyler (F.), und **Thierfelder** (H.). **1893.** Handbuch der physiologisch — und pathologisch — chemischen Analyse. 6ᵉ édit. Berlin.

Hoyer (H.), **1890.** Ueber den Nachweis des Mucins in Geweben mittels d. Færbemethode (*Arch. f. mikr. Anat.*, 36 Bd.. p. 310-374).

Huber (G.C.), **1902.** Studies of the Neuroglia (*The American Journ. of Anatomy*, vol. 1).

Huber (F. O.), **1903.** Ueber Formalingasfixierung und Eosinmethylenblaufärbung von Blutpräparaten (*Charité-Annalen*, 1. 27).

Jackson (C. J.), **1904.** Zur Histologie und Histogenese des Knochenmarkes (*Arch. f. Anat. und Entwickl*).

Jagié (N.), **1906.** Ueber Azetonfixierung von Blutpräparaten (*Wiener klin. Wochenschr.*, 19ᵉ année).

Jolly (J.), **1898.** Sur les différents types de *globules blancs* (*Arch. de Méd. exp. et d'Anat. pathol.*, juillet-septembre 1898).

— **1907.** Recherches sur la formation des globules blancs des mammifères (*Arch. d'Anat. micr.*, t. 9, fasc. 2, p. 133-314; 5 planches).

— **1910.** Recherches sur les ganglions lymphatiques des Oiseaux (*Archives d'Anat. microscopique*, t. 11, 1909-1910, p. 179-290, 5 planches).

Jores (L.), **1907.** Ueber die feineren Vorgänge bei der Bildung und Wiederbildung d. elast. Bindegewebes. (*Zieglers Beitr.*, t. 41).

Joris (H.), **1904.** A propos d'une nouvelle méthode de coloration des neurofibrilles. Structure et rapports des cellules nerveuses (*Bull. de l'Acad. roy. de médecine de Belg.*, t. 18. p. 207-213).

Joseph (M.) und **Lœwenbach** (G.), **1900.** Dermato-histologische Technik. Berlin.

Journal de l'anatomie et de la physiologie, fondé par Robin. Publié par Duval. Paris.

Journal de micrographie. Publié par J. Pelletan, Paris.

Juillet (A.), **1912.** Recherches anatomiques, embryologiques, histologiques et comparatives sur le Poumon des Oiseaux. Thèse de la Faculté des Sciences de Paris (*Arch. de Zool. exp.*, Schulz, Paris).

Kaes (Th.) **1891.** Die Anwendung der Woltersschen Methode auf die feinen Fasern der Hirnrinde (*Neurologisches Centralblatt*).

Kahlden (V.), **1895** et **1898.** Technik der histologischen Untersuchung pathologisch — anatomischer Præparate. 4° édit., 1895, et 5° éd. 1898. Jena, G. Fischer.

Kaiserling (C.) und **Germer** (R.), **1893.** Ueber den Einfluss der gebräuchlichen Konservierungs — und Fixationsmethoden auf die Grössenverhältnisse tierischer Zellen (*Virchows Arch.*, Bd. 133, p. 79-104.)

Kallius (E.). **1882.** Ein einfaches Verfahren, um *Golgische* Præparate für die Dauer zu fixieren. Anat. Hefte ; 1 Abt. 5 Heft, p. 271-275.

Kann (H.', **1889.** Ueber das Epithel des Ureters. Inaug. Diss. Munich, 26 p. 1 pl.

Kastschenko (N.), **1886.** Methode zur genaueren Rekonstruktion kleinerer makroskopischer Gegenstænde (*Arch. f. An. u. Physiol. Anat. Abt*).

— **87.** Die graphische Isolierung (*Anat. Anz.*, Bd. 2).

— **88.** Ueber das Beschneiden mikroskopischer Objekte (*Zeitschr. f. wiss., Mikr.*, Bd. 5).

Keibel (F.), **1894.** Ein kleiner Hilfsapparat für die Plattenmodelliermethode (*Zeitschr. f. wiss. Zool. u. f. mikr. Technick.*, Bd. XI, p. 162-163).

Key (A.) und **Retzius** (G.·, **1882.** Ueber die Anwendung der Gefrierungsmethode in der histologischen Technick Biologische Untersuchungen, herausg. v. G.-Retzius.

Voir aussi : Om frysningsmetodens anwændande vid histologisk teknik Nordisk medicinsk Arkiv., Bd. 6, 1874).

Klaatsch (H., **1887.** Zur Færbung von Ossifikationspræparaten (*Zeitschr. f. wiss. Mikr.*, Bd. 4).

Klett (A.), **1907.** Zur Chemie der *Weigertschen* Elastinfärbung (*Zeitsch. f. exper. Pathologie*, t. 2).

Kleinenberg (H.), **76.** Grundzüge der Entwickelungsgeschichte der Tiere, p. XX et 1-267-71 fig., Leipzig.

Koch (G. V.), **1878.** Ueber die Herstellung dünner Schliffe von solchen Objekten, welche aus Teilen von sehr verschiedener Konsistenz zusammengesetzt sind (*Zool. Anz.*, 1 Jahrg, p. 36-37).

Kockel, 1899. Eine neue Methode der Fibrinfærbung (*Centralbl. f. allg. und pathol. Anat.*, X Bd., p. 749-751).

Kœlliker (A.), **1881.** Zur Kenntniss des Baues der Lunge des Menschen (*Verh. d Physik-med. Gesellsch. in Würzburg*, Bd. 16).

— **86.** Der feinere Bau des Knochengewebes (*Zeitschr. f. wiss. Zool.*, Bd. XLIV, p. 1-37).

— **93.** Handbuch der Gewebelehre des Menschen. 6° édit, Bd. 2, 1re partie. Leipzig.

Kolossow (A.), **1892.** Ueber eine neue Methode der Bearbeitung der Gewebe mit Osmiumsæure (*Zeitschr. f. wiss Mikr.*, Bd. 9).

— **98.** Eine Untersuchungsmethode des Epithelgewebes, besonders der Drüsenepithelien, und die erhaltenen Resultate. Mit 3 Taf (*Arch. f. mikrok. Anat.*, 52 Bd.).

Kopsch (Fr.), **1896.** Erfahrungen über die Verwendung des Formaldehyds bei der Chromsilber-Imprægnation (*Anat. Anz.*, XI Bd., p. 727).

— **98.** Die Entwicklung der äusseren Form der Forellen-Embryos

(*Arch. f. mikrosk. Anat. u. Entwicklungsgesch*, 51 Bd., p, 181-213. T. X. u. XI).

Kopsch (Fr.) **1902.** Die Darstellung des Binnennetzes Golgi in spinalen Ganglienzellen und anderen Körperzellen mittels Osmiumsäure (*Sitz-Ber. k. preuss. Akad. wiss.* Berlin, Bd. 39).

— **1904.** Ueber den Kern der Thrombocyten und über einige Methoden, zur Einführung in das Studium der Säugetier-Thrombocyten (*Internat. Monatschr. f. Anat, und Physiol.*, t. 21).

— **1906,** Kleine Mitteilungen z. mikroskopisch. Technik. (*Internat. Monatschr. f. Anat. und Physiol.*. t. 23).

Korff (K.), **1907.** Die Analogie in der Entwicklung der Knochen-Zahnbeingrundsubstanz der Säugetiere, nebst Kritischen Bemerkungen über Osteoblasten und Odontoblastentheorie (*Arch. mikr. Anat.*, t. 69).

Kostanecki (K.) und **Siedlecki** (M.), **1897.** Ueber das Verhältnis der Zentrosomen zum Protoplasma (*Arch. f. mikr. Anat.*, Bd. 48).

Krause (C.), **1844.** Article *Peau* dans : Handwœrterb. d. Physiol., herausg. von R. Wagner. 2 Bd. Braunschweig.

Krause (R.), **1893.** Beiträge zur Histologie der Wirbeltierleber (*Arch. f. mikrosk. Anat.*, Bd. 42, p. 53-82).

Krause (W.), **1884.** Untersuchungsmethoden. Internation. (*Monatschrift f. Anat. und. Histol.*, Bd. 1).

Krœnig, 1886. Einschlusskitt für mikroskopische Præparate (*Arch. f. mikrosk. Anat.*, 27 Bd., p. 657-658).

Kromayer (E.), **1892.** Die Protoplasmafaserung der Epithelzelle (*Arch. mikr. Anat.*, Bd. 39).

Kronthal (P.), **1899.** Eine neue Færbung für das Nervensystem (*Neurol. Centralblatt,*, Nr. 5, p. 196-203).

Krysinski (S.), **1887.** Beiträge zur histologischen Technik (*Virchows Arch*, Bd. 108), p. 217-213).

Krzystarlowicz (F.), **1900.** Inwieweit vermögen alle bischer angegebenen speziiischen Färbungen des Elastins auch Elacin zu färben? (*Monatsch. für prakt. Dermatologie*, t. 30).

Kühne (W.), **1862.** Ueber die peripherischen Endorgane der motorischen Nerven. Leipzig,

— **1886.** Neue Untersuchungen über die motorische Nervendigung (*Zeitschr. f, Biol.* Munich., Bd. 23).

Kühne (W.), **Chittenden** (R.-H.), **1889.** Ueber das Neurokeratin (*Zeitschr. f. Biologie*).

Kühne (W.) et **Lea** (A. Sch.), **1874.** Ueber die Absonderung des Pankreas (*Verh. d. Naturhist. Ver. Heidelberg.* (N. F.), Bd. 1).

Kultschizky (N.), **1887.** *a.* Zur histologischen Technik. II. Celloïdin — Paraffin. Einbettung (*Zeitschr. f. wiss. Mikr. und. f. mikr.*, Bd. IV. p. 48-49).

— **87.** *b.* Zur Kenntnis der modernen Fixierungs — und Konservierungs — mittel (*Zeitschr. f. wiss. Mikr.*, Bd. 4).

— **90.** Ueber Færbung der markhaltigen Nervenfasern in den Schnitten des Centralnervensystems mit Hæmatoxylin und Karmin (*Anat. Anz.*, Jahrg. 5)

Kupffer (C.), **1876.** Ueber Sternzellen der Leber (*Arch. f. mikr. Anat.*, 12 Bd. p. 353-358).

— **83.** Ueber den « Achsencylinder » markhaltiger Nervenfasern (*Sitz. Ber. Akad. Munich.*, 13 Bd., p. 467-475, 1 pl.).

— **89.** Ueber den Nachweis der Gallenkapillaren und spezifischer Fasern in den Leberlæppchen durch Færbung (*Sitz. Ber. Ges. Morph. Phys. Munich.*, 5 Bd., p. 82-86);

— **99.** Ueber die sogen. Sternzellen der Sæugetierleber (*Arch. f. mikr. Anat., Phys.-Phys. Abt. Suppl.*, p. 219-242, t. 5).

Kupffer und **Benecke, 1878.** Der Vorgang der Befruchtung am Ei der Neunaugen.

Lakhart (Clarke), **1857.** Researches into the structure of the spinal chord (*Philos. trans. of the Royal Soc. of London*, Part. 2).

Lambert (Mlle Marcelle), **1910.** Contribution à l'étude des poils de l'homme et des animaux. Thèse d'Université, Paris, Steinheil.

Lang (Arnold), **1878.** Konservation der Planarien (*Zool. Anz.*, 1 Jahrg).

Langendorff (O.), **1889.** Beitræge zur Kenntnis der Schilddrüse (*Arch. f. Anat. Phys., Phys. Abt. Suppl.*, p. 219-242, pl. 5).

Langerhans (P.), **1873.** Untersuchungen über Petromyzon Planeri. Freiburg i Br.

Launoy (L.), **1904.** Précis de technique histologique. A. Joanin et Cie, Paris.

Leber (T.), **1868.** Zur Kenntnis der Imprægnationsmethoden der Hornhaut und æhnlicher Gewebe (*Arch. f. Ophthalmologie*, Bd. 14).

Lebhardt (Alfr.), **1906.** Das Verhalten der Nerven in der Substanz des Uterus (*Arch. f. Gynäk.*, t. 80).

Ledermann und **Blanck, 1902.** Die mikroskopische Technik im Dienste der Dermatologie-Ein Rückblick auf die Jahre 1895-1900 (*Dermatolog. Zeitschrift und Separat*, Berlin).

Ledermann (R.), und **Ratkowski, 1894.** Die mikroskopische Technik im Dienste der Dermatologie, Vienne et Leipzig. W. Braumüller.

Lee et **Henneguy, 1902.** Traité des méthodes techniques de l'Anatomie microscopique. 3e édition. Paris.

Lee (A.-B.) und **Mayer** (P.), **1901,** Grundzüge der mikroskopischen Technik für Zoologen und Anatomen. 513, p. Berlin, Friedlænder und Sohn, 2e édit.

Legendre (R.), **1909.** Contribution à la connaissance de la cellule nerveuse : la cellule nerveuse d'Helix pomatia (thèse, Fac. Sciences, Paris).

Lenhossék (M.), **1895.** Der feinere Bau des Nervensystems im Lichte neuester Forschungen, Berlin, 2e édit.

— **98.** Bemerkungen über den Bau der Spinalganglienzellen (*Neurol. Centralblatt*, Jahrg. 17, p. 577-593).

— **1904.** Ergänzungsheft z., 25 Bd. des *Anat. Anzeigers*, p. 183.

Lepkowsky (W.), **1892.** Beitrag zur Histologie des Dentins mit Angabe einer neuen Methode (*Anat. Anz.*, Bd. 7).

Levi (G.), **1904.** Il fluoruro di sodio nella tecnica istologica (*Monitore zoologico italiano*, anno 15).

— **1904** a. Ricerche comparative sul volume delle cellule (*Rendic. dell' Accad. medicofisica florentine*).

Lindemann (W.). **1904.** Resorption der Niere (*Zieglers Beiträge*, t. 37).

Lissauer (H.), **1884.** Ueber Veränderungen der *Clarkeschen* Säulen bei Tabes dorsalis (*Fortschritte der Medizin*, t. 2).

Lœwit, 1875. Die Nerven der glatten Muskulatur (*Wiener Sitzungsber*, Bd. 71).

Loisel (G.), **1897** et **1898.** Technique des colorations intra-vitales (*C. R. Soc. Biol.*, 1897, p. 124 ; — *Journal de l'Anat. et de la Physiol*, 1898, p. 187).

London (B.), **1881.** Das Blasenepithel bei verschiedenen Füllungszustænden der Blase (*Arch. Anat. Phys.*, *Phys.*, *Abt.*, p. 317 *bis* et 330).

London (E. S.), **1905.** Zur Lehre von dem feineren Bau des Nervensystem (*Arch. f. mikr. Anat.*, t. 63).

Loyez (Mlle), **1910.** Coloration des fibres nerveuses par la méthode à l'Hématoxyline au fer après inclusion à la celloïdine (*C. R. Soc. Biologie*, 1910, t. 2 '.

Lubosch (W.), **1901.** Einige Mitteilungen über Vorkommen, Fang und Zucht der Neunaugen (*Z. f. Fischerei u. deren Hilfswissenchaften*, t. 9).

Ludwig Ferdinand (Dr. Prinz. von Bayern), **1884.** Ueber Endorgane der sensiblen Nerven in der Zunge der Spechte (*Münchener akad. Sitzungsber*).

Lugaro (E.), **1905.** Sulla tecnica del metodo di Nissl (*Monitore zool. ital.*, anno 16).

Lundvall (H.), **1904.** Ueber Demonstration embryonaler Knorpelskelette (*Anat. Anz.*, Bd. 25).

Maas (Otto), **1899.** Verlauf und Schichtenbau des Darmkanals von Myxine glutinosa L. Mit 3 Taf. Festschr. zum 70 Geburtstage v. Kupffers, p. 197-219.

Maillard (L.), **1904** et **1911.** Voir *Prenant*.

Mall (F.), **1891.** Das reticulierte Gewebe und seine Beziehungen zu den Bindegewebsfibrillen (*Abh. Math. Physik. Class. Sæchs. Ges. Wiss.*, 17 Bd., p. 299-338).

— **96.** Reticulated tissue, and its relation to the connective tissue fibrils (From *the Johns Hopkins Hospital Reports*, vol. I, Baltimore).

Mallory (F.-B.), **1891.** Phospho-molybdica Acid Haematoxylin (*Anat. Anz. Jahrg.*, 16).

— **1900.** A contribution to staining methods (*Journ. Exper. Med.*, Vol. 5 ; — Referirt in: *Zeitschr. f. wiss. Mikrosk.*, Bd. 18).

Mann, 1902. Physiological Histology (methods and Theory). Oxford at the Clarendon Press.

Marchi et **Alghieri, 1885.** Sulla degenerazioni discendenti consecutivi a lesioni della corteccia cerebrale (*Rivista sperimentale di frenatria*, Vol. XI).

Maresch (R.), **1905.** Ueber Gitterfasern der Leber und die Verwendbarkeit der Methode Bielschowskys zur Darstellung feinster Bindegewebsfibrillen (*Centralbl. f allg. Path. und pathol. Anat.*, t. 16).

Maupas (E.), **1888.** Recherches expérimentales sur la multiplication des Infusoires ciliés (*Arch. de Zool. exp.*, t. VI).

— **1889.** Le rajeunissement karyogamique chez les Ciliés (*Arch. de Zool. exper.*, t. VII).

Maximoff (A.), **1902.** Experimentelle Untersuchungen über die entzündliche Neubildung von Bindegewebe (*Zieglers Beiträge*, t. 5).

— **1906.** Ueber die Zellformen des lockeren Bindegewebes (*Arch. für mikr. Anat.*, t. 67).

May (R.), **1906.** Eine neue Methode *Romanowsky*-Färbung (*Münch. Med. Wochenschr.*).

May (R.) und **Grünwald** (L.), **1902.** Ueber Blutfärbung (*Zentralbl. f. innere Medizin.*, Jahrg. 23 ; — Refer. in : *Münch. Medizin Wochenschr.*, 1902).

Mayer (A.). Voir *Fauré-Frémiet*.

Mayer (P.), **1881.** Ueber in der zoologischen Station zu Neapel gebræuchlichen Methoden zur mikroskopischen Untersuchung (*Mitt. zool. Stat. Neapel*, Bd. 2, p. 1-27).

— **83.** Einfache Methode zum Aufkleben mikroskopischer Schnitte (*Mitt. Station Neapel*, Bd. 2, p. 521-522).

— **87.** Aus der Mikrotomtechnik (*Internat. Monatsschr. f. Anat. und Physiol.*, Bd. 4).

— **91.** Ueber das Færben mit Hæmatoxylin (*Mitt. zool. Station zu Neapel*, 10 Bd., p. 170-186).

— **92.** Ueber das Færben mit Karmin, Kochenille und Hæmatein-Thonerde (*Mitt. zool. Stat. Neapel*, Bd. 10).

— **96.** Ueber Schleimfærbung (*Mitt. zool. Stat. Neapel*, Bd. 12).

— **1904.** Notiz über Hämatein und Hämalaun (*Zeits. für wiss. Mikr*, t. 20).

— **1907.** Voir **Lee** (A.-B.) und **Mayer** (P.).

— **1908.** Zur Bleichtechnik (*Z. f. wiss. mikr.*, t. 24).

Menwood (Marvez), **1906.** Experimental Lymphocytosis (*Journ. of Physiology*).

Mercier (A.), **94.** Die Zenkersche Flüssigkeit, eine neue Fixierungsmethode (*Zeitschr. f. wiss. Mikr.*, Bd. 11).

Merkel (F.), **1870.** Ueber die Macula lutea des Menschen und die Ora serrata einiger Wirbeltiere. Leipzig.

— **77.** Eine neue Methode für Untersuchung des Centralnervensystems (*Arch. f. mikr. Anat.*, Bd. 14).

— **83.** Die Speichelröhren. Rectoralsprogramm *Rostock.*, P. IV et 1-28, 2 pl. Leipzig.

Metzner (R.), **1907.** Die histologischen Veränderungen der Drüsen bei ihrer Tätigkeit (*Handbuch der Physiologie* von *Nagel*, t. 2, 2° p.).

Meves (Fr.), **1897.** Ueber Struktur und Histogenese der Samenfäden von Salamandra maculosa (*Arch. f. mikr. Anat.*, t. L, p. 110-141).

— **1903.** Artikel « *Flemmingsche* Flüssigkeit », « *Flemmingsche* Dreifachfärbung » (in *Enzyklopädie d. mikr. Technik*).

— **1904.** *Hünefeld-Hensensche* Bilder der roten Blutkörperchen der Amphibien (*Anat. Anz,*, Bd. 24).

Meves (Fr.) und **Duesberg** (J.), **1908.** Die Spermatozytenteilungen bei der Hornisse (*Arch. mikr. Anat.*, t. 71, p. 571-587).

Meyer (Erich), **1906.** Ueber die Resorption und Ausscheidung des Eisens (*Ergebnisse der Physiol.*, 5e année) *Ascher-Spiro*.

Meyer (E.) und **Rieder** (H.), **1907.** Atlas der klinischen Mikroskopie des Blutes. Leipzig.

Meyer (S.). 1895. Die subkutane Methylenblauinjektion, ein Mittel zur Darstellung der Elemente des Centralnervensystems vom Sæugetiere (*Arch. f. mikr. Anat.*, Bd. 46).

— **96.** Ueber eine Verbindungsweise der Neuronen. Nebst Mitteilungen über die Technik und die Erfolge der Methode der subkutanen Methylenblauinjektion (*Arch. f. mikr. Anat. u. Entwicklungsgesch.*, Bd. 47, p. 734-748. Mit 1 Taf).

Michaelis (H.), 1903. Methode, Paraffinschnitte aufzukleben (*Zentralbl. f. allg. Pathol. und pathol. Anat.*, Bd. 14).

Michaelis (L.), 1902. Einführung in die Farbstoffchemie. Berlin.

Michotte (A.), 1904. Contribution à l'étude de l'histologie fine de la cellule nerveuse (*Bull. de l'Acad. roy. de méd. de Belgique*, t. 18).

Minot (Ch.-S.), 1897. On two forms of automatic microtomes (*Science. N. S.*, vol. V, p. 857 et suiv.).

Mönkeberg und Bethe, 1899. Die Degeneration der markhaltigen Nervenfaser der Wirbeltiere unter hauptsächlicher Berücksichtigung der Primitivfibrillen (*Arch. f. mikr. Anat.*, 54 Bd.).

Moleschott (Jak.), 1859. Ein Beitrag zur Kenntnis der glatten Muskeln (*Untersuchungen zur Naturlehre d. Menschen u. d. Tiere*, Bd. 6).

Moleschott (J.), Piso-Borme (G.), 1863. Ueber das Vorkommen gabelförmiger Teilungen an glatten Muskelfasern (*Unters. zur Naturlehre d. Menschen u. d. Tiere*, Bd. 9).

Montagard (V.). Voir *Courmont*.

Morel, 1901. Méthode de coloration de la névroglie (*Revue de Neurologie*).

Müller (Alb.). 1907. Wie ändern die von glatter Muskulatur umschlossenen Hohlorgane ihre Grösse ? (*Pflügers Arch.*, t. 116).

Müller (H.-F.), 1892. Die Methoden der Blutuntersuchung. Zusammenfassendes Referat (*Centralbl. Allg. Path. Anat.*, 3 Bd., p. 801-820, 1851-72).

Müller (Erik), 1892. Zur Kenntnis der Labdrüsen der Magenschleimhaut (*Verhandlungen d. biol. Vereins in Stockolm*, Bd. 4, Nr. 8).

— **95.** Ueber Sekretkapillaren (*Arch. f. mikr. Anat.*, Bd. 45, H. 3 p. 463-474).

Müller (H.), 1859. Ueber glatte Muskeln und Nervengeflechte der Chorioidea im menschlichen Auge (*Verhandl. d. Phyzik.— med. Gesellsch in Würzburg*).

Aussi dans : *Heinrich Müller's* Gesammelte und hinterlassene Schriften zur Anatomie und Physiologie des Auges. 1 Bd., *gedrucktes:* réunis et publiés par Otto Becker.

Mulon (P.), 1904. Action de l'acide osmique sur la graisse surrénale et les graisses en général (*C. R. de l'Ass. des Anat.*, VI° Session. Toulouse. — *Bibliot. anal.*, fasc. 4, t. XIII).

Nabias (de), 1904. Nouvelle méthode de coloration rapide du système nerveux au chlorure d'or (*Bibliogr. anatom.*, Bd. 13).

Nägeli (Otto), 1907. Blutkrankheiten und Blutdiagnostic (*Lehrbuch der morphologischen Hämatologie*, 1 Hälfte, Leipzig).

Nageotte (J), 1908. Technique rapide pour colorer les fibres à myéline des nerfs, de la moelle et du cerveau (Formol simple ou sulfaté, congélation, hématéine alunée) (*C. R. Soc. Biologie*, 1908, t. 2).

Nageotte (J.), **1910**. Les étranglements de Ranvier et les espaces interannulaires des fibres nerveuses à myéline (*C. R. de l'Ass. des Anat. Bruxelles*, p. 30-45).

— **1911**. Le syncytium de Schwann et les gaines de la fibre à myéline dans les phases avancées de la dégénération Wallérienne (*C. R. Soc. Biol.*, 27 mai 1911).

— **1911**. Le réseau syncytial et la gaine de Schwann dans les fibres de Remak (fibres amyéliniques composées) (*C. R. Soc. Biol.*, 3 juin 1911).

— **1911**. Syncytyum de Schwann, en forme de cellules névrogliques dans le plexus de la cornée (*C. R. Soc. Biol.*, 10 juin 1911).

— **1911**. Rôle des corps granuleux dans la phagocytose du neurite, au cours de la dégénération Wallérienne (*C. R. Soc. Biol.*, 29 juillet 1911).

— **1911**. Les Mitoses dans la dégénération Wallérienne (*C. R. Soc. Biol.*, 28 octobre 1911.

— **1911**. Note sur l'origine et la destinée des corps granuleux dans la dégénération Wallérienne des fibres nerveuses périphériques (*C. R. Soc. Biol.*, 21 octobre 1911).

Neelsen und Schiefferdecker (P.), **1882**. Beitrag zur Verwendung der ætherischen OEle in der histologischen Technik (*Arch. f. Anat. und Physiol. — Anat. Abt*).

Negro (C.), **1887**. Sur les terminaisons nerveuses motrices (*Arch. ital. de Biol.*, t. IX).

Neuhauss, 1898. Lehrbuch der Mikrophotographie, Braunschw. H. Bruhn. 2ᵉ édit.

Nissl (F.), **1894**. *a*. Ueber die sogen. Granula der Nervenzellen (*Neurolog. Centralbl.*, Nr. 19, 21, 22).

— **94**. *b*. Mitt. ueber Karyokinese im centralen Nervensystem. (Bericht über die 25 Versammlung des *Südwest deutschenpsychiatrischen Vereins in Karlsruhe* am 11, n° 12, Nov. 1893. In : *Allgemeine Zeitschrift für Psychiatrie und psychischgerichtliche Medizin*, 51 Bd.. p. 245-247).

— **1895**. Der gegenwaertige Stand der Nervenzellenanatomie und Pathologie (*Zeitschr. f. Psychiatrie*, Bd. 51).

— **1903**. Artikel « Nervensystem » in der *Encyklopädie der mikr. Technik*.

Noll (A.) und **Sokoloff** (A.), **1905**. Zur Histologie der ruhenden und tätigen Fundusdrüsen des Magens (*Arch. f. Anat. und Physiol., physiol. Abt.*).

Novak (K.), **1902**. Neue Untersuchungen über die Bildung der beiden primären Keimblätter und die Entstehung des Primitivstreifens beim Hühnerembryo. Berlin. Diss.

Nuel (J.-P.) et **Cornil** (F.), **1890**. De l'endothélium de la chambre antérieure de l'œil, particulièrement de celui de la cornée (*Arch. de biologie*, t. X).

Obersteiner (H.), **1901**. Anleitung beim Studium des Baues der nervœsen Centralorgane im gesunden und kranken Zustande. 4ᵉ éd. Leipzig et Vienne.

Obregia (A.), **1890.** Serienschnitte mit Photoxylin oder Celloïdin (*Neurologisches Centralbl.*, Bd. 9).

Olt, 1906. Das Aufkleben mikroskopischer Schnitte (*Zeitschr. f. wiss. Mikroskopie*, t. 23).

Oppel (A.), **1890.** Eine Methode zur Darstellung feinerer Strukturverhæltnisse der *Leber*. (*Anat. Anz.*, 5 Jahrg., p. 143-145).

— **91.** Ueber Gitterfasern der menschlichen Leber und Milz (*Anat. Anz.*, 6. Jahrg., p. 165-173. 4 Fig.).

Orsós (F.), **1906.** Ein neues Paraffinschneideverfahren (*Centralbl. für allg. Path. und pathol. Anat.*, t. 17).

— **1907.** Ueber das elastische Gerüst der normalen und der emphysematösen Lunge (*Zieglers Beiträge*, t. 41).

Pacini (F.), **1880.** Sur quelques méthodes de préparation et de conservation des éléments microscopiques (*Journ. de Micrographie*, 4ᵉ année).

Pal (J.), **1886.** Ein Beitrag zur Nervenfærbetechnik (*Med. Jahrb*, Vienne, p. 649-631).

Pasini, 1905. Ueber eine neue und einfache Methode zur Demonstration der Epithelfasern in der Haut (*Monatschefte für prakt-Dermatologie*, t. 40).

Peiser (J.), **1905.** Ueber kadaveröse Veränderungen (*Centralbl. f. allg. Path. und pathol. Anat.*, t. 16).

Pénau (H.), **1912.** Contribution à la cytologie de quelques microorganismes (*Revue générale de Botanique*, t. 24 ; livraison du 15 janvier 1912, n° 277, p. 13-32).

Perenyi (J.), **1882.** Ueber eine neue Erhærtungsflüssigkeit (*Zool. Anz.*, 5. Jahr.).

Peter (K.), **1899.** Demonstration des Born — Peterschen Verfahrens zur Herstellung von Richtebenen und Richtlinien u. s. f. Verh. d. Anat. Gesellsch. in Tüb. 21-24. V. 1899.

— **1903.** Artikel « Plastische der Rekonstruktion » in der *Encyklopädie der mikr. Technik*.

— **1904.** Eine neue Dotterfärbung (*Zeitschr. f. wiss. Mikroskopie*, t. 24, p. 314-320).

— **1906.** Die Methoden der Rekonstruktion. Iéna.

Petersen (W.), **1902.** Zur Anwendung der plastischen Rekonstruktions — methoden in der pathologischen Anatomie (*Centralbl. f. allg. Path. und patholog. Anatomie*, t. 13).

Petri (R.-J.), **1896.** Das Mikroskop. Von seinen Anfängen bis zur jetzigen Vervollkommnung. Berlin. R. Schoetz. 248 p. 191 Abb. im Text.

Pfitzner (W.), **1880.** Die Epidermis der Amphibien (*Morph. Jahrb.*, Bd. 6).

Pfitzner (W.), **1882.** Ueber den feineren Bau der bei der Zellteilung auftretenden fadenfœrmigen Differenzierungen des Zellkernes (*Morph. Jahrb.*, 7 Bd.).

Pighini (G.), **1905.** Sur l'origine et la formation des cellules nerveuses chez les embryons de Sélaciens (*Bibliogr. anat.*, t. 14).

Plchn (F.), **1890.** Œthiologische und klinische Malaria. Studien (*Zeitschr. f. wiss. Mikr.*, Bd. 8 : S. 359 (H. F. Müllers Blutreferat, p. 809).

Pleuge (H.), **1896**. Hærtung mit Formaldehyd und Anfertigung von Gefrierschnitten; eine für die Schnelldiagnose æusserst brauchbare Methode. Münchener med. Wochenschr. Nr. 4.

Podwissotzki, 1887. Ueber die Beziehungen der quergestreiften Muskeln zum Papillarteil der Lippenhaut (*Arch. f. mikr. Anat.*, Bd. 30, p. 327, pl. 17).

Policard (A.), **1910**. Contribution à l'étude du mécanisme de la sécrétion urinaire. Le fonctionnement du rein de la grenouille (*Arch. d'Anat. micr.*, t. 12, p. 177-288).

Policard (A.) et **Garnier** (M.), **1905**. Altérations cadavériques des épithéliums rénaux (*C. R. Soc. Biol.*, t. 57, p. 678-680).

Politzer (A.), **1889**. Die anatomische und histologische Zergliederung des menschlichen Gehœrorgans im normalen und kranken Zustande. Stuttgart.

Pollack (B.), **1898**. Die Færbetechnik des Nervensystems, 2. Aufl. Berlin (VI, 172, p.).

Popoff (Methodi), **1907**. Eibildung bei Paludina vivipara und Chromidien bei Paludina und Helix (*Arch. f. mikr. Anat.*, t. 70).

Poscharissky (J.), **1907**. Ueber die histologischen Vorgänge an den peripherischen Nerven nach Kontinuitätstrennung. (*Zieglers Beiträge*, t. 41).

Pranther (V.), **1902**. Zur Färbung der elastischen Fasern (*Centralbl. f. allg. und pathol. Anat.*, t. 13).

Pray (A.), **1903**. On a method of preparing the membranous labyrinth (*Journ. of. Anat. and Physiol.*, vol. 38).

Prenant (A.), **1902**. Notes cytologiques (*Arch. d'Anat. micr.*, t. V, fasc. II, p. 191-212).

V. aussi in **Marceau** (*Arch. d'Anat. micr.*, t. VII, fasc. III et IV. 1905).

Prenant (A.), **Bouin** (P.) et **Maillard** (L.), **1904** et **1911**. *Traité d'Histologie* (t. I, 1904 ; t. II, 1911, Masson, Paris).

Prowazek (S. von). *Handbuch der pathogenen Protozoen.* — Leipzig, Ambrosius Barth, grand in-8° : première livraison, 117 p., 3 pl., 76 fig. dans le texte ; deuxième livraison, 130 p., 2 pl., 42 fig. dans le texte.

Prudden (J.-M.), **1885**. Fragekasten (*Zeitschr. f. wiss. Mikroskopie*, Bd. 2).

Rabl (C.), **1885**. Ueber Zellteilung (*Morph. Jahrb.*, 10 Bd., p. 214 bis-330, pl. 7-13).

— **94**. Einiges über Methoden (*Zeitschr. f. wiss. Mikr.*, Bd. XI).

— **1900**. Ueber den Bau und Entwicklung der Linse. Leipzig.

Rabl (H.), **1891**. Die Entwicklung und Struktur der Nebennieren bei den Vœgeln (*Arch. f. mikr. Anat.*, Bd. 38).

Ramon y Cajal, Voir *Cajal.*

Ranke (H.), **1867**. Studien zur Wirkung des Chloroforms, Æther und Amylens (*Centralbl. f. med. Wiss.*).

Ranvier, 1868. Technique microscopique (*Journal de l'Anat.*).

— **75**. Des préparations du tissu osseux avec le bleu d'aniline insoluble dans l'eau et soluble dans l'alcool. (*Travaux lab. Histol.*, p. 16-21).

Ranvier, 78. Leçons sur l'histologie du système nerveux, t. I, p. III et 1-352. 4 pl., 20 fig. et tome II, 380 p., 8 pl.

— **80.** Leçons d'anatomie générale sur le système musculaire, p. 1-466, 99 fig. Paris.

— **81.** Leçons d'anatomie générale. Terminaisons nerveuses sensitives. Cornée, p. XX, 447, 54 fig. Paris.

— **89.** Traité technique d'histologie. Paris, 2ᵉ édition.

— **1001.** Transformation *in vitro* des cellules lymphatiques en clasmatocytes (*J. de micrographie*, t. 15).

Vom Rath (O.), 1895. Zur Konservierungstechnik (*Anat. Anzeiger*, 11ᵉ Bd.).

Rauber (A.), 1876. Ueber die Stellung des Hünchens im Entwickelungsplan. Engelmann.

Rawitz (B·), 1895. *a*. Die Verwendung der Alizarine und Alizarincyanine in der histologischen Technik (*Anat. Anz.*, Bd. 11).

Rawitz (B.), 95. *b*. Ueber eine Modification in der substantiven Verwendung des Hæmateins (*Anat. Anz.*, Bd. XI, 301-303).

Regaud (Cl.), 1902. Bain de paraffine électrique. Description complète dans le *Journal de l'Anatomie et de la Physiologie*, 1902, p. 193. (Cet appareil se trouve à Lyon, chez Ph. Lépine, 14, place des Terreaux, et à Paris, chez Stiassnie, 204, boulevard Raspail.)

— **1903.** Quelques faits nouveaux relatifs aux phénomènes de sécrétion de l'épithelium séminal du Rat (*C. R. A. des Anatomistes*, Vᵉ Session, Liége).

— **1909-1910.** Etudes sur la structure des tubes séminifères et sur la spermatogénèse chez les Mammifères (*Arch. d'Anat. micr.*, t., 11, p. 291-431).

Regaud (Cl.), et Dubreuil (G.), 1903. Sur un nouveau procédé d'argentation des épithéliums au moyen de protargol (*Bibliogr. anat.* Suppl. *C. R. An des Anat.*).

Rehm, 1892. Einige neue Færbungsmethoden zur Untersuchung des centralen Nervensystems (*Münchener mediz. Wochenschrift*, Jahrh. 39).

Reichert (K.-B.), 1849. *a*. Die glatten Muskelfasern in den Blutgefæsswandungen (*Müller's Archiv.*).

Aussi : Observationes microchemicæ circa nonnullas animalium telas. Dorpati, 1848, Paulsen.

— **49.** *b*. Beobachtungen über eine eiweissartige Substanz in Krystallform (*Müller's Arch.*, Jahrg. 1849).

Reinke (Fr.), 1893. Ueber einige Versuche mit Lysol an frischen Geweben zur Darstellung histologischer Feinheiten (*Anat. Anz.*, p. 18-19).

— **95.** Die Japanische Methode zum Aufkleben von Paraffinschnitten (*Zeitschr. f. wiss. Mikr.*, Bd. 12).

Renaut (J.), Traité d'histologie pratique, t. II, fasc. 1, Paris 1897. t. II, fasc. 2, Paris, 1899.

— **1911.** Note sur le processus de calcification du cartilage et des lamelles osseuses enchondrales primaires. Evolution des boules de calcification (*C. R. de l'Assoc. des Anatomistes*, 13ᵉ réunion, Paris).

Retterer (Ed.). Note sur la technique des fibres, cellules (*C. R. soc. Biol.*, 8ᵉ série ; t. IV, nᵒ 36, p. 645).

Retteler (Ed.), **1894**. Note de technique sur les injections naturelles (*Journ. de l'Anat. et de la Phys.*, t. XXX, p. 336).

— **1901**. Structure, développement et fonctions des ganglions lymphatiques (In *Journal de l'Anatomie*, XXVII° année, n° 6, nov.-déc. 1901, p 473-700, 4 pl.).

— **1905**. Structure et histogénèse de l'os (*Journal de l'Anat. et de la Physiol.*, t. XLI).

— **1906**. Nature et origine des fibres de Sharpey (*C. R. Soc. Biol.*, 6 janvier).

— **1906**. Technique pour l'étude du tissu osseux rougi par l'alimentation garancée (*C. R. Soc. Biol.*, 13 janvier).

— **1906**. Des colorations intra-vitales et post-vitales du tissu osseux. 20 janvier.

Retterer et **Lelièvre**. Plusieurs études sur le tissu osseux, prises dans les *C. R. de la Société de Biologie* en **1911**.

Retzius (G.), **1834**. Das Gehœrorgan der Wierbeltiere. 2° Bd. (Reptilien, Vœgel und Saeuger). Stockholm.

Rieder (H.). Voir *Meyer*.

Riese (H.), **1891**. Ueber die Technik der Golgischen Schwarzfærbung durch Silbersalze, etc. (*Centralbl. f. allg. Pathol. u. patholog. Anat.*, II Bd., p. 497-519).

Rœse (C.), **1892**. Ueber die v. Koch'sche Versteinerungsmethode (*Anat. Anz.*, Jahrg., p. 512-519).

— **93**. Ueber die Zahnentwicklung der Krokodile. Morpholog. Arb. von G. Schwalbe, III Bd., 2° H , p. 195-228).

Röthig (P.), **1900**. Ueber einen neuen Farbstoffnamens « Kresso-fuchsin » (*Arch. f. mikr. Anat.*, t. 56).

— **1904**. Handbuch der embryologischen Technik. Wiesbaden.

Rollett (A.), **1859**. Untersuchungen über die Struktur des Bindegewebes (*Sitz.-Ber d. math.-naturw. Klasse d. Kais. Akad. d. Wissensch. in Wien. XXX Bd.*).

— **71**. Von den Bindesubstanzen (*Stricker's Handbuch der Lehre von den Geweben*, Leipzig).

— **72**. Ueber die Hornhaut (*Handbuch der Lehre von den Geweben*, publié par Stricker).

— **85**. Untersuchungen über den Bau der quergestreiften Muskelfasern (*Denkschr. Akad. Wien, math-naturw. Kl.*, Bd. 49 ; Abt. 1; p. 82-132, et Bd. 51 ; Abt. 1; p. 23-68).

— **89**. Anatomische und physiologische Bemerkungen über die Muskeln der Fledermœuse (in *Sitz. Ber. Akad. Wiss.*, Wien, 98 Bd., 3 Abt. math. nat. Kl. p. 169-183, 4 Taf.).

Rosenthal (Werner), **1900**. Ueber den Nachweis von Fett durch Färbung (*Verhandl. d. deutsch. pathol. Gesellsch.* in *Verhandl. d. Gesellsch. deutscher Naturf. u. Aerzte.* 71 Versammlung, München, 1899).

Rosin und **Bibergeil** (Eug.), **1904**. Das Verhalten der Leukozyten bei der vitalen Blutfärbung (*Virch-Arch.*, t. 178).

Roth (A.), **1904**. Zur Kenntnis der Bewegung der Spermien (*Arch. f. Anat. u. Physiol.; anat. Abt.*).

Roux (W.), **1894**. Die Methoden zur Erzeugung halber Froschembryonen und zum Nachweis der Beziehung der ersten Furchungsebenen zur Medianebene des Embryo (*Anat. Anz.*, Bd. 9).

Rubaschkin (G), **1907**. Méthode générale de fixation ayant pour but de restreindre les artefacts (*Zeils. für Wiss. Mikroskopie*, p. 133-138).

Rubenthaler (W.), **1904**. Studien über Neuroglia (*Arch. f. mikr. Anat.*, t. 64, p. 575-626).

— **1907**. Eine neue Methode zur Herstellung von Zelloidinserien (*Anat. Anz.*, t. 31).

Rubenthaler (G.), **1908**. Precis de technique histologique et cytologique. J.-B. Baillière et Fils, Paris.

Rückert (J.), **1892**. Zur Entwicklungsgeschichte des Ovarialeies bei Selachiern (*Anat. Anz.*, 7 Jahrg).

Sabrazès (J.) **1897**. Méthode de coloration histologique par la thionine et l'acide picrique (*C. R. Soc. Biol.*, vol. 49, p. 51-52 (séance du 16 janvier).

— **1908-1911**. Coloration au bleu dilué (*Gaz. hebdomad. des Sc. méd. de Bordeaux*, 19 novembre 1908; 28 février, 4 avril, 9 mai, 12 décembre 1909; 2 et 30 janvier, 17 avril 1910 : (*C. R. Soc. Biol.*, 1911, LXX, n° 7, p. 247-248).

— **1912**. Importance des colorations extemporanées quasi vitales pour le diagnostic du paludisme et l'étude des diverses modalités d'hématies parasitées (*Presse médicale*, février 1912).

Sand 1907. Mémoire où est exposée une méthode de durcissement du système nerveux (*Arb. Wien. Neurol. Inst. Festshrift*).

Sauer (H.), **1895**. Neue Untersuchungen über das Nierenepithel und sein Verhalten bei der Harnabsonderung (*Arch. f. mikr. Anat. u. Entw.*, Bd. 46).

Schaeffer (G.). Voir *Fauré-Frémiet*.

Schaffer (J), **1888**. Die Faerberei zum Studium der Knochenentwickelung (*Zeitschr. f. wiss. Mikr.*, Bd. 5).

— **93**. Die Methode der histologischen Untersuchung des Knochengewebes (*Zeitschr. f. wiss Mikr.*, Bd. 10.

— **96**. Mikrotechnisches Histologisches. Geschichte des Mikroskops (*Wien. klin. Wochenschr.*, Jahrg. 1896, Nr. 45).

— **99**. Zur Kenntnis der glatten Muskelzellen, insbesondere ihrer Verbindung (*Zeitsch. f. wiss. Zoologie*, Bd. 66, p. 214-268).

— **1903**. Artikel « Knochen und Zähne » in *der Enzyklopädie der mikrosk. Technick*).

Schaffer 1906. Ueber den feineren Bau und die Entwicklung des Knorpelgewebes und über verwandte Formen der Stützsubstanzen. II. Teil (*Zeils. f. wiss. Zool.*, t. 80).

Schiefferdecker (P.), **1882**. Ueber die Verwendung des Celloïdins in der anatomischen Technik (*Arch. f. Anat. u. Phys.: anat. Abt*).

— **86**. Methode zur Isolierung von Epithelzellen (*Jahrb. f. wiss. Mikr.*, Bd. 3).

Schleif (K.), **1907**. Atlas der Blutkrankheiten nebst einer Technik der Blutuntersuchung. Wien.

Schmaus (H.), **1891**. Technische Notizen zur Faerbung der Axencylinder (*Muenchner med. Wochenschr.*).

Schmidt (Gust.), **1906**. Ueber die Resorption von Methylenblau durch das Darmepithel (*Pflügers Arch.*, t. 113).

Schmidt (Johannes), **1905**. Beiträge zur normalen und pathologischen Histologie einiger Zellarten der Schleimhaut des menschlichen Darmkanals (*Arch. f. mikr. Anat.*, t. 66).

Schmorl (G., **1901**. Die pathologisch-histologischen Untersuchungs-methoden, 2ᵉ édition, Leipzig.

Schneider (A.), **1880**. Ueber Befruchtung (*Zool. Anz.*).

Schridde (H.), **1905**. Die Darstellung der Leucozytenkörnelungen im Gewebe (*Centralbl. f. allg. Path. und pathol. Anat.* t., 16).

— **1905**. *a*. Die Protoplasmaformen der menschlichen Haut (*Arch. f. mikr. Anat.*, 67).

— **1905**. *b*. Beiträge zur Lehre von den Zellkörnelungen. Die Körnelungen der Plasmazellen (*Anath. Helfte*, t. 28).

— **1907**. Die Entwickelungsgeschichte des menslichen Speichelröhren-epithels, Wiesbaden.

— und **Fricke** (A.), **1906**. Ueber gleichzeitige Fixierung und Durchfär-bung von Gewebsstücken (*Centralbl f. allg. Path. und patholog. Anat.*, t. 17).

Schuberg (A.), **1903**. Untersuchungen über Zellverbindungen (*Zeitschrift f wiss. Zool.*, Bd. 74).

Schueninoff (S.), **1908**. Eine Fibrintinktionsmethode (*Centralbl. allg. Path. und Path. Anat.*, t. 19).

Schultze (M.), **1864**. Die Anwendung mit Jod konservierter tierischer Flüssigkeiten als macerierendes und konservierendes Mittel bei histo-logischen Untersuchungen (*Virchow's Archiv.*, Bd. 30, p. 263-263).

— **65**. Ein heizbarer Objekttisch und seine Verwendung bei Untersu-chungen des Blutes (*Arch. f. mikr. Anat.*, Bd. 1).

— **71**. Essigsaures Kali zum Aufbewahren mikroskopischer (*Arch. f. mikr. Anat.*, Bd. 7).

Schultze (M.) et **Rudneff** (M.), **1865**. Weitere Mitteilungen über die Einwirkung der Ueberosmiumsæure auf tierische Gewebe (*Arch. f. mikr. Anat.*, Bd. 1).

Schultze (O.), **1887**. Untersuchungen über Reifung und Befruchtung des Amphibieneies (*Zeitschr. f. wiss. Zool.*, Bd. 45).

— **97**. Grundriss der Entwicklungsgeschichte des Menschen und der Saeugetiere. Leipzig.

— **99**. Ueber das erste Auftreten der bilateralen Symmetrie im Verlauf der Entwicklung (*Arch. f. Anat. und Entwicklungsgesch.*, 55 Bd., p. 171-230 m., t. XI und XII und 2 Textfig.).

— **1904**. Ueber Stückfärbung mit Chromhämatoxylin (*Zeitschr. f. wiss. Mikrosk.*, Bd. 21).

1906. Ueber den frühesten Nachweis der Markscheidenfärbung im Ner-vengewebe (*S. Ber. d. phys.-med.ges. zu Würzburg*).

— **1907**. Ueber den Bau und die Bedeutung der Aussencuticula der Am-phibienlarven (*Arch. f. mikr. Anat.*, t. 69).

Schultze (F. E.). **1867**. Eine neue Methode der Erhärtung und Färbung (*Centralbl. f. med. Wiss.*).

— **71**. Die Lungen (*Stricker's Handb. d. Lehre von den Geweben*. Leipzig).

Schwalbe (E.), **1900**. Untersuchungen zur Blutgerinnung. Braunschweig.

— **1901**. Technische Bemerkungen zur Karminfärbung des Zentralnervensystems (*Zentralbl f. all. Path. u. pathol. Anat.*, Bd. 12).

Schweigger-Seidel (F.), **1865**. Die Nieren des Menschen und der Sæugetiere in ihrem feineren Baue, p. 1-92; 4 pl. Halle.

Seligmann (S.), **1899**. Die mikroskopischen Untersuchungsmethoden des Auges.

Sitten (A.-E.), **1905**. Erfahrungen über Azeton-Paraffin-Einbettung (*Zentralbl. f. ally. Path. und. path. Anat.*, t. 16).

Sjövall (E.), **1905**. Über Spinalganglienzellen und Markscheiden. Zugleich; ein Versuch, die Wirkungsweise der Osmiumsäure zu analysieren (*Anat. Hefte*, 91 Heft).

Sobotta (E.), **1895**. Die Befruchtung und Furchung des Eies der Maus (*Arch. f. mikr. Anat.*. Bd. 45, p. 15-93).

Solger (E.), **1883**. Ueber Einwirkung des Wasserstoffsuperoxydes auf tierische Gewebe (*Centralbl. f. d. med. Wiss*).

— **89**. *a*. Kohlensaurer Ammoniak, ein Mittel zur Darstellung des Sarkolemmas (*Zeitschr. f. wiss. Mikr.*, Bd. 6).

— **89**. *b*. Zur Struktur der Pigmentzelle (*Zool. Anz.*, 12 Jahrg).

— **93**. Zur Kenntnis osmirten Fettes (*Anat. Anz.*, Bd. 8).

— **96**. Ueber den feineren Bau der Glandula submaxillaris des Menschen, mit besonderer Berücksichtigung der Drüsengranula. 2 Taf., Festchr. 3,70, Geburtstag von Gegenbaur, Bd. 2, p, 179-248).

Soulier (A.), **1891**. Sur quelques points de l'anatomie des Annélides tubicoles de la région de Cette. Montpellier-Paris.

— **1906**. La fécondation chez la serpule. Travaux de l'Institut de zoologie de l'Université de Montpellier et de la station zoologique de Cette, deuxième série, Mémoire n° 16.

Spalteholz (W.), **1904**. Mikroskopie und Mikrochemie. Leipzig.

— **1903**. Artikel « Verdauung, künstliche, als histologische methode » in *Encyklopädie d. mikrosk. Technik*.

Spee (Graf F.), **1885**. Leichtes Verfahren zur Erhaltung linear geordneter, lückenloser Schnittserien mit Hilfe von Schnittbændern (*Zeitschr. f. wiss. Mikr. und für mikroskop. Technik*. Braunschweig, Bd. 2).

— **87**. Ueber die ersten Vorgænge der Ablagerung des Zahnschmelzes (*Anat. Anz.*, 2 Jahrg).

Spuler (A.), **1901**. Ueber eine neue Stückfärbemethode (*Deutsche med. Wochenschrift*, Bd. 27).

— **1903**. Artikel *Sublimat* (*Enzykl. d. mikrosk. Technik*).

Srdinko (O.-V.), **1905**. Eine sichere Methode zur Differenzierung der Rinden — und Markelemente in der Nebenniere (*Anat. Anz.*, t. 26).

Stern (S.), **1905**. Ueber Sehpurpurfixation (*Arch. f. Ophthalmol.*, t. 61).

Stinde (J.), **1888**. Frau Buchholz im Orient. Berlin.

Stintzing (R.), **1899**. Zur Struktur der Magenschleimhaut (*Festschrift für v. Kupffer*, p. 53-56).

Stœhr (Ph.), **1894**, und **98**. Lehrbuch der Histologie, 6ᵉ édition, Jena, G. Fischer.

Stoss (A.), **1891.** Konstruktion eines Kühlmessers (*Zeitschr. f. wiss. Mikr.* Bd. 8).

Strasburger (E.), **1905.** Histologische Beiträge zur Vererbungsfrage (*Jahrbücher f. wiss. Botanik*, t. 42).

Strasser (H.), **1886.** Ueber das Studium der Schnittserien und über die Hilfsmittel, welche die Rekonstruktion der zerlegten Form erleichtern (*Zeitschr. f. wiss. Mikr.*, Bd. 3).

— **87.** Ueber die Methoden der plastischen Rekonstruktion (*Zeitschr. f. wiss. Mikr.*, Bd. 4).

Sreeter (G.-L.), **1903.** Ueber die Verwendung der Paraffineinbettung bei Markscheidenfärbung (*Arch. f. mikr. Anat.*, t. 62).

Strelzoff (Z.), **1873.** Ueber die Histogenese der Knochen (*Unters a. d. pathol. Institut Zürich*, Leipzig).

Strœbe (H.), **1893.** Zur Technik der Achsencylinderfœrbung im centralen und peripheren Nervensystem (*Centralbl. f. allgem. Path. Anat.*, IV, Bd., p. 49-57).

Studnicka (E.-K.), **1906.** Ueber die Anwendung von *Bielschowsky* zur Imprägnation von Bindegewebsfibrillen im Knochen, Dentin — und Hyalinknorpel (*Z. f. wiss. Mikr.*, t. 23).

Tandler (J.), **1901.** Mikroskopische Injektionen mit kaltflüssiger Gelatine (*Zeitsch. f. wissensch. Mikr.*, Bd. 18).

Tappeiner (H.), **1890** und **99.** Lehrbuch der Arzneimittellehre und Arzneiverordnungslehre, Leipzig.

Tartakowsky (S.), **1903.** Die Resorptionsvorgänge des Eisens beim Kaninchen (*Pflügers Arch.*, t. 100);

Teichmann (L.-K.), **1853.** Ueber Krystallisation der organischen Bestandteile des Blutes (*Zeitschr. f. rationelle Medizin*, Bd. 3).

Teljatnik (T.), **1897.** Zur Technik der Marchischen Fœrbung des Centralnervensystems (*Neurol. Centralbl.*, Nr. 11, p. 521).

Tellyesniczky (K.), **1898.** Ueber die Fixierungs (Hœrtungs) Flüssigkeiten (*Arch. f. mikr. Anat.*, 52 Bd., p. 202-247, t. 14).

— **1902.** Fixation im Lichte neuerer Forschungen. Ergebnisse der Anat. und Entwicklungsgeschichte von Merkel und Bonnet. Bd. 11.

— **1902** *a.* Zur Kritik der Kernstrukturen *Arch. f. mikr. Anat. und Entwicklungsgesch.*, t. 60.)

— **1904.** Aufkleben der Zelloidinschnitte (*Anat. Anz.*, Ergänzungsheft zum 25 Heft).

— **1905.** Ruhekern und Mitose (*Arch. f. mikr. Anat.*, t. 66).

V. Thanhoffer, 1877. Ueber die Entzündung nebst einigen Bemerkungen über die Struktur der Hornhaut und über die Eosin-Reaktion (*Centralbl. d. med. Wiss.*).

Thies (Anton.), **1905.** Wirkung der Radiumstrahlen auf verschiedene Gewebe und Organe (*Mitteil aus d. Grenzgebieten der Med. und Chir.*, t. 14).

Thoma (R.), **1891.** Eine Entkalkungsmethode (*Zeitschr. f. wiss. Mikr.*, 8° Bd, p. 191-19).

Tillmans (H.), **1874.** Beiträge zur Histologie der Gelenke. *Arch. f. mikr. Anat.*, Bd. 10).

Tourneux (F.), **1911.** Précis d'histologie humaine. 2° édition. Doin, Paris.

Unna (P. G.), **1891**. Notiz, betreffend die Tænzersche Orceinfærbung des elastichen Gewcbes (*Monatshefte f. prakt. Dermatolog.*, XII Bd. p. 394-396).

— **98**. Der Nachweis des Fettes in der Haut durch sekundœre Osmierung (*Monatshefte f. prakt. Dermatologie*, Bd. XXVI, p. 601-612, 2 T).

— **1905**. Die Darstellung der sauren Kerne im normalen und pathologischen Gewebe (*Monatsh. f. prakt. Dermalol.*, t. 41).

Vialleton (L.), **1892**. Sur l'origine des germes vasculaires dans l'embryon du poulet (*Anat. Anz.*, t. VII, n° 19, 20, p. 624-627).

— **1909**. Précis de technique histologique et embryologique. 2ᵉ édition. Doin, Paris.

Virchow (R.), **1847**. — Die pathologischen Pigmente (*Virchow's Archiv*, Bd. 1).

— **50**. Einige neue Beobachtungen über Knochen-u. Knorpelkœrperchen (*Verh. d. Physik-med., Ges. Würzburg.*, Bd. 1, p. 192-197).

Waldeyer (W.), **1882**. Untersuchungen über die Histogenese der Horngebilde, insbesondere der Haare und Federn (*Beitræge zur Anal. u. Embryol. als Fesigabe f. J. Henle*, Bonn).

Wallart (J.), **1906**. Ueber gleichzeitige Darstellung von Fettkörnern, eisenhaltigem Pigment und Zellkernen in Gefrierschnitten (*Münch, med. Wochenschrift*, 45).

Walter, **1908**. Neurofibrillen (*Deutsche Zeitschr. Nervenheilk.*, t. 35).

Warnke, **1904**. Zur Darstellung der Axenzylinderfibrillen in den markhaltigen Fasern des Zentralnervensystems (*Arch. f. Psych. und Nervenkrankheiten*, t. 38).

Weber (A.), **1902**. Une méthode de reconstruction graphique d'épaisseurs et quelques-unes de ses applications à l'embryologie (*In Bibliogr. Anat.*, fasc. 1, t. XI, 1902).

Weidenreich, **1906**. Weitere Mitteilungen über rote Blutkörperchen (*Arch. f. mikr. Anat.*, t. 69).

Weigert (C.), **1878**. Bismarckbraun als Færbemittel (*Arch. f. mikr. Anat.*, B. 15).

— **81**. Zur Technik des mikroskop. Bakterienuntersuchungen (*Virchow's Archiv*, Bd. 84).

— **85**. Ueber Schnittserien von Celloidinprœparaten des Centralnervensystems zum Zwecke der Markscheidefærbung (*Zeitschr. f. wiss. Mikr.*, Bd. 1).

— **91**. Zur Markscheidefærbung (*Deutsch. med. Wochenschr.*, Nr. 42, 9 p.).

— **94**. Technik. Ergebnisse der Anatomie und Entwickelungsgeschichte. Bd. 3.

— **95**. Beitræge zur Kenntnis der normalen menschl. Neuroglia Festschr. zum fünfzigjæhr. Jubilæum des ærzll. Ver. zu Frankfurt a/M).

— **96**. Die *Golgische* Methode. Forts van **94**. Ebenda, Bd 5.

— **97**. Die Markscheidenfärbung. Ebenda, Bd. 6.

— **98**. Die *Marchische* Methode. Ebenda, Bd. 7.

— **98**. Ueber eine Methode zur Færbung elastischer Fasern (*Centralbl. f. allg. Path.*, Bd. 9, p. 289-292).

Weigert (C.), **1904**. Eine kleine Verbesserung der Hämatoxylin — *van Gieson* — Methode (*Zeitschr. f. wiss. Mikr.*, Bd. 21).

Weismann (A.), **1861**. Ueber dar Wachsen der quergestreiften Muskeln nach Beobachtungen am Frosche (*Zeitschr. f. ration. Med.*, 3e série, Bd. 10 ; p. 263-284).

— **1901** *a*. Ueber die Muskulatur des Herzens beim Menschen und der Tierreihe (*Müllers Arch.*).

Westphal (E.), **1880**. Ueber Mastzellen. Inaug. Dissert. Berlin.

Whitmann (C.-O.), **1888**. The eggs of Amphibia (*American Naturalist*, v. XXII).

Wicklein (E.), **1889**. Experimenteller Beitrag zur Lehre von Milzpigment. Inaug. Diss. Dorpat.

Wimmer (A.), **1906**. Ueber Neurogliafärbung (*Zentralbl. f. allg. Path. und pathol. Anat.*, t. 17).

Wissosky (N.), **1877**. Ueber das Eosin als Reagens auf Hæmoglobin, etc. (*Arch. f. mikr. Anat.*, Bd. 13).

Wolff (Elise), **1902**. Beobachtungen bei der Färbung der elastichen Fasern mit Orzein (*Zentralbl. f. Path. und patholog. Anatomie*, t. 13).

Wolff (Max), **1905**. Neue Beiträge zur Kenntnis des Neurons (*Biolog. Zentralbl.*, t. 25).

Wolfrum, **1905**. Żelloidintrockenmethode (*Klin. Monatsblätter für Augenheilkunde*, 43e année).

Wolters (M.), **1890**. Drei neue Methoden zur Mark und Achsencylinderfærbung mittels Hæmatoxylin (*Zeitschr. f. wiss. Mikr.*, Bd. 7).

Woronin, **1898**. Eine neue histologische Methode. Arbeiten aus der therapeutischen Klinik von P. M. Popoff. Moskou (Russie).

Zenker (K.), **1894**. Chromakali-Sublimat-Eisessig als Fixierungsmittel (*München. med. Wochenschr.*, Jahrg. 41, p. 532-534).

Zikes (Heinr.), **1911**. Die Fixierung und Färbung der Hefen (*Centralblatt für Bakteriologie*, t. 31 ; n° 16/22, p. 507-534). Jena.

Ziegler (H.-E.), **1902**. Lehrbuch der vergleichenden Entwicklungsgeschichte der niederen Wirbeltiere. Jena.

Ziegler (P.), **1899**. Ein Beitrag zur Technik der histologischen Untersuchung des Knochens. Festschrift zum 70 Geburtstag v. Kupffers, p. 49-52.

Zieler (Karl), **1906**. Zur Darstellung der Leucozytenkörnelungen, sowie der Zellstrukturen und der Bakterien in Geweben (*Centralbl. f. allg. Path. und patholog. Anat.*).

Zilliacus (W.), **1905**. Utbredningen af skif och cylinderepithel i människans struphufrud under olika äldrar. Helsingfors. Nach einem Referat von *Kolster* (*Zentral. f. norm. Anat. u. Mikrotechnik*, **1906**).

Zimmermann (A.), **1895**. Das Mikroskop. Ein Leitfaden der wiss. Mikr. Leipzig et Vienne.

Zimmermann (K.-W.), **1898**. Beitræge zur Kenntnis einiger Drüsen und Epithelien (*Arch. f. mikr. Anat.*, Bd. 52, p 552-706).

Zürn (J.), **1902**. Vergleichend-histologische Untersuchung über die Retina und die Area centralis retinae der Haussäugetiere (*Arch. f. Anat.*, Supplementband).

TABLE ALPHABÉTIQUE DES NOMS D'AUTEURS

(Ces chiffres renvoient aux *pages* du volume)

TABLE ALPHABÉTIQUE DES MATIÈRES

PLAN GÉNÉRAL

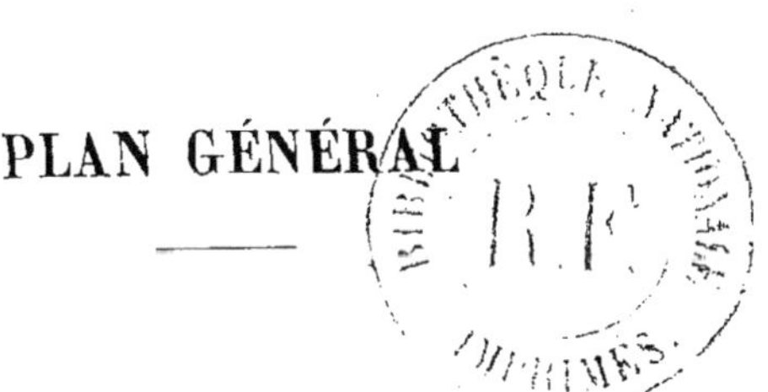

PARTIE GÉNÉRALE

PARTIE SPÉCIALE

Vigot Frères

Éditeurs

> ### EXTRAIT
> #### DU
> ### CATALOGUE GÉNÉRAL

PARIS

23, PLACE DE L'ÉCOLE-DE-MÉDECINE

LES

APPLICATIONS COURANTES

DU MICROSCOPE

PAR

C. N. PELTRISOT

DOCTEUR ÈS SCIENCES

CHEF DES TRAVAUX MICROGRAPHIQUES A L'ÉCOLE SUPÉRIEURE

DE PHARMACIE DE PARIS

Avec 17 planches en couleurs

Un volume in-18 écu, cartonné..................... **5 fr.**

Envoi franco contre mandat postal.

ATLAS

DE

BOTANIQUE MICROSCOPIQUE

Manuel de Travaux pratiques

à l'usage du certificat des sciences physiques, chimiques et naturelles
P. C. N. de la licence ès-sciences naturelles (botanique et physiologie
générale), des Écoles d'agriculture, des Écoles de pharmacie, des
Écoles de médecine, des Écoles de commerce de l'enseignement
secondaire, des Écoles coloniales, etc.

PAR

H. COUPIN

CHEF DES TRAVAUX PRATIQUES DE BOTANIQUE A LA SORBONNE

H. JODIN et A. DAUPHINÉ

PRÉPARATEURS DE BOTANIQUE AU P. C. N.

Préface de M. Gaston BONNIER

PROFESSEUR DE BOTANIQUE A LA SORBONNE

Un vol. in-8° jésus, cart., avec 50 pl. hors texte. **5** fr.

Envoi franco contre mandat postal.